Luiz Roberto Dante

Livre-docente em Educação Matemática pela Universidade Estadual Paulista "Júlio de Mesquita Filho" (Unesp-SP), *campus* de Rio Claro

Doutor em Psicologia da Educação: Ensino da Matemática pela Pontifícia Universidade Católica de São Paulo (PUC-SP)

Mestre em Matemática pela Universidade de São Paulo (USP)

Licenciado em Matemática pela Unesp-SP, Rio Claro

Pesquisador em Ensino e Aprendizagem da Matemática pela Unesp-SP, Rio Claro

Ex-professor do Ensino Fundamental e do Ensino Médio na rede pública de ensino

Autor de várias obras de Educação Infantil, Ensino Fundamental e Ensino Médio

Fernando Viana

Doutor em Engenharia Mecânica pela Universidade Federal da Paraíba (UFPB)

Mestre em Matemática pela UFPB

Aperfeiçoamento em Docência no Ensino Superior pela Faculdade Brasileira de Ensino, Pesquisa e Extensão (Fabex)

Licenciado em Matemática pela UFPB

Professor efetivo do Instituto Federal de Educação, Ciência e Tecnologia da Paraíba (IFPB)

Professor do Ensino Fundamental, do Ensino Médio e de cursos pré-vestibulares há mais de 20 anos

O nome ***Teláris*** se inspira na forma latina *telarium*, que significa "tecelão", para evocar o entrelaçamento dos saberes na construção do conhecimento.

TELÁRIS

MATEMÁTICA

CADERNO DE ATIVIDADES

8

Direção Presidência: Mario Ghio Júnior
Direção de Conteúdo e Operações: Wilson Troque
Direção editorial: Luiz Tonolli e Lidiane Vivaldini Olo
Gestão de projeto editorial: Mirian Senra
Gestão e coordenação de área: Ronaldo Rocha
Edição: Pamela Hellebrekers Seravalli, Carlos Eduardo Marques e Paula Sampaio Meirelles (editores); Sirlaine Cabrine Fernandes e Darlene Fernandes Escribano (assist.)
Planejamento e controle de produção: Patrícia Eiras e Adjane Queiroz
Revisão: Hélia de Jesus Gonsaga (ger.), Kátia Scaff Marques (coord.), Letícia Pieroni (coord.), Rosângela Muricy (coord.), Ana Maria Herrera, Ana Paula C. Malfa, Brenda T. M. Morais, Daniela Lima, Gabriela M. Andrade, Heloísa Schiavo, Kátia S. Lopes Godoi, Luciana B. Azevedo, Maura Loria, Patricia Cordeiro, Patrícia Travanca, Raquel A. Taveira, Rita de Cássia C. Queiroz, Sandra Fernandez, Sueli Bossi, Vanessa P. Santos; Amanda T. Silva e Bárbara de M. Genereze (estagiárias)
Arte: Daniela Amaral (ger.), Erika Tiemi Yamauchi (coord.), Filipe Dias, Karen Midori Fukunaga e Renato Akira dos Santos (edição de arte)
Diagramação: Typegraphic
Iconografia e tratamento de imagem: Sílvio Kligin (ger.), Roberto Silva (coord.), Roberta Freire (pesquisa iconográfica), Cesar Wolf e Fernanda Crevin (tratamento)
Licenciamento de conteúdos de terceiros: Thiago Fontana (coord.), Flavia Zambon (licenciamento de textos), Erika Ramires, Luciana Pedrosa Bierbauer, Luciana Cardoso Sousa e Claudia Rodrigues (analistas adm.)
Ilustrações: Murilo Moretti, Paulo Manzi e Thiago Neumann
Cartografia: Eric Fuzii (coord.), Robson Rosendo da Rocha (edit. arte)
Design: Gláucia Correa Koller (ger.), Adilson Casarotti (proj. gráfico e capa), Erik Taketa (pós-produção), Gustavo Vanini e Tatiane Porusselli (assist. arte)
Foto de capa: Pgiam/E+/Getty Images

Avenida das Nações Unidas, 7221, 3º andar, Setor A
Pinheiros – São Paulo – SP – CEP 05425-902
Tel.: 4003-3061
www.atica.com.br / editora@atica.com.br

Dados Internacionais de Catalogação na Publicação (CIP)

Dante, Luiz Roberto
Teláris matemática 8º ano / Luiz Roberto Dante, Fernando Viana. - 3. ed. - São Paulo : Ática, 2019.

Suplementado pelo manual do professor.
Bibliografia.
ISBN: 978-85-08-19342-4 (aluno)
ISBN: 978-85-08-19343-1 (professor)

1. Matemática (Ensino fundamental). I. Viana, Fernando. II. Título.

2019-0173 CDD: 372.7

Julia do Nascimento - Bibliotecária - CRB - 8/010142

2024
Código da obra CL 742183
CAE 654376 (AL) / 654373 (PR)
3ª edição
1ª impressão
De acordo com a BNCC.

Impressão e acabamento: Bercrom Gráfica e Editora
Código da Op: 251825

Uma publicação 

Apresentação

Caro aluno,

Para aprender Matemática, é necessário compreender as ideias e os conceitos e saber aplicá-los em situações do cotidiano. Essas aplicações exigem também habilidade em resolver problemas e efetuar cálculos.

Elaboramos este Caderno de atividades para você rever e fixar conceitos, procedimentos e habilidades já estudados no livro. Quanto mais exercitar seu raciocínio lógico, resolvendo as atividades e os problemas propostos, mais facilidade terá com os assuntos de Matemática.

Vamos começar?

Um abraço.

O autor.

SUMÁRIO

Números, dos naturais aos racionais, e sequências

1 Considere estes conjuntos.

> *E*: conjunto das pessoas nascidas fora do Brasil (estrangeiros).
> *P*: conjunto das pessoas nascidas no estado de Pernambuco.
> *F*: conjunto das pessoas nascidas na cidade de Recife, estado de Pernambuco.
> *X*: conjunto das pessoas nascidas no estado em que se situa a escola onde você estuda.
> *Y*: conjunto das pessoas nascidas na cidade em que se situa a escola onde você estuda.
> *B*: conjunto das pessoas nascidas no Brasil.

a) Você pertence a quais desses conjuntos?

____

b) Cite 2 colegas da sua turma, um que pertence ao conjunto *Y* e outro que não pertence. Justifique.

____

____

____

c) Quais são os elementos do conjunto das pessoas que pertencem a *P* e não pertencem a *F*?

____

____

____

d) Dos conjuntos dados, cite 2 que não têm elemento comum.

____

e) Complete com **está contido** ou **não está contido**.

- *Y* _______________ em *X*.
- *P* _______________ em *E*.
- *P* _______________ em *B*.
- *B* _______________ em *P*.

f) Em que caso temos $Y = F$?

____

____

2 Considere os conjuntos numéricos $\mathbb{N}$, $\mathbb{Z}$ e $\mathbb{Q}$.

a) O número $-\frac{1}{5}$ pertence a quais desses conjuntos?

____

b) Cite um número que pertence a $\mathbb{Z}$ e não pertence a $\mathbb{N}$.

____

c) Cite um número que pertence a $\mathbb{N}$, a $\mathbb{Z}$ e a $\mathbb{Q}$.

____

d) Complete com $\in$ (pertence), $\notin$ (não pertence), $\subset$ (está contido) ou $\not\subset$ (não está contido).

- -12 _______ $\mathbb{N}$
- $0,\bar{7}$ _______ $\mathbb{Q}$
- $-3\frac{1}{4}$ _______ $\mathbb{Q}$
- 0 _______ $\mathbb{Z}$
- 8 _______ $\mathbb{Q}$
- $-6\frac{1}{5}$ _______ $\mathbb{Z}$
- $\mathbb{N}$ _______ $\mathbb{Q}$
- $\mathbb{N}$ _______ $\mathbb{Z}$
- $\mathbb{Z}$ _______ $\mathbb{N}$
- $\mathbb{Z}$ _______ $\mathbb{Q}$
- $\mathbb{Q}$ _______ $\mathbb{Z}$
- $\mathbb{Q}$ _______ $\mathbb{N}$

3 Quando lançamos 2 dados de cores diferentes e olhamos as faces voltadas para cima, uma das possibilidades é a indicada nesta imagem.

Ilustrações: Banco de imagens/ Arquivo da editora

a) Quantas são, no total, as possibilidades de lançamento?

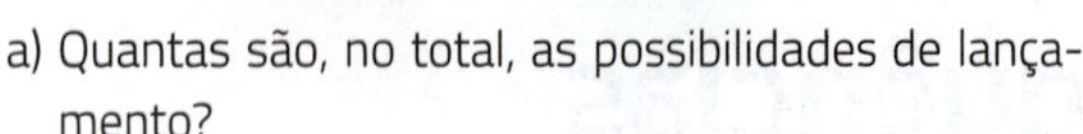

b) Qual operação podemos efetuar para chegar a esse valor?

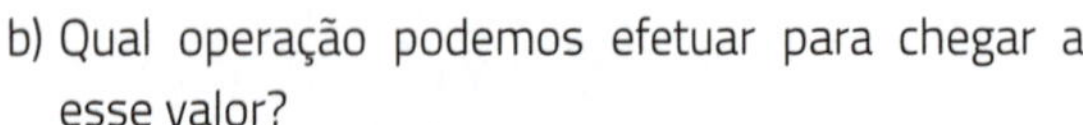

c) De todas as possibilidades, em quantas delas a soma dos pontos é igual a 8?

4 Indique simbolicamente os conjuntos citados.

a) $\mathbb{N}$: conjunto dos números naturais.

b) $\mathbb{N}^*$: conjunto dos números naturais sem o 0 (zero).

c) *A*: conjunto dos números naturais menores ou iguais a 9.

d) *B*: conjunto dos números naturais entre 42 e 127.

e) *C*: conjunto dos números naturais pares maiores do que 46.

f) *D*: conjunto dos números naturais que são sucessores dos múltiplos de 7.

g) *E*: conjunto dos números naturais primos que têm 1 algarismo.

5 Faça arredondamentos e cálculos aproximados e assinale o valor mais próximo do resultado de cada item. Depois, use um algoritmo ou uma calculadora para determinar os resultados exatos e conferir suas escolhas.

a) 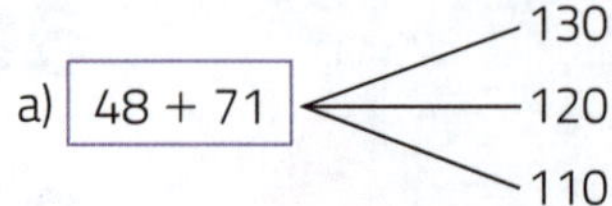

b) 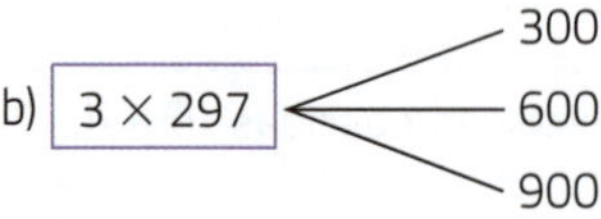

c) 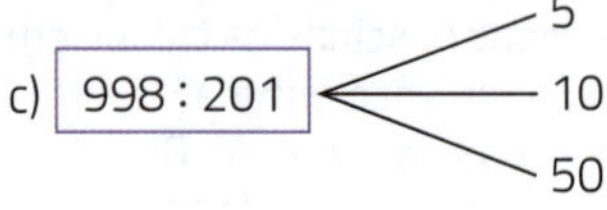

d) 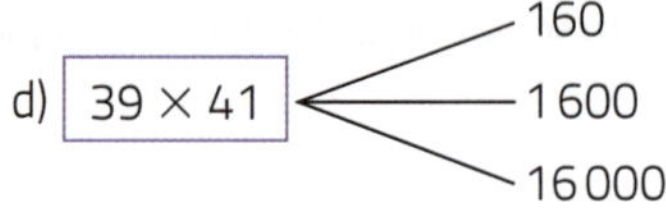

e) 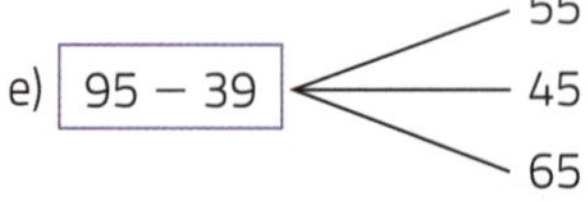

f) 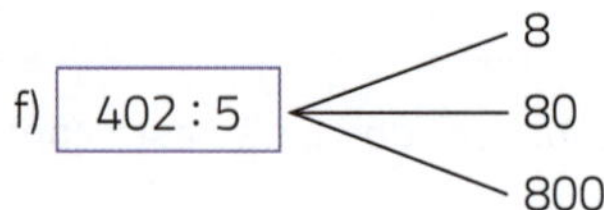

g) 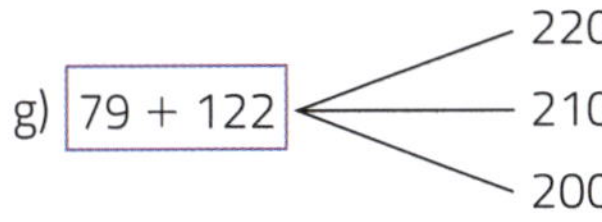

h) 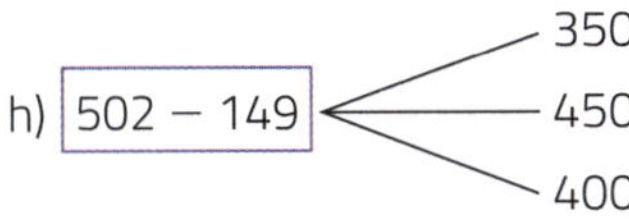

6 Indique o que se pede.

a) O antecessor de 20 000.

b) 3 números naturais consecutivos cuja soma é 57.

c) O maior número natural de 3 algarismos distintos.

d) O menor número natural ímpar de 4 algarismos.

e) O sucessor de 10 099.

f) O maior número natural primo menor do que 50.

7 Indique simbolicamente os conjuntos formados por números inteiros.

a) $\mathbb{Z}$: conjunto dos números inteiros.

b) $\mathbb{Z}^*$: conjunto dos números inteiros sem o 0 (zero).

c) $\mathbb{Z}_-$: conjunto dos números inteiros negativos com o 0 (zero).

d) $\mathbb{Z}_+^*$: conjunto dos números inteiros positivos.

e) *A*: conjunto dos números inteiros menores do que −3.

f) *B*: conjunto dos números inteiros entre −4 e +2.

g) *C*: conjunto dos números inteiros de −4 até +2.

8 Qual é o maior número natural de 8 algarismos diferentes que você pode digitar em uma calculadora? E o menor? Qual é a diferença entre esses números? Algum desses números é múltiplo de 7?

9 **Desafio.** Na grade abaixo, coloque os números naturais de 1 a 9, sem repeti-los, de modo a obter os produtos indicados em cada linha e em cada coluna.

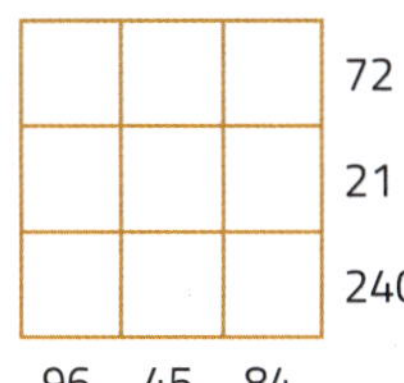

10 Determine os possíveis valores de x em cada item.

a) $x \in \mathbb{N}$ e $x < 3$.

____

b) $x \in \mathbb{N}$ e $x \geqslant 8$.

____

c) $x \in \mathbb{N}$ e $25 < x \leqslant 27$.

____

d) $x \in \mathbb{Z}$ e $x > -2$.

____

e) $x \in \mathbb{Z}$ e $x < 3$.

____

f) $x \in \mathbb{Z}$ e $x^2 = 16$.

____

g) $x \in \mathbb{Z}$ e $-6 \leqslant x \leqslant -3$.

____

h) $x \in \mathbb{N}$ e $x^2 = 16$.

____

i) $x \in \mathbb{Z}$ e $2x = 7$.

____

11 Observe o fuso horário das capitais de alguns países em relação a Brasília.

Lima (Peru)	Buenos Aires (Argentina)	Santiago (Chile)	Roma (Itália)	Tóquio (Japão)
-2	0	-1	$+5$	$+12$

Brasília.

Roma.

Ilustrações: Banco de imagens/Arquivo da editora

Complete os horários correspondentes entre as capitais de cada item.

a) Brasília: 14 h.

Roma: __________.

b) Brasília: 7 h.

Lima: __________.

c) Brasília: __________.

Lima: 7 h.

d) Brasília: 22 h.

Buenos Aires __________.

e) Brasília: 11 h.

Tóquio: __________.

f) Brasília: __________.

Roma: 10 h.

g) Santiago: 12 h.

Roma: __________.

h) Tóquio: 23 h.

Santiago: __________.

i) Roma: 15 h.

Tóquio: __________.

12 Localize os números racionais $A = \frac{2}{5}$, $B = \frac{16}{5}$, $C = \frac{8}{3}$, $D = -\frac{7}{2}$, $E = -\frac{23}{10}$ e $F = \frac{9}{5}$ nesta reta numerada, nos pontos destacados.

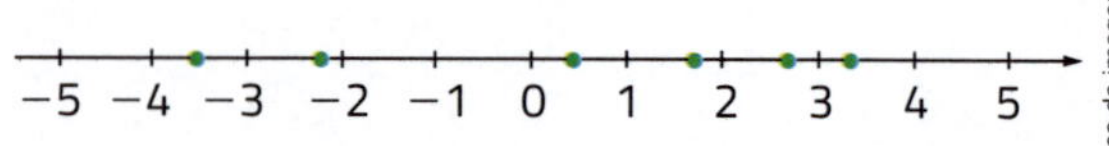

Banco de imagens/Arquivo da editora

13 ▸ Em cada item, determine o número mais adequado para diferenciar um valor do outro.

a) Depósito de R$ 120,00 → ____________

Retirada de R$ 120,00 → ____________

b) Ano 20 antes de Cristo → ____________

Ano 20 depois de Cristo → ____________

c) 35 m abaixo do nível do mar → ____________

35 m acima do nível do mar → ____________

d) Crédito de R$ 50,00 → ____________

Débito de R$ 50,00 → ____________

e) Avançar 2 m → ____________

Recuar 2 m → ____________

f) Saldo negativo de R$ 300,00 → ____________

Saldo positivo de R$ 300,00 → ____________

g) *Deficit* de R$ 2 milhões → ____________

Superavit de R$ 2 milhões → ____________

14 ▸ Escreva cada número racional na forma decimal.

a) $\frac{3}{8} =$ ____________

b) $1\frac{1}{4} =$ ____________

c) $6 =$ ____________

d) $\frac{17}{99} =$ ____________

e) $\frac{8}{3} =$ ____________

f) $\frac{4}{15} =$ ____________

g) $-3\frac{7}{9} =$ ____________

h) $-8 =$ ____________

15 ▸ Observe esta sequência de números racionais.

$$\left(\frac{1}{3}, \frac{4}{6}, 1, \frac{4}{3}, \frac{25}{15}, \ldots\right)$$

a) Qual número ocupará a 6ª posição dessa sequência?

b) E a 7ª posição?

c) Qual posição ocupará a fração $\frac{289}{51}$? Justifique sua resposta.

d) Qual será o numerador da fração que é o 86º termo dessa sequência?

e) É possível escrever uma generalização que estabeleça uma relação entre a posição do termo na sequência e o valor dele, na forma de fração? Verifique sua veracidade.

f) É possível escrever uma generalização que estabeleça uma relação entre um termo da sequência e o termo anterior a ele, ambos na forma de fração? Verifique sua veracidade.

16 ▸ Classifique cada sequência como finita ou infinita.

a) A sequência dos meses de 1 ano.

b) A sequência dos números primos positivos.

c) A sequência dos números naturais menores que 100.

d) A sequência dos governadores do estado do Pará até o ano atual.

e) A sequência dos números primos e pares.

f) A sequência dada por $a_n = 2n + 3$, com $n \in \mathbb{N}$.

17 ▸ Escreva cada número racional na forma de fração irredutível.

a) $3\frac{2}{9} =$ ________

b) $0{,}41 =$ ________

c) $0{,}\overline{12} =$ ________

d) $-2 =$ ________

e) $1{,}8 =$ ________

f) $0{,}7\bar{2} =$ ______

g) $1{,}\bar{1} =$ ______

h) $-\frac{4}{8} =$ ______

f) $\sqrt{64}$, em $\mathbb{N}$.

______

g) $\sqrt{5}$, em $\mathbb{Q}$.

______

h) $4 - 7$, em $\mathbb{N}$.

______

i) 10^{-1}, em $\mathbb{Z}$.

______

18 Assinale apenas as operações possíveis de serem efetuadas nos conjuntos dados e, em seguida, registre o resultado de cada uma delas.

a) $3 : 8$, em $\mathbb{N}$.

______

b) $9 - 10$, em $\mathbb{Z}$.

______

c) $4 : 5$, em $\mathbb{Q}$.

______

d) $8 \div 11$, em $\mathbb{Z}$.

______

e) $12 - 0$, em $\mathbb{N}$.

______

19 Compare cada par de números racionais colocando $>$, $<$ ou $=$ entre eles.

a) $\frac{3}{8}$ ______ $\frac{5}{12}$

b) $\frac{4}{9}$ ______ $\frac{7}{9}$

c) $-\frac{2}{5}$ ______ $-\frac{3}{7}$

d) $-2\frac{1}{4}$ ______ $+1\frac{5}{9}$

e) $3{,}62$ ______ $2{,}951$

f) $0{,}48$ ______ $0{,}4\bar{7}$

g) 1 ______ $0{,}64$

h) $2{,}3$ ______ $2{,}30$

i) $1\frac{1}{2}$ ______ $1{,}5$

20 Assinale apenas as raízes quadradas cujos valores são números racionais. Em seguida, escreva cada um desses números na forma decimal (exata ou dízima periódica).

a) $\sqrt{1{,}69}$ = ________

b) $\sqrt{\frac{18}{50}}$ = ________

c) $\sqrt{0{,}9}$ = ________

d) $\sqrt{\frac{16}{21}}$ = ________

e) $\sqrt{0{,}09}$ = ________

f) $\sqrt{0{,}0576}$ = ________

g) $\sqrt{\frac{49}{81}}$ = ________

h) $\sqrt{3\frac{1}{16}}$ = ________

21 Escreva entre quais números inteiros consecutivos fica cada número racional dado.

a) $-2\frac{3}{7}$

____

b) $5{,}\overline{8}$

____

c) $\frac{5}{9}$

____

d) $-\frac{4}{3}$

____

e) 12,7

____

f) $-\frac{1}{4}$

____

g) $\frac{19}{5}$

____

h) −6,1

____

22 Observe esta sequência de cartas com patinhos.

Banco de imagens/Arquivo da editora

a) Faça um desenho representando a 9ª carta dessa sequência e outro representando a 11ª carta.

b) Nas 30 primeiras cartas dessa sequência, quantas delas apresentam apenas 1 patinho?

____

c) Quantos patinhos foram desenhados na 6ª figura?

____

d) Como deverá ser a 100ª carta dessa sequência?

____

23 › Usando uma calculadora, podemos escrever as primeiras casas decimais de números cuja raiz quadrada não é um número racional. Veja alguns exemplos e, a partir deles, escreva os valores citados nos itens.

- $\sqrt{661} = 25{,}70992026...$
- $\sqrt{46} = 6{,}782329983...$
- $\sqrt{140} = 11{,}83215957...$

a) $\sqrt{661}$ com aproximação de inteiro por falta:

_______________.

b) $\sqrt{661}$ com aproximação de décimo por falta:

_______________.

c) $\sqrt{661}$ com aproximação de centésimo por excesso:

_______________.

d) $\sqrt{46}$ com aproximação de centésimo por falta:

_______________.

e) $\sqrt{140}$ com aproximação de milésimo por excesso:

_______________.

f) $\sqrt{46}$ com aproximação de décimo por falta:

_______________.

24 › Assinale apenas as raízes quadradas cujo valor pertence ao conjunto dos números inteiros e escreva esse valor.

a) $\sqrt{-25} =$ _______________

b) $\sqrt{49} =$ _______________

c) $\sqrt{14} =$ _______________

d) $\sqrt{100} =$ _______________

e) $\sqrt{-100} =$ _______________

f) $\sqrt{+81} =$ _______________

g) $\sqrt{+225} =$ _______________

h) $\sqrt{+1936} =$ _______________

25 › Observe esta reta numerada.

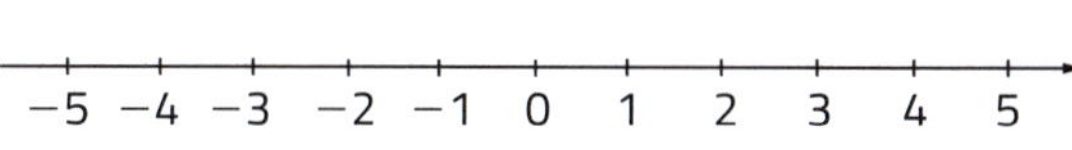

Banco de imagens/Arquivo da editora

a) Descreva como podemos localizar os números racionais $-\frac{13}{5}$ e $\frac{9}{4}$ e, depois, localize-os na reta numerada.

____

____

____

____

b) Calcule a medida de distância entre esses números.

____

26 ▸ Transforme as dízimas periódicas simples em frações irredutíveis usando equações.

a) $0,\overline{21} =$ ________

b) $0,\overline{8} =$ ________

d) $1,\overline{8} =$ ________

e) $0,2\overline{91} =$ ________

f) $0,34\overline{7} =$ ________

g) $0,19\overline{45} =$ ________

h) $0,2\overline{3} =$ ________

i) $2,5\overline{8} =$ ________

27 ▸ Transforme as dízimas periódicas em frações irredutíveis usando os processos práticos.

a) $2,\overline{4} =$ ________

b) $0,\overline{32} =$ ________

c) $0,\overline{126} =$ ________

28 ▸ Calcule a medida de volume V de cada cubo, conhecendo a medida de comprimento a das arestas.

a) $a = 5$ cm

____

b) $a = 2,3$ dm

____

c)

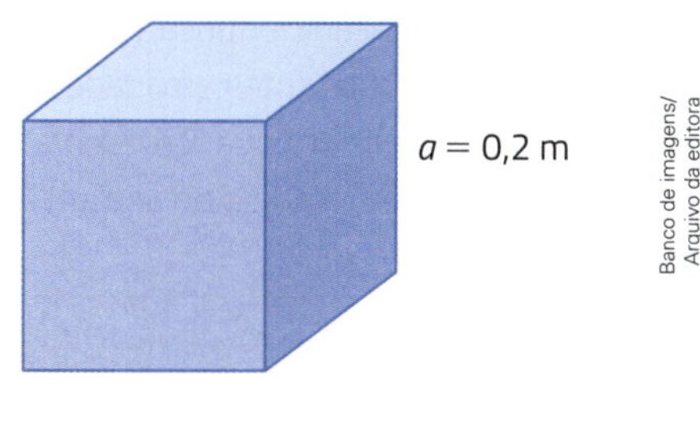

Banco de imagens/Arquivo da editora

29 ▸ Agora, calcule a medida de comprimento a das arestas de cada cubo, conhecendo a medida de volume V dele.

a) $V = 216\ cm^3$

b) $V = 1\,000\ m^3$

30 ▸ Observe esta sequência formada com casas feitas com palitos.

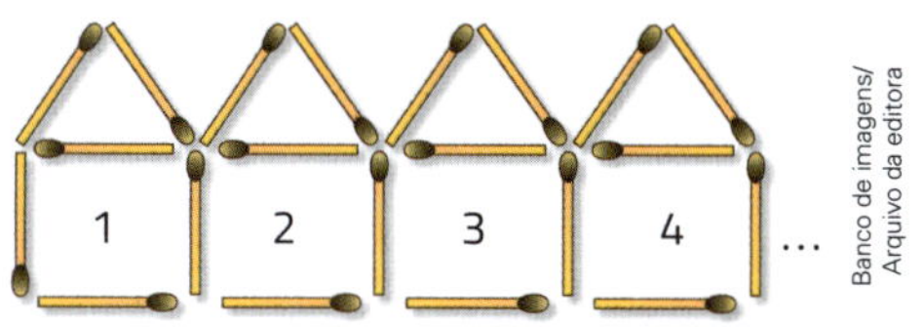

Banco de imagens/Arquivo da editora

a) Quantos palitos são necessários para construir 1 casa? E 2 casas?

b) Se continuarmos essa sequência, então quantos palitos utilizaremos na construção de 5 casas? E de 10 casas?

c) Com 41 palitos, quantas casas conseguiremos construir nessa sequência? Sobrará algum palito? Justifique sua resposta.

d) Com 102 palitos, conseguiremos construir quantos termos dessa sequência? Sobrará algum palito? Justifique sua resposta.

e) Complete esta tabela.

Construção de casas com palitos

Número de casas	Número de palitos
1	
2	
3	
4	
10	
20	
25	
50	
n	

Tabela elaborada para fins didáticos.

f) Qual foi a relação estabelecida entre o número de palitos utilizados e o número de casas formadas na sequência? Verifique sua veracidade.

31 ▸ Escreva cada dízima periódica em forma de fração irredutível.

a) $0,\overline{27}$ = ________

b) $1,7\overline{5}$ = ________

c) $0,\overline{291}$ = ________

d) $0,2\overline{91}$ = ________

32 ▸ Escreva o que se pede.

a) Um número racional que fica entre 5 e 6.

____

b) Um número que fica entre 5 e 6, mas não é racional.

____

c) Um número racional que fica entre 0 e 1.

____

33 ▸ **Conexões.** Leia esta notícia.

> A população chinesa em idade ativa (de 16 a 59 anos) reduziu em quase 5,5 milhões em 2017, sexto ano consecutivo de declínio, estabelecendo-se em 902 milhões de pessoas (65% da população total).
>
> G1-GLOBO. *Mundo*. Disponível em: <https://g1.globo.com/mundo/noticia/2019/01/03/populacao-chinesa-cai-em-2018-pela-primeira-vez-em-70-anos.ghtml>. Acesso em: 6 jan. 2019.

a) Usando notação científica, escreva o número aproximado de habitantes em idade ativa na China, em 2017, e o número que representa a redução dessa população em relação ao ano anterior.

____

b) Calcule o número aproximado de habitantes em idade ativa no ano de 2016 e expresse-o em notação científica.

____

34 ▸ Classifique as fórmulas das sequências em fórmula do termo geral ou fórmula de recorrência e, depois, construa as sequências.

a) $a_n = 2n + 1$, com $n = 1, 2, 3, \ldots$

____

b) $a_{n+1} = a_n + 5$, com $a_1 = 10$ e $n = 2, 3, 4, \ldots$

____

c) $a_{n+2} = a_{n+1} + a_n$, com $a_1 = 1$, $a_2 = 1$ e $n = 1, 2, 3, \ldots$

____

d) $a_n = 2^{n-1}$, com $n = 1, 2, 3, \ldots$

____

35 ▸ Assinale apenas os números que são racionais e escreva cada um deles na forma de fração irredutível.

a) $+1\frac{4}{9}$ = ____________

b) $-\frac{6}{8}$ = ____________

c) $-0,4$ = ____________

d) $+0,04$ = ____________

e) $\sqrt{16}$ = ____________

f) $\sqrt{35}$ = ____________

g) $\sqrt{36}$ = ____________

h) -4 = ____________

36 ▸ Efetue as operações usando apenas números inteiros.

a) $(-32) \cdot (-8)$ = ________

b) $(-32) - (-8)$ = ________

c) $(-32) : (-8)$ = ________

d) $(-32) + (-8)$ = ________

e) $(-8)^3$ = ________

f) $\sqrt{+256}$ = ________

g) $\sqrt{-100}$ = ________

h) $-26 + 104$ = ________

i) $-12 + 6 + 9 - 14 + 1$ = ________

j) $(-33)(+11)$ = ________

k) $(-2)(-4)(+3)(-5)(-2)$ = ________

l) $\dfrac{-8+6}{(-4)-(-2)}$ = ________

37 ▸ Analise os números que aparecem nos quadrinhos e escreva o que se pede.

$0,\overline{2}$	$\frac{3}{3}$	148	$\sqrt{25}$	-9
$-\frac{2}{9}$	$+1\frac{4}{6}$	$+6$	$\sqrt{-9}$	
0	2,61	$\sqrt{7}$	$-2,0$	

a) Os números que são naturais.

____

____

b) Os números que são inteiros.

____

____

c) Os que são racionais.

____

____

d) Os que não são racionais.

____

____

38 › **Desafio.** Verifique se o valor de cada raiz quadrada é um número racional ou não. Quando não for um número racional, descubra entre quais naturais inteiros consecutivos o valor dela fica.

Veja os exemplos.

- $\sqrt{18}$ não é um número racional; $\sqrt{18}$ fica entre 4 e 5, pois $4^2 = 16$ e $5^2 = 25$.
- $\sqrt{64}$ é um número racional; $\sqrt{64} = 8$.

a) $\sqrt{70}$

b) $\sqrt{37}$

c) $\sqrt{49}$

d) $\sqrt{256}$

e) $\sqrt{1000}$

39 › **Desafio.** Descubra o valor de x em cada item, para $x \in \mathbb{Z}$.

a) $x^2 = 16$

b) $x^4 = 16$, sendo x um número natural;

c) $3^x = 243$

d) $\sqrt{x} = 9$

e) $x^3 = -64$

f) $x = 4^3 - 3^4$

g) $8^x = 1$

h) $3^x = \frac{1}{9}$

i) $x^3 = \dfrac{8}{343}$

j) $10^x = 0{,}0001$

40 › Complete a tabela com os cubos perfeitos cujas raízes cúbicas são os números naturais de 1 a 10.

Raízes cúbicas de 1 a 10

Cubos perfeitos	Raiz cúbica
1	1
8	2
1000	

Tabela elaborada para fins didáticos.

41 › Escreva o que se pede.

a) O número 1 296 como potência de base 6.

b) O número 8 como potência de base $\dfrac{1}{2}$.

c) O número −729 como potência de expoente 3.

d) O número 1 como potência de base −4.

____

42 ▸ Calcule o valor de cada potência.

a) $2^{-4} =$ ____________

b) $2^{4} =$ ____________

c) $(-2)^{4} =$ ____________

d) $(-2)^{-4} =$ ____________

e) $-2^{4} =$ ____________

f) $-2^{-4} =$ ____________

g) $3^{-1} =$ ____________

h) $\left(-\frac{4}{5}\right)^{-1} =$ ____________

i) $(+0{,}3)^{-1} =$ ____________

j) $\left(-2\frac{3}{4}\right)^{-1} =$ ____________

k) $0^{-1} =$ ____________

l) $\left(-\frac{1}{4}\right)^{-1} =$ ____________

m) $(+3{,}4)^{2} =$ ____________

n) $\left(-1\frac{3}{5}\right)^{-2} =$ ____________

o) $10^{-5} =$ ____________

p) $(-10)^{5} =$ ____________

q) $(3{,}2)^{0} =$ ____________

r) $\left(-2\frac{4}{5}\right)^{1} =$ ____________

s) $4^{\frac{1}{2}} =$ ____________

t) $27^{\frac{1}{3}} =$ ____________

u) $8^{\frac{2}{3}} =$ ____________

43 ▸ Reduza cada expressão a uma única potência.

a) $3^{-2} \times 3^{5} =$ ____________

b) $4^6 : 4^{-2} =$ ____________

c) $(2^7)^3 =$ ____________

d) $5^3 \cdot 7^3 =$ ____________

e) $25^7 : 5^7 =$ ____________

f) $3^8 \cdot 3^5 \cdot 3 =$ ____________

g) $6^{10} : 6^7 \cdot 6^{-1} =$ ____________

h) $(3^{-4})^{-2} =$ ____________

i) $(-2{,}3)^4 \cdot (-0{,}7)^4 =$ ____________

j) $\left(\frac{3}{8}\right)^5 : \left(\frac{3}{8}\right)^2 =$ ____________

k) $\left[(-3)^4\right]^2 =$ ____________

l) $2^7 \cdot 4^3 =$ ____________

44 Use as palavras indicadas na lousa para completar as frases.

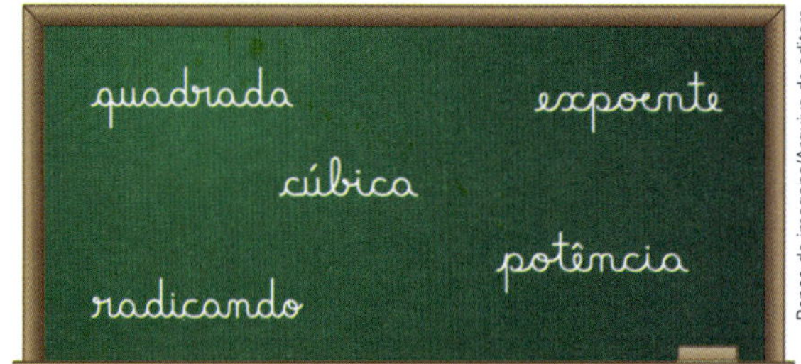

Calcular o valor de uma ____________ com expoente igual $\frac{1}{2}$ equivale a calcular o valor da raiz ____________ da base da potência.

Para calcular o valor da raiz ____________ de um número, podemos elevar o ____________ ao ____________ $\frac{1}{3}$.

45 Efetue os cálculos e determine o valor de cada expressão numérica, na forma de notação científica.

a) $(3{,}7 \cdot 10^3) \cdot (5{,}0 \cdot 10^{-1}) =$ ____________

b) $(3{,}6 \times 10^3) : (1{,}2 \times 10^2) =$ ____________

c) $(5{,}1 \times 10^{-3}) \times (3{,}2 \times 10^3) =$ ____________

d) $(2{,}965 \cdot 10^7) \div (5{,}0 \cdot 10^{-3}) =$ ____________

46 **Notações.** Com o estudo da potenciação tendo como expoente um número inteiro negativo, você aprendeu mais uma notação, ou seja, mais uma maneira de representar números racionais. Examine estes exemplos.

- $0{,}5 = \frac{1}{2} = 2^{-1}$
- $0{,}25 = \frac{1}{4} = \frac{1}{2^2} = 2^{-2}$
- $0{,}1 = \frac{1}{10} = 10^{-1}$
- $0{,}002 = \frac{2}{1000} = \frac{2}{10^3} = 2 \cdot \frac{1}{10^3} = 2 \cdot 10^{-3}$

Represente de 3 maneiras diferentes cada número racional: na forma de fração irredutível, na forma decimal e usando potência de expoente negativo.

a) Um quinto.

____

b) Quatro centésimos.

____

c) Cento e vinte e cinco milésimos.

____

d) Um centésimo.

____

e) Três décimos de milésimo.

____

f) Quatro milionésimos.

____

47 Transforme a escrita decimal em notação científica ou vice-versa.

a) 3 800 000 000 = ______________________

b) 0,000023 = ______________________

c) $1{,}42 \cdot 10^6$ = ______________________

d) $3{,}9 \times 10^{-4}$ = ______________________

48 A medida de comprimento do diâmetro de um grão de areia varia entre 0,0006 m e 0,0021 m. Escreva esses números em notação científica.

____

49 **Caçando as 10.** No quadro abaixo há exatamente 10 afirmações corretas. Descubra quais são e assinale-as.

$3{,}4 = \frac{17}{5}$	$-2{,}1 > -3$	$3^4 \cdot 3^2 = 3^8$	$\frac{7}{3} = 2{,}\overline{3}$
$-2 + 1\frac{1}{4} = -\frac{3}{4}$	$(-2{,}5)^0 = 1$	$+4\frac{1}{4} < -5$	$\sqrt{26} \in \mathbb{Q}$
$(-2) \cdot \left(2\frac{1}{2}\right) = +1$	$-3{,}6 + 3{,}6 = 0$	$\lvert -6 \rvert = \lvert +6 \rvert$	$10^{-1} = 0{,}1$
$10^{-4} : 10^2 = 10^{-6}$	$(5^3)^4 = 5^7$	$2{,}3 \times 10^{-4} = 0{,}00023$	

50 Indique o valor de cada expressão numérica usando uma única potência de base 10.

a) $1000 \cdot 100 \cdot 10$ = ____________

b) $10000 \div 100 \times 1000000$ = ____________

c) $100000000 : 100 \cdot 1000000$ = ____________

d) $100 \times 1000 \times 1000$ = ____________

e) $1000 : 100 \cdot 1000$ = ____________

51 Escreva em ordem crescente as raízes quadradas cujos valores são os números naturais de 11 a 18.

____

____

52 ▸ O computador de Lucas foi infectado por um novo vírus, o Paparismo, que apaga alguns algarismos dos números digitados. Após Lucas digitar um número quadrado perfeito de 4 algarismos diferentes de 0, o Paparismo apagou o algarismo das unidades de milhar, restando um número que é o cubo de um número inteiro. Logo em seguida, o vírus apagou o algarismo das centenas, sobrando um número que é a quarta potência de um número inteiro. Qual número foi digitado por Lucas? Use uma calculadora para descobrir.

____

53 ▸ Leia estas informações.

- A medida de comprimento do diâmetro do Sol é de, aproximadamente, 1,4 milhão de quilômetros.
- A medida de massa do Sol é cerca de 333 mil vezes maior do que a medida de massa da Terra. A medida de massa da Terra é de, aproximadamente, $6 \cdot 10^{24}$ kg.

a) Faça a decomposição do primeiro número dado usando potências de base 10.

____

b) Escreva o número que representa a medida de massa do Sol usando notação científica.

____

54 ▸ Indique e calcule o valor de cada raiz.

a) A raiz quadrada de 121.

____

b) A raiz quadrada de 900.

____

c) A raiz quadrada de 441.

____

d) A raiz quadrada de 160 000.

____

55 ▸ Assinale os itens que apresentam igualdades verdadeiras.

a) $6^2 = 12$

b) $6^2 = 36$

c) $5^3 = 125$

d) $4^4 = 64$

e) $\sqrt{40} = 20$

f) $\sqrt{400} = 20$

g) $\sqrt{961} = 31$

h) $8 - 5 + 3 = 0$

i) $8 - 5 + 3 = 6$

j) $8 - (5 + 3) = 0$

k) $(5^2)^2 = 625$

l) $\sqrt{1\,944} = 42$

56 Complete as igualdades com os números 13, 5 329, 71 e 4 913.

a) $17^3 =$ ________

b) ________$^2 = 5041$

c) $2^{—} = 8192$

d) $\sqrt{\_\_\_\_\_\_} = 73$

57 Escreva o número na forma indicada.

a) 16 na forma de potência de base 4.

____

b) 16 na forma de potência de expoente 4.

____

c) 7 na forma de raiz quadrada.

____

d) 36 na forma de uma soma de 2 parcelas iguais.

____

e) 729 na forma de potência de expoente 3.

____

58 Determine geometricamente o valor de $\sqrt{529}$.

59 Sendo $x = 64$, determine o que se pede.

a) O valor de $2x$.

____

b) O valor da raiz quadrada de x^2.

____

c) O valor da raiz quadrada de x.

____

60 Observe este esquema.

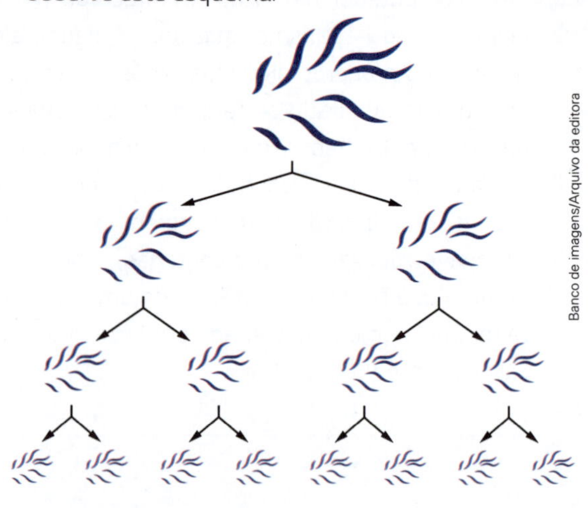

a) Considerando esse esquema, quantas bactérias serão originadas na 5ª geração? E na 6ª?

____

b) Alguma geração produzirá 256 bactérias? Se sim, em qual geração ocorrerá esse fato?

____

c) A partir de qual geração serão produzidas mais de 1 000 bactérias? Justifique seu raciocínio.

____

____

____

d) Até a 5ª geração, qual será o total de bactérias produzidas? E até a 10ª geração?

e) Complete esta tabela.

Reprodução de bactérias

Número da geração	1	2	3	4	5	10	20	*n*
Número de bactérias produzidas na geração (*b*)								
Número total de bactérias até a geração (*T*)								

Tabela elaborada para fins didáticos.

f) Qual foi a relação estabelecida entre o número da geração e o número de bactérias produzidas nessa geração? Verifique a veracidade dessa relação.

g) Qual foi a relação estabelecida entre o número da geração e o número total de bactérias produzidas? Verifique a veracidade dessa relação.

61› Neste capítulo, você estudou alguns conjuntos numéricos. Complete este mapa conceitual com o nome de cada um deles e uma das representações.

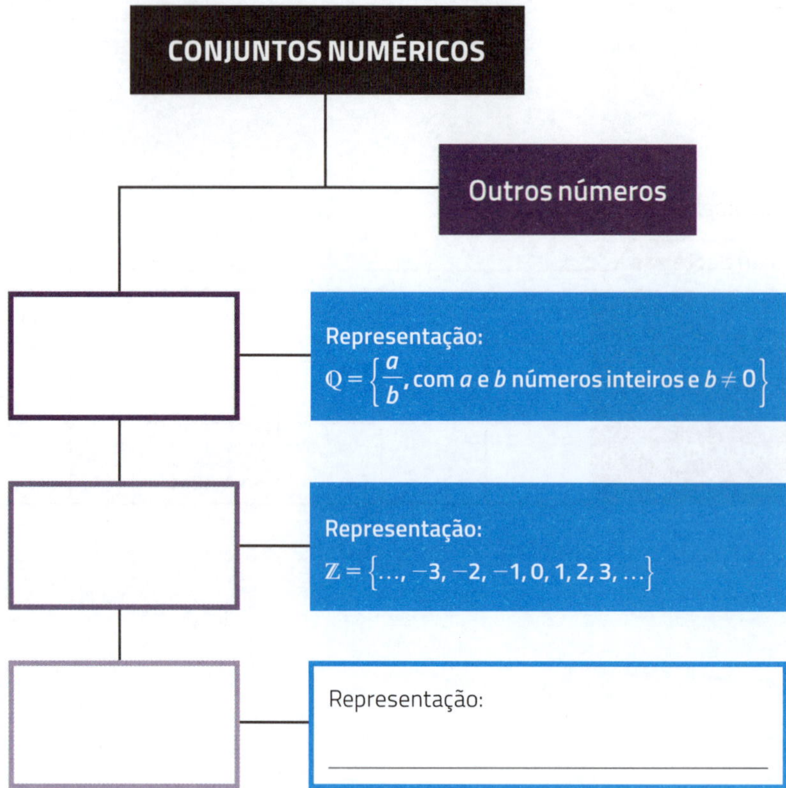

62› Neste capítulo, você também viu diferentes classificações de um decimal. Complete este mapa conceitual.

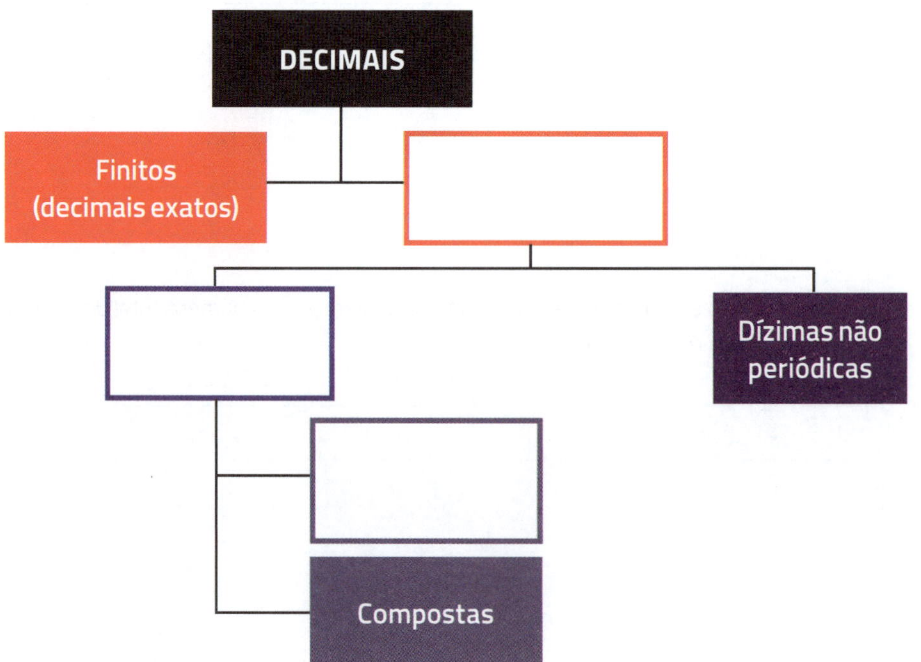

Lugares geométricos e construções geométricas

1 ▸ A medida de comprimento do raio de uma circunferência é de 4 cm. A região determinada por ela foi dividida em 3 setores circulares, cuja medida de abertura de cada ângulo, em graus, é dada por $2x$, $x - 20°$ e $x + 60°$.

Use régua, compasso e transferidor para construir uma figura como essa. Depois, pinte o maior setor de azul, o menor de amarelo e o terceiro de verde.

2 ▸ Sem usar transferidor, construa um hexágono regular com medida de perímetro de 30 cm.

3 Nesta figura, $\overrightarrow{QB}$ é a bissetriz de $P\hat{Q}R$.

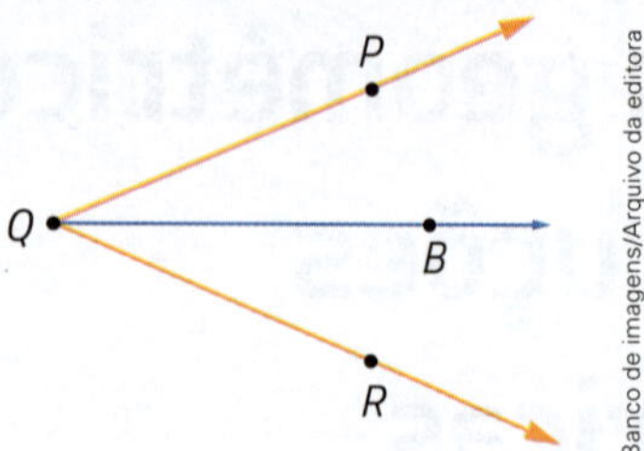

A partir dessa figura, complete os itens.

a) A abertura de _______________ mede o dobro da abertura de _______________.

b) _______________ e _______________ têm medidas de abertura iguais.

c) A abertura de _______________ mede a metade da abertura de _______________.

4 Construa uma circunferência com medida de comprimento do raio de 3,5 cm. Em seguida, divida-a em 6 arcos iguais e trace o polígono regular correspondente. Por fim, ligue o centro da circunferência aos vértices do polígono.

5 Observe a figura que você construiu na atividade anterior e responda.

a) Quantos triângulos foram formados?

____

b) Qual é a medida de abertura dos ângulos internos de cada um desses triângulos?

____

c) Qual nome damos a cada um desses triângulos, quanto aos lados? Por quê?

____

____

6 Nesta figura, o polígono é um dodecágono regular inscrito em uma circunferência de centro O.

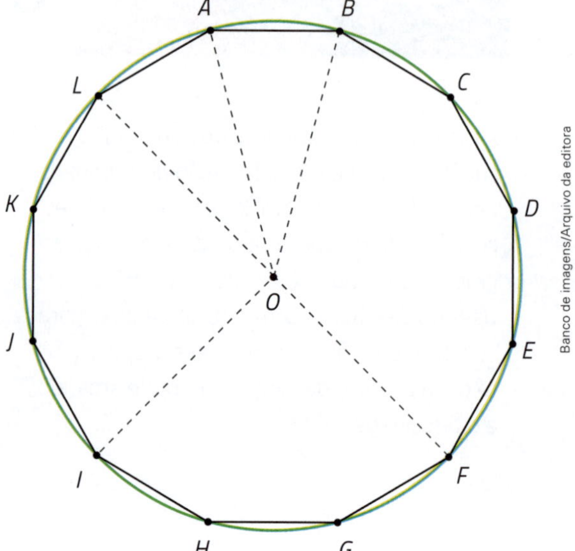

Determine a medida de abertura de cada ângulo.

a) $m(A\hat{O}B)$ = _______________

b) $m(O\hat{A}B)$ = _______________

c) $m(B\hat{C}D)$ = _______________

d) $m(I\hat{O}L)$ = _______________

e) $m(L\hat{O}B)$ = _______________

f) $m(L\hat{O}F)$ = _______________

7› Considere um bolo circular cujo raio tem medida de comprimento de 20 cm. Faça o desenho da vista de cima desse bolo, na escala de 1 cm para 10 cm, com a divisão em 6 pedaços de mesma forma e mesmo tamanho. Depois, descreva como será o desenho de cada pedaço.

8› No jogo de Pinobol, os competidores devem acertar argolas em um pino situado a exatamente 3 m de cada competidor. Além disso, cada competidor deve manter uma medida de distância mínima de 3 m um do outro. Nessas condições, quantos competidores podem participar no máximo de uma mesma partida de Pinobol?

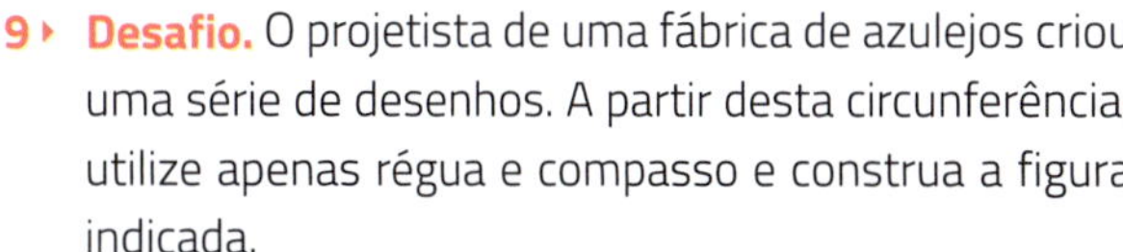

9› **Desafio.** O projetista de uma fábrica de azulejos criou uma série de desenhos. A partir desta circunferência, utilize apenas régua e compasso e construa a figura indicada.

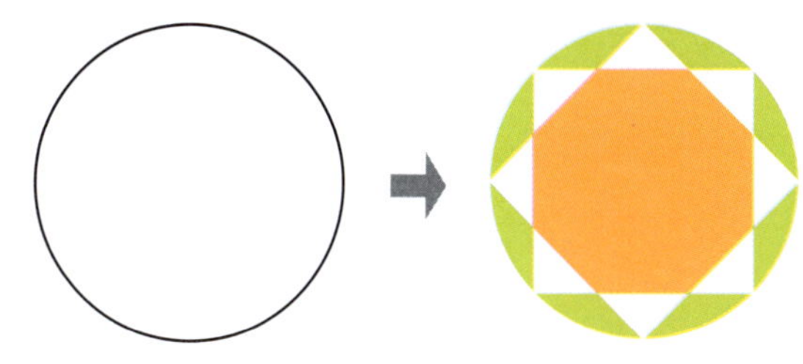

Ilustrações: Banco de imagens/Arquivo da editora

10› **Desafio.** Nesta figura, a medida de abertura do ângulo $\hat{1}$ é de 48° 15' e a reta *u*, paralela à reta *t*, é a bissetriz do ângulo $A\hat{C}D$. Determine as medidas de abertura dos ângulos $\hat{2}$ e $\hat{3}$.

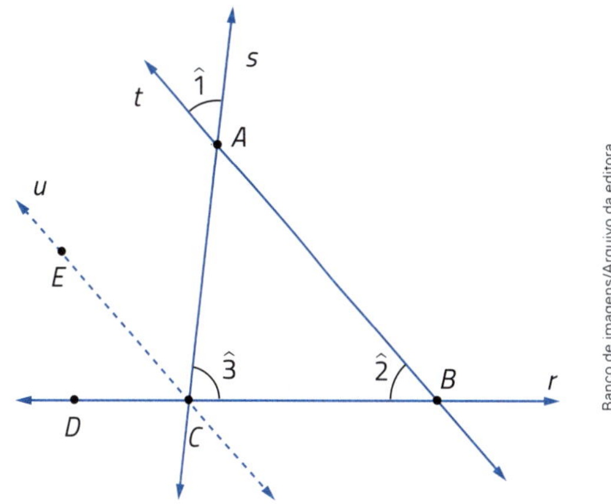

Banco de imagens/Arquivo da editora

11› Considere os segmentos de reta e os ângulos a seguir, com as respectivas medidas de comprimento e medidas de abertura indicadas, e construa as figuras pedidas nos itens. Use régua sem graduação e compasso.

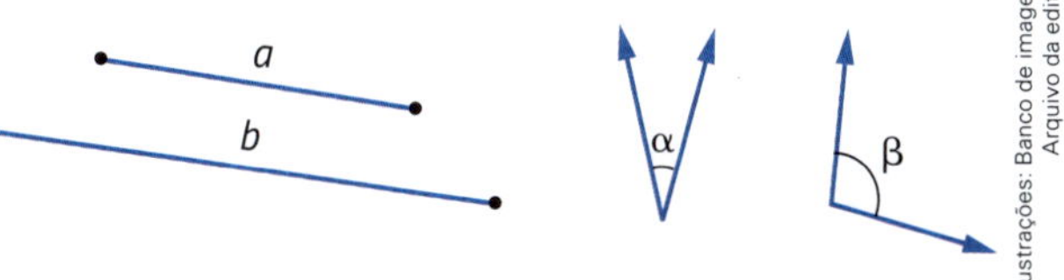

Ilustrações: Banco de imagens/Arquivo da editora

a) Um segmento de reta $\overline{RS}$ de medida de comprimento *b*. Em seguida, localize o ponto médio *M*.

b) Um triângulo *EFG* tal que $m(\overline{EF}) = a$, $m(\hat{E}) = \beta$ e $m(\hat{F}) = \alpha$.

c) Um ângulo $D\widehat{H}Q$ de medida de abertura x tal que $x + \beta = 180°$.

d) Um paralelogramo com medida de perímetro $2a + 2b$, no qual a abertura de um dos ângulos meça α.

e) Um triângulo cujos lados tenham medida de comprimento b, a e a. Depois, trace a altura relativa ao lado de medida de comprimento b.

f) Um ângulo $M\hat{O}N$ de medida de abertura β. Em seguida, trace a bissetriz $\overrightarrow{OP}$.

g) Um segmento de reta $\overline{XY}$ de medida de comprimento a e a mediatriz m dele.

12 › Usando régua e compasso, faça o que se pede.

a) Construa um triângulo equilátero cujos lados têm medidas de comprimento de 5 cm.

b) Responda: Qual é a medida de abertura dos ângulos internos do triângulo que você construiu?

____

c) Usando os ângulos internos desse triângulo, construa um ângulo de medida de abertura de 120°, um de 240° e um de 30°.

d) Agora, construa um ângulo de medida de abertura de 15° e um de 7,5°.

13 ▸ Para ornamentar uma festa na escola, Luciana e alguns colegas confeccionaram peixinhos usando regiões triangulares isósceles. Todos os peixinhos foram feitos apresentando simetria axial.

a) Veja as regiões triangulares utilizadas e um dos peixinhos confeccionados por eles.

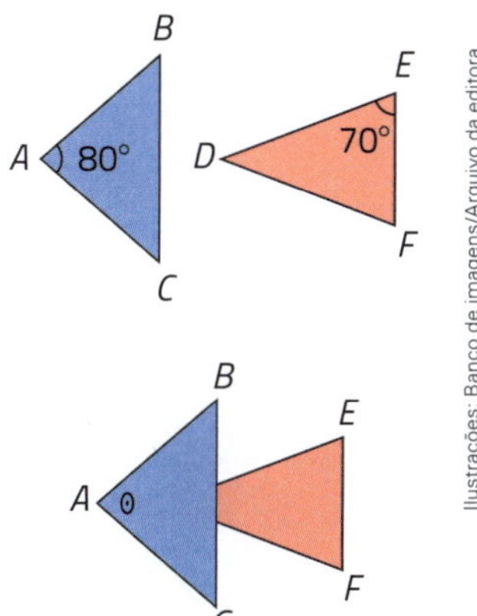

Ilustrações: Banco de imagens/Arquivo da editora

Analise as informações dadas e determine a medida de abertura dos ângulos $\hat{A}$ a $\hat{F}$, sem usar transferidor.

- $m(\hat{A}) =$ ____________
- $m(\hat{D}) =$ ____________
- $m(\hat{B}) =$ ____________
- $m(\hat{E}) =$ ____________
- $m(\hat{C}) =$ ____________
- $m(\hat{F}) =$ ____________

b) Considere sempre os ângulos $\hat{A}$ a $\hat{F}$ nas mesmas posições do item anterior. Em cada caso, determine a medida de abertura dos 6 ângulos, sem usar transferidor, e considerando as regiões triangulares isósceles de bases $\overline{BC}$ e $\overline{EF}$.

I.

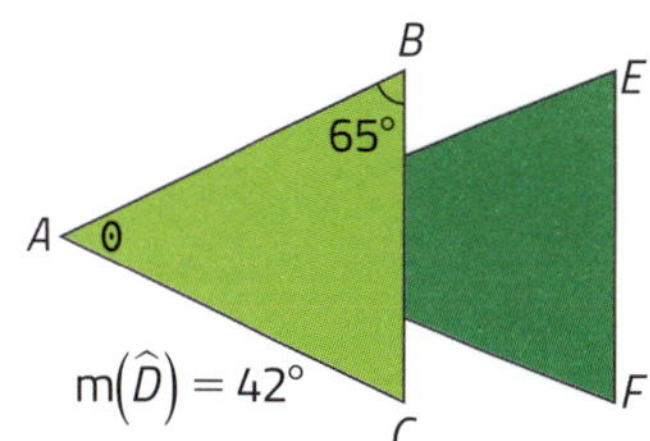

Ilustrações: Banco de imagens/Arquivo da editora

____

____

II.

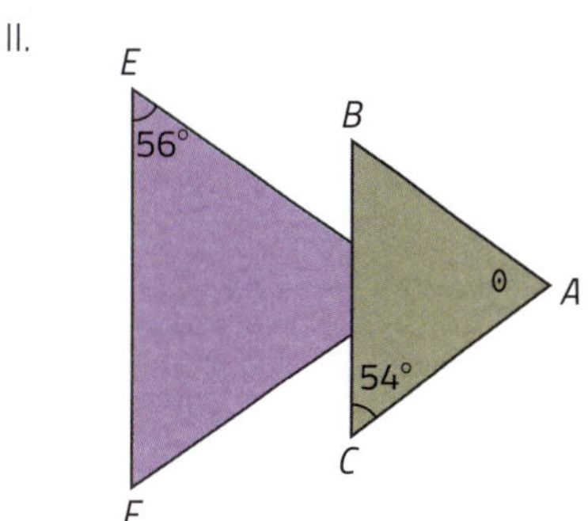

____

____

c) Agora, usando régua e transferidor, construa mais 2 peixinhos de acordo com as informações dadas. Pinte como desejar.

- $m(\hat{A}) = 60°$; $m(\hat{D}) = 40°$; as medidas de comprimento das alturas relativas à base do $\triangle ABC$ e do $\triangle DEF$ são de 3,4 cm e 5,5 cm, respectivamente.

- $m(\hat{B}) + m(\hat{C}) = 80°$; $m(\hat{D}) = 2 \cdot m(\hat{E})$; as medidas de comprimento das bases $\overline{BC}$ e $\overline{EF}$ são de 5,5 cm e 4,5 cm, respectivamente.

14 Laís está desenvolvendo um aplicativo de jogos e quer que o logotipo seja composto de figuras geométricas. Veja como ela quer a imagem.

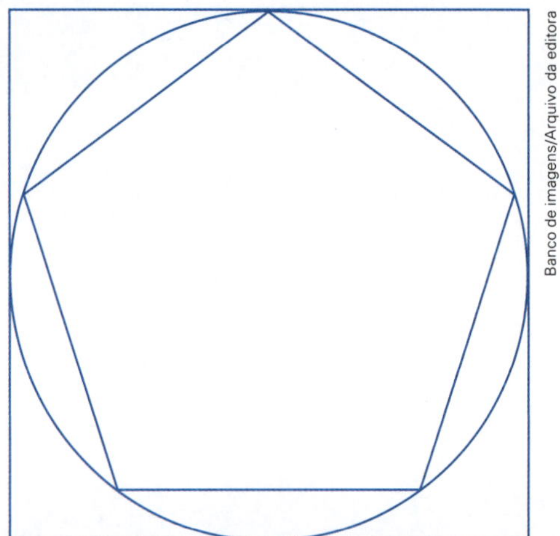

Banco de imagens/Arquivo da editora

Para criar esse logotipo, ela vai desenhar um quadrado com lados de medida de comprimento de 6 cm e, inscrita nele, uma circunferência com raio de medida de comprimento de 3 cm. Depois ela vai desenhar um pentágono regular inscrito na circunferência.

Utilizando régua, compasso e transferidor, construa esse logotipo.

15› Em uma competição de corrida de drones disputada em etapas, 2 participantes foram classificados para a final. Nessa última prova, os participantes devem ficar em pontos opostos do estádio circular. O circuito da corrida é um segmento de reta dentro do estádio, feito de modo que, em qualquer ponto do trajeto, a medida de distância entre o drone e um participante seja igual à medida de distância do drone ao outro participante.

Considere os pontos A e B como a localização dos finalistas e a circunferência representando o contorno do estádio. Construa o trajeto da corrida.

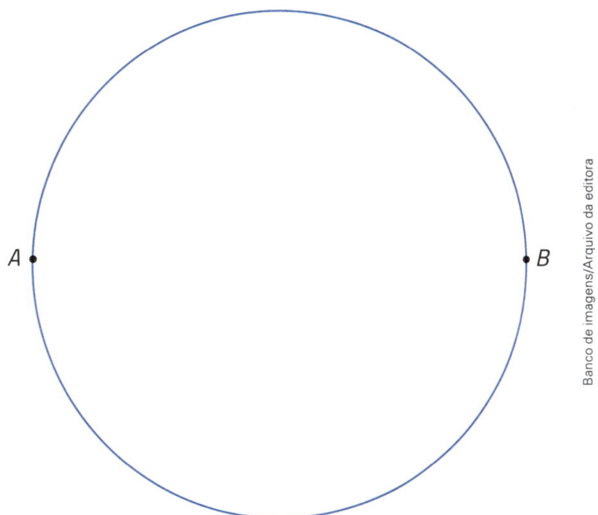

Banco de imagens/Arquivo da editora

Manu Padilla/Shutterstock

O drone é um equipamento moderno – lembra um brinquedo de controle remoto – que funciona com um controle que emite sinais via rádio. São muitos os usos dos drones: chegar a locais inacessíveis ou perigosos, servir de aparato militar, de segurança e de resgate, tirar fotos e fazer vídeos aéreos, por exemplo.

16› Sabendo que a semirreta $\overrightarrow{OP}$ é a bissetriz do ângulo $A\hat{O}B$, determine o valor de $x + y$.

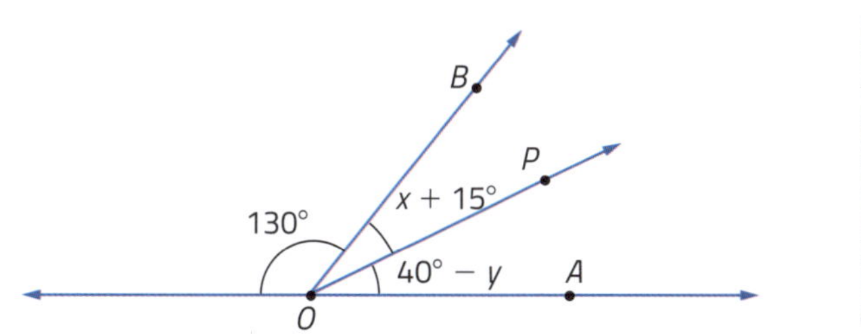

Banco de imagens/Arquivo da editora

17 › Complete este mapa conceitual com o nome de alguns instrumentos de desenho e de medição e com os conceitos de lugar geométrico que você estudou neste capítulo.

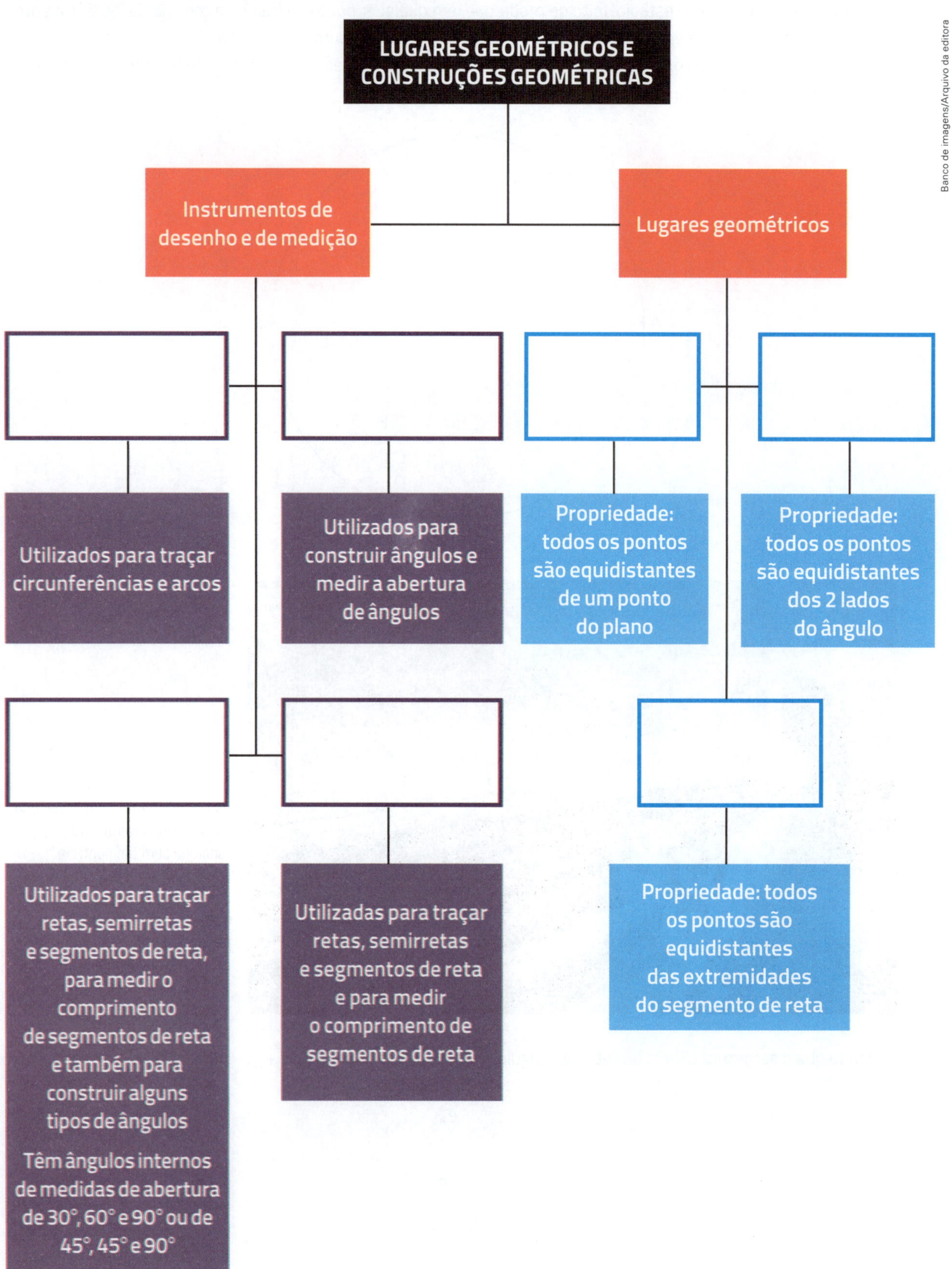

LUGARES GEOMÉTRICOS E CONSTRUÇÕES GEOMÉTRICAS
Instrumentos de desenho e de medição
Lugares geométricos
Utilizados para traçar circunferências e arcos
Utilizados para construir ângulos e medir a abertura de ângulos
Propriedade: todos os pontos são equidistantes de um ponto do plano
Propriedade: todos os pontos são equidistantes dos 2 lados do ângulo
Utilizados para traçar retas, semirretas e segmentos de reta, para medir o comprimento de segmentos de reta e também para construir alguns tipos de ângulos
Têm ângulos internos de medidas de abertura de 30°, 60° e 90° ou de 45°, 45° e 90°
Utilizadas para traçar retas, semirretas e segmentos de reta e para medir o comprimento de segmentos de reta
Propriedade: todos os pontos são equidistantes das extremidades do segmento de reta

Banco de imagens/Arquivo da editora

CAPÍTULO 3 Expressões algébricas, equações e proporcionalidade

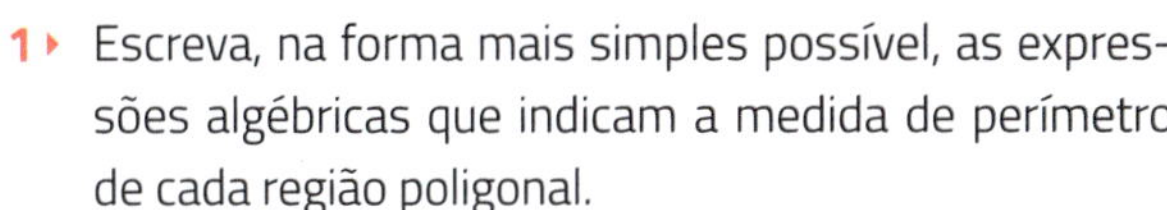

1 Escreva, na forma mais simples possível, as expressões algébricas que indicam a medida de perímetro de cada região poligonal.

a) ______________________

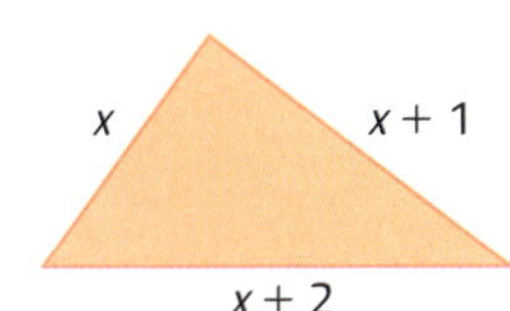

Ilustrações: Banco de imagens/ Arquivo da editora

b) ______________________

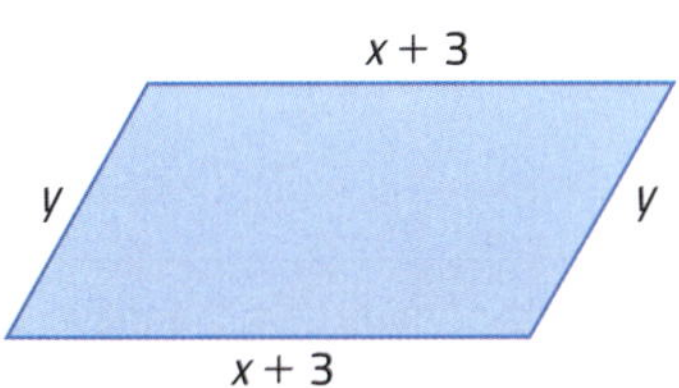

c) ______________________

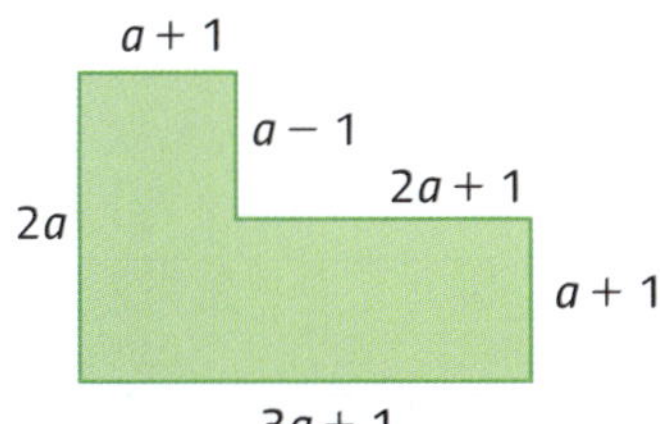

2 Determine o valor numérico de cada expressão algébrica.

a) $x^3 + 2x^2 + x + 1$, para $x = -1$.

____

b) $x^3 + 3x^2y + 3xy^2 + y^3$, para $x = -1$ e $y = 1$.

____

c) $\frac{1}{a} + a$, para $a = 3$.

____

d) $ab - \frac{a}{b}$, para $a = 1{,}5$ e $b = 0{,}5$.

____

e) $\frac{x}{x + y}$, para $x = \frac{1}{2}$ e $y = \frac{1}{3}$.

____

f) $y + \frac{1}{y} - \sqrt{y}$, para $y = 9$.

____

g) $\dfrac{x^2 - y^2}{x^2 + y^2}$, para $x = \dfrac{1}{3}$ e $y = -1$.

h) $\dfrac{2xy - 3x}{x + y}$, para $x = \dfrac{1}{2}$ e $y = 2$.

i) $\dfrac{x + \dfrac{1}{x} + x^2}{x - 1}$, para $x = 2$.

j) $\dfrac{a^2 + 2ab + b^2}{a + b}$, para $a = 2$ e $b = -3$.

3 › Analise as expressões algébricas dadas.

$4x + 6$	$2x + y$	$x^2 - 6x + 1$
$y^3 + y^2 + y + 1$	$\dfrac{x}{5} + 1$	$\dfrac{2y}{7}$
$3x^2y$ $4a^2 - 3b - 1$	$4a + 2b$	$2abc$

a) Quais dessas expressões algébricas podem ser chamadas de polinômio?

b) Quais podem ser chamadas de monômio?

c) Quais podem ser chamadas de binômio?

d) Quais podem ser chamadas de trinômio?

e) Quais são monômios com 1 variável?

f) Quais são binômios com 2 variáveis?

4 › Desafio.

a) Represente genericamente 3 números inteiros pares consecutivos, usando uma letra que representa também um número inteiro. Em seguida, teste sua descoberta.

b) Descubra quais são os 3 números pares consecutivos cuja soma é igual a 240.

5 Dada a expressão algébrica $\frac{x}{2} + \frac{x+2}{4}$, determine o valor de x para o qual essa expressão tenha valor numérico igual a 1.

6 Para determinado valor de x, o valor numérico da expressão algébrica $x + 2(x - 1) + 3$ é igual a 7. Qual é esse valor de x?

7 **Desafio.** O desenho abaixo mostra a rua Alfa, sem saída, de um condomínio de casas. Para calçá-la, por meios próprios, os proprietários optaram por dividir os custos da seguinte maneira: o custo do calçamento à frente do primeiro lote ($L1$) será dividido igualmente entre eles; o custo do segundo lote deve ser igualmente dividido entre os proprietários dos lotes 2, 3 e 4; e assim por diante.

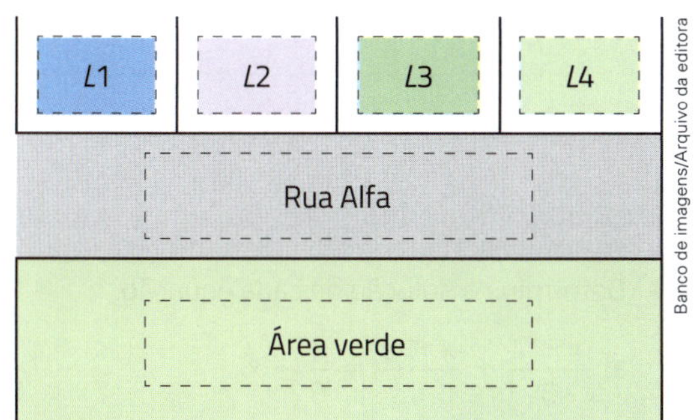

Banco de imagens/Arquivo da editora

Admita que o custo de pavimentação de cada trecho da rua seja o mesmo. Se os lotes 3 e 4 pertencem à Júlia, então qual porcentagem do custo total do calçamento ela deve pagar?

8 Há cerca de 6 mil anos, a roda foi inventada na Mesopotâmia (atualmente onde fica o Iraque). Mais tarde, o povo que habitava aquela região usou um sistema de numeração misto baseado no 60 e no 10. Vamos descobrir qual era esse povo?

a) Inicialmente, resolva estas equações.

- $\frac{t}{0,5} = 8$
- $1 = \frac{w}{2}$
- $d + (2 \cdot 3) = 10$
- $f : 0,2 = 30$
- $\frac{k}{5} + 5 = 6,6$
- $20 = 2p - 4$
- $0 = 3,5y - 35$
- $0,4x - 1 = 1,4$
- $b + (40 - 2) = 50$
- $\frac{s}{2} - 3 = 4$

b) Agora, associe cada solução à letra correspondente do código e descubra qual era o nome do povo.

Código

$2 \rightarrow A$	$4 \rightarrow B$
$6 \rightarrow I$	$8 \rightarrow L$
$10 \rightarrow N$	$12 \rightarrow O$
$14 \rightarrow S$	

Nome do povo

t	w	d	f	k	p	y	x	b	s

9 › Em um campeonato de futebol, cada clube vai jogar 2 vezes com outro, em turno e returno. O número total de partidas (p) é dado em função do número de clubes (n).

Campeonato de futebol

Número de clubes	Número de partidas
2	$2 = 2(2 - 1)$
3	$6 = 3(3 - 1)$
4	$12 = 4(4 - 1)$
5	
⋮	⋮
n	

Tabela elaborada para fins didáticos.

a) Complete a tabela e encontre a fórmula que relaciona o número de partidas ao número de clubes.

b) Se no campeonato houver 20 clubes inscritos, então qual será o número total de partidas?

c) Se o número de jogos for 90, então quantos clubes vão disputar o campeonato?

10 › A soma de 3 números ímpares consecutivos é igual a 81. Quais são esses números?

11 › Considerando $\sqrt{5} \simeq 2{,}24$ e $\sqrt{7} \simeq 2{,}64$, determine a solução aproximada de cada equação, com 2 casas decimais.

a) $2(x + 1) = x + \sqrt{5}$

b) $3x + \sqrt{7} = 5(x - 1)$

c) $\dfrac{x + 1}{3} + x = 2(x - 1) + \sqrt{5}$

d) $x + \sqrt{7} \cdot x = 5x + 10$

12 › Determine a solução de cada equação.

a) $\dfrac{x - 2}{3} + \dfrac{x + 2}{4} = \dfrac{1}{6} + x$

b) $\dfrac{2(x - 3)}{5} - \dfrac{3(x + 2)}{10} = \dfrac{x}{2} + 1$

c) $\frac{t-3}{3} + \frac{2(t+2)}{9} = \frac{t}{3} + \frac{1}{9}$

d) $\frac{y}{4} - \frac{3(y-1)}{3} = \frac{y}{6} + 2$

e) $\frac{x-1}{3} - \frac{x+1}{5} = 2(x-1) + \frac{x}{3}$

f) $\frac{t}{2} = 3t - 3(t+1)$

g) $\frac{3(x+5)}{2} - \frac{2(x-1)}{6} = \frac{4(x+1)}{3} - \frac{2(x+2)}{3}$

h) $\frac{x-1}{4} = \frac{3(x-1)}{2} - \frac{2(x+3)}{3}$

i) $\frac{2(x-2)}{3} - \frac{3(x-1)}{2} = \frac{x+1}{6} + x$

13 ▸ O dobro de um número somado com a terça parte dele é igual ao próprio número somado com 12. Qual é esse número?

14 ▸ Certa quantia diminuída de 12% do valor dela tem como resultado R$ 114,40. Qual é essa quantia?

15 ▸ Paula gastou $\frac{2}{3}$ do que tinha na carteira com uma compra no supermercado, $\frac{1}{5}$ do restante em uma loja e ainda lhe restaram R$ 24,00. Quanto ela tinha inicialmente?

16 ▸ Flávio gastou 30% do salário com aluguel, 25% com alimentação e 10% com outras despesas, restando-lhe ainda R$ 630,00. Qual é o valor do salário dele?

17 › Usando um ferro elétrico 30 minutos por dia, durante 10 dias, o consumo de energia será de 5 kWh. Qual será o consumo do mesmo ferro elétrico se ele for usado 50 minutos por dia, durante 15 dias?

____

18 › Trabalhando 8 horas por dia, durante 14 dias, Maurício recebeu R$ 2 100,00. Durante quantos dias ele deve trabalhar 6 horas por dia para receber R$ 2 700 00?

____

19 › Uma prova tinha 100 questões e todas elas deveriam ser respondidas. Cada resposta certa valia 2 pontos e cada resposta errada valia -1 ponto. Se um aluno fez 65 pontos, então quantas questões ele acertou e quantas ele errou?

____

20 › Um pai tem 50 anos e o filho tem 24 anos. Há quantos anos a idade do pai era igual a 3 vezes a idade do filho?

____

21 › A idade de Jairo é o quádruplo da idade de Luís. Daqui a 10 anos, a idade de Jairo será o dobro da idade de Luís. Qual é a idade de cada um?

____

22 › Em cada item, invente um problema que seja resolvido pela equação dada e, em seguida, resolva-o.

a) $3x + 5 = 35$

____

b) $\frac{x}{2} - 8 = 18$

____

23 › As medidas de abertura de 2 ângulos internos de um triângulo são de 35° e 65°. Qual é a medida de abertura do terceiro ângulo?

____

24 › Calcule a medida de abertura de um ângulo sabendo que a medida de abertura do complemento dele é igual à terça parte da medida de abertura do suplemento dele.

____

25 › Um carro, com certa medida de velocidade média, percorre certo percurso em 5 horas. Se a medida de velocidade média fosse 20 km/h a mais do que a anterior, então ele faria o mesmo percurso em 3 horas. Qual é a medida de comprimento desse percurso?

____

26 › Pedrinho vai distribuir 35 selos entre Tico, Maurício e Cristiano. Maurício vai receber 15 selos a menos do que Tico e Cristiano receberá o dobro da quantidade de Maurício. Quantos selos cada um deles receberá?

27 › Resolva cada equação.

a) $3 - 5(x - 2) = 0$

b) $4x - 1 = 3x - 5 + 3x$

c) $\frac{1}{4} + \frac{x}{6} = 2 - \frac{x}{3}$

d) $\frac{2(x + 4)}{3} = \frac{x - 1}{2}$

28 › Determine os números racionais que são solução em cada item.

a) x positivo tal que $x^2 = 59$.

b) $x + 6 < 2x - 1$

c) $\frac{x - 4}{2} - \frac{2(x - 5)}{3} = 2$

d) $2(6x - 4) = 4(3x - 2)$

e) $5 + x = x + 7$

29 › Com 10 pessoas trabalhando 8 horas por dia, durante 6 dias, uma empresa gasta R$ 4 500,00 com os salários. Se essa empresa contratar mais 5 pessoas e reduzir a jornada para 6 horas por dia, então qual será a despesa com os salários em 10 dias de trabalho?

30 › Em 3 horas, no período da manhã, 10 pessoas confeccionaram bandeirinhas para a festa junina da escola. À tarde, 15 pessoas vão confeccionar o dobro de bandeirinhas. Quanto tempo levarão para isso?

31 Sabe-se que o som percorre no ar, aproximadamente, 1 milha em 5 segundos. Se você vê o clarão de um raio e ouve o estrondo 5 segundos mais tarde, então o clarão ocorre a 1 milha de onde você está.

a) Use essa informação e complete a tabela abaixo.

Relação entre a medida de distância e a medida de intervalo de tempo do som

Medida de distância d (em milhas)	Medida de intervalo de tempo t (em segundos)
1	5
2	10
3	
4	
5	
6	
7	
8	
9	
10	

Tabela elaborada para fins didáticos.

b) Utilize a tabela que você completou e construa um gráfico dessa situação.

Relação entre a medida de distância e a medida de intervalo de tempo do som

Banco de imagens/Arquivo da editora

Gráfico elaborado para fins didáticos.

c) Se você ouvir o estrondo do raio 45 segundos após ter visto o clarão, então a qual medida de distância você está do clarão? Marque esse ponto no gráfico que você construiu no item **b**.

d) Qual destas leis compara a medida de distância d com a medida de intervalo de tempo t?

$d = 5t$

$t = 5d$

$d = t + 5$

$t = d + 5$

32 Chamando de a o coeficiente de x^2, de b o coeficiente de x e de c o termo independente, indique os valores de a, b e c em cada equação do 2º grau.

a) $2x^2 - 5x + 7 = 0$

b) $-x^2 + 12x - 1 = 0$

c) $x^2 - 13 = 0$

d) $x^2 - 25x = 0$

33 Qual é o valor de x para que a expressão algébrica $\frac{x}{2} - x + 3 - \frac{x}{3}$ tenha valor numérico igual a -2?

34 Responda aos itens.

a) 3 é raiz da equação $x^2 - 2x + 3 = 0$?

b) -5 é raiz da equação $x^2 + 25 = 0$?

c) 0 é raiz da equação $3x^2 + 4x = 0$?

d) $2x^2 - 11x + 12 = 0$ tem o 4 como raiz?

35 ▸ Resolva estas equações do 2º grau no conjunto universo $\mathbb{Q}$.

a) $8x^2 = 0$

b) $-5x^2 + 25 = 0$

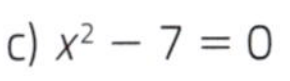

c) $x^2 - 7 = 0$

d) $\dfrac{x^2 - 2}{2} = x^2 - 3$

36 ▸ Determine as raízes racionais de cada equação.

a) $(3x - 1)^2 = 64$

b) $(x + 7)^2 = 81$

c) $(4x - 3)^2 = -9$

d) $(5 - 2x)^2 = 0$

37 ▸ A medida de área total desta figura é de 176 cm². Determine as medidas de área da região quadrada e da região retangular.

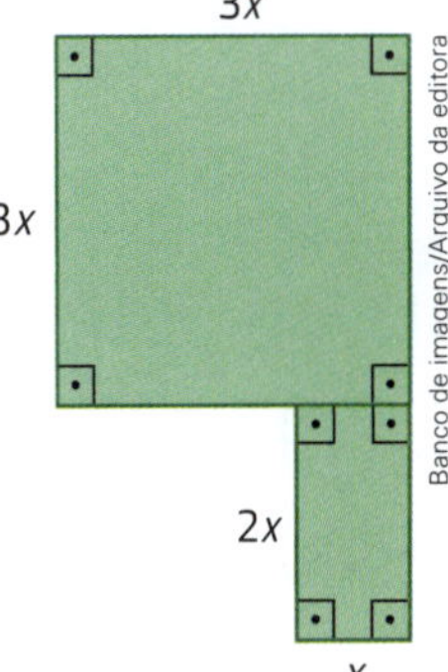

Região quadrada: ____________

Região retangular: ____________

38 A medida de área A, em metros quadrados, de uma figura projetada por um retroprojetor localizado a x metros da tela é dada por $A = \frac{1}{9}x^2$. Qual é a medida de distância do retroprojetor até a tela quando a medida de área projetada é de 0,25 m²?

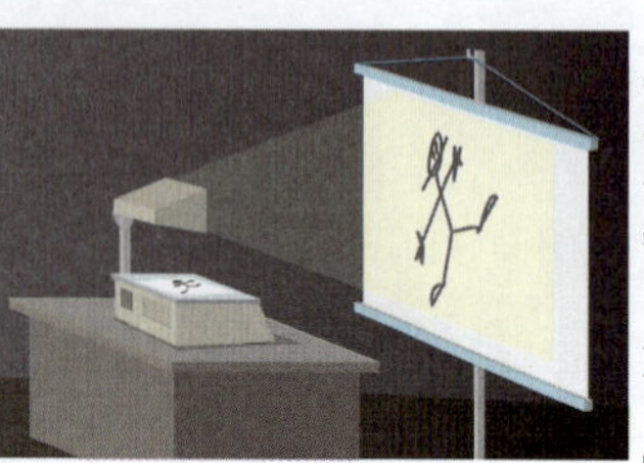
Banco de imagens/Arquivo da editora

____

39 Considere x um número racional qualquer, y um número racional diferente de zero e n um número inteiro.

Represente cada item por meio de uma expressão algébrica.

a) O quíntuplo de x.

____

b) 5 a mais do que y.

____

c) O antecessor de n.

____

d) A soma do quadrado de x com o dobro de y.

____

e) O inverso de y.

____

f) O oposto do quádruplo de x.

____

g) A soma do cubo de n com 6.

____

h) O quociente de n por y.

____

i) O dobro do sucessor de n.

____

j) O sucessor do dobro de n.

____

k) O dobro do produto de x e y.

____

l) A metade da diferença entre x e o triplo de y.

____

m) A raiz quadrada do quíntuplo de n.

____

40 Use as expressões da atividade anterior e responda.

a) Qual é um binômio do 2º grau com 2 variáveis?

____

b) Qual é um binômio do 3º grau?

____

41 Paulo comprou um fogão e pagou uma entrada de R$ 200,00 e 5 prestações de x reais.

a) Complete: O preço total pago pelo fogão pode ser indicado por ____________________ reais.

b) Qual deve ser o valor de cada prestação no caso de o preço total do fogão ser de R$ 945,00?

____

42 ▸ Escreva a medida de área desta região plana usando uma expressão algébrica que não tenha termos semelhantes.

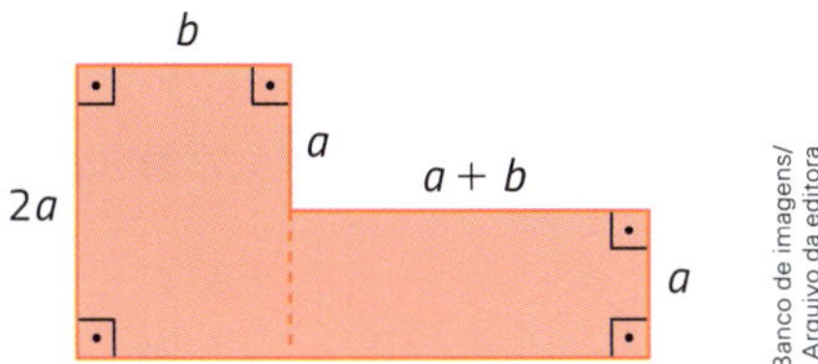

____

43 ▸ Complete estes esquemas que envolvem operações com monômios. Considere $x \neq 0$, $a \neq 0$ e $b \neq 0$.

a) 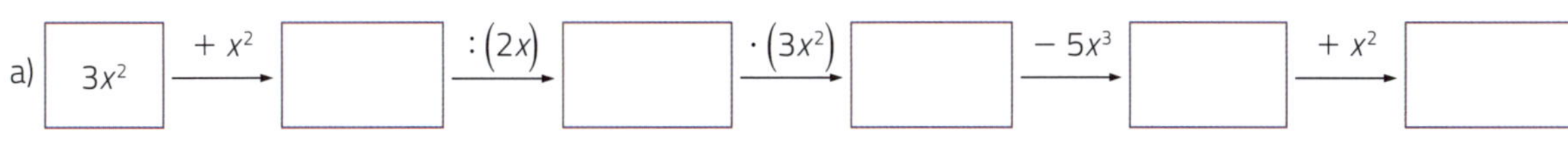

b) 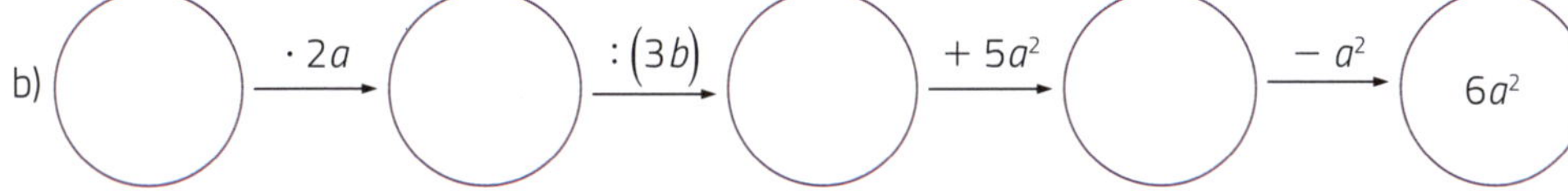

44 ▸ Responda.

a) $\frac{3x^2}{y^3}$ é um monômio?

____

b) $-x^2y^3$ é um monômio?

____

c) $4x^3$ e $-9x^3$ são monômios semelhantes?

____

d) Qual é o coeficiente do monômio a^2b^3?

____

e) Qual deve ser o valor de a para que $5x^a$ seja um monômio de variável x?

____

f) Qual é o grau do monômio $6xy$?

____

g) Qual deve ser o valor de a para que os monômios $5x^2$ e $3x^a$ não sejam semelhantes?

____

h) $3abc$ é um monômio de quantas variáveis?

____

i) Qual é o coeficiente do monômio $\frac{x^3}{4}$?

____

j) 18 é um monômio?

____

k) $6x^{-2}$ é um monômio?

____

45 Efetue as operações com monômios.

a) Sendo $x \neq 0$, $(6x^6) : (2x^2) =$ ____________

b) $4xy + 9xy =$ ____________

c) $8x^2 - 3x =$ ____________

d) $(7ab) \cdot (3a) =$ ____________

e) $(2x^2)^4 =$ ____________

f) $5x^3 - x^3 =$ ____________

g) Com $x \neq 0$ e $y \neq 0$, $(12xy) : (3xy) =$ ____________

h) $9x - 12x =$ ____________

i) $5 \cdot (-3x^2) =$ ____________

j) $7ab + 5ab =$ ____________

k) $7ab + 2ab =$ ____________

l) $(3xy^2)^3 =$ ____________

m) $8a^2 + 4a^2 =$ ____________

n) Para $x \neq 0$, $(5x^3) : (7x) =$ ____________

o) $25xy - 5yx =$ ____________

p) $(-2x)^6 =$ ____________

q) $3x \cdot (2x) =$ ____________

r) Sendo $x \neq 0$, $(5x) \div (5x^2) =$ ____________

s) $3a^2b + 5ab^2 =$ ____________

t) $12x^3 - 4x^3 =$ ____________

u) $(7ab) \cdot (2ab) =$ ____________

46 Reduza os termos semelhantes e escreva se o polinômio obtido é monômio, binômio ou trinômio.

a) $4x - 6y + x - 3y + y =$ ____________

____

b) $5x^3 - (x^3 + 2x^3) - 6x^3 =$ ____________

____

c) $4(a - 2b + 2) - a =$ ____________

d) $\frac{5x^2}{7} - \frac{x^2}{2} =$ ____________

____

e) $3a - 6 + a + 1 =$ ____________

____

f) $x(x - y + 2) - 2x + 5 =$ ____________

____

47 Escreva a medida de perímetro de uma região quadrada com lados com medidas de comprimento $a + 3b$ reduzindo os termos semelhantes.

____

48 ▸ Escreva se cada polinômio é um monômio, binômio ou trinômio e escreva também o grau e o número de variáveis dele.

a) $4x + 2y + 7$

____

b) $8x^4$

____

c) $9y^2 - \frac{1}{4}$

____

d) $7a^3b$

____

e) $3x + y - xy$

____

f) $8y^2 - 7$

____

g) $19x$

____

h) $x + y - 4$

____

i) $7x^2yz^5$

____

49 ▸ Responda.

a) Qual é o valor numérico do monômio $-3x^2$ quando $x = \frac{1}{2}$?

____

b) Qual é o valor numérico do binômio $2x - y^2$ quando $x = 10$ e $y = 3$?

____

c) Qual é o monômio que somado com $3x^2$ é igual a $11x^2$?

____

d) Qual é o monômio que dividido por 5 é igual a $2xy^2$?

____

e) Para qual valor de x o binômio $3x - 5$ tem valor numérico 1?

____

f) Para qual valor de x o binômio $2x + 7$ tem valor numérico 8?

____

50 ▸ Dê um exemplo para cada item.

a) Um monômio do 1º grau:

______________________.

b) Um monômio do 2º grau com 1 variável:

______________________.

c) Um monômio do 2º grau com 2 variáveis:

______________________.

d) Um monômio do 3º grau com 1 variável:

______________________.

e) Um monômio do 3º grau com 2 variáveis:

______________________.

f) Um binômio do 1º grau com 1 variável:

______________________.

g) Um binômio do 1º grau com 2 variáveis:

______________________.

h) Um binômio do 2º grau com 2 variáveis:

______________________.

i) Um trinômio do 2º grau com 1 variável:

______________________.

j) Um polinômio do 2º grau com 4 termos e 3 variáveis: ______________________.

51 ▸ Para qual valor de x o binômio $7 - 2x$ tem o mesmo valor numérico do binômio $3x + 27$?

____

52 ▸ Complete os itens usando expressões algébricas na forma mais simples possível.

a) André e Carla têm juntos 28 reais. Se Carla tem x reais, então André tem _______________ reais.

b) Um terreno retangular tem os lados com medidas de comprimento de x metros e $x - 5$ metros. A medida de perímetro desse terreno é de _______________ metros e a medida de área é de _______________ metros quadrados.

c) As medidas de comprimento desta praça estão indicadas em metros. Ela tem medida de perímetro de _______________ m e medida de área de _______________ m^2.

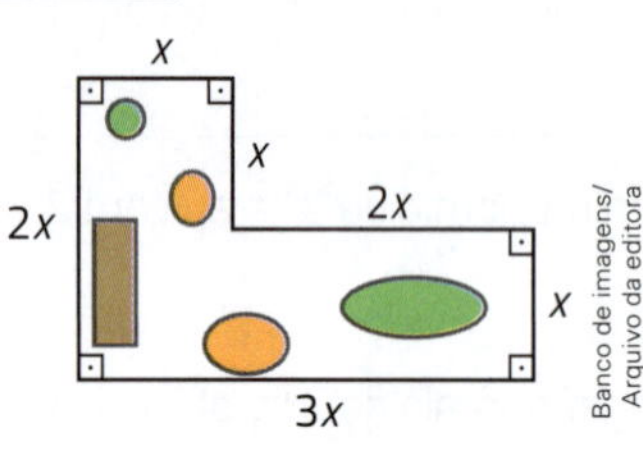

d) Um produto que custava x reais teve o preço aumentado em 10% e depois teve o preço diminuído em 25 reais. Agora, esse produto custa _______________ reais.

e) Em um cinema, adultos pagam 20 reais por ingresso e crianças pagam 10 reais. Se x adultos e y crianças foram a uma sessão, então a quantia arrecadada foi de _______________ reais.

53 ▸ Analise todas as expressões algébricas da atividade anterior e indique o que se pede.

a) As expressões algébricas que são monômios.

____

b) A expressão algébrica que tem 2 variáveis.

____

c) A que é um binômio de 2º grau.

____

d) A que tem valor numérico 50 para $x = 15$.

____

54 ▸ Faça a redução dos termos semelhantes e escreva o nome do polinômio obtido (quanto ao número de termos), o grau e o número de variáveis.

a) $4x - 7 + x + 3x + 2$

____

____

b) $5x^2 + 2x - x^2 + 7$

____

____

c) $3x + 2xy - y$

____

____

d) $9x^3 + x^3 + 5x^3 - 11x^3$

____

____

e) $5x^2 - 3 + 2x^2 - 1 - 7x^2 + 4 + x$

____

____

f) $5a^2b + 3ab^2$

____

____

g) $3ax - 5xa$

h) $2x^2 + 4 - 3x - x + x^2 - 3$

55 Observe esta figura, que mostra parte da planta de uma casa. As medidas de comprimento estão indicadas em metros.

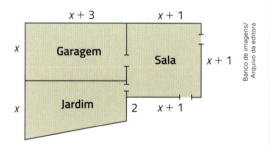

a) Escreva as expressões algébricas solicitadas, com as medidas de perímetro em metros e com as medidas de área em centímetros quadrados.

- Binômio que indica a medida de perímetro da garagem.

- Trinômio que indica a medida de área da sala.

- Trinômio que indica a medida de área do jardim.

- Binômio que indica a medida de perímetro da sala.

- Trinômio que indica a medida de área da sala, da garagem e do jardim juntos.

b) Considerando a medida de área real da sala igual a 25 m², complete esta tabela.

Medidas reais da casa

Local	Medida de perímetro	Medida de área
Sala		25 m²
Garagem		
Jardim	-	

Tabela elaborada para fins didáticos.

56 Roberto pensou em um número, triplicou-o, tirou 7 do resultado e elevou o valor obtido ao quadrado.

a) Escreva a expressão algébrica que representa o resultado final quando o número pensado por Roberto for a.

____

b) Qual número será obtido no final se o número pensado for 10?

____

c) Em qual número Roberto pode ter pensado para no final obter 25?

____

d) Escreva o trinômio equivalente à expressão algébrica do item **a**.

____

57 Dados os polinômios $A = 4x^2 - 8$, $B = 2x + 3$ e $C = x^2 - 3x + 1$, efetue as operações indicadas.

a) $A + B =$ ______________________

b) $C - B =$ ______________________

c) $5 \cdot C =$ ______________________

d) $2A + 3C =$ ______________________

e) $B - 3A =$ ______________________

f) $x \cdot B =$ ______________________

g) $A + B - C =$ ______________________

h) $3A - 2B + 5C =$ ______________________

58 Efetue as operações com polinômios e dê o resultado da forma mais simples possível.

a) $(4x - 2) + (-3x + 1) =$ ______________________

b) $(x^2 - 7x + 1) - (3x^2 - 7x + 4) =$ ______________________

c) $3x \cdot (x - 8) =$ ______________________

d) $(x + 7)(x - 2) =$ ______________________

e) $(4x^2 + 5x) \cdot (y + 2) =$ ______________________

f) Para $x \neq 0$, $\dfrac{3x^3 + 6x^2 - 9x}{3x} =$ ______________________

59 ▸ Para colocar lajotas no piso quadrado de uma cozinha, com medidas de dimensões de 4 m por 4 m, 4 pedreiros gastam 8 horas. Nesse ritmo, em quantas horas 3 pedreiros colocarão lajotas no piso retangular de uma cozinha, com medidas de dimensões de 3 m por 5 m?

---

60 ▸ Rosângela anda 6 quarteirões em 9 minutos. Com a mesma medida de velocidade, em quantos minutos ela andará 10 quarteirões?

---

61 ▸ Um trem, à medida de velocidade média de 75 km/h, vai de uma cidade a outra em 4 h. Se a medida de velocidade média fosse de 90 km/h, então em quantas horas ele percorreria o mesmo trecho?

---

62 ▸ Para um grupo de crianças comprar uma bola de futebol, cada uma contribuiu com R$ 42,00. Se o grupo tivesse mais 3 crianças, então cada uma contribuiria com R$ 28,00. Qual é o preço da bola?

---

63 Preencha os mapas conceituais com alguns conceitos que você estudou neste capítulo.

a)

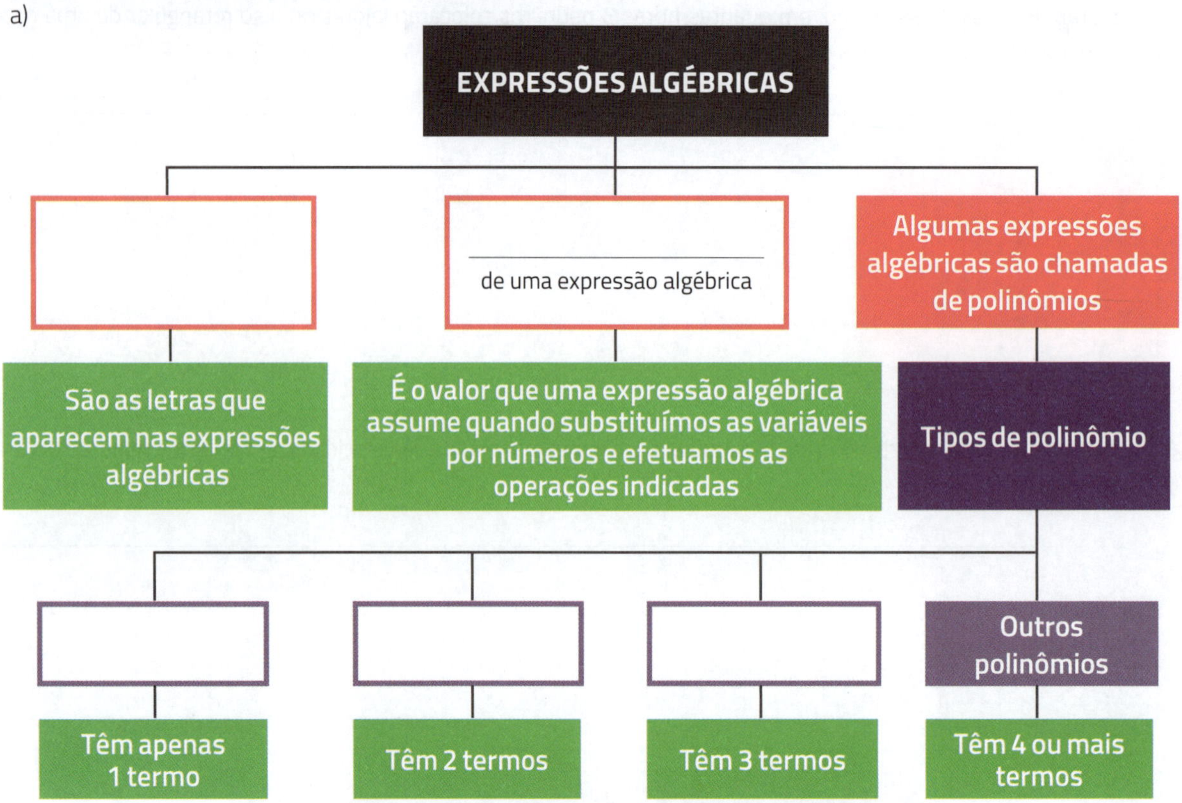

EXPRESSÕES ALGÉBRICAS

- [ ]
  - São as letras que aparecem nas expressões algébricas
- ________ de uma expressão algébrica
  - É o valor que uma expressão algébrica assume quando substituímos as variáveis por números e efetuamos as operações indicadas
- Algumas expressões algébricas são chamadas de polinômios
  - Tipos de polinômio
    - [ ]
      - Têm apenas 1 termo
    - [ ]
      - Têm 2 termos
    - [ ]
      - Têm 3 termos
    - Outros polinômios
      - Têm 4 ou mais termos

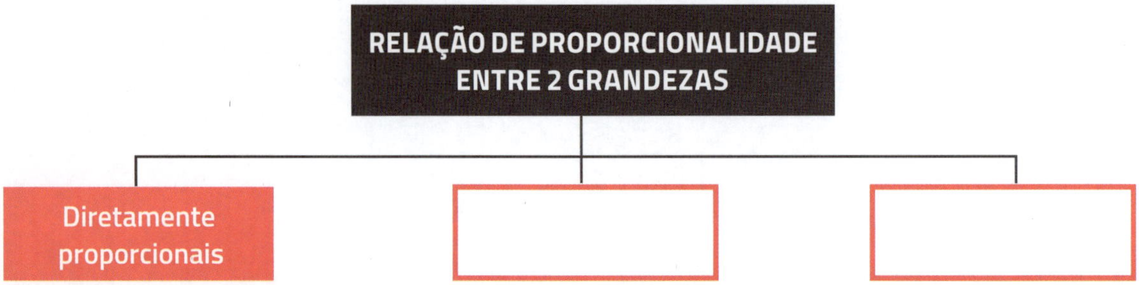

Ilustrações: Banco de imagens/Arquivo da editora

b)

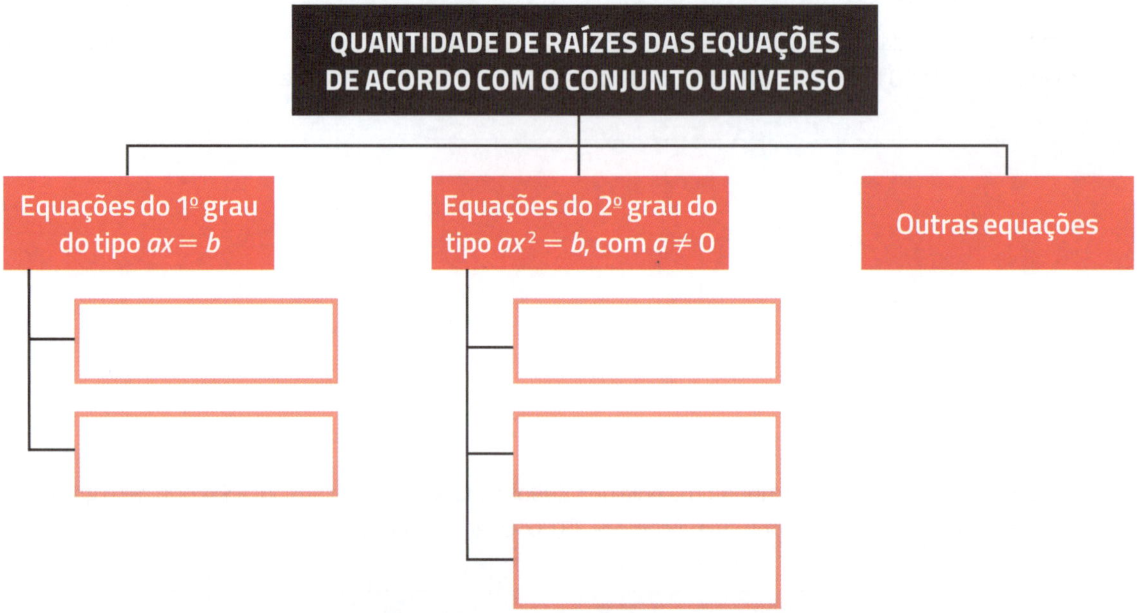

QUANTIDADE DE RAÍZES DAS EQUAÇÕES DE ACORDO COM O CONJUNTO UNIVERSO

- Equações do 1º grau do tipo $ax = b$
  - [ ]
  - [ ]
- Equações do 2º grau do tipo $ax^2 = b$, com $a \neq 0$
  - [ ]
  - [ ]
  - [ ]
- Outras equações

c)

RELAÇÃO DE PROPORCIONALIDADE ENTRE 2 GRANDEZAS

- Diretamente proporcionais
- [ ]
- [ ]

4 Triângulos e quadriláteros

1 › Demonstre que, em um quadrado *ABCD* qualquer, as medidas de comprimento das diagonais são iguais.

2 › Faça a associação correta quanto aos elementos de um triângulo.

1) Bissetriz do ângulo interno de um triângulo.
2) Mediatriz do lado de um triângulo.
3) Mediana de um triângulo.
4) Altura de um triângulo.

a) Reta perpendicular ao lado do triângulo e que passa pelo ponto médio desse lado.
b) Segmento de reta com uma extremidade em um vértice do triângulo e a outra extremidade no lado oposto ou no prolongamento dele, formando ângulos retos com esse lado ou com o prolongamento dele.
c) Segmento de reta que tem como extremidades um vértice do triângulo e o ponto médio do lado oposto a esse vértice.
d) Segmento de reta que tem uma extremidade em um vértice do triângulo, divide o ângulo interno desse vértice em 2 ângulos congruentes e tem a outra extremidade no lado oposto a esse vértice.

____

3 › Determine a medida de abertura dos ângulos da base de um triângulo isósceles, sabendo que a medida de abertura do outro ângulo é de 46° 18'.

____

4 › Determine a medida de abertura de todos os ângulos internos dos triângulos em que cada polígono regular foi decomposto.

a)

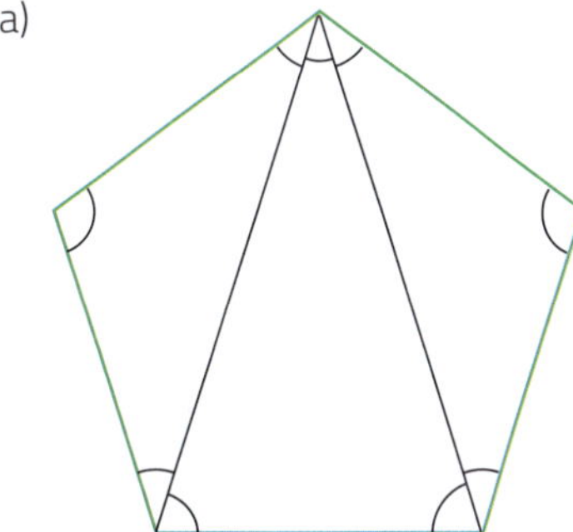

Ilustrações: Banco de imagens/Arquivo da editora

b)

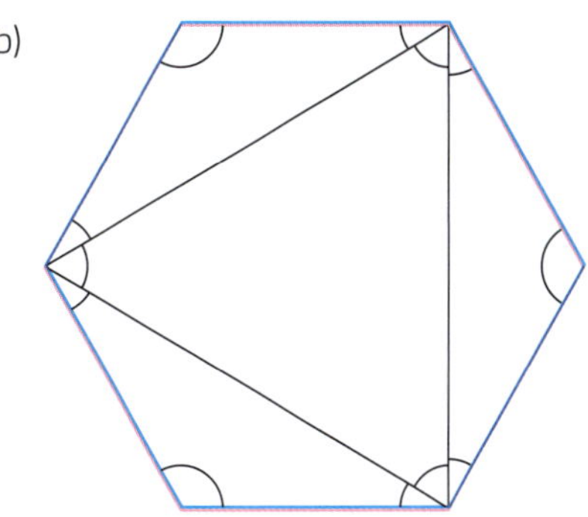

5 › Aplicando um dos casos de congruência (LLL, LAL, ALA, LAA_o), verifique se os triângulos de cada item são congruentes, considerando as medidas dadas.

a) ______________________________

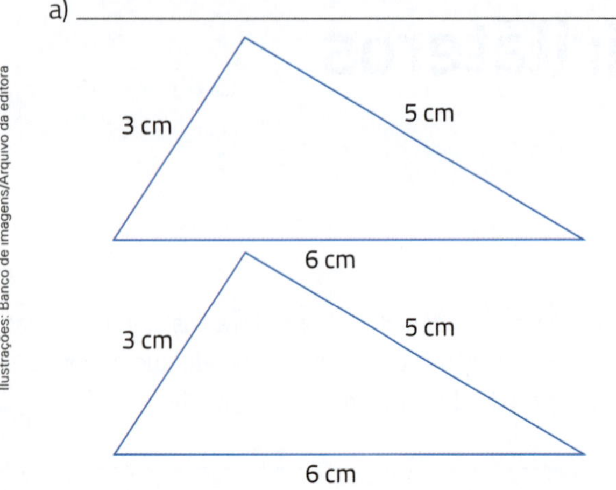

b) ______________________________

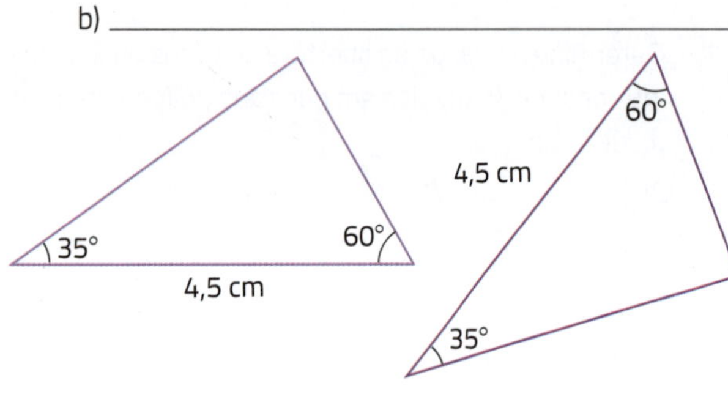

c) ______________________________

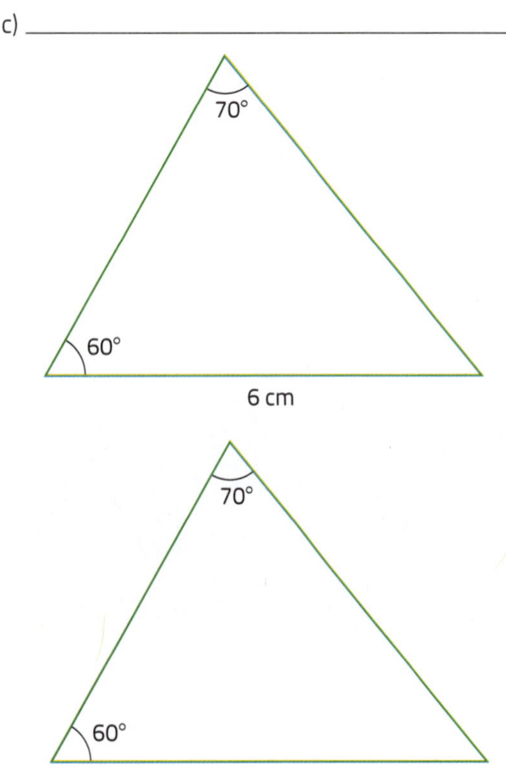

Ilustrações: Banco de imagens/Arquivo da editora

d) ______________________________

e) ______________________________

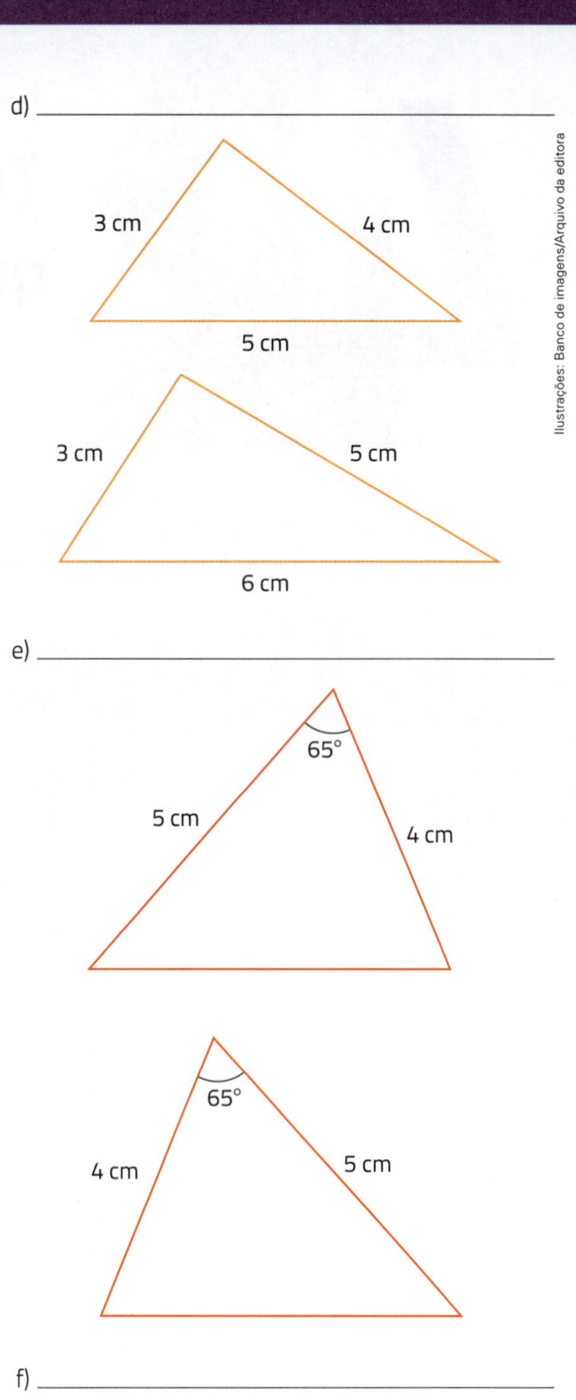

f) ______________________________

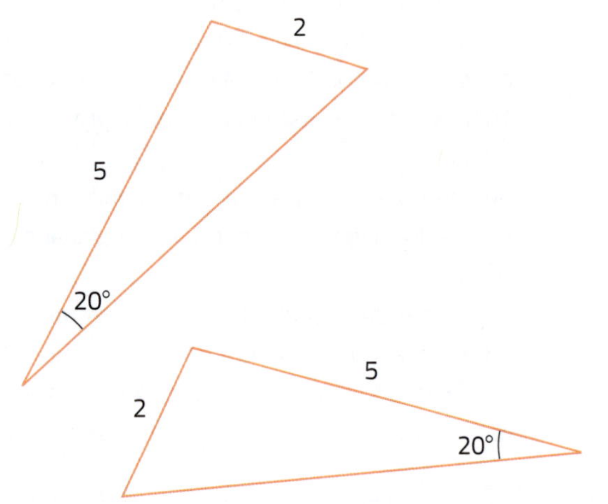

Ilustrações: Banco de imagens/Arquivo da editora

6 Larissa é arquiteta e indicou para um cliente colocar na cozinha uma mesa de granito com o contorno triangular e uma base cilíndrica.

Banco de imagens/Arquivo da editora

Para que a mesa fique equilibrada, em qual dos pontos notáveis do triângulo a base deve ser fixada?

a) Incentro.
b) Baricentro.
c) Circuncentro.
d) Ortocentro.

7 A cada item, de acordo com as informações apresentadas, associe uma destas conclusões. Se for a conclusão **I**, então indique também o caso de congruência que garante a conclusão.

I. Os triângulos são congruentes.
II. Os triângulos não são congruentes.
III. Os triângulos podem ou não ser congruentes.

a) O $\triangle ABC$ tem lados com medidas de comprimento de 6 cm, 9 cm e 4 cm, e o $\triangle EFG$ tem lados com medidas de comprimento de 9 cm, 4 cm e 6 cm.

____

b) O $\triangle RSP$ tem ângulos com medida de abertura de 40°, 80° e 60°, e o $\triangle DEF$ tem ângulos com medida de abertura de 40°, 80° e 60°.

____

c) O $\triangle GHI$ tem $m(\hat{G}) = 100°$, $m(\hat{H}) = 45°$ e $GH = 7$ cm, e o $\triangle JLM$ tem $m(\hat{L}) = 45°$, $m(\hat{M}) = 100°$ e $LM = 7$ cm.

____

d) O $\triangle TUV$ tem medida de perímetro de 26 cm, e o $\triangle XYZ$ tem medida de perímetro de 28 cm.

____

e) Um triângulo acutângulo e um triângulo retângulo.

____

f) O $\triangle PMS$ e o $\triangle ARH$, com $\overline{PM} \cong \overline{AR}$, $\overline{PS} \cong \overline{AH}$ e $\hat{P} \cong \hat{A}$.

____

g) 2 triângulos equiláteros de mesma medida de perímetro.

____

h) 2 triângulos escalenos de mesma medida de perímetro.

____

i) O $\triangle ABC$ é escaleno, e o $\triangle PQR$ tem ângulos com medidas de abertura de 40°, 100° e 40°.

____

j) O $\triangle MHS$ tem lados com medidas de comprimento de 6 cm e 8 cm e um ângulo com medida de abertura de 40°, e o $\triangle PTR$ tem lados com medidas de comprimento de 6 cm e 8 cm e um ângulo com medida de abertura de 40°.

____

8 Prove que, em um $\triangle ABC$ isósceles de base $\overline{BC}$, as medidas de comprimento das bissetrizes $\overline{BN}$ e $\overline{CM}$ são iguais, ou seja, $\overline{BN} \cong \overline{CM}$.

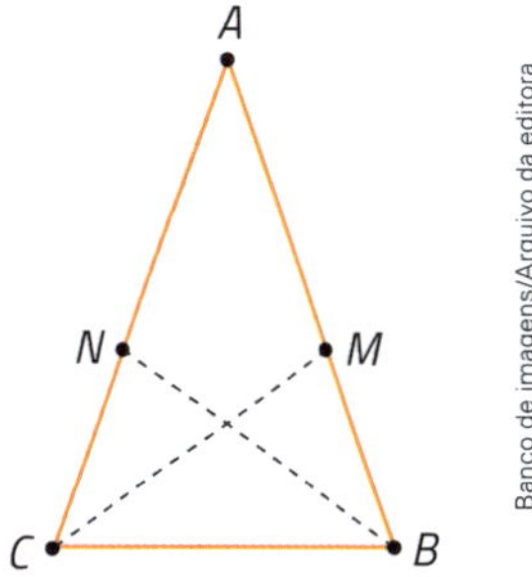

Banco de imagens/Arquivo da editora

9 Nesta figura, $\overline{GH}$ é a altura do $\triangle EFG$, e $\overline{GB}$ é a bissetriz do ângulo interno $E\hat{F}G$.

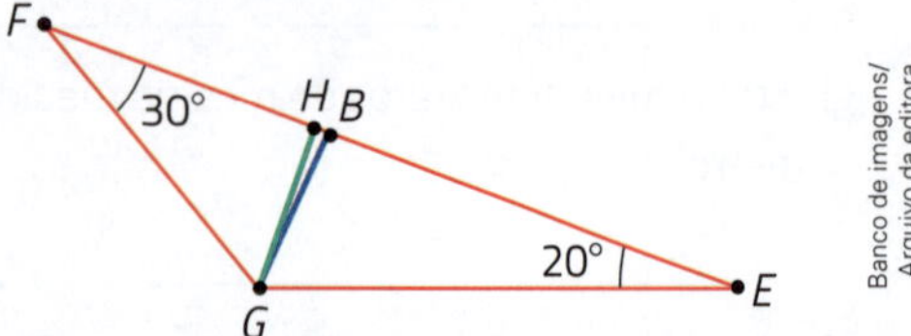

a) Complete esta tabela.

Informações sobre a figura

Triângulo	Medidas de abertura dos 3 ângulos internos	Nome do triângulo quanto aos ângulos
EFG		
GBE		
FHG		
FBG		
HGE		
GHB		

Tabela elaborada para fins didáticos.

b) Quais desses triângulos são escalenos?

____

10 Nesta figura, os segmentos de reta $\overline{AB}$ e $\overline{PQ}$ são paralelos e congruentes. Demonstre que C é o ponto médio do $\overline{AP}$ e do $\overline{BQ}$.

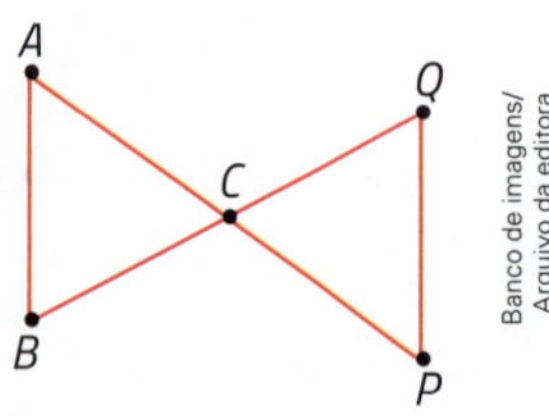

11 Para esta figura, demonstre que, se M é o ponto médio do $\overline{AC}$ e do $\overline{BC}$, então $\overline{AB} \cong \overline{CD}$.

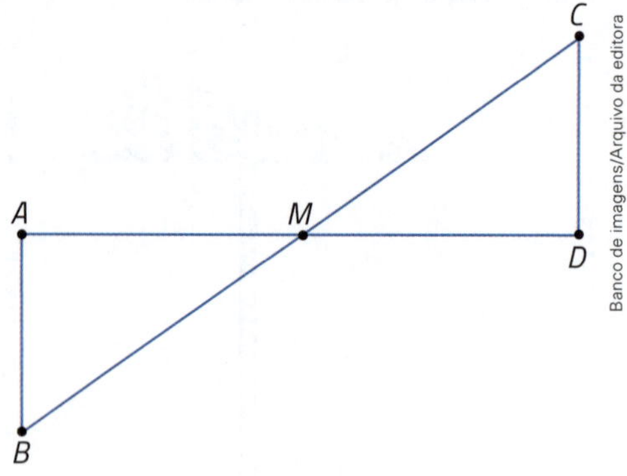

12 Em um $\triangle ABC$, temos $m(\hat{A}) = 80°$ e $m(\hat{C}) = 30°$. Nele, M é um ponto de $\overline{AC}$ tal que $\overline{BM}$ é bissetriz do $\hat{B}$. Calcule a medida de abertura de cada ângulo dado.

a) $m(\hat{B}) =$ ______________

b) $m(A\hat{B}M) =$ ______________

c) $m(A\widehat{M}B) =$ ______________

d) $m(C\widehat{M}B) =$ ______________

13 ▸ Um triângulo *MRH* é isósceles e a abertura do ângulo oposto à base $\overline{RH}$ mede 24°. Se $\overline{HB}$ é a bissetriz de um dos ângulos internos desse triângulo, então qual é a medida de abertura do $R\hat{B}H$?

____

14 ▸ Usando régua e transferidor, construa um $\triangle RSP$ tal que $SP = 8$ cm, $RP = 7$ cm e $m(\hat{P}) = 40°$. Em seguida, sabendo que *O* é o ortocentro desse triângulo, calcule a medida de abertura do $S\hat{O}R$.

$m(S\hat{O}R) =$ ______________

15 ▸ Em um $\triangle ABC$, cuja medida de perímetro é de 30 cm, os lados $\overline{AB}$ e $\overline{BC}$ têm medida de comprimento de 9 cm e 11 cm, respectivamente, e $\overline{AM}$ é uma das medianas do triângulo. Determine as medidas de comprimento dos segmentos de reta $\overline{AC}$, $\overline{BM}$ e $\overline{CM}$.

____

16 ▸ Escreva o nome dos pontos notáveis de um triângulo.

a) Ponto de interseção das mediatrizes.

____

b) Ponto de interseção das alturas.

____

c) Ponto de interseção das medianas.

____

d) Ponto de interseção das bissetrizes.

____

17 ▸ Verifique se o que está descrito em cada item ocorre sempre, às vezes ou nunca.

a) Um triângulo é congruente a um quadrilátero.

____

b) Um quadrado é losango.

____

c) Um losango é quadrado.

____

d) Um quadrilátero convexo tem a soma das medidas de abertura dos ângulos internos igual a 360°.

____

e) Dois ângulos opostos pelo vértice são congruentes.

____

f) Dois ângulos agudos são suplementares.

____

g) Um triângulo acutângulo tem um ângulo com medida de abertura de 20°.

____

h) Um triângulo acutângulo tem um ângulo com medida de abertura de 90°.

____

i) Um paralelogramo tem ângulos internos com medidas de abertura de 20°, 80°, 20° e 80°.

____

j) Dois quadrados de mesma medida de perímetro são congruentes.

____

k) Dois triângulos de mesma medida de perímetro são congruentes.

____

18 ▸ Classifique cada afirmação em verdadeira ou falsa.

a) Todo trapézio isósceles é um quadrilátero.

____

b) Todo quadrilátero é um trapézio.

____

c) Todo quadrado é um losango.

____

d) Todo paralelogramo é um losango.

____

e) Todo retângulo é um paralelogramo.

____

f) Existe quadrilátero que não é paralelogramo.

____

g) Todo quadrado é um paralelogramo.

____

19 ▸ Considere um paralelogramo.

a) Se a medida de abertura de um dos ângulos internos é de 70°, então quanto mede a abertura dos outros 3 ângulos?

____

b) Se a medida de abertura de um ângulo interno é a metade da medida de abertura de outro ângulo interno, então quais são as medidas de abertura dos 4 ângulos internos?

____

c) Se as medidas de abertura de 2 ângulos são de 100° e 70°, então quanto mede a abertura dos outros 2 ângulos internos?

____

d) Se as medidas de abertura de 2 ângulos opostos estão representadas por $3x$ e $2x + 15°$, então quais são as medidas de abertura dos 4 ângulos?

____

____

20 ▸ Determine as demais medidas de abertura dos ângulos internos de cada quadrilátero.

a)

____

Ilustrações: Banco de imagens/Arquivo da editora

b)

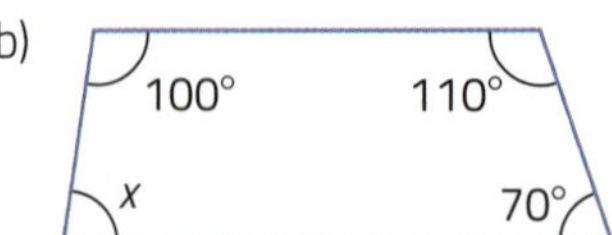

____

c)

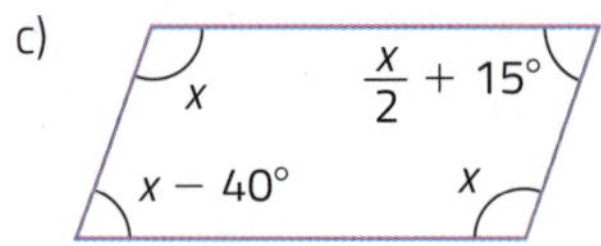

____

d)

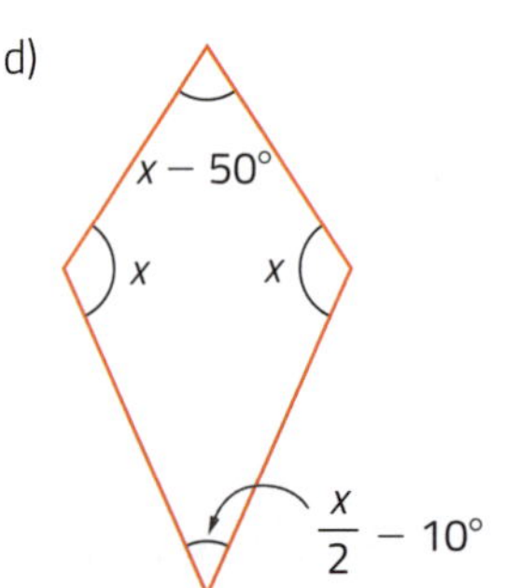

____

21 › Em um paralelogramo, a metade da medida de comprimento de uma diagonal é igual a 4,5 cm, e a metade da medida de comprimento da outra diagonal é igual a 6,5 cm. Qual é a diferença entre as medidas de comprimento das 2 diagonais?

____

22 › Calcule as medidas de abertura dos 4 ângulos internos de cada paralelogramo.

a)

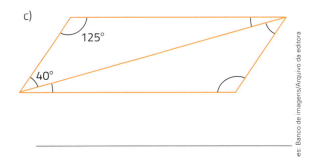

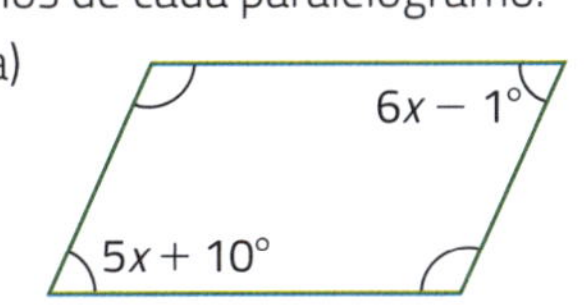

Ilustrações: Banco de imagens/Arquivo da editora

____

b)

____

c)

____

Ilustrações: Banco de imagens/Arquivo da editora

d)

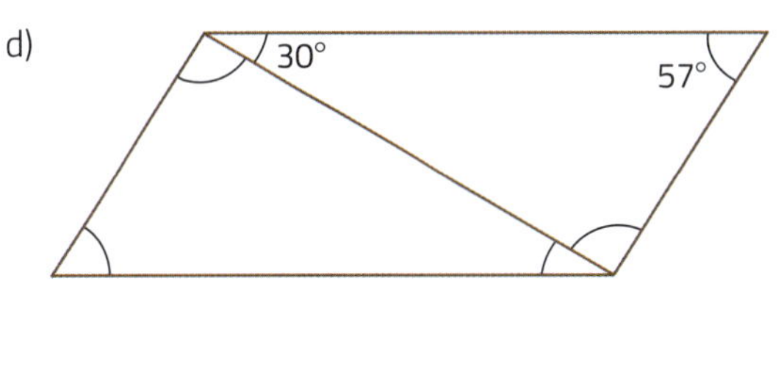

____

23 › Sabendo que o segmento de reta $\overline{PA}$ é bissetriz do ângulo $B\hat{A}C$ deste triângulo, determine as medidas de abertura *a*, *b*, *c* e *d*.

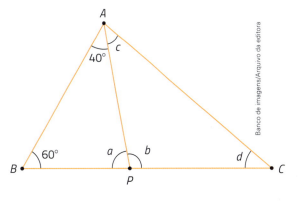

Banco de imagens/Arquivo da editora

____

24 ▸ Determine a medida de abertura *x* em cada retângulo.

a)

35°

x

____

b)

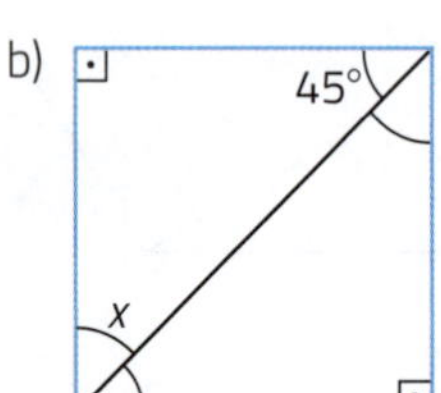

____

25 ▸ Determine as medidas indicadas por *a*, *b*, *m*, *n*, *x* e *y* neste paralelogramo.

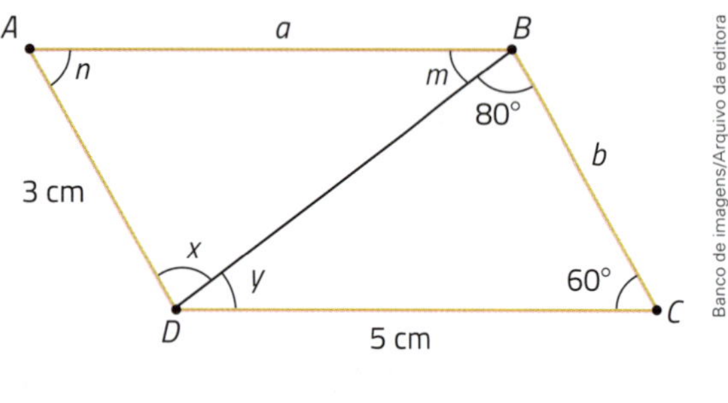

Banco de imagens/Arquivo da editora

____

____

Ilustrações: Banco de imagens/Arquivo da editora

26 ▸ Determine as medidas de abertura *x* e *y* dos ângulos indicados no retângulo *PQRS*.

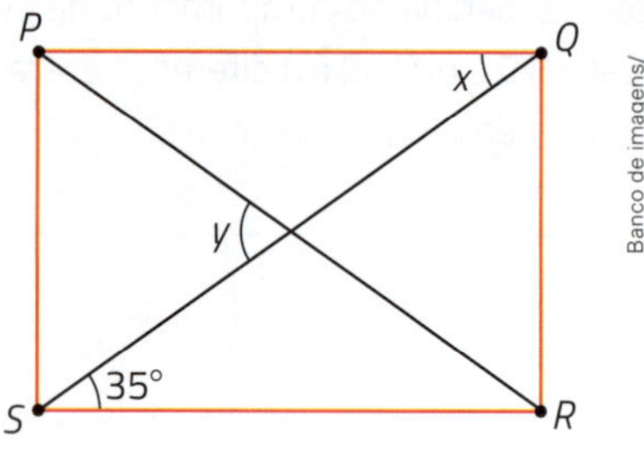

Banco de imagens/Arquivo da editora

____

27 ▸ A diagonal menor de um losango o divide em 2 triângulos isósceles. Sabendo que a abertura de cada ângulo agudo desse losango mede 40°, qual é a medida de abertura de cada ângulo obtuso desse losango?

____

28 ▸ Considere um losango *ABCD* qualquer e classifique cada afirmação em verdadeira ou falsa.

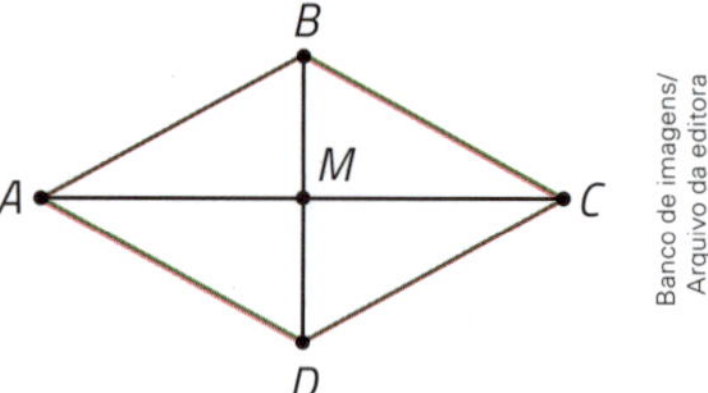

Banco de imagens/Arquivo da editora

a) As diagonais do losango se intersectam nos respectivos pontos médios.

____

b) Os ângulos $B\hat{C}M$ e $D\hat{C}M$ têm medidas de abertura iguais.

____

c) A diagonal $\overline{DB}$ é bissetriz dos ângulos $\hat{D}$ e $\hat{B}$.

____

d) As diagonais $\overline{AC}$ e $\overline{DB}$ têm medidas de comprimento iguais.

____

e) Os triângulos *AMD* e *AMB* são congruentes.

____

29 ▸ A medida de abertura de um dos ângulos internos deste triângulo isósceles é de 120°. Qual é a medida de abertura do ângulo obtuso do triângulo *BCD* formado a partir da interseção das bissetrizes dos outros 2 ângulos internos?

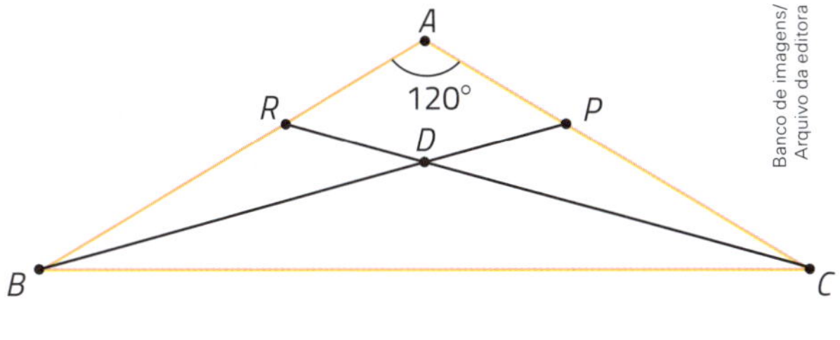

Banco de imagens/Arquivo da editora

30 ▸ Considere um paralelogramo *ABCD* qualquer e classifique cada afirmação em verdadeira ou falsa.

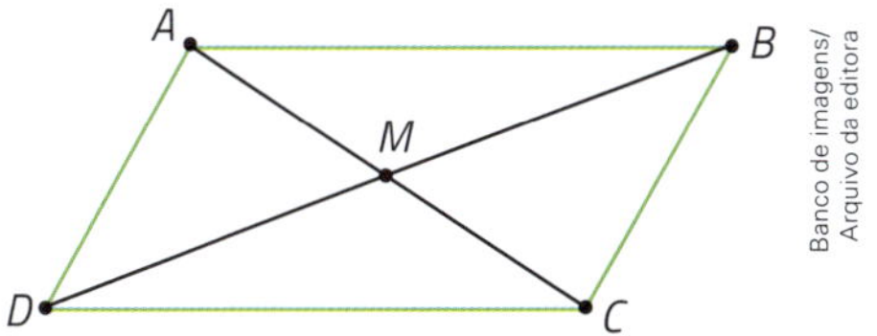

Banco de imagens/Arquivo da editora

a) Os lados opostos $\overline{AB}$ e $\overline{DC}$ têm medidas de comprimento iguais.

b) As diagonais $\overline{AC}$ e $\overline{BD}$ têm medidas de comprimento iguais.

c) Os ângulos $\hat{A}$ e $\hat{D}$ têm medidas de abertura iguais.

d) Os ângulos $\hat{B}$ e $\hat{D}$ têm medidas de abertura iguais.

e) A diagonal $\overline{BD}$ é bissetriz do ângulo $\hat{B}$.

f) Os ângulos $B\hat{A}C$ e $A\hat{C}D$ têm medidas de abertura iguais.

31 ▸ No losango *PQRS*, determine a medida de abertura *x* do ângulo indicado.

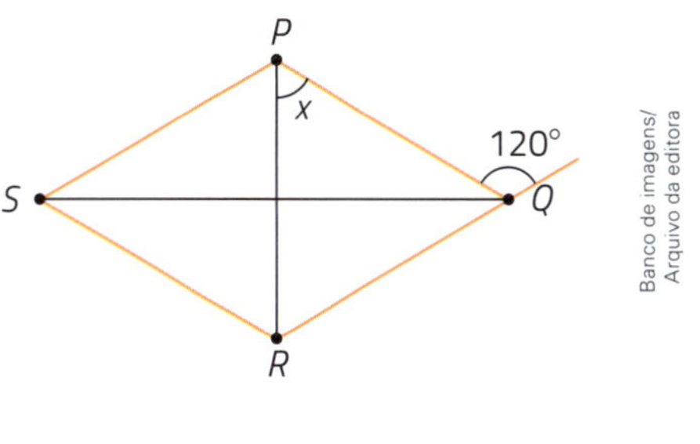

Banco de imagens/Arquivo da editora

32 ▸ Determine as medidas de abertura *x*, *y*, *z* e *w* dos ângulos indicados neste retângulo *ABCD*.

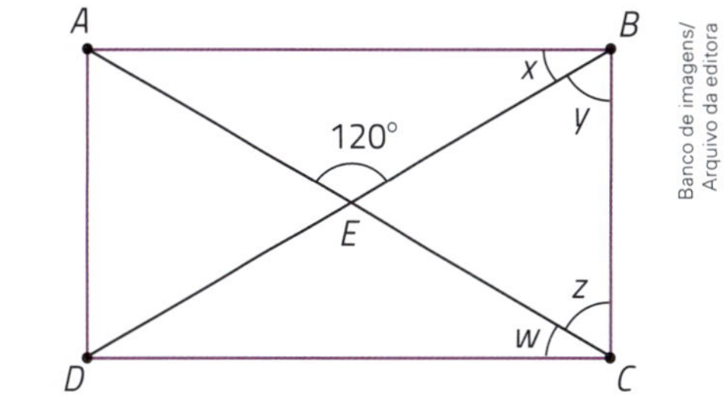

Banco de imagens/Arquivo da editora

33 ▸ Sabendo que a medida de comprimento da base menor de um trapézio é de 4 cm e a medida de comprimento da base maior é de 6,5 cm, qual é a medida de comprimento da base média desse trapézio?

34 › Uma das bissetrizes dos ângulos internos de um losango forma um ângulo de medida de abertura de 50° com um dos lados do losango. Determine as medidas de abertura dos 4 ângulos internos desse losango.

____

35 › Sabendo que a medida de comprimento da base média de um trapézio é de 5,5 cm e a medida de comprimento da base menor é de 3 cm, qual é a medida de comprimento da base maior?

____

36 › Conexões. Utilizando sistemas de rastreamento via GPS e torres de transmissão de sinal de celular, por exemplo, podemos fazer uma triangulação dos sinais e descobrir a localização de uma pessoa.

Considere a situação em que as torres de celulares localizadas nos pontos *A*, *B* e *C* tenham identificado que uma pessoa está equidistante delas. Represente nesta figura o local onde essa pessoa se encontra nesse momento.

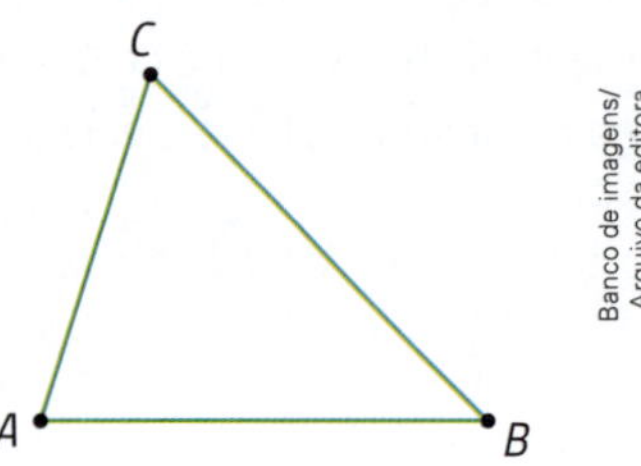

Banco de imagens/Arquivo da editora

37 › A medida de comprimento de uma diagonal de um trapézio isósceles é de 10 cm, e a medida de comprimento da outra diagonal é dada, em centímetros, pela expressão $\frac{2x}{3} + 4$. Qual é o valor de *x*?

____

38 › Se a abertura de um ângulo obtuso de um trapézio isósceles mede 110°, então qual é a medida de abertura dos demais ângulos?

____

39 › Em um trapézio isósceles, a medida de abertura de um ângulo obtuso é igual ao triplo da medida de abertura de um ângulo agudo. Quais são as medidas de abertura dos ângulos desse trapézio?

____

40 ▸ Em um trapézio retângulo, a abertura do menor ângulo mede x e a abertura do maior ângulo mede 115°. Quais são as medidas de abertura dos 4 ângulos desse trapézio?

____

41 ▸ Determine a medida de abertura do ângulo $A\hat{F}D$ formado por 2 medianas deste triângulo equilátero.

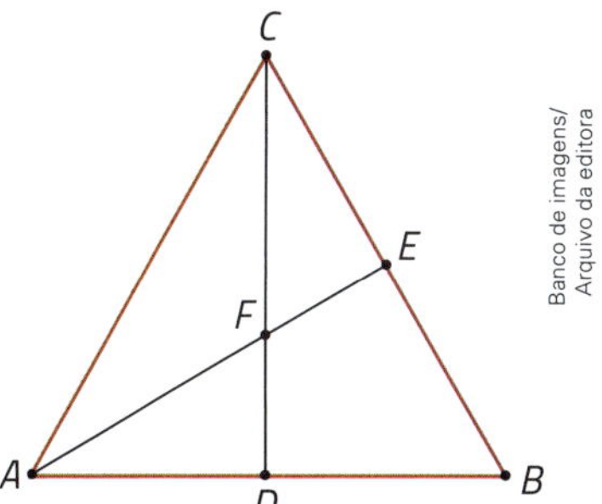

Banco de imagens/Arquivo da editora

____

42 ▸ Neste trapézio isósceles *PQRS*, os segmentos de reta $\overline{SM}$ e $\overline{NR}$ são congruentes. Justifique essa afirmação.

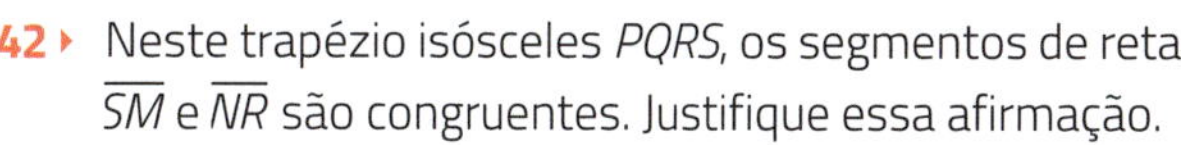

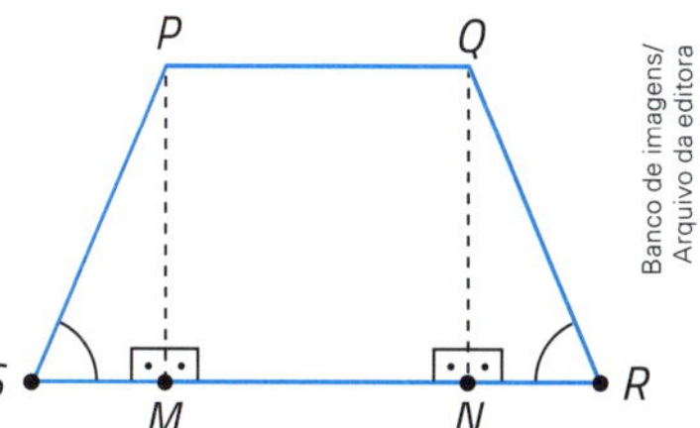

Banco de imagens/Arquivo da editora

____

____

____

____

43 ▸ Em um losango, a medida de abertura do ângulo formado por uma diagonal com um dos lados é de 42° 20'. Determine as medidas de abertura de todos os ângulos desse losango.

____

44 ▸ Em um trapézio retângulo, a medida de abertura de um dos ângulos corresponde a $\frac{2}{3}$ da medida de abertura de um ângulo reto. Quais são as medidas de abertura de todos os ângulos desse trapézio?

____

45 **Jogo para 2 participantes.** Antes de iniciar este jogo, escrevam as letras de **A** a **L** em pequenos papéis para serem sorteados. Em cada rodada, um de vocês retira um papel e verifica o quadro correspondente: a figura de cada quadro permite descobrir o valor de *x*, em graus; a expressão algébrica indica o número de pontos que o jogador ganhou.

Veja um exemplo. Se $x = 20°$ e a expressão é $\frac{x}{2} - 3°$, então o número de pontos é 7.

$$\frac{20°}{2} - 3° = 10° - 3° = 7° \rightarrow 7 \text{ pontos}$$

Depois de retirados todos os papéis, somem os pontos obtidos. Vence a partida quem obtiver mais pontos.

A	B	C	D
120°; x Pontos: $x - 57°$	100°; x; 150° Pontos: $120° - x$	70°; 80°; x Pontos: $\frac{x}{5}$	Paralelogramo x; 130° Pontos: $2x - 99°$
E	**F**	**G**	**H**
Paralelogramo x; 70° Pontos: $\frac{x}{10} + 2°$	60°; x Pontos: $\frac{x}{3} - 15°$	x; x; x Pontos: $2x - 109°$	30°; x; 30° Pontos: $\frac{x - 50°}{5}$
I	**J**	**K**	**L**
70°; x Pontos: $\frac{x}{2} - 8°$	140°; x Pontos: $\frac{x + 2°}{6}$	Losango x Pontos: $\frac{x}{9} + 2°$	120°; 110°; 80°; x Pontos: $\frac{x - 10°}{10}$

Ilustrações: Banco de imagens/Arquivo da editora

46 Considere os segmentos de reta e os ângulos a seguir, com as respectivas medidas de comprimento e medidas de abertura indicadas, e construa as figuras pedidas nos itens. Use régua sem graduação e compasso.

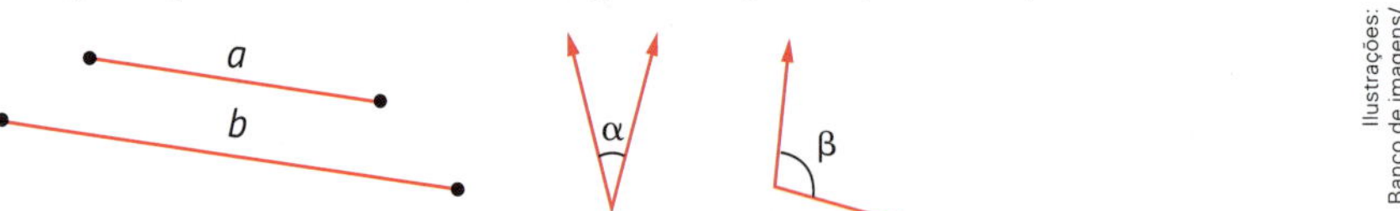

Ilustrações: Banco de imagens/Arquivo da editora

a) Um triângulo *EJL* tal que $m(\overline{EJ}) = b$, $m(\overline{EL}) = a$ e $m(\hat{E}) = \beta$. Em seguida, localize o incentro *I* desse triângulo.

b) Um triângulo com lados cujo comprimento mede *a*, *a* e *b*, o circuncentro *C* e a circunferência circunscrita ao triângulo.

47 ▸ Pedro tem um terreno triangular onde ele plantou uma árvore em cada canto (vértice). Agora ele quer plantar uma quarta árvore em um local do terreno que esteja à mesma medida de distância das outras 3 árvores já plantadas. Represente geometricamente o lugar da quarta árvore no terreno de Pedro.

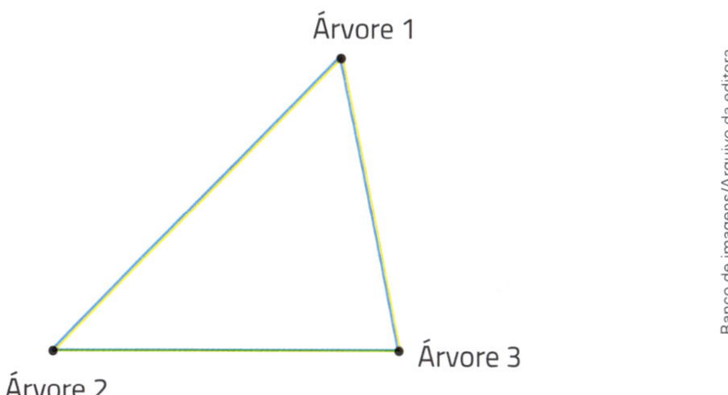

Banco de imagens/Arquivo da editora

48 ▸ Preencha estes mapas conceituais com os conceitos relacionados a triângulos e quadriláteros.

a)

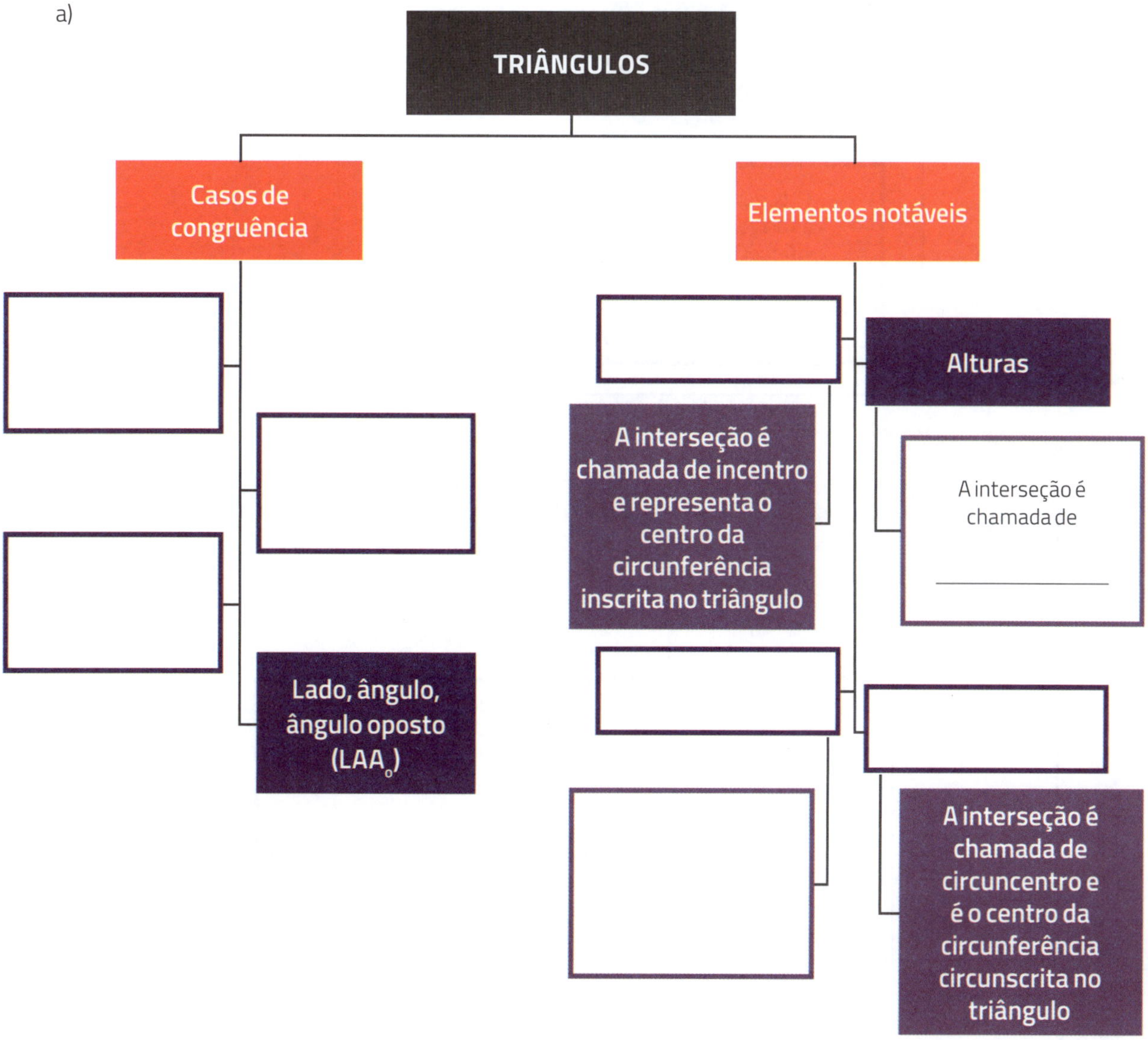

TRIÂNGULOS

Casos de congruência

- (em branco)
- (em branco)
- (em branco)
- Lado, ângulo, ângulo oposto (LAA_o)

Elementos notáveis

- (em branco)
  - A interseção é chamada de incentro e representa o centro da circunferência inscrita no triângulo
- Alturas
  - A interseção é chamada de ______
- (em branco)
  - (em branco)
- (em branco)
  - A interseção é chamada de circuncentro e é o centro da circunferência circunscrita no triângulo

Banco de imagens/Arquivo da editora

b)

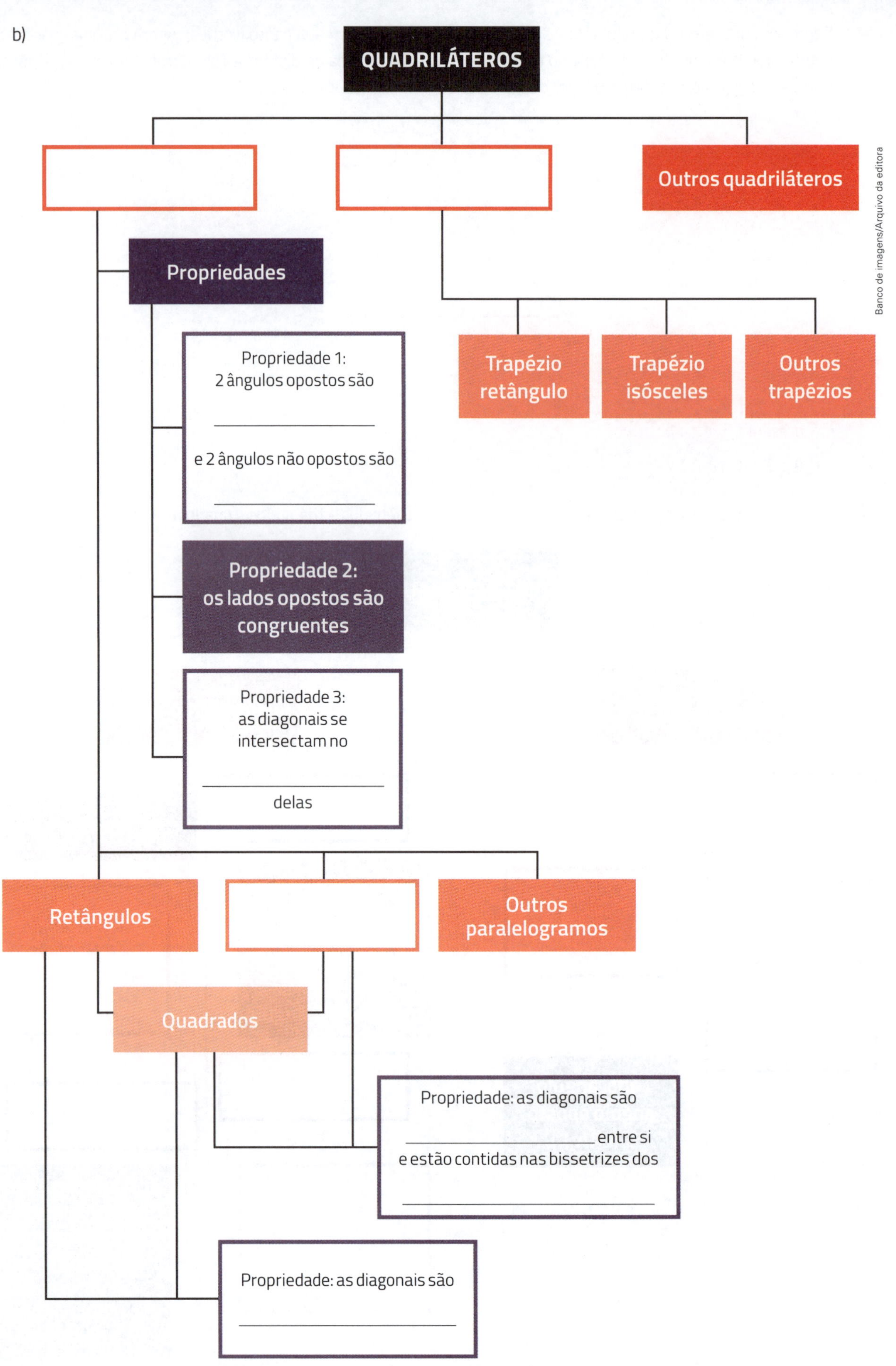

QUADRILÁTEROS
Outros quadriláteros
Propriedades
Trapézio retângulo
Trapézio isósceles
Outros trapézios
Propriedade 1: 2 ângulos opostos são ________ e 2 ângulos não opostos são ________
Propriedade 2: os lados opostos são congruentes
Propriedade 3: as diagonais se intersectam no ________ delas
Retângulos
Outros paralelogramos
Quadrados
Propriedade: as diagonais são ________ entre si e estão contidas nas bissetrizes dos ________
Propriedade: as diagonais são ________
Banco de imagens/Arquivo da editora

Sistemas de equações do 1º grau com 2 incógnitas

1 Faça o que se pede.

a) Para cada situação, escreva uma equação do 1º grau com 2 incógnitas e explicite o que as variáveis representam.

A A diferença entre a medida de comprimento do maior e do menor lados de um terreno retangular é de 45 metros.

B Para cada viagem, um passageiro custa 30 reais a mais na companhia aérea Alfa do que na companhia Beta.

C Os gastos da família Moreira com alimentação e com lazer chegaram a R$ 2 200,00 em agosto.

D Em 2019, os casos de dengue registrados em uma pequena cidade dobraram em relação a 2018. No total, considerando os anos de 2017, 2018 e 2019, foram 58 casos registrados nessa cidade.

E Em 4 dias de treinamento, um adulto caminhou em média 6 km por dia. Nos 2 primeiros dias, ele percorreu a mesma medida de distância; nos últimos dias, ele também percorreu a mesma medida de distância, mas diferente da anterior.

b) Verifique se cada par ordenado dado é a solução de alguma equação do item **a** e, em caso positivo, verifique se ele é adequado à situação correspondente.

I $(30, 0)$

II $(-1\,000, 3\,200)$

III $(80, 35)$

IV $(13, 15)$

V $(1\,300, 900)$

___

VI $(6, 6)$

___

c) Considere que, na situação **E**, o adulto percorreu 5,5 km no 1º dia. Quanto ele percorreu em cada um dos outros 3 dias?

___

___

2 ▸ **Desafio.** Escreva uma equação com 2 incógnitas que não seja do 1º grau e que tenha o par ordenado $(5, 2)$ como solução.

___

3 ▸ Escreva o que se pede.

a) Uma equação com 1 incógnita que não seja do 1º grau e que tenha 7 como solução.

___

b) Uma equação do 1º grau com 1 incógnita que tenha -3 como solução.

___

c) Uma equação do 1º grau com 2 incógnitas que tenha o par ordenado $(-3, -1)$ como uma das soluções.

___

d) Uma inequação com 1 incógnita que não seja do 1º grau e tenha -5 como uma das soluções.

___

e) Uma inequação do 1º grau com 1 incógnita que tenha os números racionais maiores do que 3 como soluções.

___

4 ▸ A soma de 2 números é igual a 42 e um deles é o quíntuplo do outro. Quais são esses números?

___

5 ▸ Seja x o preço de um caderno e y o preço de um lápis.

As imagens desta página não estão representadas em proporção.

Ilustrações: Banco de imagens/Arquivo da editora

Indique as sentenças matemáticas correspondentes a cada situação.

a) O preço de 3 cadernos e 2 lápis.

___

b) Quanto 1 caderno custa a mais do que 1 lápis.

c) O troco na compra de 2 cadernos, sendo o pagamento feito com 1 nota de R$ 20,00.

d) O preço de 5 lápis não chega a R$ 10,00.

e) O preço de 30 lápis é maior do que o de 2 cadernos.

f) Na compra de 4 cadernos e 2 lápis, o gasto é de R$ 25,00.

6 Em uma loja há bicicletas e triciclos em um total de 82 peças. Se há 192 rodas, então quantas bicicletas e quantos triciclos há nessa loja?

Banco de imagens/Arquivo da editora

7 Em um triângulo retângulo, a abertura de um dos ângulos agudos mede 22° a mais do que a abertura do outro. Quais são as medidas de abertura dos 3 ângulos internos desse triângulo?

8 Em cada item, assinale apenas os números ou os pares ordenados que são soluções da equação ou da inequação.

a) $3 - 2x = 7$

[2] [5] [−2]

b) $5x - 4 > 15$

[3] [4] [5]

c) $2x + y = 8$

$(3, 5)$ $(5, -2)$ $(0, 6)$

d) $x^2 < 9$

1 -2 -4

e) $x - y = 1$

$(3, -2)$ $(3, 2)$ $(2, 3)$

f) $2x + 5y \leqslant 20$

$(2, 4)$ $(3, 1)$ $(0, 4)$

g) $x - 2y = 1$

$(7, 3)$ $(-1, -1)$ $(1, 0)$

h) $\frac{2x}{3} \geqslant 6$

0 6 12

i) $2(x - 1) = y$

$(3, 4)$ $(4, 8)$ $(0, 2)$

9› Complete os itens.

a) Os pares ordenados $(3,$ ________$)$, $($________$, 3)$, $(0,$ ________$)$ e $($________$, 0)$ são soluções de $2x - 3y = 12$.

b) O par ordenado $(4, -1)$ é solução de

$5x + 2y =$ ________.

c) O par ordenado $(2, 5)$ é solução da equação

________ $x - 2y = 4$.

d) O par ordenado $(-4,$ ________$)$ é solução da equação $2(5 - x) = x + 2y$.

10 ▸ Considere a equação do 1º grau com 2 incógnitas $x + 2y = 5$.

a) Complete estes 6 pares ordenados que são soluções dessa equação.

(________, 2), (3, ________), (________, 4),

(________, 0), (−1, ________), (0, ________)

b) Agora, determine mais 3 pares ordenados que são soluções.

(________, ________), (________, ________),

(________, ________)

c) Finalmente, marque todos esses pares ordenados em um gráfico e comprove que os pontos ficam alinhados.

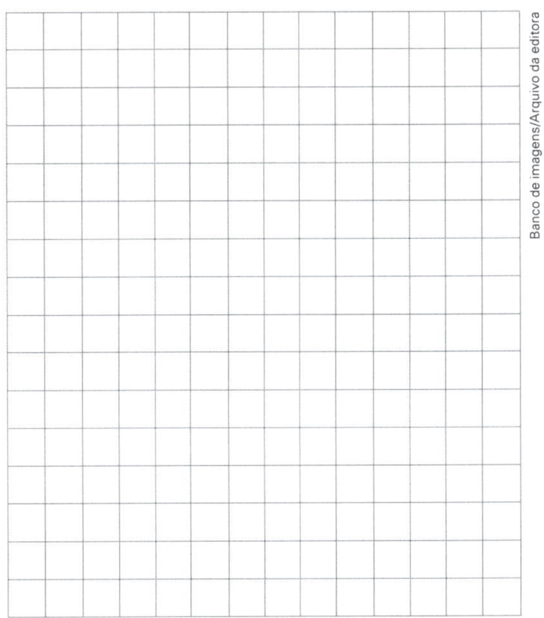

Banco de imagens/Arquivo da editora

11 ▸ No primeiro tempo de um jogo de basquete, Paulo fez x pontos e Beto fez y pontos. A média aritmética do número de pontos de Paulo e do número de pontos de Beto foi de 12 pontos. No segundo tempo, Paulo fez 4 pontos a menos do que no primeiro tempo e Beto fez o mesmo número de pontos que no primeiro tempo. Com isso, ambos fizeram o mesmo número de pontos no segundo tempo. Quantos pontos Paulo fez ao todo no jogo? E Beto?

Banco de imagens/Arquivo da editora

____

12 ▸ Cada par ordenado abaixo é solução de um dos sistemas a seguir. Identifique o par ordenado com o sistema correspondente.

$(-2, -1)$	$(2, 1)$	$(1, -2)$	$(2, -1)$	$(1, 2)$

a) $\begin{cases} 3x + y = 7 \\ x - 2y = 0 \end{cases} \rightarrow$ ________

b) $\begin{cases} x + 2y = 5 \\ 3x - y = 1 \end{cases} \rightarrow$ ________

c) $\begin{cases} 2x + 3y = 1 \\ x - y = 3 \end{cases} \rightarrow$ ________

d) $\begin{cases} x - 3y = 1 \\ 2x + y = -5 \end{cases} \rightarrow$ ________

e) $\begin{cases} x + y = -1 \\ x - y = 3 \end{cases} \rightarrow$ ________

13 ▸ Resolva cada sistema de equações pelo método da adição.

a) $\begin{cases} x + 3y = -8 \\ 2x - 3y = 11 \end{cases} \rightarrow$ ________

b) $\begin{cases} 2x + 5y = 33 \\ 3x - 5y = -13 \end{cases} \rightarrow$ ________

c) $\begin{cases} 3x + 2y = 23 \\ -3x - 4y = -25 \end{cases} \rightarrow$ ________

d) $\begin{cases} 4x - 3y = -8 \\ 2x + 5y = 9 \end{cases} \rightarrow$ ________

14 ▸ Um terreno retangular tem medida de perímetro de 80 m. A medida de comprimento da profundidade do terreno tem 20 m a mais do que a medida de comprimento da frente. Quais são as medidas de comprimento desse terreno?

____

15 ▸ Resolva os sistemas de 2 equações do 1º grau com 2 incógnitas usando o método da substituição.

a) $\begin{cases} 5x + y = 9 \\ 3x - 2y = -5 \end{cases} \rightarrow$ ____________

b) $\begin{cases} 4x + 5y = 2 \\ 2x - y = 8 \end{cases} \rightarrow$ ____________

c) $\begin{cases} x - 3y = 8 \\ 2x + 5y = -17 \end{cases} \rightarrow$ ____________

d) $\begin{cases} 2x - 9y = 3 \\ -x - 3y = 1 \end{cases} \rightarrow$ ____________

e) $\begin{cases} 2x - y = 4 \\ x + 2y = 7 \end{cases} \rightarrow$ ____________

f) $\begin{cases} 3x - 5y = 13 \\ 2x - 3y = 7 \end{cases} \rightarrow$ ____________

16› **Resolução de sistemas de equações pelo método da comparação.** O método da comparação é um caso específico do método da substituição. Nele, escolhemos uma das incógnitas para isolá-la em ambas as equações do 1º grau com 2 incógnitas. Em seguida, igualamos as equações.

Acompanhe a resolução do sistema de 2 equações do 1º grau com 2 incógnitas a seguir pelo método da comparação.

$$\begin{cases} 4x + 3y = 11 \\ 5x + 2y = 5 \end{cases}$$

1º passo: Escolhemos uma das incógnitas e a isolamos no primeiro membro das 2 equações.

$$\begin{cases} 4x + 3y = 11 \\ 5x + 2y = 5 \end{cases} \Rightarrow \begin{cases} 4x = 11 - 3y \\ 5x = 5 - 2y \end{cases} \Rightarrow \begin{cases} x = \dfrac{11 - 3y}{4} \\ x = \dfrac{5 - 2y}{5} \end{cases}$$

2º passo: Igualamos as 2 equações.

$$\frac{11 - 3y}{4} = \frac{5 - 2y}{5} \Rightarrow 5 \cdot (11 - 3y) = 4 \cdot (5 - 2y) \Rightarrow$$
$$\Rightarrow 55 - 15y = 20 - 8y \Rightarrow -15y + 8y = 20 - 55 \Rightarrow$$
$$\Rightarrow -7y = -35 \Rightarrow 7y = 35 \Rightarrow y = 5$$

3º passo: Escolhemos em qual das equações vamos substituir o valor de y para determinar o valor de x (apresentamos a seguir as 2 possibilidades, mas apenas uma delas é necessária).

- Escolhendo a primeira equação:

$$x = \frac{11 - 3y}{4} = \frac{11 - 3 \cdot 5}{4} = \frac{11 - 15}{4} = \frac{-4}{4} = -1$$

- Ou, escolhendo a segunda equação:

$$x = \frac{5 - 2y}{5} = \frac{5 - 2 \cdot 5}{5} = \frac{5 - 10}{5} = \frac{-5}{5} = -1$$

Logo, a solução do sistema de equações é o par ordenado $(-1, 5)$.

Agora, resolva os sistemas de 2 equações do 1º grau com 2 incógnitas a seguir usando o método da comparação.

a) $\begin{cases} 4x - 3y = 19 \\ 2x + 5y = 3 \end{cases} \rightarrow$ ____________

b) $\begin{cases} 2x + y = x + 2 \\ 2(x - 2y) = y - 3 \end{cases} \rightarrow$ ____________

c) $\begin{cases} \dfrac{x}{4} - \dfrac{y}{6} = -1 \\ 2x + y = 6 \end{cases} \rightarrow$ ____________

d) $\begin{cases} 5x - 2y = x - y - 21 \\ 5x = 3y \end{cases} \rightarrow$ ____________

e) $\begin{cases} \dfrac{x - y}{3} = 5 + y \\ \dfrac{x}{3} - y = 7 + y \end{cases} \rightarrow$ ____________

17 › O dobro de um número mais o triplo de outro é igual a 34. Sabendo que a soma do triplo do primeiro com o quíntuplo do segundo é 55, quais são esses 2 números?

____

18 › Descubra quais são os 2 números racionais para os quais são satisfeitas as seguintes condições:

- o dobro do maior número somado com o triplo do menor é igual a 16;
- o maior deles somado com o quíntuplo do menor é igual a 1.

____

19 › Somando as idades de Luciano e do pai dele, obtemos 84 anos. A diferença entre essas idades é de 26 anos. Qual é a idade de Luciano?

____

20 › Em uma sala de reunião, se cada pessoa sentar em 1 cadeira, ficarão 4 cadeiras vazias. Mas, se o número de pessoas na sala dobrar, então ficarão faltando 7 cadeiras. Quantas pessoas e quantas cadeiras há nessa sala?

____

21› Descubra os 9 números que compõem este quadrado mágico.

Thiago Neumann/Arquivo da editora

Não se esqueça: em todo quadrado mágico, a soma dos elementos de cada linha, cada coluna e cada diagonal é sempre a mesma.

y	$y + 5$	$x + 7$
$8 - x$	$x + 6$	$\frac{y}{2}$
$2y$	$-3x$	$4y$

22› A diferença entre 2 números naturais é igual a 62. Dividindo-se o maior número pelo menor, o quociente é 3 e o resto é 8. Quais são esses números?

____

23› Escreva o que se pede em cada item.

a) Uma equação do 1º grau com 1 incógnita cuja solução é $\frac{1}{2}$.

____

b) Uma equação do 1º grau com 2 incógnitas que tem $(3, -2)$ como uma solução.

____

c) Uma inequação do 1º grau com 1 incógnita que tem o número 7 como uma solução, mas não tem o número 9 como solução.

____

24› A idade de Juliana é hoje o dobro da idade de Marcelo. Há 7 anos, a soma das idades deles era igual à idade atual de Juliana. Quantos anos cada um tem?

____

25› Complete os itens.

a) São exemplos de soluções da equação

$3x - 7y = 2$ os pares ordenados $(1, \_\_\_\_)$,

$(\_\_\_\_, 1)$, $(\_\_\_\_, -2)$ e $(0, \_\_\_\_)$.

b) O par ordenado (________, ________) é a solução do sistema $\begin{cases} 5x - 4y = 3 \\ -x + 3y = 6 \end{cases}$.

26 › Em cada item, determine mentalmente o par ordenado que é solução das 2 equações.

a) $x + y = 4$ e $x - y = 2$.

---

b) $2x + y = 10$ e $x - y = -4$.

---

c) $x + 2y = 19$ e $x - y = -8$.

---

d) $2x + 3y = 16$ e $x - y = 3$.

---

27 › Em um sítio há perus e porcos, com o total de 54 cabeças e 178 pés. Quantos perus e quantos porcos há no sítio?

---

28 › Escreva 5 pares ordenados que sejam soluções de cada equação.

a) $x - 3y = 12$

---

b) $2x - 2y = 18$

---

c) $2x + 3y = 6$

---

d) $3x - 2y = 10$

---

29 › Determine 3 soluções para cada equação.

a) $\frac{x}{2} + \frac{y}{3} = \frac{1}{6}$

b) $\frac{3x}{4} - \frac{2y}{3} = \frac{1}{12}$

c) $\frac{5x}{3} + \frac{6y}{5} = \frac{2}{15}$

30 › Um número é formado por 2 algarismos cuja soma é igual a 7. Se adicionarmos 27 a esse número, o resultado obtido será um outro número formado pelos mesmos algarismos, mas escritos na ordem inversa. Qual é esse número?

31 › A razão entre 2 números é igual a 3 e a soma deles é igual a 48. Quais são esses números?

32 › Uma pista de patinação no gelo cobra o valor diário de R$ 50,00 por adulto e R$ 20,00 por criança. Durante um sábado, o número de pessoas que patinaram foi 250 e a receita obtida foi de R$ 6 350,00. Quantas crianças patinaram nesse dia?

33 › Determine 2 soluções para cada equação e, em seguida, trace o gráfico das soluções.

a) $x + y = 6$

b) $x + 2y = 8$

____

c) $2x + 3y = 10$

____

34 ▸ Resolva cada sistema de equações pelo método gráfico e encontre a solução (x, y).

a) $\begin{cases} x - y = -1 \\ 2x + y = 7 \end{cases} \rightarrow$ ____________

b) $\begin{cases} x + y = -1 \\ x + 2y = -3 \end{cases} \rightarrow$ ____________

c) $\begin{cases} x + 2y = 6 \\ 2x + 2y = 4 \end{cases} \rightarrow$ ____________

35 ▸ Solange pagou uma dívida de R\$ 53,00 com 16 notas, algumas de R\$ 2,00 e outras de R\$ 5,00. Quantas notas de R\$ 2,00 ela deu? E de R\$ 5,00?

____

36 Os pares ordenados $(5, 5)$, $(-3, -3)$, $\left(\frac{1}{2}, -\frac{1}{2}\right)$ e $\left(2\frac{1}{3}, 0\right)$ são as soluções dos sistemas de equações dados. Identifique cada par ordenado com o sistema correspondente.

a) $\begin{cases} 4x - 2y = 3 \\ x - y = 1 \end{cases} \rightarrow$ ____________

b) $\begin{cases} x - y = 0 \\ 3(x - 2) = 2y - 1 \end{cases} \rightarrow$ ____________

c) $\begin{cases} x = y \\ x - 4y = 9 \end{cases} \rightarrow$ ____________

d) $\begin{cases} 3x + 2y = 7 \\ 6x - y = 14 \end{cases} \rightarrow$ ____________

37 A diferença entre 2 números é igual a 38 e o quociente entre eles, na mesma ordem, é igual a 3. Quais são esses números?

____

38 Determine mentalmente a solução de cada sistema de equações e registre-a.

a) $\begin{cases} x - y = 2 \\ x + y = 10 \end{cases} \rightarrow$ ____________

b) $\begin{cases} x - y = 4 \\ x + y = 6 \end{cases} \rightarrow$ ____________

c) $\begin{cases} x - y = -2 \\ x + y = 0 \end{cases} \rightarrow$ ____________

d) $\begin{cases} x + 2y = 4 \\ x - 3y = -1 \end{cases} \rightarrow$ ____________

e) $\begin{cases} 2x + y = 11 \\ 3x - y = 9 \end{cases} \rightarrow$ ____________

f) $\begin{cases} 2x + 4y = 24 \\ 3x + y = 11 \end{cases} \rightarrow$ ____________

39 Invente um sistema de 2 equações do 1º grau com 2 incógnitas cuja solução seja o par ordenado $(2, 4)$.

____

40 Invente um sistema de 2 equações do 1º grau com 2 incógnitas. Troque-o com um colega; você resolve o dele e ele resolve o seu.

____

41 ▸ Resolva cada sistema de equações pelo método da substituição.

a) $\begin{cases} x + 2y = -1 \\ 2x + 5y = -4 \end{cases}$ → ____________

b) $\begin{cases} 3x - 2y = -1 \\ 2x - y = 0 \end{cases}$ → ____________

c) $\begin{cases} 4x + 2y = 2 \\ x + 3y = 8 \end{cases}$ → ____________

d) $\begin{cases} 5x + 3y = 23 \\ 2x - 4y = -22 \end{cases}$ → ____________

e) $\begin{cases} 3x + 5y = 11 \\ 4x - 3y = 5 \end{cases}$ → ____________

f) $\begin{cases} 2x + 6y = 48 \\ 5x - 7y = -34 \end{cases}$ → ____________

42▸ Nesta figura, a abertura do ângulo $A\hat{O}B$ mede 52° e $\overrightarrow{OC}$ é bissetriz do $A\hat{O}B$. Calcule o valor de x e o valor de y.

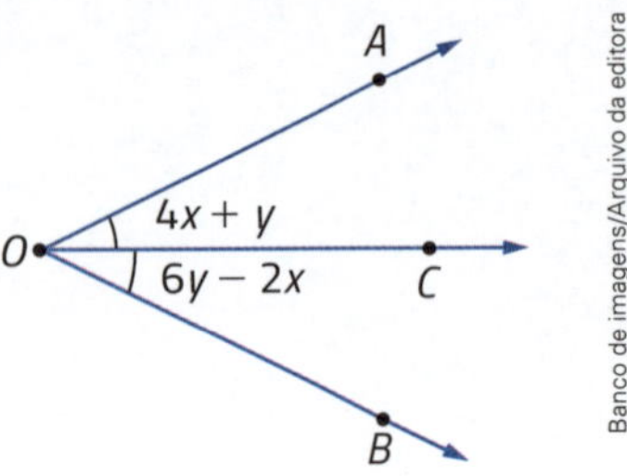

Banco de imagens/Arquivo da editora

____

43▸ Resolva cada sistema de equações utilizando o método da comparação.

a) $\begin{cases} x + y = 5 \\ x - y = 9 \end{cases}$ → ______________

b) $\begin{cases} 3x - 2y = 7 \\ 4x + y = 13 \end{cases}$ → ______________

c) $\begin{cases} x - 2y = 4 \\ 5x - y = 2 \end{cases}$ → ______________

d) $\begin{cases} 2x + 5y = 28 \\ 3x - y = 8 \end{cases}$ → ______________

e) $\begin{cases} 2x + 3y = 0 \\ 3x + 2y = -10 \end{cases}$ → ______________

f) $\begin{cases} 5x - 4y = 15 \\ 8x - 3y = 7 \end{cases}$ → ______________

44 › De 2 pontos A e B, distantes 90 m um do outro, soltam-se, ao mesmo tempo e em sentidos contrários, uma lebre e um cachorro. Ao se encontrarem, o cachorro tinha percorrido $\frac{2}{3}$ da medida de distância percorrida pela lebre. Quantos metros cada um deles percorreu?

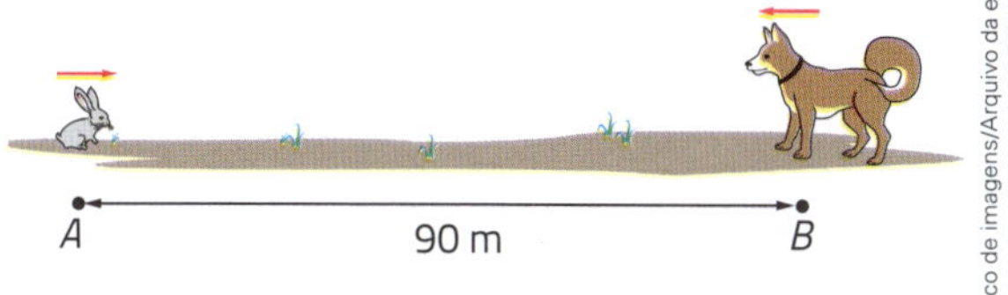

Banco de imagens/Arquivo da editora

____

45 › Neste gráfico de setores, as expressões algébricas indicam o número de votos dos candidatos **A**, **B** e **C** em uma eleição.

Votos dos candidatos

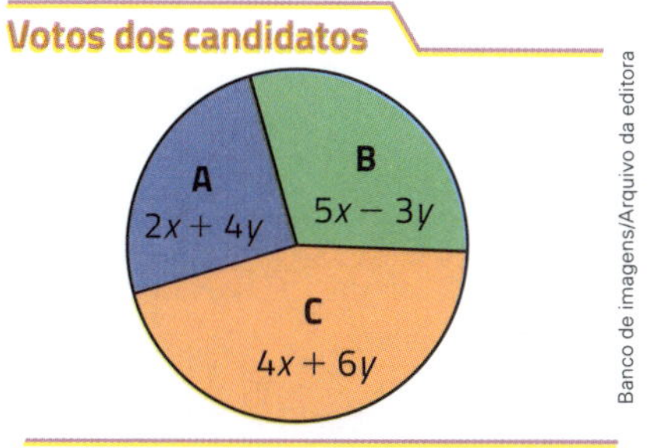

Banco de imagens/Arquivo da editora

Gráfico elaborado para fins didáticos.

Sabendo que **A** teve 500 votos e **B** teve 600 votos, calcule o que se pede.

a) O número de votos que o candidato **C** teve.

____

b) A porcentagem de votos de cada candidato em relação ao total.

____

c) A medida de abertura do ângulo de cada setor.

____

46 › Resolva cada sistema de equações pelo método da adição.

a) $\begin{cases} 3x + 5y = 4 \\ 5x - 2y = -14 \end{cases} \rightarrow$ ______________

b) $\begin{cases} 5x + 7y = 12 \\ 3x - 9y = -6 \end{cases} \rightarrow$ ______________

47 Resolva cada sistema de equações utilizando o método que considerar mais conveniente.

a) $\begin{cases} \dfrac{x}{2} + \dfrac{y}{3} = 4 \\ 2(x - 2) + y = 10 \end{cases}$ → ______

b) $\begin{cases} \dfrac{x + y}{4} - \dfrac{x - y}{6} = \dfrac{5}{3} \\ x + 2(y - 3) = 5 \end{cases}$ → ______

c) $\begin{cases} 3(x - 2) + 2(y - 3) = -4 \\ \dfrac{x}{4} = \dfrac{x + y}{6} \end{cases}$ → ______

d) $\begin{cases} \dfrac{x + y}{2} - \dfrac{x - y}{3} = -2 \\ 2x - 3 = y - 5 \end{cases}$ → ______

e) $\begin{cases} \dfrac{x + y}{3} = \dfrac{x - y}{5} - \dfrac{22}{15} \\ \dfrac{x}{2} + \dfrac{y}{4} = -\dfrac{1}{4} \end{cases}$ → ______

f) $\begin{cases} \dfrac{x + 1}{2} + \dfrac{y - 2}{3} = \dfrac{7}{36} \\ \dfrac{2x}{3} - \dfrac{3y}{5} = \dfrac{2}{15} \end{cases}$ → ______

48 ▸ Os ângulos $\hat{A}$ e $\hat{B}$ são complementares, e a diferença entre a metade da medida de abertura do $\hat{A}$ e a terça parte da medida de abertura do $\hat{B}$ é igual a 30°. Calcule a medida de abertura do $\hat{A}$ e a do $\hat{B}$.

____

49 ▸ Uma gráfica colocou um cartaz com uma promoção.

Banco de imagens/Arquivo da editora

PROMOÇÃO

Cadastre-se em nossa loja
e imprima cada foto por apenas R$ 0,50.

Valor do cadastro: R$ 5,00.

Considerando y o preço total pago por um cliente que se cadastrou na loja e imprimiu uma quantidade x de fotos, a equação que representa essa situação é $y - 0{,}5x = 5$.

a) Trace neste plano cartesiano a reta que contém as soluções dessa equação.

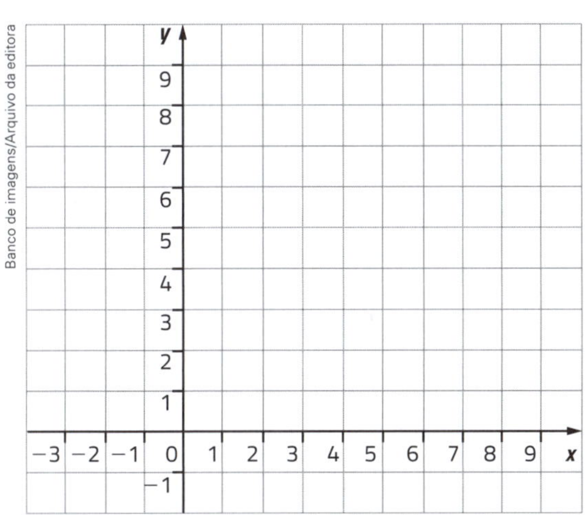

b) Todos os pontos da reta são soluções dessa situação? Justifique sua resposta.

____

____

____

____

50 ▸ Classifique cada sistema de equações em determinado, indeterminado ou impossível. Em seguida, faça a interpretação geométrica de cada um deles.

a) $\begin{cases} 2x + 3y = 14 \\ 3x - y = -1 \end{cases}$

____

____

____

b) $\begin{cases} 3x - 6y = 10 \\ 6x - 12y = 30 \end{cases}$

____

____

____

c) $\begin{cases} 2x + 5y = 8 \\ 6x + 15y = 16 \end{cases}$

d) $\begin{cases} 5x + 7y = 16 \\ 20x + 28y = 64 \end{cases}$

e) $\begin{cases} 3x + 4y = -11 \\ 6x + 8y = -22 \end{cases}$

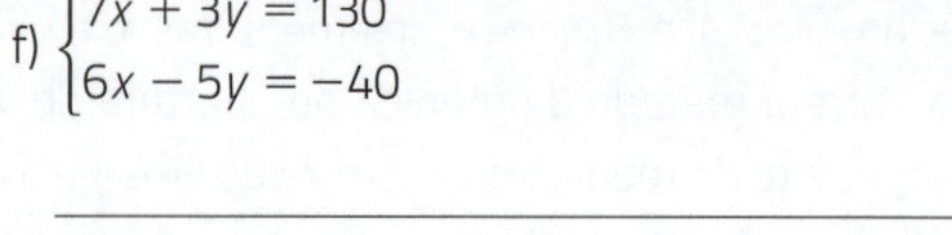

f) $\begin{cases} 7x + 3y = 130 \\ 6x - 5y = -40 \end{cases}$

51 ▸ Em um estacionamento há carros e motos. Contando os veículos são 23 e, contando as rodas, são 70. Calcule o número de carros e o de motos.

52 ▸ Um retângulo **A** tem medida de perímetro de 20 cm. Diminuindo a medida de comprimento da base em 2 cm e dobrando a medida de comprimento da altura, obtemos um novo retângulo **B** de mesma medida de perímetro. Descubra as medidas de comprimento dos lados dos retângulos **A** e **B**.

53 ▸ **Desafio.** Observe esta pilha triangular "algébrica". Nela, a soma dos termos é sempre a mesma em cada lado.

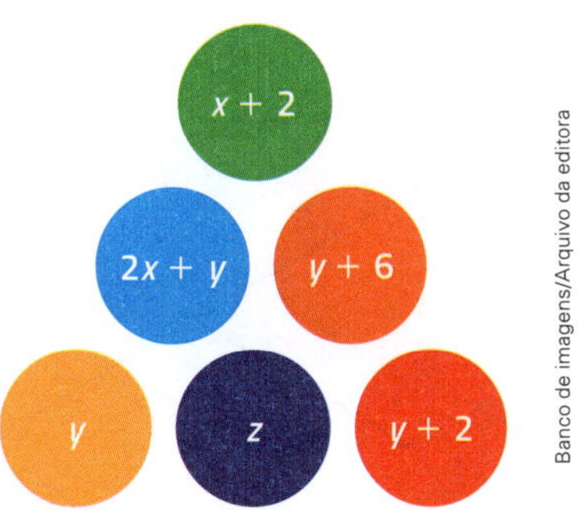

Se o maior valor numérico das expressões dessa pilha triangular é igual a 16, então qual é a cor do círculo que tem uma expressão algébrica com valor numérico igual a 10? Justifique.

____

54 ▸ A diferença entre as medidas de abertura dos ângulos colaterais internos formados por retas paralelas cortadas por uma transversal é igual a 26° 16'. Determine as medidas de abertura desses ângulos.

____

55 ▸ Analise esta figura, cujas medidas de comprimento estão dadas em centímetros, e represente a medida de perímetro (em centímetros) e a medida de área (em centímetros quadrados) de cada região plana usando expressões algébricas.

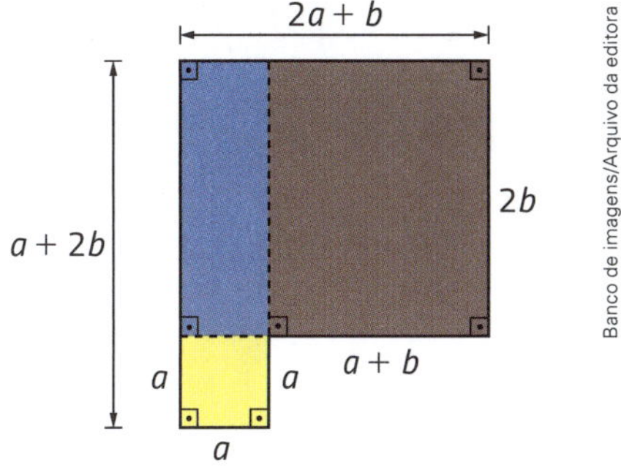

a) A medida de perímetro da região amarela: ________.

b) A medida de área da região amarela: ________.

c) A medida de perímetro da região marrom: ________.

d) A medida de área da região marrom: ________.

e) A medida de perímetro da região azul: ________.

f) A medida de área da região azul: ________.

g) A medida de perímetro da figura toda: ________.

h) A medida de área da figura toda: ________.

56 ▸ Na atividade anterior, descubra os valores de a e b para os quais a medida de perímetro da região marrom é de 39 cm e a medida de perímetro de toda a figura é de 63 cm.

____

57 ▸ Nesta figura a medida de abertura do ângulo $\hat{1}$ é igual à metade da medida de abertura do ângulo $\hat{2}$. Determine a medida de abertura de cada ângulo indicado.

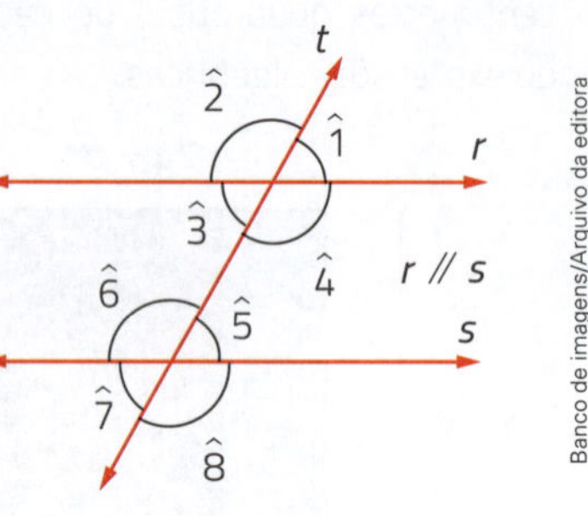

59 ▸ Nesta figura, a abertura do $\hat{x}$ mede 24° a menos do que a abertura do $\hat{y}$. Calcule a medida de abertura do $\hat{x}$ e a do $\hat{y}$.

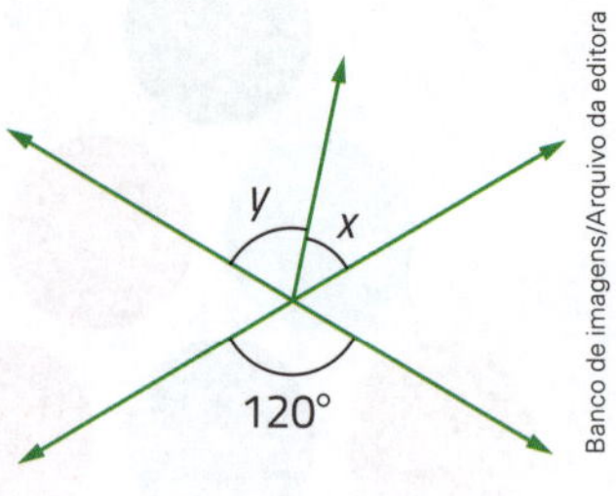

58 ▸ Considerando uma figura como a da atividade anterior, na qual $m(\hat{2}) - m(\hat{1}) = 40°$, determine as medidas de abertura de todos os ângulos.

60 ▸ Quais são as medidas de comprimento das bases maior (B) e menor (b) de um trapézio sabendo-se que a medida de comprimento da base média é de 6 cm e que a medida de comprimento da base maior é o dobro da medida de comprimento da base menor?

61 › Complete este mapa conceitual com as informações sobre as possíveis soluções de um sistema de 2 equações do 1º grau com 2 incógnitas.

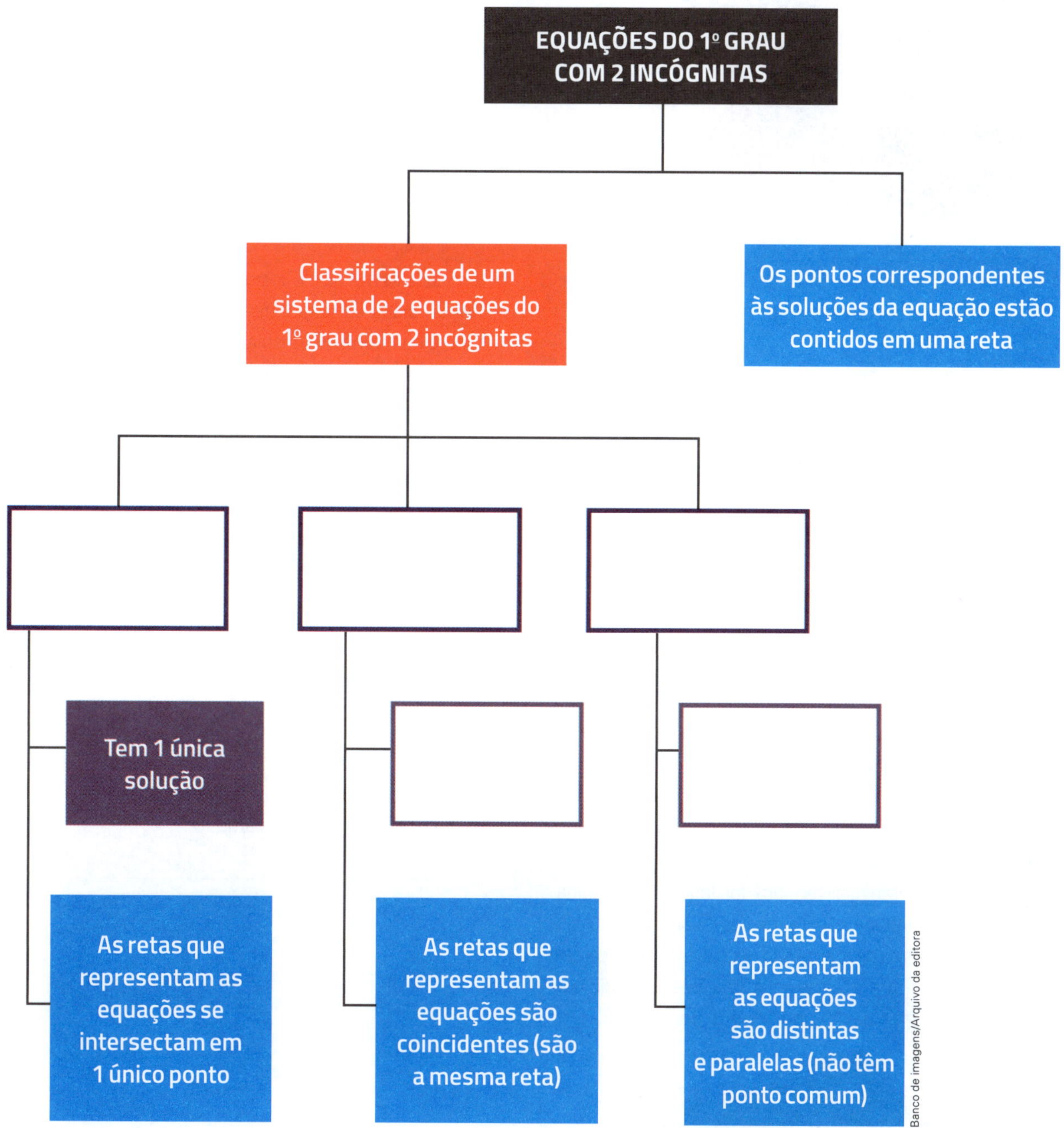

Banco de imagens/Arquivo da editora

Área e volume

1 Determine a medida de área de cada região plana, sendo ■ a unidade de medida de área.

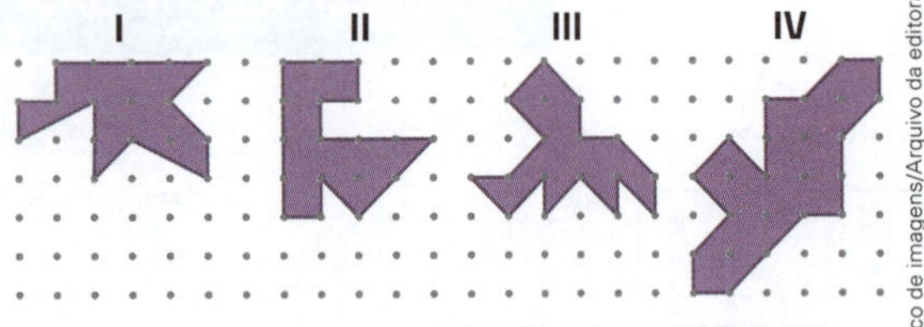

Banco de imagens/Arquivo da editora

I. ______

II. ______

III. ______

IV. ______

2 Um terreno retangular tem um dos lados com medida de comprimento de 7,5 m e medida de área de 330 m². Quantos metros de arame são necessários para cercar esse terreno com 3 faixas de arame, descontando um portão com medida de comprimento de 1,5 m?

Banco de imagens/Arquivo da editora

______

3 Em cada item, calcule inicialmente a medida de área da região plana correspondente. Em seguida, desenhe a figura na malha quadriculada com lados de medida de comprimento de 1 cm, conte os quadradinhos e confira a medida que você encontrou anteriormente.

a) Região plana determinada por um paralelogramo cujas medidas de comprimento da base e da altura são 5 cm e 2 cm, respectivamente.

______

b) Região plana determinada por um triângulo cujas medidas de comprimento da base e da altura são 6 cm e 3 cm, respectivamente.

______

c) Região plana determinada por um losango cujas medidas de comprimento das diagonais são 4 cm e 2 cm.

______

d) Região plana determinada por um trapézio com bases de medidas de comprimento de 6 cm e 3 cm e altura de medida de comprimento de 3 cm.

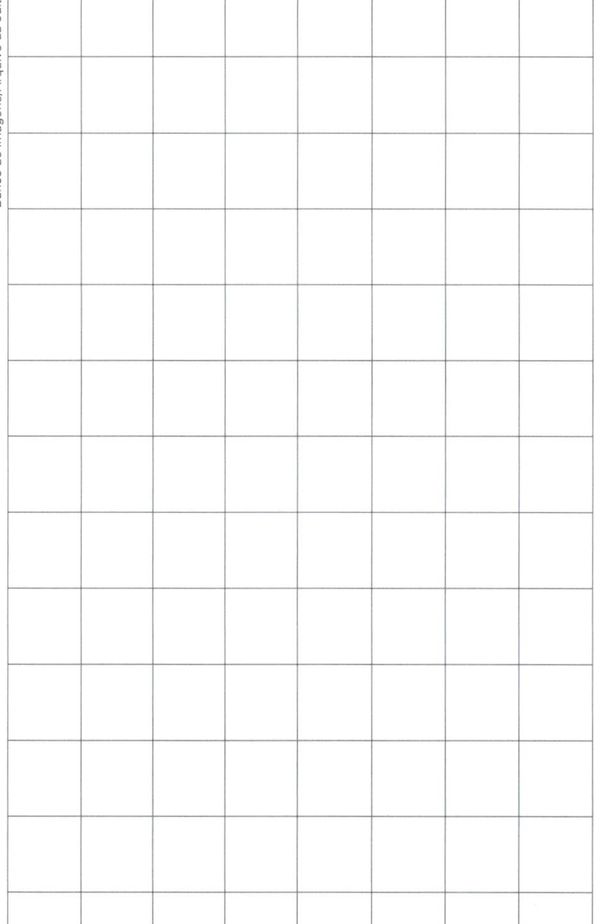

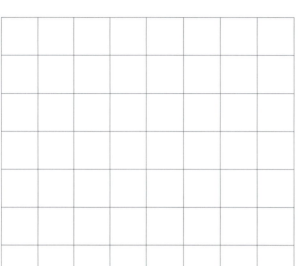

4 Considere esta representação de um baú.

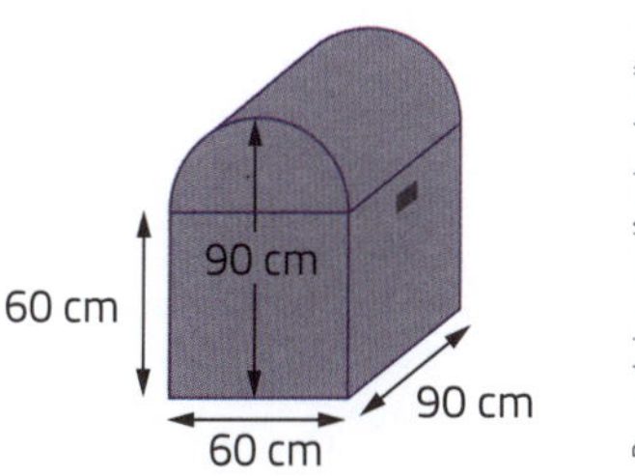

a) Determine a medida de volume aproximada desse baú. (Use $\pi = 3,14$.)

b) Determine a medida de área aproximada da superfície desse baú.

5 Escreva a fórmula correspondente em cada caso.

a) A medida de área A de um quadrado com lado de medida de comprimento y.

b) A medida de área A de uma região triangular cuja base e a altura correspondente têm medidas de comprimento x e y, respectivamente.

c) A medida de área A de uma região plana cujo contorno é um trapézio tal que as bases têm medidas de comprimento a e b e a altura tem medida de comprimento c.

d) A medida de volume V de um paralelepípedo cujas medidas das dimensões são r, s e t.

6 Observe a planta baixa de um apartamento, feita na escala 1 : 100.

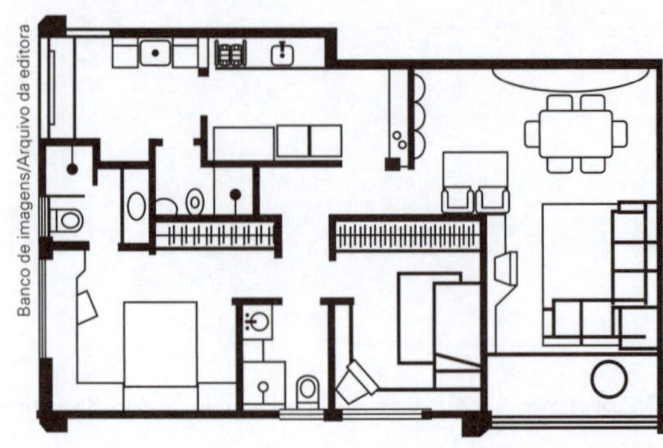

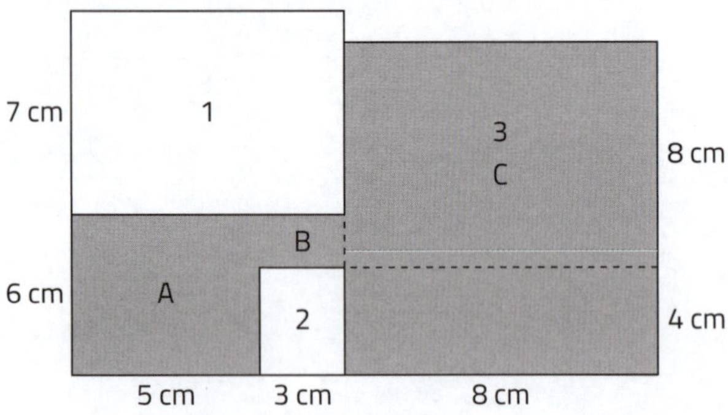

a) Quais serão as medidas de comprimento reais dos lados do ambiente **1**? E do ambiente **2**?

b) O ambiente **3** (parte escura da planta) é formado pelos ambientes **A**, **B** e **C**. Determine as medidas de comprimento reais dos lados desses ambientes.

c) Se aumentarmos a medida de comprimento de um dos lados do ambiente **1** em 2 cm, na planta baixa, então qual será o aumento da medida de comprimento real? Explique seu raciocínio.

d) Você consegue estabelecer uma relação entre as medidas de comprimento no desenho e as respectivas medidas de comprimento reais? Como seria?

e) Qual é a medida de área do ambiente **1** na planta baixa?

f) Qual é a medida de área real desse ambiente?

g) Podemos usar a mesma relação estabelecida no item **d** para responder ao item **f**? Justifique sua resposta.

h) Determine a medida de área total do ambiente **3** na planta baixa e na realidade.

i) Imagine o desenho de uma região retangular com lados com medidas de comprimento de 5 cm por 6 cm, que representa um terreno na escala 1 : 1 000. Qual é medida de área dessa região no desenho? E na realidade?

j) Existe alguma relação entre a escala utilizada, as medidas de área no desenho e a medida de área real? Se sim, qual é essa relação?

7 A medida de área de uma região triangular é de 9 cm². Qual é a medida de comprimento da altura dessa região, sabendo que a medida de comprimento da base é de 6 cm?

____

8 Sejam $3x$ e y as medidas de comprimento, em cm, das diagonais de uma região plana limitada por um losango.

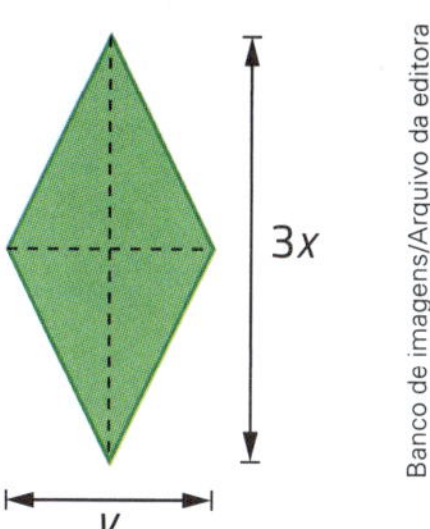

Banco de imagens/Arquivo da editora

a) Qual monômio indica a medida de área dessa região plana, em cm²?

____

b) Indique o coeficiente e a parte literal desse monômio.

____

c) Escreva outro monômio, semelhante a esse, de coeficiente -4.

____

9 Este aquário foi construído com 5 placas de vidro com as medidas de comprimento indicadas. As placas foram ligadas com peças de metal, e a água colocada ocupou 80% da medida de capacidade do aquário.

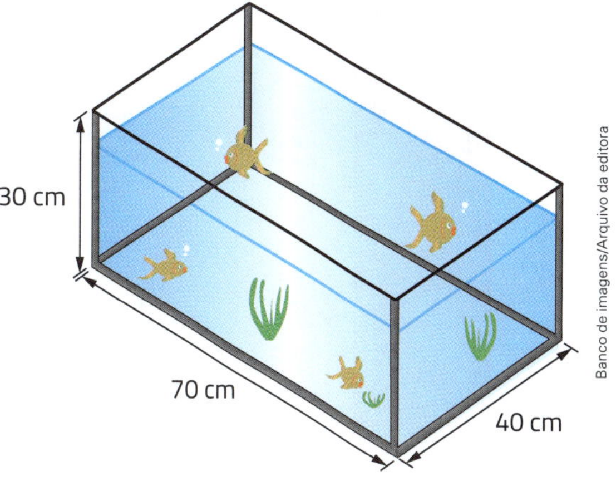

Banco de imagens/Arquivo da editora

a) Quantos centímetros quadrados de vidro foram utilizados?

____

b) Quantos centímetros de metal foram utilizados?

____

c) Quantos litros de água foram colocados no aquário?

____

10› Escreva a medida de área de cada região plana usando uma expressão algébrica. Considere as medidas de comprimento dadas na mesma unidade de medida.

a)

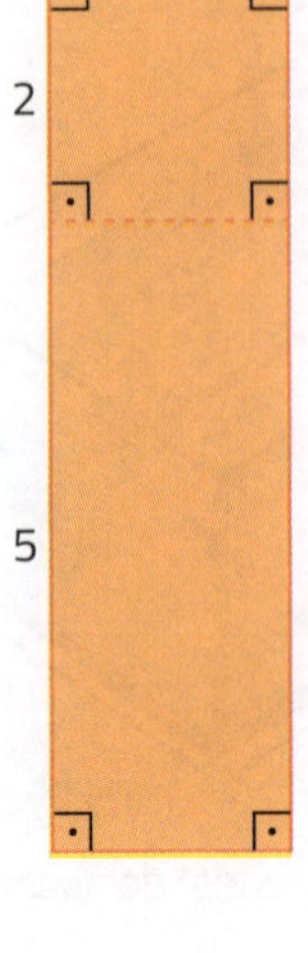

Ilustrações: Banco de imagens/Arquivo da editora

b)

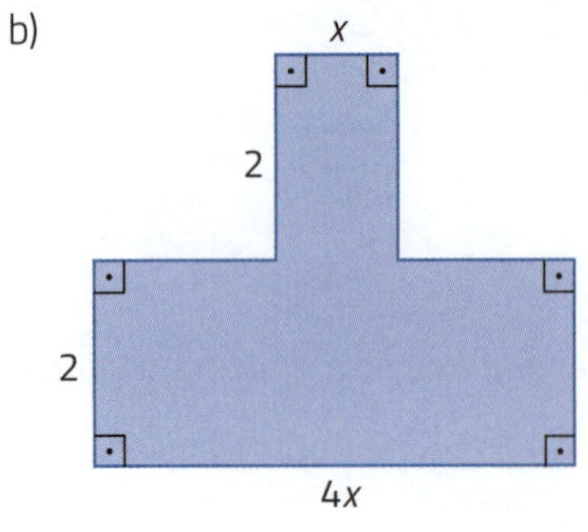

c)

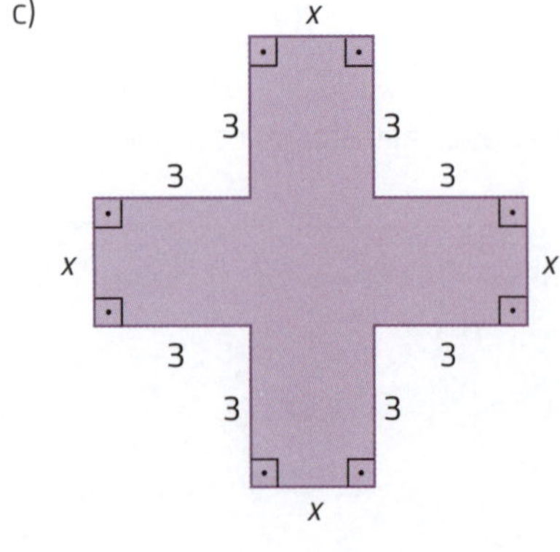

d)

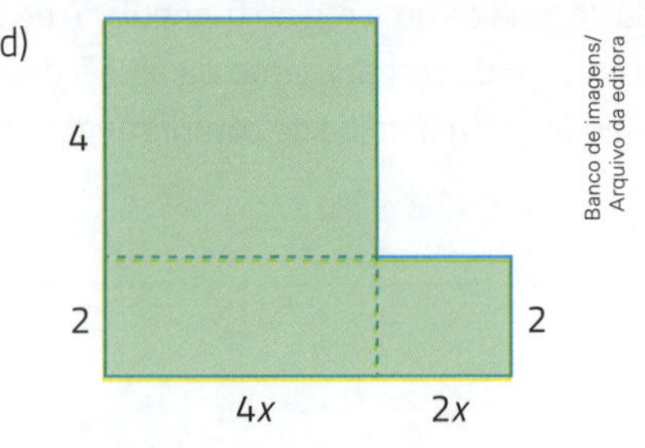

Banco de imagens/Arquivo da editora

11› Calcule a medida de área de cada região plana considerando as medidas de comprimento indicadas.

a)

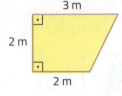

As imagens desta página não estão representadas em proporção.

Ilustrações: Banco de imagens/Arquivo da editora

b)

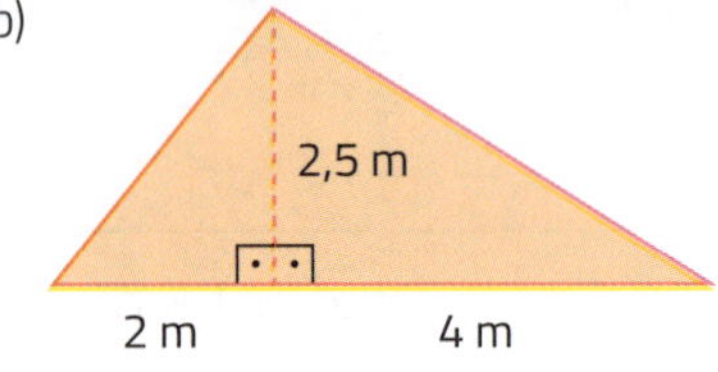

c)

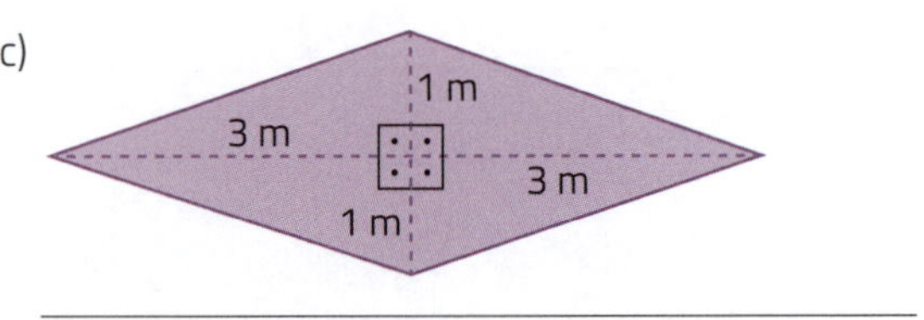

12 Um terreno tem a forma de um trapézio. Sabe-se que a medida de área dele é de 264 m², a medida de comprimento de uma das bases é de 16 m, a medida de comprimento da altura é de 24 m e as medidas de comprimento dos lados não paralelos são de 26 m e 24 m. Determine a medida de perímetro desse terreno.

____

13 **Desafio.** Veja a vista superior de um cubo. Cada quadradinho tem lados com medidas de comprimento de 1 cm.

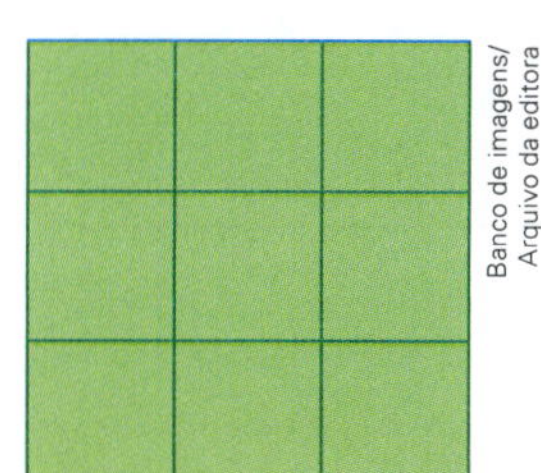

Banco de imagens/ Arquivo da editora

Vista superior de um cubo.

Qual é a medida de área total da superfície desse cubo?

____

14 João Paulo montou, em uma cartolina, a planificação da superfície de uma pirâmide de base hexagonal. A medida de área da base é de 165 cm², e a medida de área de cada face lateral é de 80 cm². Quantos centímetros quadrados João Paulo gastou de cartolina, no mínimo?

____

15 Determine a medida de área de cada região plana.

a)

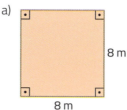

8 m

8 m

As imagens desta página não estão representadas em proporção.

Ilustrações: Banco de imagens/Arquivo da editora

____

b)

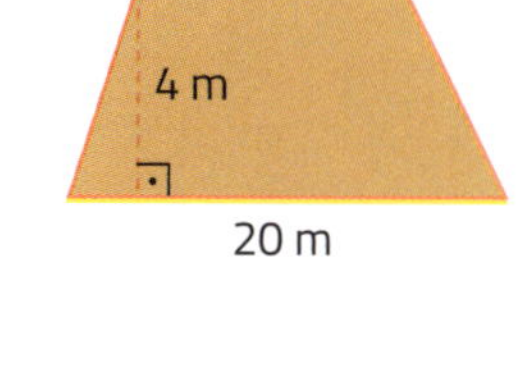

____

c)

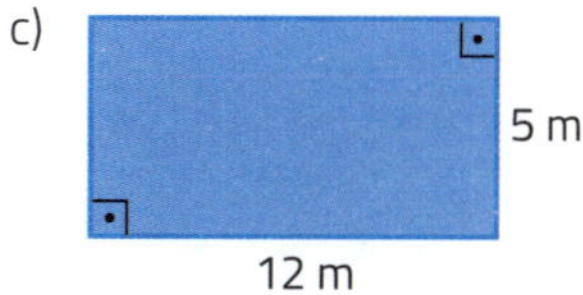

____

d)

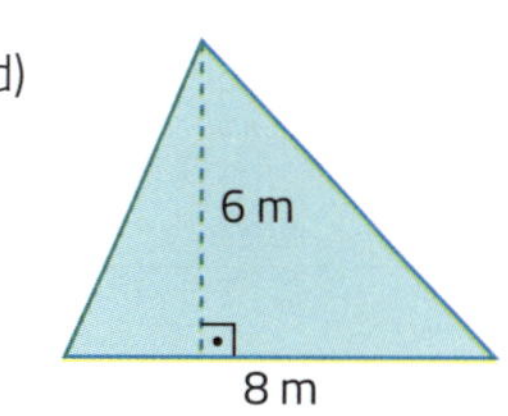

____

16 › Considere as regiões poligonais dadas nas malhas quadriculadas, com medidas de comprimento indicadas em metros. Para cada uma delas, escreva as fórmulas da medida de perímetro (em metros) e da medida de área (em metros quadrados).

a)

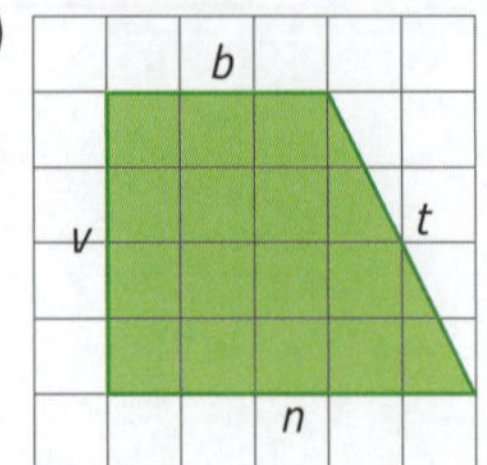

Ilustrações: Banco de imagens/Arquivo da editora

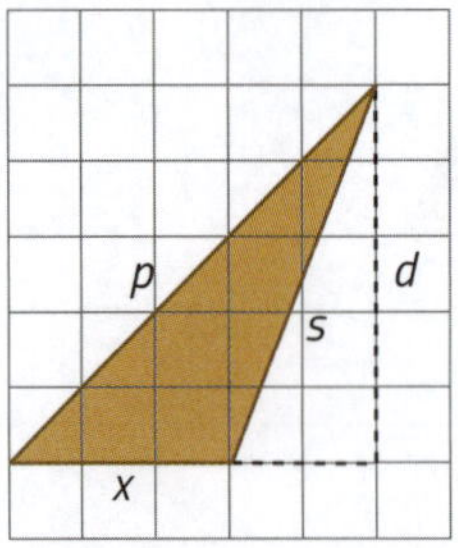

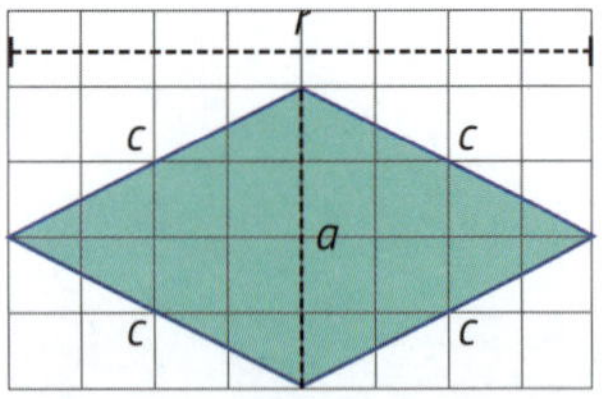

b)

c)

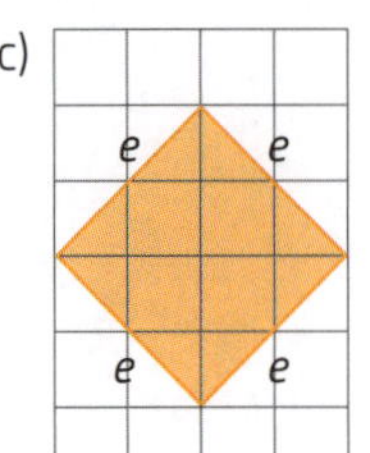

d)

e)

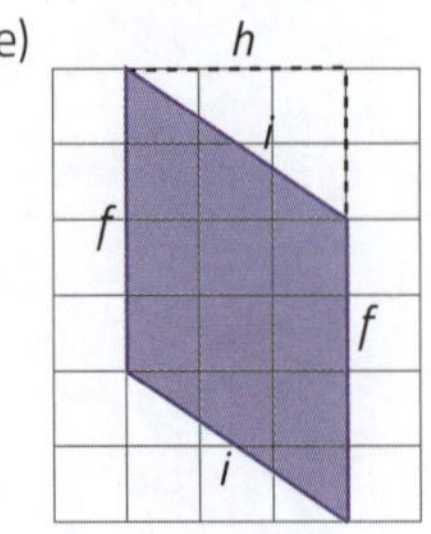

17 › Assim como na atividade anterior, escreva as fórmulas da medida de perímetro (em metros) e da medida de área (em metros quadrados) para cada figura dada.

a)

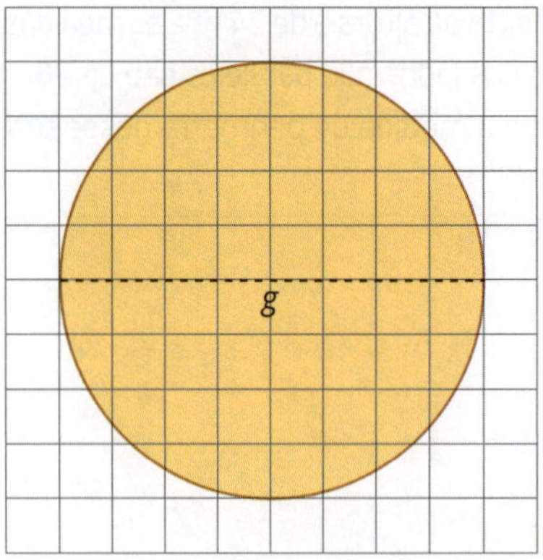

Ilustrações: Banco de imagens/Arquivo da editora

b)

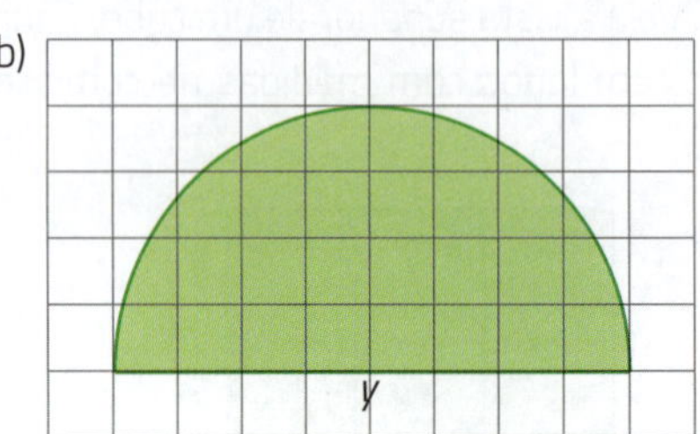

18 › A medida de comprimento da aresta de um cubo é de 5 cm. Determine a medida de área total da superfície desse cubo.

19 ▸ Aumentando-se em 2 cm a medida de comprimento da base de uma região retangular e dobrando-se a medida de comprimento da altura, a medida de perímetro aumenta em 10 cm e a medida de área aumenta em 42 cm². Calcule a medida de perímetro e a medida de área dessa região retangular.

____

20 ▸ A medida de comprimento do diâmetro de um CD (*compact disc*) é de 12 cm, e a medida de comprimento do diâmetro do "furo" do CD é de 1,5 cm. Qual é a medida de área da face do CD?

____

21 ▸ Qual é a medida de capacidade, em litros, de um reservatório com a forma e as medidas de comprimento indicadas nesta figura?

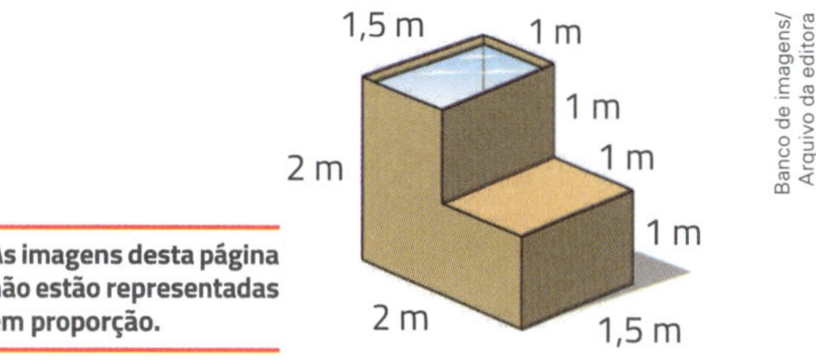

As imagens desta página não estão representadas em proporção.

____

22 ▸ Indique a medida de área da região pintada nesta figura, considerando $\pi = 3,14$.

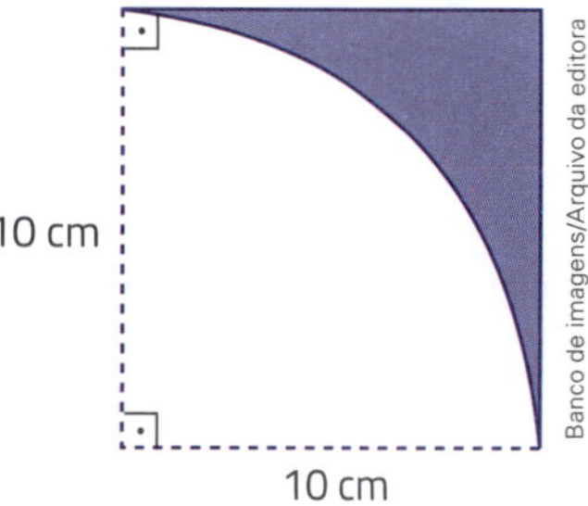

____

23 ▸ Calcule a medida de volume de um cubo cuja medida de perímetro de cada face é de 36 cm.

____

24 ▸ Calcule a medida de volume de um cubo no qual a medida de área de cada face é de 36 cm².

____

25 ▸ Este retângulo está desenhado na escala 1 : 20.

6 cm

2,5 cm

Banco de imagens/Arquivo da editora

a) Determine as medidas de comprimento dos lados do retângulo original.

____

b) Por qual número devemos multiplicar a medida de área da região retangular determinada por esse retângulo para obter a medida de área da região retangular original?

____

26 ▸ Observe o desenho de um tanque utilizado para armazenar petróleo em uma refinaria, feito na escala 1 : 1 000.

As imagens desta página não estão representadas em proporção.

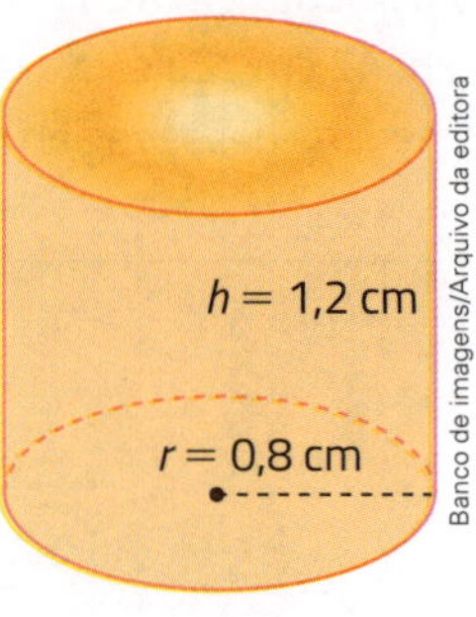

a) Qual é a medida de comprimento real da altura desse tanque?

____

b) Qual é a medida de comprimento real do diâmetro da base desse tanque?

____

c) Se a medida de comprimento da altura no desenho fosse de 4,3 cm, então qual seria a medida de comprimento real da altura? Explique seu raciocínio.

____

____

d) Você consegue estabelecer uma relação entre as medidas de comprimento utilizadas no desenho e as medidas de comprimento originais? Explique.

____

____

____

e) Determine a medida de volume aproximada do desenho do tanque, considerando $\pi = 3,14$.

____

f) Qual é a medida de volume real do tanque?

g) Você pode utilizar a mesma relação do item **d** para responder à questão do item **f**? Justifique sua resposta.

h) Qual seria a relação entre a medida de volume do desenho e a medida de volume real do tanque?

i) Determine a medida de área aproximada da superfície do desenho desse tanque, considerando $\pi = 3,14$.

j) Qual é a medida de área real da superfície do tanque?

27 Determine a medida de área de uma praça circular cujo contorno tem medida de comprimento de 376,80 m.

28 Em uma loja de colchões, um modelo de solteiro tem a forma de um paralelepípedo com medidas de dimensões de 1 m, 2 m e 0,2 m. O modelo de casal, da mesma marca, também tem a forma de um paralelepípedo com medidas de dimensões de 2 m, 2 m e 0,4 m. Em relação ao colchão de solteiro, quantas vezes a medida de volume do colchão de casal é maior?

29 Qual é a medida de comprimento aproximada desta corda enrolada?

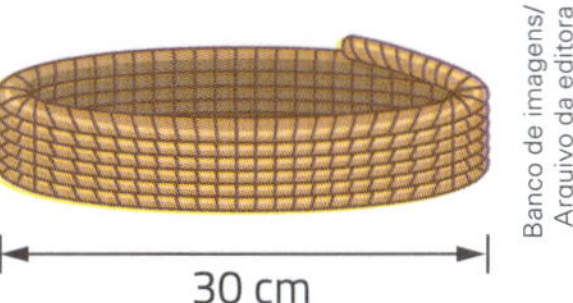

Banco de imagens/Arquivo da editora

30 A Fórmula Indy é uma das principais categorias do automobilismo mundial, sendo conhecida principalmente pela forma oval dos circuitos. Veja nesta malha quadriculada a representação da planta de um desses circuitos.

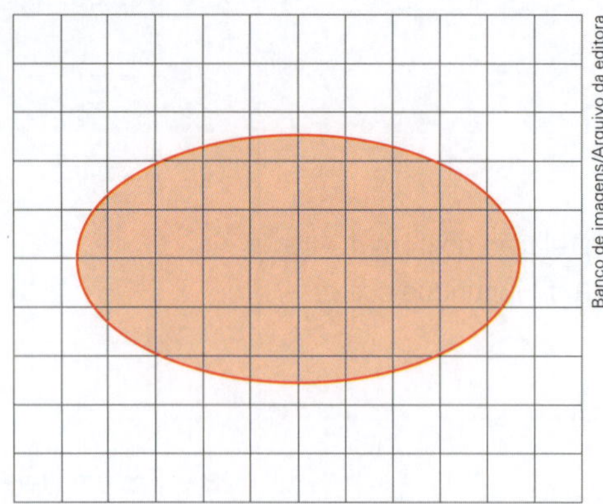

Considerando que cada quadradinho da malha tem medida de área de 1 cm², calcule a medida de área aproximada do desenho desse circuito.

____

31 Uma prefeitura apresentou o seguinte projeto de um parque.

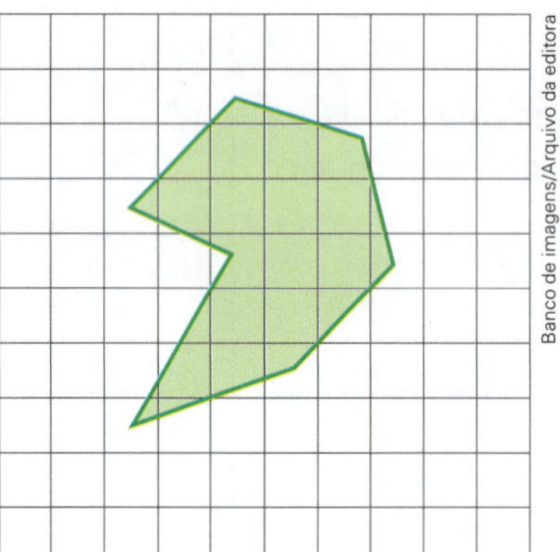

Nesse projeto, cada quadradinho da malha equivale a uma superfície real com medida de área de 100 m². Calcule a medida de área aproximada desse parque.

____

32 ▸ Complete este mapa conceitual com os nomes das figuras geométricas e com as fórmulas para o cálculo das medidas de área e de volume que você estudou neste capítulo.

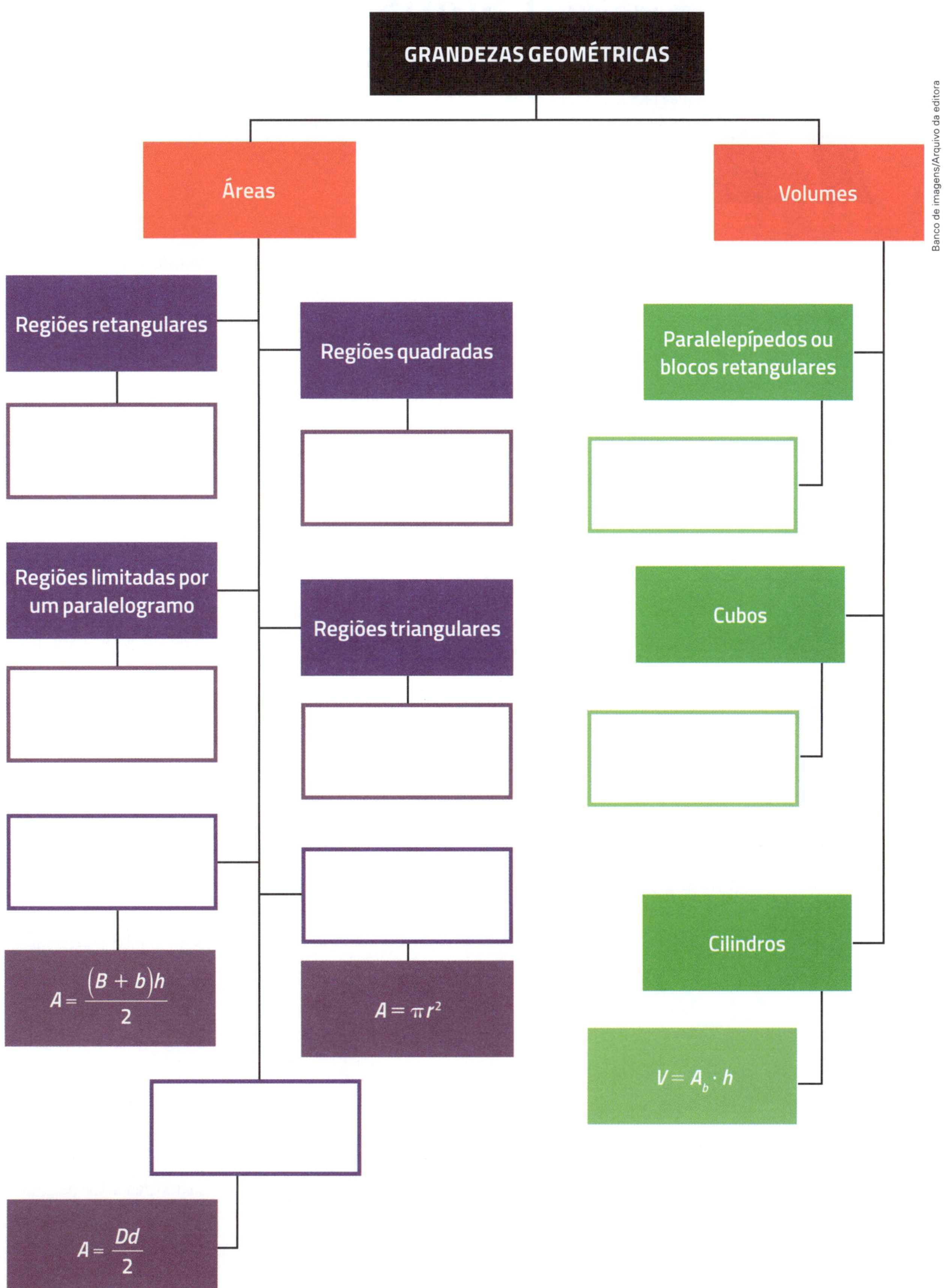

Banco de imagens/Arquivo da editora

Estatística e probabilidade

1 Observando este gráfico de barras, o gerente de uma loja decidiu criar uma promoção que abrangesse o perfil dos clientes que mais frequentam a loja. A qual perfil essa promoção deve ser direcionada?

Perfil dos clientes da loja

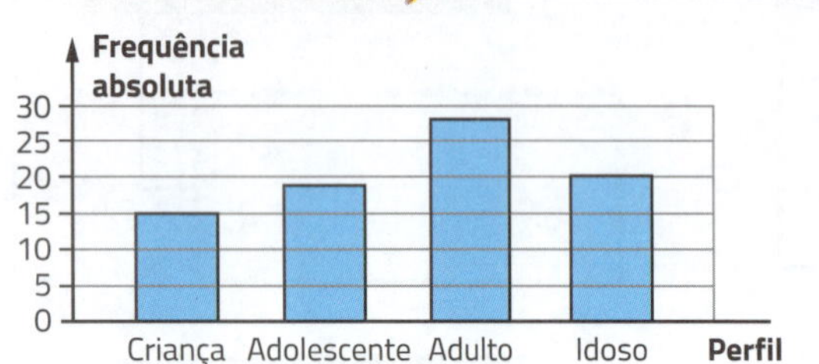

Gráfico elaborado para fins didáticos.

____

2 Uma empresa fez o levantamento dos salários dos funcionários e, em seguida, elaborou a tabela de frequências com os valores da variável em classes.

a) Complete a tabela.

Salários dos funcionários

Salário (em R$)	FA	FR (em %)
⊢		10%
⊢	15	
⊢	30	50%
⊢	6	
1960 ⊢ 2050		
Total		

Tabela elaborada para fins didáticos.

b) Qual é o tipo de variável dessa pesquisa?

____

3 Jorge colocará no estojo 1 item de cada tipo de material. Veja os materiais que ele tem disponíveis.

- Caneta: 4 cores diferentes.
- Lápis: 5 opções.
- Borracha: 2 modelos.
- Corretivo: 3 tipos.
- Apontador: 3 opções.

De quantas maneiras diferentes Jorge pode montar o estojo?

____

4 Na turma em que Luís Roberto estuda, há 9 meninos e 27 meninas.

a) Faça um gráfico de setores indicando as porcentagens de meninos e de meninas dessa turma.

b) Escolhendo ao acaso um aluno dessa turma, qual é a chance de ser um menino?

____

5▸ A medida de temperatura máxima do dia em uma cidade foi anotada durante 20 dias. Observe-as.

30 °C; 32 °C; 31 °C; 31 °C; 33 °C; 28,5 °C; 33,5 °C; 27 °C; 30 °C; 34 °C; 30,5 °C; 28 °C; 30,5 °C; 29,5 °C; 26 °C; 31 °C; 31 °C; 29 °C; 32 °C; 31,5 °C.

Construa o histograma com as frequências absolutas dos valores da variável, considerando 5 intervalos.

6▸ Eduardo construiu 2 urnas e colocou bolas numeradas nelas. Na urna **A**, ele colocou as bolas com os 20 primeiros números naturais pares e, na urna **B**, as bolas com os números primos entre 10 e 15.

a) Ao retirar 1 bola da urna **A**, sem olhar, qual é a probabilidade de ele obter um número menor do que 11?

____

b) Ao retirar ao acaso 1 bola da urna **B**, qual é a probabilidade de ele obter um número ímpar?

____

c) Ao retirar aleatoriamente 1 bola de cada urna, qual é a probabilidade de ele obter o mesmo número nas 2 bolinhas?

____

7▸ Em diferentes situações do cotidiano, você já deve ter utilizado ou observado a utilização da média aritmética. Resolva as situações a seguir.

a) Nas 5 primeiras partidas de um campeonato, Vitor se destacou como atacante do time. Veja as informações e, depois, calcule o que se pede.

- 1º jogo: o time venceu por 4 a 2 e Vitor fez 2 gols.
- 2º jogo: o time empatou por 2 a 2 e Vitor fez 1 gol.
- 3º jogo: o time venceu por 2 a 0 e Vitor fez 1 gol.
- 4º jogo: o time perdeu por 3 a 2 e Vitor não fez gol.
- 5º jogo: o time venceu por 5 a 2 e Vitor fez 3 gols.

A) A média de gols marcados pelo time por partida.

____

B) A média de gols sofridos pelo time por partida.

____

C) A média de gols marcados por Vitor por partida.

____

b) Agora, temos o número de gols marcados por outro time e o número de gols marcados por Silas, o principal atacante, em 6 partidas disputadas, ambos representados por expressões algébricas.

Número de gols de Silas e do time

Partida	Número de gols do time	Número de gols do atacante Silas
1ª	m	$m - 1$
2ª	$m - 1$	$m - 1$
3ª	$2m$	$m + 1$
4ª	$3 - m$	1
5ª	$m + 2$	m
6ª	$2m$	m

Tabela elaborada para fins didáticos.

Determine a expressão algébrica que indica cada número.

A) A média de gols marcados pelo time por partida.

B) A média de gols marcados por Silas por partida.

8▸ O professor Raul aplicou uma prova com 5 testes. Neste gráfico estão registrados os acertos de todos os alunos do 8º ano **B**.

Número de acertos dos alunos

Gráfico elaborado para fins didáticos.

a) Qual é o tipo dessa pesquisa em relação aos alunos do 8º ano **B**? E em relação aos alunos da escola?

b) Qual tipo de variável está envolvida nessa situação?

c) Qual é o número de alunos dessa turma?

d) Qual é a porcentagem dos alunos que acertaram os 5 testes?

e) Qual é a porcentagem dos alunos que acertaram menos do que 3 testes?

f) Qual é a média de número de acertos por aluno? E a moda? E a mediana?

9▸ Determine a média aritmética ponderada dos números 15, 20 e 8, com pesos 2, 1 e 2, respectivamente.

10 Três atletas estão disputando uma vaga no torneio de atletismo. Observe na tabela as notas deles nas eliminatórias.

Notas dos atletas

Antônio	93	84	81	83	86	70
Luís	85	86	76	84	83	85
Ricardo	88	78	79	84	96	60

Tabela elaborada para fins didáticos.

a) Calcule a média, a amplitude, a variância e o desvio-padrão das notas de cada um deles e preencha esta nova tabela.

Resultados dos atletas

Atleta	Média	Amplitude	Variância	Desvio-padrão
Antônio				
Luís				
Ricardo				

Tabela elaborada para fins didáticos.

b) O atleta que vai disputar o torneio precisa ter o desempenho mais homogêneo. Qual deles foi escolhido?

11 Foi feita uma pesquisa com 4000 pessoas sobre a preferência por cinema, teatro ou concerto musical. Cada participante só podia ter 1 opção de resposta. Veja o resultado da pesquisa.

Preferência cultural

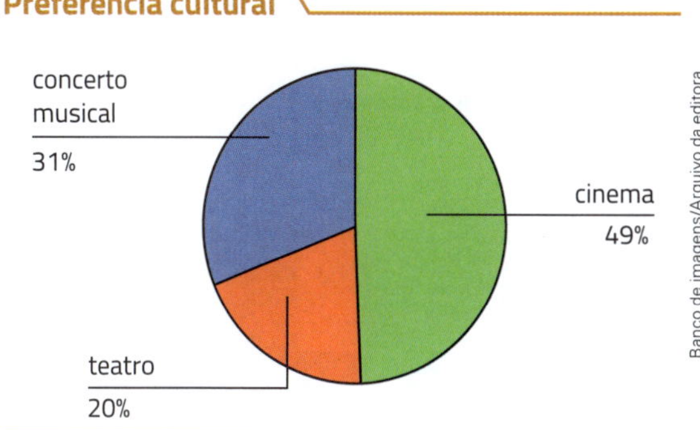

Gráfico elaborado para fins didáticos.

a) Quantas pessoas escolheram cinema nessa pesquisa?

b) Quantas pessoas optaram por teatro?

c) Quantas pessoas preferiram concerto musical?

d) Qual é a medida de abertura do ângulo do setor correspondente a cada resposta?

12 Um corretor de planos de saúde, com a intenção de conhecer melhor os clientes, coletou informações sobre a idade daqueles que fecharam contrato no mês anterior e elaborou um histograma.

Idade dos clientes que fecharam contrato no mês anterior

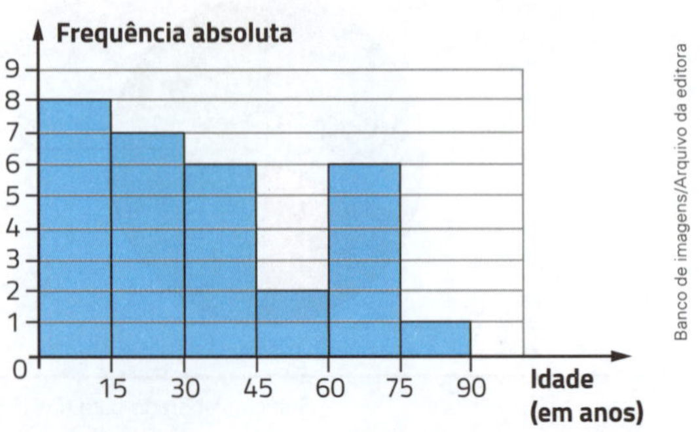

Gráfico elaborado para fins didáticos.

a) Qual faixa etária apresenta o maior número de clientes que fecharam contrato nesse mês?

____

b) Quantos clientes com menos de 60 anos fecharam contrato nesse mês?

____

c) Qual é a idade média das pessoas que fecharam contrato nesse mês?

____

13 Um aluno do curso de Medicina registrou a quantidade de batimentos cardíacos por minuto dos colegas de sala de aula. Observe os números que ele registrou.

75	76	77	78	79	80	85	88	90	92
92	75	76	78	78	90	76	78	76	90
92	75	76	77	85	85	85	88	77	77
92	90	78	85	79	90	76	78	76	77
92	90	76	85	80	90	85	78	76	88

Com essas informações, complete a tabela.

Batimentos por minuto dos alunos

Número de batimentos por minuto	Frequência absoluta	Frequência relativa (em fração)
75	3	
Total	50	

Tabela elaborada para fins didáticos.

14 A média aritmética das medidas de comprimento das alturas de 5 edifícios é de 85 metros. Se for acrescentado a apenas um dos edifícios mais 1 andar com altura de medida de comprimento de 3 metros, então qual será a nova média?

____

15 ▸ Veja nesta tabela o número de casos de dengue registrados em um posto de saúde em alguns meses do ano.

Número de casos de dengue registrados

Mês	Número de casos
Julho	8
Agosto	12
Setembro	12
Outubro	16
Novembro	10
Dezembro	14

Tabela elaborada para fins didáticos.

Represente esses dados em um gráfico de segmentos.

16 ▸ Se a média aritmética dos números x e y é 108, então qual é o valor de $\sqrt[3]{x + y}$?

17 ▸ Em uma escola, foi feita uma pesquisa com alunos do 8º ano. A pergunta formulada foi a seguinte: "Entre futebol, vôlei e basquete, qual esporte você prefere?". Cada aluno pôde escolher 1 único esporte.

a) Complete o gráfico de setores, o gráfico de barras e a tabela de frequências com os resultados da pesquisa.

Esporte preferido

Basquete

Futebol

Vôlei 30%

Banco de imagens/Arquivo da editora

Esporte preferido

Esporte preferido

Esporte	Frequência absoluta	Frequência relativa (em %)
Futebol		
Vôlei		
Basquete		
Total		

Gráficos e tabela elaborados para fins didáticos.

b) Quantos alunos foram consultados?

c) Qual é a variável dessa pesquisa? Qual é o tipo dela?

d) Quais são os possíveis valores dessa variável?

18 Em cada item, verifique qual probabilidade é maior. Um aluno calcula mentalmente e o outro confere a resposta.

a) Sair cara no lançamento de uma moeda ou sair um número ímpar no lançamento de um dado.

b) Sair cara no lançamento de uma moeda ou sair o número 4 no lançamento de um dado.

c) Sair sábado no sorteio de um dia da semana ou sair outubro no sorteio de um mês do ano.

19 Em uma maternidade, todos os recém-nascidos prematuros tiveram a medida de comprimento do pé cadastrada para pesquisas futuras. Veja nesta tabela o registro das medidas para 45 bebês.

Medida de comprimento do pé de recém-nascidos prematuros

Medida de comprimento do pé (em cm)	Frequência absoluta
4,8 ⊢ 5,1	8
5,1 ⊢ 5,4	16
5,4 ⊢ 5,7	3
5,7 ⊢ 6,0	5
6,0 ⊢ 6,3	9
6,3 ⊢ 6,6	4
Total	**45**

Tabela elaborada para fins didáticos.

a) Qual intervalo das medidas de comprimento do pé apresenta a maior frequência?

b) Qual intervalo das medidas de comprimento do pé apresenta a menor frequência?

c) Algum recém-nascido teve a medida de comprimento do pé igual a 6,6 cm? Justifique.

d) Determine a média e o desvio-padrão dessas medidas de comprimento do pé.

20 Construa um gráfico de segmentos sobre um assunto de sua escolha e que apresente as características descritas a seguir.

- Tem 6 valores da variável.
- A moda é 2.
- A mediana é 2.
- A média é 3.

21 Geraldo não se lembra de qual é o último dígito da senha do cartão de crédito, sabendo apenas que esse dígito é par e não é maior do que 6. Qual é a probabilidade de Geraldo conseguir acertar a senha na primeira tentativa?

22 ▸ Classifique cada evento como evento certo ou evento impossível.

a) Haver cor amarela na bandeira do Brasil.

b) Haver cor preta na bandeira do Brasil.

c) No lançamento de 2 dados comuns, sair soma maior do que 13.

d) Existir um bloco retangular com exatamente 5 arestas.

e) Sortear um mês do ano que tenha 28 dias.

23 ▸ Em uma aula de dança há 40 alunos, sendo 8 homens e 32 mulheres. De quantas maneiras diferentes é possível escolher 1 homem e 1 mulher para uma apresentação e uma terceira pessoa (homem ou mulher) para avaliar a dupla?

24 ▸ Descreva o conjunto que representa o espaço amostral de cada experimento e o subconjunto que representa o evento descrito.

a) Retirar aleatoriamente um parafuso defeituoso fabricado por uma máquina.

b) Sortear um mês do ano sem a letra **R** no nome.

c) Obter como soma um número primo no lançamento de 2 dados comuns.

25 ▸ O dono de uma empresa fez uma pesquisa sobre o número do calçado das funcionárias e organizou os resultados nesta tabela.

Número do calçado das funcionárias da empresa

Número do calçado	FA
39	1
38	10
37	3
36	5
35	6

Tabela elaborada para fins didáticos.

Escolhendo uma funcionária ao acaso, qual é a probabilidade de ela calçar um número menor do que a média?

26 ▸ Em um jogo, os personagens podem ser classificados em GARPS, PORGS ou MUTS. Se todos os GARPS são PORGS e nenhum PORGS é MUTS, então qual é a probabilidade de selecionarmos um GARPS e ele ser também MUTS?

27 Observe os dados do desempenho das equipes que participaram das partidas do Campeonato Nacional ao longo de 5 anos.

Média de gols por partida no Campeonato Nacional

Gráfico elaborado para fins didáticos.

Respondam às questões considerando os dados desse gráfico. Usem uma calculadora para efetuar os cálculos e façam o registro das operações efetuadas.

a) Em qual ano o campeonato teve o maior número de gols? Justifique sua resposta.

b) Não é possível que uma partida seja concluída com 2,35 gols, mas essa foi a média de gols por partida em 2016. Como você explica esse número?

c) Em 2 anos a média de gols por partida foi a mesma. O que isso significa?

d) Em 2015, o campeonato teve um total de 24 partidas, sendo que:

- em 7 partidas, não foi feito nenhum gol;
- em 5 partidas, foi feito 1 gol em cada partida;
- o número máximo de gols em uma partida foi 7 e aconteceu apenas 1 vez.

Façam uma tabela indicando uma possível distribuição dos gols nas demais 11 partidas do campeonato de 2015.

e) Considerem que, em 2016, o campeonato teve um total de 20 partidas. Indiquem uma possibilidade para o número de gols de cada partida. Comparem-na com as possibilidades citadas por outras duplas e observem o que há de igual e o que há de diferente nos valores apontados.

f) Esta tabela apresenta o número de partidas em cada ano do Campeonato Nacional. Retome a questão do item **a** e aponte a resposta que inicialmente não pôde ser verificada.

Número de partidas nos anos do Campeonato Nacional

Ano	Número total de partidas
2015	24
2016	20
2017	20
2018	24
2019	20

Tabela elaborada para fins didáticos.

28 Um time de handebol disputou 9 jogos em um campeonato e marcou 6, 8, 9, 10, 8, 7, 7, 8 e 9 gols. Calcule a média, a moda e a mediana do número de gols por partida.

29 Tande e a mãe estavam jogando dardo. Em 10 jogadas, Tande fez os seguintes pontos: 10, 10, 20, 20, 20, 30, 30, 40, 40, 50.

a) Qual é a média do número de pontos que Tande fez por jogada?

b) Qual é a moda desses resultados?

c) Qual é a mediana desses resultados?

d) Em uma próxima jogada, o resultado foi 30 pontos. A média de pontos por jogada de Tande aumentou ou diminuiu? Aproximadamente quantos pontos?

30 ▸ Marina sempre toma vitamina de fruta no café da manhã. Em um dia, ela tem estas opções de fruta: banana, laranja, abacate, mamão e melão. Além disso, ela pode escolher se fará a vitamina com água ou com leite e, para adoçá-la, pode escolher entre açúcar, adoçante ou mel.

Se Marina escolher as opções aleatoriamente, então qual é a probabilidade de ela tomar uma vitamina de banana com água?

____

31 ▸ Os resultados de uma pesquisa realizada com os alunos do 8º ano sobre as marcas dos aparelhos de celular foram organizados nesta tabela.

Pesquisa sobre os aparelhos de celular

Marca	Número de aparelhos
X	58
Y	25
Z	37

Tabela elaborada para fins didáticos.

a) Qual o número médio de aparelhos por marca?

____

b) Qual é o desvio-padrão? O que esse valor significa?

____

____

32 ▸ Quando trabalhamos com pesquisas estatísticas, podemos relacionar muitos conceitos. Complete este mapa conceitual com o que você estudou neste capítulo.

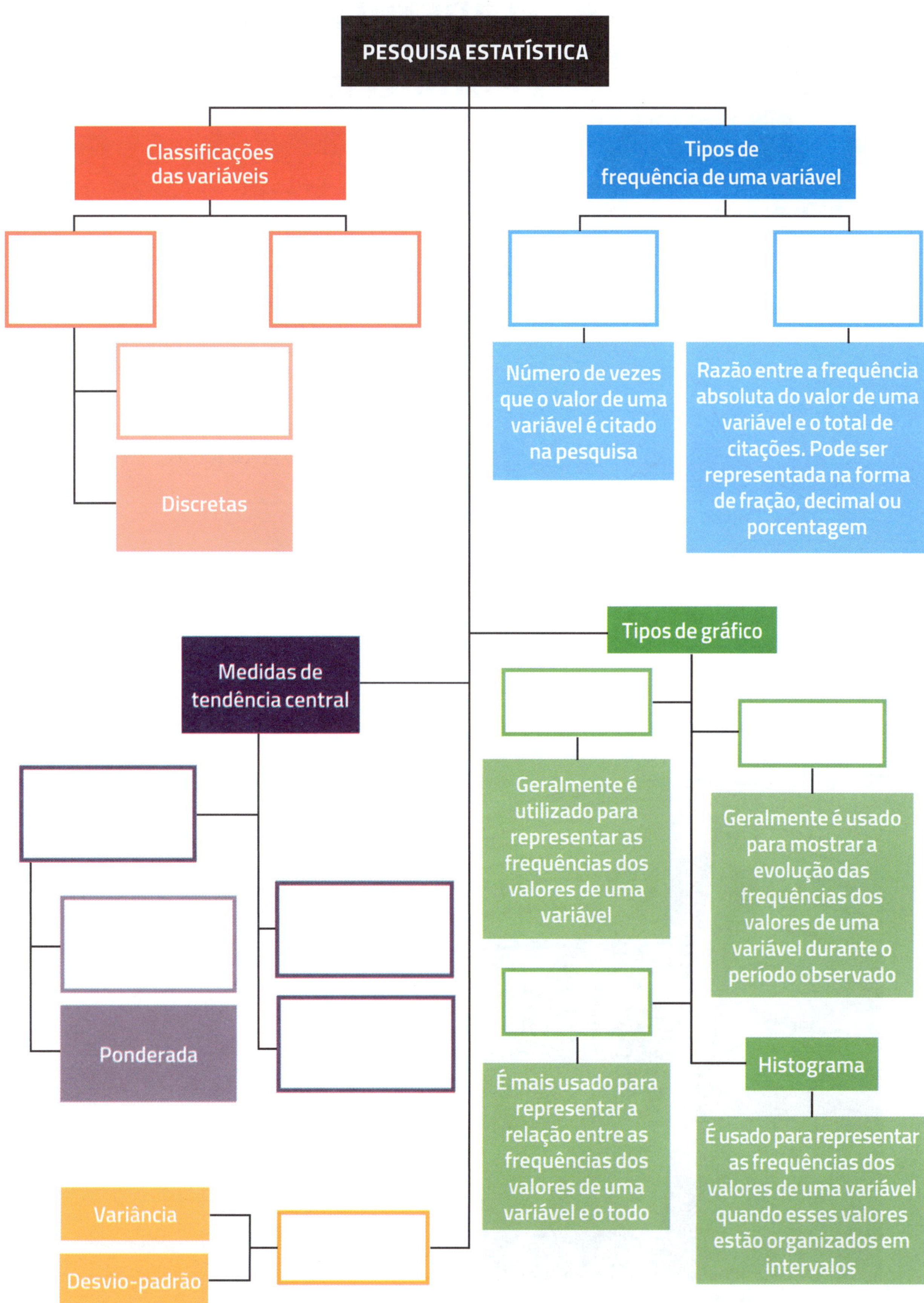

Transformações geométricas

1› Usando uma régua, trace os eixos de simetria desta figura.

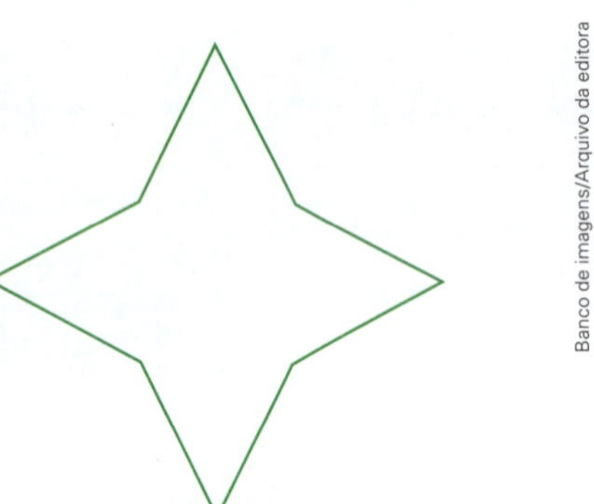

Banco de imagens/Arquivo da editora

2› Veja a foto de um elevador panorâmico.

Tamisclao/Shutterstock

Elevador panorâmico.

A qual transformação geométrica podemos associar o movimento do elevador da posição mais alta do prédio para a mais baixa?

____

3› Quantos eixos de simetria um pentágono regular tem? E uma circunferência? Tente marcar todos os eixos de simetria nestas figuras.

____

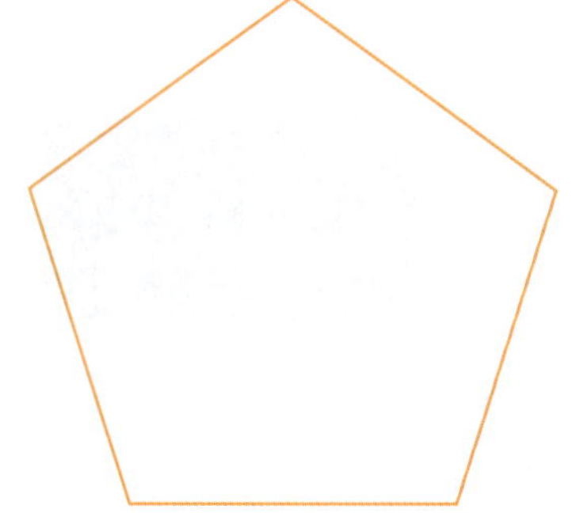

Ilustrações: Banco de imagens/Arquivo da editora

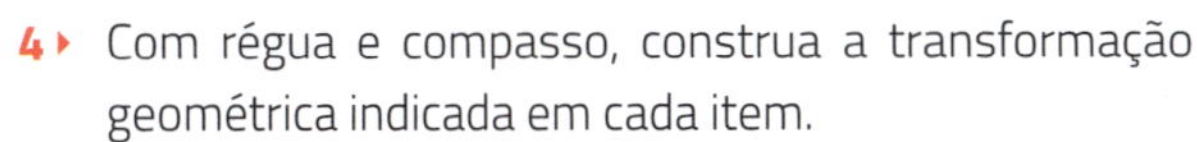

4 Com régua e compasso, construa a transformação geométrica indicada em cada item.

a) Translação da figura de acordo com o segmento de reta orientado.

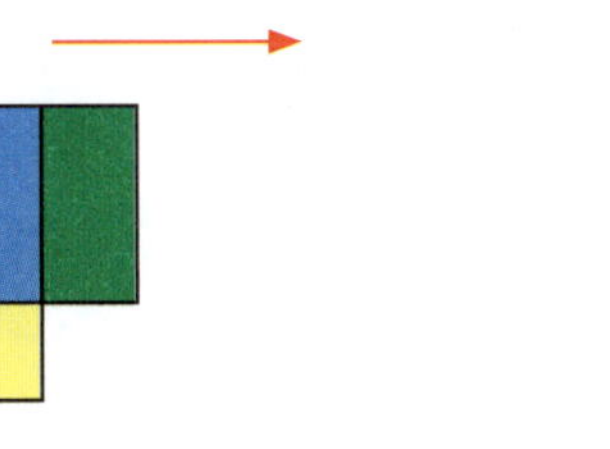

b) Translação da figura de acordo com o vetor.

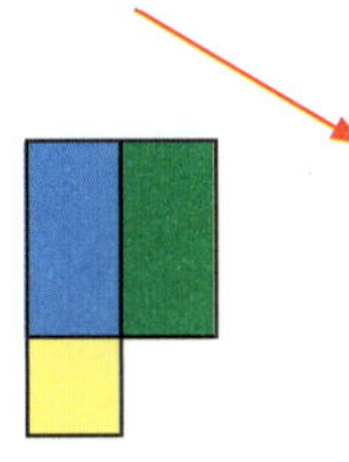

Ilustrações: Banco de imagens/Arquivo da editora

c) Reflexão da figura em relação à reta *r*.

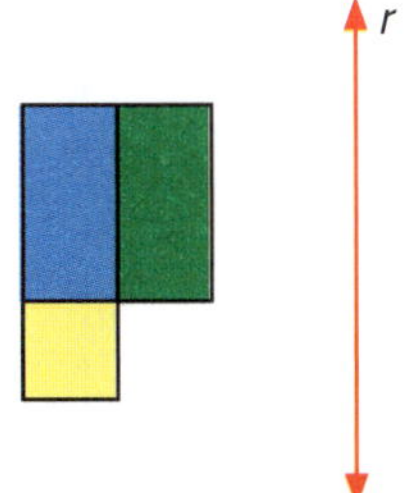

d) Reflexão da figura em relação à reta *t*.

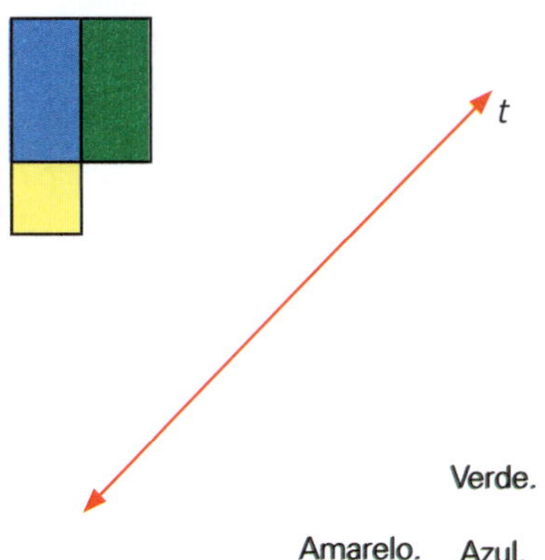

e) Rotação da figura em torno do ponto *O*, com ângulo de medida de abertura de 180°, no sentido anti-horário.

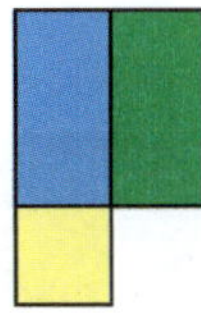

O

Ilustrações: Banco de imagens/Arquivo da editora

f) Rotação da figura em torno do ponto *P*, com ângulo de medida de abertura de 90°, no sentido horário.

P

5 Considerando as translações dos itens **a** e **b** da atividade anterior e os vértices da figura original determinados a seguir, identifique o nome de cada polígono formado.

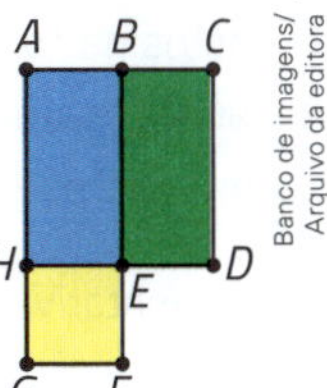

Banco de imagens/Arquivo da editora

a) Figura *FEE'F'* do item **a**.

____

b) Figura *EBA'H'* do item **a**.

____

c) Figura *CGG'C'* do item **b**.

____

d) Figura *DD'E'* do item **b**.

____

6 › Partindo da imagem à esquerda, identifique a transformação geométrica que ocorreu para obter a figura à direita.

Murilo Moretti/Arquivo da editora

____

____

7 › Para criar uma faixa de papel de parede, Gabriel fez um desenho inicial e, para determinar as próximas imagens, realizou sequencialmente algumas transformações geométricas.

- Rotação de 180° em relação ao ponto *A*, no sentido horário.
- Reflexão em relação ao eixo *t*.
- Rotação de 180° em relação ao ponto *B*, no sentido anti-horário.
- Reflexão em relação ao eixo *r*.

Desenhe as 4 primeiras imagens da faixa de papel de parede.

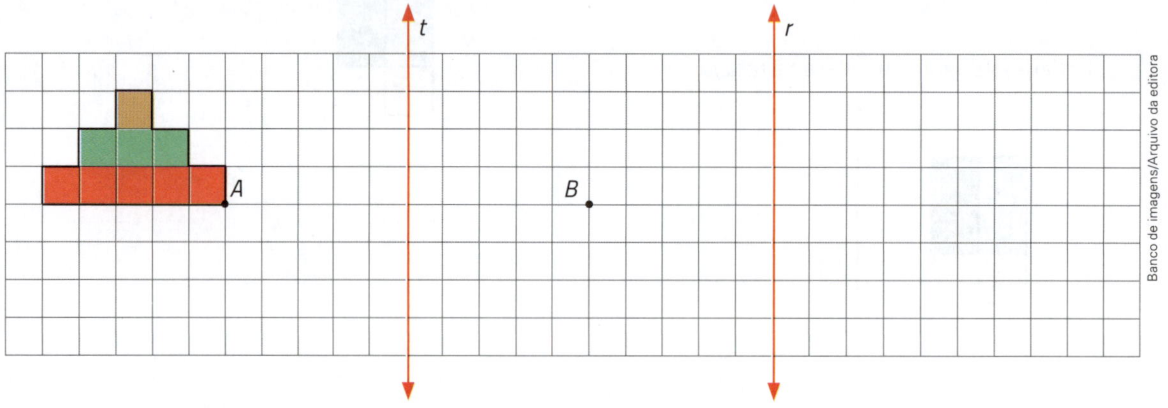

Banco de imagens/Arquivo da editora

8 › Vinícius está tentando adivinhar o padrão da senha do celular do irmão dele, Fabiano, que consiste em ligar até 9 pontos, dispostos na forma de um quadrado. Veja a primeira tentativa que ele realizou. Fabiano informou que a senha do celular é parecida com a tentativa que ele fez, mas rotacionada em relação ao botão central, em 90°, no sentido anti-horário. Desenhe o padrão da senha de Fabiano.

Tentativa de Vinícius

Padrão da senha

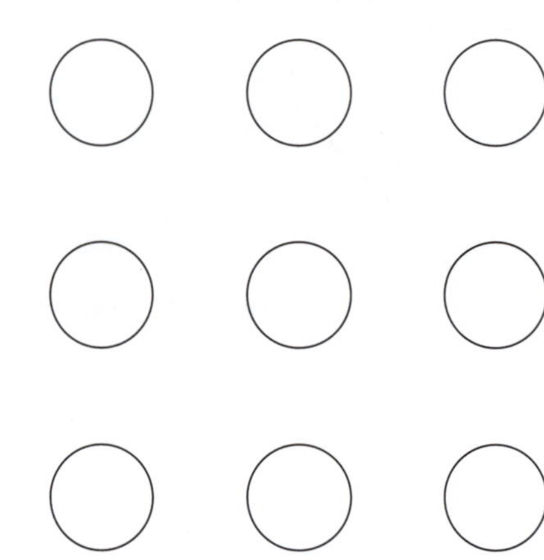

Ilustrações: Banco de imagens/Arquivo da editora

9 › Preencha este mapa conceitual com o nome das transformações geométricas que você estudou neste capítulo.

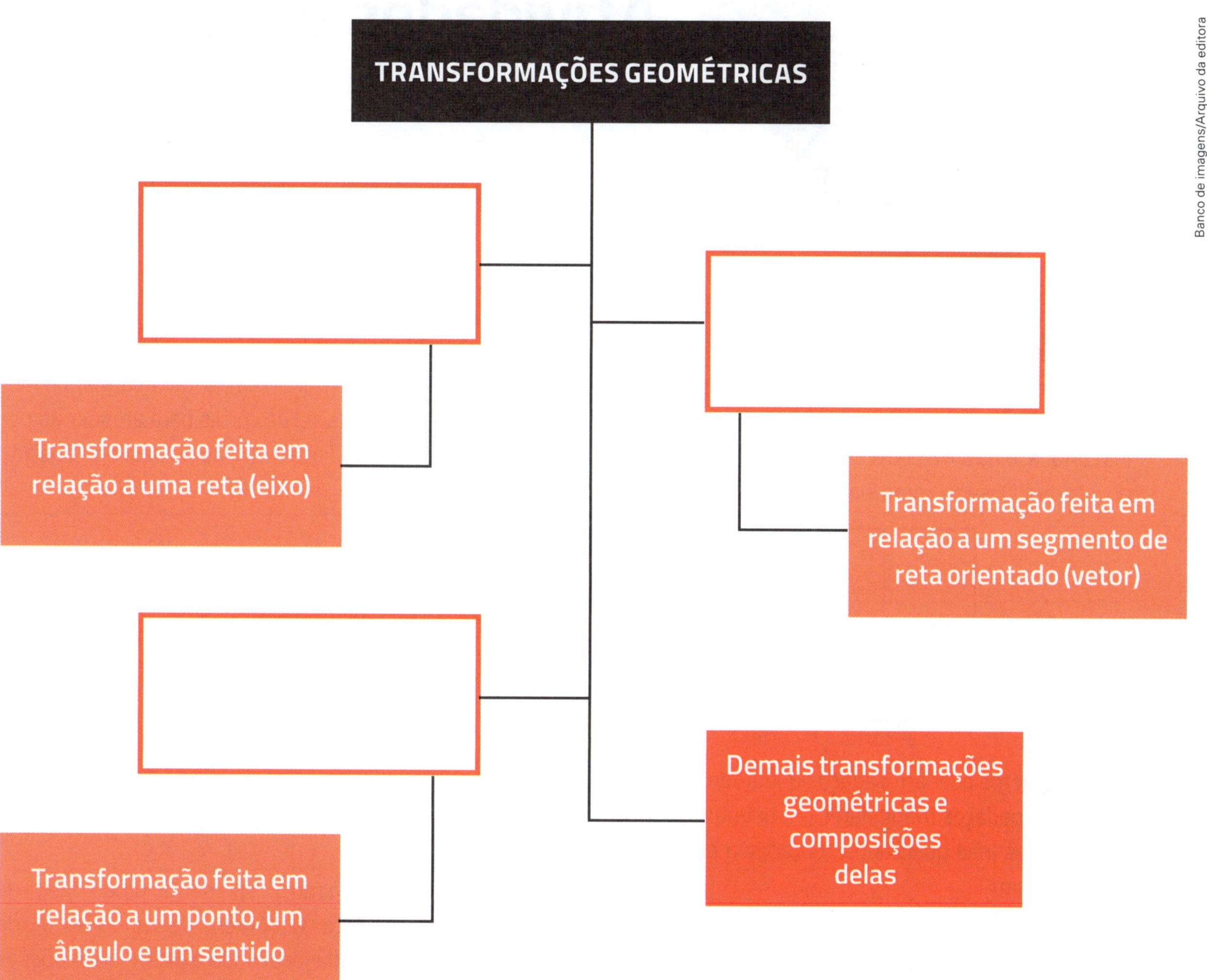
Banco de imagens/Arquivo da editora
TRANSFORMAÇÕES GEOMÉTRICAS
Transformação feita em relação a uma reta (eixo)
Transformação feita em relação a um segmento de reta orientado (vetor)
Transformação feita em relação a um ponto, um ângulo e um sentido
Demais transformações geométricas e composições delas

Atividades de lógica

1 › Madalena tem uma folha de cartolina retangular, com lados com medidas de comprimento de 30 cm por 20 cm, e vai dividi-la entre os 6 netos. Para isso, ela disse que iria cortar a folha em 6 pedaços quadrados iguais, fazendo 3 cortes. Observe como ela iria fazer os cortes.

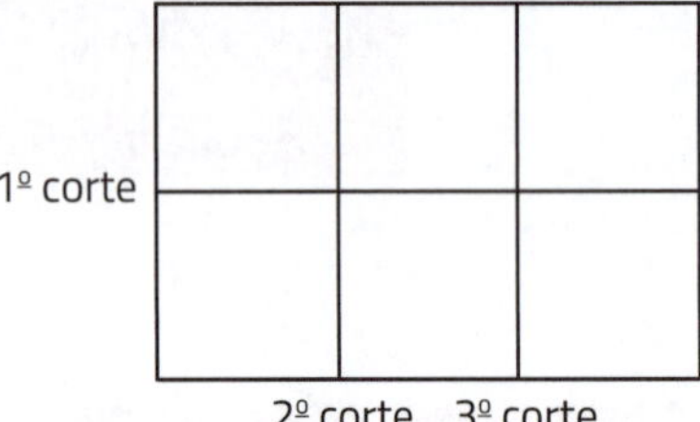

Ilustrações: Banco de imagens/Arquivo da editora

Porém, 2 netos queriam pedaços quadrados da folha, 2 queriam pedaços triangulares e 2 queriam pedaços retangulares (não quadrados). Então, ela pensou em repartir assim:

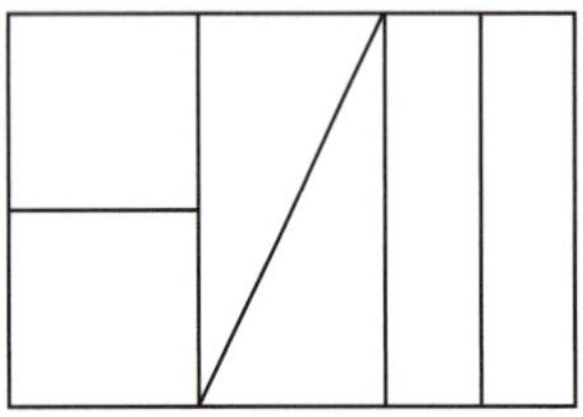

a) Nesse caso, quantos cortes seriam feitos? Indique-os na figura acima.

____

b) Mostre como Madalena poderia atender ao pedido dos netos fazendo o menor número de cortes possível e responda: Quantos cortes seriam?

____

Banco de imagens/Arquivo da editora

c) Se a folha tivesse lados com medidas de comprimento de 60 cm por 10 cm, então qual seria o menor número possível de cortes para atender ao pedido dos netos? Faça a divisão no desenho abaixo.

____

Banco de imagens/Arquivo da editora

2 › **(UFRN)** A figura abaixo representa uma região de ruas de mão única. O número de carros se divide igualmente em cada local onde existam duas opções de direções, conforme a figura.

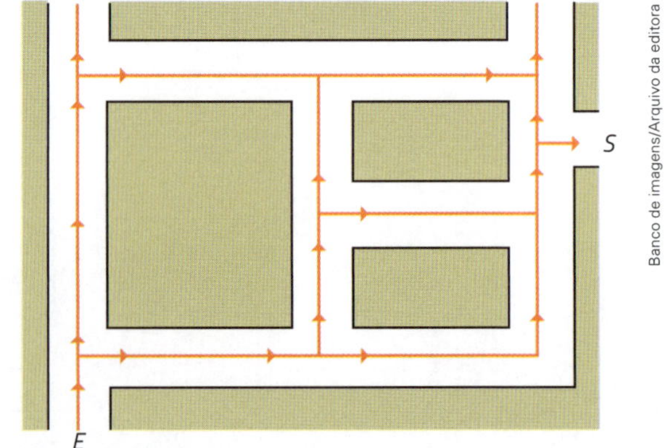

Banco de imagens/Arquivo da editora

Se 128 carros entram em *E*, podemos afirmar que o número de carros que deixam a região pela saída *S* é:

a) 24.

b) 48.

c) 64.

d) 72.

e) 85.

3 ▸ (FCC-SP) Dona Mocinha teve 6 filhos. Sabendo que cada filho lhe deu 5 netos, cada neto lhe deu 4 bisnetos e cada bisneto teve 3 filhos, quantos são os descendentes de dona Mocinha?

a) 516
b) 484
c) 460
d) 380
e) 320

4 ▸ (Unimep-SP) Uma alga, cuja superfície duplica a cada dia, demora exatamente 100 dias para cobrir a superfície de um lago. Depois de quantos dias ela cobre metade da superfície do lago?

a) 50 dias.
b) 100 dias.
c) 99 dias.
d) 98 dias.
e) 90 dias.

5 ▸ (Esaf) Ana guarda suas blusas em uma única gaveta em seu quarto. Nela encontram-se sete blusas azuis, nove amarelas, uma preta, três verdes e três vermelhas. Uma noite, no escuro, Ana abre a gaveta e pega algumas blusas. O número mínimo de blusas que Ana deve pegar para ter certeza de ter pego ao menos duas blusas da mesma cor é:

a) 6.
b) 4.
c) 2.
d) 8.
e) 10.

6 ▸ (FCC-SP) O mostrador de um relógio digital apresenta quatro dígitos. Cada dígito é formado por sete lâmpadas retangulares. Esse relógio não atrasa nem adianta. No entanto, o 3º dígito (da esquerda para a direita) do mostrador está com certo defeito: algumas das lâmpadas que o formam não estão acendendo. Em determinado momento, o tempo que faltava para dar 16 h era menor do que o tempo transcorrido desde as 15 h. A figura ilustra a aparência do mostrador do relógio nesse momento.

Banco de imagens/Arquivo da editora

No momento citado, se não houvesse defeito, o 3º dígito mostraria o algarismo:

a) 0.
b) 2.
c) 3.
d) 4.
e) 5.

7 ▸ (FCC-SP) Analise atentamente as figuras planas abaixo.

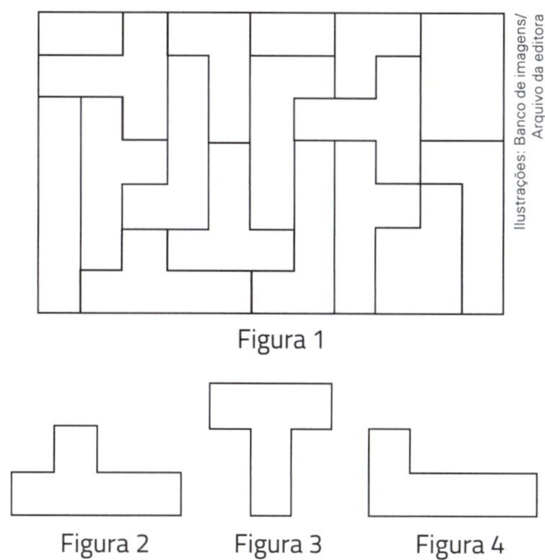
Figura 1

Figura 2 Figura 3 Figura 4

Ilustrações: Banco de imagens/Arquivo da editora

Os números de vezes que as figuras **2**, **3** e **4** aparecem no interior da figura **1** são, respectivamente:

a) 2, 3 e 3.
b) 3, 3 e 4.
c) 4, 3 e 3.
d) 4, 3 e 4.
e) 4, 4 e 3.

8 ▸ (Unibratec-PE) Uma vela queima-se totalmente em três horas. Em quanto tempo se queimariam três velas do mesmo tamanho e acesas ao mesmo tempo?

a) 9 h
b) 6 h
c) 3 h
d) 12 h
e) 8 h

9 ▸ (UFC-CE) Três bolas *A*, *B* e *C* foram pintadas: uma de verde, uma de amarelo e uma de azul, não necessariamente nesta ordem. Leia atentamente as declarações a seguir.

I. *B* não é azul.
II. *A* é azul.
III. *C* não é amarela.

Sabendo que apenas uma das declarações anteriores é verdadeira, podemos afirmar corretamente que:

a) a bola *A* é verde, a bola *B* é amarela e a bola *C* é azul.
b) a bola *A* é verde, a bola *B* é azul e a bola *C* é amarela.
c) a bola *A* é amarela, a bola *B* é azul e a bola *C* é verde.
d) a bola *A* é amarela, a bola *B* é verde e a bola *C* é azul.
e) a bola *A* é azul, a bola *B* é verde e a bola *C* é amarela.

10› **(OBM)** Sobre uma mesa estão três caixas e três objetos, cada um em uma caixa diferente: uma moeda, um grampo e uma borracha. Sabe-se que:

- a caixa verde está à esquerda da caixa azul;
- a moeda está à esquerda da borracha;
- a caixa vermelha está à direita do grampo;
- a borracha está à direita da caixa vermelha.

Em que caixa está a moeda?

a) Na caixa vermelha.
b) Na caixa verde.
c) Na caixa azul.
d) As informações fornecidas são insuficientes para se dar uma resposta.
e) As informações fornecidas são contraditórias.

11› **(FCC-SP)** Comparando-se uma sigla de 3 letras com as siglas MÊS, SIM, BOI, BOL e ASO, sabe-se que:

- MÊS não tem letras em comum com ela;
- SIM tem uma letra em comum com ela, mas que não está na mesma posição;
- BOI tem uma única letra em comum com ela, que está na mesma posição;
- BOL tem uma letra em comum com ela, que não está na mesma posição;
- ASO tem uma letra em comum com ela, que está na mesma posição.

A sigla a que se refere o enunciado dessa questão é:

a) BIL.
b) ALI.
c) LAS.
d) OLI.
e) ABI.

12› **(Esaf)** João e José sentam-se, juntos, em um restaurante. O garçom, dirigindo-se a João, pergunta-lhe: "Acaso a pessoa que o acompanha é seu irmão?". João responde ao garçom: "Sou filho único, e o pai da pessoa que me acompanha é filho de meu pai.". Então, José é:

a) pai de João.
b) filho de João.
c) neto de João.
d) avô de João.
e) tio de João.

13› **(FCC-SP)** Assinale a alternativa que completa a seguinte série: *J J A S O N D*.

a) *J*
b) *L*
c) *M*
d) *N*
e) *O*

14› **(FCC-SP)** Dado um número inteiro e positivo *N*, chama-se persistência de *N* a quantidade de etapas que são necessárias para que, através de uma sequência de operações preestabelecidas efetuadas a partir de *N*, seja obtido um número de apenas um dígito. O exemplo seguinte mostra que a persistência do número 7 191 é 3:

$$7191 \xrightarrow[7 \times 1 \times 9 \times 1]{} 63 \xrightarrow[6 \times 3]{} 18 \xrightarrow[1 \times 8]{} 8$$

Com base na definição e no exemplo dado, é correto afirmar que a persistência do número 8 464 é:

a) menor que 4.
b) 4.
c) 5.
d) 6.
e) maior que 6.

15› **(FCC-SP)** Usando palitos de fósforo inteiros é possível construir a seguinte sucessão de figuras compostas por triângulos:

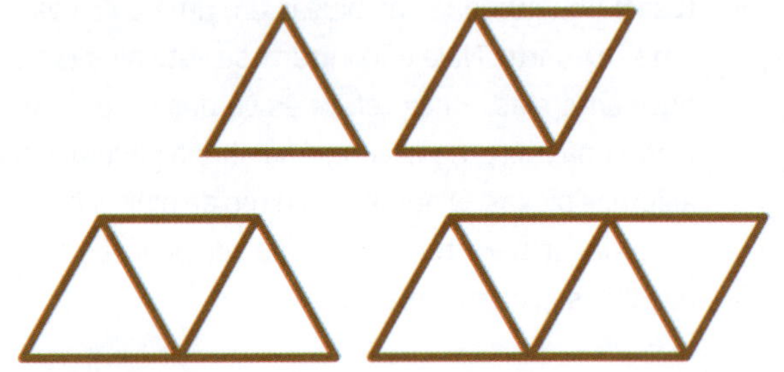

Banco de imagens/Arquivo da editora

Seguindo o mesmo padrão de construção, o total de palitos de fósforo que deverão ser usados para obter uma figura composta de 25 triângulos é:

a) 45.
b) 49.
c) 51.
d) 57.
e) 61.

16› **(PUC-SP)** A soma dos algarismos que compõem a idade de Pedro é 8. Invertendo-se a posição de tais algarismos obtém-se a idade de seu filho João, que é 36 anos mais novo do que ele. A soma das idades de Pedro e João, em anos, é:

a) 82.
b) 88.
c) 94.
d) 96.
e) 98.

Respostas

Capítulo 1

1› c) Pessoas nascidas no estado de Pernambuco, mas não nascidas em Recife.

e) • Está contido.
• Não está contido.
• Está contido.
• Não está contido.

f) No caso em que o aluno frequenta uma escola da cidade do Recife.

2› a) Ao conjunto $\mathbb{Q}$.

d) • $\notin$ • $\in$ • $\subset$ • $\subset$
• $\in$ • $\in$ • $\subset$ • $\not\subset$
• $\in$ • $\notin$ • $\not\subset$ • $\not\subset$

3› a) 36 possibilidades.
b) $6 \times 6 = 36$
c) 5 possibilidades.

4› a) $\mathbb{N} = \{0, 1, 2, 3, 4, ...\}$
b) $\mathbb{N}^* = \{1, 2, 3, 4, ...\}$
c) $A = \{0, 1, 2, 3, 4, 5, 6, 7, 8, 9\}$
d) $B = \{43, 44, 45, ..., 126\}$
e) $C = \{48, 50, 52, 54, ...\}$
f) $D = \{1, 8, 15, 22, ...\}$
g) $E = \{2, 3, 5, 7\}$

5› a) 120
b) 900
c) 5
d) 1600
e) 55
f) 80
g) 200
h) 350

6› a) 19 999
b) 18, 19 e 20.
c) 987
d) 1 001
e) 10 100
f) 47

7› a) $\mathbb{Z} = \{..., -3, -2, -1, 0, +1, +2, +3, ...\}$
b) $\mathbb{Z}^* = \{..., -3, -2, -1, 1, 2, 3, ...\}$
c) $\mathbb{Z}_- = \{..., -3, -2, -1, 0\}$
d) $\mathbb{Z}_+^* = \{+1, +2, +3, ...\}$ ou $\mathbb{Z}_+^* = \{1, 2, 3, ...\}$.
e) $A = \{..., -7, -6, -5, -4\}$
f) $B = \{-3, -2, -1, 0, +1\}$
g) $C = \{-4, -3, -2, -1, 0, +1, +2\}$

8› Maior: 98 765 432; menor: 10 234 567; diferença: 88 530 865; múltiplo de 7: 10 234 567.

9›

4	9	2
3	1	7
8	5	6

10› a) 0, 1 e 2.
b) 8, 9, 10, ...
c) 26 e 27.
d) −1, 0, 1, 2, ...
e) ..., −2, −1, 0, 1, 2
f) −4 e +4.
g) −6, −5, −4 e −3.
h) 4
i) Não existe valor inteiro para *x*.

11› a) 19 h
b) 5 h
c) 9 h
d) 22 h
e) 23 h
f) 5 h
g) 18 h
h) 10 h
i) 22 h

12›

Banco de imagens/Arquivo da editora

13› a) +120 ou 120; −120.
b) −20; +20 ou 20.
c) −35; +35 ou 35.
d) +50 ou 50; −50.
e) +2 ou 2; −2.
f) −300; +300 ou 300.
g) −2 milhões; +2 milhões ou 2 milhões.

14› a) 0,375
b) 1,25
c) 6,0
d) 0,171717... ou $0,\overline{17}$.
e) 2,666... ou $2,\overline{6}$.
f) 0,2666... ou $0,2\overline{6}$.
g) −3,777... ou $3,\overline{7}$.
h) −8,0

16› a) Finita.
b) Infinita.
c) Finita.
d) Finita.
e) Finita.
f) Infinita.

17› a) $\frac{29}{9}$
b) $\frac{41}{100}$
c) $\frac{4}{33}$
d) $-\frac{2}{1}$
e) $\frac{9}{5}$
f) $\frac{13}{18}$
h) $\frac{10}{9}$
i) $-\frac{1}{2}$

18› b) −1
c) $\frac{4}{5}$ ou 0,8.
e) 12
f) 8

19› a) $<$
b) $<$
c) $>$
d) $<$
e) $>$
f) $>$
g) $>$
h) $=$
i) $=$

20› a) 1,3
b) 0,6
e) 0,3
f) 0,24
g) $0,\overline{7}$
h) 1,75

21› a) −3 e −2.
b) 5 e 6.
c) 0 e 1.
d) −2 e −1.
e) 12 e 13.
f) −1 e 0.
g) 3 e 4.
h) −7 e −6.

23› a) 25
b) 25,7
c) 25,71
d) 6,78
e) 11,833
f) 6,7

24› b) 7
d) 10
f) 9
g) +15
h) +44

25› b) 4,85 ou $\frac{97}{20}$.

26› a) $\frac{7}{33}$

b) $\frac{8}{9}$

27› a) $\frac{22}{9}$

b) $\frac{32}{99}$

c) $\frac{14}{111}$

d) $\frac{17}{9}$

e) $\frac{289}{990}$

f) $\frac{313}{900}$

g) $\frac{107}{550}$

h) $\frac{7}{30}$

i) $\frac{233}{90}$

28› a) $V = 125\ cm^3$

b) $V = 12{,}167\ dm^3$

c) $V = 0{,}008\ m^3$

29› a) $a = 6$ cm

b) $a = 10$ m

31› a) $\frac{3}{11}$

b) $\frac{79}{45}$

c) $\frac{97}{111}$

d) $\frac{289}{990}$

33› a) Aproximadamente $9{,}02 \times 10^8$; aproximadamente $5{,}5 \times 10^6$.

b) Aproximadamente $9{,}075 \times 10^8$.

34› a) Fórmula do termo geral; $(3, 5, 7, 9, \ldots)$.

b) Fórmula de recorrência; $(10, 15, 20, 25, \ldots)$.

c) Fórmula de recorrência; $(1, 1, 2, 3, 5, 8, \ldots)$.

d) Fórmula do termo geral; $(1, 2, 4, 8, \ldots)$.

35› a) $+\frac{13}{9}$

b) $-\frac{3}{4}$

c) $-\frac{2}{5}$

d) $\frac{1}{25}$

e) $\frac{4}{1}$

g) $\frac{6}{1}$

h) $-\frac{4}{1}$

36› a) $+256$

b) -24

c) $+4$

d) -40

e) -512

f) $+16$

g) Impossível.

h) $+78$

i) -10

j) -363

k) -240

l) $+1$

37› a) $+6$; 148; $\frac{3}{3}$; $\sqrt{25}$; 0.

b) $+6$; 148; $\frac{3}{3}$; $\sqrt{25}$; -9; 0; $-2{,}0$.

c) $-\frac{2}{9}$; $+\frac{4}{6}$; $+6$; 148; 0,222...; $\frac{3}{3}$; $\sqrt{25}$; -9; 0; $-2{,}61$; $-2{,}0$.

d) $\sqrt{-9}$; $\sqrt{7}$.

38› a) Não é número racional; $\sqrt{70}$ fica entre 8 e 9.

b) Não é número racional; $\sqrt{37}$ fica entre 6 e 7.

c) É número racional; $\sqrt{49} = 7$.

d) É número racional; $\sqrt{256} = 16$.

e) Não é número racional: $\sqrt{1000}$ fica entre 31 e 32.

39› a) $x = -4$ ou $x = 4$.

b) $x = 2$

c) $x = 5$

d) $x = 81$

e) $x = -4$

f) $x = -17$

g) $x = 0$

h) $x = -2$

i) $x = \frac{2}{7}$

j) $x = -4$

40›

Raízes cúbicas de 1 a 10

Cubos perfeitos	Raiz cúbica
1	1
8	2
27	3
64	4
125	5
216	6
343	7
512	8
729	9
1000	10

Tabela elaborada para fins didáticos.

41› a) 6^4

b) $\left(\frac{1}{2}\right)^{-3}$

c) $(-9)^3$

d) $(-4)^0$

42› a) $\frac{1}{16}$

b) 16

c) $+16$

d) $+\frac{1}{16}$

e) -16

f) $-\frac{1}{16}$

g) $\frac{1}{3}$

h) $-\frac{5}{4}$ ou $-1\frac{1}{4}$.

i) $+\frac{10}{3}$ ou $3\frac{1}{3}$.

j) $-\frac{4}{11}$

k) Não existe.

l) $-\frac{4}{1}$ ou -4.

m) $+11{,}56$

n) $+\frac{25}{64}$

o) $\frac{1}{100\,000}$

p) $-100\,000$

q) 1

r) $-2\frac{4}{5}$

s) 2

t) 3

u) 4

43› a) 3^3

b) 4^8

c) 2^{21}

d) 35^3

e) 5^7

f) 3^{14}

g) 6^2
h) 3^8
i) $(+1,61)^4$ ou $(1,61)^4$.
j) $\left(\frac{3}{8}\right)^3$
k) $(-3)^8$
l) 2^{13}

44▸ Potência; quadrada; cúbica; radicando; expoente.

45▸ a) $1,85 \times 10^3$
b) 3×10
c) $1,632 \times 10$
d) $5,93 \times 10^9$

46▸ a) $\frac{1}{5}$; 0,2; 5^{-1}.
b) $\frac{1}{25}$; 0,04; 5^{-2}.
c) $\frac{1}{8}$; 0,125; 2^{-3}.
d) $\frac{1}{100}$; 0,01; 10^{-2}.
e) $\frac{3}{10\,000}$; 0,0003; 3×10^{-4}.
f) $\frac{1}{250\,000}$; 0,000004; 500^{-2}.

47▸ a) $3,8 \times 10^9$
b) $2,3 \times 10^{-5}$
c) 1420000
d) 0,00039

48▸ 6×10^{-4} m e $2,1 \times 10^{-3}$ m.

49▸ $3,4 = \frac{17}{5}$; $-2,1 > -3$; $\frac{7}{3} = 2,\bar{3}$; $-2 + 1\frac{1}{4} = -\frac{3}{4}$; $(-2,5)^0 = 1$; $-3,6 + 3,6 = 0$; $|-6| = |+6|$; $10^{-1} = 0,1$; $10^{-4} : 10^2 = 10^{-6}$; $2,3 \times 10^{-4} = 0,00023$.

50▸ a) 10^6
b) 10^8
c) 10^{12}
d) 10^8
e) 10^4

51▸ $\sqrt{121} = 11$; $\sqrt{144} = 12$; $\sqrt{169} = 13$; $\sqrt{196} = 14$; $\sqrt{225} = 15$; $\sqrt{256} = 16$; $\sqrt{289} = 17$; $\sqrt{324} = 18$.

52▸ 9216

53▸ a) $1400000 = 1 \times 10^6 + 4 \times 10^5$
b) 1998×10^{27}

54▸ a) $\sqrt{121} = 11$
b) $\sqrt{900} = 30$
c) $\sqrt{441} = 21$
d) $\sqrt{160\,000} = 400$

55▸ **b**, **c**, **f**, **g**, **i**, **j**, **k**.

56▸ a) 4913
b) 71
c) 13
d) 5329

57▸ a) $4^2 = 16$
b) $2^4 = 16$
c) $\sqrt{49} = 7$
d) $18 + 18 = 36$
e) $9^3 = 729$

58▸ Medida de área da região quadrada: $4 \times 100 + 12 \times 10 + 3^2 = 400 + 120 + 9 = 529$
Medida de comprimento de cada lado: $10 + 10 + 3 = 23$
Logo, $\sqrt{529} = 23$.

59▸ a) 128
b) 64
c) 8

60▸ a) 16 bactérias; 32 bactérias.
b) Sim; 9ª geração.
c) A partir da 11ª geração.
d) 31 bactérias; 1023 bactérias.
e)

Reprodução de bactérias

Número da geração	Número de bactérias produzidas na geração (b)	Número total de bactérias até a geração (T)
1	1	1
2	2	3
3	4	7
4	8	15
5	15	31
10	512	1023
20	524288	1048575
n	2^{n-1}	$2^n - 1$

Tabela elaborada para fins didáticos.

f) $b = 2^{n-1}$, em que b indica o número de bactérias e n indica o número da geração.
g) $T = 2^n - 1$, em que T representa o número total de bactérias produzidas até a geração e n representa o número da geração.

61▸ Números racionais; números inteiros; números naturais; $\mathbb{N} = \{0, 1, 2, 3, ...\}$.

62▸ Infinitos; dízimas periódicas; simples.

Capítulo 2

1▸

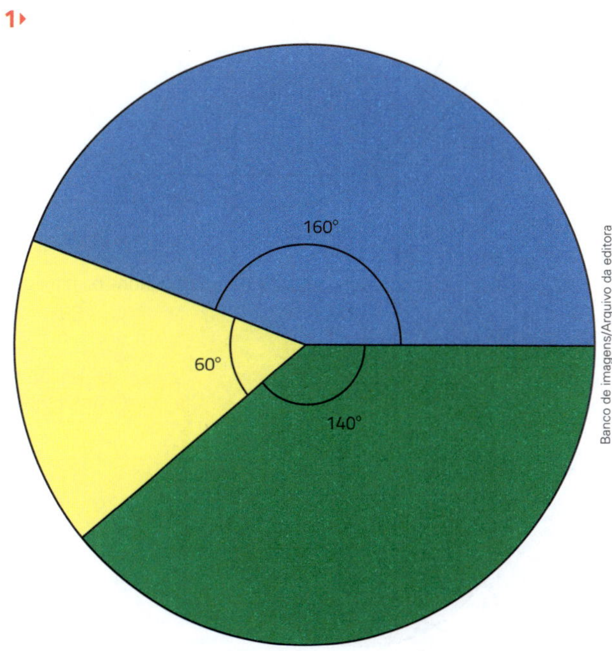

Banco de imagens/Arquivo da editora

2▸

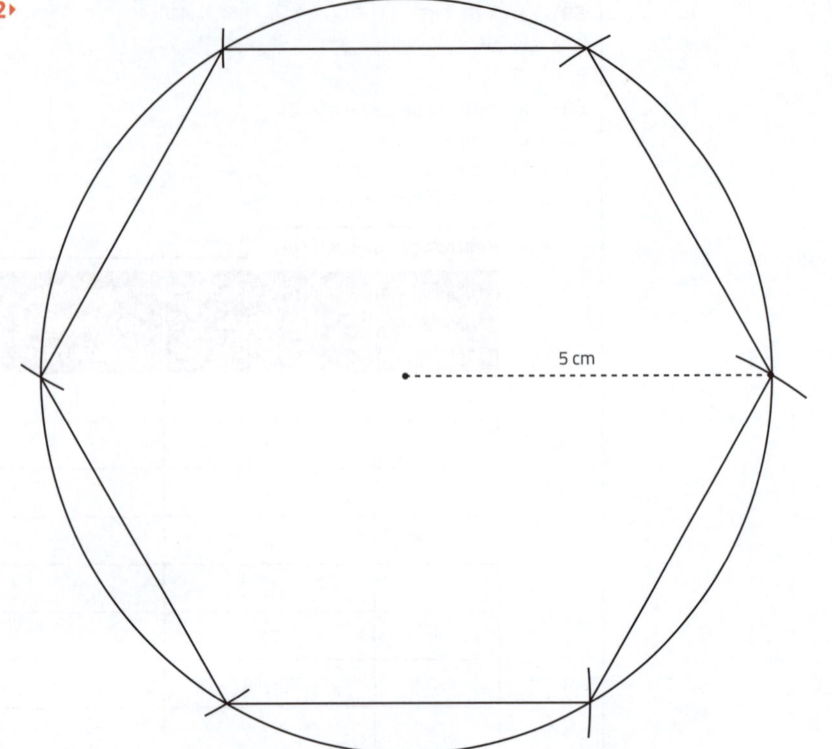

Banco de imagens/Arquivo da editora

3▸  a) $P\hat{Q}R$; $P\hat{Q}B$ ou $R\hat{Q}B$. b) $P\hat{Q}B$; $R\hat{Q}B$. c) $P\hat{Q}B$ ou $R\hat{Q}B$; $P\hat{Q}R$.

4▸

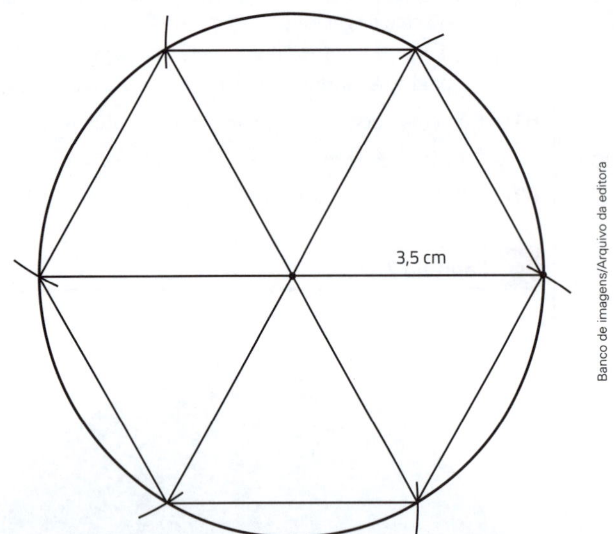

Banco de imagens/Arquivo da editora

5▸ a) 6 triângulos.
b) 60°
c) Triângulo equilátero, porque ele tem os 3 lados com medida de comprimento igual.

6▸ a) 30° b) 75° c) 150° d) 90° e) 60° f) 180°

7▸

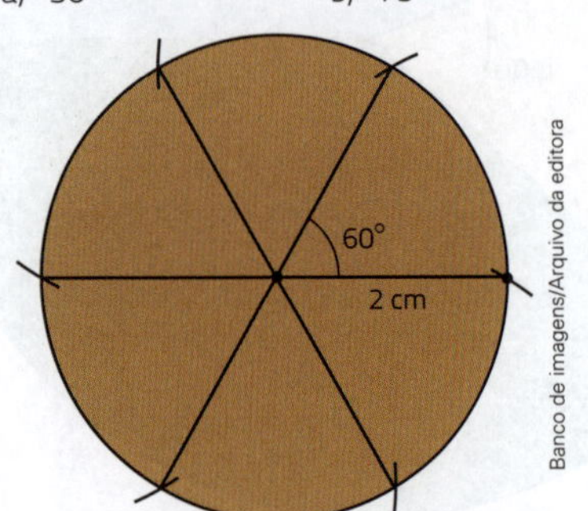

Banco de imagens/Arquivo da editora

O desenho de cada pedaço será um setor circular com raio com medida de comprimento de 2 cm e ângulo com medida de abertura de 60°.

8› 6 competidores.

9›

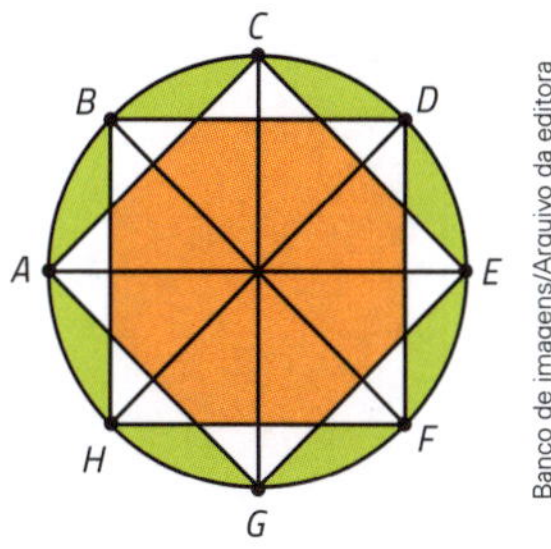

Banco de imagens/Arquivo da editora

10› $m(\hat{2}) = 48° \, 15'$; $m(\hat{3}) = 83° \, 30'$.

11› a)

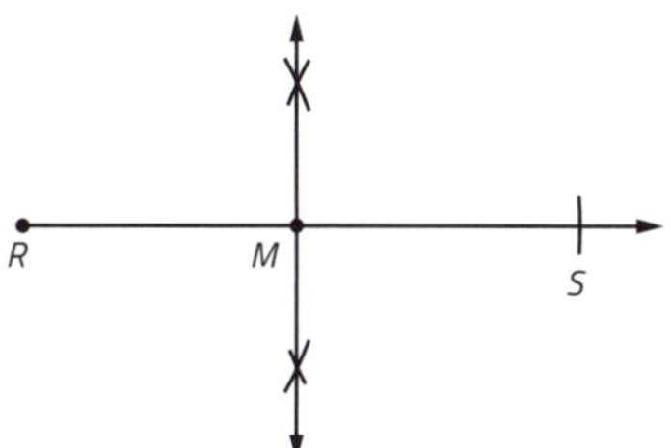

b)

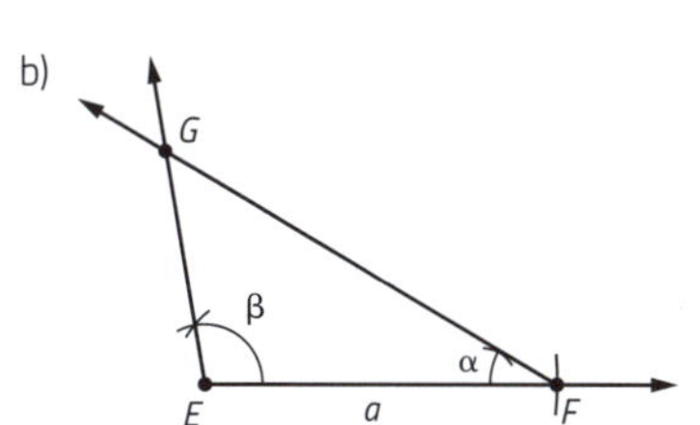

c)

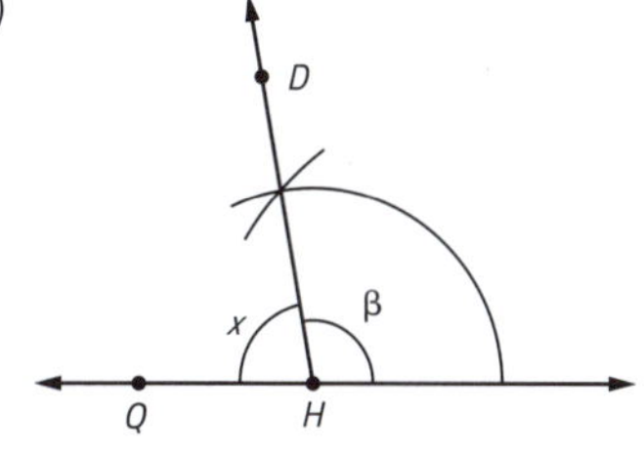

d)

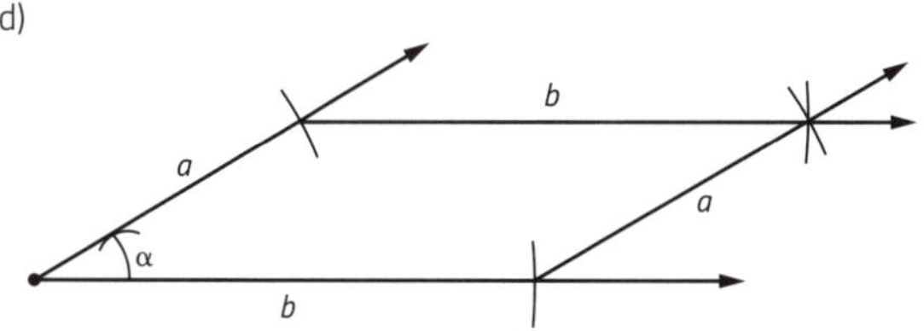

e)

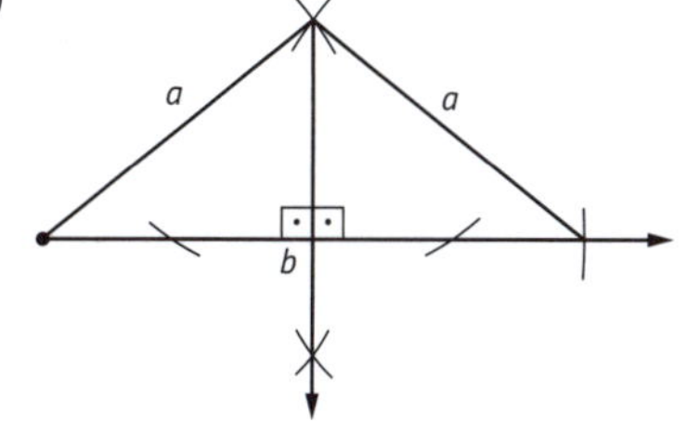

Ilustrações: Banco de imagens/Arquivo da editora

f)

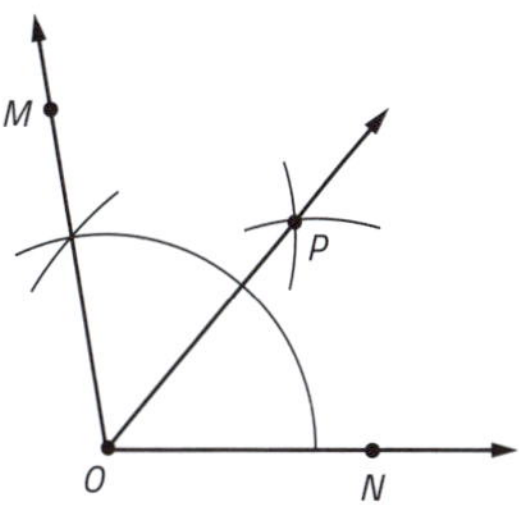

g)

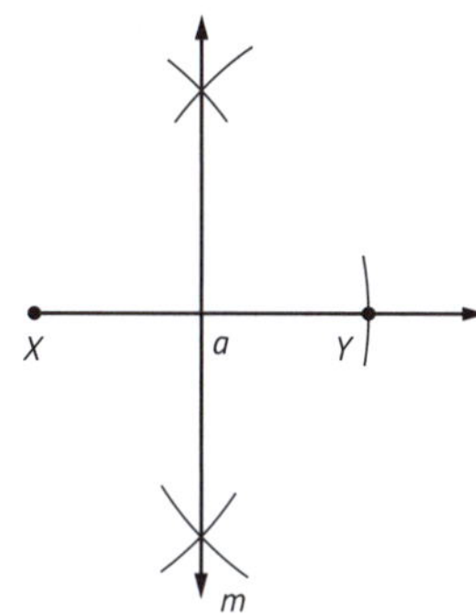

Ilustrações: Banco de imagens/Arquivo da editora

12› a)

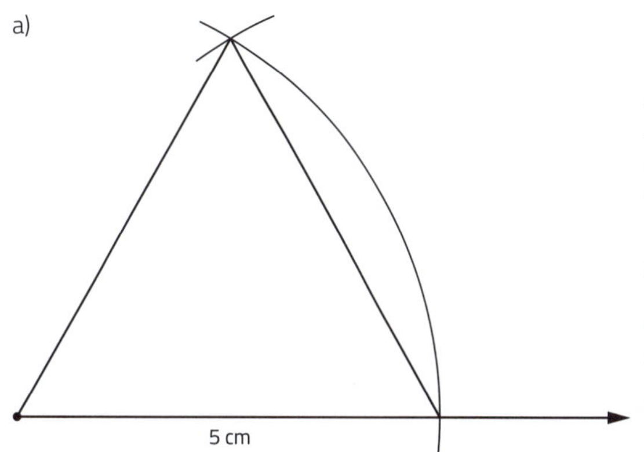

Ilustrações: Banco de imagens/Arquivo da editora

b) 60°

c) Exemplos de construção:

120° ou 120°

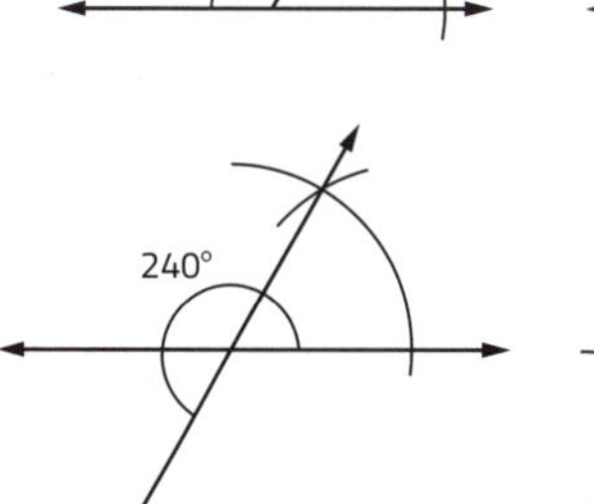

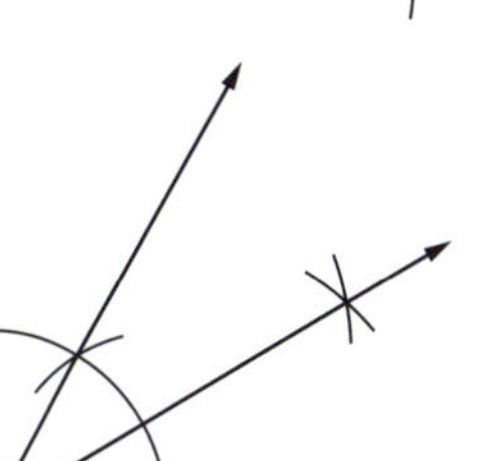

d)

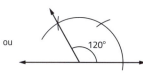

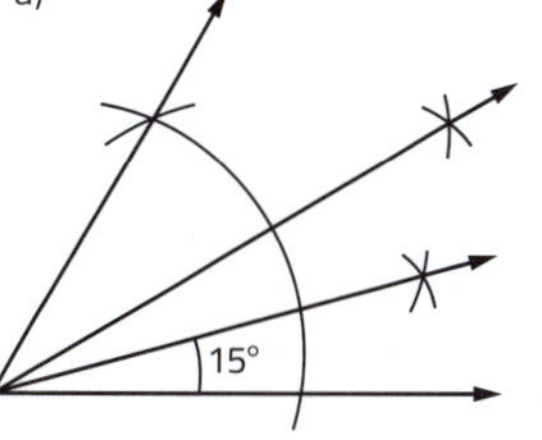

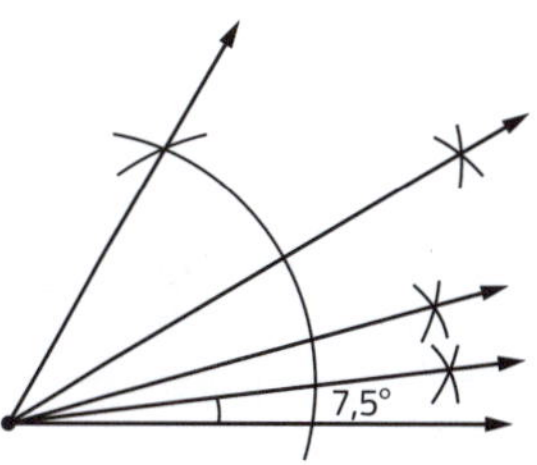

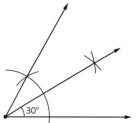

13› a) • 80° • 50° • 50°

• 40° • 70° • 70°

b) I. $m(\hat{A}) = 50°; m(\hat{B}) = 65°; m(\hat{C}) = 65°; m(\hat{D}) = 42°;$
$m(\hat{E}) = 69°; m(\hat{F}) = 69°.$

II. $m(\hat{A}) = 72°; m(\hat{B}) = 54°; m(\hat{C}) = 54°; m(\hat{D}) = 68°;$
$m(\hat{E}) = 56°; m(\hat{F}) = 56°.$

c)

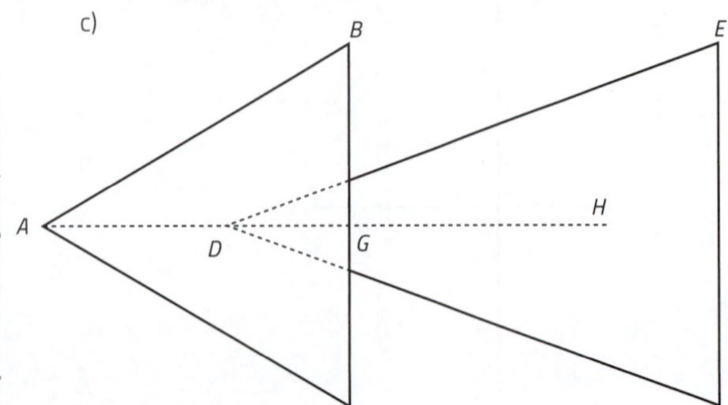

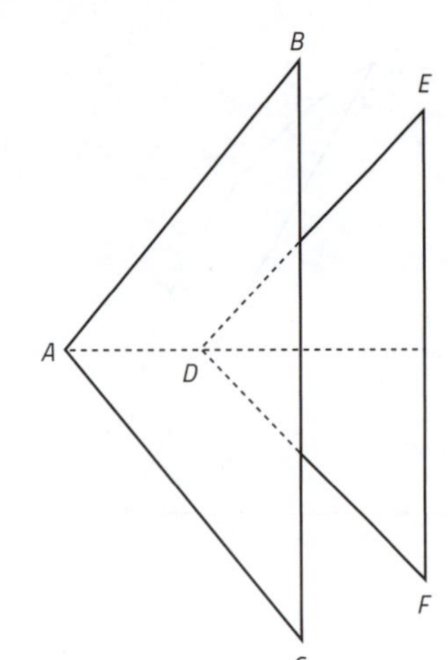

Ilustrações: Banco de imagens/Arquivo da editora

14›

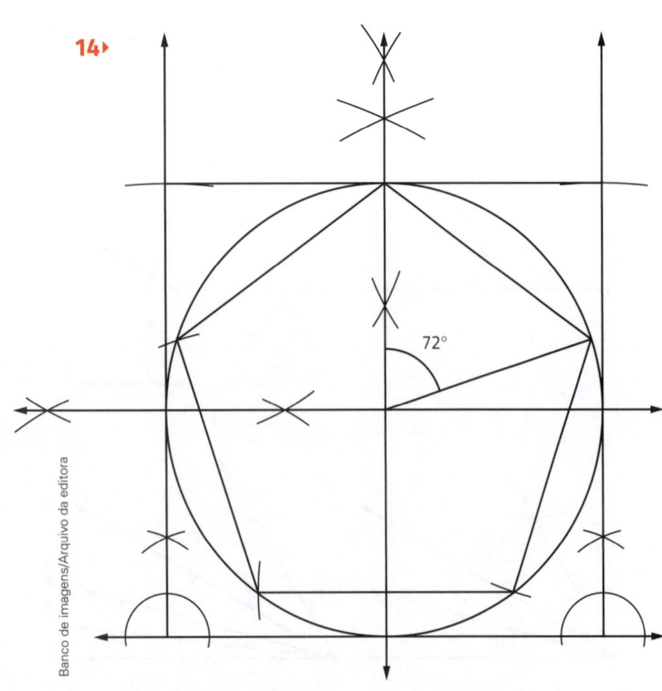

Banco de imagens/Arquivo da editora

15›

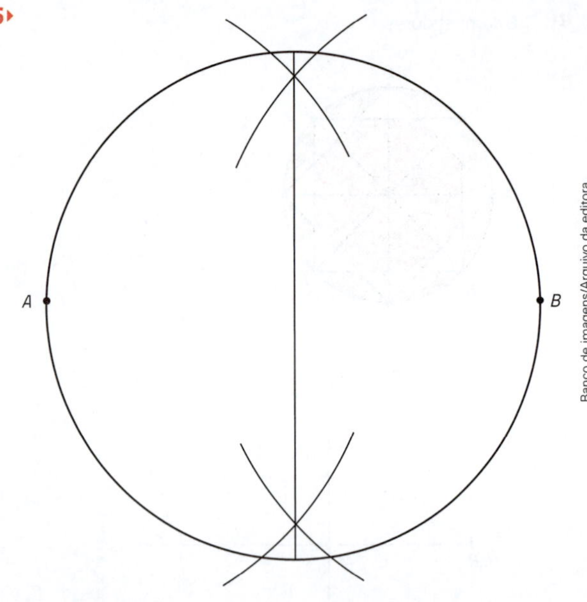

Banco de imagens/Arquivo da editora

16› $x + y = 25°$

17› Compassos; transferidores; esquadros; réguas; circunferência; bissetriz de um ângulo; mediatriz de um segmento de reta.

Capítulo 3

1› a) $3x + 3$ ou $3(x + 1)$.

b) $2x + 2y + 6$ ou $2(x + y + 3)$.

c) $10a + 3$ ou $2(5a + 1)$.

2› a) 1

b) 0

c) $\frac{1}{3} + 3$

d) $-2{,}25$

e) $\frac{3}{5}$

f) $6\frac{1}{9}$

g) $-\frac{4}{5}$

h) $\frac{1}{5}$

i) $6\frac{1}{2}$

j) -1

3› a) Todas.

b) $3x^2y$; $\frac{2y}{7}$ e $2abc$.

c) $4x + 6$; $2x + y$; $4a + 2b$ e $\frac{x}{5} + 1$.

d) $x^2 - 6x + 1$ e $4a^2 - 3b - 1$.

e) $\frac{2y}{7}$

f) $2x + y$ e $4a + 2b$.

4› b) 78, 80 e 82.

5› $x = \frac{3}{2}$

6› $x = 2$

7› Aproximadamente 79%.

8› a) $t = 4$; $w = 2$; $d = 4$; $f = 6$; $k = 8$; $p = 12$; $y = 10$; $x = 6$; $b = 12$ e $s = 14$.

b) BABILONIOS

9› a) $p = n(n - 1)$

b) 380 partidas.

c) 10 clubes.

10› 25, 27 e 29.

11▸ a) $x \simeq 0{,}24$
b) $x \simeq 3{,}82$
c) $x \simeq 0{,}14$
d) $x \simeq -7{,}35$

12▸ a) $x = -\frac{4}{5}$
b) $x = -7$
c) $t = 3$
d) $y = -\frac{12}{11}$
e) $x = \frac{2}{3}$
f) $t = -6$
g) $x = -15\frac{2}{3}$
h) $x = 5\frac{4}{7}$
i) $x = 0$

13▸ 9

14▸ R$ 130,00

15▸ R$ 90,00

16▸ R$ 1 800,00

17▸ 12,5 kWh

18▸ 24 dias.

19▸ Acertou 55 questões e errou 45.

20▸ 11 anos.

21▸ Luís: 5 anos; Jairo: 20 anos.

22▸ a) $x = 10$
b) $x = 52$

23▸ 80°

24▸ 45°

25▸ 150 km

26▸ Tico: 45 selos; Maurício: 30 selos; Cristiano: 60 selos.

27▸ a) $x = 2\frac{3}{5}$
b) $x = 2$
c) $x = 3\frac{1}{2}$
d) $x = -19$

28▸ a) Nenhum número racional.
b) x racional, $x > 7$.
c) $x = -4$
d) Todos os números racionais.
e) Nenhum número racional.

29▸ R$ 8 437,50

30▸ 4 horas.

31▸ a)

Relação entre a medida de distância e a medida de intervalo de tempo do som

Medida de distância d (em milhas)	Medida de intervalo de tempo t (em segundos)
1	5
2	10
3	15
4	20
5	25
6	30
7	35
8	40
9	45
10	50

Tabela elaborada para fins didáticos.

b)

Relação entre a medida de distância e a medida de intervalo de tempo do som

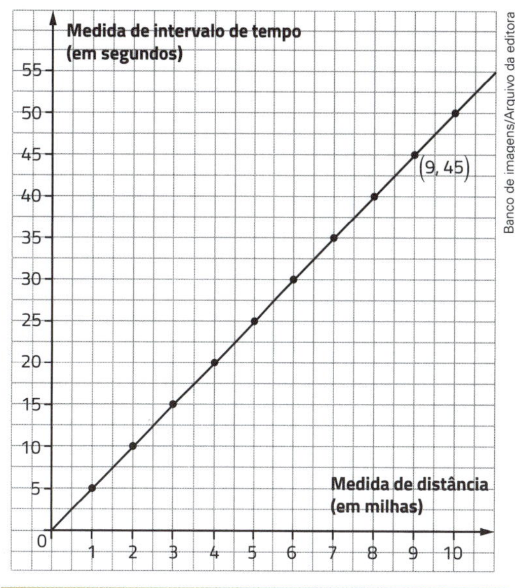

Gráfico elaborado para fins didáticos.

c) 9 milhas; ponto $(9, 45)$.
d) $t = 5d$

32▸ a) $a = 2$; $b = -5$ e $c = 7$.
b) $a = -1$; $b = 12$ e $c = -1$.
c) $a = 1$; $b = 0$ e $c = -13$.
d) $a = 1$; $b = -25$ e $c = 0$.

33▸ $x = 6$

34▸ a) Não.
b) Não.
c) Sim.
d) Sim.

35▸ a) $x = 0$
b) $x' = 5$ e $x'' = -5$.
c) Não existe valor racional para x.
d) $x' = 2$ e $x'' = -2$.

36▸ a) $x' = 3$ e $x'' = -\frac{7}{3}$.
b) $x' = 2$ e $x'' = -16$.
c) Não existe valor racional para x.
d) $x = \frac{5}{2}$

37▸ 144 cm²; 32 cm².

38▸ 1,5 m

39▸ a) $5x$
b) $y + 5$
c) $n - 1$
d) $x^2 + 2y$
e) $\frac{1}{y}$ ou y^{-1}.
f) $-4x$
g) $n^3 + 6$
h) $\frac{n}{y}$
i) $2(n + 1)$ ou $2n + 2$.
j) $2n + 1$
k) $2xy$
l) $\frac{x - 3y}{2}$
m) $\sqrt{5n}$

40▸ a) $x^2 + 2y$
b) $n^3 + 6$

41▸ a) $200 + 5x$
b) R$ 149,00

42› $a^2 + 3ab$

43› a) $4x^2$; $2x$; $6x^3$; x^3; $x^3 + x^2$.
b) $3ab$; $6a^2b$; $2a^2$; $7a^2$.

44› a) Não.
b) Sim.
c) Sim.
d) 1
e) a deve ser um número natural.
f) 2º grau.
g) a deve ser um número natural diferente de 2.
h) 3 variáveis.
i) $\frac{1}{4}$
j) Sim.
k) Não.

45› a) $3x^4$
b) $13xy$
c) $8x^2 - 3x$
d) $21a^2b$
e) $16x^8$
f) $4x^3$
g) 4
h) $-3x$
i) $-15x^2$
j) $12ab$
k) $9ab$
l) $27x^3y^6$
m) $12a^2$
n) $\frac{5x^2}{7}$
o) $20xy$
p) $64x^6$
q) $6x^2$
r) $\frac{1}{x}$
s) $3a^2b + 5ab^2$
t) $8x^3$
u) $14a^2b^2$

46› a) $5x - 8y$; binômio.
b) $-4x^3$; monômio.
c) $3a - 8b + 8$; trinômio.
d) $\frac{3x^2}{14}$; monômio.
e) $4a - 5$; binômio.
f) $x^2 - xy + 5$; trinômio.

47› $4a + 12b$ ou $4(a + 3b)$.

48› a) Trinômio do 1º grau com 2 variáveis.
b) Monômio do 4º grau com 1 variável.
c) Binômio do 2º grau com 1 variável.
d) Monômio do 4º grau com 2 variáveis.
e) Trinômio do 2º grau com 2 variáveis.
f) Binômio do 2º grau com 1 variável.
g) Monômio do 1º grau com 1 variável.
h) Trinômio do 1º grau com 2 variáveis.
i) Monômio do 8º grau com 3 variáveis.

49› a) $-\frac{3}{4}$
b) 11
c) $8x^2$
d) $10xy^2$
e) 2
f) $\frac{1}{2}$

51› $x = 24$

52› a) $28 - x$
b) $4x - 10$; $x^2 - 5x$.
c) $10x$; $4x^2$.
d) $1{,}1x - 25$ ou $\frac{11x}{10} - 25$.
e) $x \cdot 20 + y \cdot 10$ ou $20x + 10y$.

53› a) $10x$ e $4x^2$.
b) $20x + 10y$
c) $x^2 - 5x$
d) $4x - 10$

54› a) $8x - 5$; binômio do 1º grau com 1 variável.
b) $4x^2 + 2x + 7$; trinômio do 2º grau com 1 variável.
c) $3x + 2xy - y$; trinômio do 2º grau com 2 variáveis.
d) $4x^3$; monômio do 3º grau com 1 variável.
e) x; monômio do 1º grau com 1 variável.
f) $5a^2b + 3ab^2$; binômio do 3º grau com 2 variáveis.
g) $-2ax$; monômio do 2º grau com 2 variáveis.
h) $3x^2 - 4x + 1$; trinômio do 2º grau com 1 variável.

55› a)
- $4x + 6$
- $x^2 + 2x + 1$
- $\frac{1}{2}x^2 + 3x + \frac{9}{2}$ ou $0{,}5x^2 + 3x + 4{,}5$.
- $4x + 4$
- $2{,}5x^2 + 8x + 5{,}5$

b) **Medidas reais da casa**

Local	Medida de perímetro	Medida de área
Sala	20 m	25 m²
Garagem	22 m	28 m²
Jardim	–	24,5 m²

Tabela elaborada para fins didáticos.

56› a) $(3a - 7)^2$
b) 529
c) 4 ou $\frac{2}{3}$.
d) $9a^2 - 42a + 49$

57› a) $4x^2 + 2x - 5$
b) $x^2 - 5x - 2$
c) $5x^2 - 15x + 5$
d) $11x^2 - 9x - 13$
e) $-12x^2 + 2x + 27$
f) $2x^2 + 3x$
g) $3x^2 + 5x - 6$
h) $17x^2 - 19x - 25$

58› a) $x - 1$
b) $-2x^2 - 3$
c) $3x^2 - 24x$
d) $x^2 + 5x - 14$
e) $4x^2y + 8x^2 + 5xy + 10x$
f) $x^2 + 2x - 3$

59› 10 horas.

60› 15 min

61› 3 h 20 min

62› R$ 252,00

63› a) Variáveis; valor numérico; monômios; binômios; trinômios.
b) Nenhuma raiz; 1 raiz; nenhuma raiz; 1 raiz (ou 2 raízes iguais); 2 raízes distintas.
c) Inversamente proporcionais; não proporcionais.

Capítulo 4

1› Comparando o $\triangle ADC$ e o $\triangle BCD$, podemos afirmar que eles são congruentes, pois $\overline{AD} \cong \overline{BC}$ (lados do quadrado); $\overline{CD}$ é lado comum; $\hat{D} \cong \hat{C}$ (ângulos retos). Pelo caso LAL de congruência de triângulos, podemos garantir que $\triangle ADC \cong \triangle BCD$ e, portanto, $\overline{AC} \cong \overline{BD}$.

2› **a-2**, **b-4**, **c-3**, **d-1**.

3› 66° 51'

4› a)

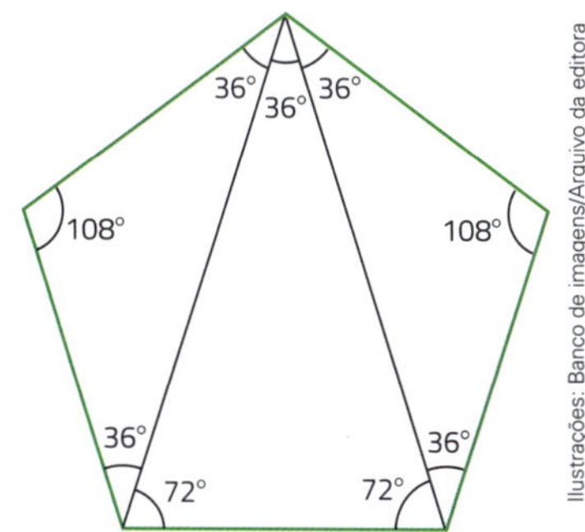

Ilustrações: Banco de imagens/Arquivo da editora

b)

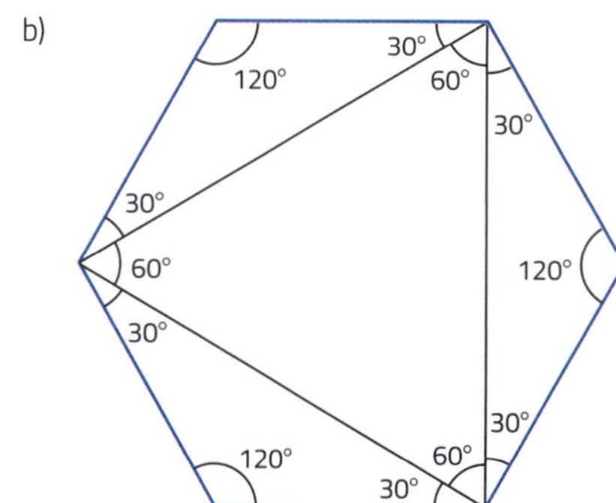

5› a) Sim, LLL.
b) Sim, ALA.
c) Sim, LAA_o.
d) Não são congruentes.
e) Sim, LAL.
f) Não podemos garantir a congruência com as medidas dadas.

6› **b**

7› a) Os triângulos são congruentes; caso LLL.
b) Os triângulos podem ou não ser congruentes.
c) Os triângulos são congruentes; caso ALA.
d) Os triângulos não são congruentes.
e) Os triângulos não são congruentes.
f) Os triângulos são congruentes; caso LAL.
g) Os triângulos são congruentes; caso LLL.
h) Os triângulos podem ou não ser congruentes.
i) Os triângulos não são congruentes.
j) Os triângulos podem ou não ser congruentes.

8› Pelo caso ALA de congruência de triângulos, $\triangle CNB \cong \triangle BMC$, pois $\overline{BC} \cong \overline{BC}$ (lado comum); $\hat{C} \cong \hat{B}$ (ângulos da base de um triângulo isósceles); $N\hat{B}C \cong M\hat{C}B$ ($\overline{NB}$ e $\overline{CM}$ são bissetrizes de ângulos congruentes). Da congruência dos triângulos, concluímos que $\overline{BN} \cong \overline{CM}$.

9› a)

Informações sobre a figura

Triângulo	Medidas de abertura dos 3 ângulos internos	Nome do triângulo quanto aos ângulos
EFG	20°, 30° e 130°.	Obtusângulo.
GBE	65°, 95° e 20°.	Obtusângulo.
FHG	30°, 60° e 90°.	Retângulo.
FBG	30°, 85° e 65°.	Acutângulo.
HGE	90°, 70° e 20°.	Retângulo.
GHB	5°, 90° e 85°.	Retângulo.

Tabela elaborada para fins didáticos.

b) Todos.

10› $\overline{AB} \cong \overline{PQ}$ (dado no enunciado); $\hat{A} \cong \hat{P}$ (ângulos alternos internos com $\overline{AB}$ e $\overline{PQ}$ paralelos e $\overline{AP}$ transversal); $\hat{B} \cong \hat{Q}$ (ângulos alternos internos com $\overline{AB}$ e $\overline{PQ}$ paralelos e $\overline{BQ}$ transversal). Pelo caso ALA de congruência de triângulos, temos $\triangle ABC \cong \triangle PQC$. Logo, $\overline{AC} \cong \overline{PC}$ e $\overline{BC} \cong \overline{QC}$, ou seja, *C* é ponto médio dos segmentos de reta $\overline{AP}$ e $\overline{BQ}$.

11› $\overline{AM} \cong \overline{MC}$ (*M* é ponto médio do $\overline{AC}$), $\overline{BM} \cong \overline{MD}$ (*M* é ponto médio do $\overline{BD}$) e $A\widehat{M}B \cong D\widehat{M}C$ (são ângulos opostos pelo vértice). Logo, pelo caso LAL de congruência de triângulos, temos $\triangle ABM \cong \triangle CDM$ e, portanto, $\overline{AB} \cong \overline{CD}$.

12› a) 70° b) 35° c) 65° d) 115°

13› 63°

14› 140°

15› $AC = 10$ cm; $BM = CM = 5{,}5$ cm.

16› a) Circuncentro.
b) Ortocentro.
c) Baricentro.
d) Incentro.

17› a) Nunca.
b) Sempre.
c) Às vezes.
d) Sempre.
e) Sempre.
f) Nunca.
g) Às vezes.
h) Nunca.
i) Nunca.
j) Sempre.
k) Às vezes.

18› a) Verdadeira.
b) Falsa.
c) Verdadeira.
d) Falsa.
e) Verdadeira.
f) Verdadeira.
g) Verdadeira.

19› a) 70°, 110° e 110°.
b) 60°, 120°, 60° e 120°.
c) Esse paralelogramo não existe.
d) 45°, 135°, 45° e 135°.

20› a) $x = 120°$
b) $x = 80°$
c) $x = 110°$; $x - 40° = 70°$; $\frac{x}{2} + 15° = 70°$.
d) $x = 120°$; $x - 50° = 70°$; $\frac{x}{2} - 10° = 50°$.

21› 4 cm

22› a) 65°, 115°, 65° e 115°.
b) 130°, 50°, 130° e 50°.
c) 125°, 55°, 125° e 55°.
d) 57°, 123°, 57° e 123°.

23› $a = 80°$, $b = 100°$, $c = 40°$ e $d = 40°$.

24› a) $x = 55°$
b) $x = 45°$

25› $a = 5$ cm; $b = 3$ cm; $m = 40°$; $n = 60°$; $x = 80°$ e $y = 40°$.

26› $x = 35°$ e $y = 70°$.

27› 140°

28▸ a) Verdadeira.
b) Verdadeira.
c) Verdadeira.
d) Falsa.
e) Verdadeira.

29▸ 150°

30▸ a) Verdadeira.
b) Falsa.
c) Falsa.
d) Verdadeira.
e) Falsa.
f) Verdadeira.

31▸ $x = 60°$

32▸ $x = 30°$; $y = 60°$; $z = 60°$ e $w = 30°$.

33▸ 5,25 cm

34▸ 100°, 100°, 80° e 80°.

35▸ 8 cm

36▸

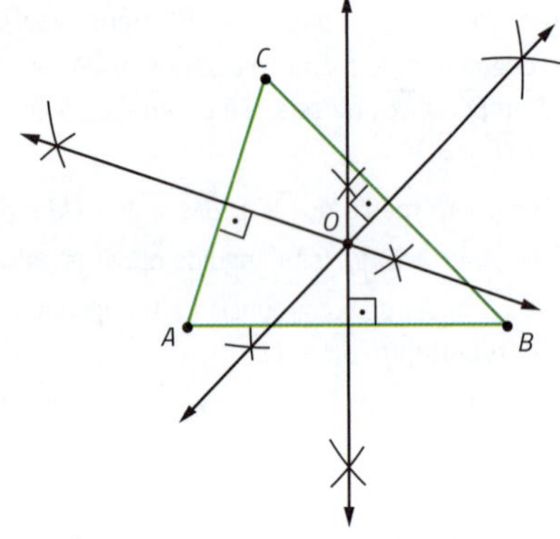

Banco de imagens/Arquivo da editora

37▸ $x = 9$

38▸ 110°, 70° e 70°.

39▸ 45°, 135°, 45° e 135°.

40▸ 115°, 65°, 90° e 90°.

41▸ 60°

42▸ $\overline{PS} \cong \overline{QR}$ (definição de trapézio isósceles); $\hat{S} \cong \hat{R}$ (propriedade do trapézio isósceles); $\hat{M} \cong \hat{N}$ (ângulos retos). Pelo caso LAA_o de congruência de triângulos, $\triangle SPM \cong \triangle RQN$. Logo, $\overline{SM} \cong \overline{NR}$.

43▸ 84° 40'; 95° 20'; 84° 40' e 95° 20'.

44▸ 90°, 90°, 120° e 60°.

45▸ **A**: $x = 60°$; 3 pontos; **B**: $x = 110°$; 10 pontos; **C**: $x = 30°$; 6 pontos; **D**: $x = 50°$; 1 ponto; **E**: $x = 70°$; 9 pontos; **F**: $x = 60°$; 5 pontos; **G**: $x = 60°$; 11 pontos; **H**: $x = 60°$; 2 pontos; **I**: $x = 20°$; 2 pontos; **J**: $x = 40°$; 7 pontos; **K**: $x = 90°$; 12 pontos; **L**: $x = 50°$; 4 pontos.

46▸ a)

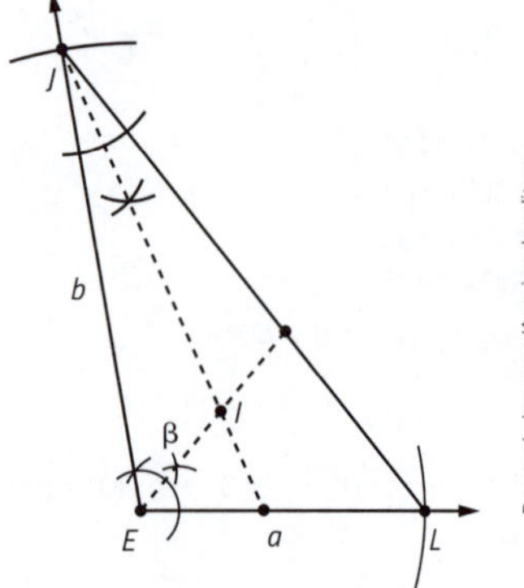

Banco de imagens/Arquivo da editora

b)

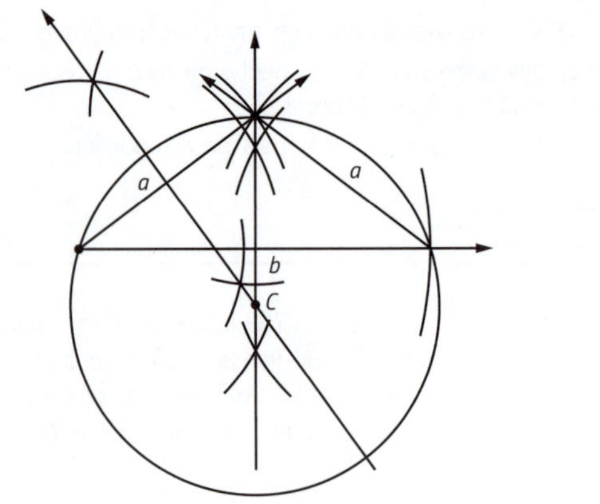

Ilustrações: Banco de imagens/Arquivo da editora

47▸

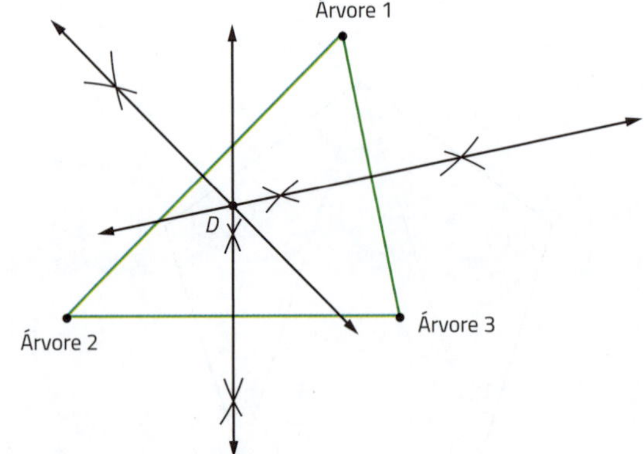

48▸ a) Lado, ângulo, lado (LAL); lado, lado, lado (LLL); ângulo, lado, ângulo (ALA); bissetrizes; ortocentro; medianas; a interseção é chamada de baricentro; mediatrizes.

b) Paralelogramos; trapézios; congruentes; suplementares; ponto médio; losangos; perpendiculares; ângulos internos; congruentes.

Capítulo 5

1▸ a) **A** $x - y = 45$, em que x é a medida de comprimento do maior lado, e y é a medida de comprimento do menor lado, ambas em metros.

B $x = y + 30$, em que x é o custo por passageiro na companhia aérea Alfa e y é o custo por passageiro na companhia aérea Beta, ambos em reais.

C $x + y = 2\,200$, em que x é o gasto da família Moreira com alimentação em agosto e y é o gasto com lazer, ambos em reais.

D $x + y + 2y = 58$ ou $x + 3y = 58$, em que x é o número de casos de dengue registrados nessa cidade em 2017 e y é o número de casos registrados em 2018.

E $\frac{x + x + y + y}{4} = 6$ ou $\frac{2x + 2y}{4} = 6$ ou $x + y = 12$, em que x é a medida de distância percorrida em cada um dos 2 primeiros dias, e y é a medida de distância percorrida em cada um dos 2 últimos dias, ambas em quilômetros.

b) **I** É solução da equação **B**, mas não da situação.
II É solução da equação **C**, mas não da situação.
III É solução da equação **E** da situação **A**.
IV É solução da equação **E** da situação **D**.
V É solução da equação **E** da situação **C**.
VI É solução da equação **E**, mas não da situação.

c) No 2º dia: 5,5 km; no 3º dia: 6,5 km; no 4º dia: 6,5 km.

4 7 e 35.

5 a) $3x + 2y$
b) $x - y$
c) $20 - 2x$
d) $5y < 10$
e) $30y > 2x$
f) $4x + 2y = 25$

6 54 bicicletas e 28 triciclos.

7 90°, 34° e 56°.

8 a) -2
b) 4 e 5.
c) $(5, -2)$
d) 1 e -2.
e) $(3, 2)$
f) $(3, 1)$ e $(0, 4)$.
g) $(7, 3)$; $(-1, -1)$ e $(1, 0)$.
h) 12
i) $(3, 4)$

9 a) -2; $10\frac{1}{2}$; -4; 6.
b) 18
c) 7
d) 11

10 a) 1; 1; -3; 5; 3; $2\frac{1}{2}$.
c)

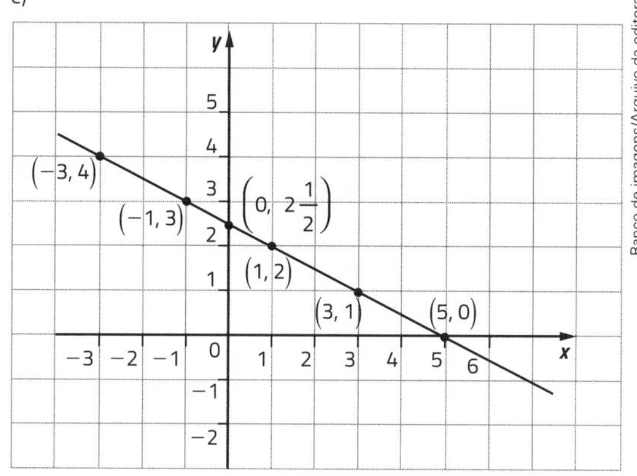

Banco de imagens/Arquivo da editora

11 Paulo: 24 pontos; Beto: 20 pontos.

12 a) $(2, 1)$
b) $(1, 2)$
c) $(2, -1)$
d) $(-2, -1)$
e) $(1, -2)$

13 a) $(1, -3)$
b) $(4, 5)$
c) $(7, 1)$
d) $\left(-\frac{1}{2}, 2\right)$

14 10 m de frente por 30 m de profundidade.

15 a) $(1, 4)$
b) $(3, -2)$
c) $(-1, -3)$
d) $\left(0, -\frac{1}{3}\right)$
e) $(3, 2)$
f) $(-4, -5)$

16 a) $(4, -1)$
b) $(1, 1)$
c) $(0, 6)$
d) $(-9, -15)$
e) $(3, -3)$

17 5 e 8.

18 11 e -2.

19 29 anos.

20 11 pessoas e 15 cadeiras.

21

2	7	6
9	5	1
4	3	8

22 89 e 27.

24 Juliana: 28 anos; Marcelo: 14 anos.

25 a) $\frac{1}{7}$; 3; -4; $-\frac{2}{7}$.
b) 3; 3.

26 a) $(3, 1)$
b) $(2, 6)$
c) $(1, 9)$
d) $(5, 2)$

27 19 perus e 35 porcos.

30 25

31 36 e 12.

32 205 crianças.

33 a) $(0, 6)$ e $(6, 0)$.

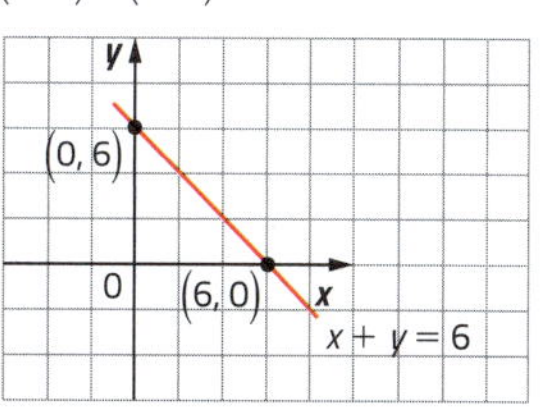

b) $(0, 4)$ e $(8, 0)$.

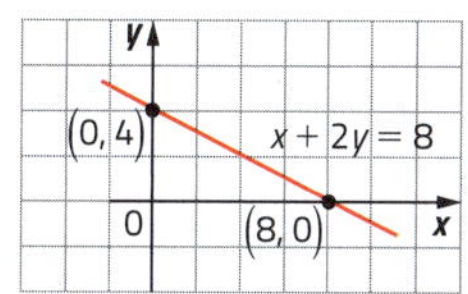

c) $(2, 2)$ e $(5, 0)$.

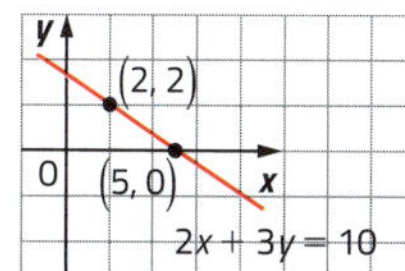

Ilustrações: Banco de imagens/Arquivo da editora

34 a) $(2, 3)$

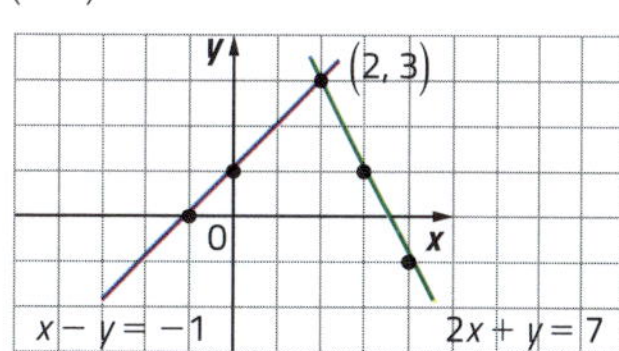

b) $(1, -2)$

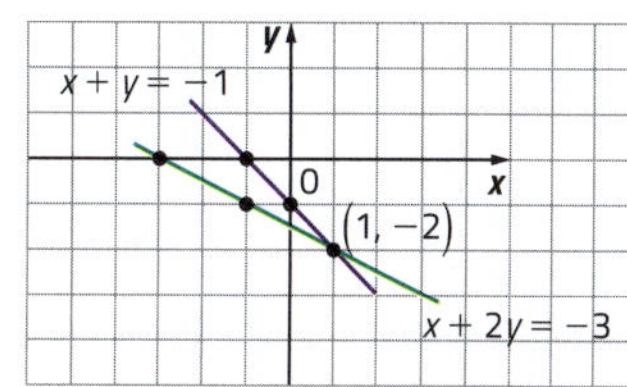

c) $(-2, 4)$

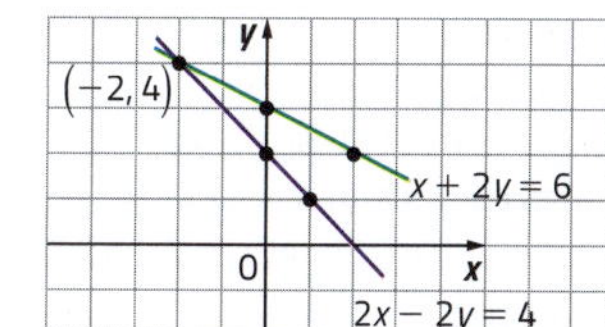

Ilustrações: Banco de imagens/Arquivo da editora

35 9 notas; 7 notas.

36 a) $\left(\frac{1}{2}, -\frac{1}{2}\right)$

b) $(5, 5)$

c) $(-3, -3)$

d) $\left(2\frac{1}{3}, 0\right)$

37 57 e 19.

38 a) $(6, 4)$ c) $(-1, 1)$ e) $(4, 3)$

b) $(5, 1)$ d) $(2, 1)$ f) $(2, 5)$

41 a) $(3, -2)$ c) $(-1, 3)$ e) $(2, 1)$

b) $(1, 2)$ d) $(1, 6)$ f) $(3, 7)$

42 $x = 5°$ e $y = 6°$.

43 a) $(7, -2)$ c) $(0, -2)$ e) $(-6, 4)$

b) $(3, 1)$ d) $(4, 4)$ f) $(-1, -5)$

44 Lebre: 54 m; cachorro: 36 m.

45 a) 900 votos.

b) **A**: 25%; **B**: 30% e **C**: 45%.

c) **A**: 90°; **B**: 108° e **C**: 162°.

46 a) $(-2, 2)$

b) $(1, 1)$

47 a) $(4, 6)$ c) $(2, 1)$ e) $(1, -3)$

b) $(5, 3)$ d) $(-2, -2)$ f) $\left(\frac{1}{2}, \frac{1}{3}\right)$

48 $m(\hat{A}) = 72°$ e $m(\hat{B}) = 18°$.

49 a)

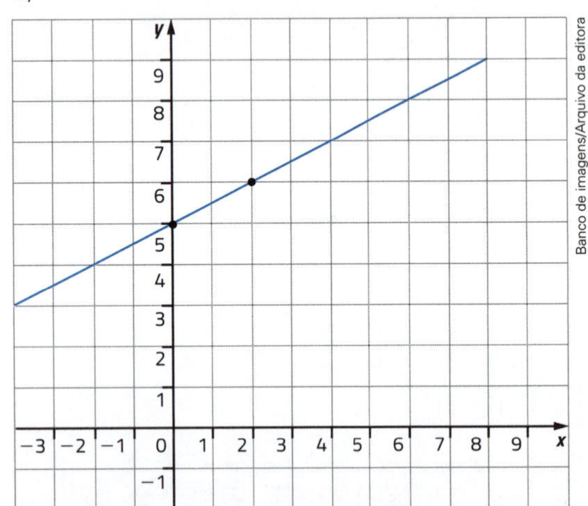

Banco de imagens/Arquivo da editora

b) Não, pois a reta representa todos os valores de x e os respectivos valores de y da equação e, nessa situação, x deve ser um número natural, pois representa a quantidade de fotos.

50 a) Determinado; solução: $(1, 4)$; retas concorrentes; ponto de intersecção: $(1, 4)$.

b) Impossível; retas paralelas.

c) Impossível; retas paralelas.

d) Indeterminado; retas coincidentes.

e) Indeterminado; retas coincidentes.

f) Determinado; solução: $(10, 20)$; retas concorrentes; ponto de intersecção: $(10, 20)$.

51 12 carros e 11 motos.

52 **A**: 8 cm por 2 cm; **B**: 6 cm por 4 cm.

53 Vermelha.

54 103° 8' e 76° 52'.

55 a) $4a$ e) $2a + 4b$

b) a^2 f) $2ab$

c) $2a + 6b$ g) $6a + 6b$

d) $2ab + 2b^2$ h) $a^2 + 4ab + 2b^2$

56 $a = 6$ cm e $b = 4{,}5$ cm.

57 $m(\hat{1}) = 60°$; $m(\hat{2}) = 120°$; $m(\hat{3}) = 60°$; $m(\hat{4}) = 120°$; $m(\hat{5}) = 60°$; $m(\hat{6}) = 120°$; $m(\hat{7}) = 60°$ e $m(\hat{8}) = 120°$.

58 $m(\hat{1}) = 70°$; $m(\hat{2}) = 110°$; $m(\hat{3}) = 70°$; $m(\hat{4}) = 110°$; $m(\hat{5}) = 70°$; $m(\hat{6}) = 110°$; $m(\hat{7}) = 70°$ e $m(\hat{8}) = 110°$.

59 $x = 48°$ e $y = 72°$.

60 $B = 8$ cm e $b = 4$ cm.

61 Possível e determinado; possível e indeterminado; tem infinitas soluções; impossível; não tem solução.

Capítulo 6

1 I. $A = 8\frac{1}{2}$ unidades

II. $A = 8\frac{1}{2}$ unidades

III. $A = 8$ unidades

IV. $A = 14$ unidades

2 232,5 m

3 a) 10 cm²

b) 9 cm²

c) 4 cm²

d) 13 cm²

4 a) 451 170 cm³

b) Aproximadamente 34 704 cm².

5 a) $A = y^2$

b) $A = \frac{xy}{2}$

c) $A = \frac{(a + b)c}{2}$

d) $V = rst$

6 a) 7 m por 8 m ou 700 cm por 800 cm; 3 m por 4 m ou 300 cm por 400 cm.

b) **A**: 5 m por 6 m ou 500 cm por 600 cm; **B**: 3 m por 2 m ou 300 cm por 200 cm; **C**: 8 m por 12 m ou 800 cm por 1 200 cm.

c) 2 m ou 200 cm.

d) $y = 100x$, em que y representa a medida de comprimento real e x representa a medida de comprimento do desenho, ambas em centímetros.

e) 56 cm²

f) 56 m² ou 560 000 cm².

g) Não, pois a relação dada no item **d** converte medidas de comprimento e, no item **f**, estamos convertendo medidas de área.

h) 132 cm²; 1 320 000 cm² ou 132 m².

i) 30 m²; 30 000 000 cm².

j) Sim, se a escala é 1 : 100, temos $A_r = 10\,000A_d$, ou, se a escala é 1 : 1 000, temos $A_r = 1\,000\,000A_r$, em que A_r corresponde à medida de área real, em cm², e A_d corresponde à medida de área do desenho, em cm².

7› 3 cm

8› a) $\frac{3x \cdot y}{2}$ ou $\frac{3xy}{2}$ ou $\frac{3}{2}xy$.

b) Coeficiente: $\frac{3}{2}$; parte literal: xy.

c) $-4xy$

9› a) 9 400 cm² b) 340 cm c) 67,2 L

10› a) $21x$ c) $x^2 + 12x$

b) $10x$ d) $28x$

11› a) 5 cm² b) 7,5 cm² c) 6 cm²

12› 72 m

13› 54 cm²

14› 645 cm²

15› a) $A = 64$ m² c) $A = 60$ m²

b) $A = 64$ m² d) $A = 24$ m²

16› a) $P = n + v + b + t$; $A = \frac{(n + b)v}{2}$.

b) $P = x + p + s$; $A = \frac{x \cdot d}{2}$.

c) $P = 4e$; $A = e^2$.

d) $P = 4c$; $A = \frac{r \cdot a}{2}$.

e) $P = 2i + 2f$; $A = f \cdot h$.

17› a) $P = g\pi$; $A = \pi \cdot \left(\frac{g}{2}\right)^2$ ou $A = \frac{\pi g^2}{4}$.

b) $P = y + \frac{y\pi}{2}$; $A = \left[\pi \cdot \left(\frac{y}{2}\right)^2\right] \div 2$ ou $A = \frac{\pi y^2}{8}$.

18› 150 cm²

19› 26 cm e 30 cm².

20› Aproximadamente 111,27 cm².

21› 4 500 L

22› 21,5 cm²

23› 729 cm³

24› 216 cm³

25› a) 120 cm e 50 cm.

b) Por 400.

26› a) 1 200 cm ou 12 m.

b) 1 600 cm ou 16 m.

c) 4 300 cm ou 43 m, pois 4,3 × 1 000 cm = 4 300 cm = 43 m.

d) $o = 1\,000d$, em que o representa a medida de comprimento real e d representa a medida de comprimento do desenho, ambas em centímetros.

e) Aproximadamente 2,41 cm³.

f) 2 410 000 000 cm³ ou 2 410 m³.

g) Não, pois a relação dada no item **d** converte medidas de comprimento e, no item **f**, estamos convertendo medidas de volume.

h) $V_o = 1\,000\,000\,000V_d$, em que V_o representa a medida de volume real e V_d representa a medida de volume do desenho, ambas em centímetros cúbicos.

i) Aproximadamente 10,048 cm².

j) 10 048 000 cm² ou 1 004,8 m².

27› Aproximadamente 11 304 m².

28› 4 vezes.

29› Aproximadamente 565,2 cm ou 5,652 m.

30› Aproximadamente 38 cm².

31› Aproximadamente 1 800 m².

32› $A = a \cdot b$; $A = \ell^2$; $A = b \cdot h$; $A = \frac{bh}{2}$; regiões limitadas por um trapézio; círculos; regiões limitadas por um losango; $V = a \cdot b \cdot c$; $V = a^3$.

Capítulo 7

1› Ao público adulto.

2› a) **Salários dos funcionários**

Salário (em R$)	FA	FR (em %)
1600 ⊢ 1690	6	10%
1690 ⊢ 1780	15	25%
1780 ⊢ 1870	30	50%
1870 ⊢ 1960	6	10%
1960 ⊢ 2050	3	5%
Total	**60**	**100%**

Tabela elaborada para fins didáticos.

b) Variável quantitativa contínua.

3› 360 maneiras.

4› a) **Turma de Luís Roberto**

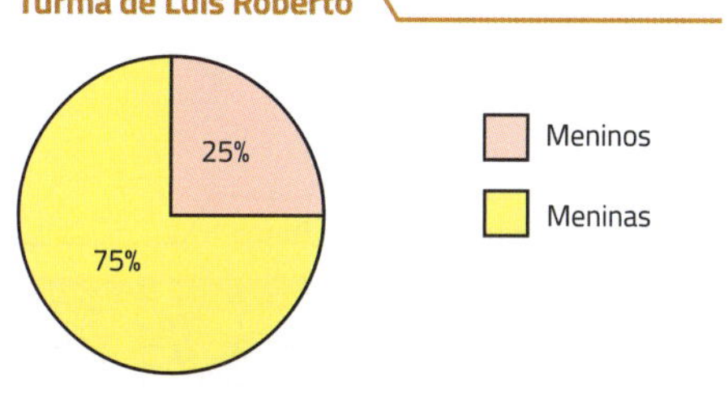

Gráfico elaborado para fins didáticos.

b) $\frac{1}{4}$ ou 25%.

5› **Medida de temperatura máxima diária em uma cidade**

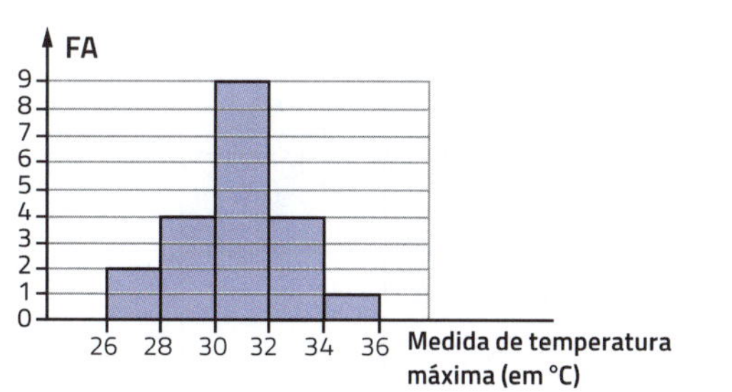

Gráfico elaborado para fins didáticos.

6› a) $\frac{3}{10}$ ou 30%.

b) 1 ou 100%.

c) 0 ou 0%.

7› a) A) 3 gols.

B) 1,8 gol.

C) 1,4 gol.

b) A) $m + \frac{2}{3}$

B) $\frac{5m}{6}$

8› a) Pesquisa censitária (ou por população); pesquisa amostral.
b) Variável quantitativa discreta.
c) 40 alunos.
d) 12,5%
e) 27,5%
f) $MA = 3{,}15$; $Mo = 3$; $Me = 3$.

9› 13,2

10› a)

Resultados dos atletas

Atleta	Média	Amplitude	Variância	Desvio--padrão
Antônio	82,8	23,0	47,1	6,9
Luís	83,2	10,0	11,1	3,3
Ricardo	80,8	36,0	122,8	11,1

Tabela elaborada para fins didáticos.

b) Luís.

11› a) 1 960 pessoas.
b) 800 pessoas.
c) 1 240 pessoas.
d) Cinema: 176,4°; concerto musical: 111,6°; teatro: 72°.

12› a) De 0 a 15 anos.
b) 23 clientes.
c) 34,5 anos.

13›

Batimentos por minuto dos alunos

Número de batimentos por minuto	Frequência absoluta	Frequência relativa (em fração)
75	3	$\frac{3}{50}$
76	9	$\frac{9}{50}$
77	5	$\frac{1}{10}$
78	7	$\frac{7}{50}$
79	2	$\frac{1}{25}$
80	2	$\frac{1}{25}$
85	7	$\frac{7}{50}$
88	3	$\frac{3}{50}$
90	7	$\frac{7}{50}$
92	5	$\frac{1}{10}$
Total	**50**	**1**

Tabela elaborada para fins didáticos.

14› 85,6 m

15›

Número de casos de dengue registrados

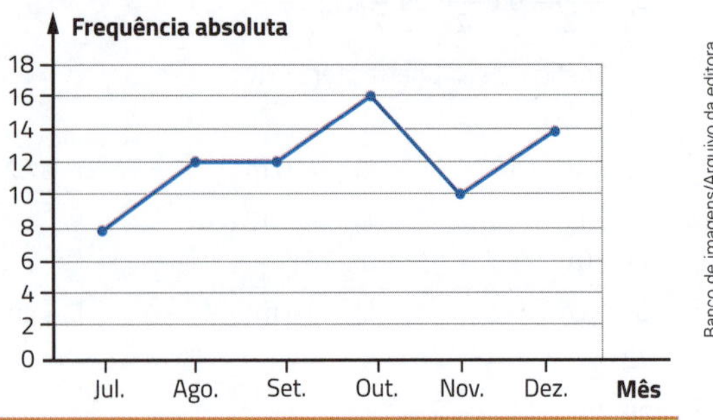

Gráfico elaborado para fins didáticos.

16› 6

17› a)

Esporte preferido

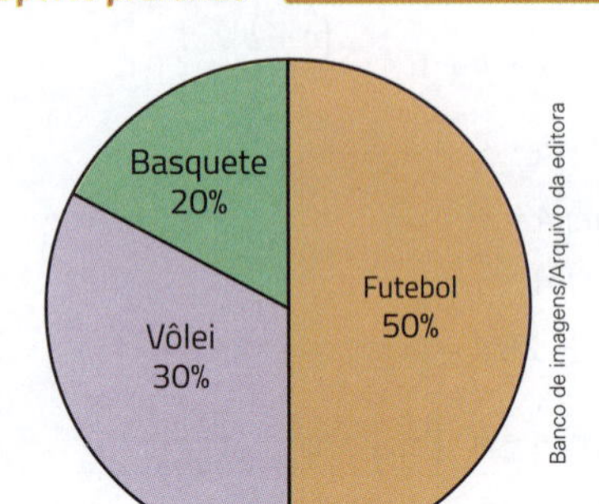

Gráfico elaborado para fins didáticos.

Esporte preferido

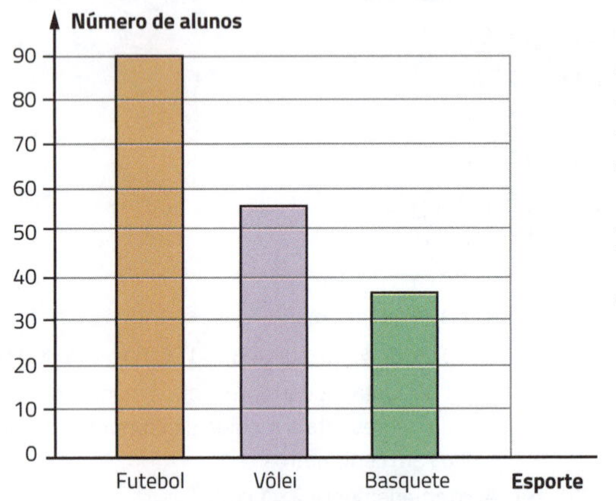

Gráfico elaborado para fins didáticos.

Esporte preferido

Esporte	Frequência absoluta	Frequência relativa (em %)
Futebol	90	50%
Vôlei	54	30%
Basquete	36	20%
Total	**180**	**100%**

Tabela elaborada para fins didáticos.

b) 180 alunos.
c) Esporte; variável qualitativa.
d) Futebol, vôlei e basquete.

18› a) As probabilidades são iguais.
b) Sair cara no lançamento de uma moeda.
c) Sair sábado no sorteio de um dia da semana.

19› a) De 5,1 a 5,4 cm.
b) De 5,4 a 5,7 cm.
c) Não, pois o intervalo de 6,3 a 6,6 cm é aberto em 6,6 cm, ou seja, nenhum recém-nascido teve essa medida de comprimento do pé.
d) $MA = 5{,}57$ cm e $DP = 0{,}2$ cm.

21› $\frac{1}{4}$ ou 25%.

22› a) Evento certo.
b) Evento impossível.
c) Evento impossível.
d) Evento impossível.
e) Evento certo.

23› 9 728 maneiras.

24› a) $\Omega = \{$defeituoso, não defeituoso$\}$; $A = \{$defeituoso$\}$.
b) $\Omega = \{$janeiro, fevereiro, março, abril, maio, junho, julho, agosto, setembro, outubro, novembro, dezembro$\}$; $B = \{$maio, junho, julho, agosto$\}$.
c) $\Omega = \{2, 3, 4, 5, 6, 7, 8, 9, 10, 11, 12\}$; $C = \{2, 3, 5, 7, 11\}$.

25› $\frac{11}{25}$ ou 44%.

26› 0 ou 0%.

27› a) Não é possível responder a essa questão com os dados do gráfico, pois não há a informação sobre o número de partidas em cada ano.
f) O maior número de gols aconteceu no campeonato de 2018.

28› $MA = Mo = Me = 8$ gols

29› a) 27 pontos.
b) 20 pontos.
c) 25 pontos.
d) Aumentou; aproximadamente 0,3 ponto.

30› $\frac{1}{10}$ ou 10%.

31› a) 40 aparelhos.
b) Aproximadamente 13,6 aparelhos; esse valor significa que a dispersão em torno da média é de aproximadamente 13,6 aparelhos.

32› Quantitativas; Contínuas; Qualitativas; Frequência absoluta; Frequência relativa; Médias aritméticas; Simples; Mediana; Moda; Medidas de dispersão; Barras; Segmentos; Setores.

Capítulo 8

1›

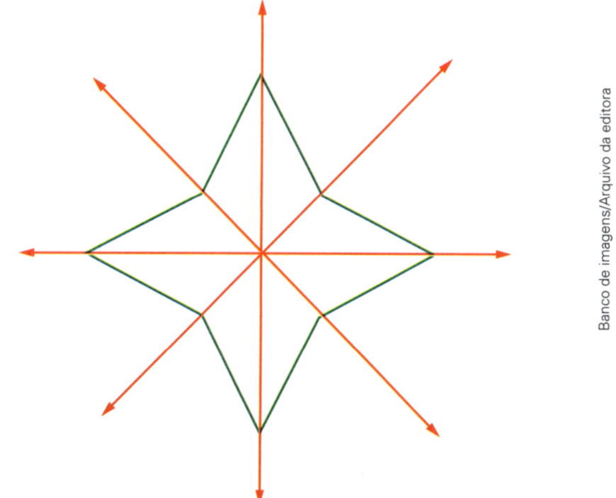

Banco de imagens/Arquivo da editora

2› Translação.

3› Pentágono: 5 eixos de simetria; circunferência: infinitos eixos de simetria.

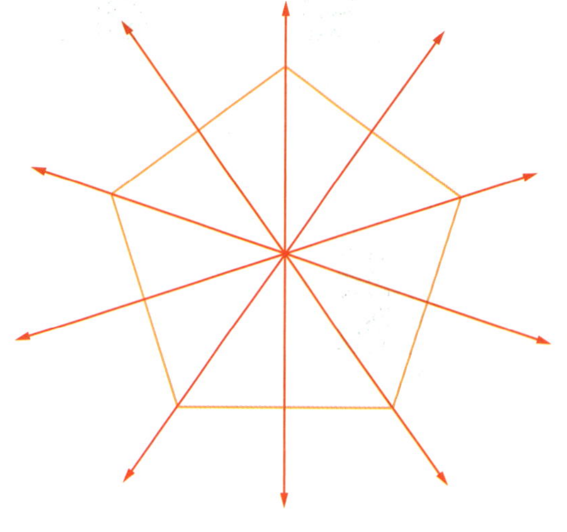

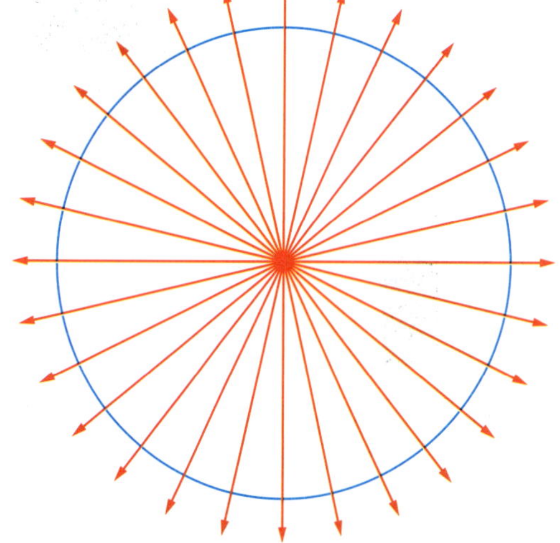

Ilustrações: Banco de imagens/Arquivo da editora

4› a)

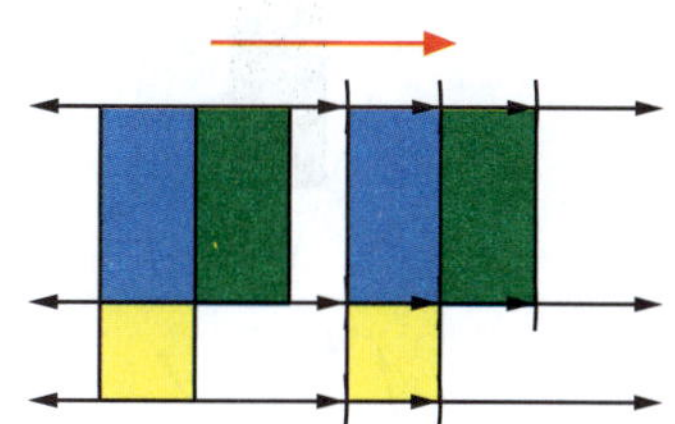

b)

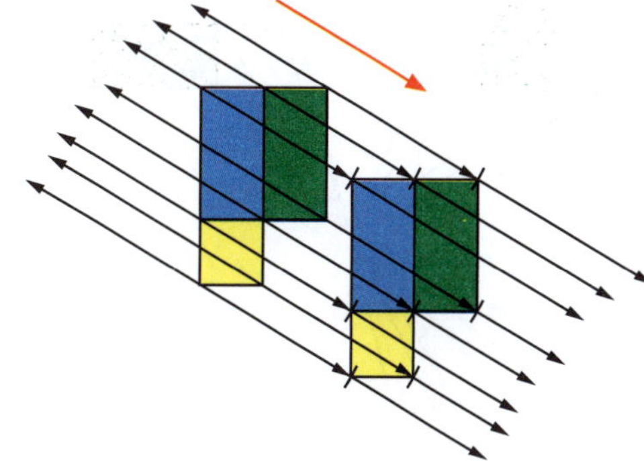

Ilustrações: Banco de imagens/Arquivo da editora

Ilustrações: Banco de imagens/Arquivo da editora

c)

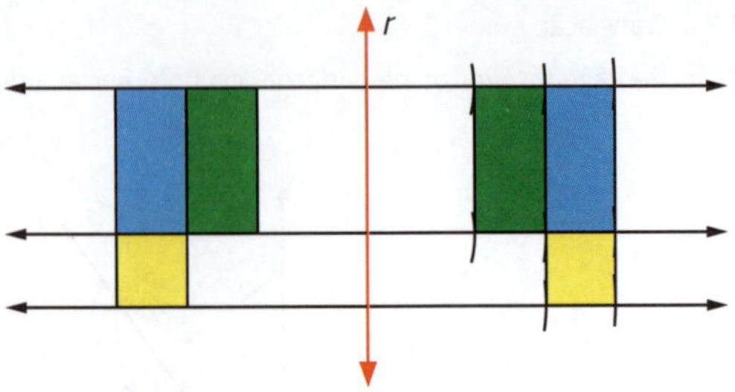

d)

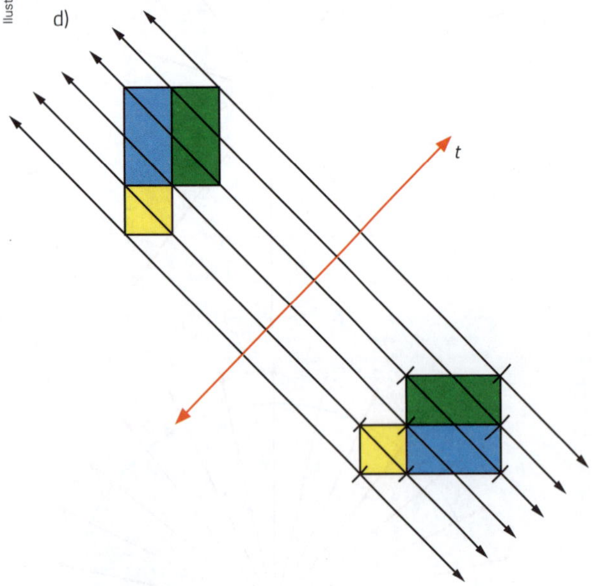

e)

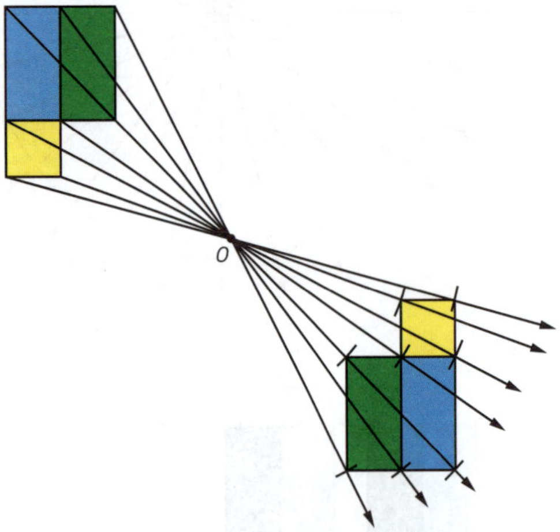

f)

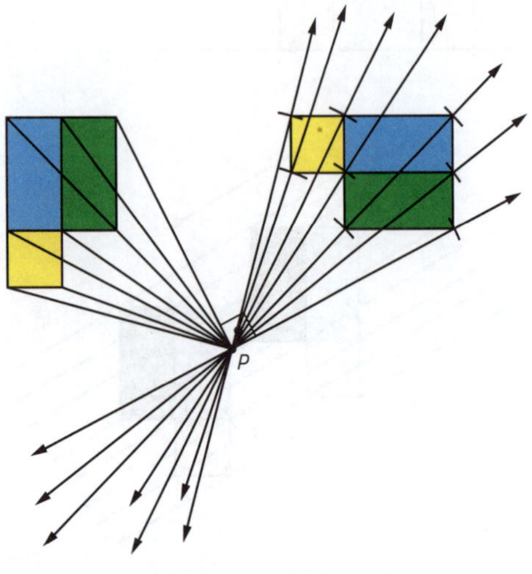

5› a) Retângulo.
b) Quadrado.
c) Paralelogramo.
d) Triângulo.

6› Reflexão em relação à reta *r* ou rotação em relação ao ponto *P*, com ângulo de medida de abertura de 180°.

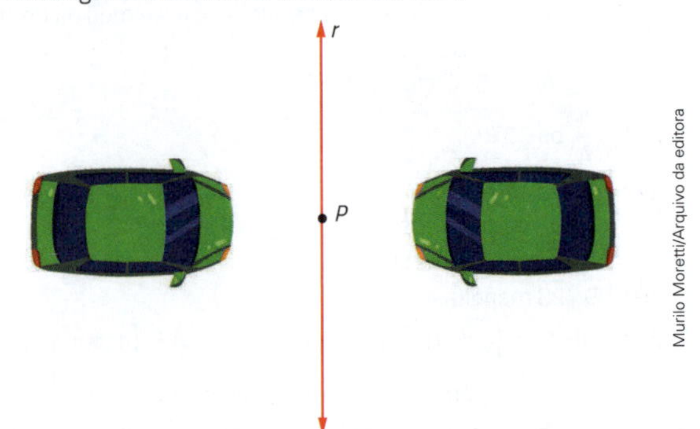

Murilo Moretti/Arquivo da editora

7›

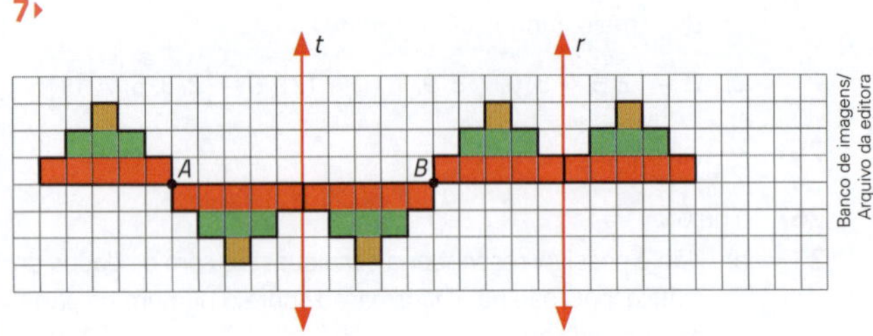

Banco de imagens/Arquivo da editora

8›

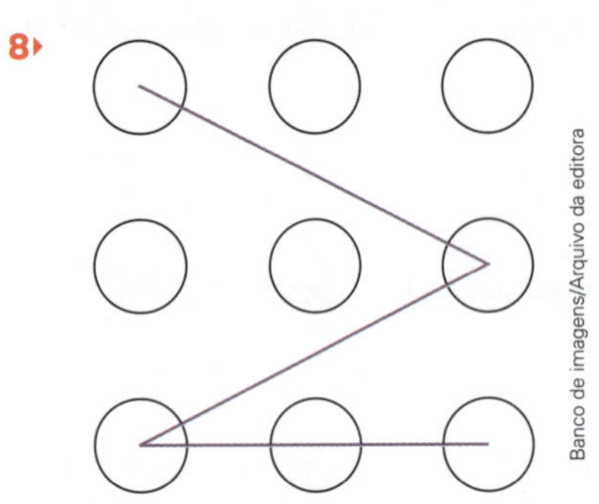

Banco de imagens/Arquivo da editora

9› Reflexão em relação a uma reta; rotação; translação.

Atividades de lógica

1› a) 5 cortes.
b) 4 cortes.
c) 5 cortes.

2› a
3› a
4› c
5› a
6› c
7› b
8› c
9› c
10› a
11› b
12› b
13› a
14› c
15› c
16› b

Luiz Roberto Dante

Livre-docente em Educação Matemática pela Universidade Estadual Paulista "Júlio de Mesquita Filho" (Unesp-SP), *campus* de Rio Claro

Doutor em Psicologia da Educação: Ensino da Matemática pela Pontifícia Universidade Católica de São Paulo (PUC-SP)

Mestre em Matemática pela Universidade de São Paulo (USP)

Licenciado em Matemática pela Unesp-SP, Rio Claro

Pesquisador em Ensino e Aprendizagem da Matemática pela Unesp-SP, Rio Claro

Ex-professor do Ensino Fundamental e do Ensino Médio na rede pública de ensino

Autor de várias obras de Educação Infantil, Ensino Fundamental e Ensino Médio

Fernando Viana

Doutor em Engenharia Mecânica pela Universidade Federal da Paraíba (UFPB)

Mestre em Matemática pela UFPB

Aperfeiçoamento em Docência no Ensino Superior pela Faculdade Brasileira de Ensino, Pesquisa e Extensão (Fabex)

Licenciado em Matemática pela UFPB

Professor efetivo do Instituto Federal de Educação, Ciência e Tecnologia da Paraíba (IFPB)

Professor do Ensino Fundamental, do Ensino Médio e de cursos pré-vestibulares há mais de 20 anos

O nome ***Teláris*** se inspira na forma latina *telarium*, que significa "tecelão", para evocar o entrelaçamento dos saberes na construção do conhecimento.

TELÁRIS

MATEMÁTICA

editora ática

Direção Presidência: Mario Ghio Júnior
Direção de Conteúdo e Operações: Wilson Troque
Direção editorial: Luiz Tonolli e Lidiane Vivaldini Olo
Gestão de projeto editorial: Mirian Senra
Gestão e coordenação de área: Ronaldo Rocha
Edição: Pamela Hellebrekers Seravalli, Marina Muniz Campelo, Carlos Eduardo Marques e Paula Sampaio Meirelles (editores); Sirlaine Cabrine Fernandes e Darlene Fernandes Escribano (assist.)
Planejamento e controle de produção: Patrícia Eiras e Adjane Queiroz
Revisão: Hélia de Jesus Gonsaga (ger.), Kátia Scaff Marques (coord.), Letícia Pieroni (coord.), Rosângela Muricy (coord.), Aline Cristina Vieira, Ana Paula C. Malfa, Arali Gomes, Brenda T. M. Morais, Daniela Lima, Gabriela M. Andrade, Hires Heglan, Kátia S. Lopes Godoi, Luiz Gustavo Bazana, Marília Lima, Patricia Cordeiro, Paula Rubia Baltazar, Rita de Cássia C. Queiroz; Amanda T. Silva e Bárbara de M. Genereze (estagiárias)
Arte: Daniela Amaral (ger.), André Gomes Vitale e Erika Tiemi Yamauchi (coord.), Filipe Dias, Karen Midori Fukunaga, Renato Akira dos Santos e Renato Neves (edição de arte)
Diagramação: Estúdio Anexo e Arte4 Produção editorial
Iconografia e tratamento de imagem: Sílvio Kligin (ger.), Roberto Silva (coord.), Izabela Mariah Rocha e Izabela Roberta Freire (pesquisa iconográfica), Cesar Wolf e Fernanda Crevin (tratamento)
Licenciamento de conteúdos de terceiros: Thiago Fontana (coord.), Flavia Zambon (licenciamento de textos), Erika Ramires, Luciana Pedrosa Bierbauer, Luciana Cardoso Sousa e Claudia Rodrigues (analistas adm.)
Ilustrações: Danillo Souza, Ericson Guilherme Luciano, Estúdio Lab307, Ilustranet, Mauro Souza, Michel Ramalho, Paulo Manzi, Rodrigo Pascoal, Thiago Neumann e Wandson Rocha
Cartografia: Eric Fuzii (coord.), Robson Rosendo da Rocha (edit. arte)
Design: Gláucia Koller (ger.), Adilson Casarotti (proj. gráfico e capa), Erik Taketa (pós-produção), Gustavo Vanini e Tatiane Porusselli (assist. arte)
Foto de capa: Pgiam/E+/Getty Images

Avenida das Nações Unidas, 7221, 3º andar, Setor A
Pinheiros – São Paulo – SP – CEP 05425-902
Tel.: 4003-3061
www.atica.com.br / editora@atica.com.br

Dados Internacionais de Catalogação na Publicação (CIP)

Dante, Luiz Roberto
Teláris matemática 8º ano / Luiz Roberto Dante, Fernando Viana. - 3. ed. - São Paulo : Ática, 2019.

Suplementado pelo manual do professor.
Bibliografia.
ISBN: 978-85-08-19342-4 (aluno)
ISBN: 978-85-08-19343-1 (professor)

1. Matemática (Ensino fundamental). I. Viana, Fernando. II. Título.

2019-0173 CDD: 372.7

Julia do Nascimento - Bibliotecária - CRB - 8/010142

2024
Código da obra CL 742183
CAE 654376 (AL) / 654373 (PR)
3ª edição
1ª impressão
De acordo com a BNCC.

Impressão e acabamento: Bercrom Gráfica e Editora
Código da Op: 251825

Uma publicação

Apresentação

Caro aluno

Bem-vindo a esta nova etapa de estudos e aprendizagens.

Como você já sabe, a Matemática é uma parte importante de sua vida. Ela está presente em todos os lugares e em todas as situações de seu cotidiano: na escola, no lazer, nas brincadeiras, em casa.

Escrevi este livro para você compreender as ideias matemáticas e aplicá-las em seu dia a dia. Estou certo de que fará isso de maneira prazerosa, agradável, participativa e sem aborrecimentos. Sabe por quê? Porque ao longo deste livro você será convidado a pensar, explorar, resolver problemas e desafios, trocar ideias com os colegas, observar ao seu redor, ler sobre a evolução histórica da Matemática, trabalhar em equipe, conhecer curiosidades, brincar, pesquisar, argumentar, redigir e divertir-se.

Gostaria muito de que você aceitasse este convite com entusiasmo e dedicação, participando ativamente de todas as atividades propostas.

Vamos começar?

Um abraço.

O autor

CONHEÇA SEU LIVRO

Ao longo dos capítulos, há várias seções e boxes especiais que vão contribuir para a construção de seus conhecimentos matemáticos.

Abertura do capítulo

Apresenta algumas imagens e um breve texto de introdução que vão prepará-lo para as descobertas que você fará no decorrer do trabalho proposto. Também apresenta algumas questões sobre os assuntos que serão desenvolvidos no capítulo.

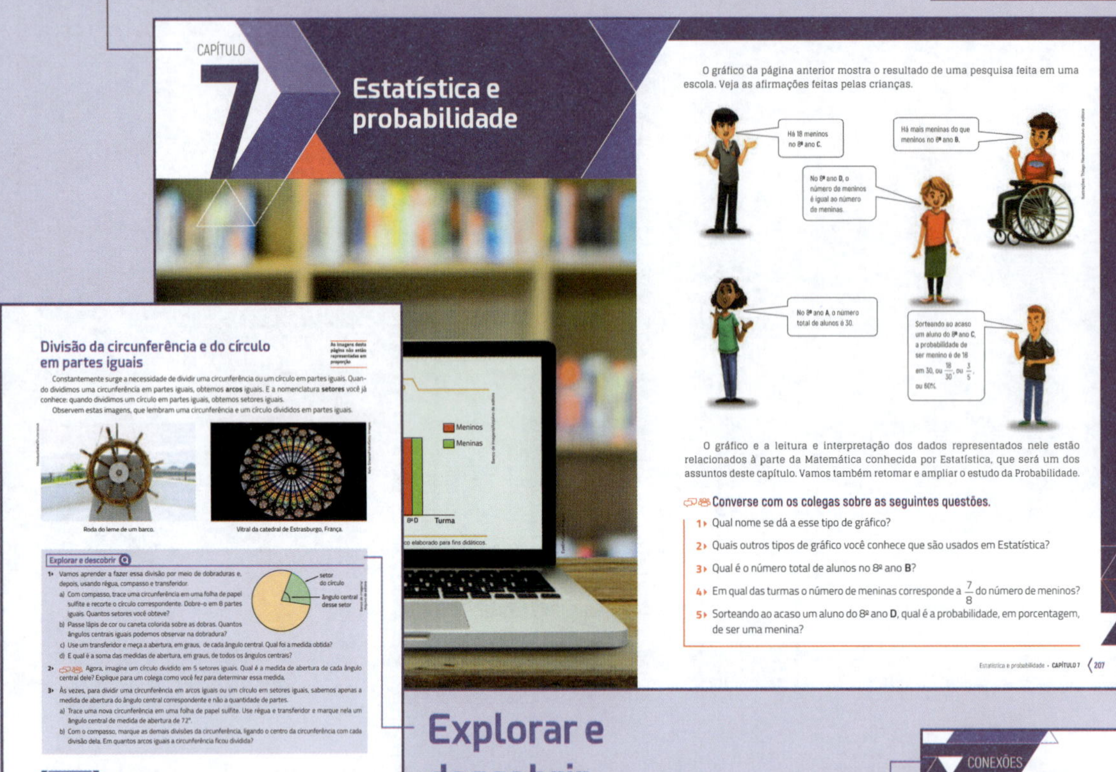

Explorar e descobrir

Atividades de exploração, experimentação, verificação, descobertas e sistematização dos conteúdos apresentados.

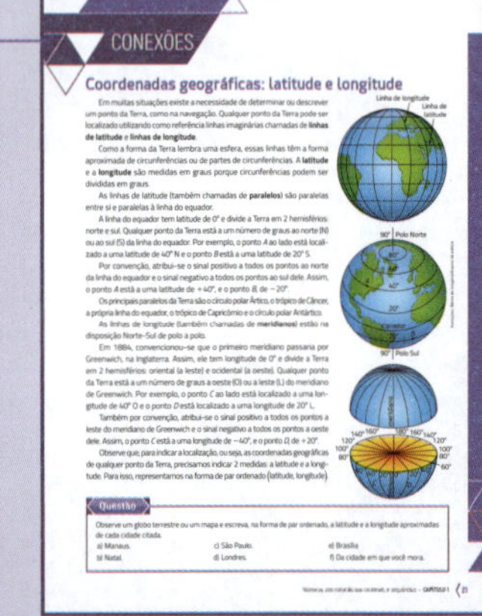

Atividades

Seção que propõe diferentes atividades e situações-problema para você resolver, desenvolvendo os conceitos abordados. Nela, você pode encontrar atividades do tipo **desafio**, que instigam e exigem maior perspicácia na resolução.

Em algumas atividades, há também indicações de cálculo mental, de resolução oral e de conversa em dupla ou em grupo. Outras atividades indicam o uso da calculadora.

Conexões

Textos adicionais e interessantes que complementam e contextualizam a aprendizagem, muitas vezes de modo interdisciplinar, priorizando temas como ética, saúde e meio ambiente. Os textos são acompanhados de questões que evidenciam a Matemática em diferentes contextos.

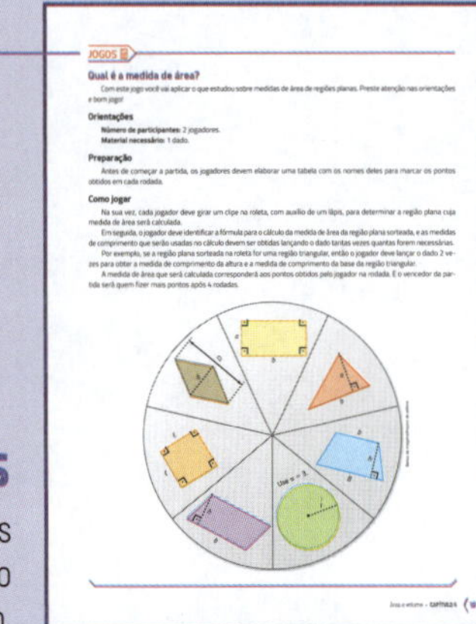

Jogos

Seção de jogos relacionados aos conteúdos que estão sendo estudados no capítulo.

Estudando Matemática, você vai adquirir conhecimentos que vão auxiliá-lo a compreender o mundo à sua volta, estimulando também seu interesse, sua curiosidade, seu espírito investigativo e sua capacidade de resolver problemas. Desse modo, você estará apto, por exemplo, a comprar produtos de modo mais consciente, a ler jornais e revistas de maneira mais crítica, a entender documentos importantes, como contas, boletos e notas fiscais, a interpretar criticamente textos, tabelas e gráficos divulgados pela mídia, entre outras coisas. Assim, você terá uma participação mais ativa e esclarecida na sociedade.

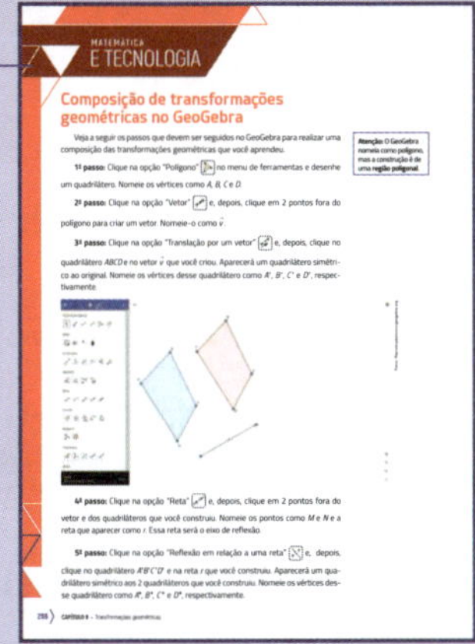

Matemática e tecnologia

Seção de exploração da tecnologia, como o uso de calculadora e de *softwares* livres. As atividades envolvem conteúdos de operações, geometria e estatística.

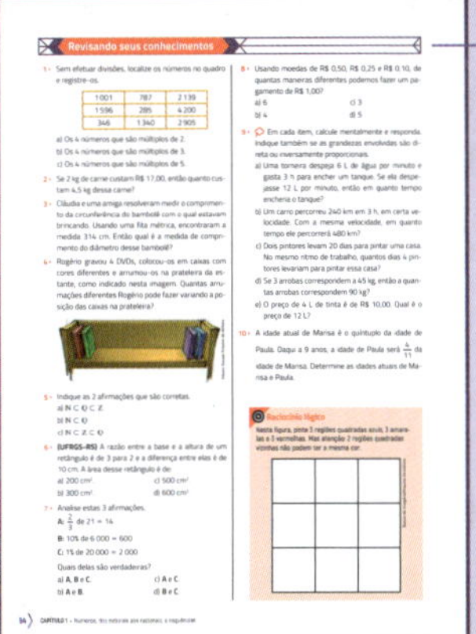

Revisando seus conhecimentos

Atividades, problemas, situações-problema contextualizadas e testes que revisam contínua e cumulativamente os conceitos e os procedimentos fundamentais estudados no capítulo e nos capítulos e anos anteriores.

Para ler, pensar e divertir-se

Textos para leitura, sobre assuntos de interesse matemático, seguidos de atividades desafiadoras e atividades divertidas. É o encerramento de cada capítulo.

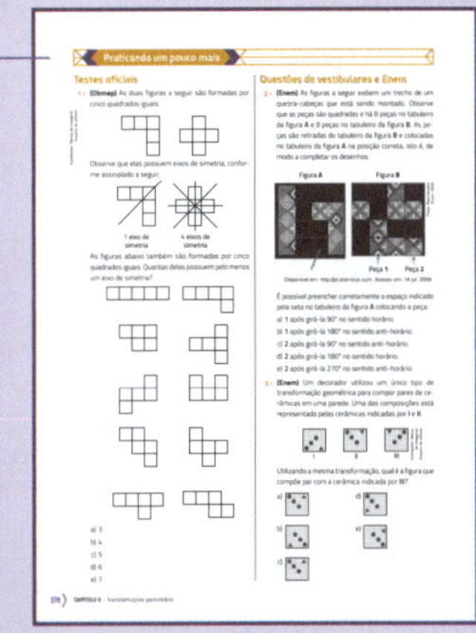

Praticando um pouco mais

Questões de avaliações oficiais sobre os conteúdos que estão sendo estudados.

Verifique o que estudou

Atividades de revisão e verificação de alguns dos conteúdos e temas abordados ao longo do capítulo, seguidas de uma proposta de autoavaliação para você refletir sobre seu processo de aprendizagem e sobre atitudes que tomou em relação aos estudos, ao professor e aos colegas.

Raciocínio lógico

Atividades voltadas para a aplicação de noções de lógica na resolução de problemas.

Bate-papo

Atividades orais para você, os colegas e o professor compartilharem opiniões e conhecimentos.

Saiba mais

Fatos e curiosidades relacionados aos tópicos estudados.

Um pouco de História

Informações e fatos históricos relacionados à Matemática.

Atividade resolvida passo a passo

Atividade com proposta de resolução detalhada e comentada, seguida de uma ampliação.

Glossário

Verbetes e respectivas definições que são relacionados à Matemática e aos conteúdos do volume.

Material complementar

Material com peças e figuras recortáveis para manipulação.

SUMÁRIO

ColorMaker/Shutterstock

Capítulo 3

Capítulo 4

Diego Grandi/Shutterstock

Capítulo 5

Sergio Dotta Jr./Arquivo da editora

Capítulo 6

Capítulo 7

V. S. Anandhakrishna/Shutterstock/Glow Images

Capítulo 8

INTRODUÇÃO

A Matemática está presente no cotidiano, desde em coisas mais simples até em assuntos importantes e complexos, como em Economia e Medicina.

Um bom exemplo dessa presença é a frequência dos remédios que os médicos costumam receitar. Geralmente, eles indicam intervalos de tempo de 4 horas, 6 horas, 8 horas e 12 horas, mas nunca períodos de 5 ou 9 horas. Você sabe o motivo disso?

Basta lembrar que o dia tem 24 horas. Se um remédio fosse receitado para ser tomado de 5 em 5 horas, por exemplo, então a cada dia o horário de tomar o remédio seria diferente! Imagine que a primeira dose fosse à meia-noite (0 h). No primeiro dia, os horários do remédio seriam: 0 h, 5 h, 10 h, 15 h e 20 h. Já no segundo dia, os horários seriam: 1 h, 6 h, 11 h, 16 h e 21 h. E a cada dia o horário mudaria até recomeçar o ciclo.

Contudo, com um período de 6 horas e a primeira dose à 0 h, por exemplo, todos os dias os horários de tomar o remédio seriam: 0 h, 6 h, 12 h, 18 h e 24 h.

A Matemática explica isso! Para que os horários se mantenham os mesmos em todos os dias, é necessário que as medidas de intervalo de tempo usadas como parâmetro para tomar os remédios sejam divisores de 24, ou seja, 1, 2, 3, 4, 6, 8, 12 e 24. O 5, o 7 e o 9 não são divisores de 24.

Gary Alvis/iStockphoto/Getty Images

Cápsulas de remédio e um relógio.
Atenção! Nunca tome remédios sem prescrição médica e sem a presença de um adulto.

Outro exemplo de aplicação da Matemática é uma ferramenta interessante para a análise de eventos cotidianos chamada diagrama de Venn. O matemático inglês John Venn (1834-1923) desenvolveu diagramas, para representar conjuntos de elementos, que facilitam a visualização de conceitos e de propriedades.

Retrato de John Venn.

Vejamos um exemplo. Em uma escola, os alunos podem escolher 1 esporte e 1 atividade cultural para aprender no contraperíodo das aulas. Em uma turma de 30 alunos, 15 deles praticam judô e pintura, enquanto 10 praticam judô e teatro. Dos 30 alunos, 1 pratica apenas judô, 3 praticam apenas pintura e 1 pratica apenas teatro. E todos os alunos praticam ao menos 1 atividade ou 1 esporte.

Perceba que são muitas informações, mas se organizarmos um diagrama como este, fica mais fácil visualizar e compreender a situação.

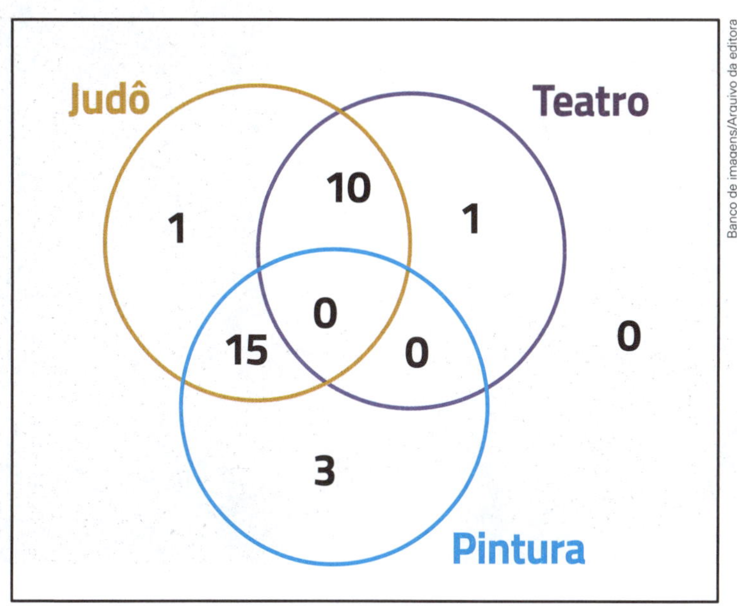

A modelagem matemática é outra ferramenta que utilizamos para resolver problemas do cotidiano. O modelo descrito pela expressão $y = ax$ é o modelo utilizado para resolver todas as questões relacionadas à proporcionalidade direta.

Por exemplo, em um mercado, 1 kg de café é vendido a R$ 20,00. Dessa maneira, podemos calcular o preço do café observando esta tabela.

Preço do café

Medida de massa (em kg)	Preço (em reais)
1	20
2	40
3	60
4	80
5	100

Tabela elaborada para fins didáticos.

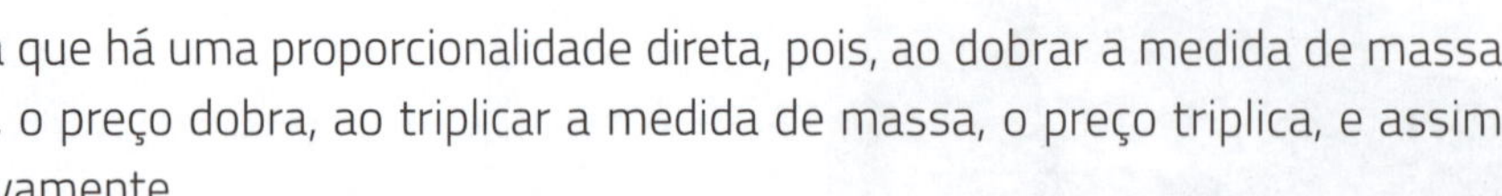

M. Unal Ozmen/Shutterstock

Pacote com 1 kg de café.

Veja que há uma proporcionalidade direta, pois, ao dobrar a medida de massa de café, o preço dobra, ao triplicar a medida de massa, o preço triplica, e assim sucessivamente.

Em uma situação como essa, se quisermos descobrir uma medida de massa de café que não está listada nessa tabela, basta calcular o preço utilizando a expressão $y = ax$, com x sendo a medida de massa e y o preço correspondente.

Podemos calcular o coeficiente de proporcionalidade a pela divisão dos preços pelas respectivas medidas de massa: $a = \frac{20}{1} = \frac{40}{2} = \frac{60}{3} = 20$. Dessa maneira, a expressão para essa situação é: $y = 20x$.

Ao calcular o preço de 0,5 kg de café, temos: $y = 20 \times 0{,}5 \Rightarrow y = 10$. Logo, o preço de 0,5 kg de café é R$ 10,00.

Paulo Fridman/SambaPhoto/Getty Images

Armazenamento de café em sacas em Poços de Caldas (MG).

A Matemática não está presente apenas em situações simples do cotidiano, como vimos até aqui. Ela é uma excelente ferramenta para interpretar dados de Economia por meio da coleta de dados e da construção e interpretação de tabelas e gráficos. A linguagem gráfica é compacta, direta e fornece, simultaneamente, muitas informações importantes.

Veja um exemplo de gráfico de linha mostrando a variação do dólar turismo, em comparação com o real, entre março de 2018 e fevereiro de 2019.

Richard Callis/Fotoarena

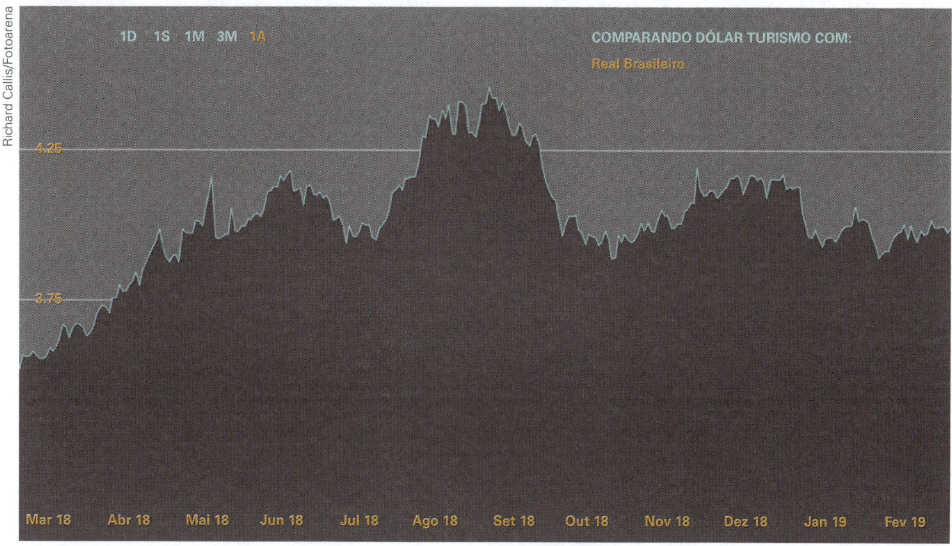

Analisando esse gráfico, podemos saber qual foi a variação do valor do dólar turismo em determinado intervalo de tempo. Esse e outros dados têm muitas implicações em investimentos, viagens, políticas públicas, entre outros.

BackEastCreative/Shutterstock

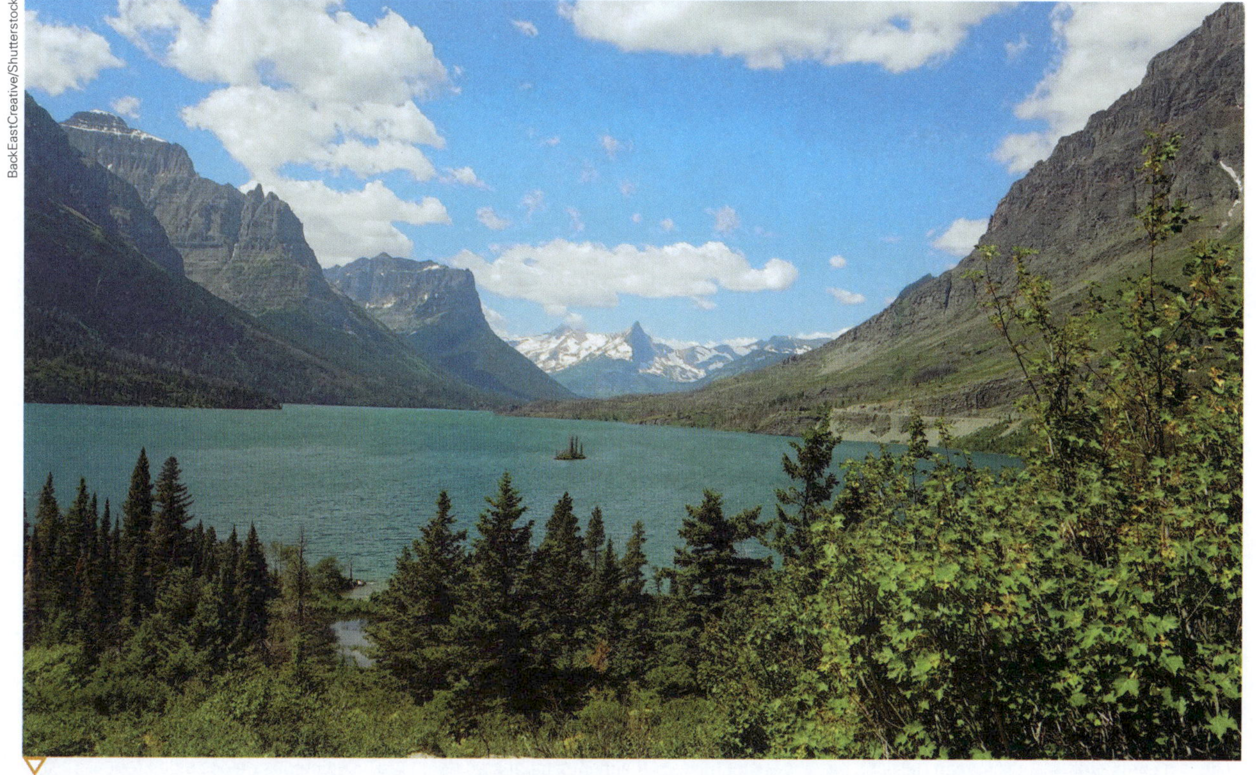

O dólar turismo é muito utilizado por quem viaja para o exterior. Imagem do Parque Nacional Glacier, Montana (EUA). Foto de 2017.

CAPÍTULO

1

Números, dos naturais aos racionais, e sequências

Vostok, na Antártida, é uma estação russa de pesquisas científicas. Atualmente, cientistas da Rússia, dos Estados Unidos e da França desenvolvem, nessa estação, pesquisas sobre o clima e as oscilações magnéticas da Terra. Foto de 2005.

Usamos números em várias situações do dia a dia. Veja alguns exemplos.

Dmitrij Skorobogatov/Shutterstock

1 dia tem 24 horas.

1 hora tem 60 minutos.

1 minuto tem 60 segundos.

A garagem do prédio fica no andar −1.

Thiago Neumann/Arquivo da editora

zoff/Shutterstock

A menor medida de temperatura já registrada na Terra foi de −89,2 °C, na Estação Vostok, na Antártida, em 21 de julho de 1983.

Receita de pão de queijo

Rendimento: 30 porções.

Ingredientes:

- $\frac{1}{2}$ copo de óleo de soja
- 1,5 copo de leite
- 4 ovos
- 0,25 kg de queijo meia-cura
- $\frac{1}{2}$ kg de polvilho doce
- 1 colher (de sobremesa) de sal

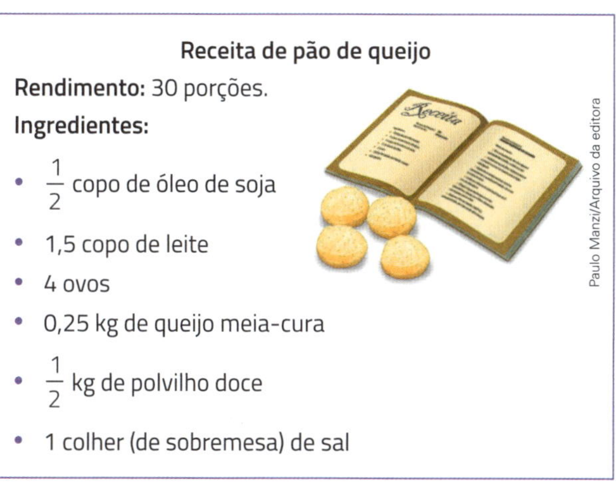

Paulo Manzi/Arquivo da editora

Vaso de azaleia.

R$ 12,00

Aleksandrs Samuilovs/Shutterstock

As imagens desta página não estão representadas em proporção.

Todos os números destas situações são **números racionais**, alguns deles também são números inteiros e, entre estes, alguns são também números naturais. Neste capítulo, vamos retomar e ampliar o estudo desses números.

Analise as questões com os colegas e faça os registros necessários.

1 Nas situações desta página, apareceram as indicações 24 horas, 30 porções e $\frac{1}{2}$ copo. Quais desses números são números naturais? Entre eles, qual indica contagem e qual indica medida?

2 Como podemos escrever o número 0,25 na forma de fração?

3 Onde fica o andar −1 em um prédio?

4 Como podemos escrever o número 1,5 na forma mista?

5 Quais são as temperaturas cuja medida, em graus Celsius, vêm com o sinal − na frente?

1 Conjuntos numéricos

Conjunto dos números naturais ($\mathbb{N}$)

Você já conhece a sequência dos números naturais:

$$(0, 1, 2, 3, 4, 5, 6, 7, 8, 9, \ldots)$$

E você já estudou que o **conjunto dos números naturais** pode ser representado por:

$$\mathbb{N} = \{0, 1, 2, 3, 4, 5, 6, 7, 8, 9, 10, 11, 12, \ldots\}$$

O primeiro elemento desse conjunto é o 0 (zero). O **sucessor** do 0 é o 1, o sucessor do 1 é o 2, e assim por diante.

Podemos representar o sucessor de um número natural qualquer n por $n + 1$. E, como sempre podemos obter o sucessor de um número natural, dizemos que o conjunto dos números naturais é **infinito**. Esse fato é representado pelas reticências (...) no final de uma sequência crescente de números naturais.

Amanhã é meu aniversário de 13 anos! No ano que vem, eu farei 14 anos.

Thiago Neumann/Arquivo da editora

O **antecessor** do 14 é o 13 e o antecessor do 1 000 é o 999.

Na sequência dos números naturais, todo número, com exceção do 0, tem um antecessor.

Bate-papo

O que devemos fazer para determinar o antecessor de um número natural n diferente de 0? Represente o antecessor de n.

Explorar e descobrir

1› Escolha 2 números naturais quaisquer e some-os.
A soma também é um número natural? Repita isso com outros pares de números naturais.

2› Escolha 2 números naturais quaisquer e multiplique-os.
O produto também é um número natural? Repita isso com outros pares de números naturais.

Os matemáticos já provaram que o que ocorreu com os números naturais que você escolheu no *Explorar e descobrir* ocorre sempre.

- A soma de 2 números naturais quaisquer é sempre um número natural.
- O produto de 2 números naturais quaisquer é sempre um número natural.

Mas será que a diferença entre 2 números naturais quaisquer é sempre um número natural? Observe estas subtrações.

- $1 - 2 = -1$
- $123 - 200 = -77$

Os números -1 e -77 **não** são números naturais; eles são **números inteiros negativos**.

Atividades

1 Os números naturais são usados para contar, ordenar, medir ou codificar.

a) Qual é o código de Discagem Direta a Distância (DDD) da cidade onde você mora?

b) A Constituição da República Federativa do Brasil promulgada em 5 de outubro de 1988 tem 250 artigos. Veja o início do artigo 5º: "Todos são iguais perante a lei.".

Nessa informação, qual número natural foi usado para contagem? E qual foi usado para indicar uma ordem?

c) O que indica o prefixo telefônico 0800?

2 **Conexões.** Responda.

a) Quantas unidades de Federação o Brasil tem?

b) As unidades de federação são separadas em regiões. Quantas são essas regiões? Quais são elas?

c) Em qual região você mora? Quantos estados ela tem?

3 Qual é o sucessor do maior número natural formado por 4 algarismos?

4 Qual é o antecessor do menor número natural formado por 5 algarismos?

5 Determine a soma do sucessor de 126 com o antecessor de 235.

6 Dados os números naturais $a = 18$ e $b = 3$, calcule o que se pede.

a) $a + b$ e $b + a$

b) $a - b$ e $b - a$

c) $a \cdot b$ e $b \cdot a$

d) $a : b$ e $b : a$

7 Nos resultados da atividade anterior, quais números não são naturais?

8 Os números naturais também são usados para resolver problemas que envolvem contagem e possibilidades.

a) Ricardo comprou 3 camisas: uma branca, uma azul e uma vermelha. Comprou também 2 bermudas: uma preta e uma cinza. De quantas maneiras diferentes Ricardo pode se vestir com essas peças?

b) Quantos números de 3 algarismos distintos podemos formar com os algarismos 1, 2, 3 e 4?

c) Uma agência de turismo oferece um plano de viagens ao Nordeste do Brasil no qual é possível escolher 2 das 4 capitais disponíveis: Salvador (*S*), Recife (*R*), Maceió (*M*) e Natal (*N*). Quantas e quais são as possibilidades de escolha?

d) Um time de vôlei é formado por 6 jogadores. Antes de iniciar uma partida, cada jogador cumprimentou os demais com um aperto de mão. Qual foi o total de apertos de mão?

e) De quantas maneiras diferentes Mara pode se vestir escolhendo entre 3 saias, 4 blusas e 2 pares de sandálias?

9 Quais são os 2 próximos números naturais de cada sequência?

a) $(3, 6, 9, 12, 15, \ldots)$

b) $(2, 4, 8, 16, 32, \ldots)$

c) $(3, 9, 27, 81, \ldots)$

d) $(2, 2, 4, 6, 10, 16, \ldots)$

10 Ao lançarmos sucessivamente 3 moedas perfeitas, quantas são as possibilidades de resultado?

Lembre-se: Em uma moeda perfeita, honesta ou não viciada, as 2 faces da moeda têm a mesma chance de serem sorteadas.

Cara.

Coroa.

Reprodução/Casa da Moeda do Brasil/ Ministério da Fazenda

11 **Conexões.** A Federação Russa é o maior país do mundo em extensão territorial. De acordo com o IBGE, a medida de área aproximada dela é dada por um número natural seguido da unidade de medida de área: 17 078 240 km².

Fonte de consulta: IBGE. *Países*. Disponível em: <https://paises.ibge.gov.br/#/pt/pais/federacao-russa/info/sintese>. Acesso em: 24 set. 2018.

TTstudio/Alamy/Fotoarena

O edifício histórico do Teatro Bolshoi é um dos principais pontos turísticos e símbolos da Federação Russa. Localizado na capital Moscou, é sede da Companhia de Balé Bolshoi, uma das melhores escolas de balé do mundo. Foto de 2018.

a) Como se lê esse número?

b) Qual é o valor posicional do algarismo 8?

c) Qual é o sucessor desse número?

d) Qual é o arredondamento desse número para a unidade de milhão mais próxima?

CONEXÕES

Aritmética do relógio ou aritmética modular

Um relógio analógico, aquele com ponteiros no mostrador, pode estar "escondendo" uma aritmética surpreendente chamada de **aritmética do relógio** ou de **aritmética modular**.

Esse tipo de aritmética tem grande aplicação para criar códigos de barras, criar a numeração de CPFs e CNPJs e, principalmente, na criptografia, para se estabelecerem códigos secretos.

Aritmética módulo 12

Consideremos os números naturais dispostos em uma reta numerada.

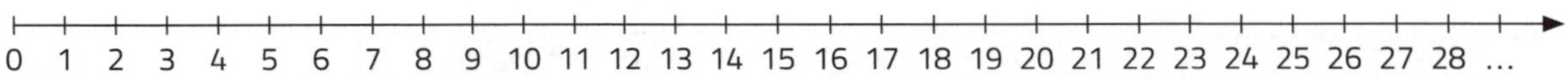

Imagine que vamos "enrolar" essa reta numerada formando uma circunferência, de modo que o número 12 coincida com o 0, o número 13 com o 1, o número 14 com o 2 e, assim por diante. Obteremos uma circunferência como a da figura ao lado.

0, 12, 24, ...
1, 13, 25, ...
2, 14, 26, ...
3, 15, 27, ...
4, 16, 28, ...
5, 17, 29, ...
6, 18, 30, ...
7, 19, 31, ...
8, 20, 32, ...
9, 21, 33, ...
10, 22, 34, ...
11, 23, 35, ...

Ilustrações: Banco de imagens/Arquivo da editora

Podemos escrever a relação entre os números.

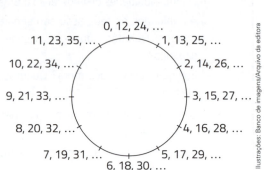

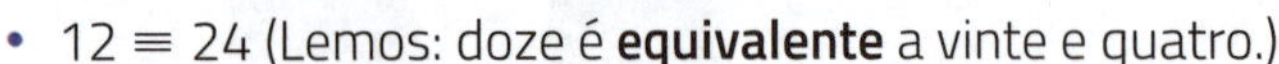

- $12 \equiv 24$ (Lemos: doze é **equivalente** a vinte e quatro.)
- $0 \equiv 12 \equiv 24 \equiv \ldots$, pois todos esses números são equivalentes no sentido de que, quando divididos por 12, deixam **resto 0**. É a **classe do 0**.

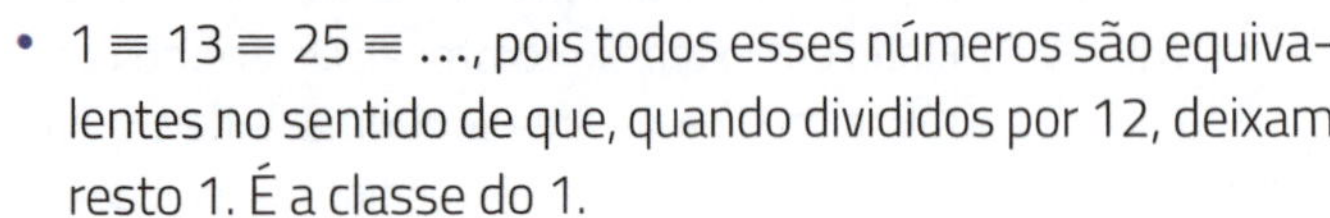

- $1 \equiv 13 \equiv 25 \equiv \ldots$, pois todos esses números são equivalentes no sentido de que, quando divididos por 12, deixam resto 1. É a classe do 1.
- $2 \equiv 14 \equiv 26 \equiv \ldots$
- $3 \equiv 15 \equiv 27 \equiv \ldots$

  ⋮
- $11 \equiv 23 \equiv 35 \equiv \ldots$, pois todos esses números são equivalentes no sentido de que, quando divididos por 12, deixam resto 11. É a classe do 11.

Essa nova aritmética é **finita**, pois trabalha somente com 12 números naturais: 0, 1, 2, 3, 4, 5, 6, 7, 8, 9, 10 e 11. Por isso ela também pode ser chamada de **aritmética módulo 12**.

Assim, podemos escrever:

$0 \equiv 12 \pmod{12}$

$1 \equiv 13 \pmod{12}$

$2 \equiv 14 \pmod{12}$

$3 \equiv 15 \pmod{12}$

$4 \equiv 16 \pmod{12}$

⋮

$11 \equiv 23 \pmod{12}$

> E como essa aritmética módulo 12 se relaciona com o relógio? Pense que dizemos 1 hora da tarde ou 13 horas e temos que $1 \equiv 13 \pmod{12}$. Também dizemos 2 horas da tarde ou 14 horas, 11 horas da noite ou 23 horas, e assim por diante.

Nessa aritmética, para saber em qual classe determinado número natural se encontra, basta dividi-lo por 12 e verificar o resto. Por exemplo, o número 135 está na classe do 3, porque $135 \div 12 = 11$ e resto 3.

Operações na aritmética módulo 12

Na aritmética módulo 12, os termos das operações devem ser exclusivamente elementos do conjunto $\{0, 1, 2, 3, 4, 5, 6, 7, 8, 9, 10, 11\}$ e o resultado deverá ser transformado em um elemento também desse conjunto.

Veja alguns exemplos para a adição e a multiplicação.

- $5 + 9 = 14$
  Temos $14 \div 12 = 1$ e resto 2, ou seja, $14 \equiv 2 \pmod{12}$.
  Assim, $5 + 9 = 2 \pmod{12}$.
- $11 + 10 = 21$
  Temos $21 \div 12 = 1$ e resto 9, ou seja, $21 \equiv 9 \pmod{12}$.
  Assim, $11 + 10 = 9 \pmod{12}$.
- $7 \times 8 = 56$
  Temos $56 \div 12 = 4$ e resto 8, ou seja, $56 \equiv 8 \pmod{12}$.
  Assim, $7 \times 8 = 8 \pmod{12}$.
- $9 \times 11 = 99$
  Temos $99 \div 12 = 8$ e resto 3, ou seja, $99 \equiv 3 \pmod{12}$.
  Assim, $9 \times 11 = 3 \pmod{12}$.

Questões

1 › Quando um relógio digital indica 15 horas, um relógio analógico indica 3 horas (da tarde), porque $15 \div 12 = 1$ e o resto é 3, ou seja, $15 \equiv 3 \pmod{12}$.

Korvit/Shutterstock

Korvit/Dmitrij Skorobogatov/Shutterstock

Considere um relógio digital marcando os horários indicados nos itens. Qual horário um relógio analógico indicará em cada caso?

a) 16 horas. b) 19 horas. c) 23 horas.

2 › Se é noite e um relógio analógico está marcando 8 horas, então qual horário um relógio digital está marcando?

3 › Efetue as adições e multiplicações na aritmética $\pmod{12}$.

a) $4 + 5 + 11$
b) $2 \times 5 \times 9$
c) $7 + 3 + 9$
d) $3 \times 4 \times 7$

4 › Na aritmética módulo 5, dividimos o número por 5 e tomamos o resto. Por exemplo, $12 \equiv 2 \pmod{5}$ porque $12 \div 5 = 2$ e resto 2. Assim, por exemplo, $3 \times 4 = 2 \pmod{5}$.

Observe esta tabela com alguns resultados de multiplicações na aritmética módulo 5 e complete-a.

Multiplicações na aritmética módulo 5

×	0	1	2	3	4
0				0	
1		1			
2				1	
3					2
4	0			2	1

Tabela elaborada para fins didáticos.

5 › Use a tabela da atividade anterior e complete as sentenças.

a) $2 \times \_\_ = 3 \pmod{5}$
b) $3 \times \_\_ = 2 \pmod{5}$
c) $\_\_ \times 4 = 1 \pmod{5}$
d) $\_\_ \times 1 = 4 \pmod{5}$

6 › **(Obmep)** *A*, *B*, *C*, *D*, *E*, *F*, *G* e *H* são fios de apoio que uma aranha usa para construir sua teia, conforme mostra a figura a seguir. A aranha continua seu trabalho. Sobre qual fio de apoio estará o número 118?

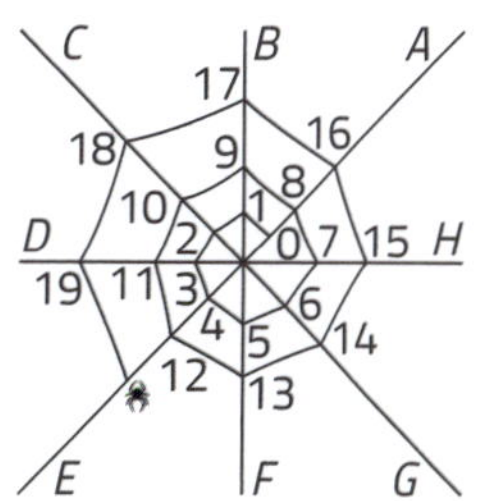

Reprodução/Obmep

Conjunto dos números inteiros ($\mathbb{Z}$)

Muitas cidades da região Sul do Brasil são conhecidas pelo clima frio. Um exemplo é a cidade de Urupema (SC), onde foi registrada a medida de temperatura de 3 °C abaixo de zero no início de junho de 2018.

Essa temperatura pode ser indicada assim:

$$-3\ °C$$

O número -3 é um **número inteiro negativo**.

Fonte de consulta: UOL NOTÍCIAS. *Ciência e saúde*. Disponível em: <https://noticias.uol.com.br/meio-ambiente/ultimas-noticias/redacao/2018/06/08/a-duas-semanas-do-inverno-sul-ja-tem-temperatura-negativa-e-geada.htm>. Acesso em: 5 jul. 2018.

Lembre-se de que, reunindo os números naturais com os números inteiros negativos, obtemos o **conjunto dos números inteiros**, que representamos por $\mathbb{Z}$.

$$\mathbb{Z} = \{..., -3, -2, -1, 0, 1, 2, 3, ...\} \text{ ou } \mathbb{Z} = \{..., -3, -2, -1, 0, +1, +2, +3, ...\}$$

Com os números inteiros, podemos efetuar subtrações que eram impossíveis somente com números naturais. Observe alguns exemplos.

Thiago Neumann/Arquivo da editora

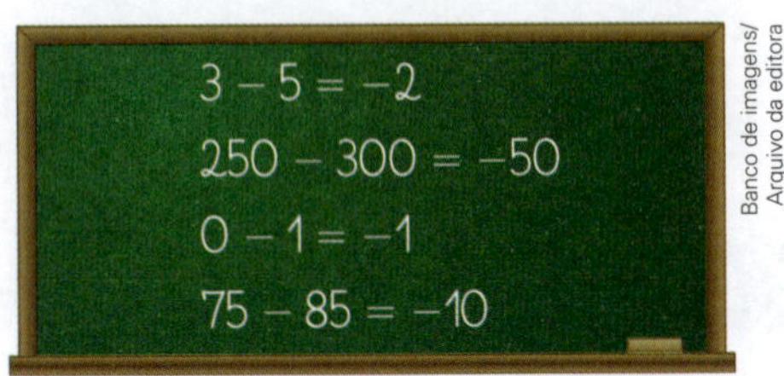

Banco de imagens/Arquivo da editora

Como $\mathbb{N} = \{0, 1, 2, 3, 4, 5, 6, ...\}$, podemos observar que $\mathbb{N}$ é um **subconjunto** de $\mathbb{Z}$, ou seja, $\mathbb{N} \subset \mathbb{Z}$ ($\mathbb{N}$ **está contido** em $\mathbb{Z}$). Veja essa relação no diagrama.

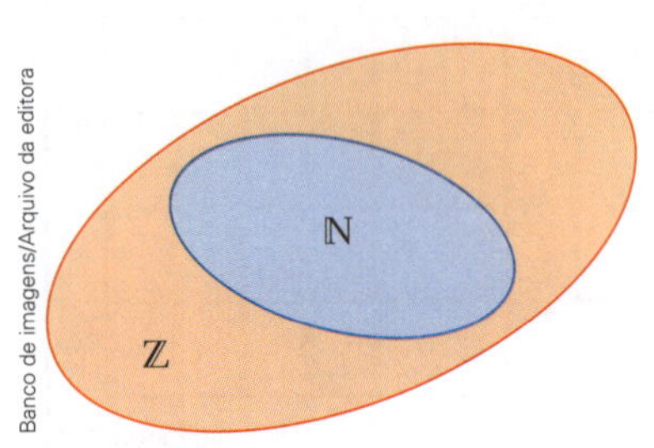

Banco de imagens/Arquivo da editora

Para indicar que o número -3 é um **elemento** do conjunto dos números inteiros ($\mathbb{Z}$), escrevemos:

$$-3 \in \mathbb{Z}$$

(Lemos: -3 **pertence** ao conjunto dos números inteiros.)

Para indicar que o número -3 não é um elemento do conjunto dos números naturais ($\mathbb{N}$), escrevemos:

$$-3 \notin \mathbb{N}$$

(Lemos: -3 **não pertence** ao conjunto dos números naturais.)

Atividades

12 Indique com números inteiros as medidas de temperatura dadas.

a) 28 graus Celsius acima de zero.

b) 5 graus Celsius abaixo de zero.

c) 6 graus Celsius positivos.

d) 2 graus Celsius negativos.

13 Complete os itens com $\in$ (pertence) ou $\notin$ (não pertence).

a) -28 ____ $\mathbb{N}$

b) 0 ____ $\mathbb{N}$

c) 0 ____ $\mathbb{Z}$

d) $\frac{2}{5}$ ____ $\mathbb{Z}$

e) -1000 ____ $\mathbb{Z}$

f) 1 205 378 ____ $\mathbb{N}$

g) 0,444... ____ $\mathbb{Z}$

h) $2\frac{4}{5}$ ____ $\mathbb{N}$

14 Observe que, se $x \in \mathbb{N}$ e $x > 5$, então podemos representar os possíveis valores de x pelo conjunto $\{6, 7, 8, 9, ...\}$.

Do mesmo modo, se $y \in \mathbb{Z}$ e $y < 2$, então temos o conjunto $\{..., -3, -2, -1, 0, 1\}$.

Represente o conjunto formado pelos possíveis valores de x em cada item.

a) $x \in \mathbb{N}$ e $x < 3$.

b) $x \in \mathbb{Z}$ e $x \geqslant -2$.

c) $x \in \mathbb{N}$ e $x < 0$.

d) $x \in \mathbb{Z}$ e $x < 0$.

CONEXÕES

Coordenadas geográficas: latitude e longitude

Em muitas situações existe a necessidade de determinar ou descrever um ponto da Terra, como na navegação. Qualquer ponto da Terra pode ser localizado utilizando como referência linhas imaginárias chamadas de **linhas de latitude** e **linhas de longitude**.

Como a forma da Terra lembra uma esfera, essas linhas têm a forma aproximada de circunferências ou de partes de circunferências. A **latitude** e a **longitude** são medidas em graus porque circunferências podem ser divididas em graus.

As linhas de latitude (também chamadas de **paralelos**) são paralelas entre si e paralelas à linha do equador.

A linha do equador tem latitude de 0° e divide a Terra em 2 hemisférios: norte e sul. Qualquer ponto da Terra está a um número de graus ao norte (N) ou ao sul (S) da linha do equador. Por exemplo, o ponto *A* ao lado está localizado a uma latitude de 40° N e o ponto *B* está a uma latitude de 20° S.

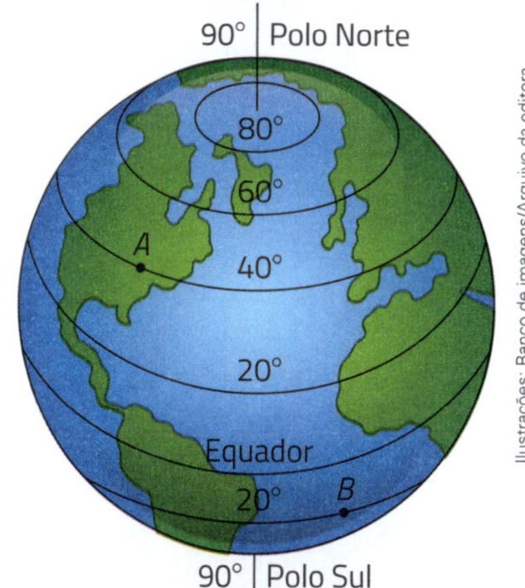

Ilustrações: Banco de imagens/Arquivo da editora

Por convenção, atribui-se o sinal positivo a todos os pontos ao norte da linha do equador e o sinal negativo a todos os pontos ao sul dele. Assim, o ponto *A* está a uma latitude de +40°, e o ponto *B*, de −20°.

Os principais paralelos da Terra são o círculo polar Ártico, o trópico de Câncer, a própria linha do equador, o trópico de Capricórnio e o círculo polar Antártico.

As linhas de longitude (também chamadas de **meridianos**) estão na disposição Norte-Sul de polo a polo.

Em 1884, convencionou-se que o primeiro meridiano passaria por Greenwich, na Inglaterra. Assim, ele tem longitude de 0° e divide a Terra em 2 hemisférios: oriental (a leste) e ocidental (a oeste). Qualquer ponto da Terra está a um número de graus a oeste (O) ou a leste (L) do meridiano de Greenwich. Por exemplo, o ponto *C* ao lado está localizado a uma longitude de 40° O e o ponto *D* está localizado a uma longitude de 20° L.

Também por convenção, atribui-se o sinal positivo a todos os pontos a leste do meridiano de Greenwich e o sinal negativo a todos os pontos a oeste dele. Assim, o ponto *C* está a uma longitude de −40°, e o ponto *D*, de +20°.

Observe que, para indicar a localização, ou seja, as coordenadas geográficas de qualquer ponto da Terra, precisamos indicar 2 medidas: a latitude e a longitude. Para isso, representamos na forma de par ordenado (latitude, longitude).

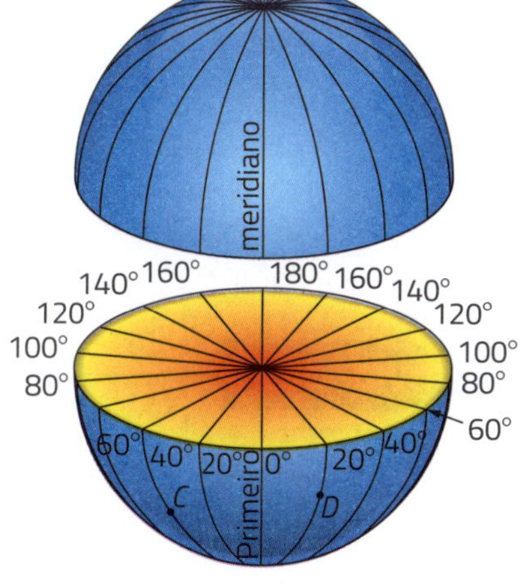

Questão

Observe um globo terrestre ou um mapa e escreva, na forma de par ordenado, a latitude e a longitude aproximadas de cada cidade citada.

a) Manaus.
b) Natal.
c) São Paulo.
d) Londres.
e) Brasília
f) Da cidade em que você mora.

Conjunto dos números racionais ($\mathbb{Q}$)

Lembre-se de que os **números racionais** são aqueles que podem ser obtidos da **divisão de 2 números inteiros**, com o divisor diferente de 0 (zero). Veja alguns exemplos.

- $-\frac{3}{5} = \frac{-3}{5}$ ou $-\frac{3}{5} = (-3) : 5$
- $0,\overline{6} = \frac{6}{9} = \frac{2}{3}$ ou $0,\overline{6} = 2 : 3$

Lembre-se: $0,\overline{6}$ é o mesmo que 0,666...

- $3,25 = 3\frac{25}{100} = 3\frac{1}{4} = \frac{13}{4}$ ou $3,25 = 13 : 4$
- $5 = \frac{10}{2}$ ou $5 = 10 : 2$
- $0 = \frac{0}{5}$ ou $0 = 0 : 5$
- $0,1 = \frac{1}{10}$ ou $0,1 = 1 : 10$

O conjunto $\mathbb{Q}$ dos números racionais é formado por todos os números que podem ser escritos na forma de fração, com numerador e denominador inteiros e com denominador diferente de 0, ou seja:

$$\mathbb{Q} = \left\{\frac{a}{b}, \text{ com } a \text{ e } b \text{ números inteiros e } b \neq 0\right\}$$

A letra **Q** usada para representar o conjunto dos números racionais vem de **Q**uociente.

Observações

- O denominador b deve ser diferente de 0 porque não existe divisão por 0.
- Com os números racionais podemos efetuar divisões que eram impossíveis somente com os números inteiros. Veja os exemplos.

  $2 : 5 = \frac{2}{5}$ ou $2 : 5 = 0,4$

  $17 : 9 = \frac{17}{9} = 1\frac{8}{9}$ ou $17 : 9 = 1,\overline{8}$
- Todo número inteiro é um número racional. Veja os exemplos.

  $5 = \frac{5}{1} = \frac{10}{2} = \frac{15}{3}$ $\quad -2 = \frac{-2}{1} = \frac{-4}{2} = \frac{-6}{3}$ $\quad 0 = \frac{0}{1} = \frac{0}{2} = \frac{0}{3}$

Atividades

15 Observe estes números.

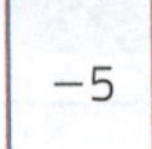

-5 $\quad \frac{1}{2}$ $\quad \frac{-3}{4}$ $\quad 1,5$

a) Quais desses números são números inteiros?

b) Quais são racionais?

c) Quais são racionais não inteiros?

d) Quais são naturais?

e) Qual está entre 0 e 1?

16 Escreva os números indicados.

a) Os números naturais entre 11 e 15.

b) Os números inteiros de -2 a 2.

c) Três números racionais entre -1 e 3.

d) Um número inteiro não natural.

e) Um número racional não inteiro.

17 Escreva um exemplo para cada item, quando existir.

a) Um número inteiro que não é natural.

b) Um número racional que não é inteiro.

c) Um número natural que não é inteiro.

18 Verifique se cada afirmação é verdadeira (V) ou falsa (F).

a) Todo número natural é inteiro.

b) Todo número racional é inteiro.

c) Todo número inteiro é racional.

d) Todo número natural é racional.

19 Complete o diagrama ao lado com as letras dos conjuntos numéricos $\mathbb{N}$, $\mathbb{Z}$ e $\mathbb{Q}$, de maneira adequada. Depois, registre os números a seguir nos locais corretos do diagrama.

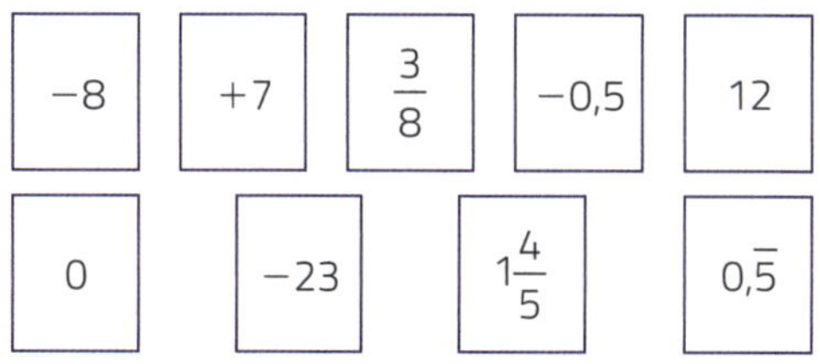

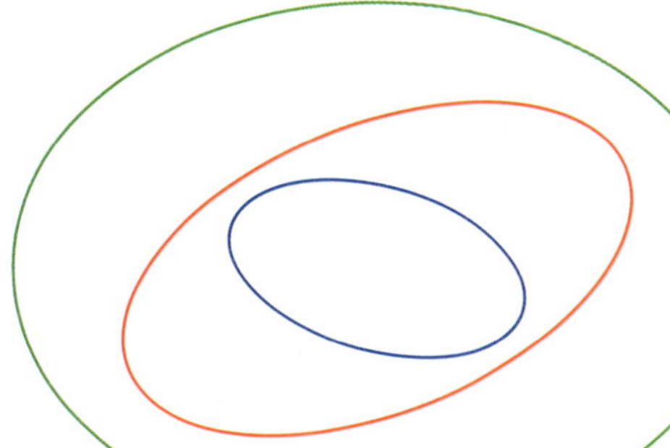

Banco de imagens/Arquivo da editora

20 A equação $x + 5 = 3$ não tem solução em $\mathbb{N}$, pois não existe número natural que somado a 5 resulte em 3. Em $\mathbb{Z}$, porém, essa equação tem solução: $x = -2$, pois $-2 + 5 = 3$.

Determine as soluções das equações dadas, quando existirem.

a) $x^2 = 9$, em $\mathbb{N}$.

b) $x^2 = 9$, em $\mathbb{Z}$.

c) $3x = 2$, em $\mathbb{Z}$.

d) $3x = 2$, em $\mathbb{Q}$.

e) $2x = 6$, em $\mathbb{N}$.

f) $2x = 9$, em $\mathbb{N}$.

21 **Conexões. Avaliação de medida de massa.** Os índices IMC (índice de massa corporal) e IAC (índice de adiposidade corporal) são utilizados frequentemente para avaliar a medida de massa de uma pessoa. Para calcular o IMC de uma pessoa, a partir dos 19 anos, usamos esta fórmula:

$$\text{IMC} = \frac{\text{medida de massa}}{(\text{medida de comprimento da altura})^2}$$

(medida de massa em quilogramas e medida de comprimento da altura em metros)

Em seguida, interpretamos o valor obtido de acordo com os dados desta tabela.

Interpretação do IMC

IMC	Menor do que 18,5	De 18,5 a 24,9	De 25 a 29,9	De 30 a 40	Maior do que 40,0
Classificação	Magreza	Normal	Sobrepeso	Obesidade	Obesidade grave

Fonte de consulta: SOCIEDADE BRASILEIRA DE ENDOCRINOLOGIA E METABOLOGIA. *Teste seu IMC*. Disponível em: <www.endocrino.org.br/teste-seu-imc/>. Acesso em: 5 jul. 2018.

Tomemos como exemplo uma pessoa com medida de massa de 70 kg e medida de comprimento da altura de 1,64 m. Temos:

$$\text{IMC} = \frac{70}{(1{,}64)^2} = \frac{70}{2{,}6896} \simeq 26{,}03$$

Consultando a tabela, podemos concluir que essa pessoa tem sobrepeso.

Considerando as informações dadas, resolva as questões.

a) Qual é a classificação de IMC de uma pessoa que tem medida de comprimento da altura de 1,70 m e medida de massa de 70 kg?

b) Pesquise as medidas de comprimento da altura e de massa de adultos que morem com você, calcule o IMC deles e veja qual é a classificação de cada índice obtido.

c) Uma pessoa tem 1,80 m de medida de comprimento da altura. Qual deve ser a medida de massa dela para que o IMC seja igual a 20?

Atividade resolvida passo a passo

(Obmep) Na expressão $\frac{a}{b} + \frac{c}{d} = \frac{29}{30}$, as letras *a*, *b*, *c* e *d* representam números inteiros de 1 a 9. Qual é o valor de $a + b + c + d$?

a) 14 b) 16 c) 19 d) 21 e) 23

Lendo e compreendendo

A pergunta desta atividade envolve a soma de 2 frações cujo resultado é uma fração irredutível. Ser irredutível é uma informação muito importante para a resolução da atividade.

Planejando a solução

Devemos começar verificando se, ao calcular o mmc de *b* e *d*, é possível determinar esses valores e, a partir deles, efetuar a soma das 2 frações. Após isso, devemos comparar o numerador da fração obtida com o numerador da fração $\frac{29}{30}$ para determinar os valores de *a* e *c*. Por fim, calculamos a soma dos 4 valores.

Executando o que foi planejado

Como o resultado da adição das frações é uma fração irredutível, devemos entender que $\text{mmc}(b, d) = 30$, o que nos levaria a concluir que $b = 5$ e $d = 6$ ou $b = 6$ e $d = 5$, pois são os únicos números entre 1 e 9 que têm produto igual a 30.

Para $b = 5$ e $d = 6$, obtemos:

$$\frac{a}{b} + \frac{c}{d} = \frac{29}{30} \Rightarrow \frac{6a + 5c}{30} = \frac{29}{30} \Rightarrow 6a + 5c = 29$$

Considerando essa equação, podemos atribuir valores de 1 a 9 para *a* e verificar se obtemos um valor para *c*, tal que $6a + 5c = 29$.

a	1	2	3	4	5	6	...	9
c	$c = \frac{23}{5}$	$c = \frac{17}{5}$	$c = \frac{2}{5}$	1	?	?	...	?

Para $a = 4$, temos $c = 1$, que é um número inteiro entre 1 e 9. Para qualquer valor de *a* maior ou igual a 5, obteremos valores negativos para *c*, o que não condiz com o enunciado da atividade.

Assim, temos $a = 4$ e $b = 5$, $c = 1$ e $d = 6$ e, por fim:

$$a + b + c + d = 4 + 5 + 1 + 6 = 16$$

No caso de $b = 6$ e $d = 5$, chegaríamos ao mesmo resultado.

Verificando

Substituímos os valores de *a*, *b*, *c* e *d*, efetuamos a adição das frações e verificamos se o resultado é $\frac{29}{30}$.

$$\frac{4}{5} + \frac{1}{6} = \frac{24 + 5}{30} = \frac{29}{30}$$

Emitindo a resposta

A resposta correta é a alternativa **b**.

Ampliando a atividade

Por que a equação $2x + 4y = 13$ **não** apresenta solução para *x* e *y* inteiros?

Solução

Porque se *x* e *y* são números inteiros, então $2x$ e $4y$ são números pares e a soma de 2 números pares sempre resulta em um número par. Então, a soma $2x + 4y$ só pode resultar em um número par e nunca poderia ser igual a 13, que é um número ímpar.

Os números racionais e as dízimas periódicas

Toda **dízima periódica** é um número racional, pois pode ser transformada em uma fração. Essa fração é chamada de **fração geratriz,** pois ela **gera**, **dá origem** à dízima periódica.

Observe a dízima 0,123321456789... Como ela não é periódica (não há parte que se repete), não é possível transformá-la em uma fração. Esse tipo de número, que você estudará no livro do 9º ano, **não** pertence ao conjunto dos números racionais.

Algumas dízimas periódicas são **simples**, pois o período (parte que se repete) aparece logo depois da vírgula. Por exemplo, 0,333...; 3,262626... e $0,\overline{248}$ são dízimas periódicas simples.
Existem também as dízimas periódicas **compostas**, em que, após a vírgula, há uma parte não periódica e, depois, a parte periódica. Por exemplo, 0,36222...; 1,5919191... e $0,34\overline{25}$.

Thiago Neumann/ Arquivo da editora

Para transformar uma dízima periódica em uma fração, ou seja, para determinar a fração geratriz de uma dízima periódica, podemos usar equações.

Veja como isso é possível acompanhando, inicialmente, os exemplos para as dízimas periódicas simples.

Dízima periódica simples: 0,7777... = ?

$$x = 0{,}7777\ldots$$
$$10x = 7{,}7777\ldots$$
$$10x = 7 + \underbrace{0{,}7777\ldots}_{x}$$
$$10x = 7 + x$$
$$10x - x = 7$$
$$9x = 7$$
$$x = \frac{7}{9}$$

Dízima periódica simples: 0,353535... = ?

$$x = 0{,}353535\ldots$$
$$100x = 35{,}353535\ldots$$
$$100x = 35 + \underbrace{0{,}353535\ldots}_{x}$$
$$100x = 35 + x$$
$$100x - x = 35$$
$$99x = 35$$
$$x = \frac{35}{99}$$

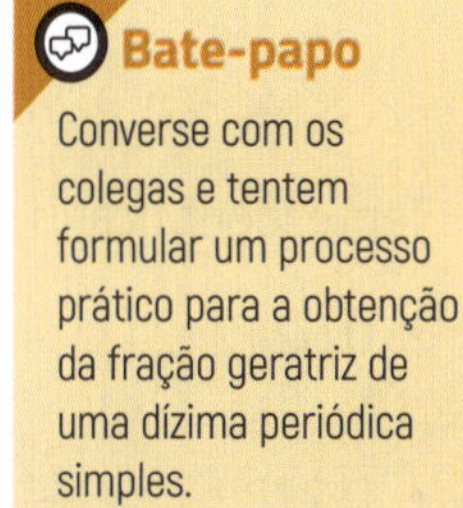

Bate-papo

Converse com os colegas e tentem formular um processo prático para a obtenção da fração geratriz de uma dízima periódica simples.

Os exemplos sugerem que, para obter a fração geratriz de uma dízima periódica simples, podemos usar um processo prático.

Escrever no numerador o número formado pela parte periódica e, no denominador, o número formado por tantos algarismos 9 quantos forem os algarismos do numerador (ou seja, da parte periódica).

De fato, para a dízima periódica 0,353535..., temos:

Processo prático: $0{,}\underbrace{35}3535\ldots = \frac{35}{99}$

35 ← período

99 ← dois algarismos 9

período com 2 algarismos

Veja outros exemplos para dízimas periódicas simples.

- $0,666... = \frac{6}{9} = \frac{2}{3}$
- $1,444... = 1 + \frac{4}{9} = 1\frac{4}{9} = \frac{13}{9}$
- $0,\overline{376} = \frac{376}{999}$
- $0,181818... = \frac{18}{99} = \frac{2}{11}$

Agora, acompanhe os exemplos de como determinar a fração geratriz de dízimas periódicas compostas.

Dízima periódica composta: 0,25555... = ?

$$x = 0,25555...$$
$$10x = 2,5555...$$
$$10x = 2 + \underbrace{0,5555...}_{\frac{5}{9}}$$
$$10x = 2 + \frac{5}{9}$$
$$90x = 18 + 5$$
$$90x = 23$$
$$x = \frac{23}{90}$$

Dízima periódica composta: 0,25444... = ?

$$x = 0,25444...$$
$$100x = 25,444...$$
$$100x = 25 + \underbrace{0,444...}_{\frac{4}{9}}$$
$$100x = 25 + \frac{4}{9}$$
$$900x = 225 + 4$$
$$900x = 229$$
$$x = \frac{229}{900}$$

Bate-papo

Converse com os colegas e tentem formular um processo prático para a obtenção da fração geratriz de uma dízima periódica composta.

Pelos exemplos, também podemos determinar um processo prático para obter a fração geratriz de uma dízima periódica composta. Observe para a dízima periódica 0,25444...

Processo prático: $0,25444... = \frac{254 - 25}{900} = \frac{229}{900}$

- 25: parte não periódica
- 4: período
- 9 (em 900): tantos 9 quantos forem os algarismos do período
- 00 (em 900): tantos zeros quantos forem os algarismos da parte não periódica

Tente identificar o processo prático em mais estes exemplos de dízimas periódicas compostas.

- $0,5212121... = \frac{521 - 5}{990} = \frac{516}{990}$
- $0,7222... = \frac{72 - 7}{90} = \frac{65}{90}$
- $0,25\overline{37} = \frac{2\,537 - 25}{9\,900} = \frac{2\,512}{9\,900}$

Atividade

22 Transforme cada dízima periódica em fração irredutível.

a) 0,151515...

b) $0,\overline{287}$

c) 0,777...

d) 0,2414141...

e) $0,32\overline{63}$

f) 0,185222...

g) 1,111...

h) 0,0111...

i) 2,1222...

j) $5,54\overline{6}$

Os números racionais na reta numerada

Fixando um ponto de origem para o 0 (zero), uma unidade para o 1 e um sentido para ser o positivo, podemos localizar na reta numerada qualquer número racional.

Veja a localização dos números racionais $\frac{2}{3}$; $-1\frac{1}{2}$; 3,25; $-2,6$ e $2,\overline{3}$ e dos números racionais e inteiros -4, -3, -2, -1, 0, 1, 2, 3, 4 e 5.

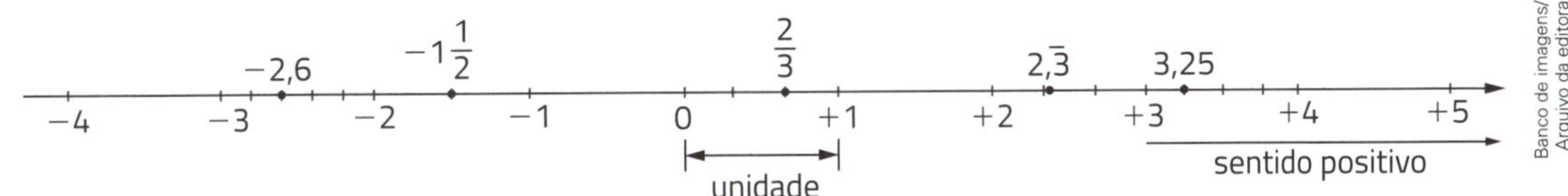

Banco de imagens/Arquivo da editora

A fração $\frac{2}{3}$ fica entre 0 e +1: dividimos esse intervalo em 3 partes iguais e tomamos 2 partes de 0 para 1.

O número $-1\frac{1}{2}$ fica entre -2 e -1: dividimos esse intervalo em 2 partes iguais e tomamos 1 parte de -1 para -2.

> O ponto que representa o número $-1\frac{1}{2}$ é chamado de **ponto médio** do intervalo entre -2 e -1, pois divide esse intervalo em 2 partes iguais, ou seja, divide o segmento de reta em 2 partes de mesma medida de comprimento.

O número racional $3,25 = 3\frac{25}{100} = 3\frac{1}{4}$ fica entre +3 e +4: dividimos esse intervalo em 4 partes iguais e tomamos 1 parte de +3 para +4.

O número $-2,6 = -2\frac{3}{5}$ fica entre -3 e -2: dividimos esse intervalo em 5 partes iguais e tomamos 3 partes de -2 para -3.

A dízima periódica $2,333... = 2\frac{3}{9} = 2\frac{1}{3}$ fica entre +2 e +3: dividimos esse intervalo em 3 partes iguais e tomamos 1 parte de +2 para +3.

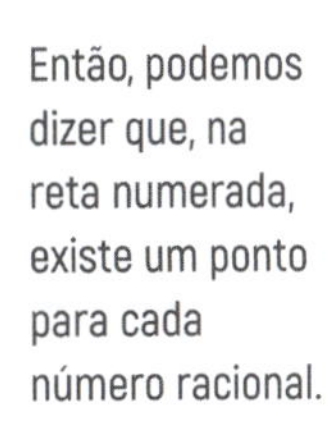

Então, podemos dizer que, na reta numerada, existe um ponto para cada número racional.

Ilustrações: Thiago Neumann/Arquivo da editora

Mas nem todo ponto da reta numerada corresponde a um número racional, pois o conjunto $\mathbb{Q}$ não "cobre" toda a reta. Há pontos da reta numerada que não correspondem a nenhum número racional, como se houvessem "buracos" a serem preenchidos com outro tipo de número, que não é racional. Estudaremos isso mais adiante.

Densidade do conjunto dos números racionais

Lembre-se de que, entre 2 números naturais, nem sempre há outro número natural. Por exemplo, entre os números naturais 3 e 5 há outro número natural (4), mas entre quaisquer 2 números naturais consecutivos (3 e 4, por exemplo) não há outro número natural.

Com os números inteiros, ocorre o mesmo. Entre 2 números inteiros nem sempre há outro número inteiro. Por exemplo, entre -1 e -2 não há outro número inteiro. Observe esta reta numerada com números inteiros.

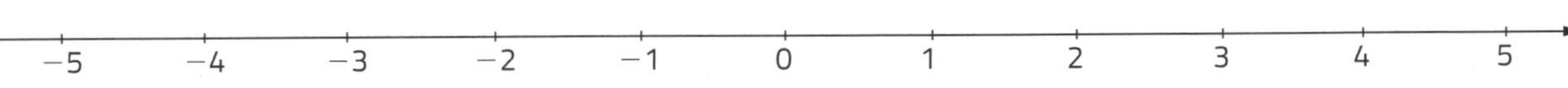

Banco de imagens/Arquivo da editora

Agora, veja o que ocorre com os números racionais.

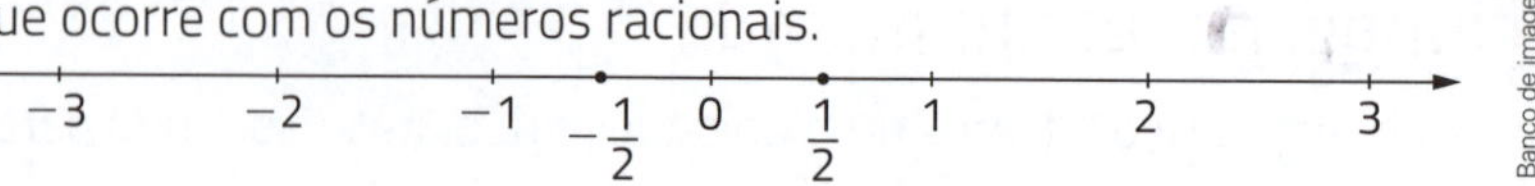

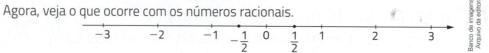

Entre 2 números racionais podemos encontrar muitos outros números racionais. Por exemplo, entre 0 e 1 existem os números racionais $\frac{1}{2}$; $\frac{3}{4} = 0{,}75$; $\frac{3}{5} = 0{,}6$; e muitos outros. Do mesmo modo, entre 0 e −1, existem os números racionais $-\frac{1}{2}$; $-\frac{3}{4} = -0{,}75$; $-\frac{3}{5} = -0{,}6$; e muitos outros. Então, podemos afirmar:

Entre 2 números racionais diferentes, **sempre** existe outro número racional.

Essa propriedade, que os matemáticos já provaram, é chamada **densidade dos números racionais**. Dizemos, por isso, que o conjunto $\mathbb{Q}$ dos números racionais é **denso**.

Agora, dados 2 números racionais, como podemos determinar outro número racional que está entre eles? Considere, por exemplo, os números racionais $\frac{3}{5}$ e $\frac{3}{4}$.

- **1ª maneira:** Escrevemos as frações equivalentes a $\frac{3}{5}$ e $\frac{3}{4}$ com denominadores iguais. Por exemplo, $\frac{3}{5} = \frac{12}{20}$ e $\frac{3}{4} = \frac{15}{20}$.

  Então, escolhemos um número racional que está entre $\frac{12}{20}$ e $\frac{15}{20}$, como o número $\frac{14}{20}$. Assim, $\frac{12}{20} < \frac{14}{20} < \frac{15}{20}$ ou $\frac{3}{5} < \frac{14}{20} < \frac{3}{4}$.

Bate-papo

Qual outra fração poderia ser escolhida entre $\frac{12}{20}$ e $\frac{15}{20}$?

- **2ª maneira:** Determinamos a média aritmética de $\frac{3}{5}$ e $\frac{3}{4}$.

$$\frac{\frac{3}{5}+\frac{3}{4}}{2} = \frac{\frac{12}{20}+\frac{15}{20}}{2} = \frac{\frac{27}{20}}{2} = \frac{27}{20} \div 2 = \frac{27}{20} \cdot \frac{1}{2} = \frac{27}{40}$$

  Assim, $\frac{27}{40}$ está entre $\frac{3}{5}$ e $\frac{3}{4}$, ou seja, $\frac{3}{5} < \frac{27}{40} < \frac{3}{4}$.

- **3ª maneira:** Transformamos as frações $\frac{3}{5}$ e $\frac{3}{4}$ para a forma decimal.

$$\frac{3^{\times 20}}{5_{\times 20}} = \frac{60}{100} = 0{,}60 \quad \text{e} \quad \frac{3^{\times 25}}{4_{\times 25}} = \frac{75}{100} = 0{,}75$$

  Então, escolhemos um número racional que está entre 0,60 e 0,75, como os decimais 0,65; 0,7; 0,71; 0,7222... Assim, por exemplo, $\frac{3}{5} < 0{,}65 < \frac{3}{4}$.

Atividades

23 Trace uma reta numerada, estabeleça o sentido positivo, o ponto de origem para o 0 e a unidade. Em seguida, localize os números inteiros de −3 a +3 e, depois, localize aproximadamente os pontos correspondentes aos números racionais dados.

$1\frac{1}{2}$	$-2{,}\overline{3}$	$\frac{4}{5}$	$-0{,}75$	$\frac{8}{3}$	$-1\frac{4}{5}$

24 Escreva pelo menos 2 números racionais que estejam entre cada par de números dados.

a) $\frac{1}{2}$ e $\frac{3}{4}$.

b) 1 000,01 e 1 000,1.

c) 1,6 e $1\frac{5}{8}$.

25 Associe cada número racional dado à letra correspondente, marcada na reta numerada.

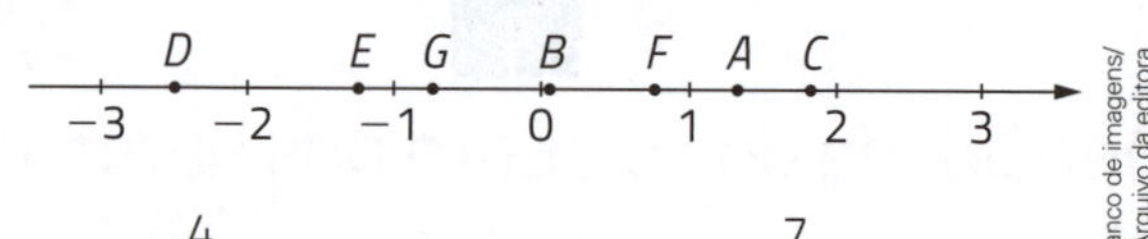

- $1\frac{4}{5}$
- $\frac{4}{3}$
- −2,5
- $0{,}\overline{18}$
- $-\frac{7}{10}$
- 0,7
- $-1\frac{1}{4}$

2 Potenciação

Potenciação com expoente natural

Vamos recordar a potenciação com base e expoente naturais. Leia a situação a seguir.

Inspirada na famosa lenda do jogo de xadrez, de Malba Tahan, Marina decidiu colocar grãos de arroz em um tabuleiro de xadrez: 1 grão na primeira casa e, em cada casa seguinte, o dobro de grãos da anterior.

Assim, nas casas do tabuleiro ela terá 1 grão, 2 grãos, $2 \cdot 2$ grãos, $2 \cdot 2 \cdot 2$ grãos, e assim por diante. Na décima primeira casa ela terá $2 \cdot 2 \cdot 2 \cdot 2 \cdot 2 \cdot 2 \cdot 2 \cdot 2 \cdot 2 \cdot 2$, ou seja, 2^{10} grãos.

$$2 \cdot 2 \cdot 2 \cdot 2 \cdot 2 \cdot 2 \cdot 2 \cdot 2 \cdot 2 \cdot 2 = 2^{10}$$

2^{10} (lemos: dois elevado a dez ou dois elevado à décima potência) é uma potência de base 2 e expoente 10.

Veja outro exemplo de potenciação com base e expoente natural.

$$5^3 = 5 \cdot 5 \cdot 5 = 125$$

Base: 5
Expoente: 3
Potência: 5^3
Potenciação: $5^3 = 125$

Agora vamos ampliar o estudo da potenciação e calcular o valor de potências de **base racional** e expoente natural. Veja os exemplos.

- $(-3)^4 = (-3) \cdot (-3) \cdot (-3) \cdot (-3) = +81$
- $(-0{,}1)^3 = (-0{,}1) \cdot (-0{,}1) \cdot (-0{,}1) = -0{,}001$
- $\left(-\frac{1}{3}\right)^2 = \left(-\frac{1}{3}\right) \cdot \left(-\frac{1}{3}\right) = +\frac{1}{9}$
- $\left(+\frac{1}{5}\right)^0 = 1$
- $(-0{,}9)^1 = -0{,}9$
- $(-0{,}5)^0 = 1$
- $-\left(\frac{2}{3}\right)^2 = -\left(\frac{2}{3} \cdot \frac{2}{3}\right) = -\frac{4}{9}$
- $-(0{,}5)^0 = -1$

Atividades

26 Calcule o valor de cada potência.

a) $\left(-\frac{3}{5}\right)^2$

b) $\left(+\frac{1}{2}\right)^5$

c) $\left(-1\frac{1}{2}\right)^3$

d) $(-3{,}5)^2$

e) $\left(+\frac{1}{3}\right)^0$

f) $(-1{,}5)^1$

27 Indique a potenciação em cada caso.

Lembre-se de que, para indicar a potenciação, você deve escrever a base, o expoente e o valor da potência (resultado).

a) $-\frac{1}{2}$ elevado à quarta potência.

b) $+0{,}3$ elevado ao quadrado.

c) -10 elevado ao cubo.

d) Base $-1\frac{1}{2}$ e expoente 3.

e) -2 na base e $+4$ no expoente.

f) $+\frac{3}{4}$ na base e 0 no expoente.

g) $-1{,}01$ elevado ao quadrado.

28 Calcule o valor de cada expressão.

a) $\left(-\frac{1}{2}\right)^2 + (-1)^4$

b) $(-2)^3 \cdot (-2)^3$

c) $\left(-1\frac{1}{2}\right) \cdot (-1)^5$

d) $\left(-\frac{1}{2}\right)^2 \cdot \left(+\frac{3}{2}\right) - \left(+\frac{2}{3}\right)^3 : \left(-\frac{1}{27}\right)$

e) $(0{,}1)^2 : (-2) + (1{,}5) \cdot (-0{,}1)^2$

29 Compare os resultados de cada par de operações.

a) $(-2) \cdot (-3)$ e $(-3)^2$.

b) $-4 + 9$ e $\left(+4\frac{2}{3}\right)^1$.

c) $\left(-\frac{1}{2}\right)^3$ e $\left(-\frac{3}{8}\right) + \left(+\frac{1}{4}\right)$.

d) $(-5)^2$ e $(-2)^5$.

Propriedades da potenciação com expoente natural

Produto de potências de mesma base

O professor de Moacir e Juliana propôs uma questão a eles.

Escrevam um produto de potências de mesma base, com expoentes naturais, em uma única potência.
Thiago Neumann/ Arquivo da editora

Moacir escolheu o produto $6^2 \cdot 6^3$ e fez assim:

$$6^2 \cdot 6^3 = \underbrace{\overbrace{6 \cdot 6}^{\text{2 fatores}} \cdot \overbrace{6 \cdot 6 \cdot 6}^{\text{3 fatores}}}_{\text{5 fatores}} = 6^5$$

Logo, $6^2 \cdot 6^3 = 6^{2+3} = 6^5$.

Juliana escolheu o produto $2^3 \cdot 2^4$ e fez assim:

$$2^3 \cdot 2^4 = 8 \cdot 16 = 128 = 2^7$$

128	2	
64	2	
32	2	
16	2	2^7
8	2	
4	2	
2	2	
1		

Bate-papo

E você, como faria? Qual estratégia escolheria: a de Moacir ou a de Juliana?

Logo, $2^3 \cdot 2^4 = 2^{3+4} = 2^7$.

Veja outros exemplos.

- $3^3 \cdot 3^3 = 3 \cdot 3 \cdot 3 \cdot 3 \cdot 3 \cdot 3 = 3^6 = 3^{3+3}$
  ou $3^3 \cdot 3^3 = 27 \cdot 27 = 729 = 3^6 = 3^{3+3}$
- $5^4 \cdot 5^1 = 5 \cdot 5 \cdot 5 \cdot 5 \cdot 5 = 5^5 = 5^{4+1}$
  ou $5^4 \cdot 5^1 = 625 \cdot 5 = 3\,125 = 5^5 = 5^{4+1}$
- $(0{,}1)^2 \cdot (0{,}1)^1 = 0{,}1 \cdot 0{,}1 \cdot 0{,}1 = (0{,}1)^3 = (0{,}1)^{2+1}$
  ou $(0{,}1)^2 \cdot (0{,}1)^1 = 0{,}01 \cdot 0{,}1 = 0{,}001 = (0{,}1)^3 =$
  $= (0{,}1)^{2+1}$

Explorar e descobrir

Use o processo que quiser e escreva cada produto de potências de mesma base usando uma única potência.

a) $2^3 \cdot 2^5$

b) $3^2 \cdot 3^4$

c) $2^2 \cdot 2^3 \cdot 2^4$

d) $10^2 \cdot 10^3 \cdot 10$

e) $7 \cdot 7^4$

f) $a^5 \cdot a^5$, sendo a um número racional.

O que acabamos de ver é uma **propriedade** da potenciação de expoente natural, pois acontece sempre.

Um **produto de 2 ou mais potências de mesma base**, diferente de 0, pode ser reduzido a uma única potência **conservando-se a base e somando-se os expoentes**.

$$a^m \cdot a^n = a^{m+n},$$

com a base a sendo um número racional, diferente de 0, e os expoentes m e n sendo números naturais.

Atividades

30 Constate a propriedade para o produto $7^5 \cdot 7^3$. Registre suas conclusões.

31 Use a propriedade e escreva cada produto como uma única potência.

a) $10^5 \cdot 10^9$

b) $(-2)^3 \cdot (-2)^2$

c) $\left(\frac{1}{2}\right)^2 \cdot \left(\frac{1}{2}\right)^3 \cdot \frac{1}{2}$

d) O dobro de 2^{10}.

e) $(1{,}5)^2 \cdot (1{,}5)^4$

f) $\left(-\frac{3}{4}\right)^2 \cdot \left(-\frac{3}{4}\right)^3 \cdot \left(-\frac{3}{4}\right)^4$

Quociente de potências de mesma base

Veja agora a questão proposta pela professora e a preocupação de André.

Como podemos calcular o valor de $17^9 \div 17^7$?
Ilustrações: Thiago Neumann/ Arquivo da editora

Nossa, essa realmente é difícil! Será que vou ter que calcular o valor de 17^9, depois o valor de 17^7 e, por fim, efetuar a divisão dos resultados? Vai dar um trabalhão!

Existe uma maneira simples e rápida de fazer esse cálculo.

$$17^9 \div 17^7 = \frac{17^9}{17^7} = \frac{\cancel{17} \cdot \cancel{17} \cdot \cancel{17} \cdot \cancel{17} \cdot \cancel{17} \cdot \cancel{17} \cdot \cancel{17} \cdot 17 \cdot 17}{\cancel{17} \cdot \cancel{17} \cdot \cancel{17} \cdot \cancel{17} \cdot \cancel{17} \cdot \cancel{17} \cdot \cancel{17}} = 17 \cdot 17 = 289$$

Simplificamos essa fração dividindo o numerador e o denominador por 17. Fazemos isso 7 vezes.

Observe que $17^9 \div 17^7 = 17^{9-7} = 17^2$.

Os matemáticos já provaram que sempre ocorre o que foi mostrado acima. Então, podemos escrever uma nova propriedade.

Um **quociente de 2 potências de mesma base**, diferente de 0, pode ser reduzido a uma única potência **conservando-se a base e subtraindo-se os expoentes, na ordem em que aparecem**.

$$a^m \div a^n = a^{m-n},$$

com a base a sendo um número racional, diferente de 0, e os expoentes m e n sendo números naturais.

Saiba mais

Justificando por que $a^0 = 1$, para $a \neq 0$

Podemos usar essa propriedade da potenciação para justificar que $a^0 = 1$, com a base a sendo racional e $a \neq 0$.

Se a é um número racional diferente de 0 e n é um número natural, então:

$$a^n : a^n = a^{n-n} = a^0 \qquad \text{(I)}$$

Mas, como todo número racional diferente de 0 dividido por ele mesmo resulta em 1, podemos escrever:

$$a^n : a^n = 1 \qquad \text{(II)}$$

Comparando as igualdades I e II, concluímos que:

$$a^0 = 1, \text{ para } a \neq 0.$$

Atividades

32 › Constate essa propriedade para o quociente $8^6 \div 8^2$. Registre suas conclusões.

33 › Use a propriedade e escreva cada quociente como uma única potência e calcule o valor dela.

a) $3^7 : 3^5$

b) $(-1)^8 : (-1)^6$

c) $\left(\frac{2}{3}\right)^4 : \left(\frac{2}{3}\right)$

d) Metade de 2^{10}.

e) $(-2{,}5)^5 : (-2{,}5)^2$

f) $a^9 \div a^8$, com a racional não nulo.

g) $1^8 \div 1^2$

h) Terça parte de 3^8.

Potência de potência

Veja mais uma questão proposta pela professora.
A solução dada por Aninha foi esta.

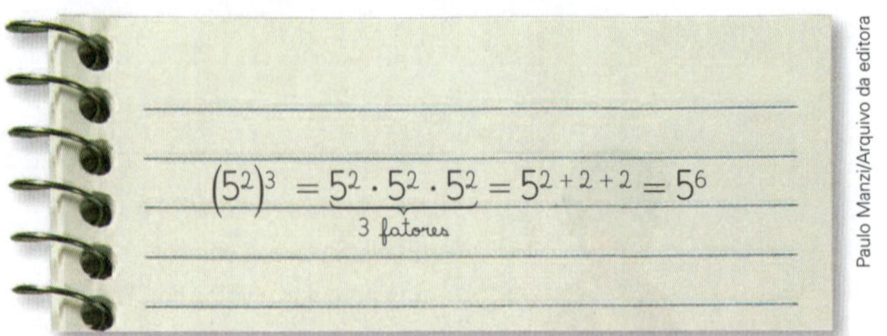

$(5^2)^3 = \underbrace{5^2 \cdot 5^2 \cdot 5^2}_{3 \text{ fatores}} = 5^{2+2+2} = 5^6$

Paulo Manzi/Arquivo da editora

Como podemos escrever a expressão $(5^2)^3$ com uma única potência?

Thiago Neumann/Arquivo da editora

As imagens desta página não estão representadas em proporção.

Dizemos que a expressão $(5^2)^3$ é uma **potência de potência**.

Caio decidiu testar a estratégia de Aninha com outros 2 exemplos.

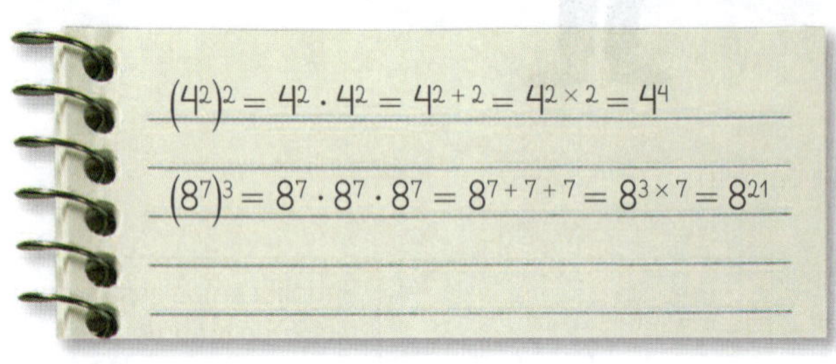

$(4^2)^2 = 4^2 \cdot 4^2 = 4^{2+2} = 4^{2 \times 2} = 4^4$
$(8^7)^3 = 8^7 \cdot 8^7 \cdot 8^7 = 8^{7+7+7} = 8^{3 \times 7} = 8^{21}$

Paulo Manzi/Arquivo da editora

A ideia de Aninha é boa. Mas será que não basta multiplicar os expoentes?
$(5^2)^3 = 5^{3 \times 2} = 5^6$

Thiago Neumann/Arquivo da editora

Observe outros exemplos.

- $(7^5)^2 = 7^5 \cdot 7^5 = 7^{5+5} = 7^{10}$ ou $(7^5)^2 = 7^{2 \times 5} = 7^{10}$
- $[(1,1)^3]^4 = (1,1)^3 \cdot (1,1)^3 \cdot (1,1)^3 \cdot (1,1)^3 = (1,1)^{3+3+3+3} = (1,1)^{12}$ ou $[(1,1)^3]^4 = (1,1)^{4 \times 3} = (1,1)^{12}$

Explorar e descobrir

Teste você também escrevendo cada potência de potência com uma única potência. Escolha o método que achar melhor.

a) $(6^4)^5$ b) $(12^3)^2$ c) $(3^5)^5$ d) $\left[\left(\frac{1}{2}\right)^4\right]^6$

Podemos enunciar mais uma propriedade da potenciação.

Uma **potência de potência**, com base diferente de 0, pode ser reduzida a uma única potência **conservando-se a base da primeira e multiplicando-se os expoentes**.

$$(a^m)^n = a^{n \cdot m} = a^{m \cdot n},$$

com a base a sendo um número racional, diferente de 0, e os expoentes m e n sendo números naturais.

Note que $(2^4)^3 \neq 2^{4^3}$, pois $(2^4)^3 = 2^4 \cdot 2^4 \cdot 2^4 = 2^{12}$ e $2^{4^3} = 2^{4 \times 4 \times 4} = 2^{64}$.

Atividades

34 Constate essa propriedade reduzindo a potência de potência $[(-5)^3]^2$ a uma única potência de base -5.

35 **Desafio.** Reduza cada expressão a uma única potência de base 2.

a) $\dfrac{2^7 \cdot 2 \cdot 2^4}{2^6 \cdot 2^3}$ b) $(8 \times 2)^5$

Produto de potências de mesmo expoente

A professora propôs mais uma questão.

Veja a solução de Ângela, que usou as propriedades comutativa e associativa da multiplicação.

É possível escrever o produto de potências $3^2 \cdot 5^2$ usando uma única potência?

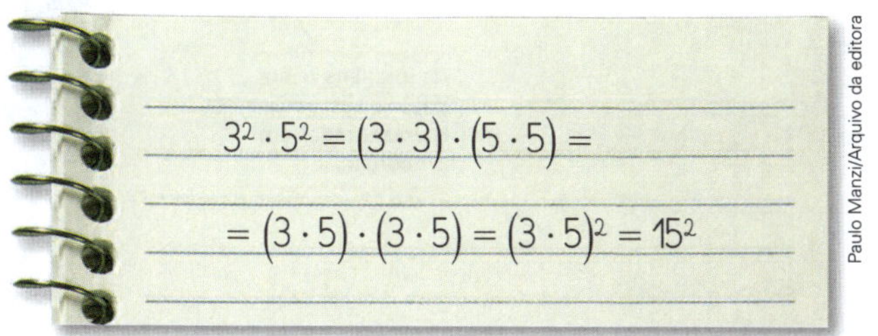

$3^2 \cdot 5^2 = (3 \cdot 3) \cdot (5 \cdot 5) =$
$= (3 \cdot 5) \cdot (3 \cdot 5) = (3 \cdot 5)^2 = 15^2$

Paulo Manzi/Arquivo da editora

Thiago Neumann/Arquivo da editora

Rodrigo gostou da ideia de Ângela, mas achou que poderia simplificá-la.

Veja como ele pensou.

Será que não basta multiplicar as bases e conservar o expoente?
$3^2 \cdot 5^2 = (3 \cdot 5)^2 = 15^2$

Thiago Neumann/Arquivo da editora

As imagens desta página não estão representadas em proporção.

Examine outros exemplos.

- $3^4 \cdot 2^4 = (3 \cdot 3 \cdot 3 \cdot 3) \cdot (2 \cdot 2 \cdot 2 \cdot 2) = (3 \cdot 2) \cdot (3 \cdot 2) \cdot (3 \cdot 2) \cdot (3 \cdot 2) = (3 \cdot 2)^4 = 6^4$
- $2^3 \cdot 3^3 \cdot 5^3 = (2 \cdot 2 \cdot 2) \cdot (3 \cdot 3 \cdot 3) \cdot (5 \cdot 5 \cdot 5) = (2 \cdot 3 \cdot 5) \cdot (2 \cdot 3 \cdot 5) \cdot (2 \cdot 3 \cdot 5) = (2 \cdot 3 \cdot 5)^3 = 30^3$

Explorar e descobrir

Será que Rodrigo pensou corretamente? Converse com os colegas a respeito disso. Depois, calculem e verifiquem se esta igualdade é válida.

$$2^2 \cdot (0{,}3)^2 = (0{,}6)^2$$

O que vocês provavelmente descobriram vale sempre, e podemos escrever uma nova propriedade da potenciação.

Um **produto de 2 ou mais potências de mesmo expoente** pode ser reduzido a uma única potência **multiplicando-se as bases e conservando-se o expoente comum.**

$$a^m \cdot b^m = (a \cdot b)^m,$$

com as bases a e b sendo números racionais, diferentes de 0, e o expoente m sendo um número natural.

Atividades

36 Constate essa propriedade reduzindo o produto de potências $11^2 \times 3^2$ a uma única potência.

37 Transforme cada produto de potências em uma única potência.

a) $10^2 \cdot 2^2$

b) $(-6)^3 \cdot (-8)^3$

c) $\left(\frac{1}{4}\right)^4 \cdot \left(\frac{3}{4}\right)^4$

d) $(3{,}1)^5 \cdot (0{,}7)^5 \cdot 2^5$

38 **Desafio.** Escreva o produto $27 \cdot 125$ como uma única potência.

Sugestão: Faça a decomposição de 27 e de 125 em fatores primos.

Quociente de potências de mesmo expoente

Veja ao lado a nova questão da professora.
Observe a solução de Rui.

Como podemos escrever o quociente $30^2 : 5^2$ como uma única potência?

Thiago Neumann/Arquivo da editora

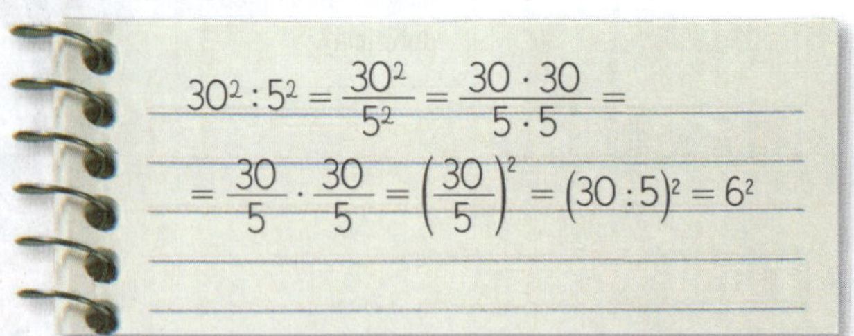

$30^2 : 5^2 = \frac{30^2}{5^2} = \frac{30 \cdot 30}{5 \cdot 5} =$
$= \frac{30}{5} \cdot \frac{30}{5} = \left(\frac{30}{5}\right)^2 = (30 : 5)^2 = 6^2$

Paulo Manzi/Arquivo da editora

As imagens desta página não estão representadas em proporção.

Edivaldo e Solange escreveram de modo mais simplificado.

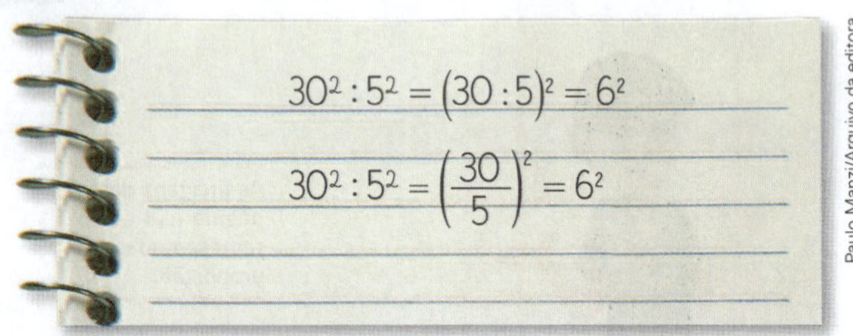

$30^2 : 5^2 = (30 : 5)^2 = 6^2$
$30^2 : 5^2 = \left(\frac{30}{5}\right)^2 = 6^2$

Paulo Manzi/Arquivo da editora

Bate-papo

Converse com os colegas e procurem estabelecer uma hipótese de como transformar o quociente de 2 potências de mesmo expoente em uma única potência. Verifique com outros exemplos.

Assim, estabelecemos uma nova propriedade.

Um **quociente de duas potências de mesmo expoente**, com a segunda base diferente de 0, pode ser reduzido a uma única potência **dividindo-se a primeira base pela segunda e conservando-se o expoente.**

$$a^m : b^m = (a : b)^m,$$

com as bases a e b sendo números racionais, diferentes de 0, e o expoente m sendo um número natural.

Atividades

39 Constate essa propriedade para o quociente $10^3 : 2^3$.

40 Reduza cada quociente a uma única potência.

a) $8^{10} : 4^{10}$

b) $(-6)^3 : (+2)^3$

c) $\left(\frac{1}{2}\right)^4 : \left(\frac{2}{3}\right)^4$

d) $(2{,}5)^5 : (0{,}5)^5$

41 Da última propriedade, podemos deduzir esta nova propriedade.

Para elevarmos uma fração a um expoente, basta elevar o numerador e o denominador a esse expoente.

Veja alguns exemplos.

- $\left(\frac{2}{7}\right)^3 = \frac{2^3}{7^3} = \frac{8}{343}$
- $\left(\frac{-4}{5}\right)^2 = \frac{(-4)^2}{5^2} = \frac{16}{25}$
- $\left(\frac{1}{3}\right)^4 = \frac{1^4}{3^4} = \frac{1}{81}$

Calcule o valor de cada potência.

a) $\left(\frac{6}{7}\right)^4$ b) $\left(\frac{1}{2}\right)^9$ c) $\left(1\frac{1}{3}\right)^5$ d) $\left(\frac{-2}{3}\right)^3$

42 **Desafio.** Reduza o quociente $4^3 : 27^2$ a uma única potência de expoente 6.

43 Use as propriedades estudadas e reduza cada expressão a uma única potência.

a) $(3^7)^4$

b) $2^9 : 2^4$

c) $5^6 \cdot 5^4$

d) $30^5 : 15^5$

e) $\frac{6^4}{2^4}$

f) $9^5 \cdot 9 \cdot 3^6$

g) $\frac{6^{10}}{6^9}$

h) $\frac{3^4 \cdot 3^7}{(3^2)^3}$

i) $7^4 \cdot 7^2 : 7$

j) $6^3 \cdot 5^3$

k) $\frac{3^7 \cdot 3 \cdot 3}{3^2 \cdot 3^5}$

Potenciação com expoente inteiro

Agora vamos ampliar mais um pouco o estudo da potenciação e calcular o valor de potências de **base racional** e **expoente inteiro**.

Explorar e descobrir

Partindo das potenciações que você já estudou, observe a regularidade na sequência a seguir e complete-a com o número adequado.

$2^3 = 8$ $\div 2$

$2^2 = 4$ $\div 2$

$2^1 = 2$ $\div 2$

$2^0 = \square$ $\div 2$

$2^{\square} = \dfrac{\square}{\square}$ $\left(1 \div 2 = \dfrac{\square}{\square}\right)$ $\div 2$

$2^{\square} = \dfrac{\square}{\square}$ $\left(\dfrac{\square}{\square} \div 2 = \dfrac{\square}{\square} = \dfrac{1}{2^2}\right)$ $\div 2$

$2^{\square} = \dfrac{\square}{\square}$ $\left(\dfrac{\square}{\square} \div 2 = \dfrac{\square}{\square} = \dfrac{1}{2^3}\right)$

Note que:

$2^{-2} = \dfrac{1}{2^2} = \dfrac{1}{4}$ ou $2^{-2} = \left(\dfrac{1}{2}\right)^2 = \dfrac{1}{4}$

$2^{-3} = \dfrac{1}{2^3} = \dfrac{1}{8}$ ou $2^{-3} = \left(\dfrac{1}{2}\right)^3 = \dfrac{1}{8}$

Veja mais um exemplo, agora com potências de base 10.

$1000 \div 10$ → $100 \div 10$ → $10 \div 10$ → $1 \div 10$ → $\dfrac{1}{10} \div 10$ → $\dfrac{1}{100} \div 10$

$10^3 = 1000$ | $10^2 = 100$ | $10^1 = 10$ | $10^0 = 1$ | $10^{-1} = \dfrac{1}{10}$ | $10^{-2} = \dfrac{1}{100} = \dfrac{1}{10^2}$ | $10^{-3} = \dfrac{1}{1000} = \dfrac{1}{10^3}$

$10^{-1} = \dfrac{1}{10^1} = \dfrac{1}{10}$ ou $10^{-1} = \left(\dfrac{1}{10}\right)^1 = \dfrac{1}{10}$

$10^{-2} = \dfrac{1}{10^2} = \dfrac{1}{100}$ ou $10^{-2} = \left(\dfrac{1}{10}\right)^2 = \dfrac{1}{100}$

$10^{-3} = \dfrac{1}{10^3} = \dfrac{1}{1000}$ ou $10^{-3} = \left(\dfrac{1}{10}\right)^3 = \dfrac{1}{1000}$

Assim, podemos escrever:

$$a^{-n} = \frac{1}{a^n} \text{ ou } a^{-n} = \left(\frac{1}{a}\right)^n \text{ para } a \neq 0 \text{ e } n \text{ um número natural.}$$

Ou, de outra maneira:

Um número diferente de 0 elevado a um expoente inteiro negativo é igual ao inverso desse número elevado ao módulo desse expoente, ou seja, ao mesmo expoente, mas positivo.

Veja mais alguns exemplos.

- $3^{-2} = \frac{1}{3^2} = \frac{1}{9}$
- $(-4)^{-2} = \left(-\frac{1}{4}\right)^2 = \left(-\frac{1}{4}\right) \cdot \left(-\frac{1}{4}\right) = \frac{1}{16}$
- $\left(\frac{1}{5}\right)^{-3} = \left(\frac{5}{1}\right)^3 = \frac{5^3}{1^3} = \frac{125}{1} = 125$

Observe que:

$$a \cdot a^{-1} = a \cdot \frac{1}{a} = \frac{a}{a} = 1, \text{ ou seja, } a \cdot a^{-1} = 1, \text{ com } a \neq 0.$$

Assim, $a^{-1} = \frac{1}{a}$ é chamado de **inverso de *a***.

Se a e b são números naturais diferentes de 0, então o **inverso** de $\frac{a}{b}$ é $\frac{b}{a}$, pois $\frac{a}{b} \cdot \frac{b}{a} = 1$.

Observação

Note que, com essa definição de potência de expoente inteiro negativo, a propriedade fundamental da potenciação $a^m \cdot a^n = a^{m+n}$, com $a \neq 0$, continua válida, pois $a^{-n} \cdot a^n = a^{-n+n} = a^0 = 1$.

Assim, $a^{-n} \cdot a^n = 1$ e, portanto, $a^{-n} = \frac{1}{a^n}$.

Atividades

44 ▸ Partindo de 3^3 e usando o processo visto no *Explorar e descobrir* da página anterior, determine o valor de 3^{-1}, 3^{-2}, 3^{-3} e 3^{-4}.

45 ▸ Calcule o valor de cada potência.

a) 8^{-2}

b) 5^{-1}

c) $(-2)^{-4}$

d) $\left(\frac{1}{2}\right)^{-3}$

e) $(-3)^{-3}$

f) $\left(\frac{1}{2}\right)^{-5}$

46 ▸ Para a potenciação com base racional, diferente de 0, e expoente inteiro, continuam valendo as propriedades vistas quando o expoente era natural.

Reduza cada expressão a uma única potência.

a) $5^4 \cdot 5^{-3}$

b) $\frac{2^{-3}}{2^{-1}}$

c) $(7^4)^{-3}$

d) $(-6)^{-3} \cdot (-6)^{-2}$

e) $\left(\frac{-1}{2}\right)^{-4} \cdot \left(\frac{-1}{2}\right)^{-1}$

f) $3^{-2} \cdot 3^{-5} : 3^{-1}$

Potências de base 10

Vamos relembrar um processo prático para calcular o valor de uma potência quando a base é 10 e o expoente é um número natural.

- $10^3 = 10 \cdot 10 \cdot 10 = 1\,000$ (o algarismo 1 seguido de 3 algarismos 0)
- $10^5 = 100\,000$ (o algarismo 1 seguido de 5 algarismos 0)
- $10^8 = 100\,000\,000$ (o algarismo 1 seguido de 8 algarismos 0)
- $10^0 = 1$ (o algarismo 1 e nenhum algarismo 0)

Bate-papo

Qual é a relação entre o expoente da potência e a quantidade de zeros do resultado?

Agora, veja um processo prático para calcular o valor de uma potência quando a base é 10 e o expoente é um número inteiro negativo.

- $10^{-1} = \frac{1}{10^1} = \frac{1}{10} = 0{,}1$

  1 casa depois da vírgula

- $10^{-3} = \frac{1}{10^3} = \frac{1}{1000} = 0{,}001$

  3 casas depois da vírgula
  (2 algarismos 0 e o algarismo 1)

- $10^{-7} = \frac{1}{10\,000\,000} = 0{,}0000001$

  7 casas depois da vírgula
  (6 algarismos 0 e o algarismo 1)

Bate-papo

E para o expoente inteiro negativo, qual é a relação entre ele e a quantidade de casas decimais do resultado?

Atividades

47 Calcule o valor de cada potência. Nas potências de expoente negativo, represente o valor na forma decimal.

a) 10^6
b) 10^{-6}
c) 10^{-4}
d) 10^4
e) 10^{-2}
f) 10^{-5}
g) 10^{10}
h) 10^{-8}

48 Escreva cada número como potência de base 10.

a) 1 000
b) 0,01
c) $\frac{1}{10\,000}$
d) 10 000 000
e) 0,00001
f) 100 000 000 000
g) 1
h) $1\,000 \cdot 10\,000$

49 Relacione cada número do primeiro quadro com o correspondente do segundo quadro.

$3 \cdot 10^2$	$3^{-2} \cdot 10$	$3^{-2} \cdot 10^2$	$3^2 \cdot 10$
$3 \cdot 10^{-2}$	$3^2 \cdot 10^{-2}$	$3^2 \cdot 10^2$	$3^{-2} \cdot 10^{-2}$

900	0,09	$11,\overline{1}$	0,03
$1,\overline{1}$	90	300	$0,00\overline{1}$

50 Determine o valor de cada expressão.

a) $10^5 \times 0{,}01$
b) $10^{-3} \times 0{,}1$
c) $10^4 + 10^{-2}$
d) $\frac{1}{1000} + 10^2$

Potências de base 10 e decomposição de números racionais

De acordo com a Organização das Nações Unidas (ONU), em 2030 a Índia, país do centro-sul da Ásia, será o país mais populoso do mundo, superando a China.

Grzegorz Czapski/Shutterstock

A Índia é um país que apresenta alta densidade demográfica (número de habitantes por quilômetro quadrado). Foto de 2018, em Bangalore (Índia).

Índia

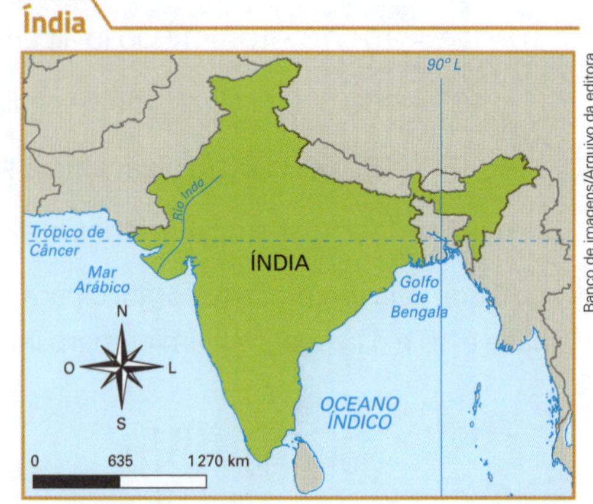

Banco de imagens/Arquivo da editora

Fonte de consulta: IBGE. *Atlas geográfico escolar*. 7. ed. Rio de Janeiro, 2016.

Veja a população da Índia em 2015 e a medida de área do território dela, comparadas com as do Brasil, de acordo com dados do IBGE.

População e medida de área do Brasil e da Índia

País	População (em 2015)	Medida de área (em km²)
Brasil	204 450 649 (ou seja, aproximadamente 204 milhões)	8 515 759
Índia	1 311 050 527 (ou seja, aproximadamente 1,31 bilhão)	3 287 260

Fonte de consulta: IBGE PAÍSES. Disponível em: <https://paises.ibge.gov.br/#/pt>. Acesso em: 7 jul. 2018.

As imagens desta página não estão representadas em proporção.

O número 8 515 759 pode ser decomposto de várias maneiras, uma delas usando potências de 10.

$8\,515\,759 = 8\,000\,000 + 500\,000 + 10\,000 + 5\,000 + 700 + 50 + 9$

$8\,515\,759 = 8 \cdot 1\,000\,000 + 5 \cdot 100\,000 + 1 \cdot 10\,000 + 5 \cdot 1\,000 + 7 \cdot 100 + 5 \cdot 10 + 9 \cdot 1$

$8\,515\,759 = 8 \cdot 10^6 + 5 \cdot 10^5 + 1 \cdot 10^4 + 5 \cdot 10^3 + 7 \cdot 10^2 + 5 \cdot 10^1 + 9 \cdot 10^0$

Atividades

51 Escreva.

a) A decomposição do número 1,31 bilhão com potências de base 10.

b) 3 decomposições diferentes do número 3 287 260.

c) O número 204 450 649 usando decomposição com potências de 10.

d) As densidades demográficas do Brasil e da Índia, em 2015. (Use uma calculadora.)

52 Leandro comprou este aparelho de *blu-ray*. Veja algumas maneiras que podemos escrever o número 502,58.

$502{,}58 = 5 \cdot 100 + 0 \cdot 10 + 2 \cdot 1 + 5 \cdot \frac{1}{10} + 8 \cdot \frac{1}{100}$

$502{,}58 = 5 \cdot 10^2 + 0 \cdot 10^1 + 2 \cdot 10^0 + 5 \cdot 10^{-1} + 8 \cdot 10^{-2}$

R$ 502,58

Aparelho de *blu-ray*.

Reprodução/Arquivo da editora

Escreva a decomposição de cada decimal usando potências de 10.

a) 3,49 b) 31,6 c) 17,043 d) 109,306

53 Simplifique cada expressão escrevendo-a com uma única potência de 10.

a) $\frac{10^5 \cdot 10^{-3} \cdot 10^2}{10^{-4} \cdot 10^7}$

b) $\frac{10^4 \cdot 10^{-6} \cdot 10^2}{10^3 \cdot 10 \cdot 10^{-3}}$

A notação ou escrita científica

Cientistas como os astrônomos, os biólogos, os físicos, os químicos e outros costumam trabalhar com números muito maiores e muito menores do que 1, formados por muitos algarismos. Para simplificar essa escrita, foi criada a **notação científica**, que usa as potências de base 10.

A principal utilidade da notação científica é fornecer, de maneira rápida e simples, a ideia da ordem de grandeza de um número, que, se fosse escrito por extenso, não daria essa informação de modo tão imediato.

> Um número na notação científica deve ter as seguintes características:
> - ser escrito como um produto de 2 fatores;
> - um dos fatores deve ser um número de 1 a 10, excluído o 10;
> - o outro fator deve ser uma potência de base 10.

Observe os números das informações e como eles são escritos na notação científica.

- Urano é o sétimo planeta do Sistema Solar e a medida de distância média entre ele e o Sol é de 2 870 000 000 km.

$$2\,870\,000\,000 = 287 \cdot 10\,000\,000 = 2{,}87 \cdot 100 \cdot 10\,000\,000 = 2{,}87 \cdot 10^2 \cdot 10^7 = 2{,}87 \cdot 10^9$$

- Uma molécula chega a ter medida de comprimento do diâmetro de 0,0000018 mm.

$$0{,}0000018 = 18 \cdot 0{,}0000001 = 1{,}8 \cdot 10^1 \cdot 10^{-7} = 1{,}8 \cdot 10^{-6}$$

Notação científica: processo prático

Observe os exemplos e tente descobrir o processo prático para escrever notações científicas.

Números maiores do que 1

- $2\underbrace{870\,000\,000}_{\text{9 algarismos}} = 2{,}87 \cdot 10^9$
- $38\,000\,000 = 3{,}8 \cdot 10^7$
- $1\,470\,000 = 1{,}47 \cdot 10^6$
- $100\,000\,000 = 1 \cdot 10^8$

Números menores do que 1

- $0{,}\underbrace{000001}_{\text{6 algarismos}}8 = 1{,}8 \cdot 10^{-6}$
- $0{,}0006 = 6 \cdot 10^{-4}$
- $0{,}0045 = 4{,}5 \cdot 10^{-3}$
- $0{,}00000001 = 1 \cdot 10^{-8}$

Marina Lystseva/TASS/Getty Images

Astrônomo utilizando telescópio, instrumento usado para visualizar e mensurar elementos muito distantes da Terra, como planetas e estrelas.

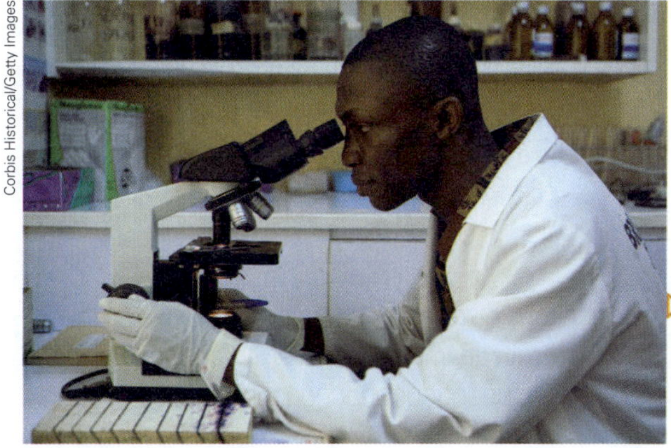

Corbis Historical/Getty Images

Cientista utilizando microscópio, instrumento que possibilita a visualização e a mensuração de elementos muito pequenos, como células e moléculas.

As imagens desta página não estão representadas em proporção.

Atividades

54› Escreva cada número em notação científica.

a) 49 000 000 000

b) 0,00000607

c) 9 360 000

d) 0,00001

e) 10 000 000 000 000

f) 0,00007

As imagens desta página não estão representadas em proporção.

55› Conexões. Registre os números usando a forma decimal.

a) A medida média da distância entre a Terra e o Sol é de aproximadamente $1,5 \cdot 10^8$ km.

Roger Harris/Science Photo Library/Latinstock

Planeta Terra visto do espaço.

b) Para percorrer 1 km, a luz gasta $3,3 \cdot 10^{-6}$ s.

Meirion Matthias/Shutterstock

Representação de um farol iluminado.

c) O átomo de hidrogênio tem medida de massa de $1,7 \cdot 10^{-24}$ g.

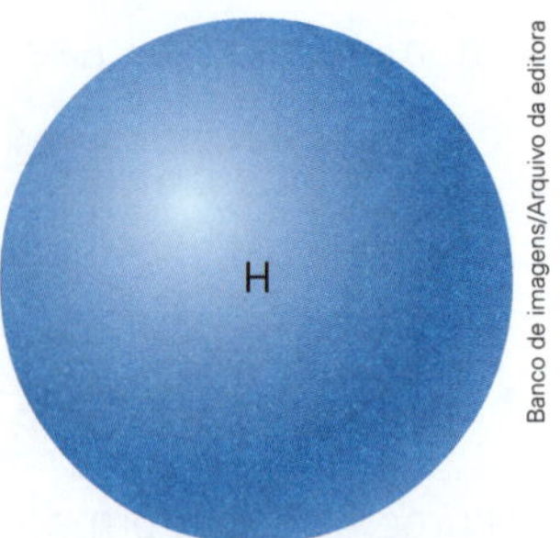

Banco de imagens/Arquivo da editora

Representação simplificada de um átomo de hidrogênio.

56› Conexões | Desafio. A medida de massa do Sol é de $2 \cdot 10^{27}$ t, a medida de massa da Terra é de $6 \cdot 10^{21}$ t e a medida de massa da Lua é de $7,348 \cdot 10^{19}$ t.

Use uma calculadora, calcule e responda.

a) Quantas vezes a medida de massa do Sol é maior do que a medida de massa da Terra?

b) Quantas vezes a medida de massa da Terra é maior do que a medida de massa da Lua?

c) O que representa o produto obtido ao multiplicar os números calculados nos itens **a** e **b**?

Paulo Manzi/Arquivo da editora

Representação sem escala e em cores fantasia da Terra, da Lua e do Sol vistos do espaço.

57› Conexões. Escreva usando notação científica.

a) A medida de distância média entre o Sol e Marte, que é de aproximadamente 227 900 000 km.

b) A medida de distância média entre o Sol e Júpiter, que é de aproximadamente 778 400 000 km.

Fonte de consulta: ASTRONOMIA E ASTROFÍSICA. *Sistema Solar*. Disponível em: <http://astro.if.ufrgs.br/ssolar.htm>. Acesso em: 24 set. 2018.

c) A medida de massa de um elétron, que é de aproximadamente 0,000000000000000000000000000911 g.

3 Radiciação

Examine esta situação-problema.

José comprou um terreno de forma quadrada. Na escritura desse terreno estava indicada a medida de área dele: 169 m². Porém, nela não estava registrada a medida de comprimento de cada lado do terreno. Como José pode determinar essa medida de comprimento?

Na resolução dessa situação-problema está envolvida a ideia de **raiz quadrada**, que será estudada a seguir.

A ideia de raiz quadrada

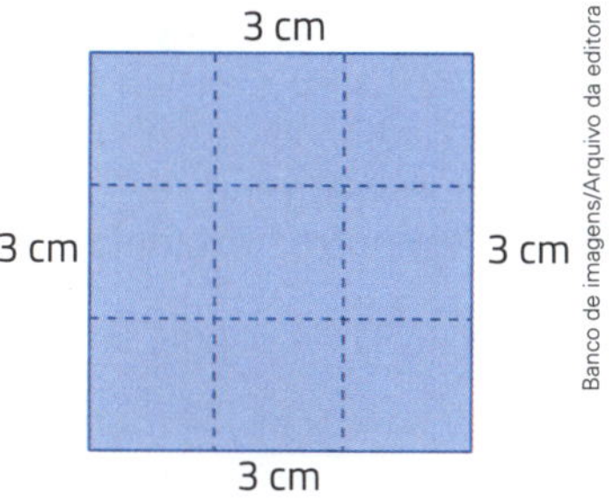

- Quando temos uma região quadrada com lados de medida de comprimento de 3 cm e queremos saber a medida de área dessa região, podemos: "quadricular" a região quadrada (em quadradinhos com lados de medida de comprimento de 1 cm) e verificar que a medida de área é de 9 quadradinhos, ou seja, de 9 cm²; ou efetuar a multiplicação $3 \times 3 = 9$ e, com isso, determinar que a medida de área é de 9 cm².
- Quando temos uma região quadrada cuja medida de área é de 9 cm² e queremos saber a medida de comprimento de cada lado, devemos determinar o número que, multiplicado por ele mesmo, resulte em 9, ou seja, o número que, elevado ao quadrado, resulte em 9.

As imagens desta página não estão representadas em proporção.

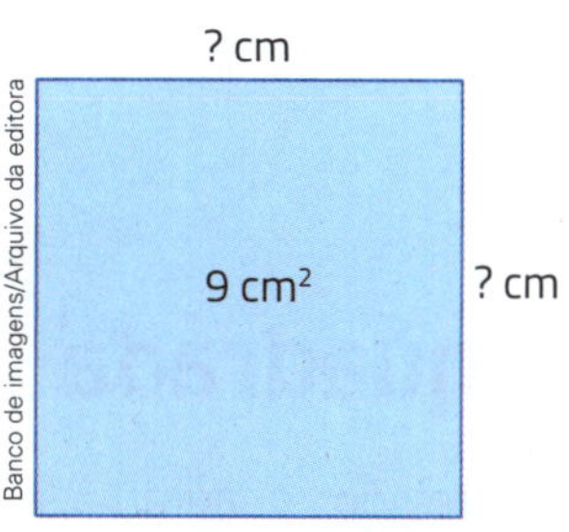

Observe como a medida de comprimento do lado da região quadrada se relaciona com a medida de área dela, e vice-versa.

- Como $3^2 = 3 \times 3 = 9$, concluímos que a medida de comprimento de cada lado dessa região quadrada é de 3 cm.

Quando queremos determinar o número natural que, multiplicado por ele mesmo, resulta em 9, estamos calculando o valor da **raiz quadrada de 9**, que é 3. Veja como indicamos essa raiz quadrada.

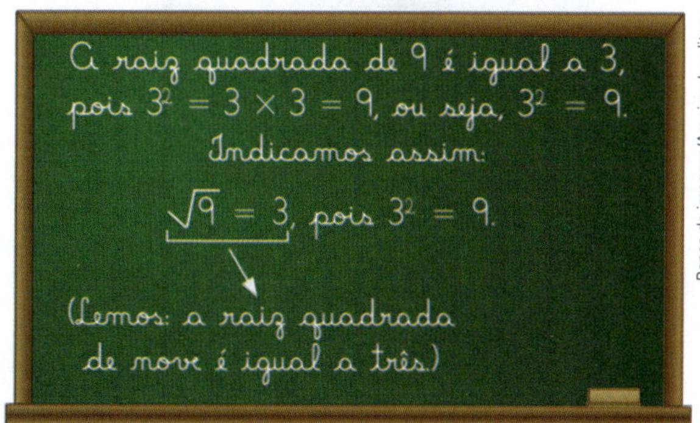

A raiz quadrada de 9 é igual a 3, pois $3^2 = 3 \times 3 = 9$, ou seja, $3^2 = 9$.
Indicamos assim:
$\sqrt{9} = 3$, pois $3^2 = 9$.
(Lemos: a raiz quadrada de nove é igual a três.)

Observe que a medida de comprimento do lado de uma região quadrada corresponde à raiz quadrada da medida de área dela.

Assim, retomando a situação-problema inicial, em que o terreno de forma quadrada tem medida de área de 169 m^2, temos que a medida de comprimento do lado desse terreno corresponde à raiz quadrada de 169.

$$\sqrt{169} = 13, \text{ pois } 13^2 = 13 \times 13 = 169.$$

De um modo geral, para $a \in \mathbb{Q}$ e $a \geqslant 0$, o valor da **raiz quadrada de *a*** (indicada por $\sqrt{a}$) é um número positivo ou nulo que, elevado ao quadrado, resulta em *a*.

Em estudos posteriores, veremos que esse número nem sempre é racional.

Calcular o valor da raiz quadrada de um número racional positivo ou nulo, ou seja, extrair a raiz quadrada desse número, é a **operação inversa** de elevar esse número ao quadrado.

$$13^2 = 169 \Leftrightarrow \sqrt{169} = 13$$

Veja outros exemplos.

- $\sqrt{81} = 9$, pois $9^2 = 81$.
- $\sqrt{0{,}25} = 0{,}5$, pois $(0{,}5)^2 = 0{,}25$.
- $\sqrt{10\,000} = 100$, pois $100^2 = 10\,000$.
- $\sqrt{\frac{4}{9}} = \frac{2}{3}$, pois $\left(\frac{2}{3}\right)^2 = \frac{4}{9}$.

Quando extraímos a raiz quadrada de um número racional e obtemos um número racional positivo ou nulo, dizemos que a raiz quadrada é **exata** em $\mathbb{Q}$.

Assim, para os exemplos acima, temos que $\sqrt{81} = 9$ e $\sqrt{10\,000} = 100$ são raízes quadradas exatas em $\mathbb{N}$ e $\sqrt{0{,}25} = 0{,}5$ e $\sqrt{\frac{4}{9}} = \frac{2}{3}$ são raízes quadradas exatas em $\mathbb{Q}$.

Interpretação geométrica da raiz quadrada

Observe como podemos usar estas regiões planas para formar regiões quadradas e calcular o valor de raízes quadradas.

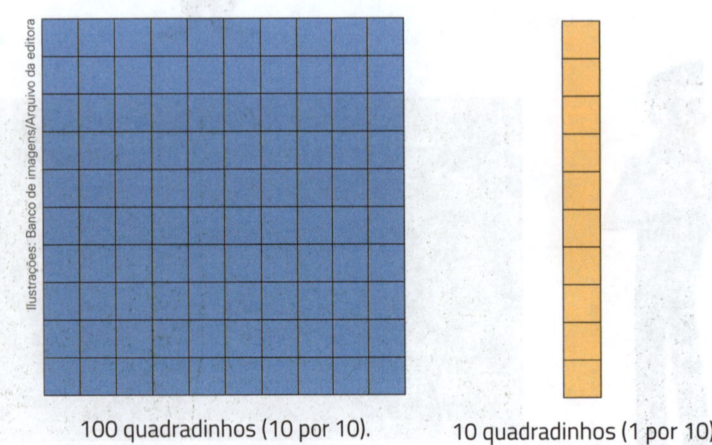

100 quadradinhos (10 por 10). 10 quadradinhos (1 por 10).

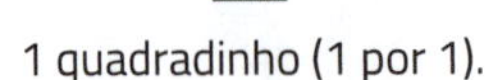

1 quadradinho (1 por 1).

Vejamos, por exemplo, a interpretação geométrica de $\sqrt{169}$.

Devemos obter uma região quadrada cuja medida de área é de 169 quadradinhos. A medida de comprimento do lado dessa região vai determinar o valor de $\sqrt{169}$.

- Medida de área da região azul: 100 quadradinhos.
- Medida de área da região laranja: 60 quadradinhos ($6 \cdot 10 = 60$).
- Medida de área da região rosa: 9 quadradinhos ($3^2 = 9$).
- Medida de área da região quadrada toda: 169 quadradinhos ($100 + 60 + 9 = 169$).

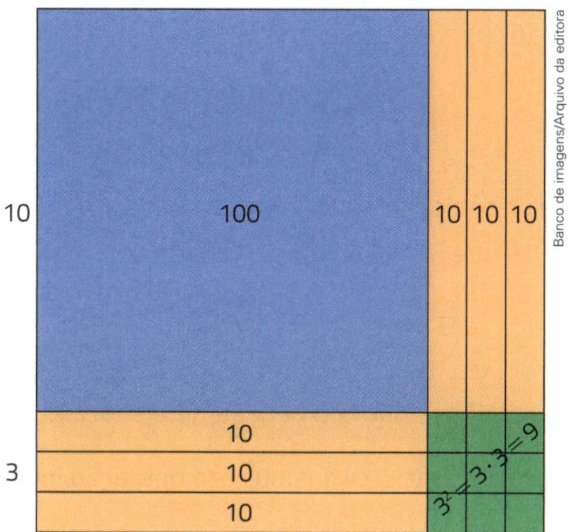

Banco de imagens/Arquivo da editora

Dessa interpretação geométrica concluímos que a medida de comprimento de cada lado dessa região quadrada é 13 ($10 + 3 = 13$). Logo, $\sqrt{169} = 13$.

De modo geral, podemos fazer a interpretação geométrica dessa maneira para qualquer número natural que tem raiz quadrada exata, como é o caso do 169. Por isso, dizemos que esses números são **quadrados perfeitos**.

Observação: As raízes quadradas de números naturais que não são quadrados perfeitos têm como resultado números que não são racionais. Esses números, chamados de irracionais, serão estudados nos anos seguintes.

Um pouco de História

O número de ouro dos gregos

O **número de ouro** dos gregos é dado por uma expressão numérica que envolve raiz quadrada e é aproximadamente igual a 1,618. Essa expressão foi muito usada pelo escultor grego Fídias e, em homenagem a ele, usamos a letra fi (ϕ) para representar o número de ouro:

$$\phi = \frac{1 + \sqrt{5}}{2} \simeq 1{,}618$$

Podemos identificar aproximações desse número em muitos elementos de arquitetura, em esculturas e em pinturas gregas. Por exemplo, o quociente da medida de comprimento da largura (ℓ) pela medida de comprimento da altura (h) do Partenon (século V a.C.), em Atenas, se aproxima do número de ouro:

$$\frac{\ell}{h} \simeq 1{,}618$$

Fonte de consulta: LÍVIO, Mario. *Razão áurea:* a história de fi, um número surpreendente. Trad. Marco Shinoba Matsumura. Rio de Janeiro: Record, 2006.

ColorMaker/Shutterstock

Vista do Partenon, em Atenas (Grécia). Ele foi erguido no século V a.C., na montanha de Acrópole, que fica localizada no centro de Atenas. Foto de 2018.

Raiz cúbica

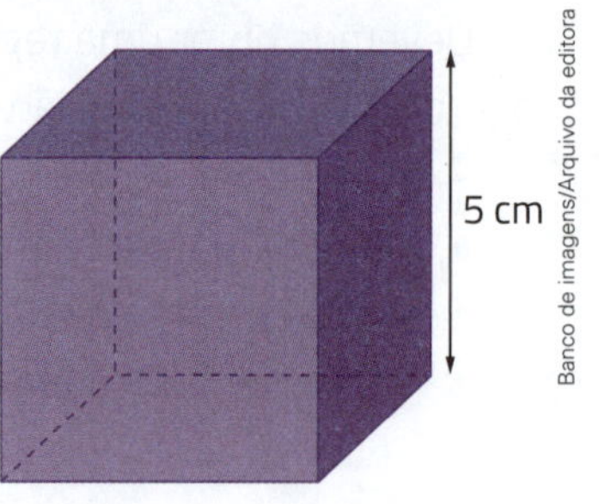

Considere um cubo cujas arestas têm medida de comprimento de 5 cm. Você já sabe calcular a medida de volume desse cubo.

$$V = 5^3 = 5 \cdot 5 \cdot 5 = 125$$
$$V = 125 \text{ cm}^3$$

Agora, se sabemos que a medida de volume de um cubo é de 125 cm³ e quisermos determinar a medida de comprimento das arestas, devemos pensar no número a que, elevado ao cubo, resulta em 125.

Indicamos assim:

$$a^3 = 125$$
$$a = \sqrt[3]{125}$$

(Lemos: a é igual à **raiz cúbica** de cento e vinte e cinco.)

Portanto, $a = \sqrt[3]{125} = 5$, porque $5^3 = 5 \cdot 5 \cdot 5 = 125$.

Observe que a medida de comprimento do lado de um cubo corresponde à raiz cúbica da medida de volume dele.

De um modo geral, para $a \in \mathbb{Q}$, a **raiz cúbica de a** (indicada por $\sqrt[3]{a}$) é um número que, elevado ao cubo, resulta em a.
Esse número nem sempre é racional.

Extrair a raiz cúbica de um número racional qualquer é a **operação inversa** de elevar esse número ao cubo.

$5^3 = 125 \Leftrightarrow \sqrt[3]{125} = 5$

Observe que não é necessário que esse número seja positivo ou nulo.

- $\sqrt[3]{-27} = -3$, pois $(-3)^3 = (-3) \cdot (-3) \cdot (-3) = -27$.
- $\sqrt[3]{1000} = 10$, pois $10^3 = 1\,000$.
- $\sqrt[3]{0{,}008} = 0{,}2$, pois $0{,}2^3 = 0{,}008$.
- $\sqrt[3]{\dfrac{8}{343}} = \dfrac{2}{7}$, pois $\left(\dfrac{2}{7}\right)^3 = \dfrac{8}{343}$.

Outras raízes

No conjunto dos números racionais existem também outras raízes.

- As **raízes quartas**, para os números racionais positivos ou nulo.
  Por exemplo, $\sqrt[4]{16} = 2$, pois 2 é positivo e $2^4 = 16$.
- As **raízes quintas**, para todos os números racionais.
  Por exemplo, $\sqrt[5]{243} = 3$, pois $3^5 = 243$.

  ⋮
- De modo geral, existe a **raiz enésima** de a para todos os números racionais, se n é ímpar, e para os números racionais positivos ou nulo, se n é par.

$$\sqrt[n]{a} = b \Leftrightarrow b^n = a$$

Assim, fica definida a **operação de radiciação**.

$\sqrt[n]{a} = b$

Raiz: $\sqrt[n]{a}$
Índice: n
Radicando: a
Valor da raiz: b
Radiciação: $\sqrt[n]{a} = b$

O símbolo $\sqrt{\ }$ usado para representar uma raiz é chamado de **radical**.

Veja a relação entre os termos da radiciação e os termos da potenciação correspondente.

$\sqrt[n]{a} = b$	$\Leftrightarrow$	$b^n = a$
Índice: n		Expoente: n
Radicando: a		Valor da potência: a
Valor da raiz: b		Base: b
Radiciação: $\sqrt[n]{a} = b$		Potenciação: $b^n = a$

Um pouco de História

- O símbolo $\sqrt{}$ foi usado pela primeira vez em 1525, em um livro do matemático alemão Christoph Rudolff (1499-1545).
- É provável que a primeira letra da palavra *radix*, que em latim significa "raiz", tenha dado origem a esse símbolo.
- Em 1637, René Descartes (1596-1650) introduziu nesse símbolo o traço superior $\sqrt{}$ que usamos atualmente.
- Os hindus foram os primeiros a usar regras para extrair raízes quadradas.

Fonte de consulta: ASIMOV, Isaac. *Gênios da humanidade*. Rio de Janeiro: Bloch Editores S.A., 1972.

Atividades

58 Calcule o valor de cada raiz quadrada e, em seguida, indique a potenciação correspondente.

a) $\sqrt{9}$

b) $\sqrt{25}$

c) Raiz quadrada de 64.

d) $\sqrt{1{,}96}$

e) $\sqrt{\dfrac{484}{49}}$

f) Raiz quadrada de 1.

59 Uma região quadrada tem medida de área de 64 m^2. Qual é a medida de comprimento do lado dela?

60 Efetue a radiciação ou a potenciação de cada item e indique a operação inversa correspondente.

a) $\sqrt[3]{8}$ = _____

b) 5^4 = _____

c) $(-4)^3$ = _____

d) $\sqrt[6]{64}$ = _____

61 Esta figura pode ser utilizada para calcular o valor de qual raiz quadrada? Indique sua resposta e calcule o valor dela.

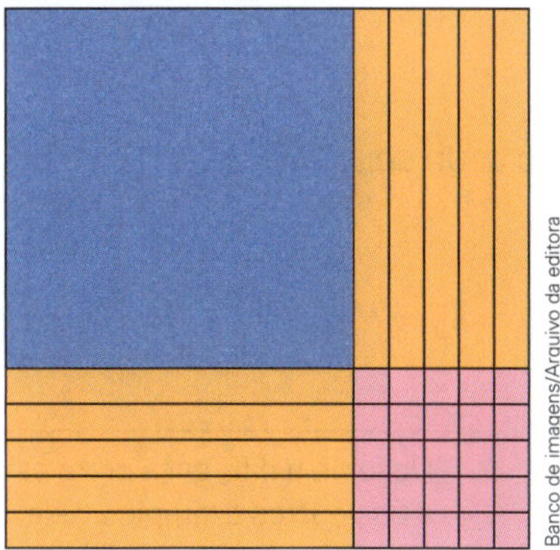

Banco de imagens/Arquivo da editora

62 Escreva a sequência dos 10 primeiros números positivos que são quadrados perfeitos. Depois, extraia a raiz quadrada de cada um deles.

$$(1, 4, 9, 16, 25, \ldots)$$

63 **Raiz quadrada e fluxograma.** Observe este fluxograma para o cálculo da raiz quadrada de número natural, no conjunto $\mathbb{N}$ dos números naturais.

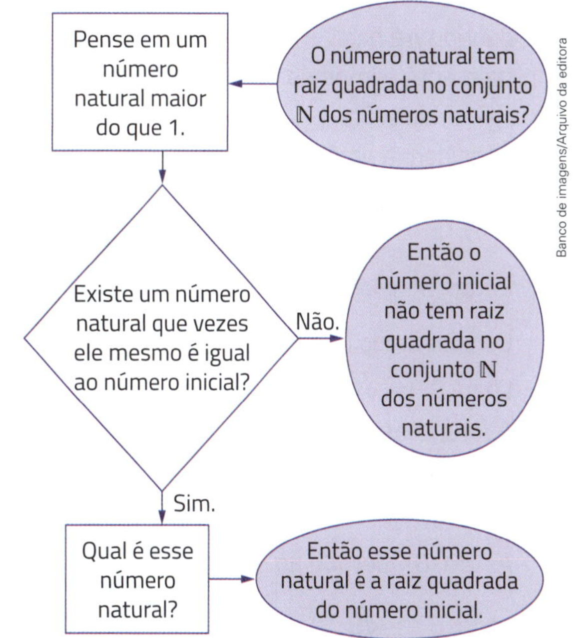

Banco de imagens/Arquivo da editora

Usando esse fluxograma, verifique se cada número natural dado tem raiz quadrada em $\mathbb{N}$ e, quando existir, registre o valor dela.

a) 36

b) 20

c) 64

d) 12

e) 49

f) 400

64 Uma sala de aula quadrada terá o piso coberto com ladrilhos com medida de comprimento dos lados de 60 cm.

a) Qual é a medida de comprimento dos lados da sala sabendo que a medida de área dela é de 81 m^2?

b) Quantos ladrilhos serão necessários para cobrir o piso?

65 **Tentativa e erro.** A cozinha de Pedro tem forma quadrada com medida de área de 38 m^2. Faça tentativas e determine a medida de comprimento aproximada dos lados dessa cozinha sabendo que essa medida está entre 6 m e 7 m.

Potenciação com expoente fracionário

Você acaba de estudar que a potenciação e a radiciação são operações inversas. Sabendo disso, vamos ampliar o estudo da potenciação, agora com expoentes fracionários.

Retome alguns exemplos de potenciações com bases racionais e expoentes inteiros.

- $7^2 = 7 \cdot 7 = 49$
- $(-8)^0 = 1$
- $\left(\frac{1}{3}\right)^{-2} = 3^2 = 9$
- $\left(\frac{3}{4}\right)^3 = \frac{3}{4} \cdot \frac{3}{4} \cdot \frac{3}{4} = \frac{27}{64}$
- $5^{-1} = \frac{1}{5}$

Para estudar as potenciações com expoentes fracionários, continuaremos a considerar:

- para a potenciação, a propriedade $(a^m)^n = a^{m \times n}$;
- para a radiciação, $\sqrt[n]{a}$ para a racional qualquer, quando n é ímpar, e para a racional positivo ou nulo, quando n é par.

Inicialmente vamos estudar o significado de algumas potências com expoentes fracionários e, depois, fazer a generalização.

- Considere a potência $9^{\frac{1}{2}}$. Veja o que acontece elevando esse número ao quadrado.

$$\left(9^{\frac{1}{2}}\right)^2 = 9^{2 \times \frac{1}{2}} = 9^{\frac{2}{2}} = 9^1 = 9$$

Então, $9^{\frac{1}{2}}$ é um número que, elevado ao quadrado, resulta em 9.

Considerando que $9^{\frac{1}{2}}$ é um número positivo, ele corresponde a $\sqrt{9}$.

Logo, $9^{\frac{1}{2}} = \sqrt{9}$.

- Agora, considere a potência $8^{\frac{1}{3}}$.

$$\left(8^{\frac{1}{3}}\right)^3 = 8^{3 \times \frac{1}{3}} = 8^{\frac{3}{3}} = 8^1 = 8$$

Assim, $8^{\frac{1}{3}}$ elevado ao cubo resulta em 8.

Logo, $8^{\frac{1}{3}} = \sqrt[3]{8}$.

- De um modo geral, para $n = 2, 3, 4, 5, \dots$, temos:

$$\left(a^{\frac{1}{n}}\right)^n = a^{n \times \frac{1}{n}} = a^{\frac{n}{n}} = a^1 = a$$

Assim, $a^{\frac{1}{n}}$ é um número que, elevado a n, é igual ao número a, ou seja:

$$a^{\frac{1}{n}} = \sqrt[n]{a}$$

- Vejamos agora a potência $8^{\frac{2}{3}}$.

$$8^{\frac{2}{3}} = 8^{2 \times \frac{1}{3}} = (8^2)^{\frac{1}{3}} = \sqrt[3]{8^2}$$

$$8^{\frac{2}{3}} = \sqrt[3]{8^2}$$

Observe a diferença entre esta potência e a dos outros exemplos: nela, o numerador da fração do expoente é diferente de 1.

- De modo geral, para $m = 1, 2, 3, 4, 5, \dots$ e $n = 2, 3, 4, 5, \dots$, temos:

$$a^{\frac{m}{n}} = a^{m \times \frac{1}{n}} = (a^m)^{\frac{1}{n}} = \sqrt[n]{a^m}$$

Ou seja:

$$a^{\frac{m}{n}} = \sqrt[n]{a^m}$$

Atividades

66 Escreva a raiz correspondente à potência de cada item e calcule o valor dela, em $\mathbb{Q}$.

a) $81^{\frac{1}{4}}$

b) $(-32)^{\frac{1}{5}}$

c) $(0{,}001)^{\frac{1}{3}}$

d) $4^{\frac{3}{2}}$

e) $(-1)^{\frac{3}{5}}$

f) $1000^{\frac{2}{3}}$

67 Escreva cada raiz na forma de potência.

a) $\sqrt[3]{1\,000}$

b) $\sqrt{36}$

c) $\sqrt[7]{1^3}$

d) $\sqrt[3]{8^2}$

e) $\sqrt[6]{0^5}$

f) $\sqrt[4]{16}$

68 Escreva a raiz $\sqrt[3]{64}$ na forma de potência:

a) de base 64;

b) de base 2;

c) de base 8;

d) de base 4.

69 Escreva na forma de potência de base 10 cada número dado.

a) 100 000

b) 0,001

c) $\frac{1}{100}$

d) $\sqrt[3]{10}$

e) $\sqrt{1\,000}$

f) $\sqrt[5]{0{,}01}$

70 Determine a medida de perímetro de cada região quadrada, dadas as medidas de área delas.

a) 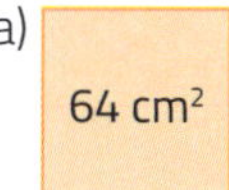

b) 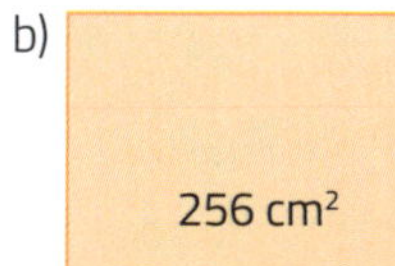

71 Calcule mentalmente o valor de cada raiz quadrada.

a) $\sqrt{144}$

b) $\sqrt{1{,}44}$

c) $\sqrt{81}$

d) $\sqrt{0{,}81}$

72 Complete as igualdades.

a) $\sqrt[3]{125} =$ _____

b) $\sqrt[3]{\_\_\_\_\_} = 4$

c) $\sqrt[4]{81} =$ _____

d) $\sqrt[4]{\_\_\_\_\_} = 2$

e) $\sqrt[3]{27\,000} =$ _____

f) $\sqrt[3]{0{,}027} =$ _____

g) $\sqrt[6]{\_\_\_\_\_} = 4$

h) $\sqrt[3]{0{,}001} =$ _____

Raciocínio lógico

Pensei em um número. Somei-o à raiz cúbica de 27 e obtive a raiz quadrada de 16. Em qual número pensei?

73 Calcule a medida de comprimento da aresta de cada cubo, dadas as medidas de volume deles.

a) 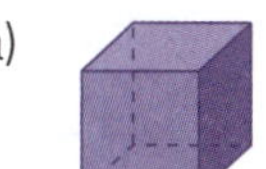

$V = 512\ \text{cm}^3$

b)

$V = 1\,000\ \text{cm}^3$

Ilustrações: Banco de imagens/
Arquivo da editora

Raciocínio lógico

Esta peça foi feita com 100 cubinhos. Pedro pintou todas as faces da peça de vermelho e depois separou os cubinhos.

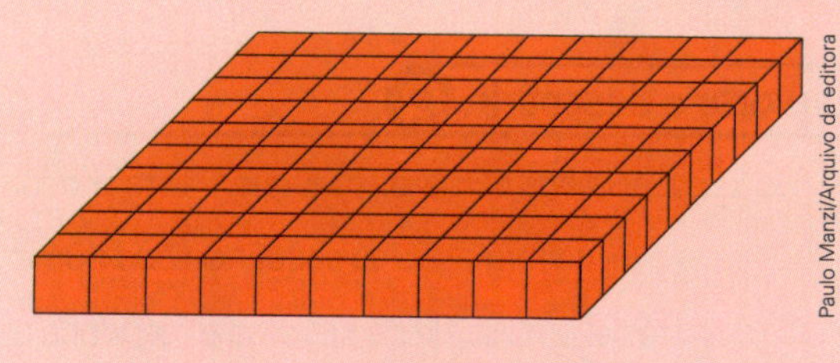

Paulo Manzi/Arquivo da editora

- Determine a porcentagem de cubinhos que têm pintadas de vermelho:

a) todas as 6 faces;

b) 4 faces;

c) 2 faces;

d) 5 faces;

e) 3 faces;

f) 1 face;

g) nenhuma face.

- Qual é a soma dessas 7 porcentagens?

74 Determine o que se pede.

a) A soma da raiz quadrada de 81 com a raiz cúbica de 64.

b) A diferença entre a raiz cúbica de 27 e a raiz quadrada de 4.

c) O quadrado da raiz quadrada de 81.

d) O cubo da raiz cúbica de 8.

75 O quadrado de um número natural mais 2 é igual a 102. Qual é esse número?

76 O cubo de um número mais 5 é igual a 130. Qual é esse número?

77 Invente uma questão usando raiz quadrada e raiz cúbica e dê para um colega resolver. Você resolve a questão que ele criou.

4 Sequências

No início deste capítulo, você estudou algumas **sequências numéricas**, como a dos números naturais e a dos números inteiros, que determinam conjuntos numéricos.

- Sequência dos números naturais: $(0, 1, 2, 3, 4, 5, \dots)$.
- Sequência dos números inteiros: $(\dots, -4, -3, -2, -1, 0, 1, 2, 3, 4, \dots)$.

Além das sequências numéricas, as sequências também podem ser formadas por objetos, pessoas, figuras geométricas, entre outros elementos. A esses elementos damos o nome de **termos da sequência**.

Na Matemática, nos interessa estudar as sequências que têm uma **lei de formação**, ou seja, uma **regra** que explica a relação entre os termos de cada sequência. Veja os exemplos.

Lei de formação	Sequência
Números naturais pares.	$(0, 2, 4, 6, \dots)$
Divisores de 12.	$(1, 2, 3, 4, 6, 12)$

Explorar e descobrir

1› Na sequência dos números naturais, a lista ordenada dos números obedece a uma lei de formação. Qual é ela?

2› E qual é a lei de formação da sequência dos números inteiros?

3› Veja outros exemplos de sequências e responda ao que se pede.

a) Sequência dos dias da semana:

(segunda-feira, terça-feira, quarta-feira, quinta-feira, sexta-feira, sábado, domingo)

Quantos termos essa sequência tem?

b) Sequência dos anos de Copa do Mundo de futebol masculino, a partir de 2018:

$(2018, 2022, 2026, 2030, \dots)$

Observando a regra dessa sequência, é possível identificar quando ocorrerá a quinta Copa do Mundo de futebol masculino, a partir de 2018?

c) Sequência de figuras: Joaquim desenhou 4 regiões quadradas iguais e, em seguida, dividiu a segunda em 2 partes iguais, a terceira em 3 partes iguais e a última em 4 partes iguais.

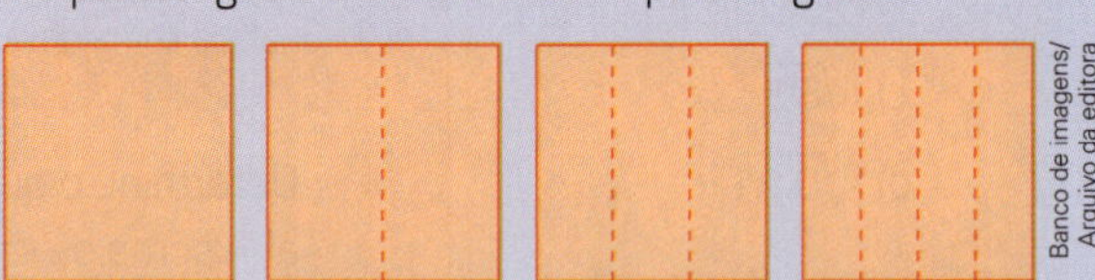

Banco de imagens/Arquivo da editora

O número de partes em que cada região quadrada foi dividida forma uma sequência. Qual é essa sequência?

Identificação de um termo da sequência

Quando queremos identificar a ordem em que um termo está disposto em uma sequência, podemos usar uma letra minúscula do nosso alfabeto, seguida de um **índice**.

$$(a_1, a_2, a_3, a_4, \dots, a_n, \dots)$$

Por exemplo, considere a sequência formada pelos 6 primeiros números pares positivos (maiores do que 0).

$$(2, 4, 6, 8, 10, 12)$$

Nessa sequência, o primeiro termo é $\boldsymbol{a_1}$ (lemos: *a* índice um, ou *a* um), tal que $\boldsymbol{a_1} = \mathbf{2}$; o segundo termo é $\boldsymbol{a_2} = \mathbf{4}$; e assim por diante.

Sequência finita e sequência infinita

De acordo com o número de termos, uma sequência pode ser classificada como **finita** ou **infinita**. Você já estudou essa classificação no livro do 7º ano.

- **Sequência finita:** é aquela que tem um número finito de termos. Veja alguns exemplos.

  Sequência dos meses do ano com 30 dias: (abril, junho, setembro, novembro).

  Sequência dos números naturais primos menores do que 20: $(2, 3, 5, 7, 11, 13, 17, 19)$.

- **Sequência infinita:** é aquela que tem um número infinito de termos. Veja alguns exemplos.

  Sequência dos números naturais: $(0, 1, 2, 3, 4, 5, 6, \dots)$.

  Sequência dos números inteiros: $(\dots, -3, -2, -1, 0, 1, 2, 3, 4, 5, 6, \dots)$.

  Sequência dos números inteiros e positivos que são múltiplos de 5: $(5, 10, 15, 20, 25, 30, \dots)$.

Para indicar que uma sequência tem infinitos termos, usamos reticências (...) no início ou no final dela.

Atividades

78 › Considere a sequência numérica $(20, 17, 14, 11, 8, 5, x)$ cuja lei de formação é $a_1 = 20$ e cada termo, a partir do segundo, é 3 unidades a menos do que o anterior. Neste caso, temos $x = 2$.
Agora, observe as sequências dadas e determine o valor de x em cada uma delas.

a) $(\dots, -5, -1, 3, 7, 11, 15, 19, 23, x)$

b) $(6, 12, 24, 48, 96, x, \dots)$

c) $(1, 4, 9, 16, 25, 36, x, \dots)$

79 › As sequências da atividade anterior são finitas ou infinitas? E as sequências dos itens **a**, **b** e **c** do *Explorar e descobrir* da página anterior?

80 › Observe uma sequência de peças de dominó e determine os termos a_4 e a_5 dela.

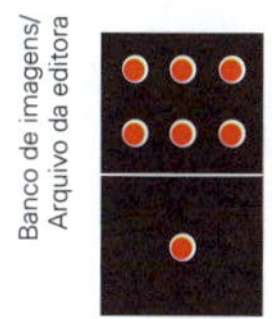
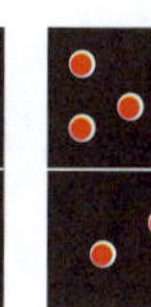
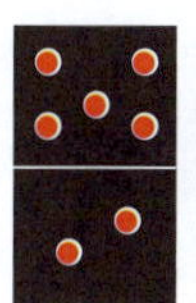
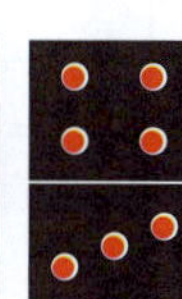
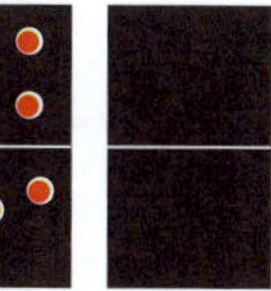

Banco de imagens/Arquivo da editora

81 › Até 2018 o Brasil foi campeão da Copa do Mundo de futebol masculino em 5 edições. Escreva a sequência dos anos em que isso ocorreu.

82 › Considere a sequência $(2, 5, 8, \dots, 14, \dots)$, em que cada termo, a partir de a_2, é 3 unidades a mais do que o anterior. Quais são os termos a_4 e a_6?

83 › Conexões. Escreva a sequência dos 6 primeiros estados do Brasil que são banhados pelo oceano Atlântico, partindo no sentido do sul para o norte, e classifique a sequência quanto ao número de termos.

Brasil político

Banco de imagens/Arquivo da editora

Fonte de consulta: IBGE. *Atlas geográfico escolar*. 7. ed. Rio de Janeiro, 2016.

84 › Quantas bolinhas o próximo termo desta sequência tem?

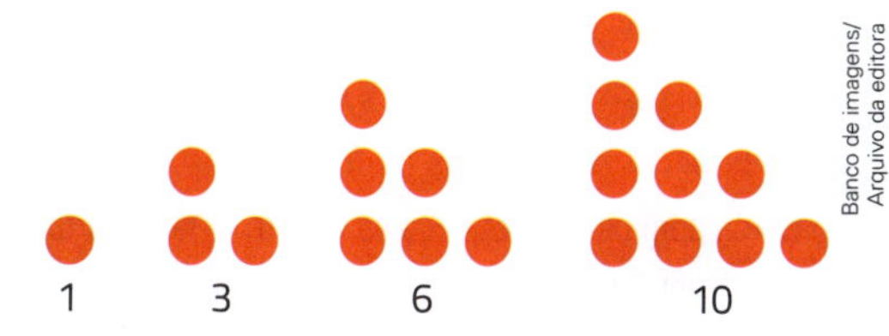

Banco de imagens/Arquivo da editora

Construção de sequências

Você já sabe que as sequências são definidas seguindo uma **regra**, uma **lei de formação**. Também podemos usar fórmulas para definir e construir uma sequência.

- A **fórmula do termo geral** expressa cada termo a_n da sequência em função do valor de n.
  Por exemplo, a sequência dos números naturais pares não nulos, que é $(2, 4, 6, 8, \ldots)$, pode ser dada pela fórmula do termo geral $a_n = 2n$, com $n = 1, 2, 3, \ldots$
- A **fórmula de recorrência** expressa cada termo a_n da sequência em função do termo anterior a_{n-1}.
  Por exemplo, a sequência cujo primeiro termo é 1 e cada termo, a partir do segundo, é obtido subtraindo 2 do termo anterior, ou seja, a sequência $(1, -1, -3, -5, \ldots)$, pode ser dada pela fórmula de recorrência $a_1 = 1$ e $a_n = a_{n-1} - 2$, com $n = 2, 3, 4, \ldots$

Usando essas fórmulas, podemos construir sequências. Acompanhe os exemplos.

- Sequência cuja fórmula de recorrência é $a_1 = 5$ e $a_n = a_{n-1} + 3$, para $n = 2, 3, 4, \ldots$
  Podemos determinar os termos dessa sequência usando a fórmula e um diagrama. Para isso, vamos calcular o valor de a_2 usando o valor de a_1; depois calcular o valor de a_3 usando o valor de a_2; e assim por diante.

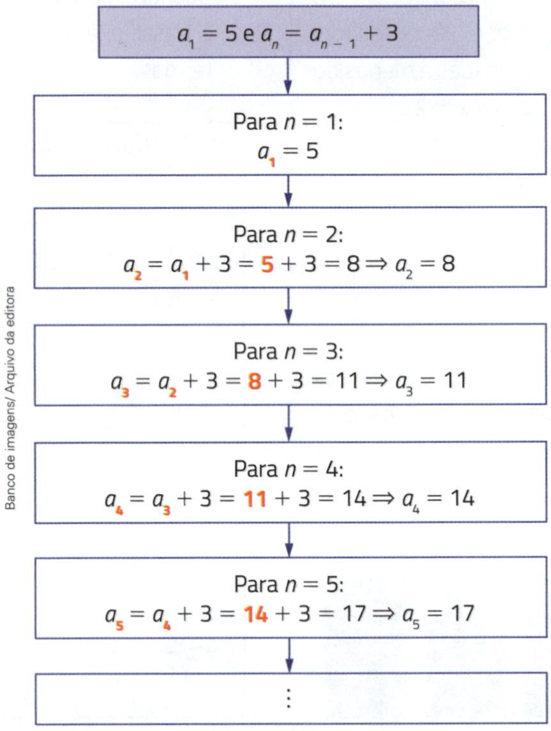

Banco de imagens/ Arquivo da editora

Nessa sequência, podemos observar que, a partir do segundo termo, cada termo é igual ao termo anterior adicionado a 3. Esse procedimento de **sempre** recorrer ao termo anterior é chamado de **recursividade**. A sequência obtida é:

$$(5, 8, 11, 14, 17, \ldots)$$

Bate-papo

1. Converse com os colegas, faça os registros necessários e responda: Qual é o termo a_8 dessa sequência?
2. Para calcular o valor do termo a_8 dessa sequência foi necessário calcular o valor de a_7? Justifique.
3. Como essa sequência pode ser classificada de acordo com o número de termos? Justifique.

- Sequência cuja fórmula do termo geral é $b_n = 3(n + 1)$, com $n = 1, 2, 3, 4, 5$.

Novamente vamos usar a fórmula e construir um diagrama, substituindo n pelos possíveis valores, ou seja, por 1, depois por 2, em seguida por 3, por 4 e, finalmente, por 5.

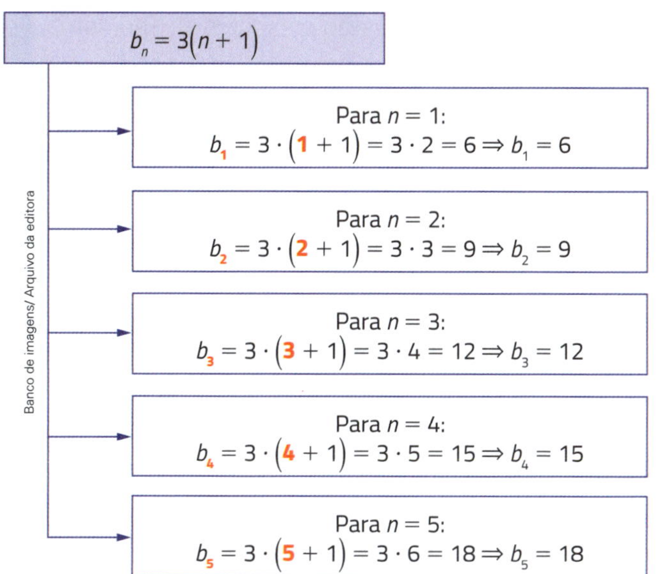

$b_n = 3(n+1)$
Para $n = 1$:
$b_1 = 3 \cdot (1 + 1) = 3 \cdot 2 = 6 \Rightarrow b_1 = 6$
Para $n = 2$:
$b_2 = 3 \cdot (2 + 1) = 3 \cdot 3 = 9 \Rightarrow b_2 = 9$
Para $n = 3$:
$b_3 = 3 \cdot (3 + 1) = 3 \cdot 4 = 12 \Rightarrow b_3 = 12$
Para $n = 4$:
$b_4 = 3 \cdot (4 + 1) = 3 \cdot 5 = 15 \Rightarrow b_4 = 15$
Para $n = 5$:
$b_5 = 3 \cdot (5 + 1) = 3 \cdot 6 = 18 \Rightarrow b_5 = 18$

Banco de imagens/ Arquivo da editora

Bate-papo

1. Podemos determinar o termo b_6 nessa sequência? Justifique.
2. Para calcular o valor do termo b_4 dessa sequência foi necessário usar o valor de b_3? Justifique.
3. Como essa sequência pode ser classificada de acordo com o número de termos? Justifique.

A sequência obtida é:

$$(6, 9, 12, 15, 18)$$

Atividades

85 Observe o diagrama da sequência dada pela fórmula do termo geral $c_n = 2^n$, $n = 1, 2, 3, \ldots$ e complete-o determinando o termo c_5.

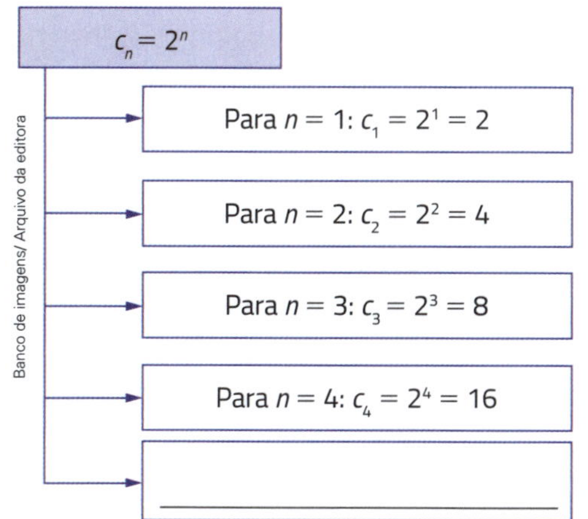

Para $n = 1$: $c_1 = 2^1 = 2$
Para $n = 2$: $c_2 = 2^2 = 4$
Para $n = 3$: $c_3 = 2^3 = 8$
Para $n = 4$: $c_4 = 2^4 = 16$

Banco de imagens/ Arquivo da editora

86 Observe as fórmulas dadas e escreva se ela é do termo geral da sequência ou de recorrência. Em seguida, monte o diagrama e escreva a sequência.

a) $a_1 = 3$, $a_n = a_{n-1} + 0{,}5$ e $n = 2, 3, 4, 5$.

b) $b_n = 10 \cdot 2n$, $n = 1, 2, 3, \ldots$

c) $c_n = 2n^2$ e $n = 1, 2, 3, 4, 5$.

d) $d_n = (d_{n-1})^2 - 1$, $d_1 = -1$ e $n = 2, 3, 4, \ldots$

87 Pense em uma fórmula para representar cada sequência dada e registre-a. Em seguida, determine o quinto termo de cada sequência.

a) $(1, 8, 27, 64, \ldots)$

b) $(1, 3, 5, 7, \ldots)$

c) $(1, 3, 9, 27, \ldots)$

88 **Desafio.** Veja nesta figura uma sequência de regiões quadradas em um papel quadriculado. Os números indicam a medida de comprimento dos lados delas.

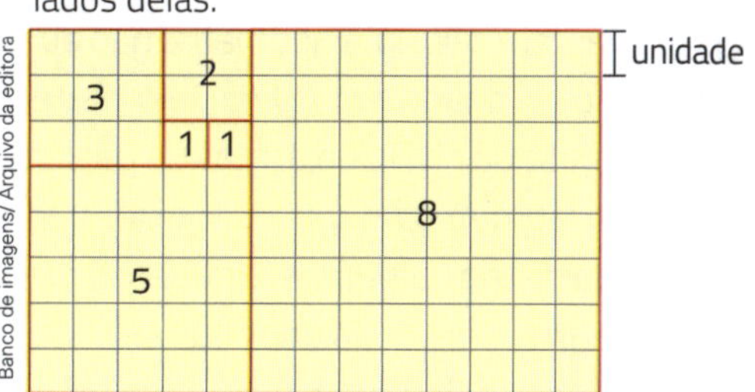

Banco de imagens/ Arquivo da editora

Essas medidas de comprimento podem ser organizadas em uma sequência:

$$(1, 1, 2, 3, 5, 8, \ldots)$$

a) Determine o sétimo e o oitavo termos dessa sequência.

b) Podemos definir essa sequência de uma maneira recursiva, ou seja, por uma fórmula de recorrência?

CONEXÕES

As ideias de sequência, lei de formação e recursividade também estão presentes na Geometria. Acompanhe a leitura deste texto para conhecer mais sobre o assunto.

De Euclides ao cubo mágico: uma longa história da Geometria

Grande parte da Geometria que estudamos no Ensino Fundamental e no Ensino Médio se deve ao matemático grego Euclides.

Os dados biográficos sobre ele, inclusive as datas de nascimento e de morte, são bastante imprecisos. O que se sabe é que ele viveu entre os séculos III a.C. e II a.C. e que nasceu onde atualmente é a Síria. Além disso, foi um dos mestres no *Museum* de Alexandria, a maior e mais célebre escola da antiguidade, e escreveu a obra *Elementos*, que serviu de alicerce para o estudo da Geometria durante séculos.

A Geometria euclidiana era fundamentada em verdades absolutas e indiscutíveis chamadas de **axiomas**. No entanto, no século XIX, alguns matemáticos resolveram contestar as ideias de Euclides. O matemático russo Nikolai Ivanovich Lobachevsky (1792-1856) foi o primeiro a declarar a "independência" dessas verdades, criando a própria teoria. Outro mestre da Geometria, o alemão George Friederich Bernhard Riemann (1826--1866), seguiu o exemplo e também criou um sistema diferente. Eles estavam criando outras Geometrias, que atualmente são chamadas de Geometrias não euclidianas.

Posteriormente, no século XX, alguns matemáticos perceberam que a Geometria euclidiana não conseguia estudar todos os modelos vistos no dia a dia. Eles se intrigavam ao constatar, por exemplo, que nunca vamos nos deparar na natureza com a forma de uma esfera. Podemos encontrar formas aproximadas à da esfera, como em uma laranja ou no próprio planeta Terra; mas serão sempre formas parecidas e nunca a forma de uma esfera perfeita. Outro exemplo são as árvores, como certos pinheiros, que apresentam a forma aproximada de um cone; novamente, a forma é apenas aproximada.

E como podemos estudar essas formas imprecisas? Como estudar como surgem os galhos de uma árvore, por exemplo? Popularmente dizemos que esses galhos aparecem (ou nascem) de maneira bagunçada, sem nenhum padrão; os matemáticos dizem que esses galhos aparecem de maneira "caótica".

E seria possível prever acontecimentos caóticos, como esses? Sim, é possível e assim nasceu mais uma Geometria não euclidiana: a **Geometria fractal**.

Esse termo foi criado em 1975 pelo matemático Benoît Mandelbrot (1924-2010), nascido na Polônia, mas de nacionalidade francesa. A palavra **fractal** vem do latim *fractus*, que quer dizer pedaço, fração.

A interessante Geometria fractal tem muitas aplicações quando se estudam fenômenos caóticos, como as pesquisas eleitorais e a reprodução de células cancerígenas em um organismo.

Nessa Geometria, algumas figuras são obtidas por partes reduzidas de si mesmas, como nesta figura. Observe que existe um padrão: inicialmente temos um segmento de reta que é "quebrado" em 4 partes, depois em 16 partes, depois em 32 partes, e assim por diante.

Na natureza também podemos observar elementos que dão a ideia de fractal, como em um floco de neve ou em uma flor de couve ou de brócolis.

Banco de imagens/Arquivo da editora

Fractal obtido a partir de um segmento de reta.

KENNETH LIBBRECHT/SPL/Fotoarena

Floco de neve.

Com o advento dos computadores, tornou-se possível criar figuras muito mais interessantes e complexas na Geometria fractal, em que cada parte é semelhante à figura como um todo. Observe ao lado um pedacinho desta figura e veja que ela é semelhante à figura toda.

LAGUNA DESIGN/SPL/Fotoarena

Fractal obtido usando programa de computador.

As imagens desta página não estão representadas em proporção.

Outro fractal interessante é a esponja de Menger. Veja os procedimentos para obtê-lo.

Ericson Guilherme Luciano/Arquivo da editora

1. Começamos com o cubo grande da 1ª imagem.
2. Esse cubo é dividido em 27 cubos idênticos.
3. O cubo do meio de cada face do cubo maior é removido e o cubo do centro também é removido.
4. Sobram 20 cubos, como na 2ª imagem.
5. Repetimos os passos 2 e 3 para cada cubo restante, e assim sucessivamente.

Observe como existe uma regularidade para a retirada desses cubos.

Esponja de Menger

Nível	0	1	2	3	...	n
Quantidade de cubos removidos	0	7	$7 \cdot 20$	$7 \cdot 20 \cdot 20 = 7 \cdot 20^2$	...	$7 \cdot 20^{n-2} \cdot 20 = 7 \cdot 20^{n-1}$
Quantidade de cubos restantes	$1 = 20^0$	$1 \cdot 20 = 20^1$	$20 \cdot 20 = 20^2$	$20^2 \cdot 20 = 20^3$	...	$20^{n-1} \cdot 20 = 20^n$

Tabela elaborada para fins didáticos.

Seguindo os procedimentos de construção da esponja de Menger, vamos obtendo um sólido geométrico em que, conforme a medida de área da superfície dele vai aumentando indefinidamente, a medida de volume vai se aproximando de 0.

Fonte de consulta: AZIMOV, Isaac. *Gênios da humanidade*. Rio de Janeiro: Bloch Editores S.A., 1972.

Questões

1 Pesquisem outros exemplos do cotidiano ou da natureza em que a Geometria fractal pode ser aplicada. Vocês vão se surpreender!

2 Suponha um cubo, em que as arestas tenham medida de comprimento de 6 cm, e a divisão dele em 27 pequenos cubos, como no cubo mágico.

a) Qual é a medida de volume de cada cubo pequeno obtido?

b) Com esse cubo podemos simular a construção da esponja de Menger retirando 7 cubos pequenos. Qual é a medida de volume do sólido geométrico restante?

tinka's/Shutterstock

Cubo mágico.

3 Considere um cubo cujas arestas têm medida de comprimento de 1 m. Imagine a divisão desse cubo em cubinhos cujas arestas têm medida de comprimento de 1 mm.

a) Quantos cubinhos você obterá?

b) Empilhando esses cubinhos, um a um, você formará uma torre com quantos quilômetros de medida de comprimento da altura?

Revisando seus conhecimentos

1 Sem efetuar divisões, localize os números no quadro e registre-os.

1001	787	2139
1596	285	4200
346	1340	2905

a) Os 4 números que são múltiplos de 2.

b) Os 4 números que são múltiplos de 3.

c) Os 4 números que são múltiplos de 5.

2 Se 2 kg de carne custam R$ 17,00, então quanto custam 4,5 kg dessa carne?

3 Cláudia e uma amiga resolveram medir o comprimento da circunferência do bambolê com o qual estavam brincando. Usando uma fita métrica, encontraram a medida 314 cm. Então qual é a medida de comprimento do diâmetro desse bambolê?

4 Rogério gravou 4 DVDs, colocou-os em caixas com cores diferentes e arrumou-os na prateleira da estante, como indicado nesta imagem. Quantas arrumações diferentes Rogério pode fazer variando a posição das caixas na prateleira?

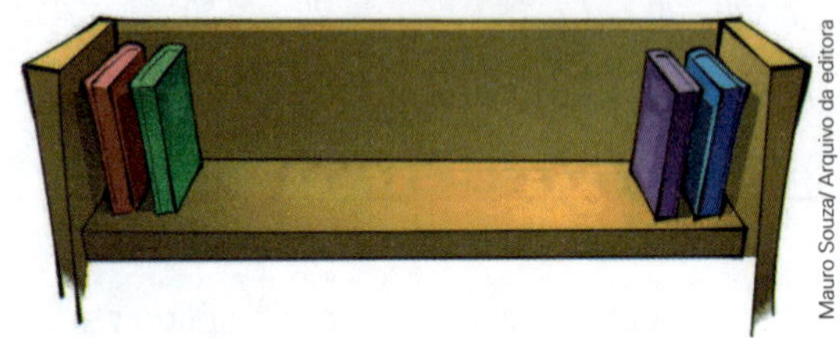

Mauro Souza/ Arquivo da editora

5 Indique as 2 afirmações que são corretas.

a) $\mathbb{N} \subset \mathbb{Q} \subset \mathbb{Z}$

b) $\mathbb{N} \subset \mathbb{Q}$

c) $\mathbb{N} \subset \mathbb{Z} \subset \mathbb{Q}$

6 **(UFRGS-RS)** A razão entre a base e a altura de um retângulo é de 3 para 2 e a diferença entre elas é de 10 cm. A área desse retângulo é de:

a) 200 cm². c) 500 cm².

b) 300 cm². d) 600 cm².

7 Analise estas 3 afirmações.

A: $\frac{2}{3}$ de 21 = 14

B: 10% de 6 000 = 600

C: 1% de 20 000 = 2 000

Quais delas são verdadeiras?

a) **A**, **B** e **C**. c) **A** e **C**.

b) **A** e **B**. d) **B** e **C**.

8 Usando moedas de R$ 0,50, R$ 0,25 e R$ 0,10, de quantas maneiras diferentes podemos fazer um pagamento de R$ 1,00?

a) 6 c) 3

b) 4 d) 5

9 Em cada item, calcule mentalmente e responda. Indique também se as grandezas envolvidas são direta ou inversamente proporcionais.

a) Uma torneira despeja 6 L de água por minuto e gasta 3 h para encher um tanque. Se ela despejasse 12 L por minuto, então em quanto tempo encheria o tanque?

b) Um carro percorreu 240 km em 3 h, em certa velocidade. Com a mesma velocidade, em quanto tempo ele percorrerá 480 km?

c) Dois pintores levam 20 dias para pintar uma casa. No mesmo ritmo de trabalho, quantos dias 4 pintores levariam para pintar essa casa?

d) Se 3 arrobas correspondem a 45 kg, então a quantas arrobas correspondem 90 kg?

e) O preço de 4 L de tinta é de R$ 10,00. Qual é o preço de 12 L?

10 A idade atual de Marisa é o quíntuplo da idade de Paula. Daqui a 9 anos, a idade de Paula será $\frac{4}{11}$ da idade de Marisa. Determine as idades atuais de Marisa e Paula.

Raciocínio lógico

Nesta figura, pinte 3 regiões quadradas azuis, 3 amarelas e 3 vermelhas. Mas atenção: 2 regiões quadradas vizinhas não podem ter a mesma cor.

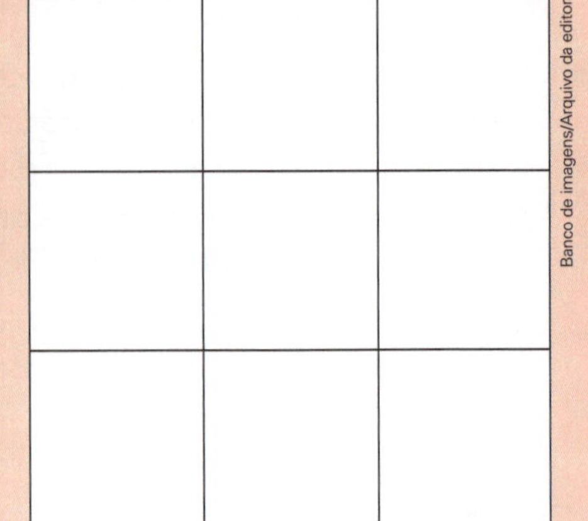

Banco de imagens/Arquivo da editora

11 ▸ Conexões. Capacidade dos estádios de futebol no Brasil. Em 2014, o Brasil foi sede da Copa do Mundo de Futebol. Foi a 20ª edição do evento e a 5ª vez que ele ocorreu na América do Sul. A Argentina havia sido o último país sul-americano a sediar a competição, em 1978.

O Brasil foi classificado automaticamente para a Copa do Mundo de 2014, por ser o anfitrião do evento, e terminou o campeonato em 4º lugar.

Caetano Barreira/Fotoarena

Logotipo da Copa do Mundo de 2014.

Veja na tabela a capacidade, durante o período da Copa, de alguns estádios que sediaram o evento.

Capacidade de alguns estádios que sediaram a Copa do Mundo de 2014

Estádio	Estado	Capacidade
Maracanã	RJ	74 738
Arena da Baixada	PR	39 631
Arena Amazônia	AM	40 549
Arena Pantanal	MS	41 112
Arena Corinthians	SP	63 321

Fonte de consulta: 2014 FIFA WORLD CUP BRAZIL. Disponível em: <www.fifa.com/worldcup/destination/stadiums/stadium=5025136/index.html>. Acesso em: 2 maio 2018.

Analise a tabela e faça o que se pede.

a) Escreva em ordem crescente os números da tabela.

b) Qual é o valor posicional do algarismo 6 no número 63 321?

c) Escreva por extenso o número 74 738.

d) Decomponha o número 41 112.

e) Em qual dos números da tabela o algarismo das dezenas de milhar é 7? E em qual deles o algarismo das centenas é 1?

f) Quantos grupos de 100 pessoas cabem no Maracanã?

12 ▸ Cruzadinha com expressões numéricas. Complete esta cruzadinha com os valores numéricos das expressões algébricas dadas. Para isso, coloque 1 algarismo em cada quadradinho da cruzadinha.

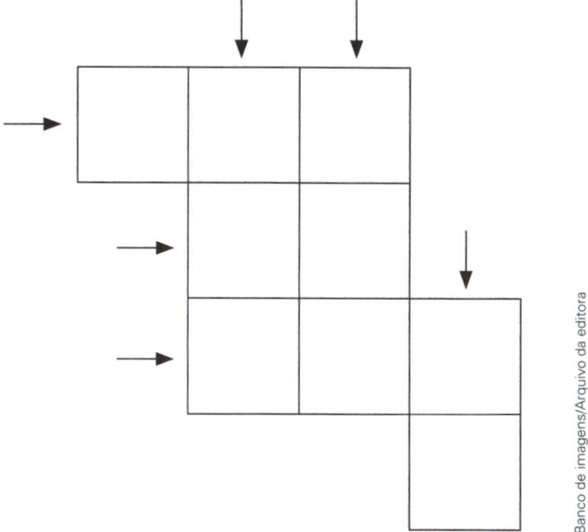

Banco de imagens/Arquivo da editora

a) $x^2 - x + 8$ para $x = 4$.

b) $y^3 + y$ para $y = 6$.

c) $2n^2 + 7$ para $n = -10$.

d) $\dfrac{a^2b + ab + 6a}{2}$ para $a = 5$ e $b = 4$.

e) $n^3 - n^2 + 3n + 10$ para $n = 7$.

f) $\dfrac{r^3}{2}$ para $r = 10$.

Raciocínio lógico

- Vamos brincar de descobrir quais são as sequências? Complete-as.

a)

b)

- Observe este diagrama. Escreva os números de 1 a 9 nos círculos de modo que a soma dos números em cada lado do diagrama seja 17. Use cada número uma única vez.

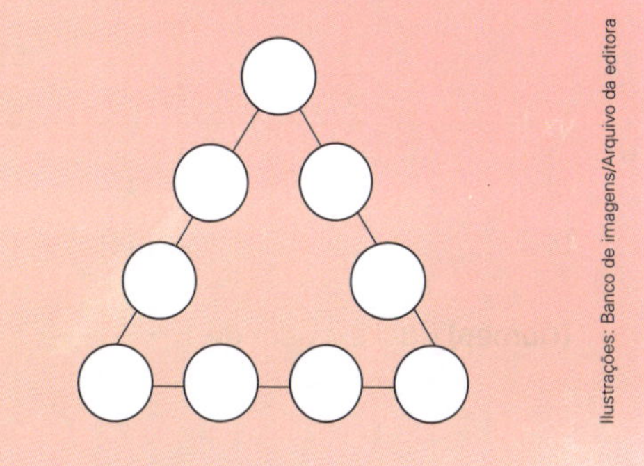

Ilustrações: Banco de imagens/Arquivo da editora

Praticando um pouco mais

Testes oficiais

1 **(Saeb)** Em uma aula de Matemática, o professor apresentou aos alunos uma reta numérica como a da figura a seguir.

−4 −3 −2 −1 0 1 2 3 4

Banco de imagens/Arquivo da editora

O professor marcou o número $\frac{11}{4}$ nessa reta. Esse número foi marcado entre que pontos da reta numérica?

a) −4 e −3.
b) −3 e −2.
c) 2 e 3.
d) 3 e 4.

2 **(Saresp)** Joana e seu irmão estão representando uma corrida em uma estrada assinalada em quilômetros, como na figura abaixo.

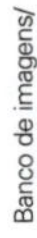

A B
0 1 km 2 km

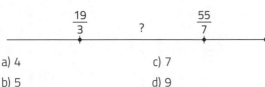

Banco de imagens/Arquivo da editora

Joana marcou as posições de dois corredores com os pontos *A* e *B*. Esses pontos *A* e *B* representam que os corredores já percorreram, respectivamente, em km:

a) 0,5 e $1\frac{3}{4}$.
b) 0,25 e $\frac{10}{4}$.
c) $\frac{1}{4}$ e 2,75.
d) $\frac{1}{2}$ e 2,38.

3 **(Saeb)** Fazendo-se as operações indicadas em 0,74 + 0,5 − 1,5, obtém-se:

a) −0,64.
b) −0,26.
c) 0,26.
d) 0,64.

4 **(Obmep)** Em qual das alternativas aparece um número que fica entre $\frac{19}{3}$ e $\frac{55}{7}$?

$\frac{19}{3}$? $\frac{55}{7}$

Banco de imagens/Arquivo da editora

a) 4
b) 5
c) 7
d) 9

5 **(Obmep)** Qual é o valor de $1 + \dfrac{1}{1 - \dfrac{2}{3}}$?

a) 2
b) $\frac{3}{2}$
c) 4
d) $\frac{4}{3}$

6 **(Saresp)** No jogo "Encontrando números iguais" são lançados 5 dados especialmente preparados para isso.

Observe essa jogada.

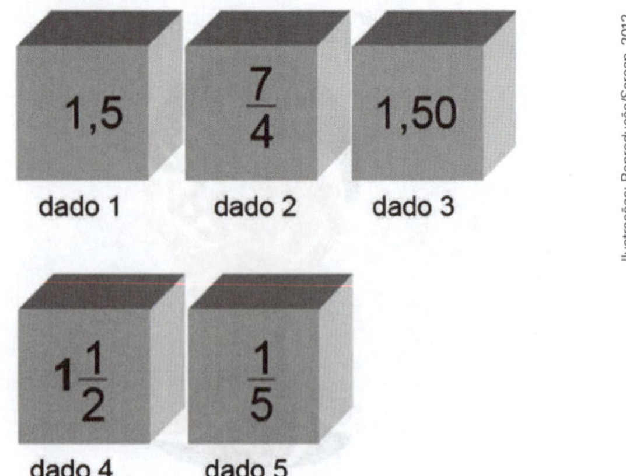

Ilustrações: Reprodução/Saresp, 2012

Os dados com números iguais são:

a) 1, 2 e 4.
b) 1, 3 e 4.
c) 2, 3 e 5.
d) 3, 4 e 5.

7 **Conexões.** **(Saresp)** O raio da Terra, no Equador, é de aproximadamente 6 400 000 metros, e a distância aproximada da Terra à Lua é de 384 000 000 metros.

Podemos também apresentar corretamente o raio da Terra e a distância da Terra à Lua, respectivamente, por:

a) $6{,}4 \times 10^3$ metros, e $3{,}84 \times 10^5$ metros.
b) $6{,}4 \times 10^{-6}$ metros, $3{,}84 \times 10^8$ metros.
c) $6{,}4 \times 10^6$ metros, e $3{,}84 \times 10^8$ metros.
d) $6{,}4 \times 10^8$ metros, e $3{,}84 \times 10^{10}$ metros.

8 **Desafio.** **(Saresp)** As figuras a seguir representam caixas numeradas de 1 a *n*, contendo bolinhas, em que a quantidade de bolinhas em cada caixa varia em função do número dessa caixa.

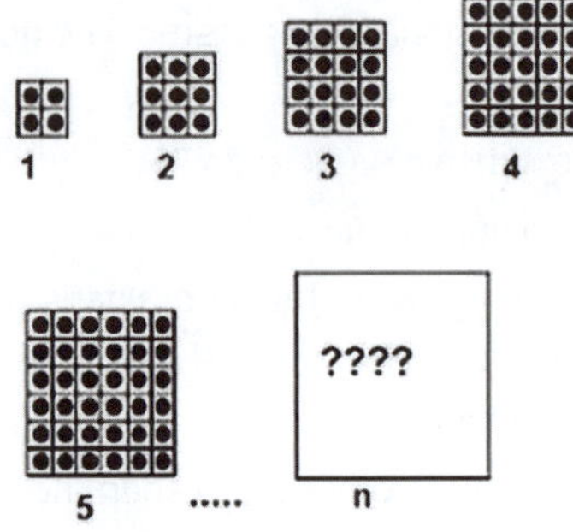

Reprodução/Saresp, 2012

A observação das figuras permite concluir que o número de bolinhas da enésima caixa é dado pela expressão:

a) n^2.
b) $(n - 1)^2$.
c) $(n + 1)^2$.
d) $n^2 + 1$.

Questões de vestibulares e Enem

9 ▸ (Enem) Uma das principais provas de velocidade do atletismo é a prova dos 400 metros rasos. No Campeonato Mundial de Sevilha, em 1999, o atleta Michael Johnson venceu essa prova, com a marca de 43,18 segundos.

Esse tempo, em segundo, escrito em notação científica é:

a) $0{,}4318 \times 10^2$.
b) $4{,}318 \times 10^1$.
c) $43{,}18 \times 10^0$.
d) $431{,}8 \times 10^{-1}$.
e) $4\,318 \times 10^{-2}$.

10 ▸ (Enem) Em um jogo educativo, o tabuleiro é uma representação da reta numérica e o jogador deve posicionar as fichas contendo números [...] corretamente no tabuleiro, cujas linhas pontilhadas equivalem a 1 (uma) unidade de medida. Cada acerto vale 10 pontos.

Na sua vez de jogar, Clara recebe as seguintes fichas:

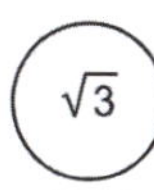

$-\frac{1}{2}$ Y

$\frac{3}{2}$ Z

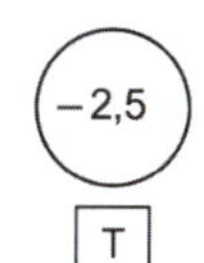

Reprodução/Enem PPL, 2013

Para que Clara atinja 40 pontos nessa rodada, a figura que representa seu jogo, após a colocação das fichas no tabuleiro, é:

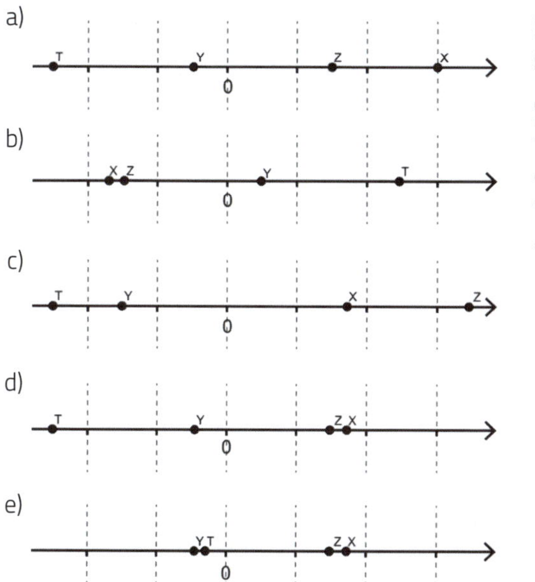

Ilustrações: Reprodução/Enem PPL, 2013

11 ▸ (Enem) A figura ilustra uma sequência de formas geométricas formadas por palitos, segundo uma certa regra.

Reprodução/Enem LIBRAS, 2017

Continuando a sequência, segundo essa mesma regra, quantos palitos serão necessários para construir o décimo termo da sequência?

a) 30
b) 39
c) 40
d) 43
e) 57

12 ▸ (Uece) A sequência de números inteiros 0, 1, 1, 2, 3, 5, 8, 13, 21, ... é conhecida como sequência de Fibonacci. Esta sequência possui uma lógica construtiva que relaciona cada termo, a partir do terceiro, com os dois termos que lhe são precedentes. Se p e q são os menores números primos que são termos dessa sequência localizados após o décimo termo, então, o valor de $p + q$ é:

a) 322.
b) 312.
c) 342.
d) 332.

13 ▸ Conexões | Desafio. (UCB-DF)

Meia-vida de drogas (T1/2)

A meia-vida é um conceito cronológico e indica o tempo em que uma grandeza considerada reduz à metade do próprio valor. Em farmacocinética, ela representa o tempo gasto para que a concentração plasmática ou a quantidade original de um fármaco no organismo se reduza à metade.

Disponível em: <https: //www.portaleducacao.com.br/farmacia/artigos/45406/meia-vida-de-drogas-t1-2>. Acesso em: 28 nov. 2016, com adaptações.

Considerando a informação apresentada e sabendo que uma pessoa ingeriu 200 mg de determinado medicamento cuja meia-vida é quatro horas, quantos miligramas do medicamento estarão presentes no organismo após oito horas?

a) 0
b) 25
c) 50
d) 100
e) 150

VERIFIQUE O QUE ESTUDOU

1› Assinale apenas o diagrama que indica corretamente a relação entre os conjuntos $\mathbb{N}$ dos números naturais, $\mathbb{Z}$ dos números inteiros e $\mathbb{Q}$ dos números racionais.

a)

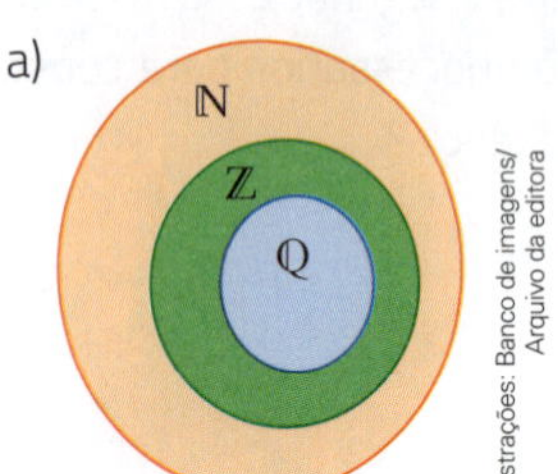

Ilustrações: Banco de imagens/Arquivo da editora

b)

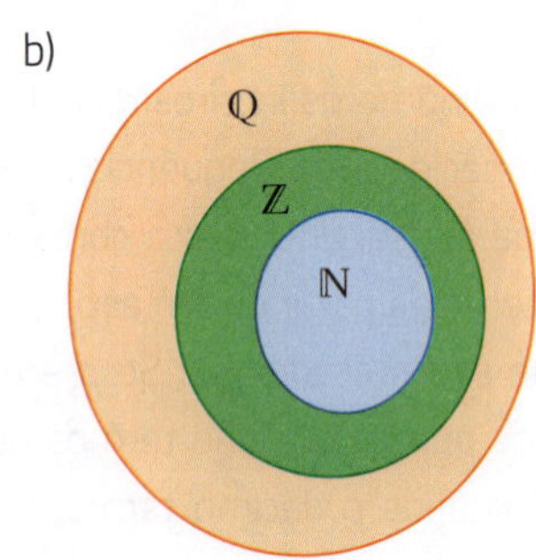

2› Indique quais afirmações são verdadeiras.

a) Todo número natural é racional.

b) Todo número racional é inteiro.

c) Todo número inteiro é racional.

d) $3\frac{4}{5}$ é um número racional.

e) -1 é um número racional.

3› Verifique se cada afirmação é verdadeira ou falsa. No caso de ser verdadeira, dê 3 exemplos que a confirmem. No caso de ser falsa, dê 1 contraexemplo, ou seja, um exemplo que conteste a afirmação feita.

a) Entre 2 números naturais sempre existe outro número natural.

b) Entre 2 números inteiros nem sempre existe outro número inteiro.

4› Indique.

a) Uma operação com números naturais que é impossível em $\mathbb{N}$, mas é possível em $\mathbb{Z}$.

b) Uma operação com números naturais que é impossível em $\mathbb{Z}$, mas é possível em $\mathbb{Q}$.

5› Complete cada sentença com os números corretos.

a) Se $\left(\frac{1}{7}\right)^2 =$ ____, então $\sqrt{\_\_\_\_} = \frac{1}{7}$.

b) Se $\left(\frac{3}{4}\right)^3 =$ ____, então $\sqrt[3]{\frac{27}{64}} =$ ____.

6› Nesta reta numerada estão indicados os pontos *A* e *B* que correspondem aos números racionais 0 e 2, respectivamente.

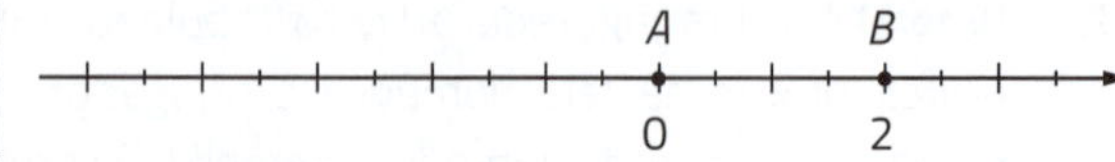

Banco de imagens/Arquivo da editora

Marque na reta os pontos *C*, *D*, *E*, *F* e *G*, que correspondem às localizações aproximadas dos números racionais -1, $3\frac{1}{4}$, $\frac{3}{2}$, $-4\frac{7}{9}$ e $(-8)^{\frac{1}{3}}$, respectivamente.

7› Coloque na ordem crescente os valores de 3^0, $(-1)^5$, $\left(\frac{2}{3}\right)^{-1}$ e $4^{\frac{1}{2}}$.

8› Com um colega, criem 2 sequências numéricas (uma finita e outra infinita) e descrevam a lei de formação de cada uma delas.

Atenção

Retome os assuntos que você estudou neste capítulo. Verifique em quais teve dificuldade e converse com o professor, buscando maneiras de reforçar seu aprendizado.

Autoavaliação

Algumas atitudes e reflexões são fundamentais para melhorar o aprendizado e a convivência na escola. Reflita sobre elas.

- Participei das atividades propostas, contribuindo com o professor e com os colegas para melhorar a qualidade das aulas?
- Esforcei-me para realizar as leituras do livro com atenção e para resolver as atividades e os problemas propostos?
- Estive atento a erros cometidos e procurei sanar as dúvidas com os colegas e com o professor?
- Conversei com os professores sempre que percebi alguma ausência de motivação para a aprendizagem?
- Ampliei meus conhecimentos de Matemática?

PARA LER, PENSAR E DIVERTIR-SE

Ler

Os termos de algumas sequências de números podem ser obtidos multiplicando o termo anterior por um valor previamente definido. Por exemplo, a sequência $(5, 10, 20, 40, 80, \ldots)$ tem o número 5 como primeiro termo e cada um dos demais termos pode ser obtido multiplicando o termo anterior por 2. Assim, o próximo termo dessa sequência é $2 \times 80 = 160$.

Tais sequências, que são construídas com recursividade, multiplicando o termo anterior por um valor constante, são conhecidas como **progressões geométricas**.

Também podemos calcular os termos desse tipo de sequência sem usar recursividade; nessa sequência, usamos potências. Veja.

$$a_1 = 5 = 5 \times 2^0$$

$$a_2 = 10 = 2 \times 5 \times 2^0 = 5 \times 2^1$$

$$a_3 = 20 = 2 \times 5 \times 2^1 = 5 \times 2^2$$

$$a_4 = 40 = 2 \times 5 \times 2^2 = 5 \times 2^3$$

$$a_5 = 80 = 2 \times 5 \times 2^3 = 5 \times 2^4$$

Consequentemente, o próximo termo é $a_6 = 5 \times 2^5 = 160$. Esse raciocínio com potências nos permite calcular qualquer termo que quisermos dessa sequência sem a necessidade de calcular todos os termos anteriores.

Pensar

Você sabia que qualquer número natural pode ser escrito com uma adição de potências de base 2? Por exemplo, o número 23 pode ser escrito como $2^4 + 2^2 + 2^1 + 2^0$, pois $16 + 4 + 2 + 1 = 23$.

Agora é sua vez! Tente escrever outros números como adições de potências de base 2.

a) 31 = ______________________________

b) 40 = ______________________________

c) 85 = ______________________________

Divertir-se

Leia esta tirinha e converse com um colega sobre a lógica de Magali.

SOUSA, Mauricio de. *Magali*. São Paulo: Globo, n. 227, 1998.

CAPÍTULO 2

Lugares geométricos e construções geométricas

JORNAL DA CIDADE
Boa notícia!
Uma creche será construída na cidade. O local ficará à mesma medida de distância da prefeitura, da escola e do posto de saúde.
Posto de Saúde
PREFEITURA
ESCOLA
Michel Ramalho/Arquivo da editora

Se fôssemos trabalhar com uma planta dessa cidade para descobrir o local exato onde a creche será construída, precisaríamos usar conceitos de Matemática, como lugares geométricos (para saber como descobrir o local) e construções geométricas (para chegar a esse local).

Neste capítulo, vamos estudar esses conceitos e conhecer algumas aplicações deles. Veja alguns instrumentos de desenho que serão úteis nesse estudo.

As imagens desta página não estão representadas em proporção.

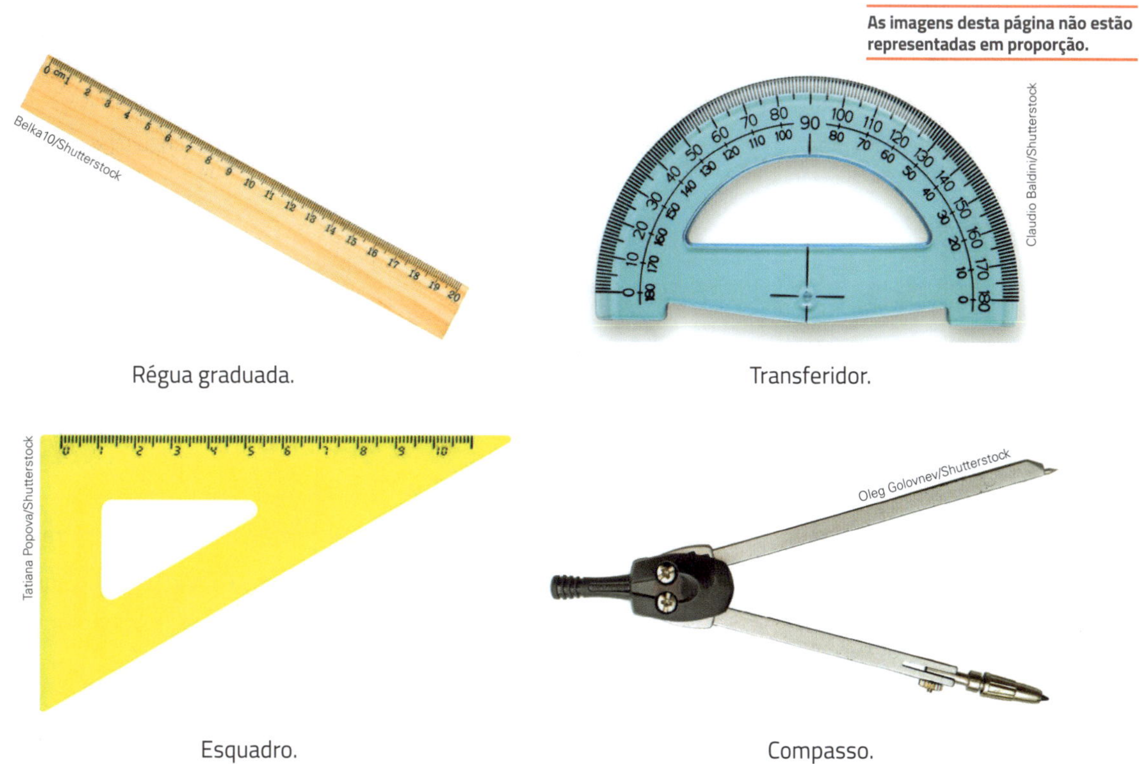

Régua graduada.

Transferidor.

Esquadro.

Compasso.

Converse com os colegas sobre estas questões e faça os registros necessários.

1 ▸ Qual figura geométrica obtemos ao ligar com segmentos de reta 3 pontos não alinhados, dois a dois?

2 ▸ O que significa dizer que um ponto é equidistante de 3 pontos dados?

3 ▸ Quando 2 retas de um mesmo plano são paralelas?

4 ▸ E quando são perpendiculares?

5 ▸ Qual é o ponto médio de um segmento de reta?

6 ▸ Façam um esboço dessa cidade, usando pontos para representar as construções da prefeitura, do posto de saúde e da escola e retas para ligar essas construções. Qual é a posição aproximada do ponto onde será construída a creche? Tentem descobrir!

1 Construções geométricas com régua, esquadro, transferidor e compasso

Nos anos anteriores, você aprendeu a fazer algumas construções geométricas usando régua, esquadro, transferidor e compasso. Vamos recordar e aprender a fazer novas construções?

Atividades

1 Com régua e transferidor, podemos construir ângulos com medidas de abertura dadas. Observe.

$A\hat{O}B$: ângulo de medida de abertura de 90°.

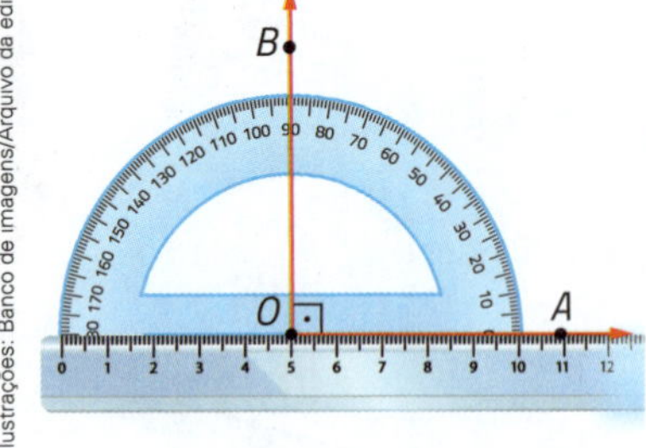

$A\hat{O}B$: ângulo de medida de abertura de 30°.

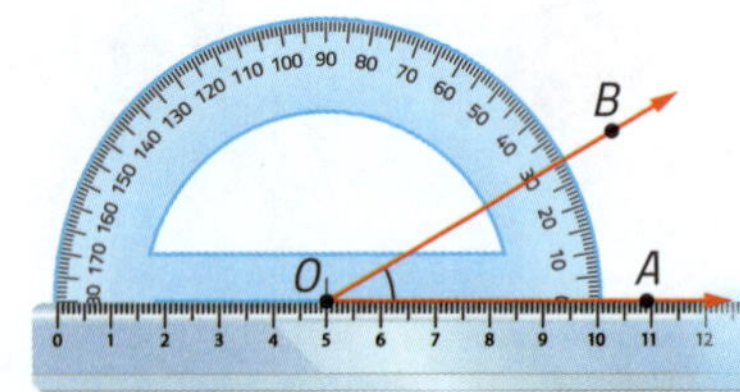

$A\hat{O}B$: ângulo de medida de abertura de 150°.

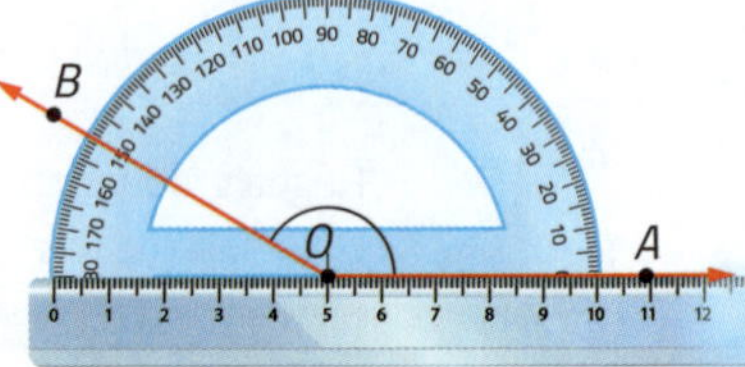

Ilustrações: Banco de imagens/Arquivo da editora

Use régua e transferidor para construir esses ângulos e também um ângulo de medida de abertura de 45°.

2 Com régua e esquadro, a partir de uma reta *r* e um ponto *P* fora dela, podemos construir a reta *s* que passa por *P* e é perpendicular a *r*. Veja.

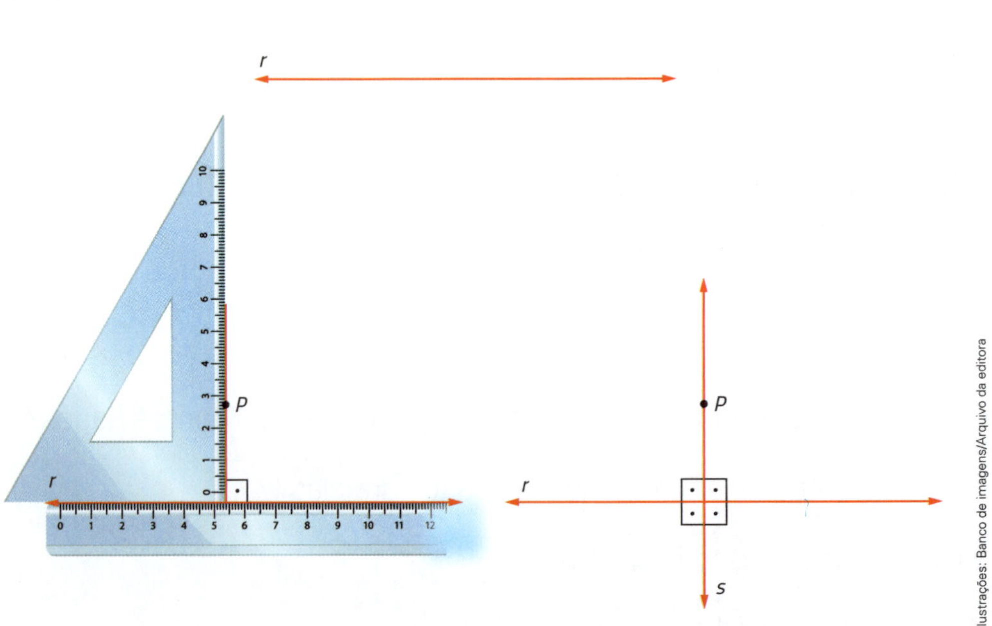

Ilustrações: Banco de imagens/Arquivo da editora

Reproduza essa mesma construção. Em seguida, construa uma reta *r*, marque um ponto *P* sobre ela e, usando régua e esquadro, construa a reta *t* que passa por *P* e é perpendicular a *r*.

3 Com régua graduada e transferidor, construa um quadrado *ABCD* cuja medida de comprimento dos lados seja de 5 cm.

Divisão da circunferência e do círculo em partes iguais

As imagens desta página não estão representadas em proporção.

Constantemente surge a necessidade de dividir uma circunferência ou um círculo em partes iguais. Quando dividimos uma circunferência em partes iguais, obtemos **arcos** iguais. E a nomenclatura **setores** você já conhece: quando dividimos um círculo em partes iguais, obtemos setores iguais.

Observem estas imagens, que lembram uma circunferência e um círculo divididos em partes iguais.

Woodyalibaba/Shutterstock

Roda do leme de um barco.

Kelly Sillaste/Flickr/Getty Images

Vitral da catedral de Estrasburgo, França.

Explorar e descobrir

1› Vamos aprender a fazer essa divisão por meio de dobraduras e, depois, usando régua, compasso e transferidor.

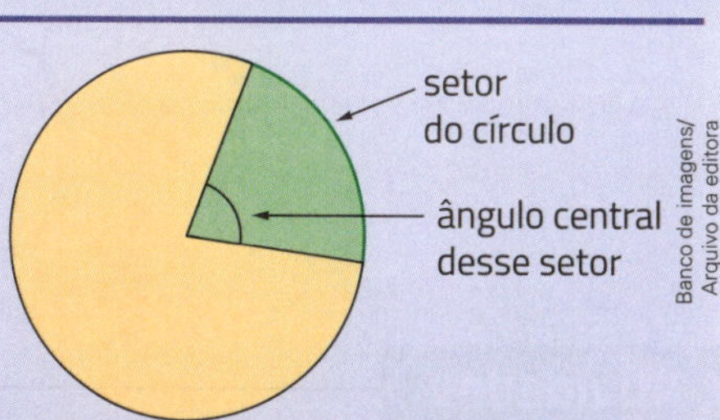

Banco de imagens/Arquivo da editora

a) Com compasso, trace uma circunferência em uma folha de papel sulfite e recorte o círculo correspondente. Dobre-o em 8 partes iguais. Quantos setores você obteve?

b) Passe lápis de cor ou caneta colorida sobre as dobras. Quantos ângulos centrais iguais podemos observar na dobradura?

c) Use um transferidor e meça a abertura, em graus, de cada ângulo central. Qual foi a medida obtida?

d) E qual é a soma das medidas de abertura, em graus, de todos os ângulos centrais?

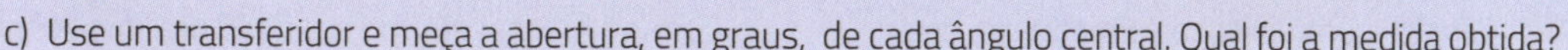

2› Agora, imagine um círculo dividido em 5 setores iguais. Qual é a medida de abertura de cada ângulo central dele? Explique para um colega como você fez para determinar essa medida.

3› Às vezes, para dividir uma circunferência em arcos iguais ou um círculo em setores iguais, sabemos apenas a medida de abertura do ângulo central correspondente e não a quantidade de partes.

a) Trace uma nova circunferência em uma folha de papel sulfite. Use régua e transferidor e marque nela um ângulo central de medida de abertura de 72°.

b) Com o compasso, marque as demais divisões da circunferência, ligando o centro da circunferência com cada divisão dela. Em quantos arcos iguais a circunferência ficou dividida?

Atividade

4› Faça o que se pede.

a) A divisão de uma circunferência em 10 arcos iguais.

b) A divisão de um círculo em 6 setores iguais. Pinte cada um de uma cor.

Construção de polígonos regulares

Para montar um jogo, Felipe precisava construir um octógono regular, ou seja, um polígono de 8 lados que tem todos os lados congruentes e todos os ângulos congruentes.

Lembre-se: Dizemos que 2 segmentos de reta são congruentes quando têm a mesma medida de comprimento e dizemos que 2 ângulos são congruentes quando têm a mesma medida de abertura.

Felipe pediu ajuda à irmã mais velha dele, Mariana. Veja o que ela disse.

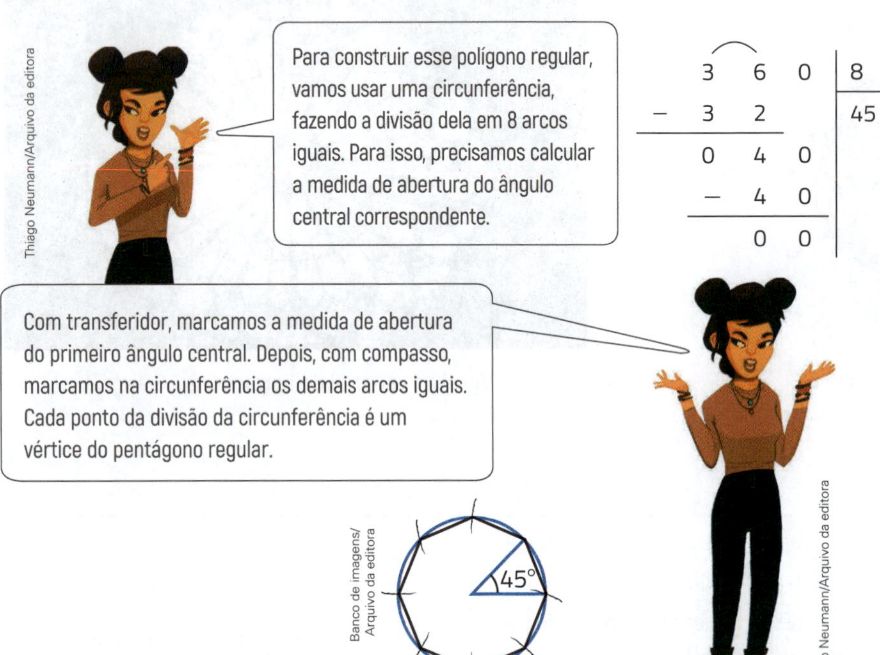

Thiago Neumann/Arquivo da editora
Para construir esse polígono regular, vamos usar uma circunferência, fazendo a divisão dela em 8 arcos iguais. Para isso, precisamos calcular a medida de abertura do ângulo central correspondente.
3 6 0 | 8
− 3 2 | 45
0 4 0
− 4 0
0 0
Com transferidor, marcamos a medida de abertura do primeiro ângulo central. Depois, com compasso, marcamos na circunferência os demais arcos iguais. Cada ponto da divisão da circunferência é um vértice do pentágono regular.
45°
Banco de imagens/Arquivo da editora
Thiago Neumann/Arquivo da editora

Saiba mais

"Circunferência" feita com retas

Você sabia que é possível obter uma circunferência traçando apenas linhas retas?

Esta figura, feita por um artista minucioso, mostra que essa proeza gráfica é realizável. Na parte central da figura aparece uma "circunferência" formada exclusivamente por feixes de reta.

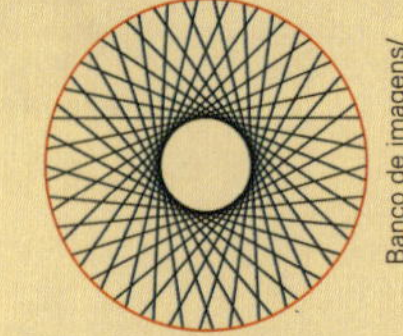
Banco de imagens/Arquivo da editora

Do ponto de vista rigorosamente matemático, a parte central da figura, que parece ser uma circunferência, é apenas um polígono regular convexo com 33 lados.

Fonte de consulta: TAHAN, Malba. *As maravilhas da Matemática*. Rio de Janeiro: Bloch, 1972.

Atividades

5› Construa um polígono com a forma desta placa. Depois, escreva uma frase referente ao respeito à sinalização de trânsito e leia para os colegas.

As imagens desta página não estão representadas em proporção.

PARE

Jacek/Kino.com.br

Placa de trânsito.

6› Construa um hexágono regular.

7› **Conexões.** A estrela-do-mar é um animal invertebrado e carnívoro. Ela costuma se alimentar principalmente de moluscos, como mariscos e ostras. Com os braços, ela força a abertura das conchas desses animais e se alimenta deles. Depois, ela permanece até 10 dias em jejum. Geralmente, a estrela-do-mar é encontrada semienterrada no fundo do mar.

Observe a foto desta estrela-do-mar e o ângulo em destaque.

Juan Carlos Tinjaca/Shutterstock

Estrela-do-mar.

a) Ligando as "pontas" da estrela-do-mar obtém-se uma figura parecida com um polígono. Qual polígono é esse?

b) Quanto mede, aproximadamente, a abertura do ângulo destacado?

Construção do hexágono regular sem o uso do transferidor

Você acaba de estudar como construir polígonos regulares utilizando o transferidor para traçar o ângulo central em uma circunferência. Veja agora como construir um hexágono regular sem o uso do transferidor.

Observe a circunferência ao lado, dividida em 6 arcos iguais, e o hexágono regular correspondente. Ligando o centro O da circunferência aos vértices do hexágono, obtemos 6 triângulos.

Banco de imagens/Arquivo da editora

Analisando o $\triangle AOB$, temos que o ângulo central $A\hat{O}B$ tem medida de abertura de 60° (360° ÷ 6 = 60°) e $\overline{AO} \cong \overline{BO}$ (pois são raios da circunferência). Assim, o $\triangle AOB$ é isósceles de base $\overline{AB}$.

É possível demonstrar que, como o $\triangle AOB$ é isósceles, temos $O\hat{A}B \cong O\hat{B}A$. Então:

$$m(O\hat{A}B) = m(O\hat{B}A) = \frac{180° - 60°}{2} = 60°$$

Logo, os 3 ângulos internos são congruentes e, portanto, o $\triangle AOB$ é isósceles e equilátero.

Analogamente, podemos deduzir que os outros triângulos também são equiláteros. E se os 6 triângulos são equiláteros, então a medida de comprimento do lado do hexágono regular é igual à medida de comprimento do raio da circunferência.

> No capítulo 4, você estudará as propriedades dos triângulos e verá que, em um triângulo isósceles, os ângulos da base são congruentes.

Sabendo que essas medidas de comprimento são iguais, fica fácil construir um hexágono regular, com lados de medida de comprimento ℓ, usando uma circunferência.

Thiago Neumann/Arquivo da editora

Acompanhe as etapas que devemos seguir.

• Traçamos com o compasso uma circunferência com raio de medida de comprimento ℓ. 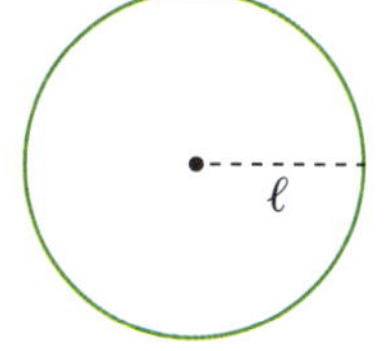	• Com a **mesma abertura do compasso**, dividimos a circunferência em 6 arcos iguais. 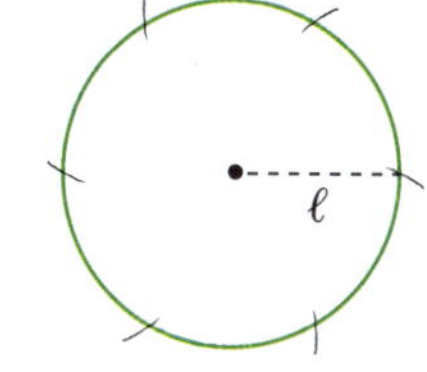	• Ligamos os pontos obtidos, construindo um hexágono regular com lados de medida de comprimento ℓ. 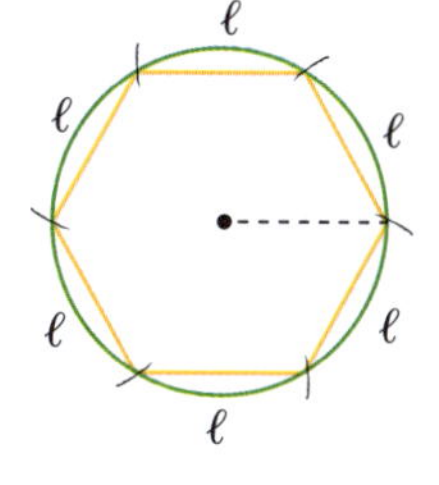

Ilustrações: Banco de imagens/Arquivo da editora

Atividade

8 Com régua e compasso, construa 2 hexágonos regulares: um com lados de medida de comprimento de 4 cm e o outro, de 5,5 cm.

2 Lugares geométricos

Agora você verá como a ideia de **lugar geométrico** possibilita muitas construções geométricas e como esse conceito é importante para entender diversos fatos relacionados às posições de pontos, retas e circunferências de um plano. Além disso, você verá aplicações desse conceito em situações do cotidiano.

Lembrando que toda figura geométrica é um conjunto de pontos, podemos definir lugar geométrico.

Uma figura é chamada de lugar geométrico quando satisfaz estas 2 condições.

- Todos os pontos da figura têm uma mesma propriedade.
- Nenhum outro ponto do universo considerado tem essa propriedade.

Atenção: No estudo que faremos neste capítulo, consideramos os lugares geométricos planos, ou seja, aqueles cujo universo são os pontos de um mesmo plano.

Você vai entender melhor essa definição logo a seguir, a partir do estudo das propriedades dos pontos de uma circunferência, que são próprias e exclusivas desses pontos.

Circunferência

Você já conhece as características da circunferência e já sabe como traçá-la, usando o compasso. Agora, você verá por que a circunferência é um lugar geométrico.

- Propriedade: todos os pontos da circunferência são equidistantes de um ponto do plano (o centro).

$$AO = BO = CO = DO = \ldots = r$$

- Nenhum outro ponto do plano tem essa propriedade.

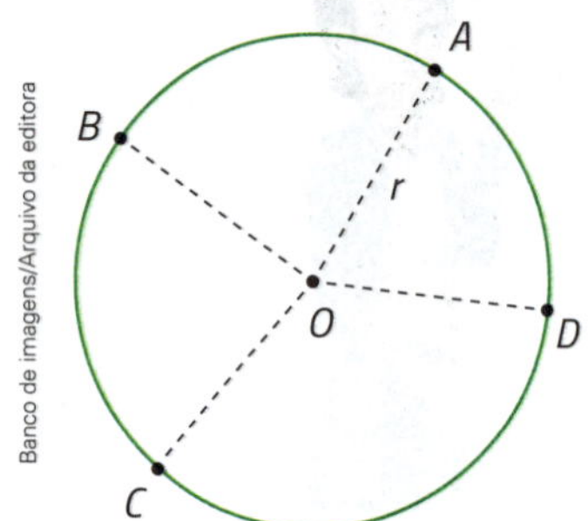

Circunferência de centro O e raio de medida de comprimento r.

Atividades

9 Em uma folha, marque um ponto O e, com compasso, trace o lugar geométrico dos pontos que distam 3 cm de O.

10 Observe esta figura, com uma circunferência de centro O e uma circunferência de centro R.

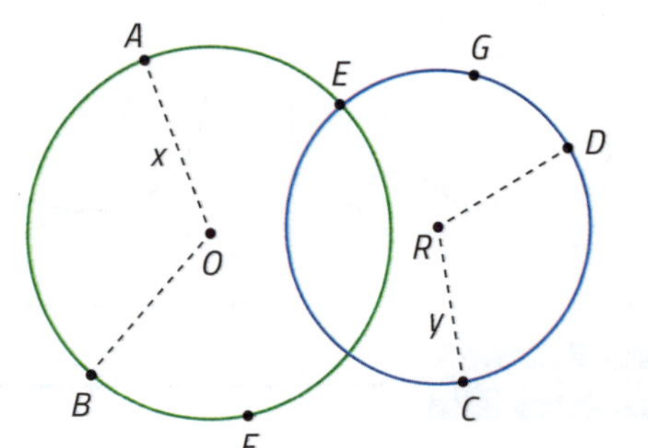

a) Reproduza essa figura no caderno.

b) O que a letra x está indicando?

c) E o que a letra y está indicando?

d) Qual é a medida de comprimento do segmento de reta $\overline{OB}$?

e) E qual é a medida de comprimento do segmento de reta $\overline{RD}$?

f) Entre os pontos marcados com letra nesta figura, qual dista x de O e y de R?

Bissetriz de um ângulo

Outro lugar geométrico do plano é a **bissetriz** de um ângulo.

Bissetriz de um ângulo é a semirreta com origem no vértice desse ângulo e que o divide em 2 ângulos de medidas de abertura iguais (ângulos congruentes).

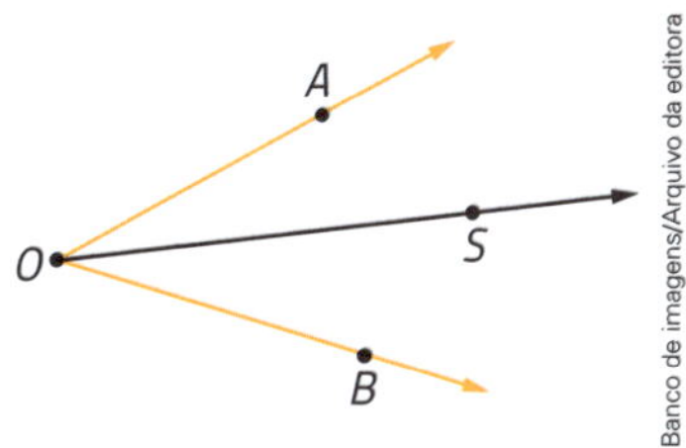

Banco de imagens/Arquivo da editora

A semirreta $\overrightarrow{OS}$ é bissetriz do $A\hat{O}B$, pois $A\hat{O}S \cong B\hat{O}S$.

Veja por que a bissetriz de um ângulo é um lugar geométrico do plano.

- Propriedade: todos os pontos da bissetriz são equidistantes dos 2 lados do ângulo.

$$XM = XN,\ YR = YS,\ ZP = ZQ,\ \ldots$$

- Nenhum outro ponto do plano tem essa propriedade.

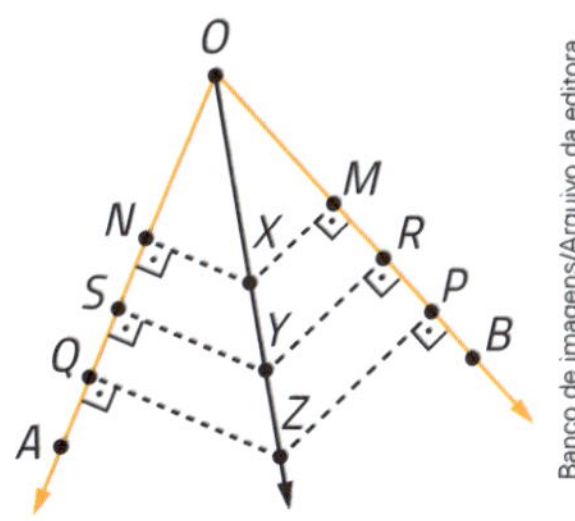

Banco de imagens/Arquivo da editora

Veja a construção da bissetriz de um ângulo $A\hat{O}B$, com régua e compasso.

• Abrimos o compasso com uma abertura qualquer. Com a ponta-seca no vértice O, traçamos um arco que intersecta os 2 lados do ângulo, obtendo os pontos A e B. 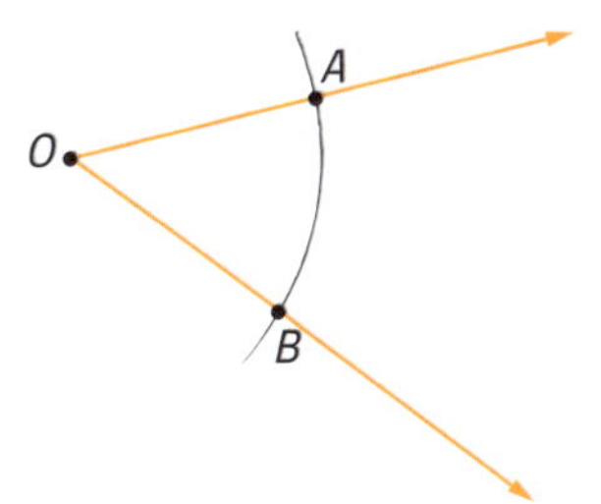	• Abrimos novamente o compasso, com uma abertura qualquer. Com a mesma abertura, com a ponta-seca no ponto A e, depois, no ponto B, traçamos 2 arcos que se intersectam, determinando o ponto S. • Traçamos a semirreta $\overrightarrow{OS}$, bissetriz do $A\hat{O}B$. 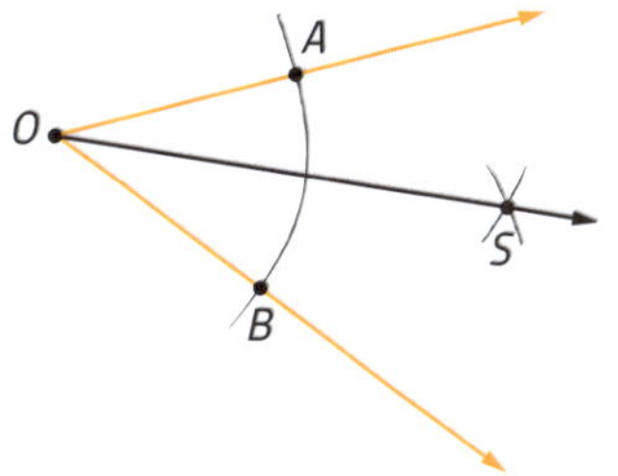

Ilustrações: Banco de imagens/Arquivo da editora

Atividade

11 ▸ Em uma folha, trace um ângulo obtuso. Em seguida, com régua e compasso, construa a bissetriz desse ângulo.

Mediatriz de um segmento de reta

A **mediatriz** de um segmento de reta também é um lugar geométrico do plano.

> Mediatriz de um segmento de reta é a reta perpendicular a esse segmento e que passa pelo ponto médio dele.

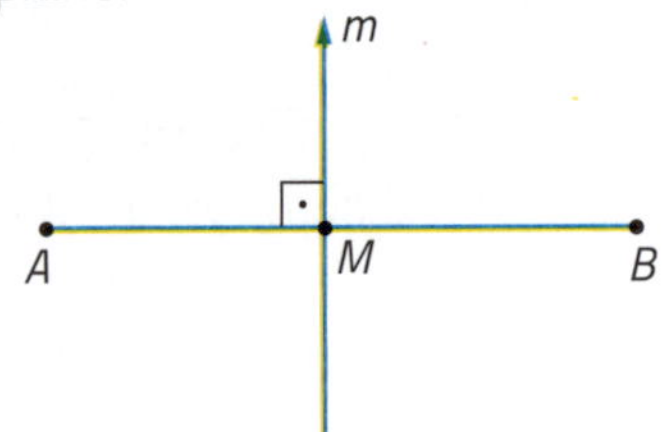

A reta *m* é a mediatriz do $\overline{AB}$, pois:

- *m* é perpendicular ao $\overline{AB}$ $\left(m \perp \overline{AB}\right)$;
- *M* é o ponto médio do $\overline{AB}$ $\left(\overline{AM} \cong \overline{BM}\right)$.

Veja por que a mediatriz de um segmento de reta é um lugar geométrico.

- Propriedade: todos os pontos da mediatriz são equidistantes das extremidades do segmento de reta.

$$EA = EB,\ FA = FB,\ MA = MB,\ GA = GB,\ \ldots$$

- Nenhum outro ponto do plano tem essa propriedade.

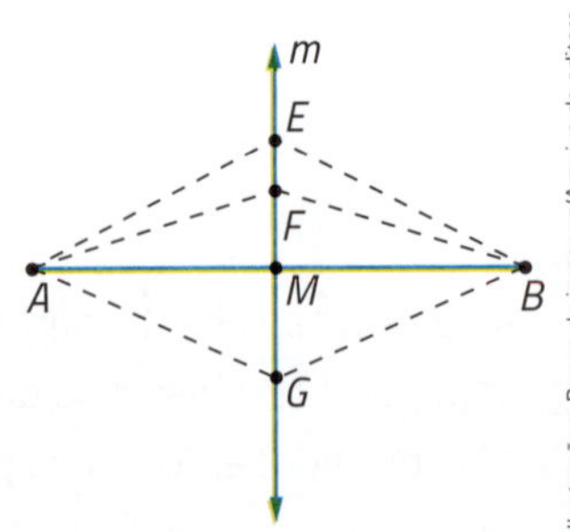

Ilustrações: Banco de imagens/Arquivo da editora

Veja a construção da mediatriz do segmento de reta $\overline{AB}$.

- Abrimos o compasso com uma abertura maior do que a metade do comprimento do segmento de reta $\overline{AB}$. Com a ponta-seca do compasso em *A* e essa abertura, traçamos 2 arcos.

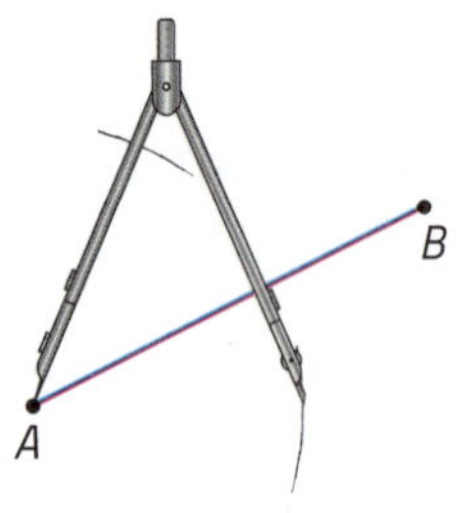

- Com a mesma abertura, e a ponta-seca em *B*, traçamos 2 arcos que intersectam os arcos já traçados, obtendo 2 pontos da mediatriz.

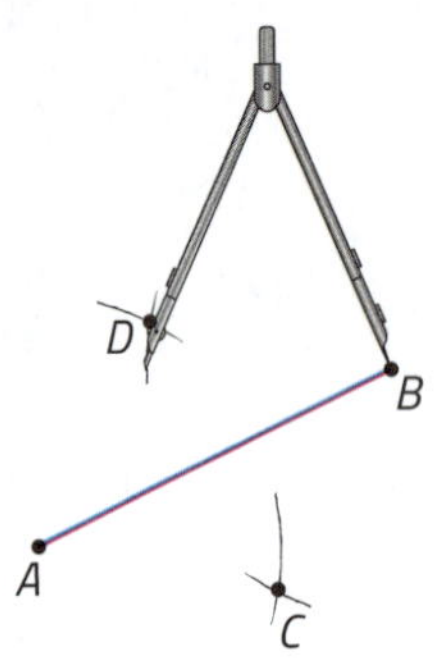

- Traçamos a reta *m*, mediatriz do segmento de reta $\overline{AB}$.

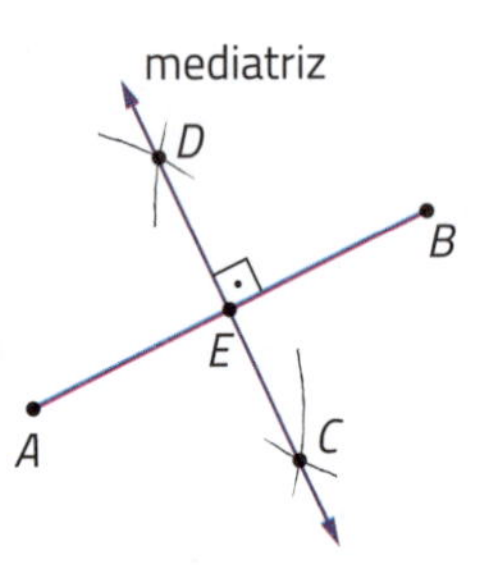

Ilustrações: Banco de imagens/Arquivo da editora

Observe que, ao construir a mediatriz *m* do segmento de reta $\overline{AB}$, encontramos o ponto médio *M* dele: é a intersecção da mediatriz *m* com o segmento de reta $\overline{AB}$. Assim, também podemos usar essa construção para determinar o ponto médio de um segmento de reta.

Atividades

12› Em qual destas figuras a reta *r* é mediatriz do $\overline{EF}$? Justifique.

a)

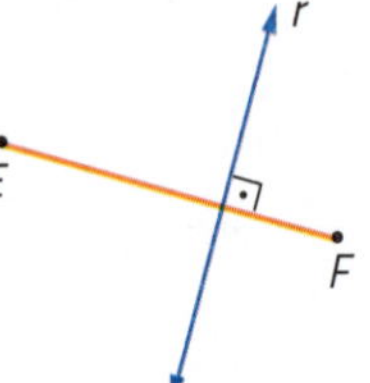

b)

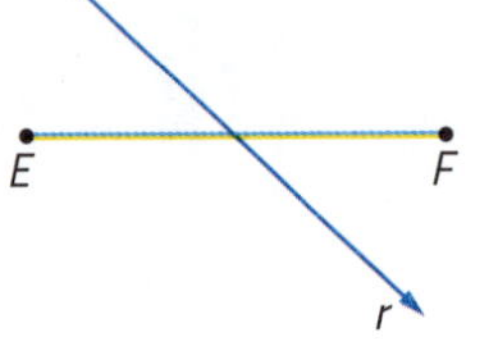

c)

E

R r

F

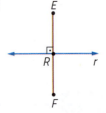

Ilustrações: Banco de imagens/Arquivo da editora

13› Em uma folha, trace um segmento de reta de medida de comprimento de 5 cm. Em seguida, com régua e compasso, construa a mediatriz dele.

MATEMÁTICA
E TECNOLOGIA

O GeoGebra

O GeoGebra é um software livre e dinâmico de Matemática que pode ser utilizado em diversos conteúdos de Álgebra e de Geometria, em todos os níveis de ensino. Ele foi criado em 2001 pelo matemático austríaco Markus Hohenwarter (1976-) e recebeu diversos prêmios na Europa e nos Estados Unidos.

No endereço <www.geogebra.org/download>, você pode fazer o *download* do *software* "Geometria" ou acessá-lo *on-line*. Se precisar, peça a alguém mais experiente ajudá-lo com a instalação.

Software livre: qualquer programa gratuito de computador cujo código-fonte deve ser disponibilizado para permitir o uso, o estudo, a cópia e a redistribuição.

Construções geométricas no GeoGebra

Agora o trabalho é no computador, você vai gostar!

Vamos utilizar o GeoGebra para construir a mediatriz de um segmento de reta, a bissetriz de um ângulo, os ângulos de medida de abertura de 90°, 60°, 45° e 30° e alguns polígonos regulares. Siga atentamente os passos dados e registre as respostas às perguntas.

Construção da mediatriz de um segmento de reta

Vamos construir a mediatriz de um segmento e observar algumas propriedades importantes.

1º passo: Clique na opção "Segmento" no menu de ferramentas (à esquerda da tela) e marque 2 pontos próximos ao centro da tela, onde você quiser que fique o desenho do segmento de reta.

2º passo: Clique na opção "Mediatriz" e selecione o próprio segmento de reta ou as extremidades dele. Em seguida, clique na opção "Ponto" e marque a intersecção do segmento de reta e da mediatriz.

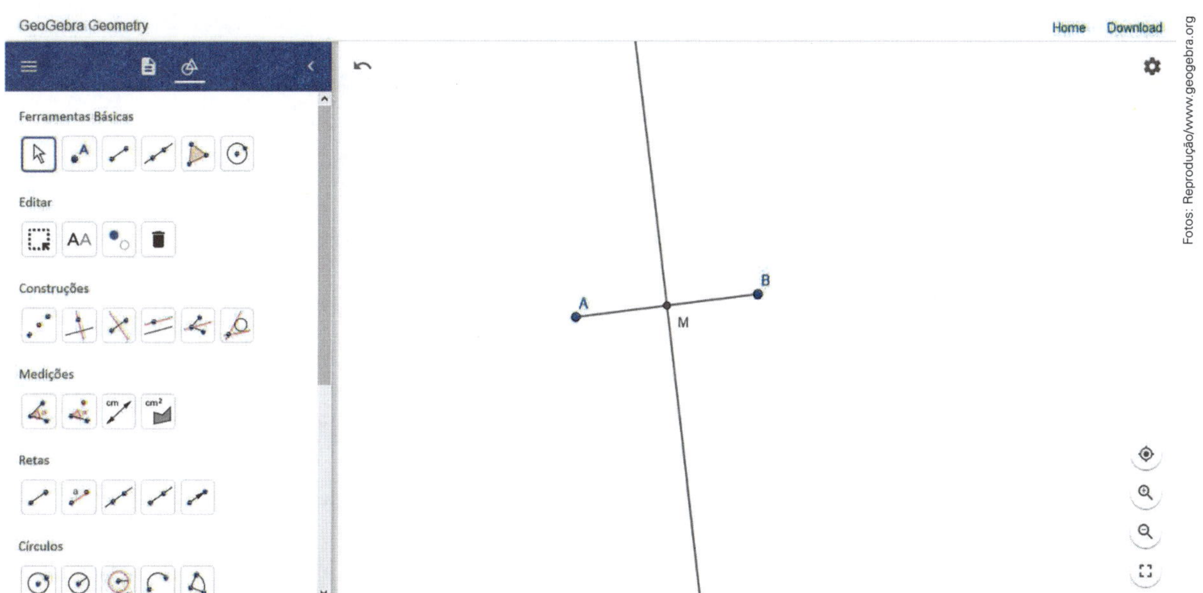

Fotos: Reprodução/www.geogebra.org

3º passo: Qual é a medida de abertura de cada ângulo formado pelo segmento de reta e a mediatriz?

Você pode comprovar sua resposta fazendo a medição no GeoGebra. Clique na opção "Ângulo" no menu de ferramentas e, depois, clique no segmento de reta e na mediatriz.

4º passo: A mediatriz divide o segmento de reta em 2 partes. Qual é a relação entre as medidas de comprimento delas?

Você também pode comprovar sua resposta fazendo a medição no GeoGebra. Clique na opção "Distância, Comprimento ou Perímetro" no menu de ferramentas e, em seguida, clique nas extremidades de cada segmento de reta formado.

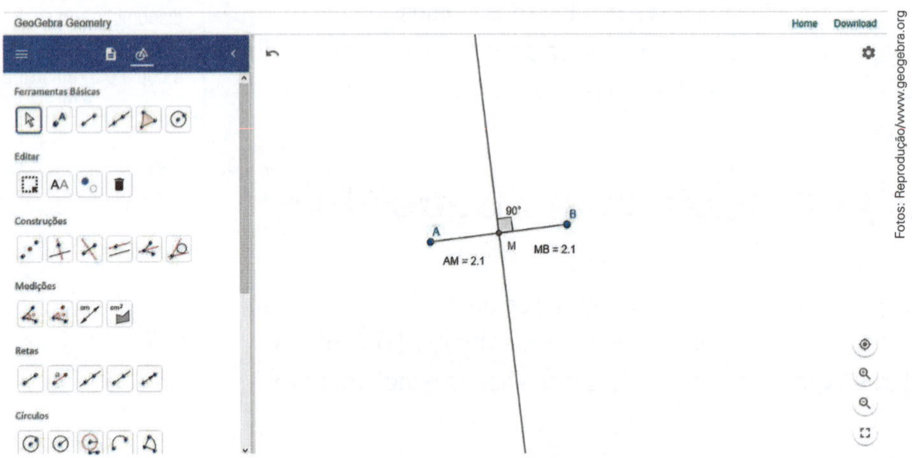

Fotos: Reprodução/www.geogebra.org

5º passo: Use a opção "Mover" do menu de ferramentas para alterar a posição de todo o segmento de reta. O que você observa na posição da mediatriz que foi traçada? E nas medidas de abertura e de comprimento indicadas?

6º passo: Agora, movimente apenas uma extremidade do segmento de reta e rotacione-o lentamente. Faça mais movimentos aumentando ou reduzindo a medida de comprimento do segmento de reta. O que acontece com a mediatriz? E com as medidas de abertura e de comprimento indicadas?

Construção da bissetriz de um ângulo

Agora vamos construir e explorar as propriedades da bissetriz de um ângulo.

Para iniciar um novo trabalho, salve as construções já feitas e comece uma nova construção, clicando em "Novo".

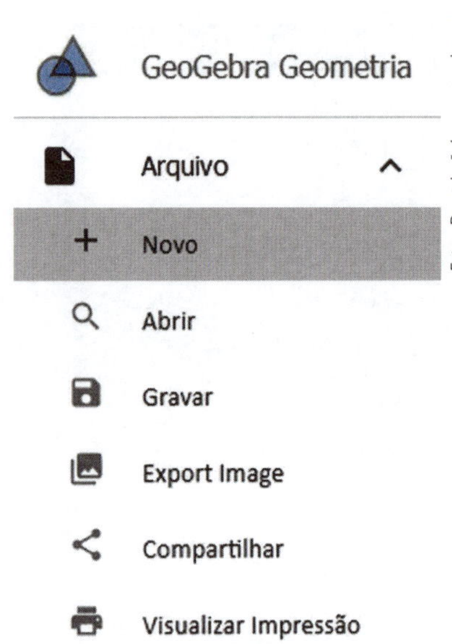

Fotos: Reprodução/www.geogebra.org

1º passo: Clique na opção "Semirreta" no menu de ferramentas e marque 2 pontos próximos ao centro da tela, onde você quiser que fique o desenho. Para construir a outra semirreta, clique novamente em um dos pontos e, depois, escolha e clique em outro ponto na tela.

2º passo: Você já viu como medir a abertura do ângulo formado entre 2 retas. Entre 2 semirretas você pode usar a mesma opção. Faça essa medição. Se necessário, você pode usar a opção "Mover" para melhorar a posição e a visualização do valor obtido.

3º passo: Para determinar a bissetriz do ângulo, clique na opção "Bissetriz" e, em seguida, clique nos 3 pontos que você usou para traçar as semirretas.

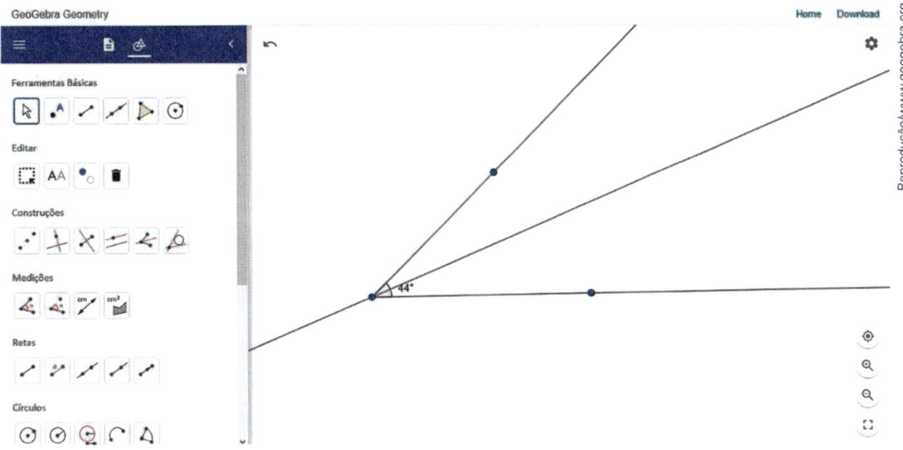

Reprodução/www.geogebra.org

Atenção: O GeoGebra traça a reta suporte da bissetriz do ângulo, que é uma semirreta.

4º passo: Agora, meça a abertura de um dos ângulos formados entre as semirretas que você traçou inicialmente e a bissetriz. Qual é a relação entre essa medida e a medida de abertura do ângulo que você traçou?

5º passo: Use a opção "Mover" para alterar lentamente a posição de umas das semirretas que você traçou. O que acontece com a bissetriz? E com as medidas de abertura dos ângulos?

Construção de ângulos de medida de abertura dada

Agora vamos construir ângulos de medida de abertura de 90°, 60°, 45° e 30°.

Novamente, salve as construções já feitas e comece uma nova construção, clicando em "Novo".

1º passo: No menu de ferramentas, clique na opção "Ângulo com amplitude fixa" e marque 2 pontos na tela.

Uma janela vai aparecer para você digitar a medida de abertura do ângulo que deseja construir. Substitua a medida que aparecer por 90 (mantenha o símbolo ° que já aparece) e escolha um sentido para a construção do ângulo.

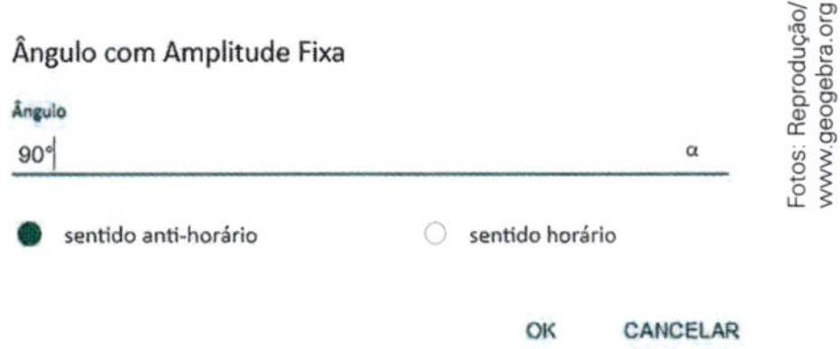

Fotos: Reprodução/www.geogebra.org

Atenção: A medida de abertura de um ângulo é chamada de **amplitude** no GeoGebra.

2º passo: Para melhorar a visualização, trace as semirretas que formam o ângulo, clicando na origem do ângulo e em cada ponto já marcado. Você verá claramente que o ângulo é reto (a medida de abertura é de 90°).

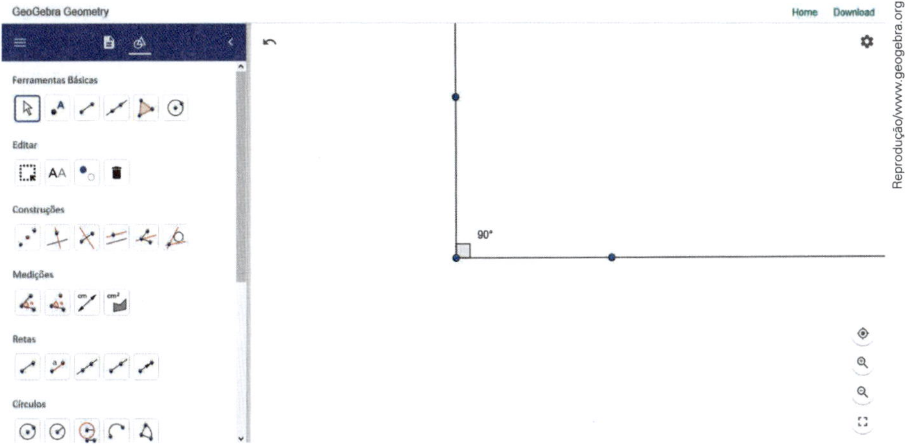

Reprodução/www.geogebra.org

3º passo: Aplique o que você aprendeu! Repita o 1º e o 2º passo e construa um ângulo de medida de abertura de 60°, depois um de 45° e, por fim, um de 30°.

Construção de polígonos regulares

Agora vamos construir alguns polígonos regulares. Não se esqueça de salvar as construções já feitas e começar uma nova.

1º passo: No menu de ferramentas, clique na opção "Polígono regular" e marque 2 pontos na tela.

Uma janela vai aparecer para você digitar a quantidade de vértices do polígono regular que deseja construir. Inicialmente, escolha 4 vértices, para que seja construído um quadrado.

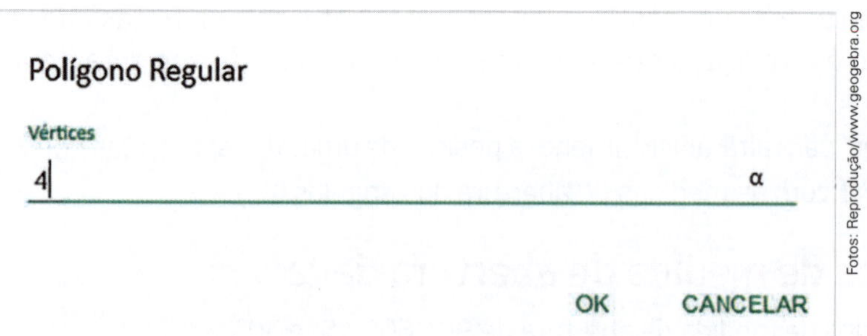

Fotos: Reprodução/www.geogebra.org

2º passo: Repita o passo anterior e desenhe polígonos regulares com 6 vértices, com 8 vértices, com 12 vértices e com 20 vértices.

3º passo: Para melhorar a visualização de cada polígono, use a opção "Mover" e reposicione-os de modo que não fiquem um por cima do outro. Você também pode diminuir o *zoom* da tela.

4º passo: Usando a opção "Ângulo" e clicando em 2 lados consecutivos do quadrado, meça a abertura de cada ângulo interno. O que pode ser observado em todos os ângulos internos do quadrado?

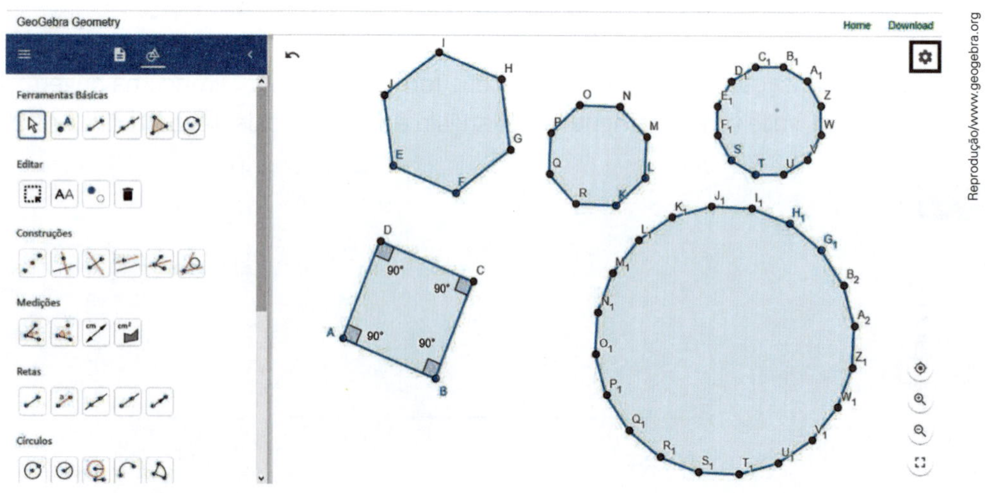

Reprodução/www.geogebra.org

5º passo: Meça a abertura dos ângulos internos dos demais polígonos regulares que você construiu. Quais medidas de abertura você obteve?

3 Mais construções geométricas com régua não graduada e compasso

Construção de ângulos de medidas de abertura dadas

Dada a medida de abertura de qualquer ângulo, você já sabe construí-lo usando transferidor e também usando o GeoGebra. Agora, vamos aprender a construir alguns ângulos, de medidas de abertura dadas, com régua e compasso.

Medida de abertura de 60°

Para construir um ângulo de medida de abertura de 60°, basta construir um triângulo equilátero, pois todos os ângulos internos dele têm medida de abertura de 60°.

Thiago Neumann/Arquivo da editora

- Traçamos uma semirreta, de origem *A*, na posição desejada.
- Com uma abertura qualquer do compasso, e a ponta-seca em *A*, traçamos um arco de circunferência, determinando o ponto *B* sobre a semirreta.

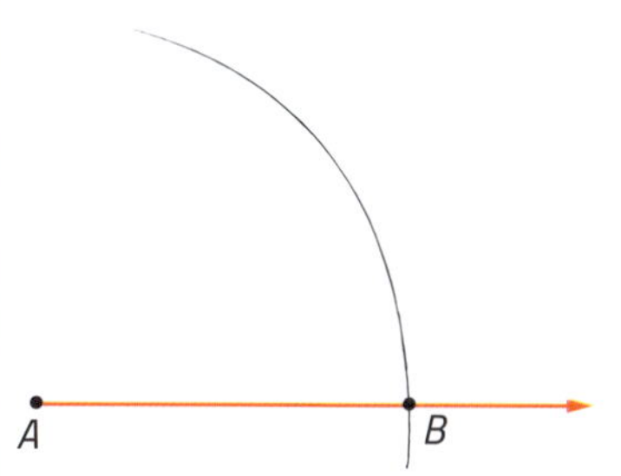

- Com a mesma abertura do compasso, e a ponta-seca em *B*, traçamos um arco que intersecta o arco já traçado, determinando o ponto *C* (o $\triangle ABC$ é equilátero).

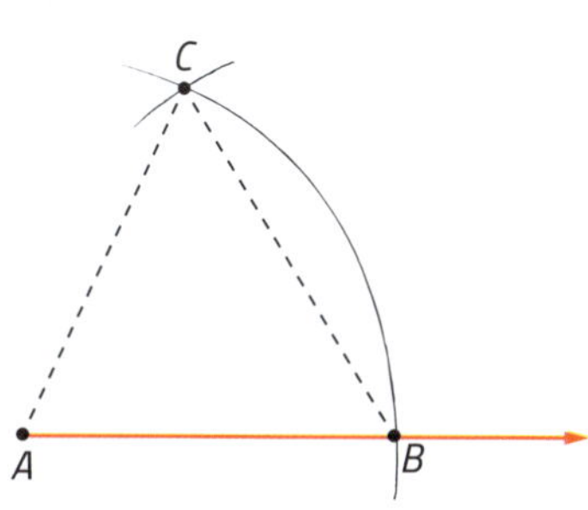

- Traçamos a semirreta $\overrightarrow{AC}$ e obtemos o ângulo $B\hat{A}C$, de medida de abertura de 60°.

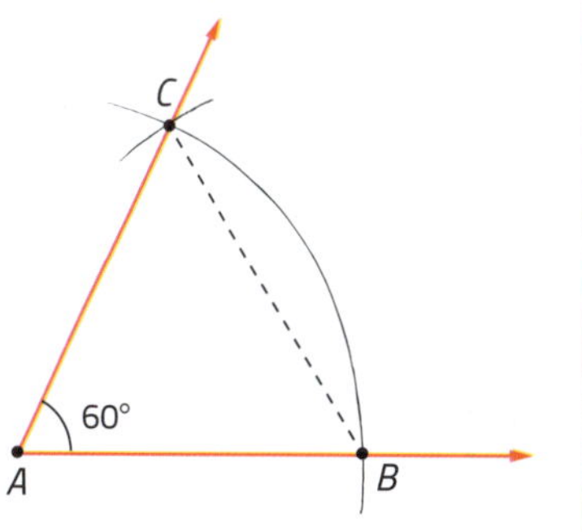

Ilustrações: Banco de imagens/Arquivo da editora

Atividades

14 ▸ Faça as construções indicadas.

a) Um ângulo cuja medida de abertura seja de 60°, na posição que desejar.

b) Outro ângulo cuja medida de abertura seja de 60°, só que agora um dos lados dele deve estar na posição vertical.

15 ▸ **Desafio.** Usando régua e compasso, e sem usar transferidor, construa um ângulo de medida de abertura de 120°.

Medidas de abertura de 30° e de 90°

Você já viu como construir ângulos de medidas de abertura de 60° e de 120°, usando régua e compasso. Viu também o traçado da bissetriz de um ângulo.

Usando essas construções você pode construir ângulos de medidas de abertura de 30° e de 90°.

- Construímos um ângulo $A\hat{O}B$ de medida de abertura de 60°.
- Traçamos a bissetriz $\overrightarrow{OC}$ desse ângulo.
- O $A\hat{O}C$ obtido tem medida de abertura de 30° (60° ÷ 2 = 30°).

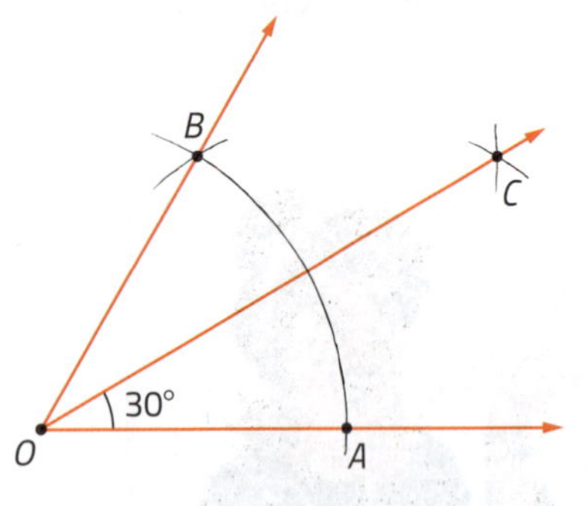

- Construímos um ângulo de medida de abertura de 120° (60° + 60° = 120°).
- Construímos a bissetriz de uma das partes correspondente a 60°.
- O $P\hat{Q}R$ obtido tem medida de abertura de 90° (60° + 30° = 90°).

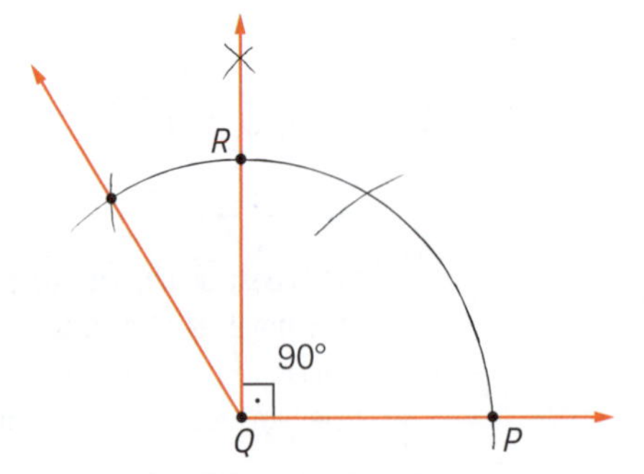

Ilustrações: Banco de imagens/Arquivo da editora

Atividades

16 Faça as construções indicadas.

a) Um ângulo cuja medida de abertura seja de 30°, com um dos lados na posição horizontal.

b) Um ângulo cuja medida de abertura seja de 90°, com um dos lados na posição vertical.

17 Usando régua e compasso, e sem usar transferidor, faça as construções dos ângulos de medidas de abertura dadas.

a) 45° b) 135° c) 75° d) 150°

18 Considerando a medida x dada, use régua e compasso para construir o $\triangle ABC$, em que $AB = x$, $m(\hat{A}) = 90°$ e $m(\hat{C}) = 60°$.

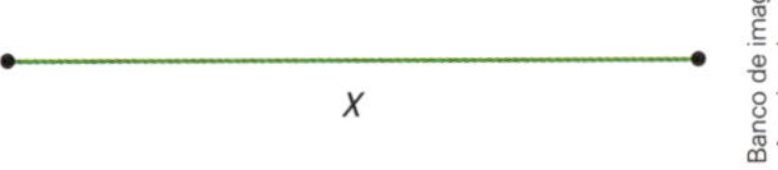

Banco de imagens/Arquivo da editora

Raciocínio lógico

Luis Felipe ganhou 4 selos, mas está confuso sobre o país de origem de cada um. Vamos ajudá-lo a classificar os selos?

Observe as dicas.

- O selo com a imagem de um trem é vermelho.
- O selo alemão tem a imagem de um corredor.
- O selo cuja imagem é uma flor não é francês.
- O selo da Suíça não é vermelho.
- O selo que tem a imagem de um avião não é amarelo.
- O selo dos Estados Unidos é azul.
- O selo com a imagem de uma flor é verde.

Sugestão: Organize as informações neste quadro.

Bandeira do país	(França)	(Alemanha)	(Suíça)	(Estados Unidos)
Nome do país				
Cor do selo				
Imagem no selo				

Ilustrações: Banco de imagens/Arquivo da editora

Construção de retas perpendiculares

Você já aprendeu a construir retas perpendiculares e paralelas a uma reta dada, usando régua e esquadro.

Para aprender a construir 2 retas perpendiculares, usando régua e compasso, analise os exemplos.

- Se você quiser traçar 2 retas perpendiculares quaisquer, então basta traçar um ângulo de medida de abertura de 90° e prolongar os lados dele.
- Se você tem uma reta *r* e um ponto *P* e quiser construir uma reta *s* perpendicular à reta *r* e que passa por *P*, então inicialmente você deve analisar a posição do ponto *P*.

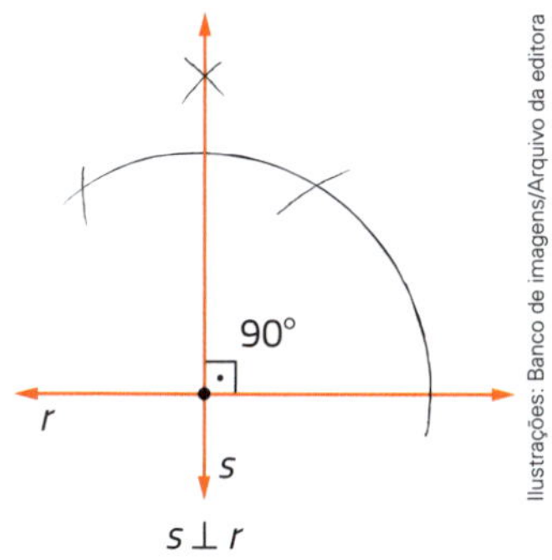

Ilustrações: Banco de imagens/Arquivo da editora

1º caso: *P* é um ponto da reta *r*.

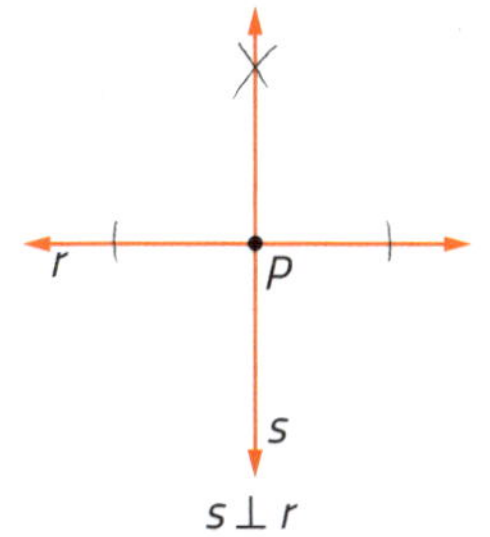

2º caso: *P* é um ponto fora da reta *r*.

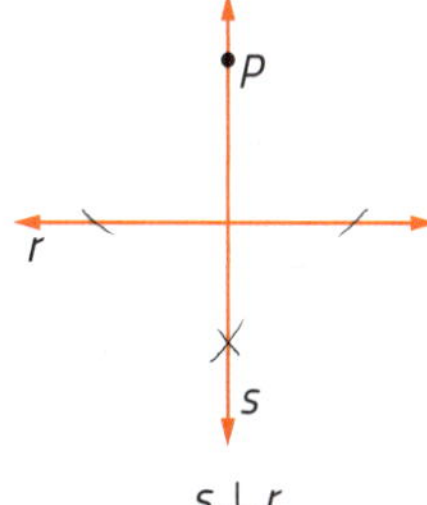

Explorar e descobrir

Observe os 2 casos das construções da reta perpendicular à reta *r* e que passa por *P*.

a) Converse com os colegas e registre suas conclusões. Como vocês acham que foram feitas essas construções?

b) Faça essas 3 construções.

Construção de retas paralelas

Dada uma reta *r*, existem no mesmo plano infinitas retas paralelas a ela. Vamos estudar uma dessas retas em particular: aquela que passa por um ponto *P* dado, pertencente ao mesmo plano.

Considere uma reta *r* e um ponto *P* não pertencente a *r*.

P

r

Banco de imagens/Arquivo da editora

Podemos construir uma reta *s* que passa por *P* e é paralela à reta *r*. Para isso, usamos o fato de que um losango tem todos os lados com medidas de comprimento iguais e que os pares de lados opostos são paralelos.

Acompanhe a construção.

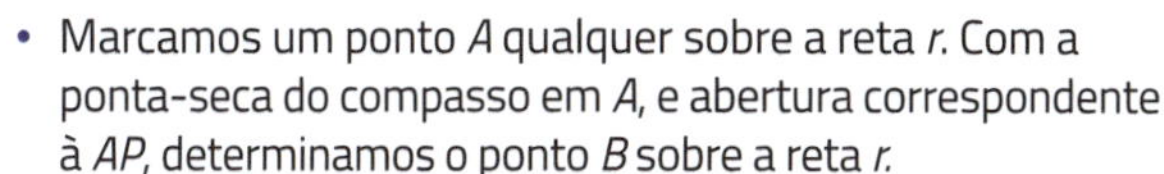

- Marcamos um ponto *A* qualquer sobre a reta *r*. Com a ponta-seca do compasso em *A*, e abertura correspondente à *AP*, determinamos o ponto *B* sobre a reta *r*.
- Com a mesma abertura do compasso, traçamos 2 arcos, com a ponta-seca em *B* e depois em *P*. A intersecção desses arcos determina um ponto *C*.

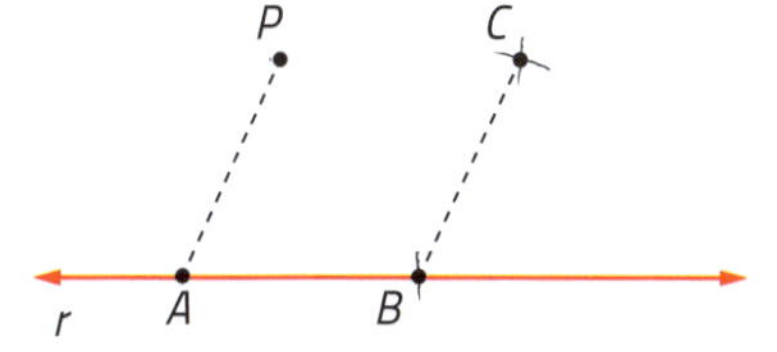

- Como *AP* = *AB* = *BC* = *PC*, temos que *ABCP* é um losango e que a reta *s* que passa por *P* e por *C* é paralela à reta *r* dada.
- Traçamos a reta *s*.

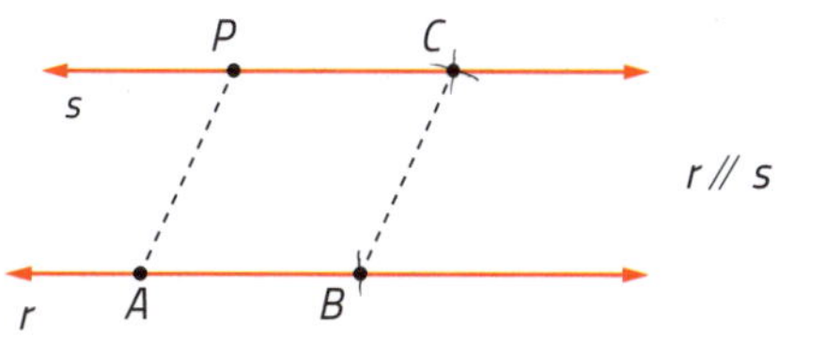

Ilustrações: Banco de imagens/Arquivo da editora

Atividades

19 ▸ Use régua e compasso para localizar o ponto *O* na intersecção da mediatriz *m* de $\overline{AB}$ e da reta *s*, que passa por *P* e é paralela à reta *r*.

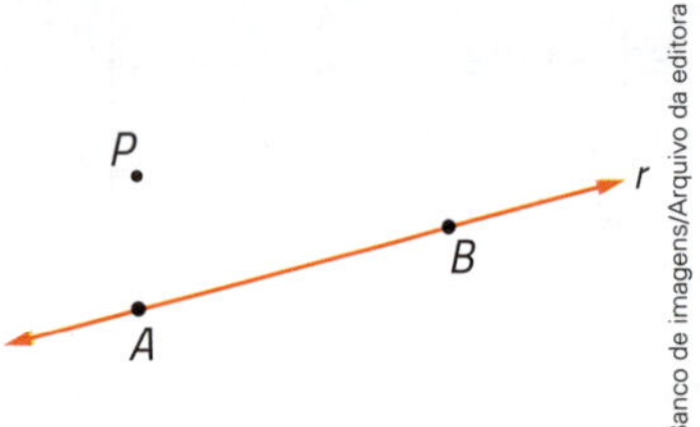

Banco de imagens/Arquivo da editora

20 ▸ Construa o que se pede, considerando as medidas de comprimento *x* e *y*.

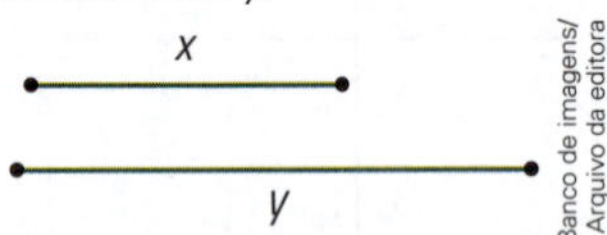

Banco de imagens/Arquivo da editora

a) Um quadrado *ABCD* com lados de medida de comprimento *x*.

b) Um paralelogramo *RSTU* com $RS = y$ e $RU = x$ e $m(\hat{R}) = 60°$.

21 ▸ Observe a reta *r* e os pontos *A* e *B* não pertencentes à *r*.

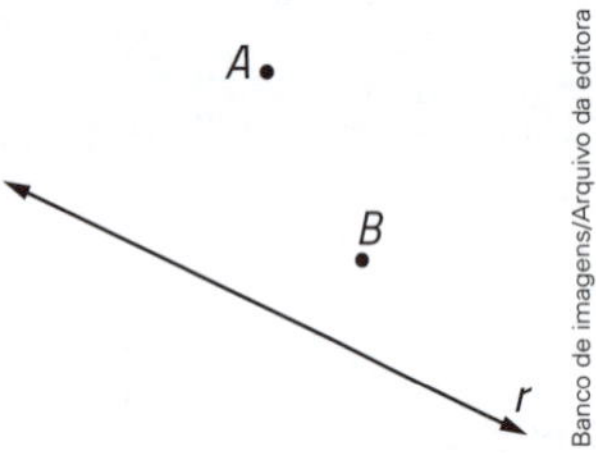

Banco de imagens/Arquivo da editora

a) Pense na reta *s*, que passa por *A* e é perpendicular à reta *r*, e na reta *t*, que passa por *B* e é paralela à reta *r*. Qual será a posição da reta *t* em relação à reta *s*?

b) Construa as retas *s* e *t* da figura e confirme sua resposta.

Raciocínio lógico

Divirta-se adivinhando o dia e o mês de um aniversário! Peça a um colega que escreva, em uma folha à parte, o número do mês em que ele nasceu e **não** mostre para você. Depois, peça a ele que multiplique esse número por 5, adicione 6, multiplique por 4, adicione 9, multiplique por 5 e, ao final, adicione o dia em que ele nasceu. Pergunte a ele qual foi o resultado final. Se você subtrair 165 do resultado que ele disse, então encontrará o dia do aniversário dele, nos últimos 2 algarismos, e o mês em que ele nasceu, nos outros algarismos.

22 ▸ **Mais um lugar geométrico: par de retas paralelas a uma reta dada, todas em um mesmo plano.**
Para construir esse lugar geométrico, considere inicialmente uma reta *r* dada.

a) Com traços suaves a lápis, faça a primeira construção (à esquerda) da reta *s*, perpendicular a *r* no ponto *P*, e dos pontos *A* e *B*, tal que $AP = BP$. Depois, cubra com caneta a reta *r* e os pontos *P*, *A* e *B* obtidos (figura à direita).

> *AP* é a medida de distância entre o ponto *A* e a reta *r*.

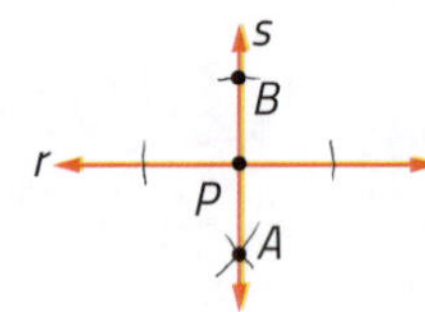

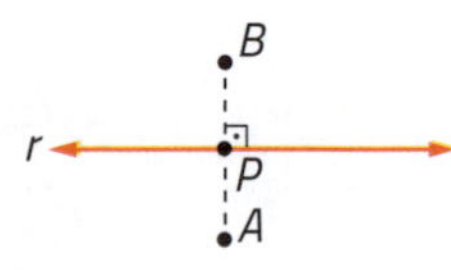

Ilustrações: Banco de imagens/Arquivo da editora

b) O novo lugar geométrico é o par de retas paralelas a *r*, uma passando pelo ponto *A* e outra, pelo ponto *B*. Observe e faça a construção dessas paralelas.

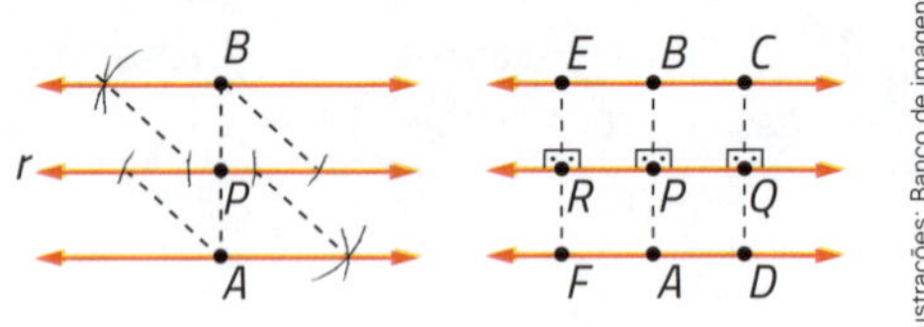

Ilustrações: Banco de imagens/Arquivo da editora

> O par de retas paralelas é um lugar geométrico porque:
> - todos os pontos dessas 2 retas têm a mesma medida de distância até *r*, que é igual a *AP* ($AP = BP = CQ = ER = FR = \ldots$);
> - nenhum outro ponto do plano tem essa propriedade.

c) Agora, trace uma reta *r* qualquer e construa o par de retas paralelas a *r*, cuja medida de distância de todos os pontos dela até *r* seja igual a *x*.

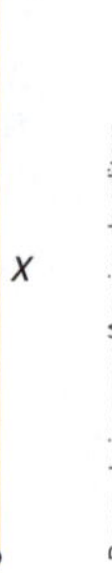

Banco de imagens/Arquivo da editora

CONEXÕES

Construções com régua não graduada e compasso

As construções geométricas utilizando régua não graduada e compasso são do interesse dos matemáticos desde a Grécia Antiga.

Entre todas as figuras geométricas, a reta e a circunferência são consideradas as figuras básicas e talvez por isso os gregos usavam a régua não graduada e o compasso para traçar figuras geométricas. Eles acreditavam que era mais belo e puro, do ponto de vista matemático, quando uma construção podia ser realizada apenas com esses instrumentos.

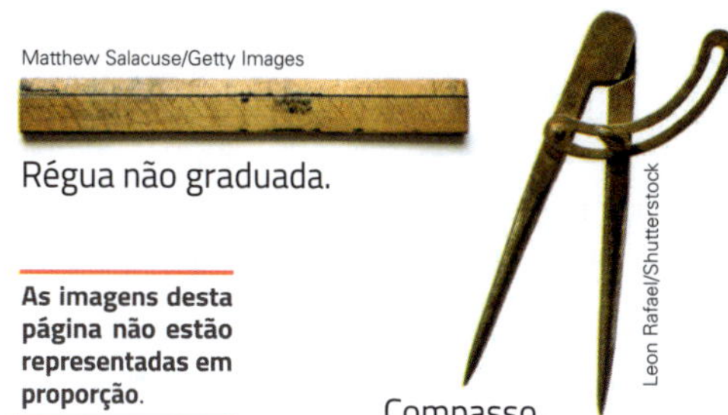
Matthew Salacuse/Getty Images

Régua não graduada.

As imagens desta página não estão representadas em proporção.

Compasso.

Leon Rafael/Shutterstock

Naquela época, o traçado das construções era feito como se fosse um jogo, e tinha regras. As regras básicas relacionavam as possíveis construções que podiam ser feitas conhecendo-se 2 pontos distintos do plano:

- com a régua não graduada, é possível traçar uma reta que passa por esses pontos;
- com o compasso, é possível traçar uma circunferência com centro em um dos pontos e que passa pelo outro.

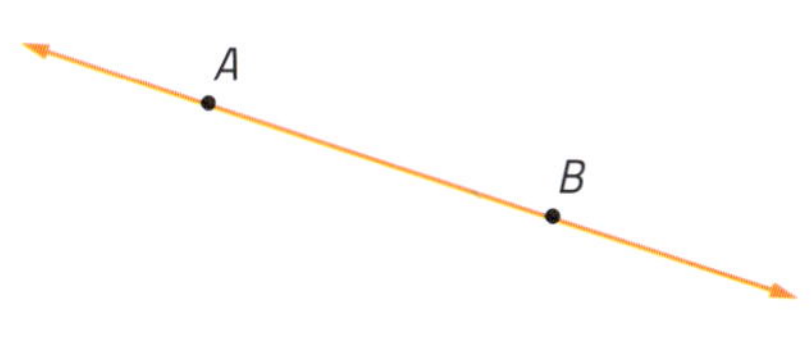

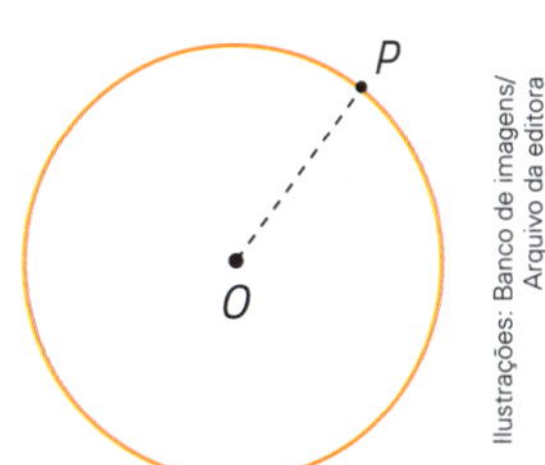

Ilustrações: Banco de imagens/Arquivo da editora

Usando a régua não graduada e o compasso e seguindo as regras básicas, os gregos faziam até mesmo as operações aritméticas fundamentais de adição, subtração, multiplicação e divisão de segmentos de reta e de ângulos, usando as figuras geométricas e o transporte delas. Veja os exemplos.

1. Com 2 segmentos de reta de medidas de comprimento a e b.

- Adição $a + b$.

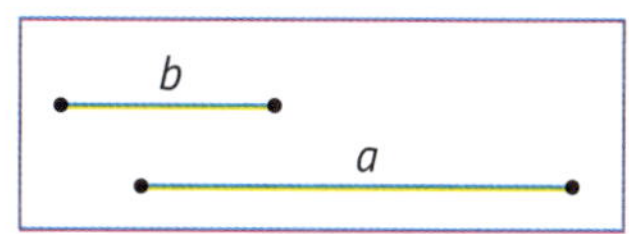

- Subtração $a - b$.

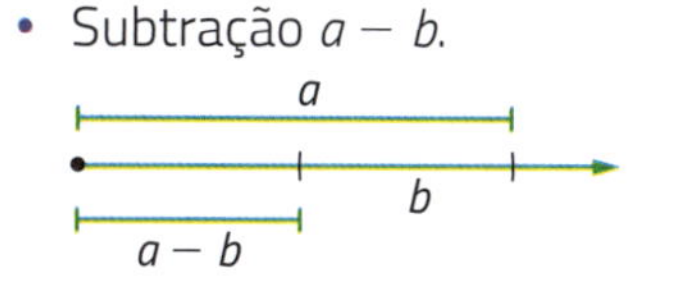

- Multiplicação $3 \cdot b$.

- Divisão $a \div b$ (ideia de quantas vezes b "cabe" em a).

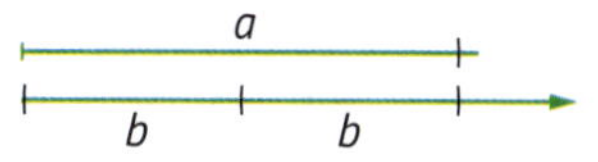

$a \div b = 2$ (pois b "cabe" 2 vezes em a)

2. Com 2 ângulos de medidas de abertura x e y.

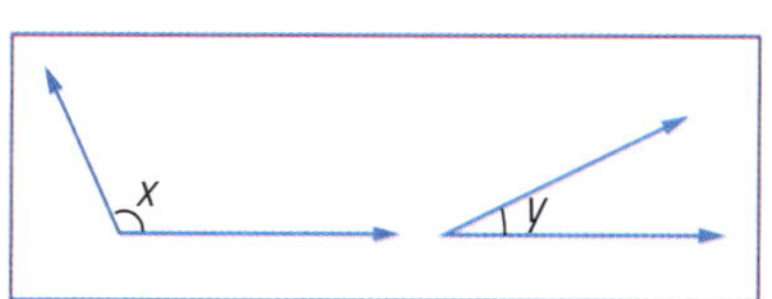

- Subtração $x - y$.

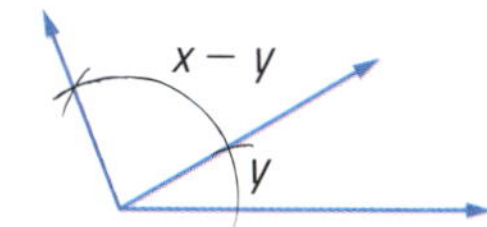

- Multiplicação $3 \cdot y$.

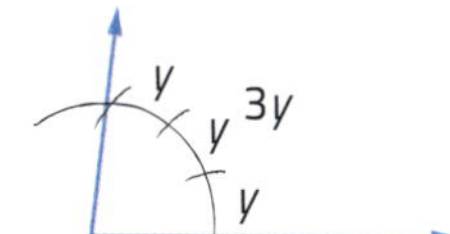

Ilustrações: Banco de imagens/Arquivo da editora

Ainda usando apenas a régua não graduada e o compasso, e seguindo as regras básicas, os gregos fizeram inúmeras outras construções geométricas, como:

- a construção de retas paralelas a uma reta dada;
- a bissecção de um ângulo, ou seja, a divisão dele em 2 partes iguais;
- a construção de uma reta perpendicular a uma reta dada, passando por um ponto dado.

Apesar disso, os gregos não conseguiram, por exemplo, trisseccionar um ângulo, ou seja, dado um ângulo qualquer e usando a régua não graduada e compasso, construir um ângulo cuja medida de abertura é a terça parte da medida de abertura do ângulo dado.

Durante séculos muitos matemáticos tentaram realizar a trissecção, mas não obtiveram êxito. Apenas no final do século XIX é que foi provado que essa construção é impossível com a utilização apenas da régua não graduada e do compasso.

Fonte de consulta: KARSON, Paul. *A magia dos números*. Rio de Janeiro: Globo, 1961. p. 67.

Euclides, c. 1630-1625. Jusepe de Ribera. Óleo sobre tela de 125,1 cm × 92,4 cm.

Questão

Considere estes segmentos de reta e estes ângulos, com as medidas de comprimento e de abertura, respectivamente, indicadas com letras.

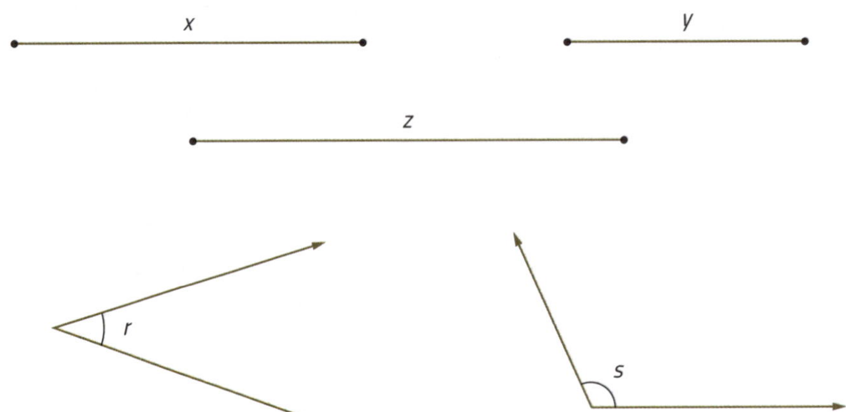

Faça as construções indicadas.

a) Reproduza essas figuras.

b) Construa um segmento de reta com medida de comprimento $x + y$.

c) Construa um triângulo cujos lados têm medidas de comprimento x, y e z.

d) Construa um retângulo de medidas de comprimento z da base e y da altura.

e) Construa um losango com lados de medida de comprimento x e ângulos de medida de abertura 30°, 150°, 30° e 150°.

f) Construa um ângulo com medida de abertura $2r$.

g) Construa um ângulo de medida de abertura $r + 90°$.

h) Construa um ângulo de medida de abertura $180° - s$.

i) Construa um $\triangle ABC$ com $AB = x$, $AC = y$ e $m(\hat{A}) = s$.

j) Construa o segmento de reta $\overline{PQ}$, de medida de comprimento z, e a mediatriz m dele.

k) Construa o ângulo $\hat{A}$, de medida de abertura s, e a bissetriz $\overrightarrow{AP}$ dele.

Revisando seus conhecimentos

1 Faça estas construções .

a) Com régua e transferidor: dois ângulos suplementares, com um deles de medida de abertura de 50°.

b) Com régua e esquadro: um retângulo com medidas de comprimento da base de 7 cm e da altura de 4 cm.

c) Com régua e compasso: um triângulo isósceles ABC com $BC = a$ e $AB = AC = b$.

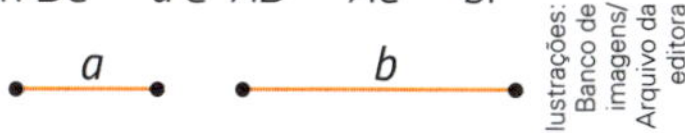

Ilustrações: Banco de imagens/Arquivo da editora

2 Escreva as expressões algébricas indicadas.

a) A soma do cubo do número x com o quadrado do número y.

b) O dobro do número m somado ao cubo do número n.

c) A terça parte de um número a menos o triplo de um número b.

3 Joaquim repartiu R$ 65,00 entre seus 3 filhos (Paulo, João e Lauro), de modo que Paulo ficou com a metade da quantia de João e Lauro ficou com $\frac{2}{3}$ da quantia de João. Quanto cada um recebeu?

4 Observe as sequências numéricas e um exemplo de fórmula para representar um termo qualquer a_n.

- $(0, 6, 12, 18, 24, 30, 36, 42, ...)$
  Fórmula do termo geral: $a_n = 6(n - 1)$, para $n = 1, 2, 3, ...$
- $(1, 3, 5, 7, 9, 11, 13, 15, ...)$
  Fórmula de recorrência: $a_1 = 1$ e $a_n = a_{n-1} + 2$, para $n = 2, 3, 4, ...$

Agora, observe estas sequências e, escreva uma fórmula para representar um termo qualquer a_n e os próximos 2 termos de cada sequência.

a) $(0, 5, 10, 15, 20, ...)$
b) $(1, 6, 11, 16, 21, ...)$
c) $(2, 7, 12, 17, 22, ...)$
d) $(1, 5, 9, 13, 17, ...)$

5 **Construção de polígonos com mais de 3 lados.** No livro do 7º ano você aprendeu a construir triângulos dadas as medidas de comprimento dos 3 lados.

Para reproduzir quadriláteros, pentágonos, hexágonos, entre outros polígonos, podemos recorrer à construção de triângulos e ao transporte de segmentos de reta. Para isso, a partir de um mesmo vértice do polígono convexo, traçamos as diagonais. Em seguida, reproduzimos os triângulos que foram formados e, assim, obtemos a reprodução do polígono.

Veja os 2 exemplos e reproduza os polígonos indicados.

a) Reprodução de um quadrilátero dado.

Traçamos a diagonal $\overline{BD}$ no quadrilátero dado.

Transportamos os lados do $\triangle ABD$, obtendo o $\triangle A'B'D'$. Em seguida, transportamos os lados do $\triangle BDC$, obtendo o $\triangle B'D'C'$.

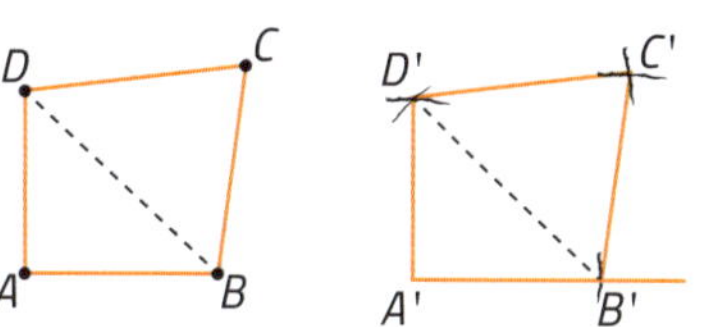

Ilustrações: Banco de imagens/Arquivo da editora

Obtemos, então, o quadrilátero $A'B'C'D'$.

b) Reprodução de um pentágono dado.

Traçamos as diagonais $\overline{AC}$ e $\overline{AD}$ no pentágono dado.

Construímos o $\triangle A'B'C'$, em seguida o $\triangle A'C'D'$ e, finalmente, o $\triangle A'D'E'$.

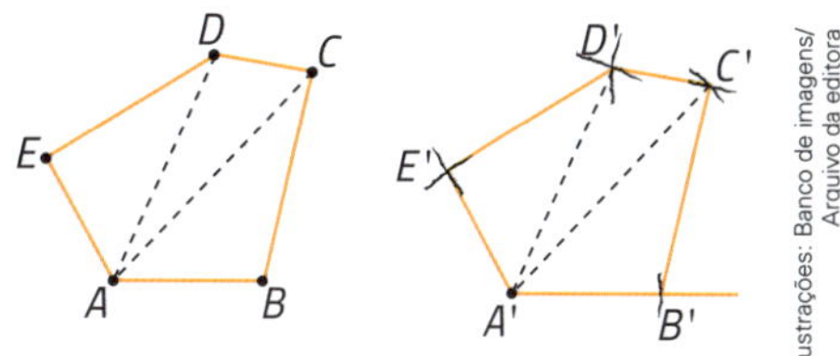

Ilustrações: Banco de imagens/Arquivo da editora

Obtemos o pentágono $A'B'C'D'E'$.

6 Para reproduzir um octógono dado, quantas diagonais você vai traçar partindo de um mesmo vértice? E quantos triângulos você vai transportar? Converse com os colegas.

7 Esta roleta está dividida em 5 setores iguais. Girando o ponteiro dela, qual é a probabilidade de ele parar no amarelo?

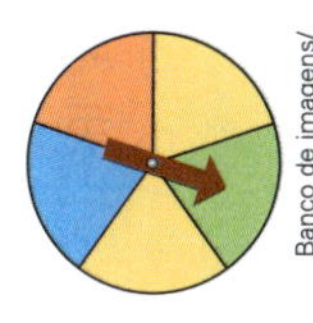

Banco de imagens/Arquivo da editora

8 Considerando este gráfico, qual foi a média diária de faltas nessa semana?

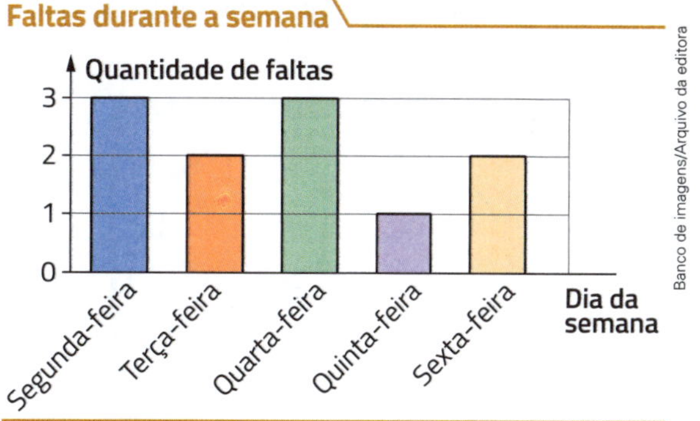

Banco de imagens/Arquivo da editora

Gráfico elaborado para fins didáticos.

9 Considerando as coordenadas dos pontos $A(1, 3)$, $B(-2, 2)$, $C(-2, -3)$ e $D(0, -2)$ os vértices do quadrilátero $ABCD$, o menor lado desse quadrilátero é:

a) $\overline{AB}$.
b) $\overline{BC}$.
c) $\overline{CD}$.
d) $\overline{DA}$.

Praticando um pouco mais

Testes oficiais

1 ▸ (Saresp) No jardim da cidadezinha que Ana, Bia e Cris moram há um canteiro em forma de um círculo de dois metros de raio, com pequenos caminhos que se encontram no centro, onde há um relógio de sol, conforme representado na figura. As três meninas estão posicionadas como mostra a figura.

As imagens desta página não estão representadas em proporção.

ANA
SOL
CRIS
BIA

Reprodução/Saresp, 2011

A que distância as três estão do relógio de sol?

a) Ana a 1 m, Bia a 2 m e Cris a 3 m do relógio de sol.
b) Ana a 1 m, Bia e Cris a 2 m do relógio de sol.
c) Ana, Bia e Cris estão a 2 m do relógio de sol.
d) Ana, Bia e Cris estão a 1 m do relógio de sol.

2 ▸ (Saresp) Na circunferência da figura, um segmento que representa o raio é:

a) $\overline{AB}$.
b) $\overline{RQ}$.
c) $\overline{PQ}$.
d) $\overline{TR}$.

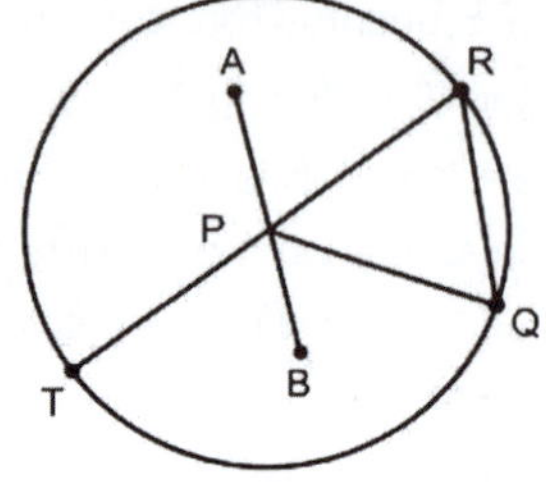

Reprodução/Saresp, 2011

3 ▸ (Obmep) Qual é a medida do menor ângulo formado pelos ponteiros de um relógio quando ele marca 2 horas?

Reprodução/Obmep, 2005

a) 30°
b) 45°
c) 60°
d) 75°
e) 90°

4 ▸ (Colégio Pedro II-RJ) A roda-gigante de um parque de diversões tem dezoito cadeiras, igualmente espaçadas ao longo do seu perímetro, e move-se no sentido anti-horário, isto é, no sentido contrário ao dos ponteiros do relógio.

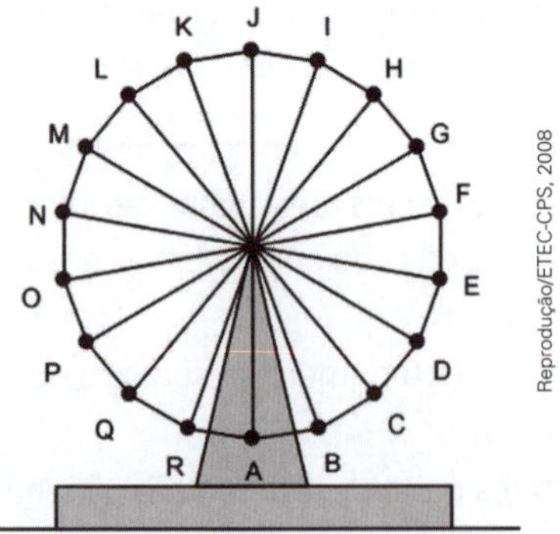

Reprodução/ETEC-CPS, 2008

Na figura, as letras **A**, **B**, **C**, ... e **R** indicam as posições em que as cadeiras ficam cada vez que a roda-gigante para.

Com a roda-gigante parada, Bruna senta-se na cadeira que está na posição **A**, posição mais baixa da roda-gigante.

A roda-gigante move-se $\frac{5}{6}$ de uma volta e para. Nesse momento, a letra relativa à posição da cadeira ocupada por Bruna é:

a) **D**.
b) **I**.
c) **K**.
d) **P**.
e) **R**.

Questões de vestibulares e Enem

5 ▸ (Enem) O símbolo internacional de acesso, mostrado na figura, anuncia local acessível para o portador de necessidades especiais. Na concepção desse símbolo, foram empregados elementos gráficos geométricos elementares.

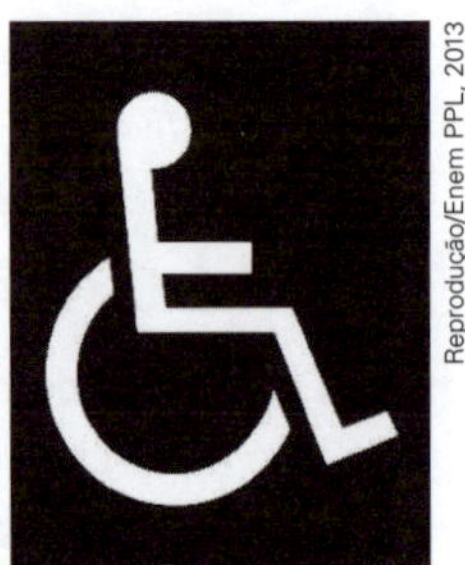
Reprodução/Enem PPL, 2013

Regras de acessibilidade ao meio físico para o deficiente. Disponível em: www.ibdd.org.br. Acesso em: 28 jun. 2011 (adaptado).

Os elementos geométricos que constituem os contornos das partes claras da figura são:

a) retas e círculos.
b) retas e circunferências.
c) arcos de circunferências e retas.
d) coroas circulares e segmentos de retas.
e) arcos de circunferências e segmentos de retas.

6 ▸ (Enem) Uma família resolveu comprar um imóvel num bairro cujas ruas estão representadas na figura. As ruas com nomes de letras são paralelas entre si e perpendiculares às ruas identificadas com números. Todos os quarteirões são quadrados, com as mesmas medidas, e todas as ruas têm a mesma largura, permitindo caminhar somente nas direções vertical e horizontal. Desconsidere a largura das ruas.

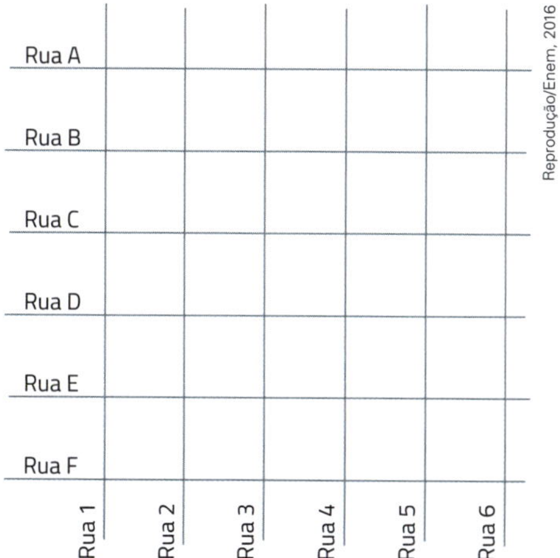

Reprodução/Enem, 2016

A família pretende que esse imóvel tenha a mesma distância de percurso até o local de trabalho da mãe, localizado na rua 6 com a rua E, o consultório do pai, na rua 2 com a rua E, e a escola das crianças, na rua 4 com a rua A. Com base nesses dados, o imóvel que atende as pretensões da família deverá ser localizado no encontro das ruas:

a) 3 e C.
b) 4 e C.
c) 4 e D.
d) 4 e E.
e) 5 e C.

7 ▸ (Enem) A rosa dos ventos é uma figura que representa oito sentidos, que dividem o círculo em partes iguais.

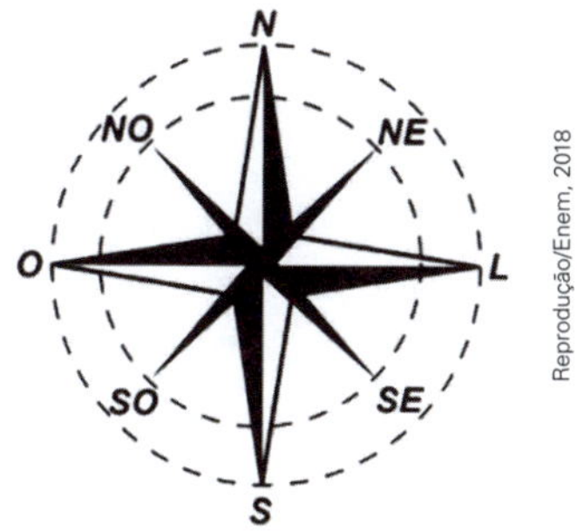

Reprodução/Enem, 2018

Uma câmera de vigilância está fixada no teto de um *shopping* e sua lente pode ser direcionada remotamente, através de um controlador, para qualquer sentido. A lente da câmera está apontada inicialmente no sentido oeste e o seu controlador efetua três mudanças consecutivas, a saber:

- 1ª mudança: 135° no sentido anti-horário;
- 2ª mudança: 60° no sentido horário;
- 3ª mudança: 45° no sentido anti-horário.

Após a 3ª mudança, ele é orientado a reposicionar a câmera, com a menor amplitude possível, no sentido noroeste (NO) devido a um movimento suspeito de um cliente. Qual mudança de sentido o controlador deve efetuar para reposicionar a câmera?

a) 75° no sentido horário.
b) 105° no sentido anti-horário.
c) 120° no sentido anti-horário.
d) 135° no sentido anti-horário.
e) 165° no sentido horário.

8 ▸ Desafio. (UFPR) Maria e seus colegas trabalham em uma empresa localizada em uma praça circular. Essa praça é circundada por uma calçada e dividida em partes iguais por 12 caminhos retos que vão da borda ao centro da praça, conforme o esquema abaixo. A empresa fica no ponto *E*, há um restaurante no ponto *R*, uma agência de correio no ponto *C* e uma lanchonete no ponto *L*. Quando saem para almoçar, as pessoas fazem caminhos diferentes: Maria sempre se desloca pela calçada que circunda a praça; Carmen sempre passa pelo centro da praça, vai olhar o cardápio do restaurante e, se este não estiver do seu agrado, vai almoçar na lanchonete, caminhando pela calçada; Sérgio sempre passa pelo centro da praça e pelo correio, daí seguindo pela calçada para a lanchonete ou para o restaurante.

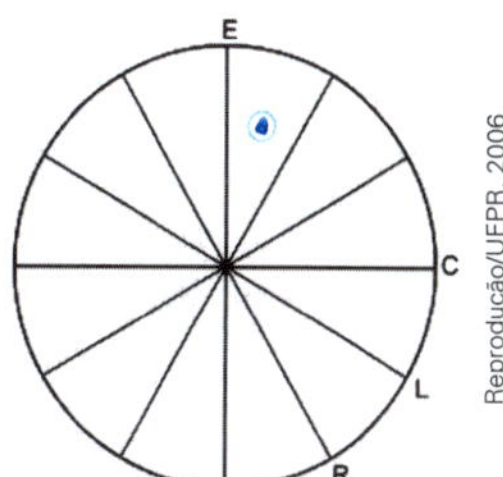

Reprodução/UFPR, 2006

Sabendo que as pessoas sempre percorrem o menor arco possível quando caminham na calçada que circunda a praça, avalie as afirmativas a seguir.

I. Quando Carmen e Sérgio vão almoçar na lanchonete, ambos percorrem a mesma distância.
II. Quando Maria e Sérgio vão almoçar na lanchonete, quem percorre a menor distância é Maria.
III. Quando todos os três vão almoçar no restaurante, Carmen percorre a menor distância.

Assinale a alternativa correta.

a) Somente a afirmativa **I** é verdadeira.
b) As afirmativas **I**, **II** e **III** são verdadeiras.
c) Somente as afirmativas **II** e **III** são verdadeiras.
d) Somente as afirmativas **I** e **III** são verdadeiras.
e) Somente as afirmativas **I** e **II** são verdadeiras.

VERIFIQUE O QUE ESTUDOU

1 Observe as frases e complete-as.

a) Em uma circunferência com raio de medida de comprimento de 3,8 cm, o diâmetro tem medida de comprimento de ________________.

b) Um segmento de reta $\overline{AB}$ tem medida de comprimento de 6 cm e m é o lugar geométrico dos pontos equidistantes das extremidades desse segmento de reta, intersectando-o no ponto M. Então, o segmento de reta $\overline{AM}$ tem medida de comprimento de ________________.

c) O ângulo $E\hat{F}G$ tem medida de abertura de 70° e tem a semirreta $\overrightarrow{FR}$ como lugar geométrico dos pontos equidistantes dos lados desse ângulo. Então, o ângulo $E\hat{F}R$ tem medida de abertura de ________________.

2 Usando régua, compasso e transferidor, construa as figuras citadas nos itens **a**, **b** e **c** da atividade anterior.

3 Em cada item, descubram o que foi construído e descrevam as etapas da construção.

a) Com régua e transferidor.

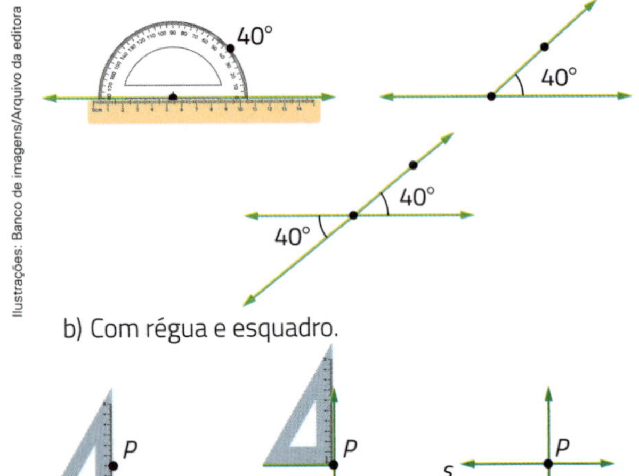

Ilustrações: Banco de imagens/Arquivo da editora

b) Com régua e esquadro.

c) Com régua e compasso.

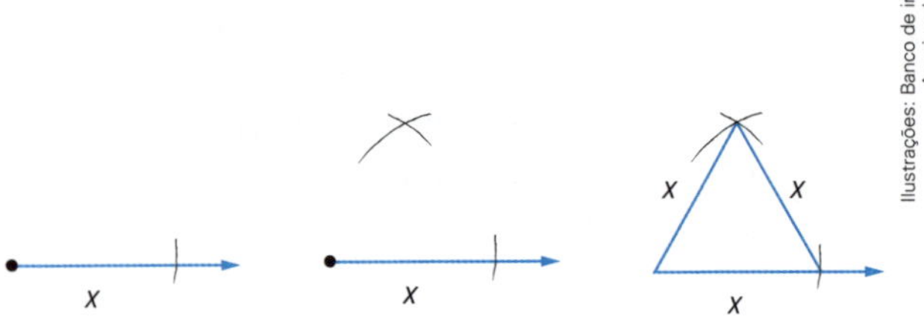

Ilustrações: Banco de imagens/Arquivo da editora

4 Descubra e escreva qual é a medida de abertura do ângulo central cujos lados definem 2 vértices consecutivos de cada polígono regular.

a)

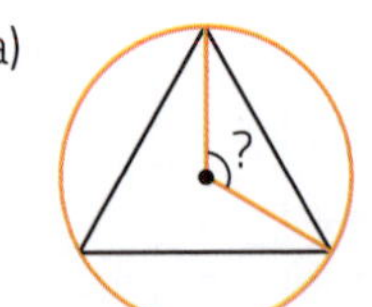

Triângulo equilátero (triângulo regular).

b)

Quadrado (quadrilátero regular).

Ilustrações: Banco de imagens/Arquivo da editora

c) Decágono regular.

d) Eneágono regular.

e) Dodecágono regular (12 lados).

f) Icoságono regular (20 lados).

5 Em um polígono regular, a medida de abertura do ângulo central é de 24°. Quantos lados esse polígono tem?

6 Volte às páginas de abertura deste capítulo e converse com um colega sobre como descobrir o local onde será construída a creche. Imaginem que a prefeitura, o posto de saúde e a escola sejam 3 pontos do plano.

Atenção

Retome os assuntos que você estudou neste capítulo. Verifique em quais teve dificuldade e converse com o professor, buscando maneiras de reforçar seu aprendizado.

Autoavaliação

Algumas atitudes e reflexões são fundamentais para melhorar o aprendizado e a convivência na escola. Reflita sobre elas.

- Tenho retomado em casa a matéria que vi em sala de aula?
- Minha participação nos trabalhos em grupos foi ativa, com interesse e respeito pelos colegas?
- Quais outras atitudes positivas e importantes eu tomei para aprimorar meus estudos?
- Estou tomando o cuidado necessário para a conservação deste livro?
- Ampliei meus conhecimentos de Matemática?

PARA LER, PENSAR E DIVERTIR-SE

Ler

Durante o Renascimento, muitos experimentos foram concebidos na tentativa de desenvolver um instrumento universal que pudesse ser usado para realizar operações numéricas e operações geométricas de maneira mais simples. A vivência em sociedade exigia um conhecimento matemático cada vez mais preciso, que ocupava um lugar importante no desenvolvimento dessas ferramentas. Assim, na segunda metade do século XVI, diversos instrumentos foram desenvolvidos pelo matemático Galileu Galilei, com o objetivo de facilitar cálculos aritméticos e cálculos geométricos.

O **compasso geométrico de proporção**, criado por Galileu, é um desses instrumentos. É possível encontrar um exemplar dele no Museu Galileu, localizado em Florença (Itália).

O compasso de Galileu é um instrumento de cálculo sofisticado e versátil que permite elaborar numerosas operações geométricas e operações aritméticas. O compasso é composto de 3 partes: os 2 braços, ligados por um disco redondo em cujas faces estão inscritas várias escalas; o quadrante, graduado com várias escalas; e o cursor, que, colocado em um dos braços, tanto permite manter o compasso na vertical como possibilita alongar o braço no qual está fixo.

Wikipedia/Wikipedia Commons

Compasso de proporção de Galileu.

Pensar

Neste capítulo, você aprendeu a fazer algumas construções geométricas usando régua e compasso. Agora, tente fazer as construções indicadas usando apenas uma régua não graduada, lápis e uma folha de papel vegetal. Uma dica: faça dobraduras!

a) Mediatriz de um segmento de reta $\overline{AB}$.

b) Uma reta paralela a uma reta r.

c) Bissetriz de um ângulo $A\hat{B}C$. Nesse caso, use uma régua graduada.

Divertir-se

Você consegue reproduzir esta mandala de 6 pétalas usando apenas lápis, régua e compasso? Depois de pronta, pinte-a como preferir!

Banco de imagens/Arquivo da editora

CAPÍTULO 3

Expressões algébricas, equações e proporcionalidade

Michel Ramalho/Arquivo da editora

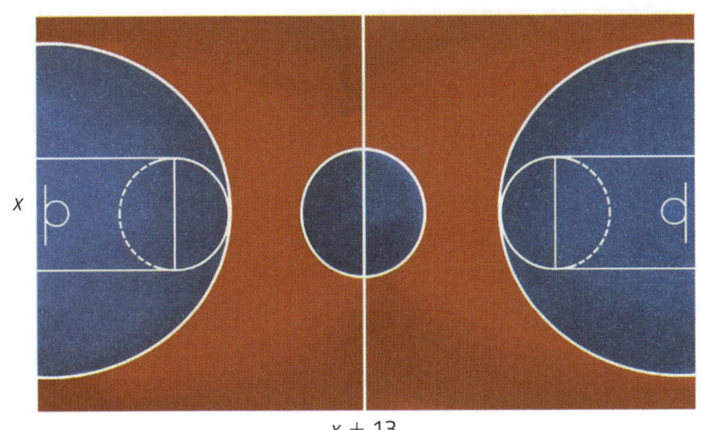

Em uma quadra de basquete profissional, como a desta imagem, a largura tem medida de comprimento de 13 metros a mais do que a profundidade.
Thiago Neumann/Arquivo da editora

As imagens desta página não estão representadas em proporção.

As medidas de comprimento da largura e da profundidade da quadra de basquete estão representadas por letras e números. Para obter as expressões que representam a medida de perímetro e a medida de área, foram efetuados cálculos.

Medida de comprimento da profundidade, em metros: x

Medida de comprimento da largura, em metros: $x + 13$

Medida de perímetro, em metros: $x + x + 13 + x + x + 13$ ou $4x + 26$

Medida de área, em metros quadrados: $x \cdot (x + 13)$ ou $x^2 + 13x$

As expressões $4x + 26$ e $x^2 + 13x$ obtidas recebem o nome de **expressões algébricas** e serão um dos assuntos deste capítulo.

Converse com os colegas sobre estas questões e registre as respostas.

1 Considerando que a medida de comprimento da profundidade da quadra de basquete seja de 15 m, calcule o que é pedido em cada item.

a) Medida de comprimento da largura da quadra de basquete.

b) Medida de perímetro da quadra de basquete.

c) Medida de área da quadra de basquete.

2 Considerando que a largura de um terreno tenha a medida de comprimento de 8 m a mais do que a profundidade, qual deve ser a medida de comprimento da profundidade para que a medida de comprimento da largura seja de 35 m?

3 No caso de a medida de comprimento da profundidade de um terreno ser y e a medida de comprimento da largura ser o dobro da profundidade, como serão representadas a medida de comprimento da largura, a medida de perímetro e a medida de área desse terreno?

1 Expressões algébricas

A ideia de expressão algébrica

No 7º ano, você já estudou que as **expressões algébricas** são usadas para indicar operações matemáticas envolvendo números e letras. Veja alguns exemplos de expressões algébricas.

$$2 + x \qquad \frac{y}{3} \qquad 2(x - 3) \qquad a^2 - b \qquad 5x$$

Lembre-se: $5x$ significa $5 \cdot x$ (5 vezes x).

As letras que aparecem nas expressões algébricas são chamadas de **variáveis**. Na expressão $2 + x$, por exemplo, a variável é x.

Valor numérico de uma expressão algébrica

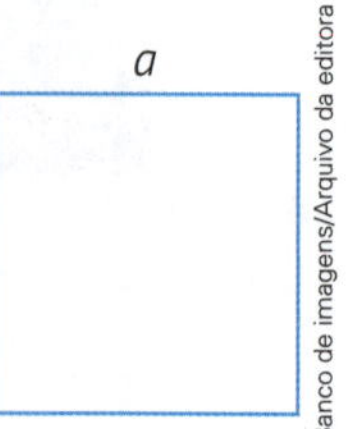

Banco de imagens/Arquivo da editora

A medida de perímetro deste quadrado é representada pela expressão algébrica $a + a + a + a$ ou $4a$.

- Se $a = 2$ cm, então a medida de perímetro é $4 \cdot 2$ cm $= 8$ cm.

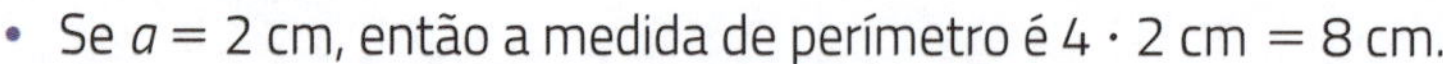

- Se $a = 3{,}5$ cm, então a medida de perímetro é $4 \cdot 3{,}5$ cm $= 14$ cm.

Dizemos que o **valor numérico** da expressão algébrica $4a$ é igual a 8 cm, quando a é igual a 2 cm, e é igual a 14 cm, quando a é igual a 3,5 cm.

> O valor numérico de uma expressão algébrica é o valor que ela assume quando substituímos cada letra pelo número correspondente e efetuamos as operações indicadas.

Veja mais um exemplo. Vamos escrever as expressões algébricas que correspondem às sentenças a seguir. Em seguida, vamos calcular o valor numérico de cada uma para $n = 5$.

Bate-papo

Quantos valores numéricos a expressão algébrica $3x + 2$ pode assumir considerando x um número natural? Converse com os colegas e justifique sua resposta.

- 1,5 menos n

  $1{,}5 - n$

  $n = 5 \Rightarrow 1{,}5 - 5 = -3{,}5$

- $1\frac{3}{4}$ mais n

  $1\frac{3}{4} + n$

  $n = 5 \Rightarrow 1\frac{3}{4} + 5 = \frac{7}{4} + 5 = \frac{7 + 20}{4} = \frac{27}{4} = 6\frac{3}{4}$

Atividades

1 Felipe tem 44 anos. Escreva uma expressão algébrica que representa a idade que ele teve há x anos e a idade que ele terá daqui a y anos, sendo x e y números naturais.

2 Ivo comprou 1 calça de R$ 150,00 e 2 camisas.

a) Escreva uma expressão algébrica que represente o valor a pagar nessa situação. Use a letra x.

b) O que representa a letra x neste caso?

c) Se o preço de 1 camisa é de R$ 80,00, então quanto ele gastou?

3 Em um retângulo, o comprimento de um lado mede 4 cm a mais do que outro. Representando por x a medida de comprimento, em centímetros, do menor lado, escreva as expressões algébricas que representam:

a) a medida de comprimento, em centímetros, do maior lado;

b) a medida de perímetro, em centímetros, do retângulo;

c) a medida de área, em centímetros quadrados, da região retangular correspondente.

Expressões algébricas particulares: monômios

Expressões algébricas que apresentam somente multiplicações entre números e letras e, além disso, os expoentes das letras são números naturais são chamadas de **monômios**.

O prefixo **mono** significa "um só".
Thiago Neumann/Arquivo da editora

Um monômio tem uma **parte numérica (coeficiente)** e uma **parte literal**. Veja alguns exemplos.

- Sabendo que as medidas de comprimento dos lados desta região quadrada e desta região retangular são dadas na mesma unidade de medida de comprimento, podemos calcular a medida de área de cada região.

Ilustrações: Banco de imagens/Arquivo da editora

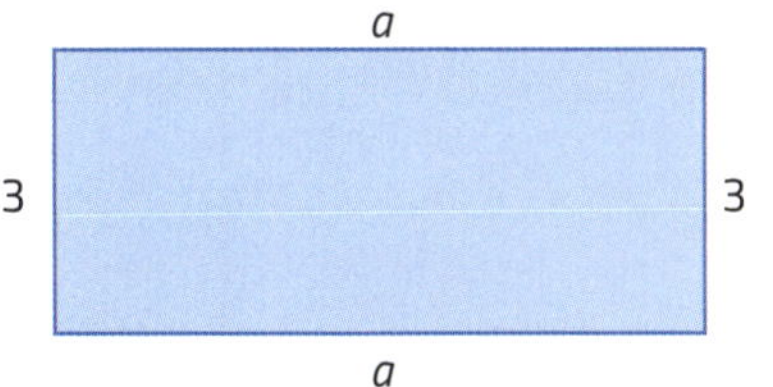

A medida de área da região quadrada é $\ell \cdot \ell$ ou ℓ^2. Nesse caso, 1 é o coeficiente e ℓ^2 é a parte literal.

A medida de área da região retangular é $3 \cdot a$ ou $3a$. Nesse caso, 3 é o coeficiente e a é a parte literal.

- Considerando o primeiro cubo como unidade de medida de volume, podemos calcular a medida de volume do outro cubo.

Ilustrações: Banco de imagens/Arquivo da editora

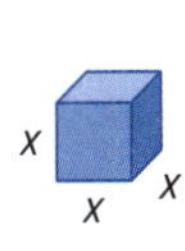

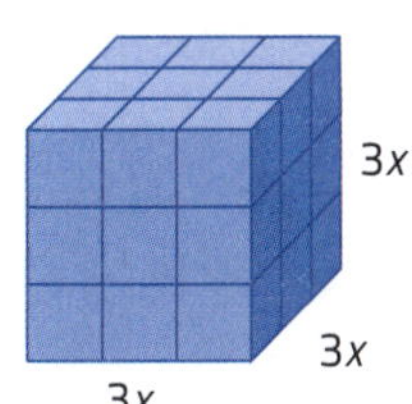

A medida de volume do cubo menor é $x \cdot x \cdot x$ ou x^3. Nesse caso, 1 é o coeficiente e x^3 é a parte literal.

A medida de volume do cubo maior é $3x \cdot 3x \cdot 3x$ ou $27x^3$. Nesse caso, 27 é o coeficiente e x^3 é a parte literal.

ℓ^2, $3a$, x^3 e $27x^3$ são monômios, pois as letras só apresentam expoentes naturais.
Thiago Neumann/Arquivo da editora

Monômios semelhantes ou termos semelhantes

Considere os monômios $3xy$, $-\frac{1}{2}xy$ e $13xy$. Observe que eles apresentam a mesma parte literal xy.

Monômios que apresentam a mesma parte literal são chamados de **monômios semelhantes** ou **termos semelhantes**.

Veja outro exemplo de monômios semelhantes: $-\frac{1}{2}ab^2$, $3ab^2$ e $2{,}5ab^2$.

Observe agora os monômios $2x$ e $3xy$. Eles **não são semelhantes**, pois não têm a mesma parte literal.

Atividades

4 Examine estes monômios.

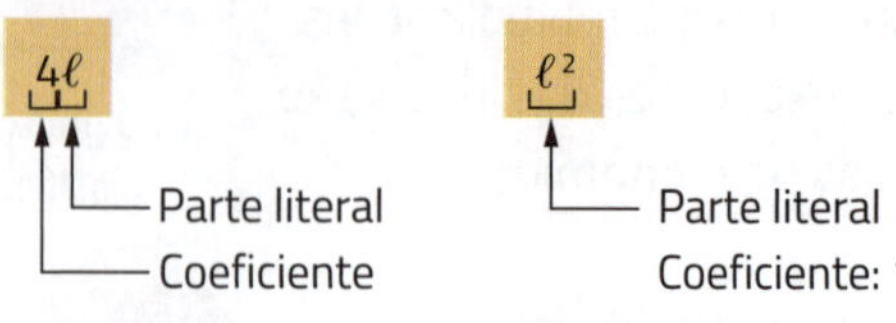

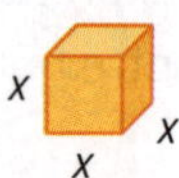

Parte literal
Coeficiente: 1

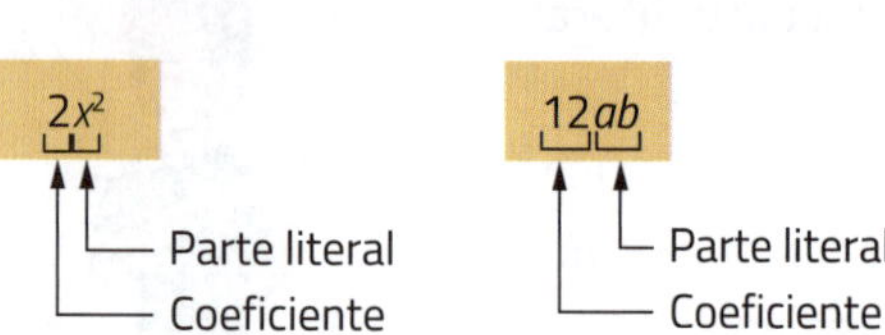

Escreva o coeficiente e a parte literal de cada monômio.

a) xy

b) $-\frac{2}{3}t^2$

c) $-c^2d^3$

d) $\frac{a^2}{5}$

e) $-10a^4$

f) $\frac{2}{3}xy$

g) x^3

h) $-20ab$

i) $1{,}5xy^2$

j) a^2b^2

5 Analise os monômios de cada item e escreva se eles são ou não semelhantes.

a) $4x^2$ e $4x^3$.

b) $5xy^2$ e $7xy^2$.

c) $9y$ e $-2y$.

d) $\frac{3x}{5}$ e $-x$.

e) $7ab$ e $6ba$.

f) $4xy^3$ e $4x^3y$.

g) $9x$ e $9y$.

h) $\frac{8a}{3}$ e $\frac{3a}{8}$.

i) xy e $-xy$.

j) $10mn$ e $10nm$.

6 Escreva o que é pedido em cada item. Depois, compare suas respostas com as de um colega.

a) 2 monômios semelhantes cujos coeficientes são números opostos.

b) 2 monômios semelhantes cujos coeficientes são números inversos.

c) 2 monômios semelhantes a $5ax^2$.

d) 1 monômio que não é semelhante a $5ax^2$.

7 Quais destes monômios são semelhantes?

a) $\frac{1}{3}ab$

b) $2x$

c) $3a^3$

d) $4ab$

e) $-1{,}5ab$

f) $\frac{2}{3}x$

8 Examine esta sequência de cubos.

Ilustrações: Banco de imagens/Arquivo da editora

a) Quais são os próximos 2 cubos da sequência? Desenhe-os.

b) Determine a medida de volume de cada um dos 5 cubos.

c) O que ocorre com a parte literal de todos os monômios encontrados?

9 A expressão algébrica $3\sqrt{x}$ ou $3x^{\frac{1}{2}}$ e a expressão algébrica $\frac{2}{x}$ ou $2x^{-1}$ não são consideradas monômios. Converse com um colega e justifiquem o porquê disso.

10 A prefeitura de uma cidade construiu 4 jardins em torno de uma praça quadrada, conforme indicado nesta figura. As partes coloridas representam a superfície ocupada por esses jardins.

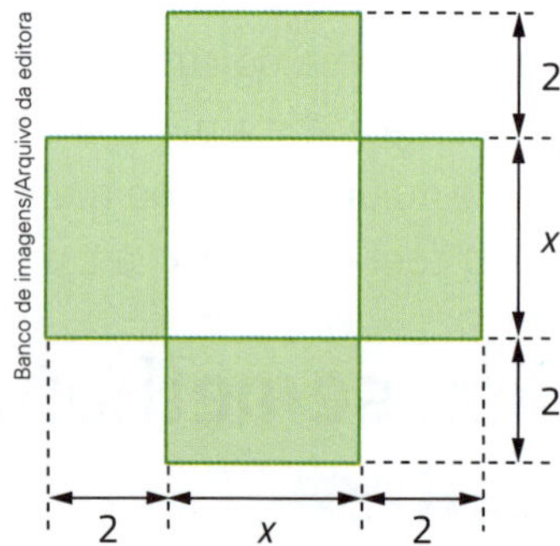

Banco de imagens/Arquivo da editora

Considere as medidas de comprimento dadas em metros.

a) Qual é a medida de área de todos os jardins juntos, em metros quadrados?

b) Para qual valor de x todos os jardins juntos têm medida de área de 72 m²?

Polinômios

Todas as medidas de comprimento são dadas na mesma unidade de medida.

Observe a figura ao lado.

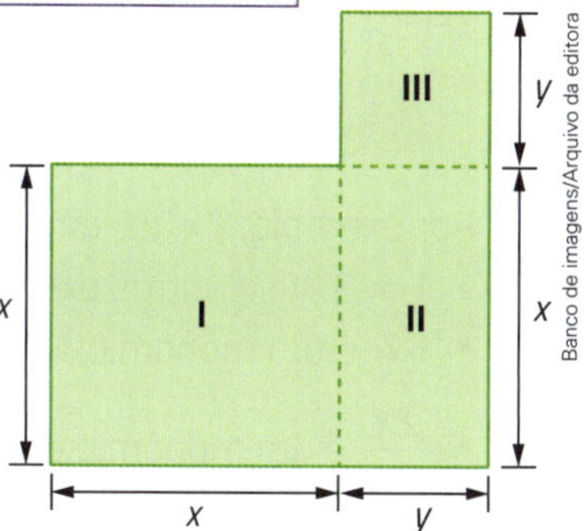

Vamos determinar a medida de área total dela. Para isso, vamos calcular a medida de área de cada uma das partes **I**, **II** e **III** e somá-las.

Medida de área de **I**: x^2

Medida de área de **II**: xy

Medida de área de **III**: y^2

Medida de área total: $x^2 + xy + y^2$

A expressão algébrica $x^2 + xy + y^2$ indica uma adição de monômios não semelhantes.

Toda expressão que indica um monômio ou uma adição ou subtração de monômios não semelhantes é chamada de **polinômio**. Cada monômio é chamado de **termo** do polinômio.

Em alguns casos, os polinômios recebem nomes especiais: monômio, que você já viu, binômio ou trinômio. Veja alguns exemplos.

O binômio tem 2 termos não semelhantes e o trinômio tem 3.

Número de termos	Nome	Exemplos
1	Monômio	$2xy$ b^2
2	Binômio	$a^2 - 2ab$ $2x + 6$
3	Trinômio	$x^2 + 2xy + y^2$ $5a^2 - 3a + 1$ $\frac{2}{3}x - \frac{1}{2}y + 5$

Bate-papo

Você sabe o que é ginásio poliesportivo? Nos seus estudos em Matemática, você trabalhou várias vezes com as palavras poliedros e polígonos. Agora, conheceu a palavra polinômio. Converse com um colega sobre o que quer dizer o prefixo *poli* e sobre os significados dessas palavras.

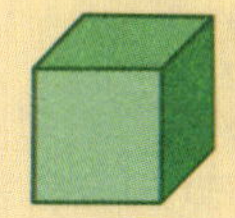

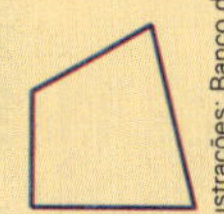

Ilustrações: Banco de imagens/Arquivo da editora

Redução de termos semelhantes

Podemos simplificar uma expressão algébrica que apresenta termos semelhantes determinando a **forma reduzida** dela.

Veja, por exemplo, como podemos indicar a medida de perímetro de um canteiro de jardim, representado por esta região poligonal.

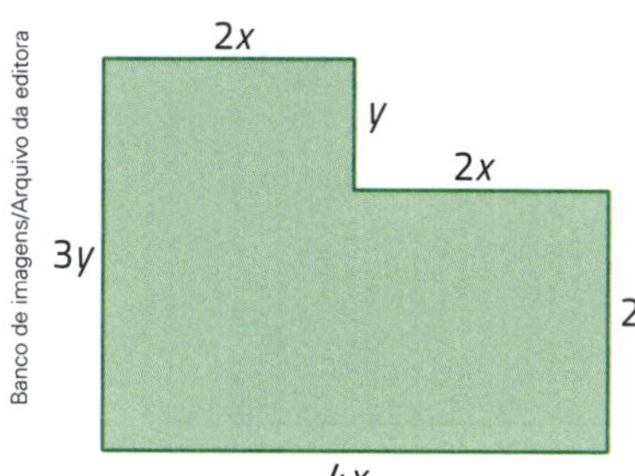

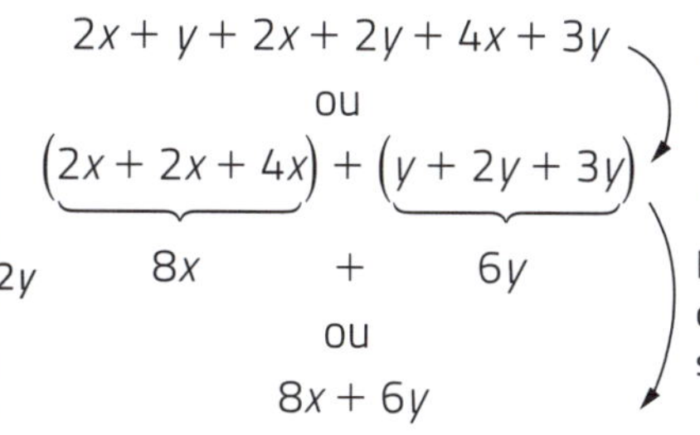

Usando as propriedades comutativa e associativa da adição.

Reduzindo os termos semelhantes.

O polinômio $8x + 6y$ obtido indica a medida de perímetro do canteiro. Ele está escrito na forma reduzida.

Examine estes outros exemplos de redução de termos semelhantes de polinômios.

- $3y - 7y + 5y - 2x = (3 - 7 + 5)y - 2x = 1y - 2x = \underbrace{y - 2x}_{\text{forma reduzida}}$
- $x + xy + \frac{1}{5}xy = x + \left(1 + \frac{1}{5}\right)xy = \underbrace{x + \frac{6}{5}xy}_{\text{forma reduzida}}$

Grau de um polinômio

Vejamos primeiramente **grau de um monômio**.

O grau de um monômio é dado pela adição de todos os expoentes da parte literal.

Por exemplo, $7x^2y$ é um monômio do 3º grau, pois $7x^2y$ é o mesmo que $7x^2y^1$ e a soma dos expoentes é $2 + 1 = 3$. Veja outros exemplos.

- $5x^4$ é um monômio do 4º grau.
- $\frac{2x}{9}$ é um monômio do 1º grau.
- $3xy$ é um monômio do 2º grau.
- Atenção! -4 é um monômio de grau zero, pois -4 é o mesmo que $-4x^0$.

Será que o grau de um polinômio está relacionado ao expoente dos monômios que o compõem?

Thiago Neumann/Arquivo da editora

Agora, veja o significado de **grau de um polinômio qualquer**.

O grau de um polinômio é dado pelo termo de maior grau depois de reduzidos os termos semelhantes.

Veja estes exemplos.

- $4x^3 - 3x^2 + 5$ é um polinômio do 3º grau, pois $4x^3$ é o termo de maior grau.
- $2x + xy - 6y$ é um polinômio do 2º grau, pois xy é o termo de maior grau.

Atividades

11 › Escreva o nome de cada polinômio de acordo com o número de termos.

a) $6x^2 - 4x + 9$

b) $7x^2 + 5x$

c) $4x^4$

d) $-3r + \frac{1}{2}s$

e) $-2abc$

f) $x^3 + x^2 - x + 1$

g) $-\frac{2}{5}a^2b$

h) $a + b - 5$

i) $3x - y$

j) $7x + 8x$

12 › Escreva cada polinômio na forma reduzida.

a) $2x^2 - 5x + 3 - 3x^2 - 3 + 7x$

b) $3y^3 + 2y^2 + y - 1 - 3y^3 - y^2 - 5y + 3$

c) $-5xy + 2y^2 + xy - 3y^2 + 2 + 3xy - 1$

d) $4x^3 - 5y - 6x^3 + 7y + 3x^3 - 2y$

13 › Escreva o polinômio correspondente a cada item, na forma mais reduzida possível, e se é um monômio, um binômio ou um trinômio.

a) Medida de perímetro de um quadrado com cada lado de medida de comprimento $3x$.

b) Medida de perímetro de uma região retangular com dimensões de medida de comprimento $2x$ e y.

14 › Indique o grau de cada polinômio.

a) $9x^5$

b) $8x^2y^3$

c) 6

d) $19abc$

e) $\frac{x^2}{7}$

f) $5x^4 + 3x^2 - 5$

g) $2xy^2 - 4x^2y$

h) $3y^2 - y^3$

i) $x^2 + 4x - x^2 + 10$

j) $4 + z^2$

15 › Em um clube de campo foram construídas 2 piscinas, que estão representadas por estas regiões poligonais. As medidas de comprimento dadas estão todas em metros.

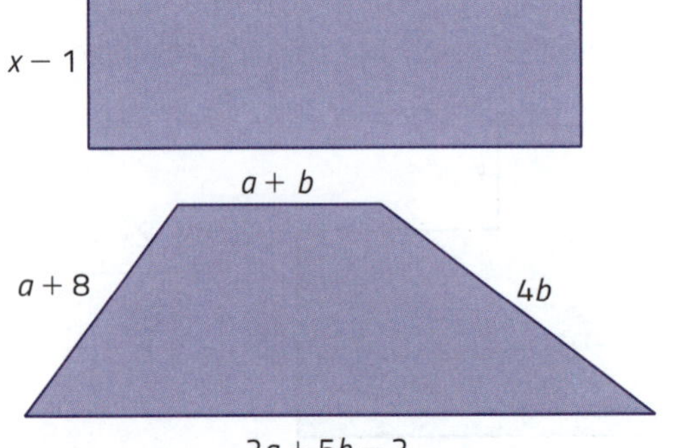

Ilustrações: Banco de imagens/Arquivo da editora

a) Escreva a medida de perímetro de cada piscina usando polinômios na forma reduzida.

b) Se a medida de perímetro da piscina retangular é de 24 m, então qual é o valor de x?

c) Se a outra piscina tem medida de perímetro de 84 m e $a = 7$, então qual é o valor de b?

Operações com polinômios

Adição e subtração de monômios

As imagens desta página não estão representadas em proporção.

Observe estas figuras.

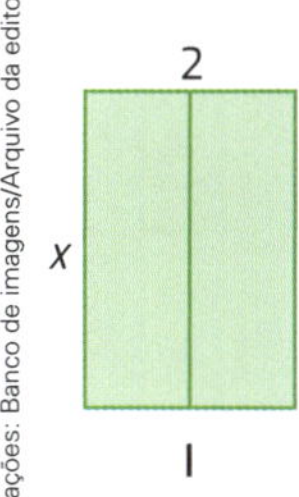

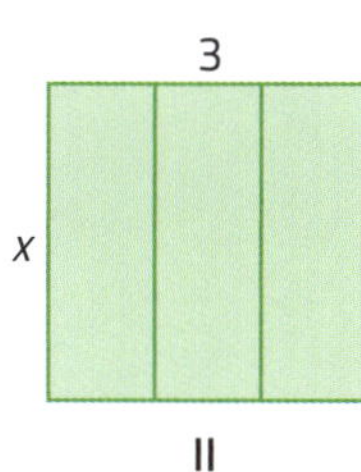

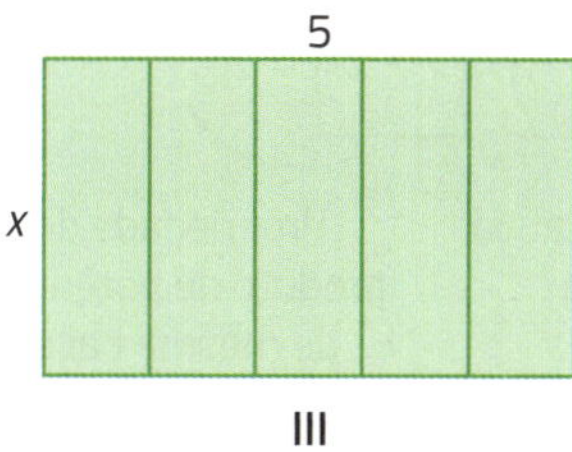

Ilustrações: Banco de imagens/Arquivo da editora

Medida de área de **I**: $2x$

Medida de área de **II**:$3x$

Medida de área de **I** e **II** juntas: $2x + 3x$

Medida de área de **III**: $5x$

Então: $2x + 3x = 5x$

Usando a propriedade distributiva da multiplicação em relação à adição, comprovamos esse resultado.

$$2x + 3x = (\underbrace{2 + 3}_{5})x = 5x$$

Então, temos: $2x + 3x = 5x$

Na adição e na subtração de monômios semelhantes, devemos adicionar ou subtrair os coeficientes e manter a parte literal.

Quando os monômios não são semelhantes, devemos deixar as operações de adição e de subtração indicadas.

Observe que a adição ou a subtração de monômios são análogas à redução de termos semelhantes de um polinômio.

Veja os exemplos.

$9a^2 + 3a^2 = 12a^2$ $\quad$ $14xy - 3xy = 11xy$ $\quad$ $7x + 3y - 2x = 5x + 3y$

Adição e subtração de polinômios

Dados os polinômios $A = 3x^2 + 2x$ e $B = 2x^2 + x$, vamos indicar a adição por $A + B$ e a diferença por $A - B$. Para calculá-las, eliminamos os parênteses e reduzimos os termos semelhantes.

- $A + B = (3x^2 + 2x) + (2x^2 + x) = 3x^2 + 2x + 2x^2 + x = 5x^2 + 3x$
- $A - B = (3x^2 + 2x) - (2x^2 + x) = 3x^2 + 2x - 2x^2 - x = x^2 + x$

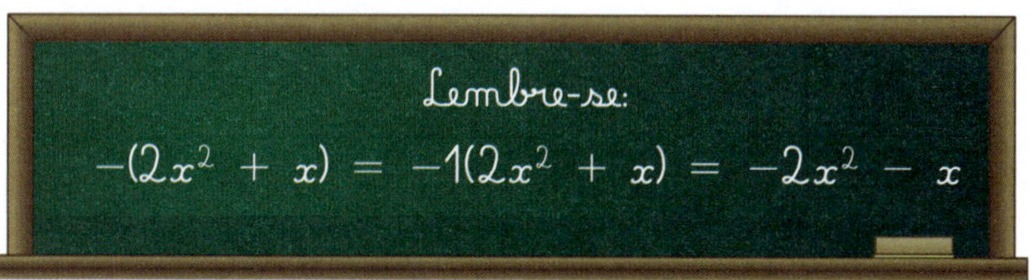

Banco de imagens/Arquivo da editora

Thiago Neumann/Arquivo da editora

Observe mais este exemplo.

$2A = A + A = (3x^2 + 2x) + (3x^2 + 2x) = 3x^2 + 2x + 3x^2 + 2x =$
$= 6x^2 + 4x$

Atividades

16 Efetue as adições e subtrações de monômios semelhantes.

a) $8x^3 + 4x^3$

b) $17ab - 6ab$

c) $\frac{x^2}{6} - \frac{2x^2}{9} + x^2$

17 Sendo $A = x^2 + 1$ e $B = -2x^2 + x + 2$, determine o valor de:

a) $A + B$ $\quad$ b) $A - B$ $\quad$ c) $B - A$

18 Escreva uma adição de 2 polinômios do 2º grau cujo resultado é um polinômio do 1º grau.

Multiplicação de monômios

Dados 2 monômios, **semelhantes ou não**, podemos sempre obter um novo monômio pela multiplicação deles. Para isso, usamos algumas propriedades da multiplicação e da potenciação.

Veja este exemplo.

$$(9x^2) \cdot (5x^3) = (9 \cdot 5) \cdot (x^2 \cdot x^3) = 45x^{2+3} = 45x^5$$

Propriedades comutativa e associativa da multiplicação.

Propriedade do produto de potências de mesma base.

Observe mais alguns exemplos.

- $(3a) \cdot (-4b) = 3 \cdot (-4) \cdot a \cdot b = -12ab$
- $(5x) \cdot (3x) = 5 \cdot 3 \cdot x \cdot x = 15x^2$
- $(-a^2) \cdot (2ab) = (-1) \cdot 2 \cdot a^2 \cdot a \cdot b = -2a^3b$
- $\left(\frac{3}{4}x^4\right) \cdot \left(\frac{1}{2}x^2\right) = \frac{3}{4} \cdot \frac{1}{2} \cdot x^4 \cdot x^2 = \frac{3}{8}x^6$
- $(-x) \cdot (-7x^2) = (-1) \cdot (-7) \cdot x \cdot x^2 = 7x^3$
- $(7ab) \cdot (2ab^2c) = 7 \cdot 2 \cdot a \cdot b \cdot a \cdot b^2 \cdot c = 14\, a^2b^3c$

Multiplicação de monômio por polinômio

Vamos determinar a medida de área desta região retangular *ABCD* de 2 maneiras diferentes, usando a multiplicação de polinômios.

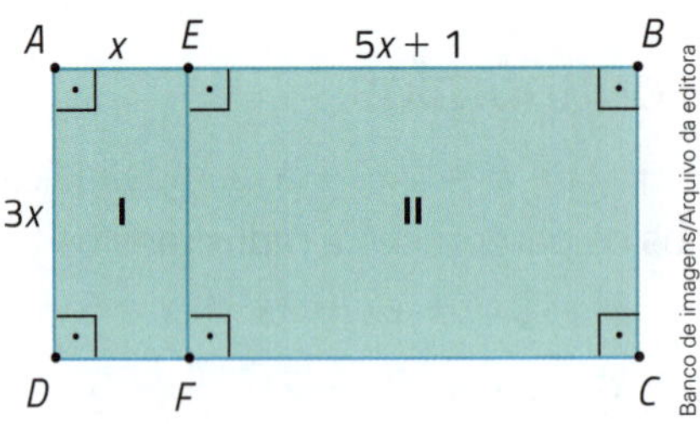

Banco de imagens/Arquivo da editora

1ª maneira: calculando a medida de área de cada uma das regiões **I** e **II** e, depois, adicionando-as.

Medida de área de **I**: $3x \cdot x = 3x^2$

Medida de área de **II**: $3x(5x + 1) = 15x^2 + 3x$

Assim: medida de área da região *ABCD* = medida de área de **I** + medida de área de **II**

$$A_{ABCD} = 3x^2 + 15x^2 + 3x = 18x^2 + 3x$$

2ª maneira: calculando diretamente a medida de área total da região retangular *ABCD*.

As medidas de comprimento dos lados são $3x$ e $x + 5x + 1$.

$$A_{ABCD} = 3x(\underbrace{x + 5x}_{6x} + 1) = 3x(6x + 1) = 18x^2 + 3x$$

> Assim, na multiplicação de um monômio por um polinômio, devemos multiplicar o monômio por todos os termos do polinômio.

Veja outro exemplo.

$$2x \cdot (4x^2 + 3x - 5) = 2x \cdot 4x^2 + 2x \cdot 3x - 2x \cdot 5 = 8x^3 + 6x^2 - 10x$$

Multiplicação de 2 polinômios

Na multiplicação de 2 polinômios, devemos multiplicar cada termo de um polinômio por todos os termos do outro e reduzir os termos semelhantes.

Veja os exemplos.

- $(x+3)\cdot(x+5) = x\cdot x + x\cdot 5 + 3\cdot x + 3\cdot 5 = x^2 + 5x + 3x + 15 = x^2 + 8x + 15$
- $(x+2)\cdot(x^2-3x+4) = x\cdot x^2 - x\cdot 3x + x\cdot 4 + 2x^2 - 2\cdot 3x + 2\cdot 4 =$
$= x^3 - 3x^2 + 4x + 2x^2 - 6x + 8 = x^3 - x^2 - 2x + 8$

Atividades

19 ▸ Efetue as multiplicações de monômios.

a) $(7x^5)\cdot(-3x^2)$

b) $(4a^3b)(3b)$

c) $\left(\frac{2}{3}xy^3\right)\cdot\left(\frac{1}{4}\right)x^2y^2$

20 ▸ Efetue cada multiplicação indicada.

a) $3ab(2a+4b)$

b) $(2x+y)3x^2$

c) $-y\cdot(y^2-2y)$

d) $3(2x^3-x^2+2x+1)$

e) $-2x(x^2-3x+2)$

f) $(a^2+2ab+b^2)\times 3a^2$

21 ▸ Efetue estas multiplicações. Use o processo que preferir.

a) $(a+1)\cdot(a+2)$

b) $(r+5)\cdot(r-3)$

c) $(x+3)(x+4)$

d) $(3m-5)(2m-1)$

e) $(y+2)^2$

f) $(x+6)(x-6)$

g) $(x-2)(x^2-5x+6)$

22 ▸ Nestas regiões retangulares, as medidas de comprimento dos lados são dadas na mesma unidade de medida. Determine os polinômios que representam a medida de área de cada região.

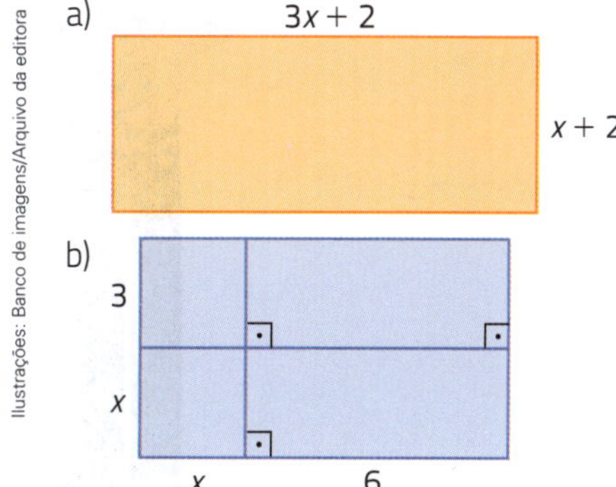

Ilustrações: Banco de imagens/Arquivo da editora

23 ▸ **Avaliação de resultados.** Alessandra efetuou a multiplicação $(x+1)(x+3)$.

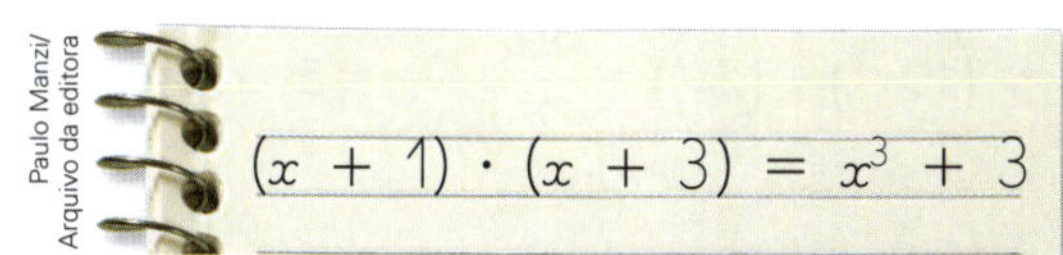

Paulo Manzi/Arquivo da editora

A multiplicação que ela fez está correta? Por quê?

24 ▸ Dados $A = x+1$, $B = x^2-2x+1$ e $C = x^2-3$, efetue as multiplicações indicadas.

a) $A\cdot B$

b) $A\cdot C$

25 ▸ Escreva um polinômio para representar a medida de volume de cada bloco retangular.

a)

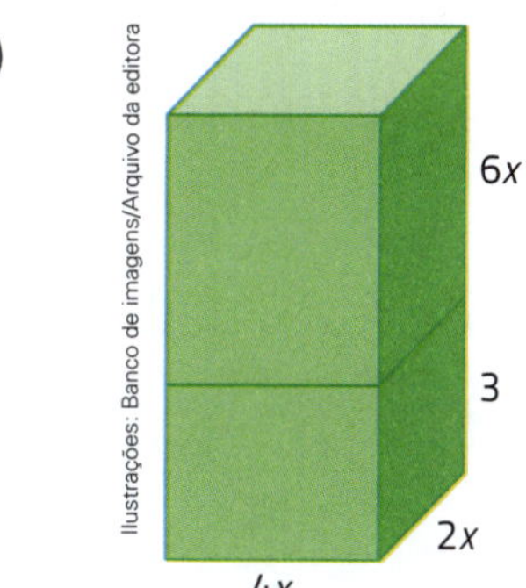

Ilustrações: Banco de imagens/Arquivo da editora

b)

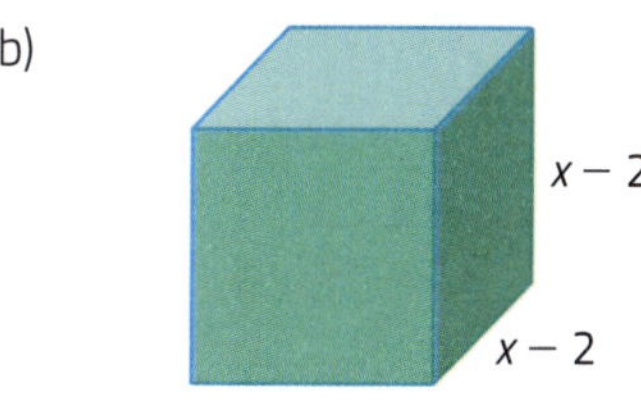

26 ▸ **Desafio.** Agora que você está craque em multiplicação de polinômios, resolva esta: Sabendo que um produto de binômios com coeficientes naturais é igual a x^2+5x+6, quais são os binômios?

Divisão de monômios

Dados 2 monômios, **considerando que o segundo represente um número diferente de zero**, podemos efetuar a divisão do primeiro pelo segundo.

Nesse caso, na divisão de 2 monômios com as mesmas variáveis, usamos a propriedade da divisão de potências de mesma base.

Veja os exemplos.

- $(12x^6):(3x^2) = \dfrac{12x^6}{3x^2} = \dfrac{12}{3} \cdot \dfrac{x^6}{x^2} = 4x^{6-2} = 4x^4$
- $(28x^2):(4x^2) = \dfrac{28x^2}{4x^2} = \dfrac{28}{4} \cdot \dfrac{x^2}{x^2} = 7x^{2-2} = 7x^0 = 7 \cdot 1 = 7$
- $\dfrac{21x^3y}{7xy} = \dfrac{21}{7} \cdot \dfrac{x^3y}{xy} = 3 \cdot \dfrac{x^3}{x} \cdot \dfrac{y}{y} = 3 \cdot x^2 \cdot 1 = 3x^2$
- $(10x^2) \div (2x^3) = \dfrac{10}{2} \cdot \dfrac{x^2}{x^3} = 5 \cdot x^{2-3} = 5 \cdot x^{-1} = 5 \cdot \dfrac{1}{x} = \dfrac{5}{x}\ (x \neq 0)$
- $(5a):(15b) = \dfrac{5}{15} \cdot \dfrac{a}{b} = \dfrac{1}{3} \cdot \dfrac{a}{b} = \dfrac{a}{3b}\ (b \neq 0)$

Atenção: Os 2 últimos exemplos mostram que o quociente de um monômio por outro monômio pode não ser um monômio.

Bate-papo

Converse com os colegas sobre o motivo de considerarmos o 2º monômio diferente de zero na divisão de monômios.

As expressões $\dfrac{5}{x}$ e $\dfrac{a}{3b}$ não são polinômios, pois têm variável no denominador. Expressões algébricas desse tipo são chamadas de **frações algébricas**.

Divisão de polinômio por monômio

Podemos simplificar expressões algébricas efetuando uma divisão de um polinômio por um monômio diferente de zero.

Por exemplo, a expressão $\dfrac{6x^3 - 12x}{3x}$, com $x \neq 0$, é equivalente à divisão $(6x^3 - 12x) \div (3x)$ e aqui podemos aplicar a propriedade distributiva, pois a divisão está à direita.

$$(6x^3 - 12x) \div (3x) = (6x^3) \div (3x) - (12x) \div (3x) = 2x^2 - 4$$

Ou, de outra maneira: $\dfrac{6x^3 - 12x}{3x} = \dfrac{6x^3}{3x} - \dfrac{12x}{3x} = 2x^2 - 4$

Aqui também usamos a propriedade da divisão de potências de mesma base.

Thiago Neumann/Arquivo da editora

Observe agora um exemplo de como podemos efetuar a simplificação da expressão $\dfrac{6x^3y^2 + 8x^4y^5 + 10x^2y^4}{2xy^2}$, com $x \neq 0$ e $y \neq 0$.

$$\dfrac{6x^3y^2 + 8x^4y^5 + 10x^2y^4}{2xy^2} = \dfrac{6x^3y^2}{2xy^2} + \dfrac{8x^4y^5}{2xy^2} + \dfrac{10x^2y^4}{2xy^2} =$$

$$= 3x^2y^0 + 4x^3y^3 + 5xy^2 = 3x^2 + 4x^3y^3 + 5xy^2$$

Atividades

27 Efetue mais estas operações com monômios.

a) $3x^4 + 12x^4$

b) $9xy - xy$

c) $(3x^3) \cdot (2x^2)$

d) $(16x^{10}) : (2x^2)$

e) $(3x^3)^4$

f) $(-2xy^2)^3$

g) $\frac{25x}{5x}$, para $x \neq 0$.

h) $6x^2 - 10x^2$

i) $\left(\frac{2}{3}x\right)^{-1}$, para $x \neq 0$.

j) $9x^2y + 3x^2y$

k) $7x^2 + 3x$

l) $(6r) \cdot (4s)$

m) $(12x^2) \div 6$

n) $7x + 3x - 4x$

o) $(-2xy^2)^4$

28 Efetue as divisões de monômio por monômio e, em cada item, escreva se o resultado é um monômio ou uma fração algébrica. Considere o divisor não nulo.

a) $(7a^2) : (7a)$

b) $(8x) : (4x^3)$

c) $\frac{30x^3}{5x^3}$

29 Simplifique estas expressões algébricas, considerando os denominadores diferentes de zero.

a) $\frac{10a^3b^3 + 8ab^2}{2ab^2}$

b) $\frac{9x^2y^3 - 6x^3y^2}{3x^2y}$

c) $\frac{2x^4 + 3x^3 - 2x^2 + x}{x}$

d) $\frac{3x + 6x^2 + 9x^4}{3x}$

30 **Desafio.** Qual é o polinômio que multiplicado por $2x$ resulta em $2x^3 + 2x^2y + 2xy^2$?

Um pouco de História

As imagens desta página não estão representadas em proporção.

A Álgebra foi criada há milênios por povos antigos, como os mesopotâmios e os egípcios. A princípio, o estudo tinha foco na resolução de problemas que envolviam quantidades desconhecidas.

Alguns dos problemas algébricos mais antigos de que se tem conhecimento estão registrados no papiro de Rhind, documento egípcio copiado pelo escriba Ahmes por volta do ano 1650 a.C. e descoberto em 1858 na cidade de Luxor, no Egito, pelo antiquário escocês Henry Rhind (1833-1863). Muitos problemas registrados nesse papiro utilizavam a incógnita **aha** para representar valores desconhecidos.

Diofante (c. 221-305), matemático grego que viveu em Alexandria, no Egito, foi o primeiro a usar sistematicamente símbolos para representar as incógnitas.

Embora a Álgebra, como área de estudo da Matemática, tenha sido criada na Antiguidade, a palavra **álgebra** foi usada para denominar esse campo de estudo apenas muito tempo depois. Essa palavra deriva da expressão árabe **al-jabr** ("reunir"), usada no título do livro *Hisab al-jabr w'al-mugabalah (ou A arte de reunir desconhecidos para igualar uma quantidade conhecida)*, escrito por volta do ano 825 por Al-Khwarizmi, o mesmo matemático árabe que introduziu o sistema decimal e os algarismos indo-arábicos no Ocidente. A partir do século XI, quando a obra de Al-Khwarizmi foi traduzida para o latim, o estudo das equações com 1 ou mais incógnitas passou a ser chamado de Álgebra na Europa.

Atualmente, a Álgebra é muito mais ampla, pois envolve outros assuntos além do estudo das equações. Considerada peça fundamental na Matemática moderna, ela tem aplicações nas mais diversas áreas do conhecimento humano, como Engenharia, Medicina, Arquitetura, Economia, Informática e muitas outras.

Fonte de consulta: BOYER, Carl B. *História da Matemática*. São Paulo: Blucher, 1996.

Capa da obra *Aritmética*, de Diofante. Edição de 1621.

Página da obra *Hisab al-jabr w'al-mugabalah*, de Al-Khwarizmi, escrita por volta do ano 825.

2 Equações

No 7º ano, você já estudou as **equações do 1º grau com 1 incógnita**, também chamadas de equações polinomiais do 1º grau com 1 incógnita.

Veja alguns exemplos.

- Pensei em um número racional, somei $\frac{1}{2}$ a ele e obtive $\frac{5}{4}$. Em qual número pensei?

  Representando o número pensado por x, a equação pode ser $x + \frac{1}{2} = \frac{5}{4}$.

> A equação é "do 1º grau" porque pode ser reduzida à forma $ax = b$, com $a \neq 0$ $(4x = 3)$, e é "com 1 incógnita" porque há somente 1 elemento desconhecido (x).

Resolução

$$x + \frac{1}{2} = \frac{5}{4} \Rightarrow \frac{x}{1} + \frac{1}{2} = \frac{5}{4}$$

Sabendo que $\text{mmc}(1, 2, 4) = 4$, obtemos:

$$\frac{x}{1} + \frac{1}{2} = \frac{5}{4} \Rightarrow \frac{4x}{4} + \frac{2}{4} = \frac{5}{4}$$

Multiplicamos ambos os membros por 4 e eliminamos os denominadores.

$$4x + 2 = 5$$

Adicionamos -2 a ambos os membros.

$$4x + 2 - 2 = 5 - 2 \Rightarrow 4x = 3$$

Dividimos ambos os membros por 4.

$$\frac{4x}{4} = \frac{3}{4} \Rightarrow x = \frac{3}{4}$$

Verificação

$$x + \frac{1}{2} = \frac{5}{4} \Rightarrow \frac{3}{4} + \frac{1}{2} = \frac{5}{4} \Rightarrow \frac{3}{4} + \frac{2}{4} = \frac{5}{4} \Rightarrow \frac{5}{4} = \frac{5}{4}$$

Resposta

Logo, o número racional pensado é $\frac{3}{4}$.

- Vamos resolver a equação $3(x - 1) = 1 - (-7x + 1)$ no conjunto universo dos números racionais.

$$3(x - 1) = 1 - (-7x + 1) \Rightarrow 3x - 3 = 1 + 7x - 1 \Rightarrow$$

$$\Rightarrow 3x - 3 = 7x \Rightarrow 3x - 7x = 3 \Rightarrow -4x = 3 \Rightarrow$$

$$\Rightarrow x = \frac{3}{-4} = -\frac{3}{4}$$

Resolver uma equação é determinar as raízes ou soluções em um conjunto universo $\mathbb{U}$ considerado. Observe que, se o conjunto universo considerado para essa equação fosse o dos números naturais ou o dos números inteiros, então essa equação não teria solução.

Thiago Neumann/Arquivo da editora

Atividades

31 Paulo pensou em um número racional. Somou $\frac{1}{3}$ a ele e obteve 11. Em qual número Paulo pensou?

32 Há 5 anos, Ana tinha a metade da idade que terá daqui a 8 anos. Qual é a idade de Ana?

33 Gilberto teve o salário reajustado em $\frac{2}{5}$ do que era e passou a receber R\$ 4800,00. Qual era o salário de Gilberto antes do reajuste?

34 Um campo de futebol tem medida de perímetro de 300 metros. A medida de comprimento da largura desse campo é o dobro da medida de comprimento da profundidade. Quais são as medidas das dimensões desse campo?

35 Um tanque de água tem medida de capacidade de 1000 litros. Com ele inicialmente cheio, foram retirados 10 baldes de água de mesma medida de capacidade e restaram 850 litros no tanque. Qual é a medida de capacidade de cada balde?

36 Invente um problema que pode ser resolvido pela equação $x + \frac{1}{2}x = 120$.

Equação do 2º grau

Toda equação com 1 incógnita que pode ser escrita na forma $ax^2 + bx + c = 0$, com a, b e c dados e $a \neq 0$, é chamada de **equação do 2º grau com 1 incógnita**.

Temos que a, b e c são os coeficientes da equação e x é a incógnita. Note que a é o coeficiente do termo de 2º grau; b é o coeficiente do termo de 1º grau e c é o coeficiente do termo de grau zero.

Veja alguns exemplos.

- $x^2 - 5x + 6 = 0 \rightarrow$ coeficientes: $a = 1$; $b = -5$; $c = 6$.
- $x^2 - 49 = 0 \rightarrow$ coeficientes: $a = 1$; $b = 0$; $c = -49$.
- $2x^2 - 4x = 0 \rightarrow$ coeficientes: $a = 2$; $b = -4$; $c = 0$.
- $5x^2 = 0 \rightarrow$ coeficientes: $a = 5$; $b = 0$; $c = 0$.

Quando, além de $a \neq 0$, temos $b \neq 0$ e $c \neq 0$, dizemos que a equação do 2º grau é **completa**. Quando pelo menos um dos coeficientes b ou c é nulo, dizemos que a equação do 2º grau é **incompleta**. Assim, nesses exemplos, a primeira equação é completa e as demais são incompletas.

Thiago Neumann/Arquivo da editora

Raízes ou soluções de uma equação do 2º grau

A raiz ou solução de uma equação com 1 incógnita, independentemente do grau, é um valor do conjunto universo considerado que, atribuído à incógnita, torna a sentença matemática verdadeira.

Por exemplo, no conjunto dos números racionais, as raízes da equação do 2º grau $x^2 - 5x + 4 = 0$ são 4 e 1. Indicamos essas raízes por: $x' = 4$ e $x'' = 1$.

Observe como as sentenças são verdadeiras para essas raízes.

- Substituindo x por 4, obtemos:
  $x^2 - 5x + 4 = 0 \Rightarrow 4^2 - 5 \cdot 4 + 4 = 0 \Rightarrow 16 - 20 + 4 = 0 \Rightarrow 0 = 0$
- Substituindo x por 1, obtemos:
  $x^2 - 5x + 4 = 0 \Rightarrow 1^2 - 5 \cdot 1 + 4 = 0 \Rightarrow 1 - 5 + 4 = 0 \Rightarrow 0 = 0$

Resolução de equações do 2º grau do tipo $ax^2 = c$, com $a \neq 0$

Neste capítulo, você aprenderá a resolver equações incompletas do 2º grau em que $b = 0$, ou seja, equações que podem ser escritas na forma $ax^2 + c = 0$ ou na forma $ax^2 = c$, com $a \neq 0$. Veja um exemplo.

Joana estava pensando no seguinte problema. Se o triplo do quadrado de um número é igual a 147, então qual é esse número?

Representando esse número por x, temos a equação $3x^2 = 147$. Então:

$$3x^2 = 147 \Rightarrow x^2 = \frac{147}{3} \Rightarrow x^2 = 49$$

Temos que x é um número que, elevado ao quadrado, é igual a 49. Logo, $x = 7$ ou $x = -7$, pois $7^2 = 49$ e $(-7)^2 = 49$.

Algumas equações completas do 2º grau podem ser resolvidas usando as equações incompletas. Por exemplo, para resolver a equação $(x - 1)^2 = 4$, se efetuássemos a potenciação indicada, chegaríamos a uma equação do 2º grau completa:

$$x^2 - 2x + 1 = 4 \Rightarrow x^2 - 2x - 3 = 0$$

Veja, então, como podemos resolver essa equação.

$(x - 1)^2 = 4$
Como $x - 1$ ao quadrado resulta em 4,
temos $x - 1 = 2$ ou $x - 1 = -2$.
Assim:
• se $x - 1 = 2$, então, $x = 3$;
• se $x - 1 = -2$, então, $x = -1$.

Banco de imagens/Arquivo da editora

Logo, as 2 raízes da equação $(x - 1)^2 = 4$ são $x' = 3$ e $x'' = -1$.

Atividades

37 Resolva as equações, no conjunto universo dos números racionais.

a) $2x^2 = 50$

b) $6x^2 = 0$

c) $-x^2 = 16$

d) $9x^2 = 36$

e) $\dfrac{3x^2}{5} = 6$

f) $-x^2 = -\dfrac{1}{9}$

g) $3x(x + 2) = 6x$

38 Um canteiro com a forma quadrada tinha 2 m de medida de comprimento dos lados e essa medida foi ampliada em x metros, mantendo a forma quadrada.

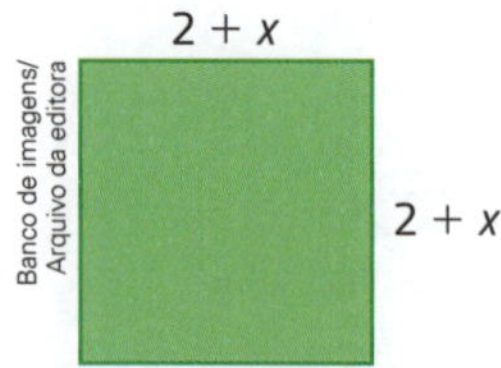

Banco de imagens/Arquivo da editora

Sabendo que o novo canteiro tem medida de área de 9 m²:

a) represente essa situação usando uma equação do 2º grau;

b) determine em quantos metros foi aumentada a medida de comprimento do lado do canteiro.

39 Resolva estas equações usando o mesmo raciocínio dado no início desta página e escreva as raízes racionais.

a) $(x + 5)^2 = 9$

b) $(x + 1)^2 = -16$

c) $(x - 5)^2 = 0$

d) $(2x - 1)^2 = 9$

e) $(y - 3)^2 = 36$

f) $(7a - 2)^2 = 0$

40 Determine o valor de x sabendo que a medida de área da maior região quadrada nesta figura é de 1 156 cm².

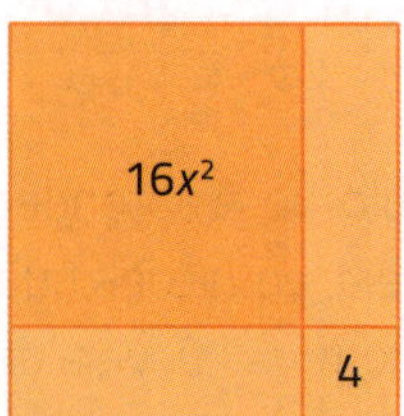

Banco de imagens/Arquivo da editora

41 Reúna-se com um colega e criem juntos uma situação-problema envolvendo equações do 2º grau com 1 incógnita. Depois, troquem com outra dupla; vocês resolvem a situação-problema deles e eles resolvem a de vocês

MATEMÁTICA

E TECNOLOGIA

O Mathway

O Mathway é uma ferramenta *on-line* de resolução de problemas matemáticos que pode ser utilizada em diversos conteúdos de Álgebra, Geometria, Estatística e outras áreas de estudo de Matemática, e em todos os níveis de ensino.

No endereço <www.mathway.com/pt/Algebra>, você pode acessar a versão destinada aos problemas de Álgebra. Há também um aplicativo para celular, que pode ser baixado no *site*. Nesse caso, peça para alguém mais experiente ajudá-lo com a instalação.

Resolução de equação do 2º grau

Iremos aprender a resolver no Mathway equações incompletas do 2º grau na forma $ax^2 = c$, com $a \neq 0$ e $c \geqslant 0$. Veja a seguir os passos que devem ser seguidos para resolver a equação $2x^2 = 8$.

1º passo: No campo "Insira um problema", digite com o teclado do computador a equação **2x^2=8** e tecle "enter". Observe que o sinal ^ indica a operação de potenciação.

Outra possibilidade é usar o *mouse* para selecionar os botões no teclado virtual do programa.

2º passo: Uma janela vai aparecer para você escolher o que quer que o programa faça. Escolha "Resolva usando a propriedade de raiz quadrada".

3º passo: Observe o resultado gerado pelo programa; no caso, as raízes ou soluções da equação $2x^2 = 8$. Quais são as raízes?

Você também pode observar a resolução detalhada clicando em "Toque para ver os passos...".

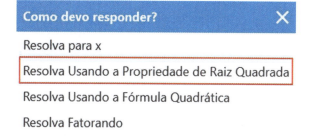

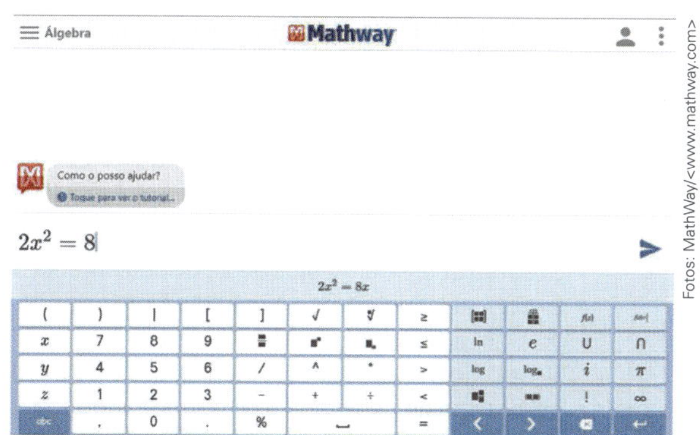

Como devo responder?

Resolva para x

Resolva Usando a Propriedade de Raiz Quadrada

Resolva Usando a Fórmula Quadrática

Resolva Fatorando

Encontre as Raízes (Zeros)

Resolva ao Completar o Quadrado

Mais...

Fotos: MathWay/<www.mathway.com>

Questões

1› Resolva estas equações incompletas do 2º grau usando o Mathway.

a) $3x^2 = 27$

b) $2x^2 = 50$

c) $-3x^2 = -108$

2› Represente cada situação usando uma equação e resolva-a. Depois, confira o resultado usando o Mathway e registre a resposta.

a) Carlos e Márcia estão brincando de adivinhar números. Carlos pensou em um número natural, o elevou ao quadrado, depois multiplicou por 5 e disse à Márcia que o resultado foi 245. Em qual número Carlos pensou?

b) A idade de João, que é 48 anos, é igual ao triplo do quadrado da idade do filho dele. Qual é a idade do filho de João?

3 Proporcionalidade

No 7º ano, você já estudou o que são **grandezas diretamente proporcionais**, o que são **grandezas inversamente proporcionais** e situações de **não proporcionalidade**.

Estudou também a **regra de 3 simples**, uma ferramenta importante para resolver problemas que envolvem grandezas proporcionais. Vamos relembrar algumas situações que envolvem grandezas diretamente proporcionais e grandezas inversamente proporcionais e resolvê-las.

- Elisa comprou 6 m de um tecido por R$ 420,00. Quanto ela pagaria por 9 m desse mesmo tecido?

Observe que, se o número de metros duplica, então o valor a pagar também duplica; se o número de metros triplica, então o valor a pagar também triplica; e assim por diante.
Neste caso, as grandezas "número de metros" e "preço" são **diretamente proporcionais**.
Sendo x o preço que ela pagaria por 9 m, escrevemos a proporção:

Número de metros	Preço (em reais)
6	420
9	x

$$\frac{6}{9} = \frac{420}{x} \Rightarrow 6 \cdot x = 9 \cdot 420 \Rightarrow x = \frac{9 \cdot 420}{6} = 630$$

Logo, Elisa pagaria R$ 630,00 por 9 m de tecido.

- Darla demora 70 minutos para ir de carro de Rio Claro (SP) a Campinas (SP), com medida de velocidade média de 90 km/h. Quantos minutos ela gastaria para percorrer esse trajeto com medida de velocidade média de 100 km/h?

Observe que, se a medida de velocidade média do veículo dobra, então a medida de intervalo de tempo necessário diminui pela metade; se a medida de velocidade triplica, então a medida de intervalo de tempo necessário diminui pela terça parte; e assim por diante.
Neste caso, as grandezas "medida de velocidade média" e "medida de intervalo de tempo" são **inversamente proporcionais**.
Sendo x a medida de intervalo de tempo (em minutos) necessária para o veículo percorrer o trajeto com a medida de velocidade média de 100 km/h, escrevemos a seguinte proporção:

Medida de velocidade média (em km/h)	Medida de intervalo de tempo (em min)
90	70
100	x

$$\frac{100}{90} = \frac{70}{x} \Rightarrow 100 \cdot x = 90 \cdot 70 \Rightarrow x = \frac{90 \cdot 70}{100} = 63$$

Logo, com a medida de velocidade média de 100 km/h, Darla vai de Rio Claro a Campinas em 63 minutos.

- Se um time marcou 7 gols em 3 jogos, então quantos gols ele marcará em 6 jogos?

Como não é possível saber quantos gols serão marcados em 6 jogos, dizemos que as grandezas "número de jogos" e "número de gols" **não são direta nem inversamente proporcionais**.

Atividades

42 Com 5 kg de farinha de trigo, Noemi faz 75 pães. Quantos pães ela fará com 7 kg de farinha de trigo?

43 Com 3,5 L de tinta, Fernando pinta uma parede com 14 m² de medida de área.

a) Qual é a medida de área que ele pode pintar com 18 L dessa tinta?

b) Quantos litros de tinta serão necessários para pintar uma parede que tem medida de área de 36 m²?

44 Dez pedreiros fazem um muro em 10 horas. Então, 25 pedreiros fazem esse mesmo muro em quantas horas?

45 Uma torneira que jorra 5 L de água por minuto enche um tanque em 6 horas. Em quanto tempo 2 torneiras iguais a essa encherão o mesmo tanque?

46 Elabore 2 problemas, um com grandezas diretamente proporcionais e um com grandezas inversamente proporcionais. Depois, troque-os com um colega; ele resolve os seus problemas e você resolve os dele.

Regra de 3 composta

Agora, vamos estudar a **regra de 3 composta**. Considere a situação a seguir.

Com 600 kg de ração, é possível alimentar 20 cavalos durante 30 dias. Com 800 kg de ração, é possível alimentar 25 cavalos durante quantos dias?

Considerando que todos os cavalos comem a mesma quantidade de ração, podemos organizar os dados em uma tabela.

Alimentação dos cavalos

Medida de massa de ração (em kg)	Número de cavalos	Número de dias
600	20	30
800	25	x

Tabela elaborada para fins didáticos.

Vamos resolver essa situação de 2 maneiras diferentes.

- **1ª maneira:** usando 2 regras de 3 simples.

  Vamos analisar o comportamento de cada grandeza, separadamente, em relação à grandeza cujo valor queremos descobrir.

  "Medida de massa de ração" com "número de dias": Considerando o mesmo número de cavalos, quando dobramos a medida de massa de ração, o número de dias também dobra. Logo, são grandezas diretamente proporcionais.

$$\frac{600}{800} = \frac{30}{y} \Rightarrow 600y = 24\,000 \Rightarrow y = 40$$

> Usamos a incógnita *y*, pois ainda não é a resposta final (valor de *x*).

Com este resultado, a tabela fica assim:

Alimentação dos cavalos

Medida de massa de ração (em kg)	Número de cavalos	Número de dias
600	20	40
800	25	x

Tabela elaborada para fins didáticos.

"Número de cavalos" com "número de dias": Considerando a mesma medida de massa de ração, quando dobramos o número de cavalos, o número de dias diminui pela metade. Logo, as grandezas são inversamente proporcionais.

$$\frac{20}{25} = \frac{x}{40} \Rightarrow 25x = 20 \cdot 40 \Rightarrow 25x = 800 \Rightarrow x = 32$$

Portanto, com 800 kg de medida de massa de ração, é possível alimentar 25 cavalos durante 32 dias.

- **2ª maneira:** modo prático.

  Considerando o mesmo número de cavalos, a medida de massa de ração e o número de dias são diretamente proporcionais; então, mantemos a ordem dos termos da razão.

  Considerando a mesma medida de massa de ração, o número de cavalos e o número de dias são inversamente proporcionais; então, precisamos inverter a ordem dos termos da razão envolvendo o número de cavalos. Assim:

razão invertida

$$\frac{30}{x} = \frac{600}{800} \cdot \frac{25}{20} \Rightarrow \frac{30}{x} = \frac{15\,000}{16\,000} \Rightarrow 15\,000x = 480\,000 \Rightarrow x = 32$$

Logo, com 800 kg de medida de massa de ração, é possível alimentar 25 cavalos durante 32 dias.

Veja outro exemplo. Trabalhando 8 horas por dia, 16 funcionários com o mesmo ritmo de trabalho descarregam 240 caixas de um caminhão. Se trabalhassem 10 horas por dia nesse mesmo ritmo, então quantos funcionários seriam necessários para descarregar 600 caixas?

Trabalho dos funcionários

Número de horas diárias	Número de funcionários	Número de caixas
8	16	240
10	x	600

Tabela elaborada para fins didáticos.

Novamente vamos resolver essa situação de 2 maneiras diferentes.

- **1ª maneira:** usando 2 regras de 3 simples.

  Vamos analisar separadamente.

  "Número de horas diárias" e "número de funcionários": Considerando o mesmo número de caixas, quando dobramos o número de horas diárias, o número de funcionários se reduz à metade. Portanto, são grandezas inversamente proporcionais.

  $$\frac{8}{10} = \frac{y}{16} \Rightarrow 10y = 8 \cdot 16 \Rightarrow 10y = 128 \Rightarrow y = 12{,}8 \text{ (resultado provisório)}$$

  A tabela fica assim:

Trabalho dos funcionários

Número de horas diárias	Número de funcionários	Número de caixas
8	12,8	240
10	x	600

Tabela elaborada para fins didáticos.

  "Número de caixas" e "número de funcionários": Considerando o mesmo número de horas diárias, quando dobramos o número de caixas, dobra também o número de funcionários necessários. Logo, as grandezas são diretamente proporcionais.

  $$\frac{240}{600} = \frac{12{,}8}{x} \Rightarrow 240x = 600 \cdot 12{,}8 \Rightarrow 240x = 7\,600 \Rightarrow x = 32$$

  Portanto, seriam necessários 32 funcionários para descarregar 600 caixas em 10 horas.

- **2ª maneira:** modo prático.

  O número de horas diárias e o número de funcionários são grandezas inversamente proporcionais (considerando o mesmo número de caixas). Precisamos, então, inverter a ordem dos termos da razão envolvendo o número de horas diárias, $\frac{8}{10}$, colocando $\frac{10}{8}$.

  O número de caixas e o número de funcionários são grandezas diretamente proporcionais (considerando o mesmo número de horas por dia). Então, mantemos a ordem dos termos da razão envolvendo o número de caixas. Assim:

  $$\frac{16}{x} = \frac{10}{8} \cdot \frac{240}{600} \Rightarrow \frac{16}{x} = \frac{2\,400}{4\,800} \Rightarrow \frac{16}{x} = \frac{1}{2} \Rightarrow x = 32$$

  Logo, seriam necessários 32 funcionários para descarregar 600 caixas em 10 horas.

As imagens desta página não estão representadas em proporção.

Atividades

47 Três torneiras despejam 5 000 litros de água em um reservatório em 5 horas. Em quantas horas 6 torneiras despejam 6 000 litros de água?

48 Um pacote com 40 cadernos de 70 páginas cada um tem medida de massa de 36 kg. Qual é a medida de massa de um pacote com 35 cadernos de 60 páginas?

49 Oito metalúrgicos produzem 400 peças em 6 dias. São necessários quantos metalúrgicos para produzir 300 peças em 3 dias?

Ernesto Rodrigues/Agência Estado

Metalúrgico produzindo peças.

50 Uma máquina produz 450 painéis de medida de área de 2 m² cada um, trabalhando 6 horas por dia durante 5 dias. Quantos painéis de medida de área de 3 m² essa máquina produzirá trabalhando durante 6 dias, 5 horas por dia?

51 Em uma república de estudantes, moram 4 pessoas que gastam R$ 490,00 com alimentação a cada 10 dias. Se mais 2 pessoas passarem a morar nessa república, mantendo a mesma despesa por pessoa, então de quanto será o gasto com alimentação a cada 15 dias?

52 Em outra república, moram 8 pessoas que gastam R$ 1 280,00 com alimentação a cada 4 dias. Se chegarem mais 2 pessoas, mantendo a mesma despesa por pessoa, então a quantia de R$ 1 600,00 para alimentação será suficiente para quantos dias?

53 Uma máquina, trabalhando durante 6 minutos, produz 80 peças. Se for usada uma máquina com o dobro de potência, então em quanto tempo ela produzirá 120 peças? (**Sugestão:** Use 1 para a potência da primeira máquina e 2 para a da segunda.)

54 Vinte funcionários pavimentam uma estrada com medida de comprimento de 6 km, em 15 dias. Quantos funcionários serão necessários para pavimentar uma estrada com medida de comprimento de 8 km, em 10 dias?

João Prudente/Pulsar Imagens

Funcionários pavimentando estrada.

55 Trabalhando 8 horas por dia, os 3 000 operários de uma indústria automobilística, com o mesmo ritmo de trabalho, produzem 600 veículos em 30 dias. Quantos dias serão necessários para que 1 500 desses operários produzam 400 veículos, trabalhando 10 horas por dia?

56 Um campo de futebol com medida de área de 6 000 m² teve a grama podada por 4 homens que trabalharam 6 horas por dia durante 3 dias. Quantos homens com o mesmo ritmo de trabalho seriam necessários para podar a grama de um campo de 8 000 m², trabalhando 8 horas por dia durante 2 dias?

57 Para cobrir o piso de uma sala, foram necessárias 750 peças retangulares de cerâmica com lados de medida de comprimento de 45 cm por 8 cm. Quantas peças com lados de medida de comprimento de 40 cm por 7,5 cm serão necessárias para cobrir um piso cuja medida de área é o dobro da anterior?

58 Cinquenta e quatro operários trabalhando 5 horas por dia levaram 45 dias para construir um jardim retangular com lados de medida de comprimento de 225 m por 180 m. Quantos operários trabalhando 12 horas por dia, no mesmo ritmo, seriam necessários para construir, em 18 dias, outro jardim retangular com lados de medida de comprimento de 195 m por 120 m?

Proporcionalidade e gráfico

Explorar e descobrir

Reúna-se com um colega e leiam cada um destes exemplos.

I O *chef* de um restaurante lucra R$ 1 500,00 quando recebe 50 clientes. Certo dia ele recebeu apenas 20 clientes e o lucro foi de R$ 600,00.

II Uma fábrica demora 8 horas para atingir a meta diária usando 24 máquinas. A dona da fábrica comprou mais 24 máquinas e passou a atingir a meta diária em 4 horas.

III José convidou 80 pessoas para a festa de aniversário dele e encomendou um bolo de 12 kg. Quando ele viu que apenas 60 pessoas confirmaram a presença, ele ligou na confeitaria e mudou o pedido para um bolo de 9 kg.

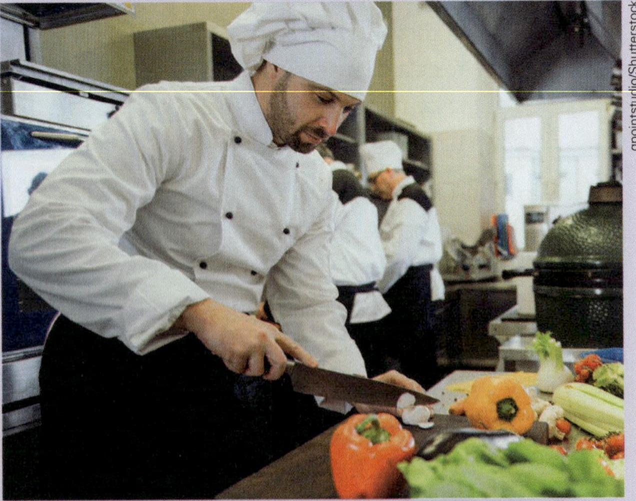

gpointstudio/Shutterstock

Chef cozinhando.

Observe que as grandezas do exemplo **I** são **diretamente proporcionais**. Veja ao lado como podemos construir uma tabela com os dados fornecidos no exemplo **I**.

Também é possível representar esses dados com esta equação: seja l o lucro, em reais, e n o número de clientes, a relação entre as grandezas pode ser representada por $l = n \cdot 30$.

Finalmente, podemos construir um gráfico com os pontos indicados na tabela. Neste caso, colocamos a grandeza "lucro" no eixo y e a grandeza "número de clientes" no eixo x. Observe que todos os pontos estão contidos em uma mesma reta.

Relação entre o lucro e o número de clientes em um restaurante

Lucro (em reais)	0	300	600	900	1200	1500
Número de clientes	0	10	20	30	40	50

Tabela elaborada para fins didáticos.

Relação entre o lucro e o número de clientes em um restaurante

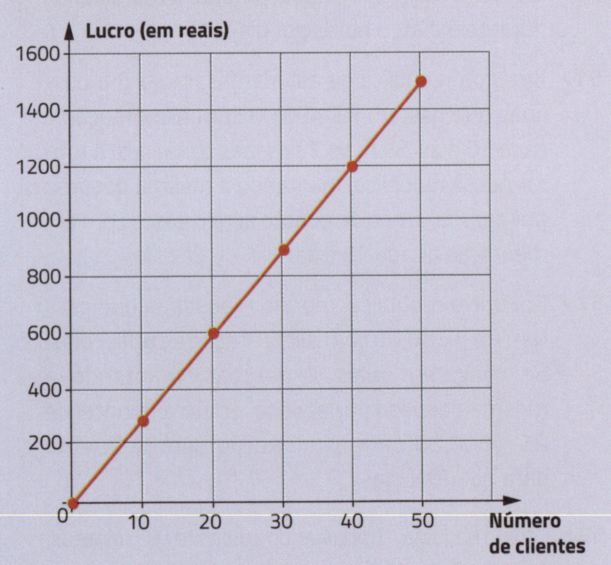

Banco de imagens/Arquivo da editora

Gráfico elaborado para fins didáticos.

1› Faça o que é pedido em cada item, para os exemplos **II** e **III**.

a) Identifique se as grandezas são diretamente ou inversamente proporcionais.

b) Construa uma tabela indicando a relação entre as 2 grandezas indicadas em cada exemplo.

c) Escreva a equação que representa a relação entre as 2 grandezas.

d) Use os dados da tabela do item **b** para marcar os pares ordenados em um plano cartesiano e formar, assim, um gráfico.

2› Agora, em cada gráfico, tente traçar uma reta que contenha todos os pontos que você marcou. Verifique com um colega em qual deles isso foi possível e, depois, anote suas conclusões.

O gráfico de uma situação de grandezas diretamente proporcionais é sempre uma reta (ou parte dela) que passa pela origem dos eixos cartesianos.

Com essa informação, temos mais uma maneira de resolver os problemas de grandezas diretamente proporcionais. Veja outro exemplo.

Ronaldo dirige o automóvel dele em uma rodovia a uma **velocidade constante** de medida de 100 km/h. Nessas condições, a medida de distância que ele percorre é diretamente proporcional à medida de intervalo de tempo. Examine a tabela e o gráfico dessa situação.

Relação entre medida de intervalo de tempo e medida de distância percorrida

Medida de intervalo de tempo (em h)	Medida de distância (em km)
$\frac{1}{4}$	25
$\frac{1}{2}$	50
1	100
1,5	150
2	200
2,5	250

Tabela elaborada para fins didáticos.

Relação entre medida de intervalo de tempo e medida de distância percorrida

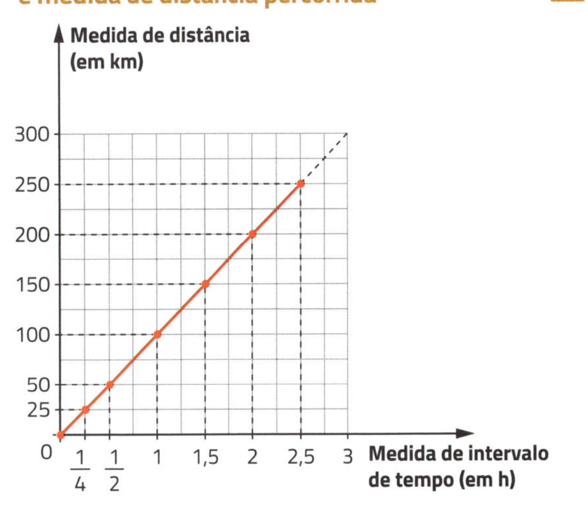

Gráfico elaborado para fins didáticos.

Banco de imagens/Arquivo da editora

Observe que o gráfico do exemplo é uma parte de uma reta do plano (semirreta de origem no ponto (0, 0)).

As imagens desta página não estão representadas em proporção.

Atividades

59 Consultando apenas o gráfico acima, responda aos itens.

a) Depois de 3 horas de viagem, qual é a medida de distância percorrida?

b) Depois de 1 hora e 15 minutos de viagem, qual é a medida de distância percorrida?

c) Depois de quanto tempo Ronaldo percorreu 175 km?

d) Depois de quanto tempo ele percorrerá 400 km?

60 Construa uma tabela relacionando o número de canetas e o preço a pagar usando o gráfico apresentado ao lado.

Relação entre o número de canetas e o preço a pagar

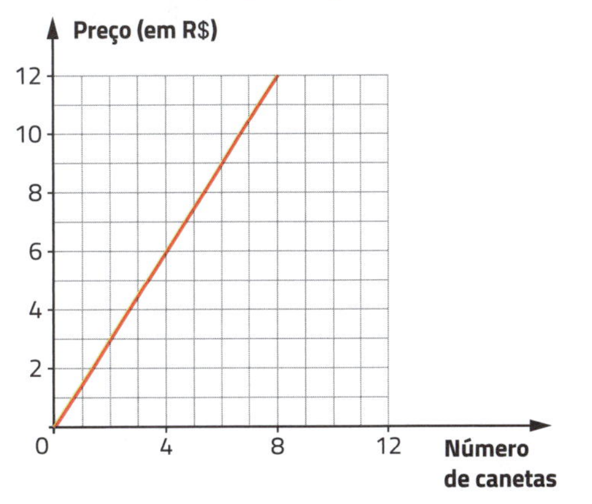

Gráfico elaborado para fins didáticos.

Banco de imagens/Arquivo da editora

Revisando seus conhecimentos

1 Um retângulo **A** tem medidas de comprimento da base igual a x e da altura igual a $x - 3$. Um retângulo **B** é obtido de **A** aumentando 5 unidades na medida de comprimento da base e dobrando a medida de comprimento da altura.
Indique, usando expressões algébricas:

a) a medida de perímetro de **A**;

b) a medida de perímetro de **B**;

c) a medida de área de **A**;

d) a medida de área de **B**;

e) a diferença entre as medidas de perímetro de **B** e de **A**, nessa ordem.

f) a diferença entre as medidas de área de **B** e de **A**, nessa ordem.

2 Considerando $x = 10$ cm, calcule os valores indicados nos itens de **a** a **f** da atividade anterior.

3 Considere um paralelepípedo cujas dimensões têm medidas de comprimento a, b e c.

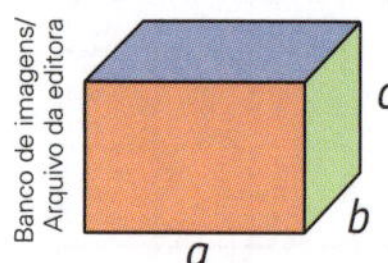

Banco de imagens/Arquivo da editora

Escreva o polinômio mais simples que indica a medida de área total da superfície desse paralelepípedo.

4 Paula disse que o lápis de cera dela tem medida de comprimento de 6 cm. Ela está correta? Explique.

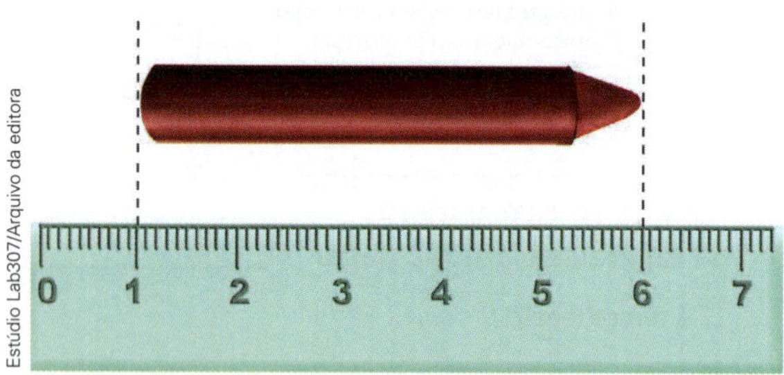

Estúdio Lab307/Arquivo da editora

5 **(UFC-CE)** Se $a = \left(1 + \frac{2}{3}\right)^{-1}$ e b é tal que $ab = 1$, então o valor de b é:

a) $\frac{5}{2}$.

b) $\frac{3}{5}$.

c) $\frac{5}{3}$.

d) $\frac{2}{5}$.

e) $\frac{2}{3}$.

6 Um pai resolveu repartir a quantia de R\$ 3000,00 entre as filhas Gabriela, Janaína e Larissa, em partes inversamente proporcionais às idades delas, que são 20 anos, 15 anos e 12 anos, respectivamente. Determine a quantia que cada uma receberá.

7 Observe esta figura.

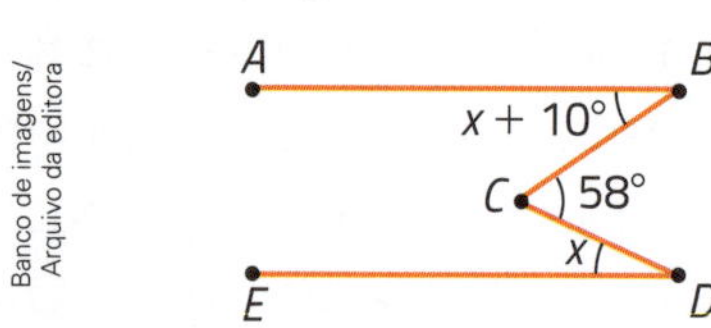

Banco de imagens/Arquivo da editora

Sabendo que $\overline{AB} \,//\, \overline{DE}$, qual é a medida de abertura do ângulo $\hat{B}$?

a) 33°

b) 34°

c) 35°

d) 36°

8 Pensei em um número, dividi por 4 e tirei $\frac{2}{3}$, obtendo $\frac{5}{6}$. Em qual número pensei?

9 Este gráfico refere-se ao giro do ponteiro das horas de um relógio. Observe-o e responda aos itens.

Relação entre número de horas e medida de abertura do giro do ponteiro das horas

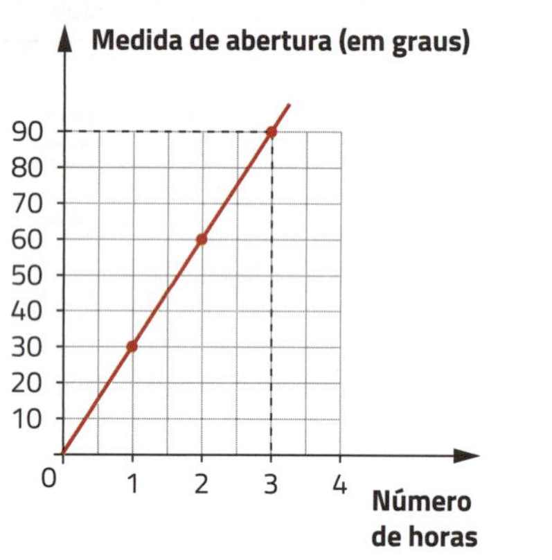

Banco de imagens/Arquivo da editora

Gráfico elaborado para fins didáticos.

a) Qual é a medida de abertura (em graus) do giro que esse ponteiro dá em 2 horas?

b) Em quantas horas esse ponteiro dá um giro de medida de abertura de 45°?

c) Em quantas horas esse ponteiro dá um giro de $\frac{1}{4}$ de volta?

d) Qual é a medida de abertura (em graus) do giro que esse ponteiro dá em meia hora? E em 6 horas?

10 Efetue estas adições e subtrações de polinômios.

a) $(x^2 + 3x - 1) + (-2x + 3)$

b) $(-ab^2 + ab - 4) + (2ab^2 - ab - 5)$

c) $(-x^3 - 3x^2 + x) - 3(x^3 + 2x^2)$

d) $(a^3 + 2a^2 - 5) - (a^3 - a^2 - 5)$

11 ▸ **(Enem)** Em alguns países anglo-saxões, a unidade de volume utilizada para indicar o conteúdo de alguns recipientes é a onça fluida britânica. O volume de uma onça fluida britânica corresponde a 28,4130625 mL.

A título de simplificação, considere uma onça fluida britânica correspondendo a 28 mL.

Nessas condições, o volume de um recipiente com capacidade de 400 onças fluidas britânicas, em cm^3, é igual a:

a) 11 200
b) 1 120
c) 112
d) 11,2
e) 1,12

12 ▸ Observe as expressões algébricas nas placas. Cada uma delas indica como deve ser feito o pagamento de uma compra, sendo E o valor da entrada e P o valor de cada prestação, em reais.

Ilustrações: Paulo Manzi/Arquivo da editora

a) Na loja **A**, uma geladeira está sendo vendida com entrada de R$ 850,00 e prestações de R$ 400,00 cada uma. Na Loja **B**, a mesma geladeira está sendo vendida com $E =$ R$ 550,00 e $P =$ R$ 250,00.

Em qual dessas lojas o valor total da geladeira é menor? Quanto ela custa a menos do que na outra loja?

b) Se um fogão está sendo vendido por R$ 1 220,00 na loja **A**, com entrada de R$ 320,00, então qual é o valor de cada prestação?

13 ▸ **(Enem)** Os congestionamentos de trânsito constituem um problema que aflige, todos os dias, milhares de motoristas brasileiros. O gráfico ilustra a situação, representando, ao longo de um intervalo definido de tempo, a variação da velocidade de um veículo durante um congestionamento.

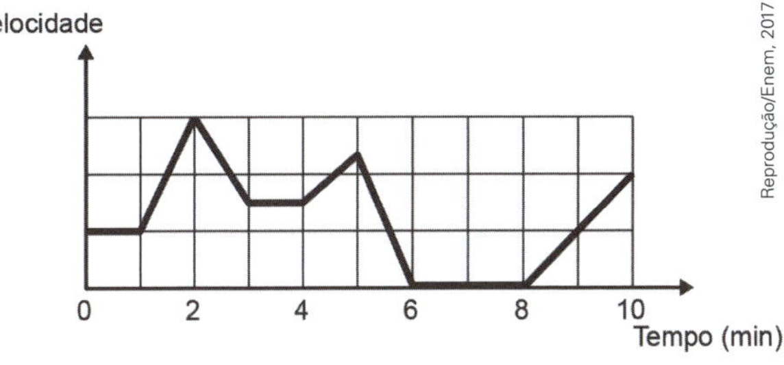

Reprodução/Enem, 2017

Quantos minutos o veículo permaneceu imóvel ao longo do intervalo de tempo total analisado?

a) 4
b) 3
c) 2
d) 1
e) 0

14 ▸ Em uma corrida, um carro azul já percorreu $\frac{4}{10}$ do percurso e um carro verde, $\frac{6}{15}$. Qual deles está na frente? Justifique sua resposta.

15 ▸ Com um estoque de ração é possível alimentar 30 carneiros durante 20 dias. Considerando que todos os carneiros comem a mesma quantidade de ração, se fossem 40 carneiros, então esse estoque de ração daria para quantos dias?

16 ▸ **(Obmep)** Uma formiguinha andou sobre a borda de uma régua, da marca de 6 cm até a marca de 20 cm. Ela parou para descansar na metade do caminho.

As imagens desta página não estão representadas em proporção.

Reprodução/Obmep, 2011

Em que marca ela parou?

a) 11 cm
b) 12 cm
c) 13 cm
d) 14 cm
e) 15 cm

17 ▸ Determine a medida de área desta região plana.

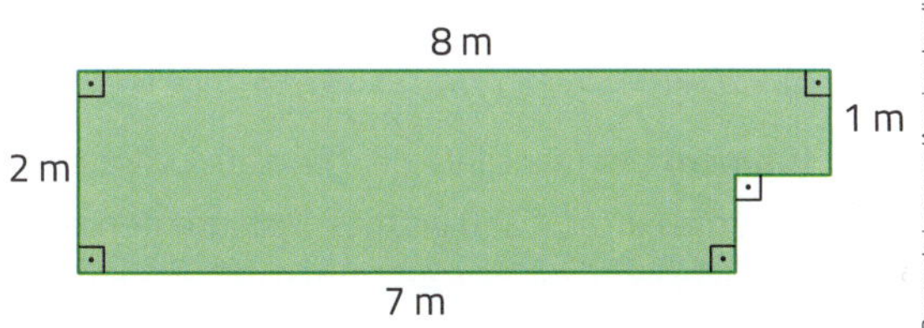

Banco de imagens/Arquivo da editora

18 ▸ O piso de uma sala de aula retangular, cujos lados têm medidas de comprimento de 8 m por 4 m, será revestido com lajotas quadradas, cujos lados têm medida de comprimento de 25 cm. Quantas lajotas serão necessárias?

Raciocínio lógico

Descubra um padrão na sequência e determine o valor de **?**.

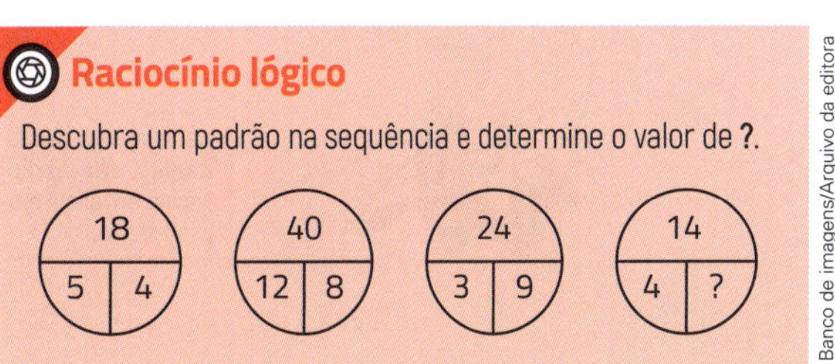

Banco de imagens/Arquivo da editora

Praticando um pouco mais

Testes oficiais

1 ▸ **(Saresp)** Considere estas expressões:

$$A = 2a + 4ba$$
$$B = 2a$$

O resultado da divisão de A por B é:

a) $4ba$.
b) $4a + 4ab + b$.
c) $1 + 2b$.
d) 2.

2 ▸ **(Prova Brasil)** Uma prefeitura aplicou R$ 850 mil na construção de 3 creches e um parque infantil. O custo de cada creche foi de R$ 250 mil. A [equação] que representa o custo do parque, em mil reais, é:

a) $x + 850 = 250$.
b) $x - 850 = 750$.
c) $850 = x + 250$.
d) $850 = x + 750$.

3 ▸ **(Obmep)** João fez uma viagem de ida e volta entre Pirajuba e Quixajuba em seu carro, que pode rodar com álcool e com gasolina. Na ida, apenas com álcool no tanque, seu carro fez 12 km por litro e na volta, apenas com gasolina no tanque, fez 15 km por litro. No total, João gastou 18 litros de combustível nessa viagem. Qual é a distância entre Pirajuba e Quixajuba?

a) 60 km
b) 96 km
c) 120 km
d) 150 km
e) 180 km

4 ▸ **(Obmep)** Um fabricante de chocolate cobrava R$ 5,00 por uma barra de 250 gramas. Recentemente o "peso" da barra foi reduzido para 200 gramas, mas seu preço continuou R$ 5,00. Qual foi o aumento percentual do preço do chocolate desse fabricante?

Reprodução/Obmep, 2006

As imagens desta página não estão representadas em proporção.

a) 10%
b) 15%
c) 20%
d) 25%
e) 30%

5 ▸ **(Obmep)** Alvino está a meio quilômetro da praia quando começa a entrar água em seu barco, a 40 litros por minuto. O barco pode suportar, no máximo, 150 litros de água sem afundar. A velocidade do barco é 4 quilômetros por hora.

Reprodução/Obmep, 2011

Quantos litros de água por minuto, no mínimo, Alvino deve tirar do barco para chegar à praia?

a) 20
b) 24
c) 28
d) 30
e) 32

6 ▸ **(Prova Brasil)** A figura abaixo mostra uma roldana, na qual em cada um dos pratos há um peso de valor conhecido e esferas de peso x.

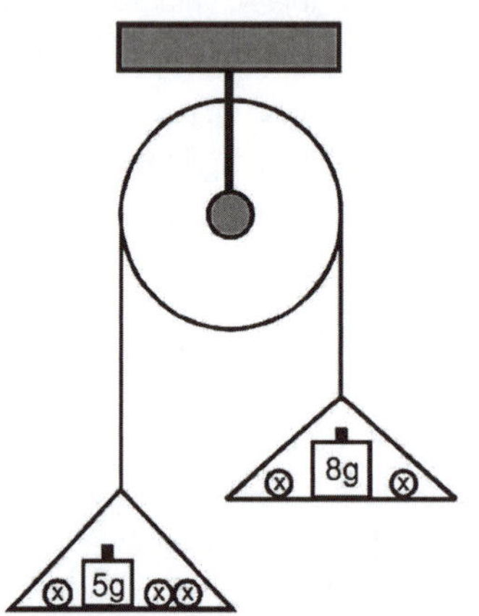

Reprodução/Prova Brasil

Uma expressão matemática que relaciona os pesos nos pratos da roldana é:

a) $3x - 5 < 8 - 2x$.
b) $3x - 5 > 8 - 2x$.
c) $2x + 8 < 5 + 3x$.
d) $2x + 8 > 5 + 3x$.

7 ▸ **(Saresp)** Considerando os polinômios $A = x - 2$, $B = 2x + 1$ e $C = x$, o valor mais simplificado para a expressão $A \times A - B + C$ é igual a:

a) $x^2 - x - 3$
b) $x^2 - x - 5$
c) $x^2 - 5x + 3$
d) $x^3 - x^2 - 5x + 2$

Questões de vestibulares e Enem

8 ▸ (Enem) Um forro retangular de tecido traz em sua etiqueta a informação de que encolherá após a primeira lavagem mantendo, entretanto, seu formato. A figura a seguir mostra as medidas originais do forro e o tamanho do encolhimento (x) no comprimento e (y) na largura. A expressão algébrica que representa a área do forro após ser lavado é $(5 - x)(3 - y)$.

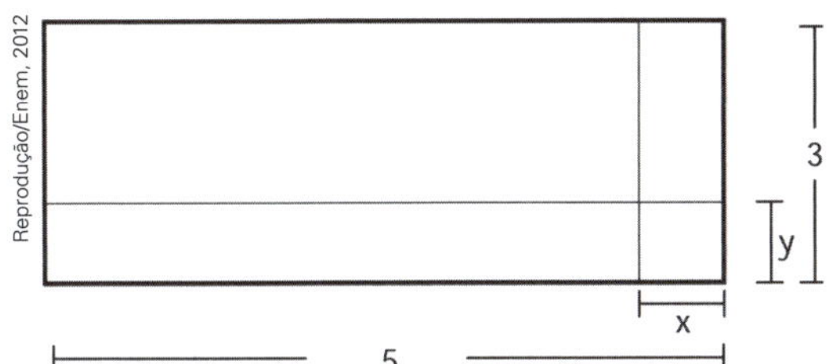

Reprodução/Enem, 2012

Nessas condições, a área perdida do forro, após a primeira lavagem, será expressa por:

a) $2xy$.
b) $15 - 3x$.
c) $15 - 5y$.
d) $25y - 3x$.
e) $5y + 3x - xy$.

9 ▸ (IFSC) Num mundo cada vez mais matematizado, é importante diagnosticar, equacionar e resolver problemas. Dada a equação $2(x + 5) - 3(5 - x) = 10$, é correto afirmar que o valor de x nessa equação é:

a) um múltiplo de nove.
b) um número inteiro negativo.
c) um número par.
d) um número composto.
e) um número natural.

10 ▸ (PUCC-SP) Na equação $7x - 5 = 5 \cdot (x + 9) - 28$, o equilíbrio (a igualdade) se estabelece entre os dois membros na presença de um valor determinado de x, usualmente chamado de solução da equação. Atribuindo a x, não o valor que corresponde à solução da equação, mas um valor 6 unidades menor que a solução dessa equação, obtém-se uma diferença numérica entre os dois membros da equação original, que, em valor absoluto, é igual a:

a) 23.
b) 0.
c) 17.
d) 5.
e) 12.

11 ▸ (IFSC) Dois técnicos em edificações trabalham em duas construtoras diferentes.

Pedro trabalha somente na construtora **A** e recebe o valor de x reais por hora de trabalho, sendo que o valor de x é encontrado a partir da solução da seguinte equação:

$$E_1: \left(2x + \frac{x}{10} = 42\right)$$

Carlos trabalha somente na construtora **B** e recebe o valor de y reais por hora de trabalho, sendo que o valor de y é encontrado a partir da solução da seguinte equação:

$$E_2: \left(\frac{y}{10} + \frac{y}{5} + \frac{y}{4} = 22\right)$$

Nessas condições, é correto afirmar que:

a) Pedro recebe menos que Carlos, por hora de trabalho.
b) Pedro recebe mais que Carlos, por hora de trabalho.
c) Pedro recebe exatamente R$ 10,00 por hora de trabalho.
d) Carlos recebe exatamente R$ 20,00 por hora de trabalho.
e) Pedro e Carlos recebem o mesmo valor, por hora de trabalho.

12 ▸ (PUC-RS) Uma equipe de 4 operários, trabalhando 8 horas por dia, realiza uma obra em 60 dias. Se fossem 6 operários, trabalhando 5 horas diárias e mantendo o mesmo ritmo, o número de dias para realizar a mesma obra seria igual a:

a) 25.
b) 50.
c) 56.
d) 64.
e) 144.

13 ▸ (Enem) Uma confecção possuía 36 funcionários, alcançando uma produtividade de 5 400 camisetas por dia, com uma jornada de trabalho diária dos funcionários de 6 horas. Entretanto, com o lançamento da nova coleção e de uma nova campanha de *marketing*, o número de encomendas cresceu de forma acentuada, aumentando a demanda diária para 21 600 camisetas. Buscando atender essa nova demanda, a empresa aumentou o quadro de funcionários para 96. Ainda assim, a carga horária de trabalho necessita ser ajustada.

Qual deve ser a nova jornada de trabalho diária dos funcionários para que a empresa consiga atender a demanda?

a) 1 hora e 30 minutos.
b) 2 horas e 15 minutos.
c) 9 horas.
d) 16 horas.
e) 24 horas.

VERIFIQUE O QUE ESTUDOU

1 Considere estes polinômios:

$3x^4$	$5x + y^2$	$9x - 4$	$x^2 - 10x + 25$
$5xy^2$	$x^2 + 5x + 16$	$x^3 - 1$	$x^2 - 1$

Indique:

a) todos os trinômios;

b) todos os monômios;

c) todos os binômios;

d) o monômio com 2 variáveis;

e) o monômio com 1 variável;

f) o binômio com 2 variáveis;

g) o binômio do 2º grau com 1 variável;

h) o polinômio equivalente a $(x + 1)(x - 1)$.

2 Represente as medidas usando expressões algébricas.

a) A medida de perímetro de um triângulo cujos lados têm medidas de comprimento x, $x + 2$ e $2x$, na mesma unidade de medida.

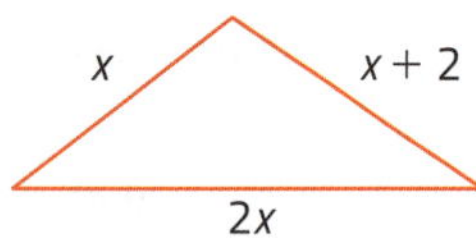

b) A medida de perímetro de um retângulo cujos lados têm medidas de comprimento a e $a + 2$, na mesma unidade de medida.

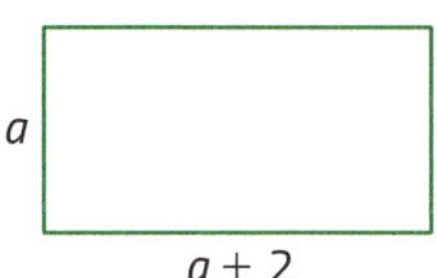

Ilustrações: Banco de imagens/Arquivo da editora

3 Efetue as operações com monômios.

a) $3x + 2y$

b) $4x^2 + 5x^2$

c) $7xy - xy$

d) $(2x^2)(3y)$

e) $(10x^6) \div (2x^2)$

f) $(5x)(2x)$

g) $(5x^5)^2$

h) $\frac{12x^2y}{4xy}$, com $x \neq 0$ e $y \neq 0$.

i) $9x^2 - 6x^2 + x^2$

j) $(3x^3) \cdot (2x^2)$

4 Efetue as operações com polinômios.

a) $(3x + y) + (x - 2y) - (4x - 3y)$

b) $(2x)(3x^2 - 4x + 1)$

c) $(x + 6)(x - 1)$

d) $\frac{6x^2 - 3x}{3x}$, para $x \neq 0$.

5 Assinale apenas as afirmações verdadeiras.

a) Para $x = -1$ a expressão $x^4 - 1$ tem valor 0.

b) 7 é raiz da equação $2x + 3 = 19$.

c) 7 é raiz da equação $2x^2 = 98$.

d) $2x^2 = 98$ tem uma única raiz, entre os números racionais.

6 Lendo 15 páginas por dia, Marcos leu um livro em 9 dias.

Para ler esse mesmo livro em 3 dias, quantas páginas ele deveria ler por dia?

7 Com 6 kg de ração é possível alimentar 3 cães durante 8 dias. Considerando que todos os cães comam a mesma quantidade de ração, quantos quilogramas são necessários para alimentar 4 cães durante 10 dias?

8 Para percorrer certa distância, João demora 3 horas a uma medida de velocidade de 80 km/h. Quantas horas seriam necessárias para realizar o mesmo percurso com medida de velocidade de 120 km/h?

Atenção

Retome os assuntos que você estudou neste capítulo. Verifique em quais teve dificuldade e converse com o professor, buscando maneiras de reforçar seu aprendizado.

Autoavaliação

Algumas atitudes e reflexões são fundamentais para melhorar o aprendizado e a convivência na escola. Reflita sobre elas.

- Mostrei interesse e participei das conversas na sala de aula?
- Retomei os principais conteúdos trabalhados na sala de aula?
- Ouvi com atenção as orientações do professor e contribuições dos colegas?
- Ampliei meus conhecimentos de Matemática?

PARA LER, PENSAR E DIVERTIR-SE

Ler

A Matemática e a Arte

Você já parou para pensar na relação entre a Matemática e o mundo? Já imaginou que a Matemática pode estar completamente relacionada à Literatura e à Arte? É o que acontece, por exemplo, no quadro *Abaporu* (1928), de Tarsila do Amaral, que carrega a forte influência de um movimento artístico denominado Cubismo, cujos traços retratam as formas da natureza por meio de figuras geométricas, utilizando noções de proporção e de desproporção.

Apesar de a interpretação de um quadro ser absolutamente individual e particular, é possível perceber, nessa pintura, que a mão e o pé grandes, em contraste à cabeça pequena, estão relacionados à força de trabalho da população brasileira, que estava limitada a trabalhar utilizando apenas a força física e não a capacidade de raciocínio.

Essa obra diz respeito a uma época em que a indústria e as fábricas surgiram nas grandes metrópoles que estavam sendo formadas. A partir disso, é possível perceber que a associação entre a Matemática e a Arte permitiram uma interpretação mais profunda da realidade do trabalhador brasileiro do início do século XX.

Tarsila do Amaral Empreendimentos/Museu de Arte Latinoamericano de Buenos Aires, Fundação Costantini, Buenos Aires, Argentina

Abaporu. 1928. Tarsila do Amaral. Óleo sobre tela, 85 cm × 73 cm.

As imagens desta página não estão representadas em proporção.

Pensar

Mova apenas 2 palitos para que estes 5 quadrados virem apenas 4.

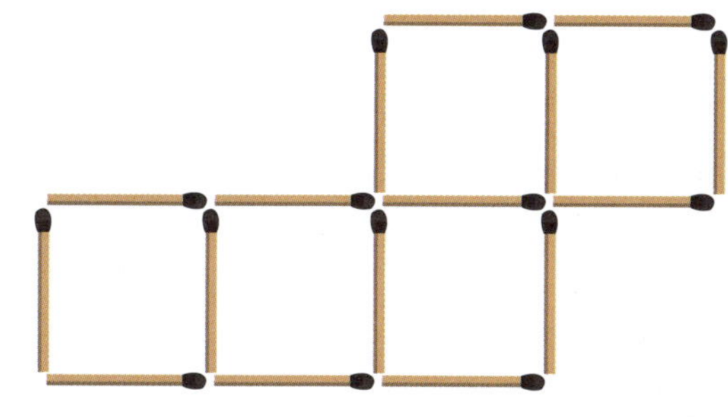

Banco de imagens/Arquivo da editora

Divertir-se

Em cada item há um padrão a ser descoberto. Observe e complete com o resultado das operações indicadas. Depois, escreva as próximas 2 operações e confira os resultados com uma calculadora.

a) $8 \cdot 9 =$ ______

$8 \cdot 99 =$ ______

$8 \cdot 999 =$ ______

$8 \cdot 9\,999 =$ ______

______

______

b) $7 \cdot 15\,873 =$ ______

$14 \cdot 15\,873 =$ ______

$21 \cdot 15\,873 =$ ______

$28 \cdot 15\,873 =$ ______

______

______

c) $0 \cdot 9 + 1 =$ ______

$1 \cdot 9 + 2 =$ ______

$12 \cdot 9 + 3 =$ ______

$123 \cdot 9 + 4 =$ ______

$1234 \cdot 9 + 5 =$ ______

______

______

CAPÍTULO

4 Triângulos e quadriláteros

123RF/Easypix Brasil

Torre Mosfilm, na Rússia, construída em 2011. Foto de 2017.

A precisão das medidas de abertura dos ângulos e as propriedades das figuras geométricas, como triângulos e quadriláteros, garantem funcionalidade, praticidade e segurança, o que fez com que estruturas com as formas dessas figuras sempre fossem muito usadas nas construções.

Eranicle/Shutterstock

Panteão de Roma, na Itália, construído por volta de 27 a.C. Foto de 2017.

kataleewan intarachote/Shutterstock

Pirâmides de Gizé, no Egito, construídas há mais de 4 milênios. Foto de 2018.

Diego Grandi/Shutterstock

Atual prédio do Museu de Arte de São Paulo (Masp), da arquiteta Lina Bo Bardi, inaugurado em 1968. Foto de 2017.

Ao longo dos anos escolares, você estudou de maneira concreta, experimental (ou seja, medindo, recortando e constatando propriedades), diversas figuras geométricas, como os triângulos e os quadriláteros.

Mas se quisermos **demonstrar**, ou seja, provar **logicamente** as propriedades que constatamos de modo experimental, devemos recorrer à **Geometria dedutiva**.

Neste capítulo, vamos estudar a Geometria dedutiva, demonstrando algumas propriedades dos triângulos e dos quadriláteros a partir de definições e de outras propriedades aceitas como verdadeiras.

Coleção Particular/foto: Hulton Archive/Getty Images

O matemático grego Euclides de Alexandria (c. 330 a.C.-260 a.C.) foi um dos primeiros a tratar a Geometria de maneira dedutiva e o primeiro a organizar e sistematizar logicamente todos os estudos de Geometria até então conhecidos, reunindo-os em uma obra de 13 volumes chamada *Os Elementos* (em grego: Στοιχεῖα).

As imagens desta página não estão representadas em proporção.

Converse com os colegas sobre estas questões.

1 Em qual das construções que aparecem nas fotos destas páginas é possível identificar detalhes que lembram triângulos? Cite pelo menos 3 características de um triângulo.

2 Localize pelo menos 4 detalhes nas fotos das construções que dão ideia de ângulo reto.

3 Um triângulo pode ter ângulos retos? Quantos?

4 E um trapézio pode ter ângulos retos? Quantos?

1 Ampliando o estudo dos triângulos

Figuras congruentes

Você já estudou a congruência de segmentos de reta e a congruência de ângulos. Relembre!

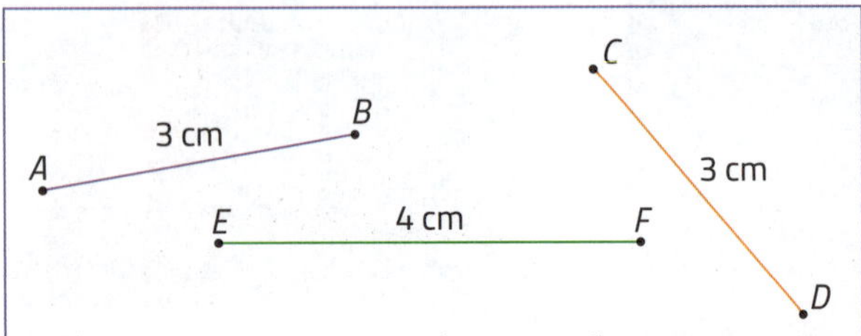

Entre estes segmentos de reta, são congruentes o $\overline{AB}$ e o $\overline{CD}$. Indicamos assim: $\overline{AB} \cong \overline{CD}$

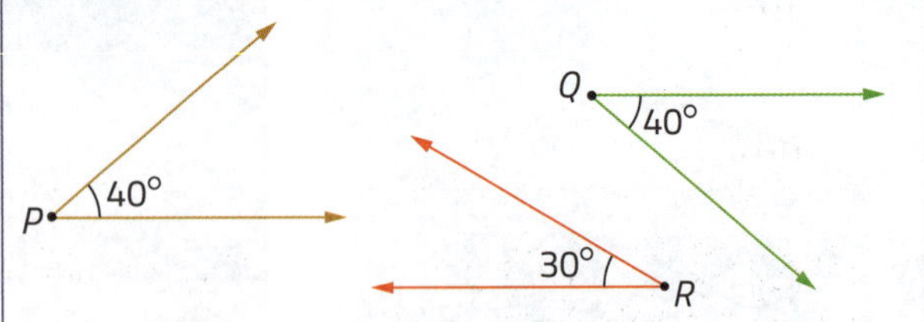

Entre estes ângulos, são congruentes o $\hat{P}$ e o $\hat{Q}$. Indicamos assim: $\hat{P} \cong \hat{Q}$

Ilustrações: Banco de imagens/Arquivo da editora

Agora, imagine 2 figuras tais que seja possível transportar uma figura plana sobre a outra de modo que elas coincidam. Dizemos que essas figuras são **congruentes**.

Congruência de triângulos

Destes 3 triângulos, temos que 2 deles podem coincidir por meio de um movimento no plano. Quais são eles? Vamos descobrir.

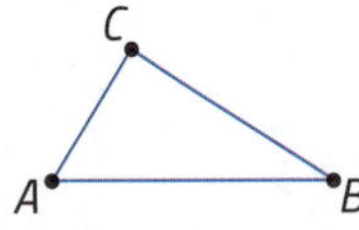

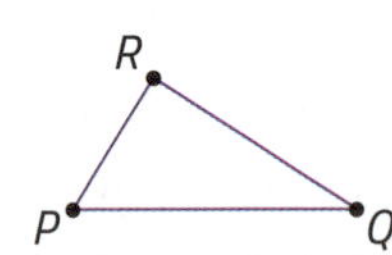

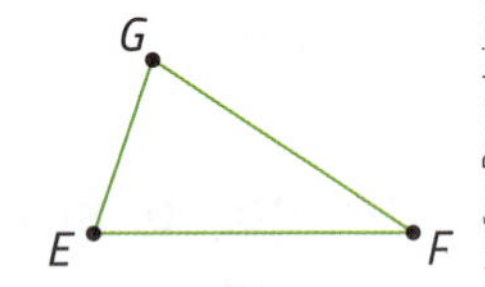

Ilustrações: Banco de imagens/Arquivo da editora

- Os triângulos *ABC* e *PQR* são congruentes. Indicamos assim: $\triangle ABC \cong \triangle PQR$.
- *A*, *B* e *C* são os vértices correspondentes aos vértices *P*, *Q* e *R*, respectivamente.
- $\overline{AB} \cong \overline{PQ}$ $\overline{AC} \cong \overline{PR}$ $\overline{BC} \cong \overline{QR}$ $\hat{A} \cong \hat{P}$ $\hat{B} \cong \hat{Q}$ $\hat{C} \cong \hat{R}$

A congruência dos 6 elementos de 2 triângulos (3 lados e 3 ângulos) determina a congruência dos triângulos.

A congruência de 2 triângulos determina a congruência dos 6 elementos deles.

Quando falamos em ângulos do triângulo, fica subentendido que são os ângulos internos dele.

Veja nas figuras destes triângulos como podemos indicar a congruência dos 6 elementos.

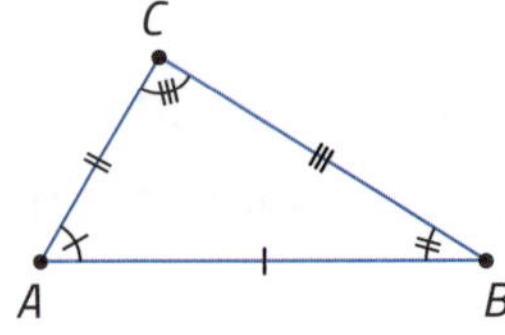

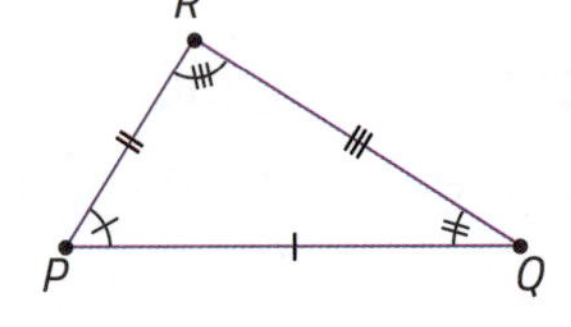

Ilustrações: Banco de imagens/Arquivo da editora

As imagens desta página não estão representadas em proporção.

Atividade

1 ▸ Os triângulos *ABC* e *EFG* são congruentes ($\triangle ABC \cong \triangle EFG$). Determine as medidas indicadas pelas letras *c*, *z*, *y*, *e*, *x*, *w*.

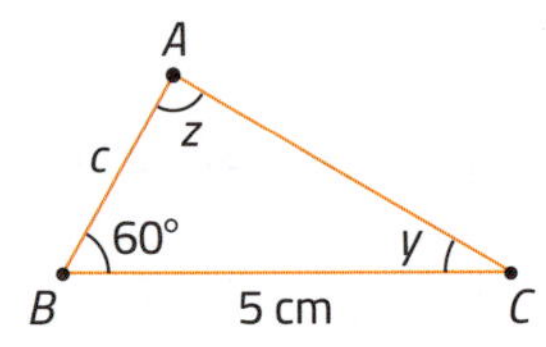

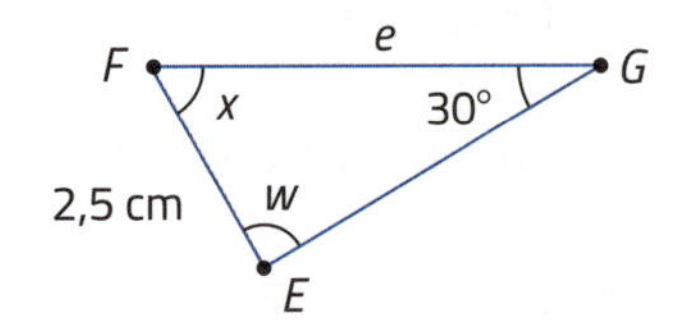

Ilustrações: Banco de imagens/Arquivo da editora

Casos de congruência de triângulos

Gustavo estava acompanhando a aula de Matemática, mas começou a achar tudo aquilo muito trabalhoso.

Para saber se 2 triângulos são congruentes, sempre vou ter de verificar a congruência dos 6 elementos (3 lados e 3 ângulos)?

Você pode escolher convenientemente 3 elementos dos triângulos e verificar a congruência deles. Se a congruência ocorrer, então os outros 3 elementos também serão respectivamente congruentes e, consequentemente, os triângulos serão congruentes.

Ilustrações: Thiago Neumann/Arquivo da editora

Explorar e descobrir

1. Usem régua, transferidor e compasso para construir um triângulo no qual um dos ângulos tenha medida de abertura de 60° e esse ângulo seja formado por lados de medida de comprimento de 5 cm e 3 cm. Depois, comparem-no com os triângulos que os colegas construíram e respondam: Os triângulos são todos congruentes?
2. Usem régua e compasso para construir um triângulo com lados de medida de comprimento de 8 cm, 5 cm e 7 cm. Comparem-no com os triângulos que os colegas construíram e respondam: Os triângulos são todos congruentes?

Veja agora, nos exemplos a seguir, que nem sempre acontece o mesmo que nas atividades do *Explorar e descobrir*.

- A congruência dos 3 ângulos não garante a congruência dos triângulos.

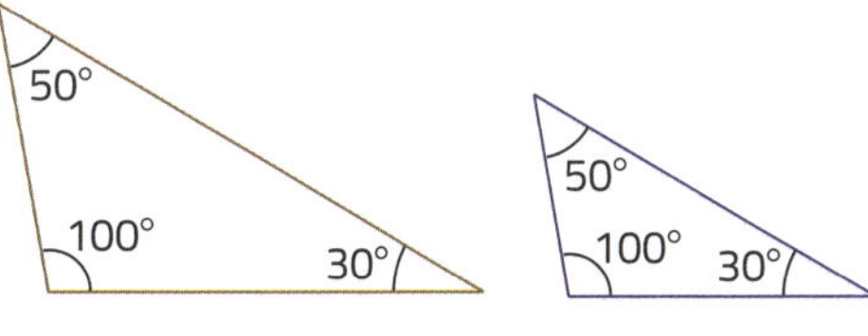
50°
100°
30°
50°
100°
30°

- Apesar de estes triângulos terem 2 lados e 1 ângulo respectivamente congruentes, eles também não são triângulos congruentes.

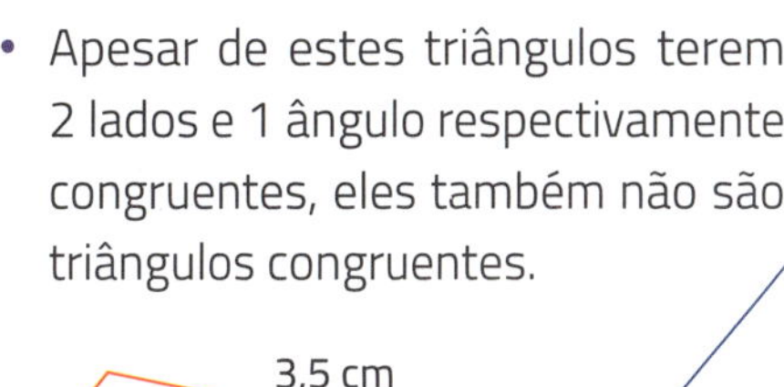

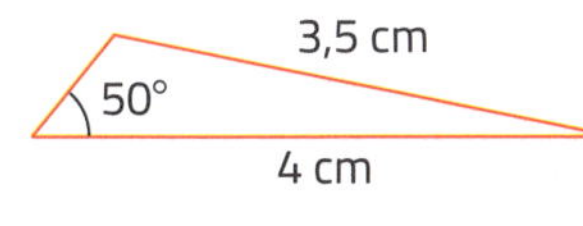
3,5 cm
50°
4 cm

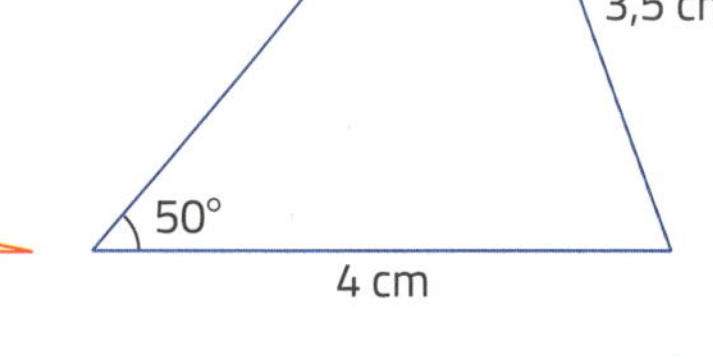
3,5 cm
50°
4 cm

Ilustrações: Banco de imagens/Arquivo da editora

Então como posso escolher "convenientemente" os 3 elementos dos triângulos?

Para isso, é preciso conhecer os 4 casos em que a congruência de 3 elementos garante a congruência dos triângulos. Os matemáticos já provaram que esses 4 casos de congruência valem sempre.

Ilustrações: Thiago Neumann/Arquivo da editora

1º caso: **LAL (lado, ângulo, lado)**

Dois triângulos são congruentes quando têm 2 lados e o ângulo compreendido entre eles respectivamente congruentes.

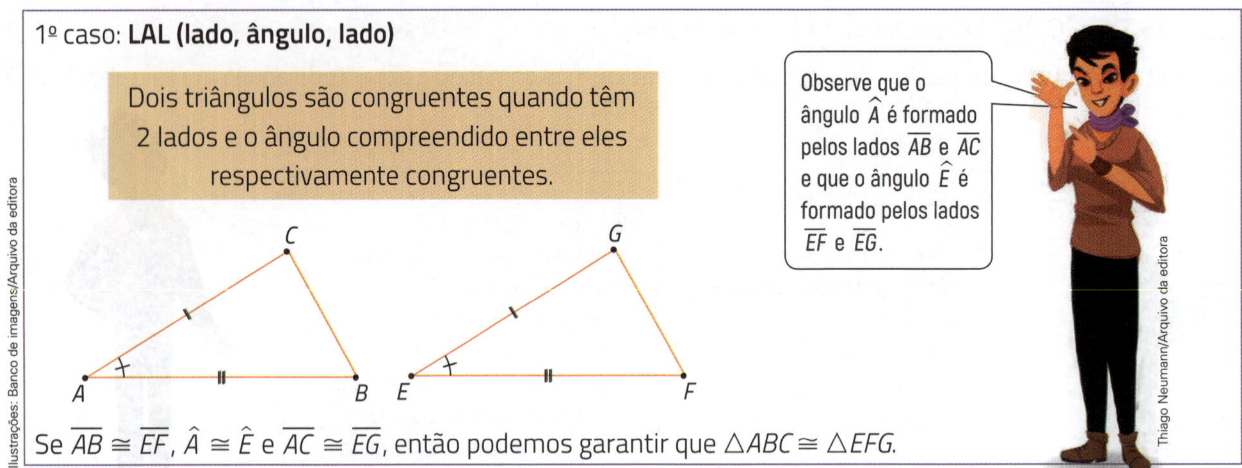

Observe que o ângulo $\hat{A}$ é formado pelos lados $\overline{AB}$ e $\overline{AC}$ e que o ângulo $\hat{E}$ é formado pelos lados $\overline{EF}$ e $\overline{EG}$.
C
A
B
G
E
F
Ilustrações: Banco de imagens/Arquivo da editora
Thiago Neumann/Arquivo da editora

Se $\overline{AB} \cong \overline{EF}$, $\hat{A} \cong \hat{E}$ e $\overline{AC} \cong \overline{EG}$, então podemos garantir que $\triangle ABC \cong \triangle EFG$.

2º caso: **LLL (lado, lado, lado)**

Dois triângulos são congruentes quando têm os 3 lados respectivamente congruentes.

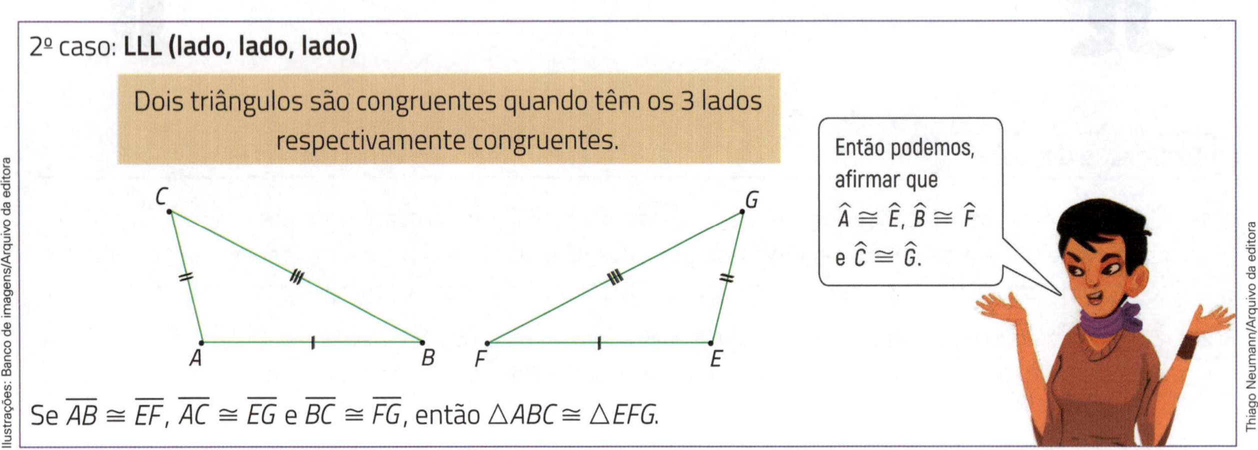

Se $\overline{AB} \cong \overline{EF}$, $\overline{AC} \cong \overline{EG}$ e $\overline{BC} \cong \overline{FG}$, então $\triangle ABC \cong \triangle EFG$.

Observação: Pelo caso de congruência LLL dos triângulos, podemos justificar a construção, com régua e compasso, da bissetriz de um ângulo. Observe.

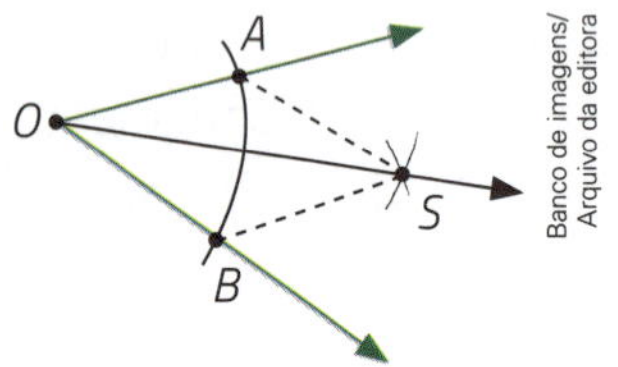

As imagens desta página não estão representadas em proporção.

Observando o $\triangle OAS$ e o $\triangle OBS$, temos que $\overline{OA} \cong \overline{OB}$, $\overline{AS} \cong \overline{BS}$ e $\overline{OS} \cong \overline{OS}$.
Assim, pelo caso LLL, temos que $\triangle OAS \cong \triangle OBS$.
Logo, $A\hat{O}S \cong B\hat{O}S$, ou seja, $\overrightarrow{OS}$ é bissetriz do $A\hat{O}B$.

3º caso: **ALA (ângulo, lado, ângulo)**

Dois triângulos são congruentes quando têm 1 lado e os 2 ângulos adjacentes a ele respectivamente congruentes.

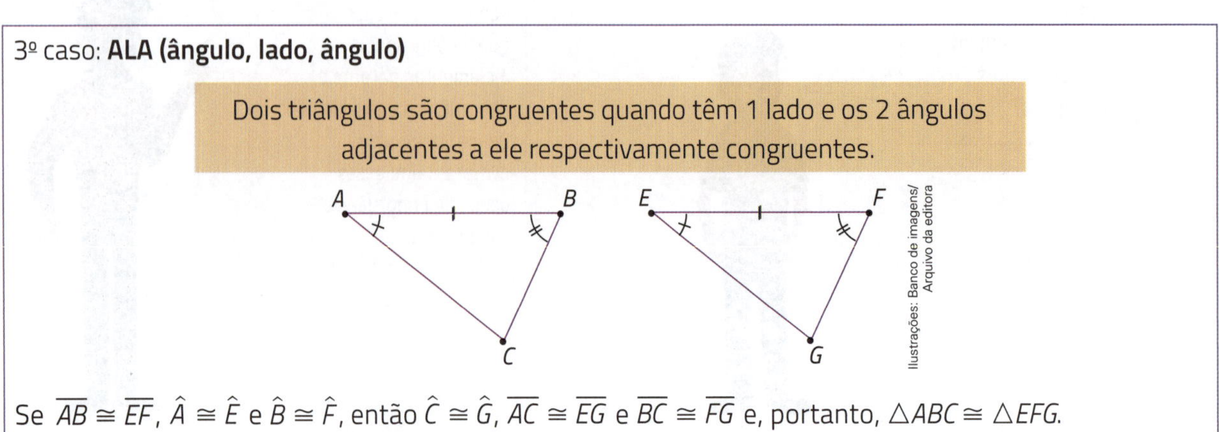

Se $\overline{AB} \cong \overline{EF}$, $\hat{A} \cong \hat{E}$ e $\hat{B} \cong \hat{F}$, então $\hat{C} \cong \hat{G}$, $\overline{AC} \cong \overline{EG}$ e $\overline{BC} \cong \overline{FG}$ e, portanto, $\triangle ABC \cong \triangle EFG$.

4º caso: **LAA$_o$ (lado, ângulo, ângulo oposto)**

Dois triângulos são congruentes quando têm 1 lado, 1 ângulo adjacente a esse lado e o ângulo oposto a esse lado respectivamente congruentes.

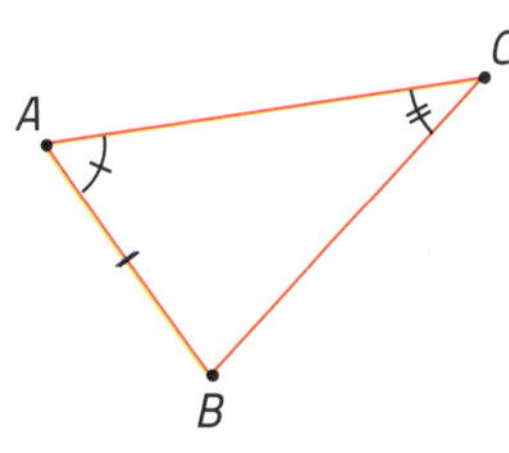

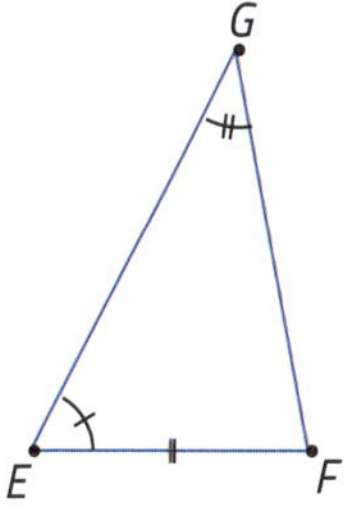

Ilustrações: Banco de imagens/Arquivo da editora

Se $\overline{AB} \cong \overline{EF}$, $\hat{A} \cong \hat{E}$ e $\hat{C} \cong \hat{G}$, então $\triangle ABC \cong \triangle EFG$.

A respectiva congruência de apenas 1 ou 2 elementos nunca garante a congruência de 2 triângulos. A respectiva congruência de 4 ou 5 elementos só garante a congruência de 2 triângulos se for possível aplicar neles algum dos casos de congruência de triângulos.

Thiago Neumann/Arquivo da editora

Veja mais alguns exemplos.

- Os triângulos *ABC* e *MNO* têm $\overline{AC} \cong \overline{MO}$, $\hat{A} \cong \hat{M}$ e $\hat{C} \cong \hat{O}$.

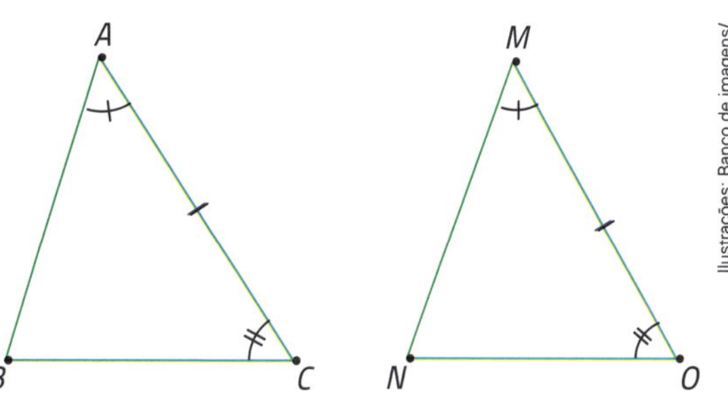

Ilustrações: Banco de imagens/Arquivo da editora

Então, podemos afirmar que $\triangle ABC \cong \triangle MNO$ (caso ALA).
Assim, os demais elementos dos triângulos são respectivamente congruentes: $\overline{AB} \cong \overline{MN}$, $\overline{BC} \cong \overline{NO}$ e $\hat{B} \cong \hat{N}$.

- Não podemos garantir a congruência dos triângulos *FHG* e *LMN*.

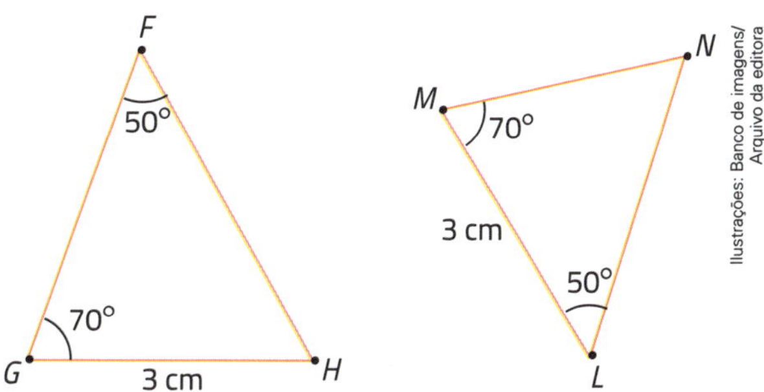

Ilustrações: Banco de imagens/Arquivo da editora

Sabemos que 1 lado e 2 ângulos são respectivamente congruentes, mas isso não corresponde ao caso ALA nem ao caso LAA$_o$. Analise essa afirmação com os colegas.

Atividades

2 Sabendo que estes triângulos são congruentes, quais são os valores de x, y e z?

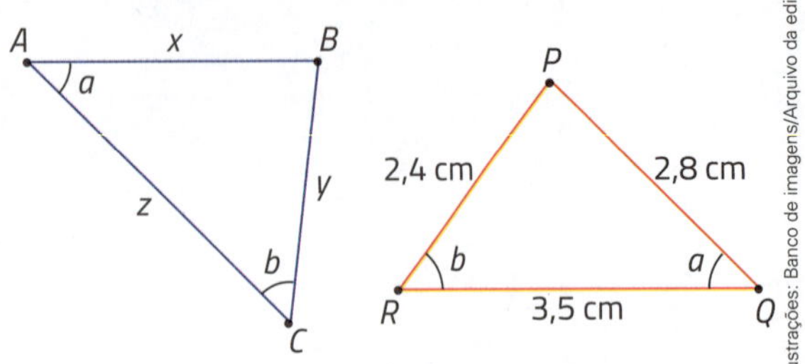

3 Em cada item, verifique se podemos ou não garantir que os triângulos são congruentes sem fazer novas medições. Em caso positivo, indique o caso que garante a congruência: LLL, LAL, ALA ou LAA_o.

a)

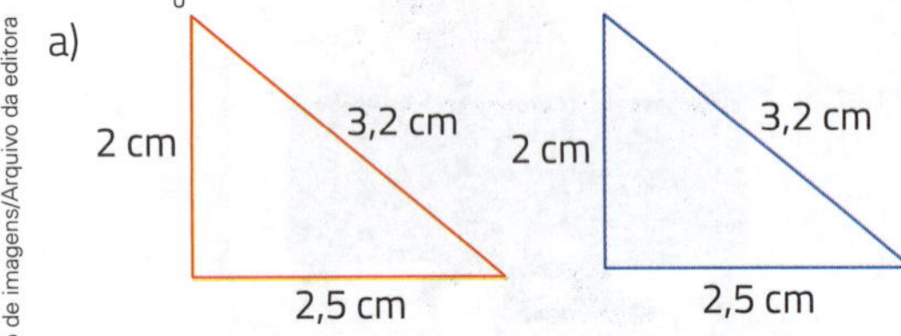

b)

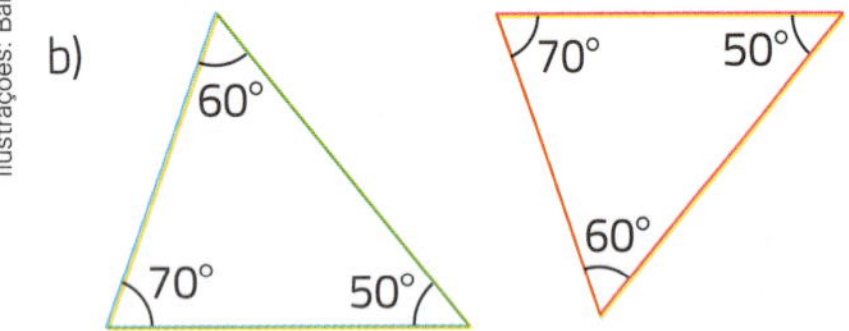

c)

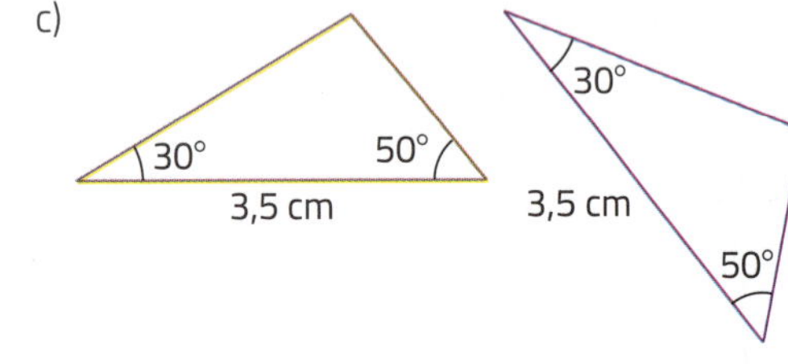

d)

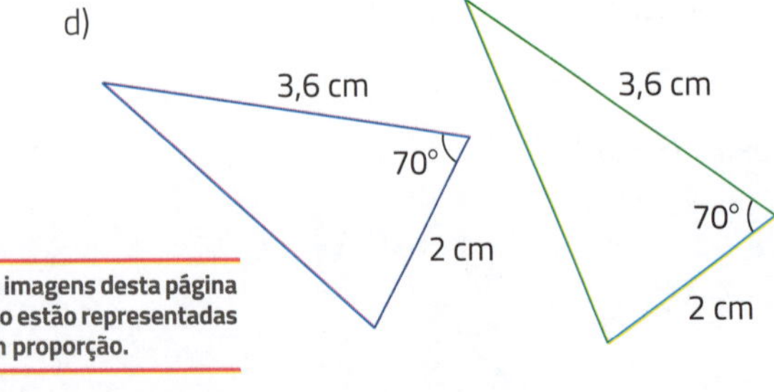

As imagens desta página não estão representadas em proporção.

e)

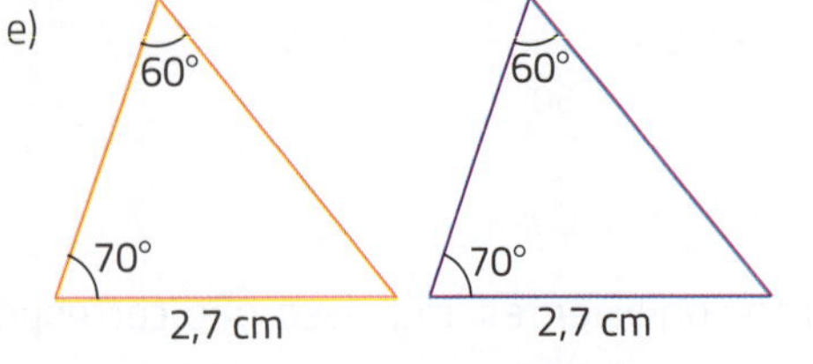

4 Verifique em cada item se é possível afirmar que os triângulos são congruentes. Se for possível, então escreva qual caso garante a congruência dos triângulos e quais são os demais elementos congruentes.

a) O $\triangle PQR$ tem ângulos de medida de abertura de 75°, 90° e 15° e o $\triangle XYZ$ tem ângulos de medida de abertura de 75°, 90° e 15°.

b) No $\triangle RSP$ temos $RS = 8$ cm, $RP = 10$ cm e $SP = 13$ cm e, no $\triangle EFG$, $EG = 10$ cm, $FG = 13$ cm e $EF = 8$ cm.

c) O $\triangle EFG$ e o $\triangle XYZ$ são tais que $\overline{EF} \cong \overline{XY}$, $\overline{EG} \cong \overline{XY}$ e $\hat{F} \cong \hat{Y}$.

d) O $\triangle PQR$ e o $\triangle MNO$ têm o $\hat{R}$ reto, o $\hat{O}$ reto, $\overline{PR} \cong \overline{MO}$ e $\overline{QR} \cong \overline{NO}$.

e) O $\triangle EFG$ é equilátero com medida de perímetro de 12 cm e o $\triangle PQR$ é equilátero com medida de perímetro de 12 cm.

f)

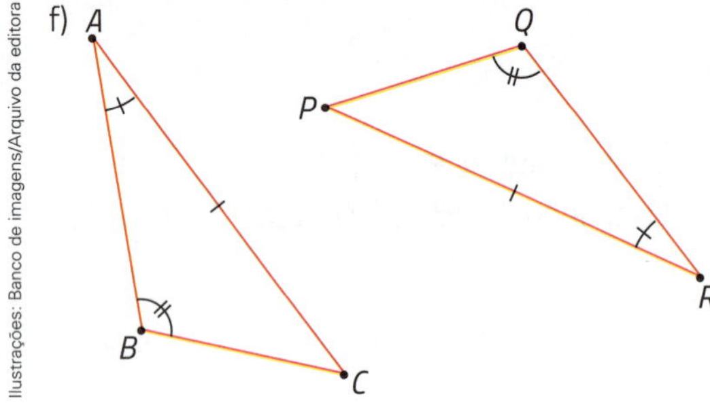

g)

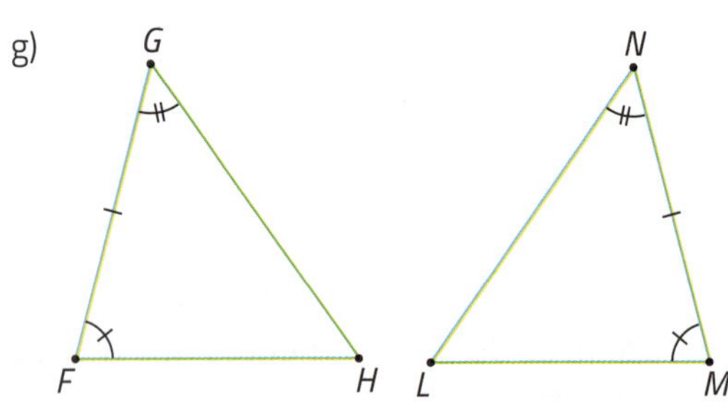

5 Qual é o caso que garante a congruência destes 2 triângulos? E qual é o valor de *a*, de *b* e de *x*?

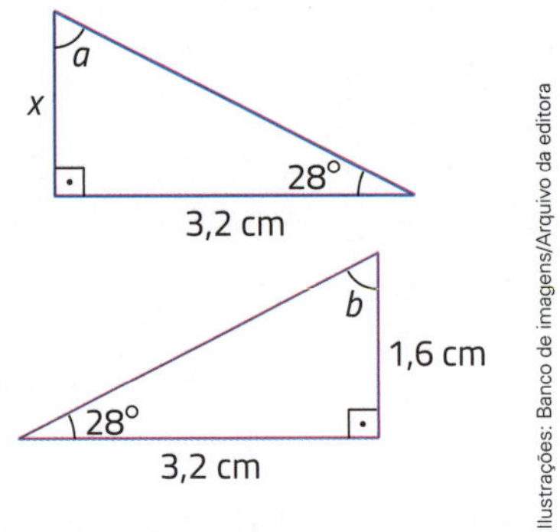

Aplicação de um caso de congruência de triângulos

Você já deve ter percebido que podemos chegar às propriedades geométricas sem a necessidade de efetuar medições. Esse método de raciocínio é chamado de **demonstração**.

Para demonstrar uma propriedade geométrica, devemos seguir alguns passos. Vamos, por exemplo, demonstrar esta propriedade.

> Em todo triângulo isósceles, os ângulos opostos aos lados congruentes são também congruentes.

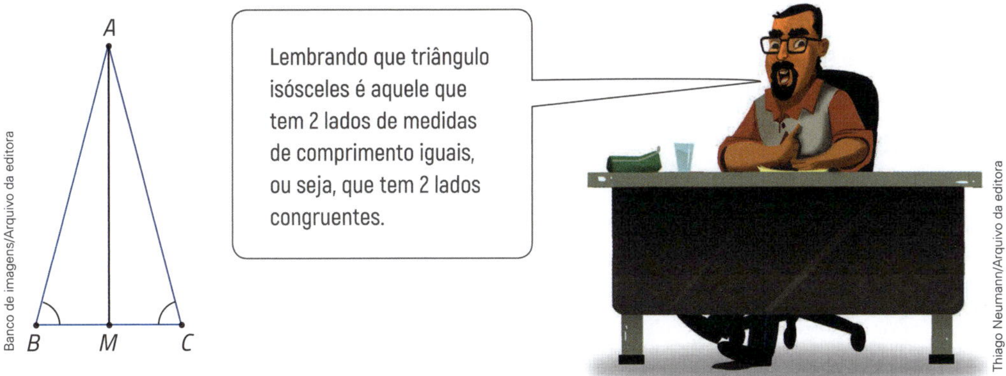

A
B
M
C
Lembrando que triângulo isósceles é aquele que tem 2 lados de medidas de comprimento iguais, ou seja, que tem 2 lados congruentes.

Banco de imagens/Arquivo da editora

Thiago Neumann/Arquivo da editora

Nesse triângulo isósceles *ABC*, sabemos que $\overline{AB} \cong \overline{AC}$ e queremos provar que $\hat{B} \cong \hat{C}$.

Para isso, vamos usar o segmento de reta $\overline{AM}$, que liga o vértice *A* ao ponto médio de $\overline{BC}$ (ponto *M*), e verificar que $\triangle ABM \cong \triangle ACM$.

- $\overline{AB} \cong \overline{AC}$ (dado inicial)
- $\overline{BM} \cong \overline{CM}$ (pois *M* é o ponto médio de $\overline{BC}$)
- $\overline{AM} \cong \overline{AM}$ (segmento de reta comum aos $\triangle ABM$ e $\triangle ACM$)

Pelo caso LLL, podemos afirmar que $\triangle ABM \cong \triangle ACM$ e, a partir disso, concluir que $\hat{B} \cong \hat{C}$.

Observações

- Essa propriedade dos triângulos isósceles também pode ser enunciada desta maneira:

> Em um triângulo isósceles, os ângulos da base são congruentes.

- O triângulo equilátero é um caso particular de triângulo isósceles. Nele, qualquer lado pode ser considerado base.
  Podemos, então, enunciar esta propriedade.

> Em um triângulo equilátero, os 3 ângulos são congruentes e cada um deles tem medida de abertura de 60° (180° ÷ 3 = 60°).

Por exemplo, se o $\triangle EFG$ é equilátero, então podemos escrever:

$m(\overline{EF}) = m(\overline{FG}) = m(\overline{EG})$ e $m(\hat{E}) = m(\hat{F}) = m(\hat{G}) = 60°$

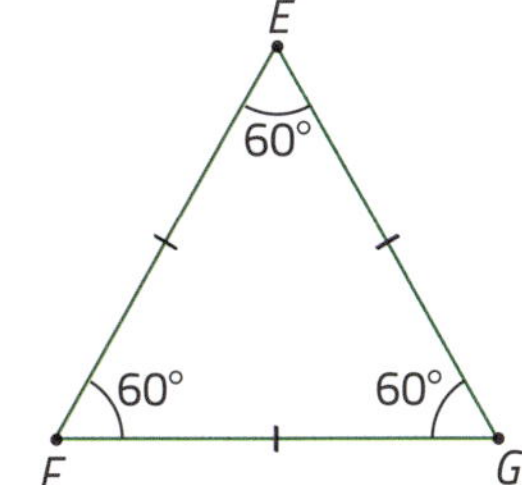

Banco de imagens/Arquivo da editora

> Podemos comparar as medidas de comprimento dos lados escrevendo assim:
>
> $m(\overline{EF}) = m(\overline{FG}) = m(\overline{EG})$
>
> Ou assim:
>
> $EF = FG = EG$

Atividade resolvida passo a passo

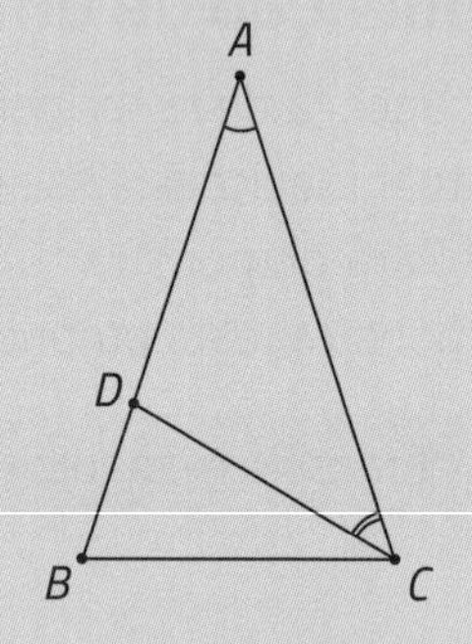

Ilustrações: Banco de imagens/Arquivo da editora

(Obmep) O triângulo ABC é isósceles de base $\overline{BC}$ e o ângulo $B\hat{A}C$ mede 30°. O triângulo BCD é isósceles de base $\overline{BD}$.

Determine a medida do ângulo $D\hat{C}A$.

a) 45° b) 50° c) 60° d) 75° e) 15°

Lendo e compreendendo

O enunciado nos apresenta o triângulo isósceles ABC. O lado não congruente $\overline{BC}$ é a base e os ângulos da base são congruentes (têm medidas de abertura iguais). O triângulo BCD também é isósceles e de base $\overline{BD}$. O enunciado nos fornece a medida de abertura do ângulo $B\hat{A}C$ e pede a medida de abertura do ângulo $D\hat{C}A$.

Planejando a solução

Vamos, basicamente, usar os conceitos de que a soma das medidas de abertura dos ângulos internos de um triângulo é de 180° e que os ângulos da base de um triângulo isósceles têm a mesma medida de abertura. Partiremos da medida de abertura do $B\hat{A}C$ e aplicaremos os conceitos citados.

Executando o que foi planejado

Sabemos que a soma das medidas de abertura dos ângulos internos de um triângulo é de 180°.

Como $m(B\hat{A}C) = 30°$, temos: $m(A\hat{B}C) = m(A\hat{C}B) = \dfrac{180° - 30°}{2} = \dfrac{150°}{2} = 75°$

Analogamente, no triângulo isósceles de base $\overline{BD}$, temos: $m(B\hat{D}C) = m(C\hat{B}D) = 75°$

Fazendo uso dos mesmos conceitos, obtemos: $m(D\hat{C}B) = 180° - (2 \cdot 75°) =$
$= 180° - 150° = 30°$

Logo: $m(D\hat{C}A) = m(A\hat{C}B) - m(D\hat{C}B) = 75° - 30° = 45°$

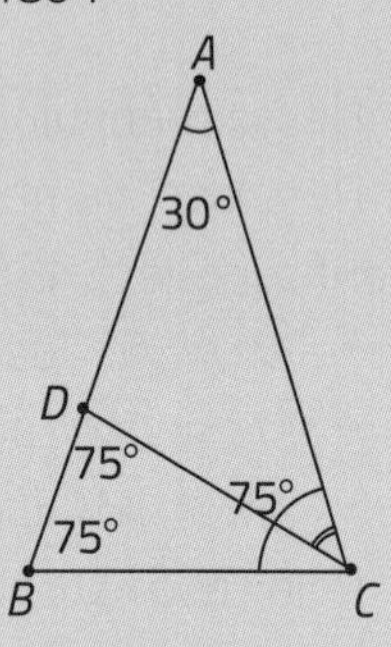

Verificando

Basta observarmos que $m(A\hat{C}D) + m(D\hat{C}B) = 45° + 30° = 75° = m(A\hat{B}C)$, mostrando que a solução comprova que o triângulo ABC é isósceles, conforme o enunciado da questão.

Emitindo a resposta

$m(D\hat{C}A) = 45°$ (alternativa **a**)

Ampliando a atividade

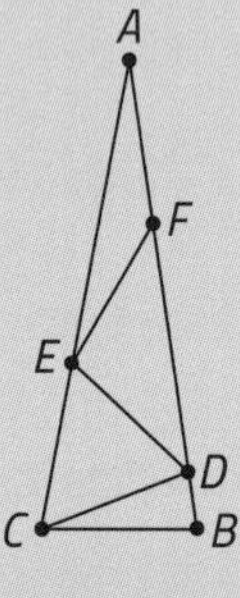

Este triângulo ABC é isósceles de base $\overline{BC}$. Temos ainda que $BC = CD = DE = EF = FA$. Determine a medida de abertura do ângulo interno desse triângulo, no vértice A.

Solução

Para esta atividade usaremos basicamente 2 conceitos.

- A soma das medidas de abertura dos ângulos internos de um triângulo é de 180°.
- A soma das medidas de abertura de 2 ângulos internos de um triângulo é igual à medida de abertura do ângulo externo não adjacente.

Chamemos de x a medida de abertura do ângulo $B\hat{A}C$. Então, temos:

- $m(A\hat{E}F) = x$, pois o $\triangle AFE$ é isósceles de base $\overline{AE}$;
- $m(D\hat{F}E) = x + x = 2x$ ($D\hat{F}E$ é ângulo externo do $\triangle AFE$) e, então, $m(E\hat{D}F) = 2x$, pois o $\triangle DEF$ é isósceles de base $\overline{FD}$;
- $m(D\hat{E}C) = x + 2x = 3x$ ($D\hat{E}C$ é ângulo externo do $\triangle AED$) e, então, $m(D\hat{C}E) = 3x$;
- $m(C\hat{D}B) = x + 3x = 4x$ ($C\hat{D}B$ é ângulo externo do $\triangle ADC$) e, então, $m(C\hat{B}D) = 4x$;
- $m(A\hat{C}B) = 4x$ (o $\triangle ABC$ é isósceles).

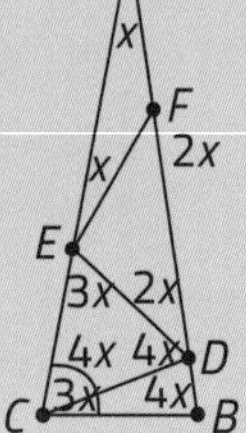

Finalmente teremos que: $4x + 4x + x = 180° \Rightarrow 9x = 180° \Rightarrow x = 20°$

Um pouco de História

Geometria dedutiva

Na Geometria experimental, física, desenvolvida até o início do século VI a.C., as propriedades e as relações entre figuras geométricas eram feitas pela "aparência" e por medições aproximadas das figuras.

Mas as aparências podem nos enganar. Por exemplo, nesta figura, qual segmento de reta tem maior medida de comprimento: $\overline{AB}$ ou $\overline{CD}$? Meça e confira sua estimativa.

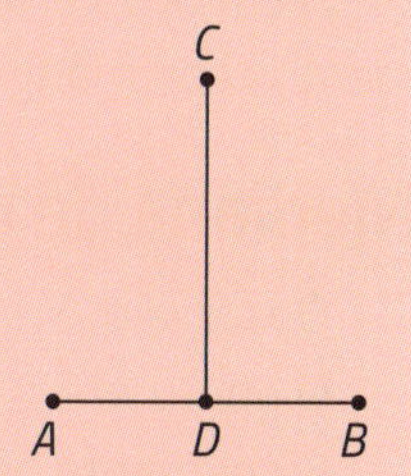

Banco de imagens/Arquivo da editora

Na primeira metade do século VI a.C. surgiu um novo modo de ver a Geometria. O filósofo, matemático, engenheiro e astrônomo Tales de Mileto (640 a.C.-550 a.C.) foi um dos primeiros gregos a insistir que fatos geométricos devem ser estabelecidos por raciocínio lógico, por demonstrações, e não apenas por observação, experimentação, tentativa e erro. Surgiu, assim, a *Geometria dedutiva*.

Os estudos de Tales também serviram de base para a obra *Os elementos*, do matemático Euclides (aprox. III e II a.C.). Tales, Euclides e outros gregos elevaram a Geometria de um nível puramente físico para um nível mais lógico e abstrato.

> *Os Elementos*, obra memorável de Euclides, é uma cadeia dedutiva única de 465 proposições compreendendo, de maneira clara e harmoniosa, geometria plana e espacial, teoria dos números e álgebra geométrica grega.
>
> [...]
>
> Os três geômetras gregos mais importantes da Antiguidade foram Euclides (300 a.C.), Arquimedes (287 a.C.-212 a.C.) e Apolônio (225 a.C.). Não é exagero dizer que quase tudo o que se fez de significativo em Geometria até os dias de hoje, e ainda hoje, tem sua semente original em algum trabalho desses três grandes eruditos.
>
> EVES, Howard. *Tópicos de história da Matemática:* Geometria. Trad. Hygino H. Domingues. São Paulo: Atual, 1997.

Grande parte da Geometria que estudamos no Ensino Fundamental e no Ensino Médio faz parte da Geometria dedutiva e dos trabalhos desenvolvidos por esses gregos.

Atividades

6. Responda aos itens.

a) Quais são as medidas de comprimento dos lados $\overline{AB}$ e $\overline{AC}$ do $\triangle ABC$, isósceles de base $\overline{BC}$, com $BC = 9$ cm e com medida de perímetro de 20 cm?

b) Se um triângulo isósceles tem medida de perímetro de 30 cm e um dos lados tem medida de comprimento de 11 cm, então quais são as medidas de comprimento dos 3 lados?

c) Quais são as medidas de abertura dos ângulos internos de um triângulo retângulo e isósceles?

d) Em um triângulo isósceles, a medida de abertura de um dos ângulos internos é de 80°. Quais são as medidas de aberturas dos outros ângulos internos desse triângulo?

e) Se a medida de abertura de um dos ângulos internos de um triângulo isósceles é de 120°, então quais são as medidas de abertura dos 3 ângulos internos desse triângulo?

7. Em cada triângulo isósceles PQR dado, temos $\overline{PQ} \cong \overline{PR}$. Qual é o valor de x, em graus?

a) b)

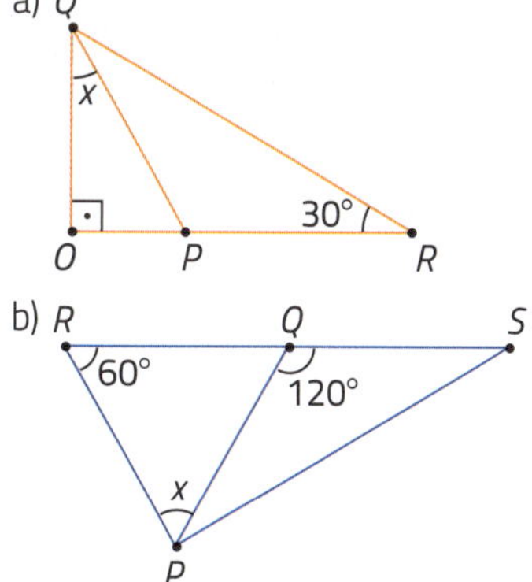

Ilustrações: Banco de imagens/Arquivo da editora

8. O triângulo ABC é isósceles, com $\overline{AB} \cong \overline{AC}$. Calcule mentalmente o valor de x, em graus, sabendo que os lados $\overline{BC}$ e $\overline{PQ}$ são paralelos.

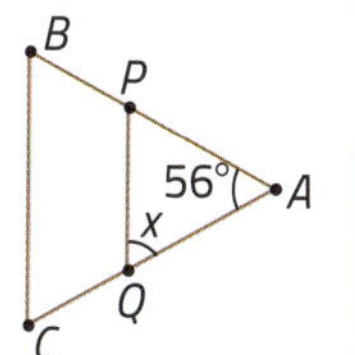

Banco de imagens/Arquivo da editora

Mediana, bissetriz, altura e mediatriz relacionadas a um triângulo

Além dos vértices, lados e ângulos (internos ou externos), podemos relacionar outros importantes elementos aos triângulos: **medianas**, **bissetrizes dos ângulos internos**, **alturas** e **mediatrizes dos lados**.

Mediana de um triângulo

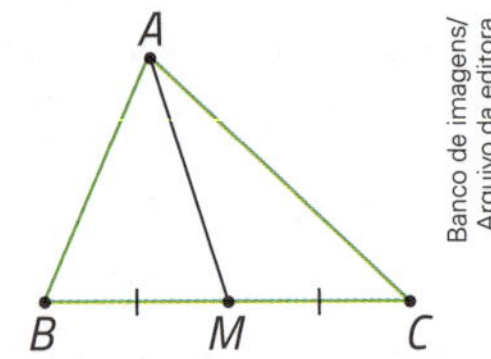

Observe o $\triangle ABC$.

O ponto M é o **ponto médio** do lado $\overline{BC}$, ou seja, $\overline{BM} \cong \overline{CM}$.

O segmento de reta $\overline{AM}$ é uma **mediana** do $\triangle ABC$.

A **mediana de um triângulo** é o segmento de reta que tem como extremidades um vértice do triângulo e o ponto médio do lado oposto a esse vértice.

Explorar e descobrir

1› Com régua e compasso, construa um $\triangle ABC$ no qual $AB = 6$ cm, $AC = 4$ cm e $BC = 3$ cm. Em seguida, trace a mediana $\overline{CM}$ desse triângulo.

2› Quantas medianas um triângulo tem? Converse com um colega e tentem descobrir.

Baricentro de um triângulo

Veja o que acontece com as 3 medianas do $\triangle FGH$: elas se intersectam em um mesmo ponto, chamado de **baricentro** do triângulo.

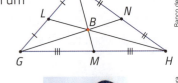

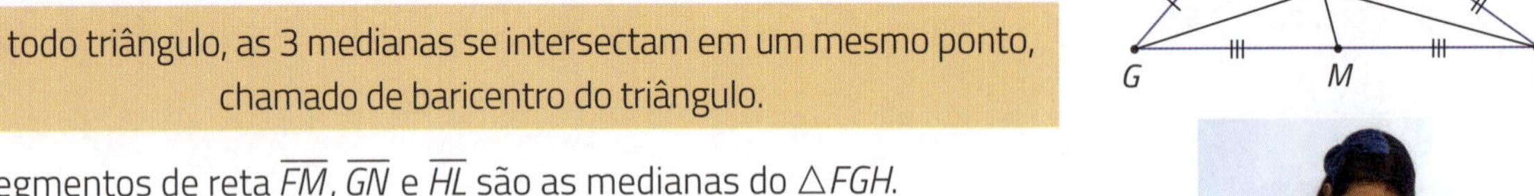

Em todo triângulo, as 3 medianas se intersectam em um mesmo ponto, chamado de baricentro do triângulo.

Os segmentos de reta $\overline{FM}$, $\overline{GN}$ e $\overline{HL}$ são as medianas do $\triangle FGH$.

O ponto B, intersecção das 3 medianas, é o baricentro do $\triangle FGH$.

Explorar e descobrir

3› Retome o $\triangle ABC$ e a mediana $\overline{CM}$ que você construiu. Trace as outras medianas desse triângulo e marque o baricentro dele.

O baricentro é conhecido como ponto de equilíbrio do triângulo. Suspensa pelo baricentro, uma região triangular fica equilibrada, paralela ao plano da mesa.

O baricentro de qualquer triângulo divide a mediana **na razão de 1 para 2**.

Por exemplo, no $\triangle FGH$ dado acima, de baricentro B, temos:

$$\frac{MB}{FB} = \frac{NB}{GB} = \frac{LB}{HB} = \frac{1}{2}$$

Atividade

9› Considerando novamente o triângulo FGH acima, complete as afirmações com a medida de comprimento adequada.

a) Se $GH = 15$ cm, então $MH =$ _____.

b) Se $FN = 8$ mm, então $FH =$ _____.

c) Se $LB = 4$ m, então $BH =$ _____ e $LH =$ _____.

d) Se $GN = 45$ cm, então $NB =$ _____ e $GB =$ _____.

Bissetriz do ângulo interno de um triângulo

Você já estudou, no capítulo 2, o que é a bissetriz de um ângulo e aprendeu a construí-la com régua e compasso. Agora vamos estudar esse conceito aplicado aos ângulos internos de um triângulo.

Observe o $\triangle ABC$.

O segmento de reta $\overline{AS}$ divide o ângulo interno $\hat{A}$ em 2 ângulos congruentes (ou seja, $B\hat{A}S \cong C\hat{A}S$), e o ponto S pertence ao lado $\overline{BC}$.

O segmento de reta $\overline{AS}$ é a **bissetriz** do ângulo interno $B\hat{A}C$ do $\triangle ABC$.

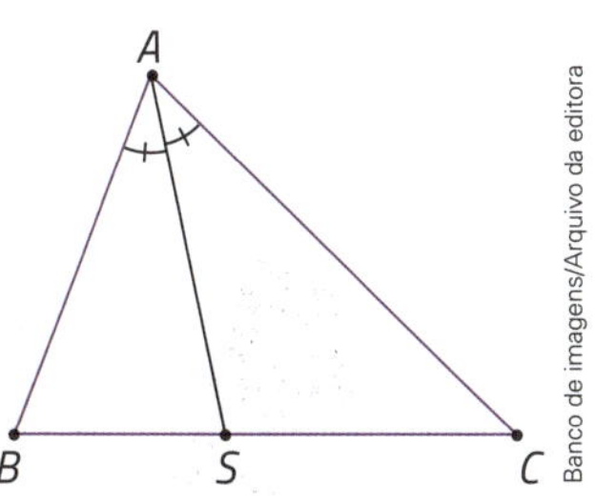

A **bissetriz de um ângulo interno de um triângulo** é o segmento de reta que tem uma extremidade em um vértice do triângulo, divide o ângulo interno desse vértice em 2 ângulos congruentes e tem a outra extremidade no lado oposto a esse vértice.

Observação: Assim como construímos, com régua e compasso, a bissetriz de qualquer ângulo, podemos construir a bissetriz do ângulo interno de um triângulo.

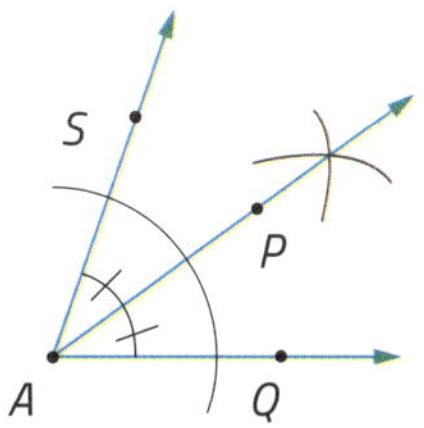

Ângulo $Q\hat{A}S$ e bissetriz $\overrightarrow{AP}$ desse ângulo.

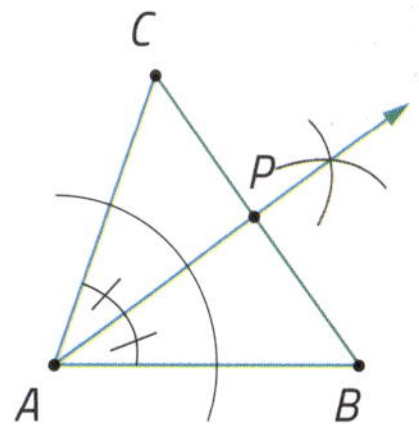

Triângulo ABC e bissetriz $\overline{AP}$ do ângulo interno .

Ilustrações: Banco de imagens/Arquivo da editora

Explorar e descobrir

1› Use régua e transferidor para construir um $\triangle ABC$ no qual $AB = 6$ cm, $m(\hat{A}) = 50°$ e $m(\hat{B}) = 70°$. Em seguida, trace a bissetriz $\overline{BS}$.

2› Converse com um colega e respondam: Quantas bissetrizes há nos ângulos internos de um triângulo?

Incentro de um triângulo

Veja o que acontece com as 3 bissetrizes dos ângulos internos do $\triangle ABC$: elas se intersectam em um mesmo ponto, chamado de **incentro** do triângulo.

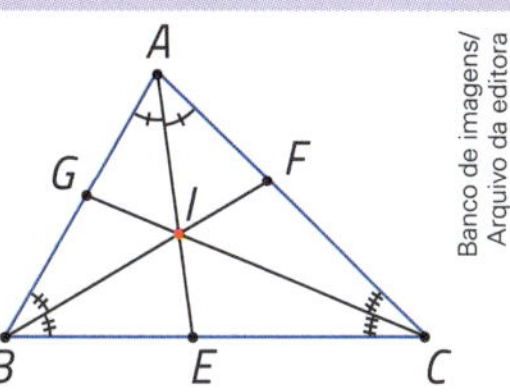

O segmento de reta $\overline{AE}$ é bissetriz do ângulo $\hat{A}$ do $\triangle ABC$, o segmento de reta $\overline{BF}$ é bissetriz do ângulo $\hat{B}$ e o segmento de reta $\overline{CG}$ é bissetriz do ângulo $\hat{C}$. O ponto I, intersecção das 3 bissetrizes, é o incentro do $\triangle ABC$.

Em todo triângulo, as 3 bissetrizes dos ângulos internos se intersectam em um mesmo ponto, chamado de incentro do triângulo.

Atividades

10› Observe o triângulo ABC e, considerando as informações dadas, calcule $m(B\hat{I}E)$.

- I é o incentro do $\triangle ABC$.
- $m(\hat{A}) = 82°$
- $m(\hat{B}) = 62°$

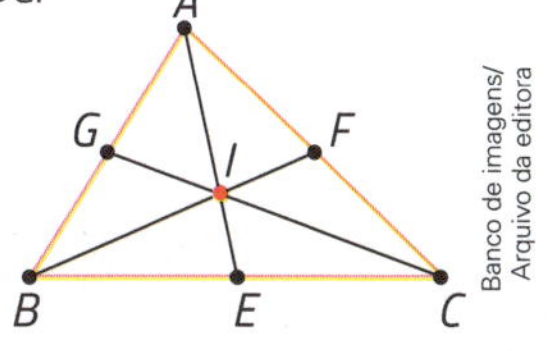

11› **Desafio**. Neste $\triangle MSD$, o segmento de reta $\overline{SB}$ é uma bissetriz. Determine os valores de x e y e a medida de abertura do $S\hat{B}M$.

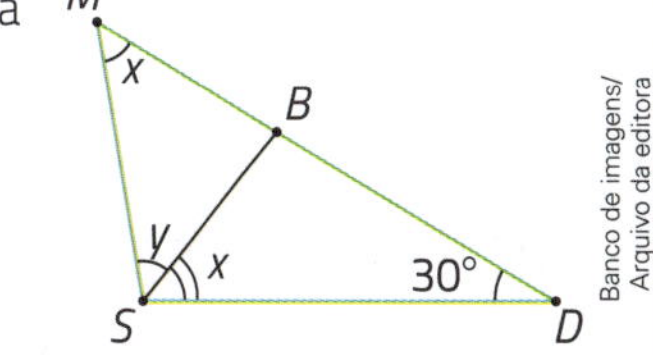

Altura de um triângulo

Você se lembra o que é a altura de um triângulo?

Thiago Neumann/Arquivo da editora

A **altura de um triângulo** é o segmento de reta com uma extremidade em um vértice do triângulo e a outra extremidade no lado oposto ou no prolongamento dele, formando ângulos retos com esse lado ou com o prolongamento dele.

Observe estes triângulos.

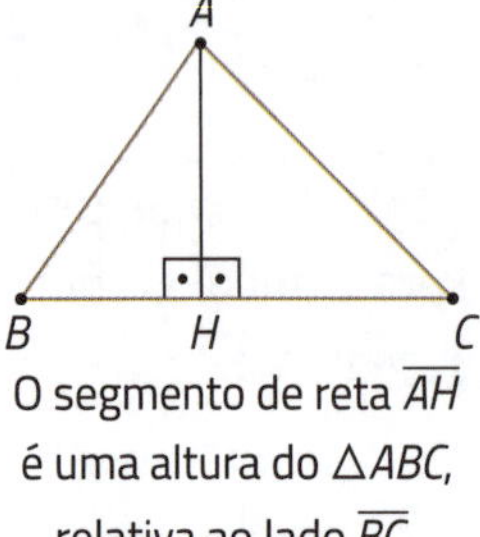

O segmento de reta $\overline{AH}$ é uma altura do $\triangle ABC$, relativa ao lado $\overline{BC}$.

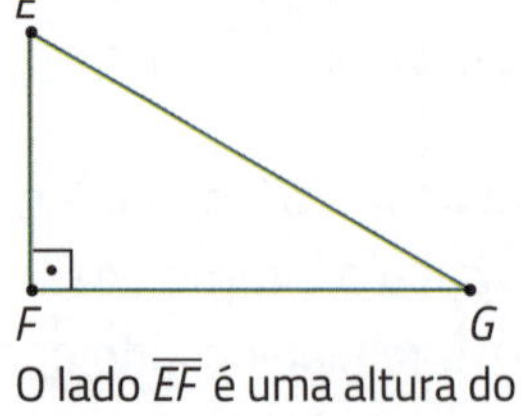

O lado $\overline{EF}$ é uma altura do $\triangle EFG$, relativa ao lado $\overline{FG}$.

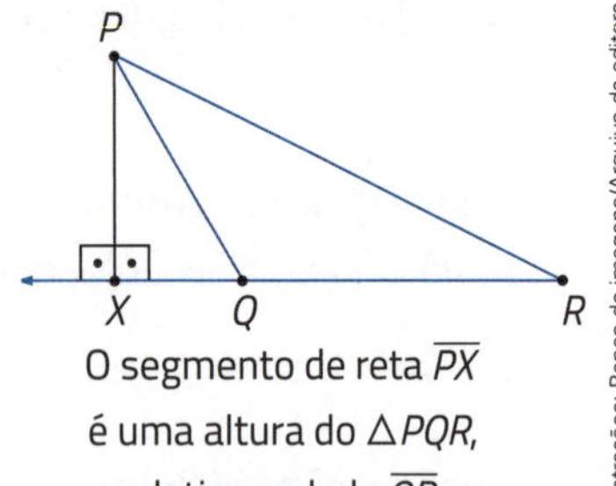

O segmento de reta $\overline{PX}$ é uma altura do $\triangle PQR$, relativa ao lado $\overline{QR}$.

Ilustrações: Banco de imagens/Arquivo da editora

Ortocentro de um triângulo

Observe os triângulos. Em cada um deles, estão traçadas as 3 alturas.

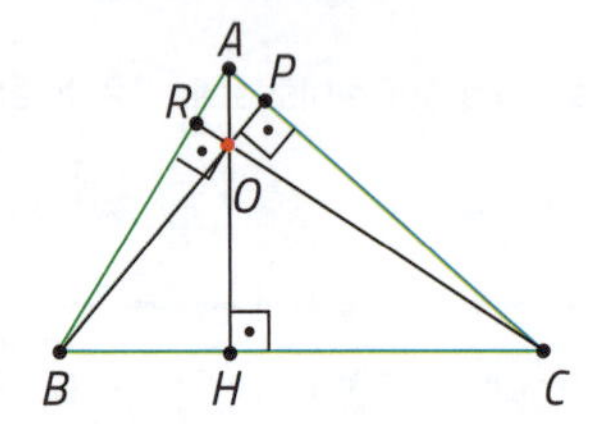

O $\triangle ABC$ é acutângulo.
Os segmentos de reta $\overline{AH}$, $\overline{BP}$ e $\overline{CR}$ são as alturas desse triângulo.
As 3 alturas se intersectam no ponto O, chamado de **ortocentro** do $\triangle ABC$.
Neste caso, o ortocentro é interno ao triângulo.

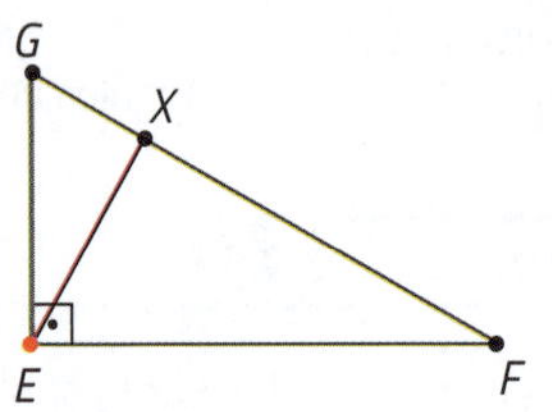

O $\triangle EFG$ é retângulo em E.
Os segmentos de reta $\overline{GE}$, $\overline{EX}$ e $\overline{FE}$ são as alturas desse triângulo.
O ponto E é o **ortocentro** do $\triangle EFG$, pois é comum às 3 alturas dele.
Neste caso, o ortocentro é o vértice do ângulo reto.

Ilustrações: Banco de imagens/Arquivo da editora

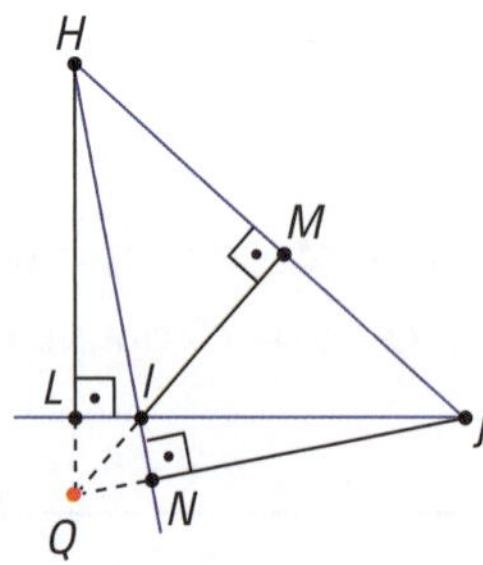

O $\triangle HIJ$ é obtusângulo.
Os segmentos de reta $\overline{HL}$, $\overline{IM}$ e $\overline{JN}$ são as alturas desse triângulo.
O ponto Q, **ortocentro** do $\triangle HIJ$, é a intersecção dos prolongamentos das 3 alturas.
Neste caso, o ortocentro é externo ao triângulo.

Em todo triângulo, as 3 alturas ou os prolongamentos delas se intersectam em um mesmo ponto, chamado de ortocentro do triângulo.

Atividades

12 Calcule o valor de x e de y em cada figura.

a) $\overline{AN}$ é bissetriz de um ângulo interno do $\triangle ABC$.

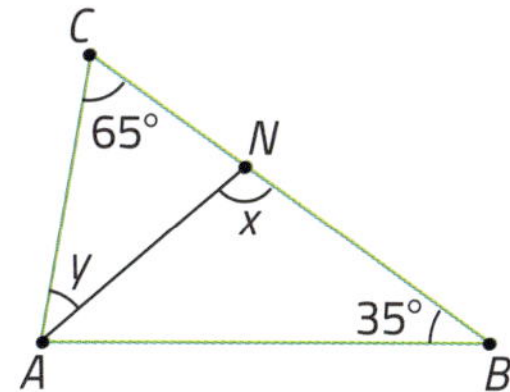

b) $\overline{FP}$ é uma altura do $\triangle EFG$.

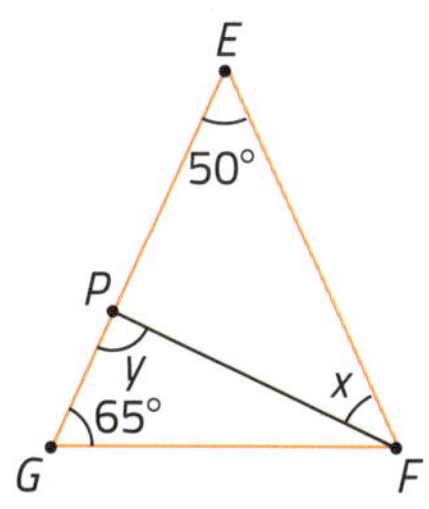

Ilustrações: Banco de imagens/Arquivo da editora

13 Considere este $\triangle XYZ$.

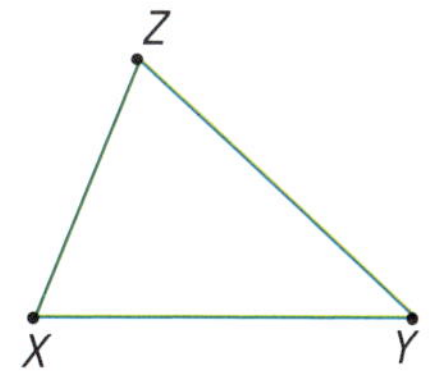

a) O ortocentro desse triângulo será interno a ele, externo ou estará sobre um vértice? Justifique sua resposta.

b) Reproduza o triângulo, trace as 3 alturas dele, determine o ortocentro e verifique sua resposta do item **a**.

14 Considere um $\triangle EFG$, em que $m(\hat{E}) = 100°$ e $m(\hat{F}) = 20°$. Considere também o ponto O que é a intersecção da altura $\overline{EH}$ desse triângulo e a bissetriz $\overline{GS}$ do ângulo $E\hat{G}F$. Determine a medida de abertura do ângulo $E\hat{O}G$.

15 Neste $\triangle ABC$, o ponto R é a intersecção da bissetriz $\overline{AS}$ e da altura $\overline{CH}$.

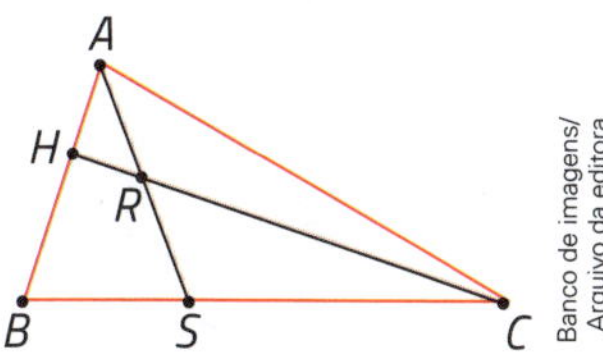

Banco de imagens/Arquivo da editora

Sabendo que $m(A\hat{B}C) = 70°$ e $m(B\hat{C}A) = 30°$, determine a medida de abertura de cada ângulo dado.

a) $A\hat{H}C$

b) $S\hat{A}C$

c) $A\hat{R}C$

d) $A\hat{S}B$

e) $A\hat{C}H$

f) $B\hat{C}H$

16 Este triângulo $\triangle ABC$ é isósceles, de base $\overline{BC}$, e o segmento de reta $\overline{AM}$ é mediana dele.

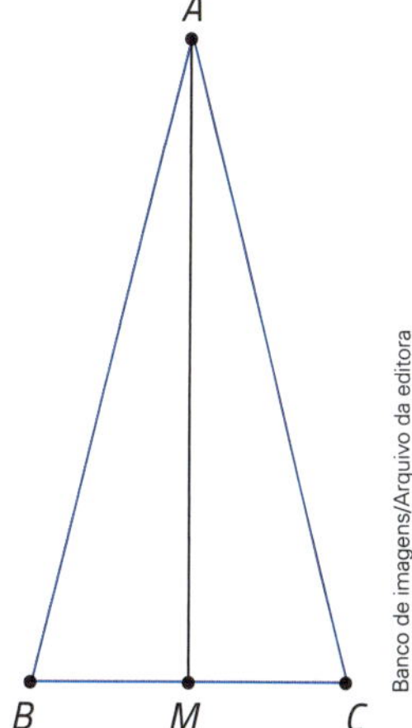

Banco de imagens/Arquivo da editora

Demonstre que o $\overline{AM}$ é também altura desse triângulo e bissetriz de um ângulo interno dele, ou seja, demonstre a seguinte propriedade:

> Em todo triângulo isósceles, a mediana relativa à base é também bissetriz e altura.

17 Neste $\triangle ABC$, $\overline{AH}$, $\overline{BP}$ e $\overline{CR}$ são as alturas e o ponto O é o ortocentro dele. Se $m(B\hat{A}C) = 77°$ e $m(A\hat{B}C) = 56°$, então qual é o valor de $m(H\hat{O}C)$?

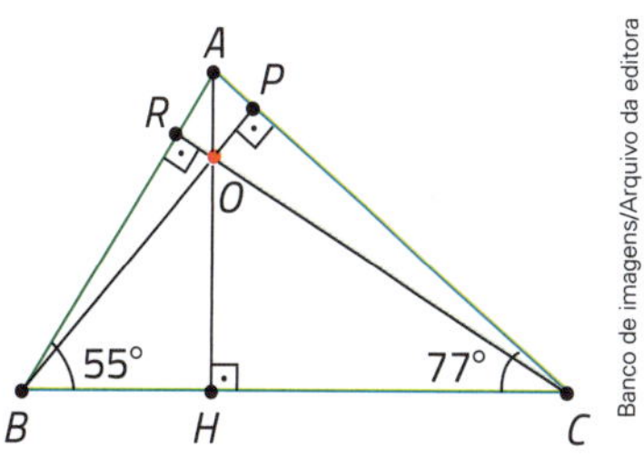

Banco de imagens/Arquivo da editora

Mediatriz do lado de um triângulo

Você já estudou, no capítulo 2, o que é a mediatriz de um segmento de reta e aprendeu a construí-la, com régua e compasso. Agora vamos estudar esse conceito aplicado aos lados de um triângulo.

Observe o $\triangle ABC$.

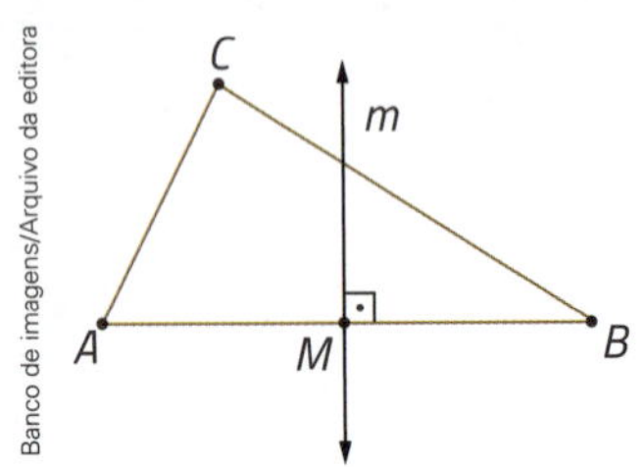

Banco de imagens/Arquivo da editora

Lembre-se de que o ponto médio de um segmento de reta o divide em 2 segmentos de reta congruentes, ou seja, em 2 segmentos de reta de medidas de comprimento iguais.

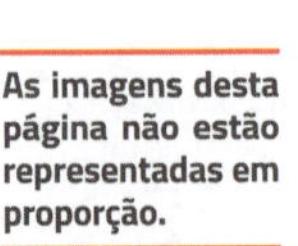

As imagens desta página não estão representadas em proporção.

Thiago Neumann/Arquivo da editora

O ponto M é o ponto médio do lado $\overline{AB}$, ou seja, $\overline{AM} \cong \overline{BM}$.

A reta m passa pelo ponto médio M e é perpendicular ao lado $\overline{AB}$.

A reta m é a **mediatriz** do lado $\overline{AB}$ do $\triangle ABC$.

A **mediatriz de um lado de um triângulo** é a reta perpendicular a esse lado e que passa pelo ponto médio dele.

Observação: Os lados de um triângulo são segmentos de reta. Então, assim como construímos, com régua e compasso, a mediatriz de qualquer segmento de reta, podemos construir a mediatriz do lado de um triângulo.

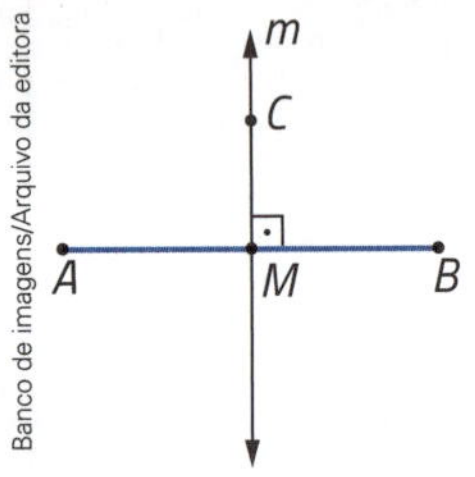

Banco de imagens/Arquivo da editora

A reta m é a mediatriz do segmento de reta $\overline{AB}$ formando um ângulo reto com ele ($C\widehat{M}B$ é reto) e o dividindo em 2 segmentos de reta congruentes ($\overline{AM} \cong \overline{BM}$).

Atividades

18. Construa um $\triangle EFG$, retângulo em E, e trace a mediatriz do lado $\overline{FG}$.

19. Agora, construa um $\triangle PQR$, isósceles de base $\overline{QR}$, e trace a mediatriz da base.

20. **Desafio.** Faça a demonstração da seguinte proposição.

Se P é um ponto da mediatriz m do $\overline{AB}$, então P é equidistante de A e de B, ou seja, $\overline{PA} \cong \overline{PB}$.

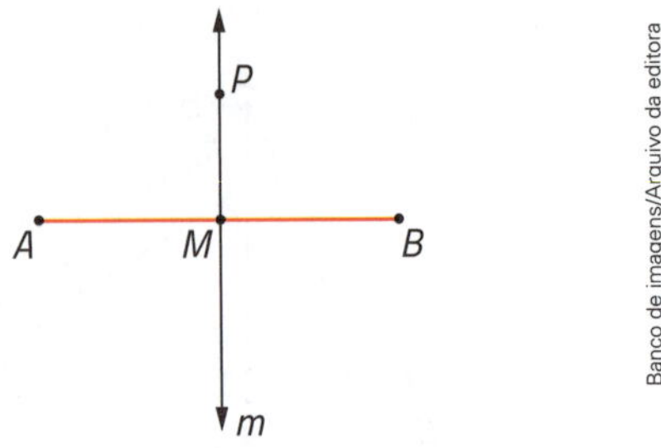

Banco de imagens/Arquivo da editora

21. Em uma cidade, a prefeitura (P), o cinema (C) e a igreja (I) ficam na rua Margarida (m). O cinema está situado no ponto médio entre a prefeitura e a igreja e está também na rua Orquídea (o), que é paralela à rua Violeta (v).

Usando régua, compasso e esquadro, localize neste desenho o ponto C, correspondente ao cinema, e a reta o, que representa a rua Orquídea.

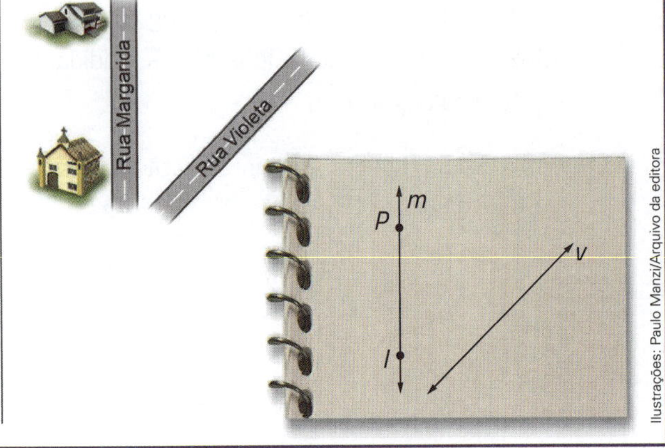

Ilustrações: Paulo Manzi/Arquivo da editora

Circuncentro de um triângulo

Veja o que acontece com as 3 mediatrizes dos lados de um triângulo nesta situação-problema.

Em uma cidade, será construído o prédio de uma agência bancária. Para a escolha do local, pensou-se no seguinte: ele deve ficar à mesma medida de distância da prefeitura (P), do fórum (F) e do centro de saúde (C).

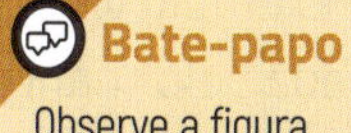

Observe a figura, converse com os colegas e respondam: Onde deve ser construída a agência bancária (B)?

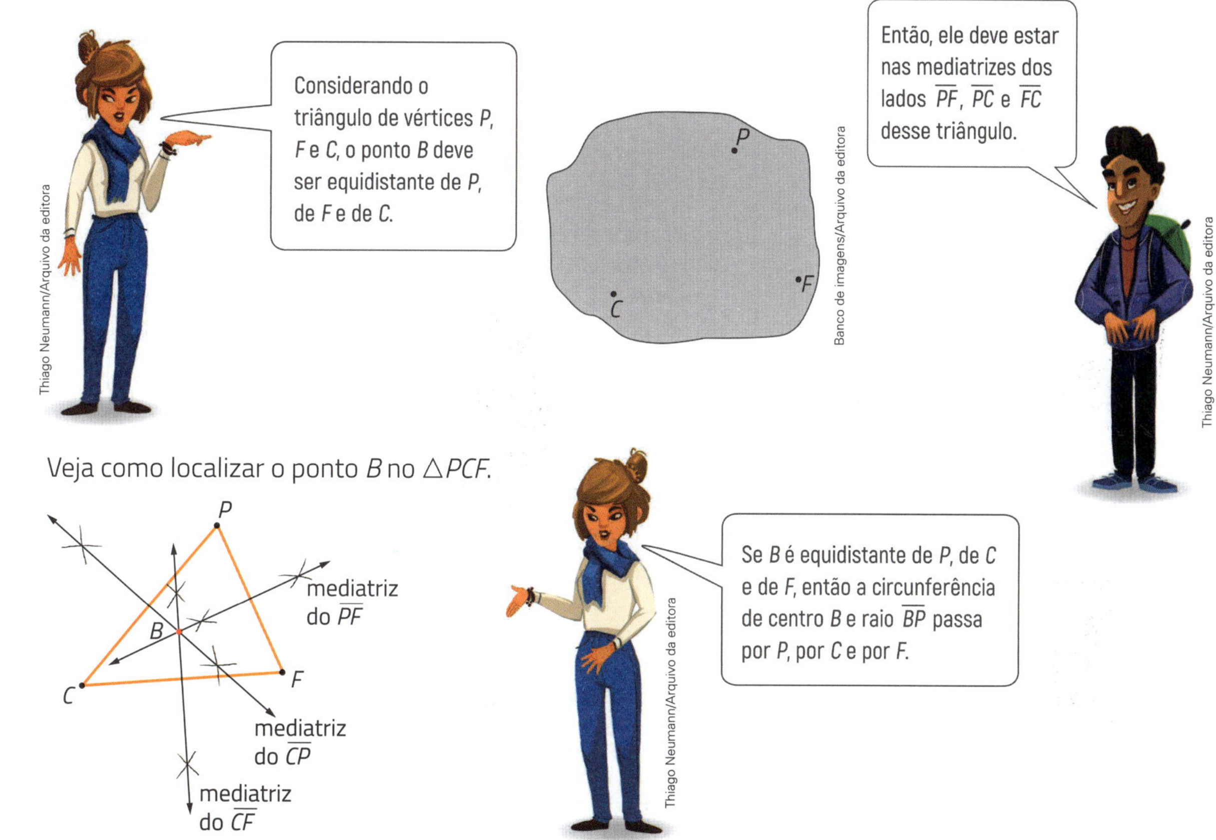

Considerando o triângulo de vértices P, F e C, o ponto B deve ser equidistante de P, de F e de C.
P
C
F
Então, ele deve estar nas mediatrizes dos lados PF, PC e FC desse triângulo.
Veja como localizar o ponto B no △PCF.
P
B
C
F
mediatriz do PF
mediatriz do CP
mediatriz do CF
Se B é equidistante de P, de C e de F, então a circunferência de centro B e raio BP passa por P, por C e por F.
Thiago Neumann/Arquivo da editora
Banco de imagens/Arquivo da editora

O ponto B, intersecção das mediatrizes dos lados do $\triangle PFC$, é chamado de **circuncentro** do triângulo.

> Em todo triângulo, as 3 mediatrizes dos lados se intersectam em um mesmo ponto, chamado de circuncentro do triângulo.

Os triângulos e as circunferências

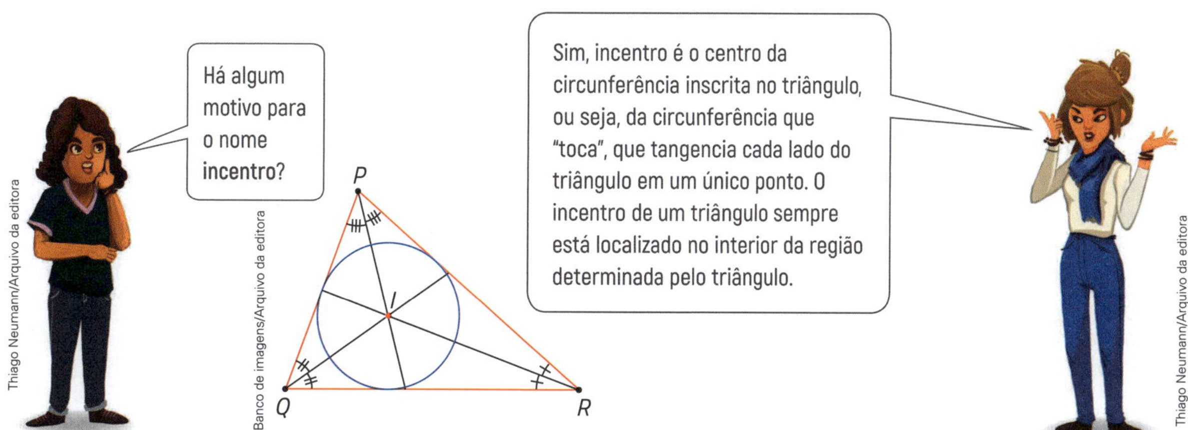

Há algum motivo para o nome incentro?
P
I
Q
R
Sim, incentro é o centro da circunferência inscrita no triângulo, ou seja, da circunferência que "toca", que tangencia cada lado do triângulo em um único ponto. O incentro de um triângulo sempre está localizado no interior da região determinada pelo triângulo.
Thiago Neumann/Arquivo da editora
Banco de imagens/Arquivo da editora

No exemplo visto, o circuncentro está localizado no interior da região determinada pelo triângulo, como também se vê ao lado.

Mas isso nem sempre acontece. Observe nestes exemplos a localização do circuncentro *C*.

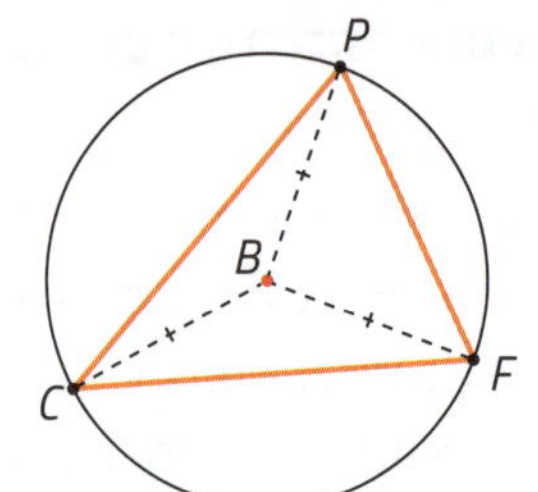

P
B
C
F

O circuncentro está no interior da região determinada pelo triângulo.

Ilustrações: Banco de imagens/Arquivo da editora

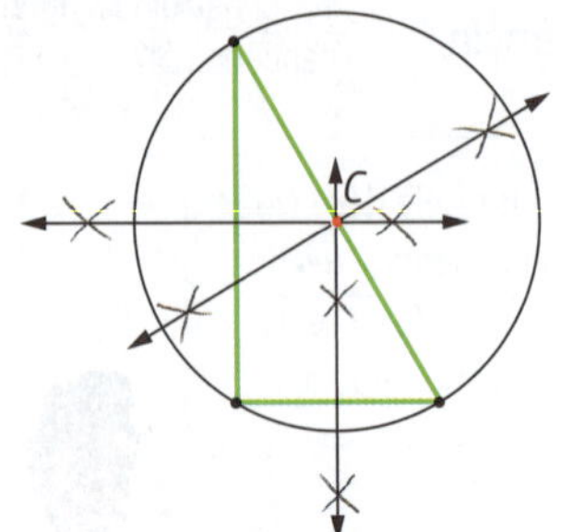

C

O circuncentro está sobre o triângulo.

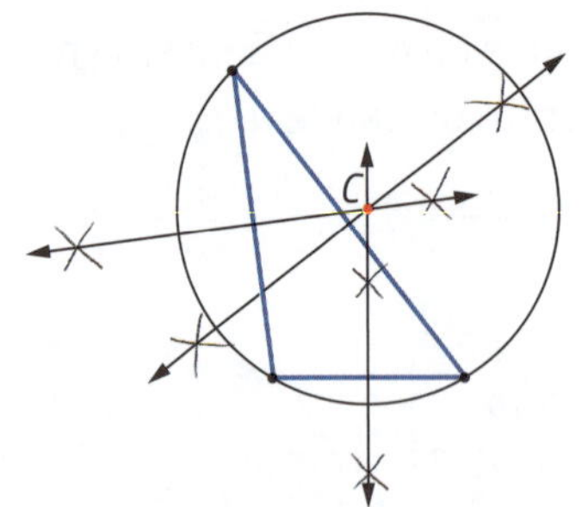

C

O circuncentro está fora da região determinada pelo triângulo.

E o motivo do nome **circuncentro** é porque também posso construir uma circunferência?

Sim, o circuncentro é o centro da circunferência circunscrita ao triângulo, ou seja, da circunferência que passa pelos 3 vértices dele.

Ilustrações: Thiago Neumann/Arquivo da editora

As imagens desta página não estão representadas em proporção.

Atividades

22 Com um colega, relacione a posição do circuncentro com o tipo do triângulo quanto aos ângulos.

23 Construa um triângulo com lados de medida de comprimento de 7 cm, 6 cm e 4 cm, localize o circuncentro *C* e trace a circunferência circunscrita a esse triângulo.

Saiba mais

Triangulação é um termo usado em diversas áreas da atividade humana. Ele define, por exemplo, a divisão de uma superfície terrestre em uma rede de triângulos cujos vértices são pontos bem visíveis e fixos (como torres de igrejas, capelas ou outros edifícios, pirâmides ou marcos geodésicos e chaminés). Esses 3 vértices estão situados em lugares mais ou menos elevados, de modo que de cada um se avistem os 2 outros vértices. A partir dessa rede de triângulos, mede-se a menor distância entre 2 pontos ou efetua-se o levantamento da carta de um país ou de uma região.

No futebol a triangulação descreve o lance em que os jogadores se movimentam formando linhas supostamente triangulares.

No voo livre, a triangulação é uma modalidade de competição em que se estipula um percurso que passa por vários pontos de contorno.

A triangulação de satélites monitora o sistema GPS (sigla de *Global Positioning System*, sistema de posicionamento global), um receptor que indica exatamente a direção, o local e a medida de velocidade de um veículo (barco, navio, avião, carro) ou de uma pessoa (um mergulhador, por exemplo).

Mauro Souza/Arquivo da editora

Uma aplicação da mediatriz: traçado da circunferência que passa por 3 pontos não alinhados

Leia esta afirmação.

> É sempre possível traçar uma circunferência que passa por 3 pontos não alinhados.

Bate-papo

Converse com os colegas e justifiquem a afirmação feita.

Para traçar a circunferência que passa pelos pontos *A*, *B* e *C* dados, que não estão alinhados, precisamos localizar o centro dela.

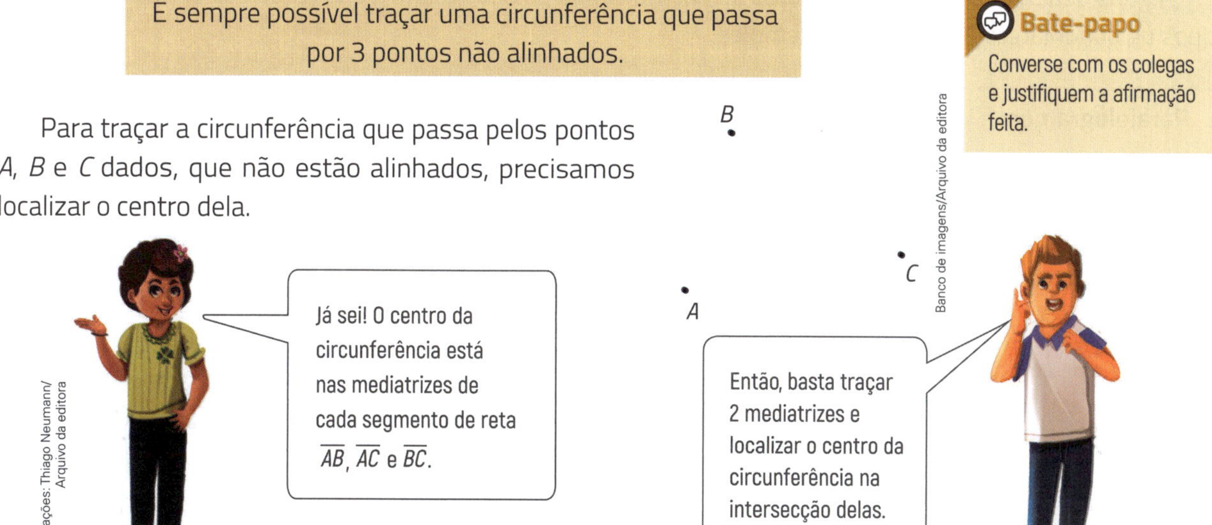

B
C
A
Já sei! O centro da circunferência está nas mediatrizes de cada segmento de reta $\overline{AB}$, $\overline{AC}$ e $\overline{BC}$.
Então, basta traçar 2 mediatrizes e localizar o centro da circunferência na intersecção delas.

Ilustrações: Thiago Neumann/Arquivo da editora

Banco de imagens/Arquivo da editora

Observe a construção.

• Traçamos a mediatriz do segmento de reta $\overline{AB}$. B, A, C mediatriz do $\overline{AB}$	• Traçamos a mediatriz do segmento de reta $\overline{AC}$. B, A, C mediatriz do $\overline{AB}$ mediatriz do $\overline{AC}$	• Marcamos o ponto *O*, na intersecção das 2 mediatrizes traçadas, e traçamos a circunferência com centro nesse ponto. B, O, A, C mediatriz do $\overline{AB}$ mediatriz do $\overline{AC}$

Ilustrações: Banco de imagens/Arquivo da editora

As imagens desta página não estão representadas em proporção.

Atividades

24 Marque 3 pontos não alinhados e, em seguida, trace a circunferência que passa por esses pontos, usando régua e compasso.

25 Nesta imagem, observe um lago e 3 árvores fora dele, que estão representadas pelos pontos *P*, *Q* e *R*. Uma pista circular será construída passando bem próxima a cada uma dessas árvores. Desenhe a pista.

Paulo Manzi/Arquivo da editora

2 Ampliando o estudo dos quadriláteros

Você já estudou a definição e os tipos de quadrilátero. Vamos agora retomar e aprofundar esse estudo.

Quadrilátero é todo polígono de 4 lados.

Alguns quadriláteros recebem nomes de acordo com a posição relativa dos lados deles. Relembre esses tipos de quadrilátero e veja alguns exemplos.

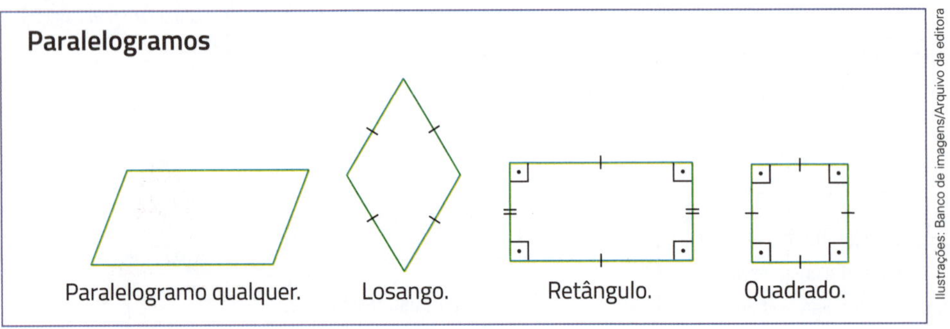

Ilustrações: Banco de imagens/Arquivo da editora

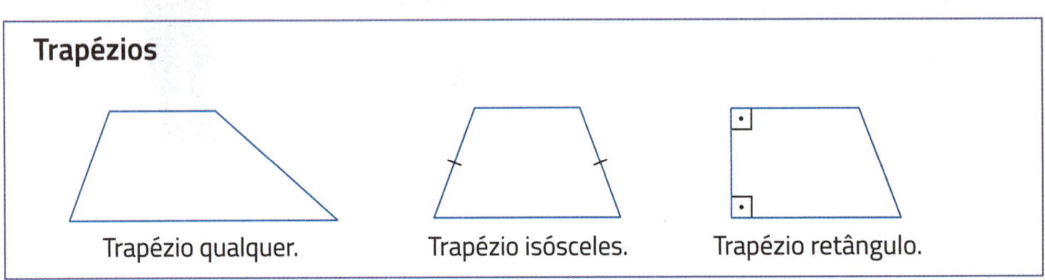

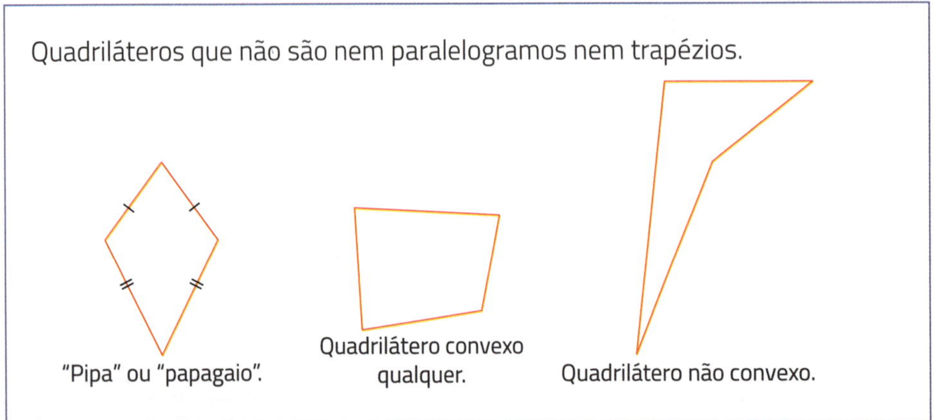

Bate-papo

Conversem sobre as características dos paralelogramos e as características dos trapézios.

Atividades

26 Faça os desenhos indicados.

a) Um quadrilátero qualquer.

b) Um quadrilátero que seja paralelogramo.

c) Um quadrilátero que seja trapézio.

d) Um quadrilátero que não seja nem paralelogramo nem trapézio.

27 Assinale apenas as afirmações verdadeiras.

a) Todo retângulo é paralelogramo.

b) Todo quadrado é retângulo.

c) Todo paralelogramo é losango.

d) Todo quadrado é losango.

Características de um quadrilátero convexo

Amplie e aplique seus conhecimentos sobre os quadriláteros convexos resolvendo estas atividades.

Atividades

28 Considerando este quadrilátero *ABCD*, indique quantos e quais são os elementos dele.

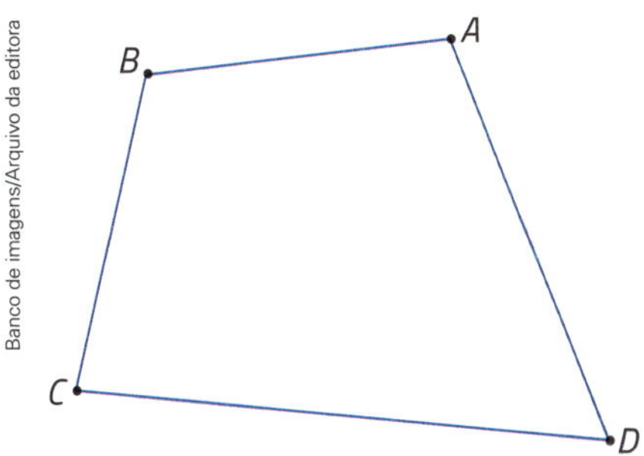

a) Lados.
b) Vértices.
c) Diagonais.
d) Ângulos internos.

29 Desenhe um quadrilátero convexo e identifique os ângulos externos dele.

30 Responda aos itens.

a) Como podemos calcular a soma das medidas de abertura dos ângulos internos de um polígono convexo de *n* lados?
b) Qual é a soma das medidas de abertura dos ângulos internos de um quadrilátero convexo?
c) Qual é a soma das medidas de abertura dos ângulos externos de um quadrilátero convexo?

31 Desenhe um quadrilátero qualquer em uma folha de papel sulfite. Pinte os ângulos internos, recorte e faça colagens para verificar a soma das medidas de abertura dos 4 ângulos internos.

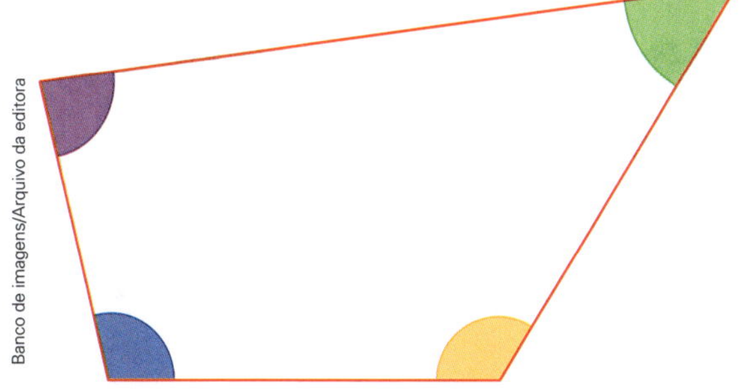

32 O quadrilátero que você desenhou na atividade anterior é um caso particular. Mas os matemáticos já provaram que a propriedade que você verificou vale sempre.

> Em todo quadrilátero convexo, a soma das medidas de abertura dos ângulos internos é igual a 360°.

Sabendo disso, complete cada item com as medidas adequadas.

a) Em um quadrilátero *ABCD*, temos $m(\hat{A}) = 45°$, $m(\hat{B}) = 100°$, $m(\hat{C}) = 48°$ e $m(\hat{D}) =$ _____.
b) Se um quadrilátero tem 2 ângulos retos e um ângulo cuja medida de abertura é de 66°, então o quarto ângulo tem medida de abertura de _____.
c) Se um quadrilátero *MNOP* é tal que $m(\widehat{M}) + m(\widehat{N}) = 205°$, então $m(\hat{O}) + m(\hat{P}) =$ _____.

33 Considerando cada quadrilátero dado, determine a medida de abertura de cada ângulo interno dele.

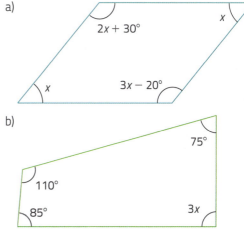

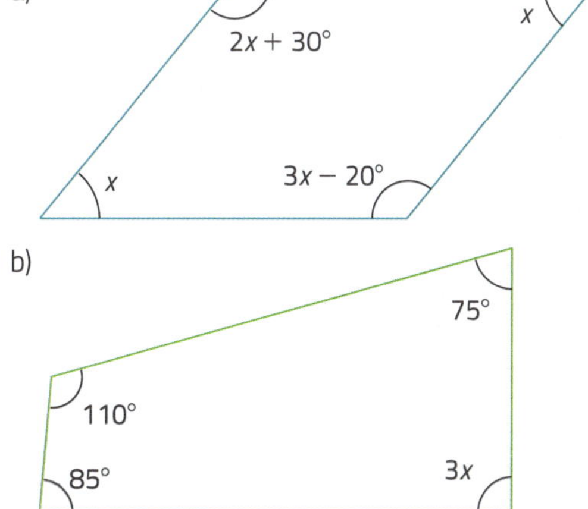

34 Quais são as medidas de abertura dos ângulos internos de um quadrilátero, sabendo que a medida de abertura de um dos ângulos é *x*, em graus, e as medidas de abertura dos outros ângulos internos são o dobro, o triplo e o quádruplo de *x*?

Paralelogramos

Você já estudou a definição de paralelogramo.

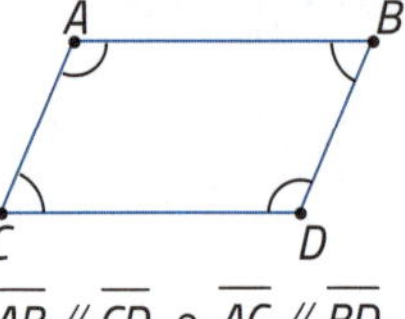

$\overline{AB} \parallel \overline{CD}$ e $\overline{AC} \parallel \overline{BD}$

Banco de imagens/Arquivo da editora

Paralelogramo é todo quadrilátero cujos lados opostos são paralelos.

Propriedades dos paralelogramos

Acompanhe a demonstração de algumas propriedades dos paralelogramos, já demonstradas pelos matemáticos.

1ª propriedade

Em todo paralelogramo, 2 ângulos opostos são congruentes (têm medidas de abertura iguais) e 2 ângulos não opostos são suplementares (a soma das medidas de abertura é igual a 180°).

Demonstração

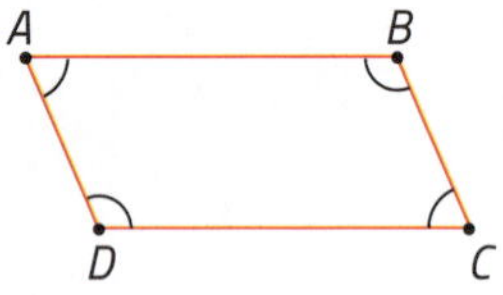

Se $ABCD$ é um paralelogramo, então temos $\overline{AB} \parallel \overline{CD}$ e podemos considerar o $\overline{AD}$ como uma transversal. Então, o $\hat{a}$ e o $\hat{b}$ são ângulos colaterais internos.

Com base nisso, podemos afirmar que $m(\hat{a}) + m(\hat{d}) = 180°$ ou que o $\hat{a}$ e o $\hat{d}$ são ângulos suplementares (**I**).

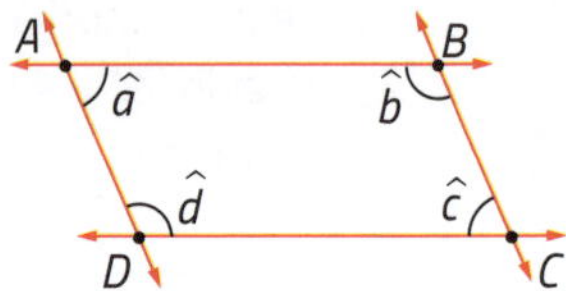

Ilustrações: Banco de imagens/Arquivo da editora

Da mesma maneira, considerando:

- $\overline{AB} \parallel \overline{CD}$ e a transversal $\overline{BC}$, concluímos que $m(\hat{b}) + m(\hat{c}) = 180°$ (**II**);
- $\overline{AD} \parallel \overline{BC}$ e a transversal $\overline{AB}$, concluímos que $m(\hat{a}) + m(\hat{b}) = 180°$ (**III**);
- $\overline{AD} \parallel \overline{BC}$ e a transversal $\overline{CD}$, concluímos que $m(\hat{c}) + m(\hat{d}) = 180°$ (**IV**).

Explorar e descobrir

Usando as afirmações acima, complete a demonstração e conclua que $m(\hat{a}) = m(\hat{c})$ e $m(\hat{b}) = m(\hat{d})$.

2ª propriedade

Em todo paralelogramo, os lados opostos são congruentes.

Devemos demonstrar que $\overline{AB} \cong \overline{DC}$ e $\overline{AD} \cong \overline{BC}$.

Demonstração

Traçamos $\overline{AC}$.

No $\triangle ABC$ e no $\triangle ADC$, temos:

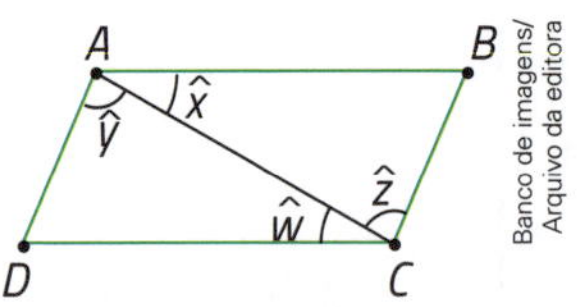

Banco de imagens/Arquivo da editora

- $\hat{x} = \hat{w}$ (medidas de abertura dos ângulos alternos internos, com $\overline{AB} \parallel \overline{DC}$);
- $\hat{y} = \hat{z}$ (medidas de abertura dos ângulos alternos internos, com $\overline{AD} \parallel \overline{BC}$);
- $\overline{AC} \cong \overline{AC}$ (lado comum dos triângulos).

Pelo caso ALA, concluímos que $\triangle ABC \cong \triangle ADC$. Logo, $\overline{AB} \cong \overline{DC}$ e $\overline{AD} \cong \overline{BC}$.

3ª propriedade

Em todo paralelogramo, as diagonais se intersectam no ponto médio delas.

Demonstração

Considerando o paralelogramo *ABCD* e as diagonais $\overline{AC}$ e $\overline{DB}$, obtemos o ponto *O* de intersecção das diagonais.

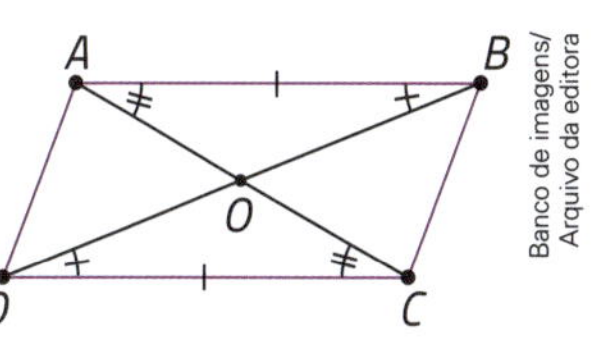

Pelo caso ALA, temos $\triangle AOB \cong \triangle COD$.

Da congruência desses triângulos, deduzimos que $\overline{AO} \cong \overline{CO}$ e $\overline{BO} \cong \overline{DO}$, ou seja, o ponto *O* é o ponto médio de cada diagonal.

Atividades

35 Determine os valores de *x* e *y* para cada paralelogramo dado.

a)

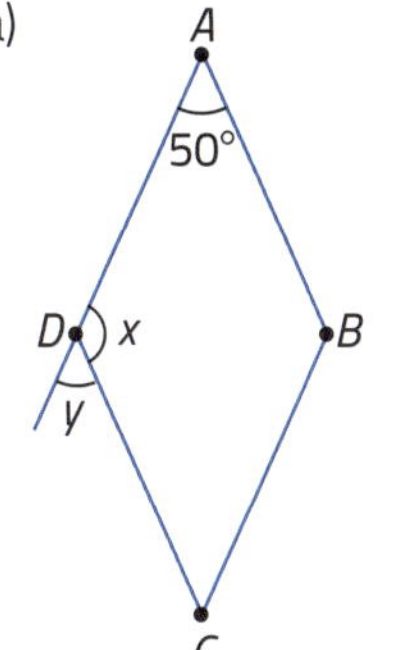

b)

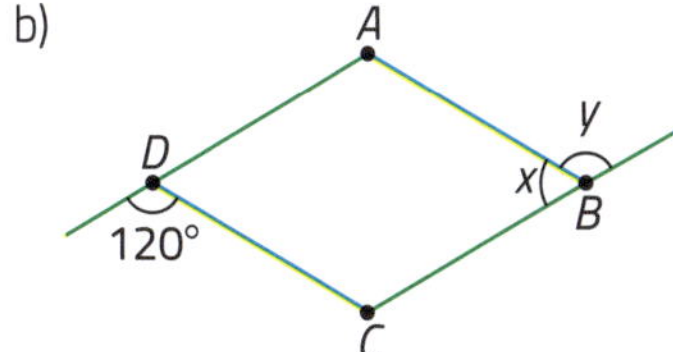

c)

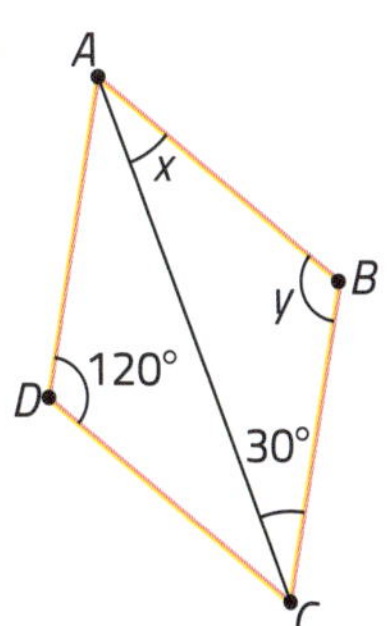

Ilustrações: Banco de imagens/Arquivo da editora

36 Calcule as medidas de abertura dos 4 ângulos internos de cada paralelogramo.

a) $5x$; $3x + 22°$

b)

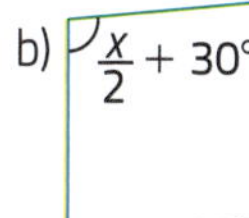

37 Determine as medidas de comprimento *x* e *y* neste paralelogramo *ABCD*.

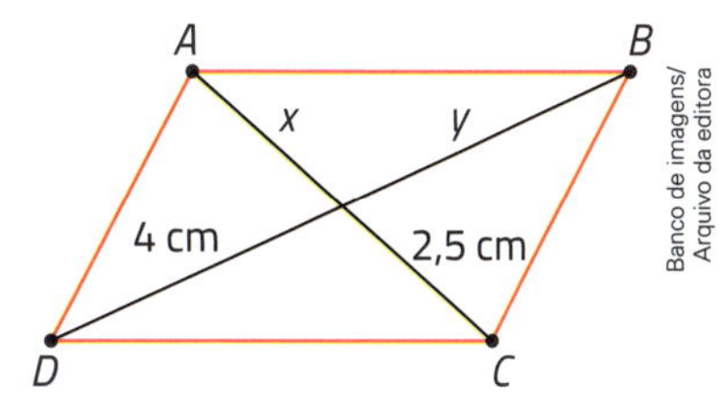

38 As 3 propriedades que demonstramos para os paralelogramos são válidas para os losangos, os retângulos e os quadrados? Justifique.

39 Assinale apenas as afirmações verdadeiras.

a) As diagonais do retângulo se intersectam no ponto médio delas.

b) As diagonais do trapézio se intersectam no ponto médio delas.

c) As diagonais do quadrado se intersectam no ponto médio delas.

d) As diagonais do losango se intersectam no ponto médio delas.

40 Considerando o paralelogramo *PQRS*, determine a medida de abertura de cada ângulo dado.

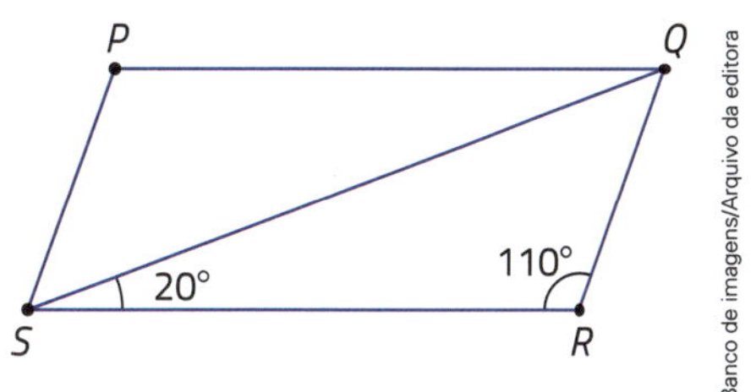

a) $S\hat{P}Q$

b) $P\hat{S}R$

c) $S\hat{Q}R$

Propriedade dos retângulos

Agora, acompanhe a demonstração de uma propriedade dos retângulos (paralelogramos que têm os 4 ângulos internos retos).

As diagonais de um retângulo são congruentes.

Demonstração

Considerando este retângulo *ABCD*, devemos demonstrar que $\overline{AC} \cong \overline{BD}$.

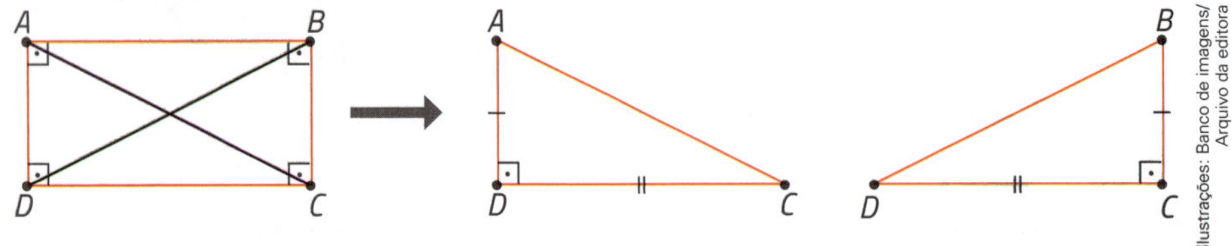

Analisando os elementos do $\triangle ADC$ e do $\triangle BCD$, temos:

- $\overline{AD} \cong \overline{BC}$ (são lados opostos de um retângulo, que é um paralelogramo);
- $\hat{D} \cong \hat{C}$ (são ângulos retos);
- $\overline{DC} \cong \overline{DC}$ (lado comum dos triângulos).

Pelo caso LAL, temos $\triangle ADC \cong \triangle BCD$ e, portanto, $\overline{AC} \cong \overline{BD}$.

Considerando as propriedades demonstradas para os paralelogramos e a propriedade do retângulo, podemos afirmar:

As diagonais de um retângulo são congruentes e se intersectam no ponto médio.

Propriedade dos losangos

Agora, acompanhe a demonstração de uma propriedade dos losangos (paralelogramos que têm os 4 lados congruentes).

As diagonais de um losango são perpendiculares entre si e estão contidas nas bissetrizes dos ângulos internos do losango.

Demonstração

Considere este losango *ABCD*.

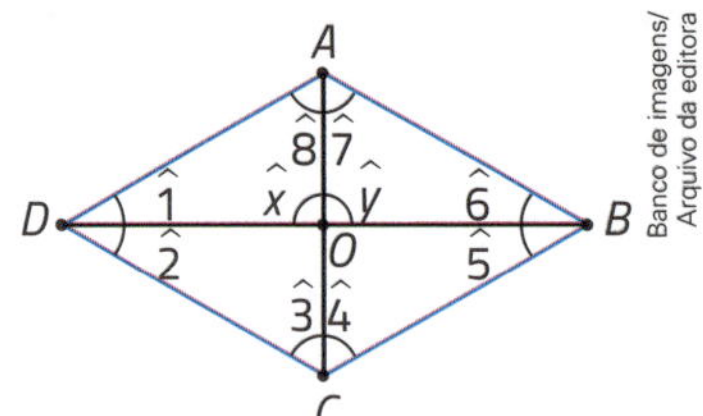

1ª parte

O $\triangle AOB$ e o $\triangle AOD$ têm:

- $\overline{AB} \cong \overline{AD}$ (são lados do losango);
- $\overline{OB} \cong \overline{OD}$ (*O* é ponto médio da diagonal, pois o losango é um paralelogramo);
- $\overline{AO} \cong \overline{AO}$ (lado comum dos triângulos).

Pelo caso LLL, temos $\triangle AOB \cong \triangle AOD$ e, então, $m(\hat{x}) = m(\hat{y})$.

Como $m(\hat{x}) + m(\hat{y}) = 180°$, obtemos $m(\hat{x}) = 90°$ e $m(\hat{y}) = 90°$.

Logo, $\overline{BD}$ e $\overline{AC}$ são perpendiculares entre si.

2ª parte

O $\triangle ABC$ e o $\triangle ADC$ têm:

- $\overline{AB} \cong \overline{AD}$ (são lados do losango);
- $\overline{AC} \cong \overline{AC}$ (lado comum dos triângulos).

Pelo caso LLL, temos $\triangle ABC \cong \triangle ADC$ e, então, $\hat{7} \cong \hat{8}$ e $\hat{4} \cong \hat{3}$.

Então, $\overline{AC}$ está sobre as bissetrizes de $\hat{A}$ e de $\hat{C}$.

Da mesma maneira, usando o $\triangle ABD$ e o $\triangle CBD$, podemos demonstrar que $\hat{1} \cong \hat{2}$ e $\hat{6} \cong \hat{5}$, ou seja, a diagonal $\overline{BD}$ está sobre as bissetrizes de $\hat{B}$ e $\hat{D}$.

Observação: Com essa propriedade podemos justificar a construção com régua e compasso da mediatriz de um segmento de reta. Observe.

$ACBD$ é um losango e $\overline{AB}$ e $\overline{CD}$ são as diagonais dele.

Então, $\overline{AE} \cong \overline{BE}$ e $C\hat{E}B$ é reto, pois as diagonais do losango se intersectam no ponto médio e são perpendiculares.

Podemos então afirmar que $\overline{CD}$ pertence à mediatriz m do $\overline{AB}$.

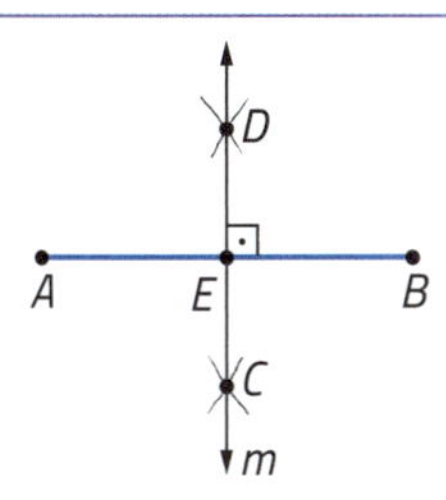

Atividades

41 Observe este losango $RHMP$ e, depois, assinale apenas as afirmações que são corretas para ele e para qualquer outro losango.

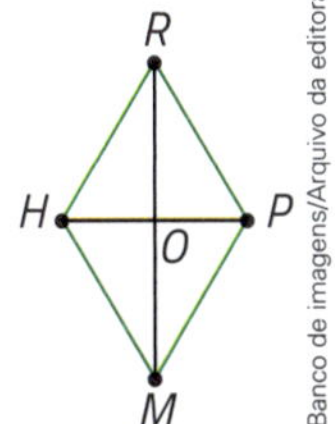

Banco de imagens/Arquivo da editora

a) $\hat{R}$ é reto.
b) $\hat{R} \cong \hat{M}$
c) $\overline{RM} \perp \overline{HP}$
d) $\overline{RM} \cong \overline{HP}$
e) $\overline{OH} \cong \overline{OP}$
f) $M\hat{O}P$ é reto.
g) $H\hat{M}P \cong M\hat{P}R$
h) $R\hat{P}O \cong M\hat{P}O$
i) $\overline{RP} \cong \overline{PM}$
j) $\overline{RH} \; // \; \overline{PM}$
k) $\overline{OP} \cong \overline{OM}$
l) $OR = RM \div 2$

42 Considerando as definições e demonstrações já feitas e lembrando que todo quadrado é um quadrilátero convexo, um paralelogramo, um retângulo e um losango, responda aos itens.

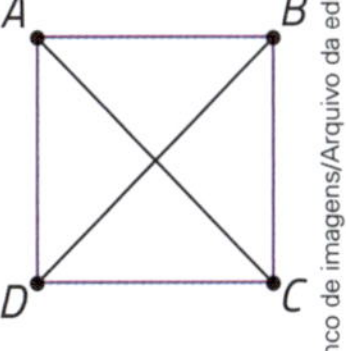

Banco de imagens/Arquivo da editora

a) Como são os lados opostos em um quadrado?
b) O quadrado é um polígono regular?
c) Qual é a soma das medidas de abertura dos ângulos internos de um quadrado?
d) Qual é a medida de abertura de cada ângulo externo em um quadrado?
e) As diagonais de um quadrado são congruentes?
f) As diagonais de um quadrado se intersectam no ponto médio delas?
g) As diagonais de um quadrado são perpendiculares?
h) As diagonais de um quadrado estão sobre as bissetrizes dos ângulos internos?

43 Escreva o que se pede.

a) Uma propriedade dos losangos que não vale para todos os retângulos.
b) Uma propriedade dos retângulos que não vale para todos os losangos.

44 Determine o valor de x neste retângulo.

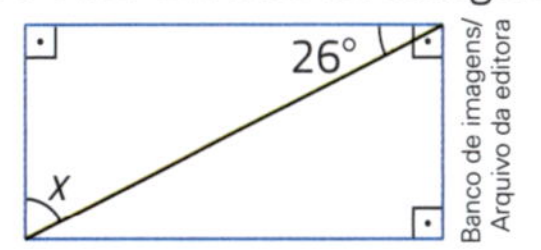

Banco de imagens/Arquivo da editora

45 Os ângulos opostos agudos de um losango têm medida de abertura de 60°. A diagonal maior desse losango separa-o em 2 triângulos congruentes. Quais são as medidas de abertura dos ângulos internos desses triângulos?

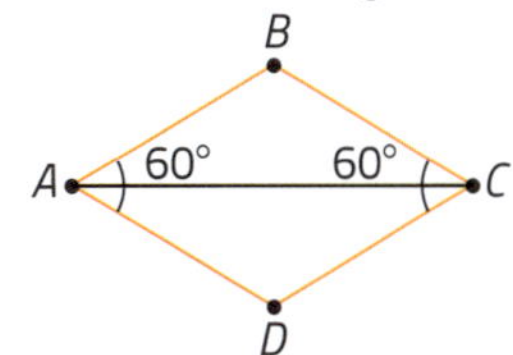

46 Considerando este quadrado $PQRS$, determine o valor de x e de y.

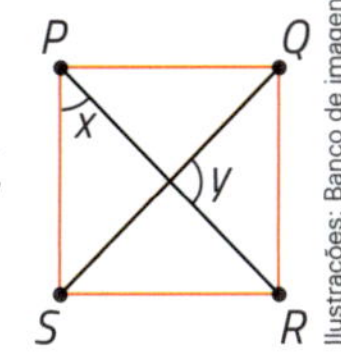

Ilustrações: Banco de imagens/Arquivo da editora

47 Dado este losango $ABCD$, determine o valor de x e de y.

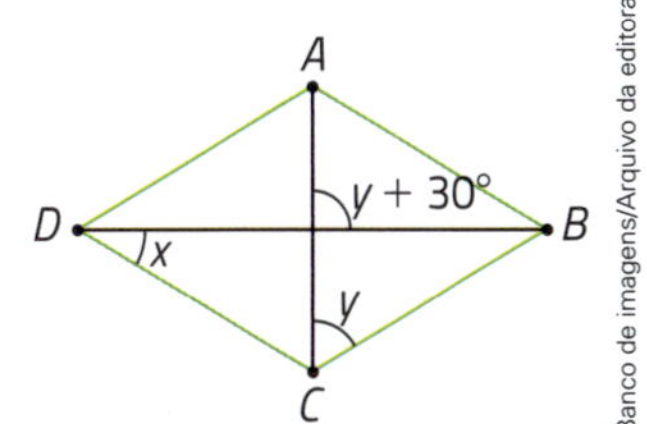

Banco de imagens/Arquivo da editora

48 Para este losango $PQRS$, determine o valor de x.

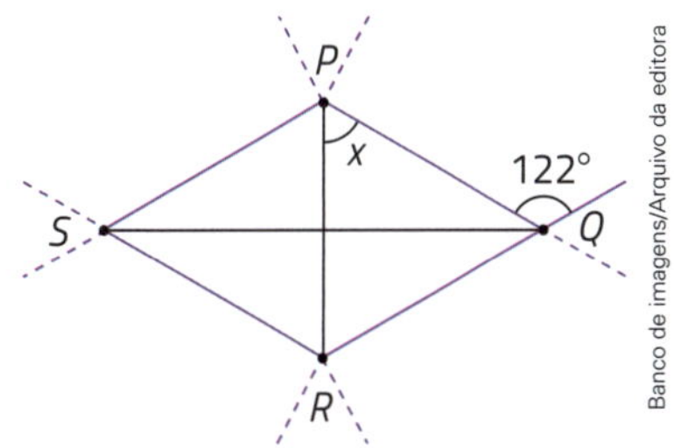

Banco de imagens/Arquivo da editora

Trapézios

Você já estudou a definição de trapézio.

Trapézio é todo quadrilátero que tem apenas 2 lados paralelos (base maior e base menor).

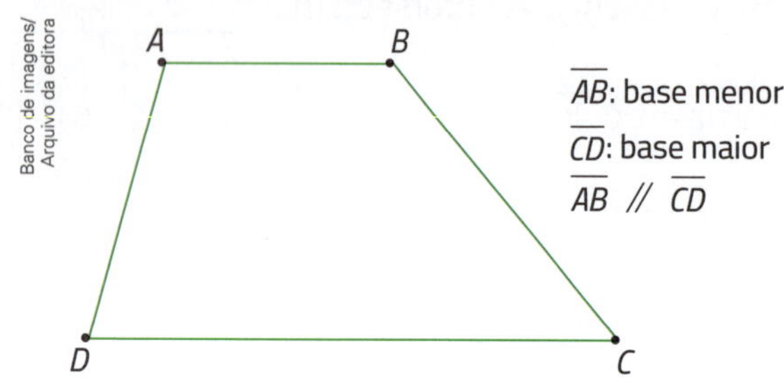

$\overline{AB}$: base menor

$\overline{CD}$: base maior

$\overline{AB} \,/\!/\, \overline{CD}$

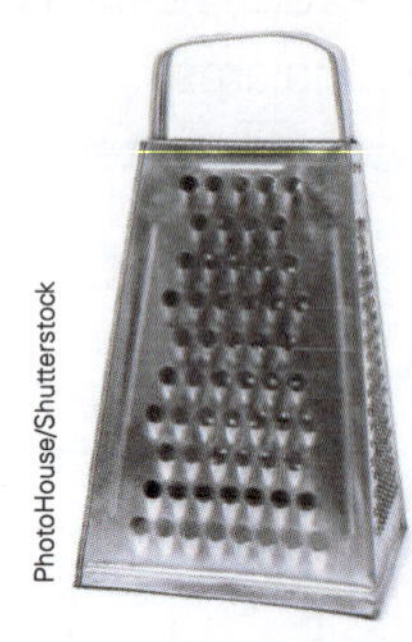

Ralador cujas laterais lembram a forma de um trapézio.

Atividades

49 Responda aos itens considerando o trapézio *ABCD* dado acima.

a) $\hat{A}$ e $\hat{D}$ são congruentes, complementares ou suplementares? Justifique.

b) $\hat{B}$ e $\hat{C}$ são congruentes, complementares ou suplementares? Justifique.

c) As respostas dos itens **a** e **b** nos mostram uma propriedade dos trapézios. Como você enunciaria essa propriedade?

50 Determine as medidas de abertura representadas pelas letras que aparecem nos trapézios.

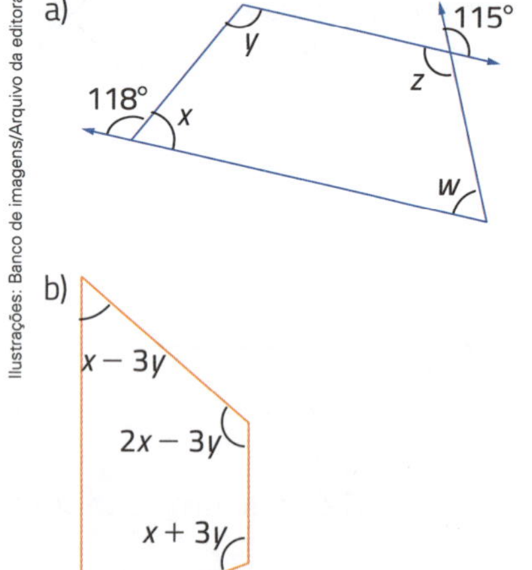

51 Determine a medida de comprimento dos lados de um trapézio *PQRS* que tem medida de perímetro de 41 cm e medidas de comprimento dos lados, em centímetro, dadas por $PQ = 3x + 2$, $QR = x + 1$, $RS = x$ e $OS = 2x - 4$.

52 Este quadrilátero é um trapézio $(\overline{AB} \,/\!/\, \overline{CD})$.

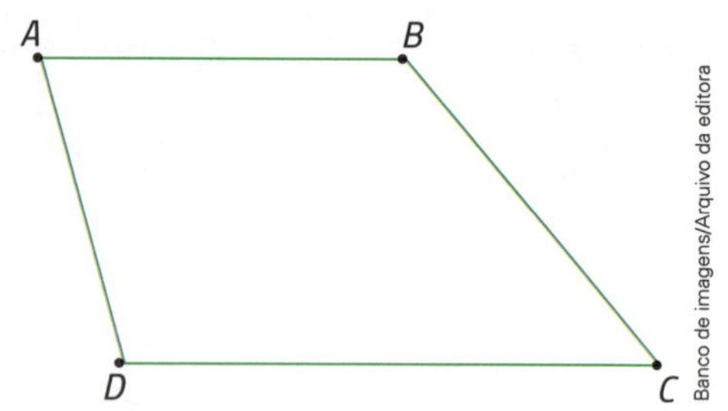

Assinale apenas as afirmações verdadeiras com relação a esse trapézio.

a) $m(\hat{A}) + m(\hat{B}) + m(\hat{C}) + m(\hat{D}) = 360°$

b) $m(\hat{B}) = m(\hat{D})$

c) $m(\hat{B}) + m(\hat{C}) = 180°$

d) $m(\hat{D}) + m(\hat{C}) = 180°$

e) $m(\hat{A}) + m(\hat{D}) = 180°$

53 *ABCD* é um trapézio de bases $\overline{AB}$ e $\overline{CD}$.

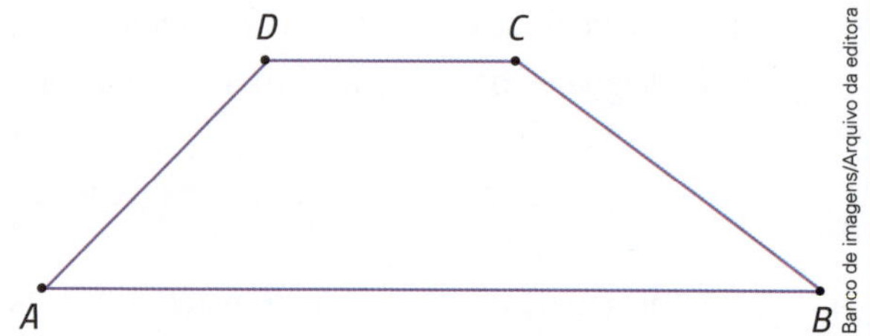

Sabendo que $m(\hat{A}) = x$, $m(\hat{D}) = 3x$, $m(\hat{B}) = y$ e $m(\hat{C}) = 4y$, determine as medidas de abertura dos ângulos $\hat{A}, \hat{B}, \hat{C}$ e $\hat{D}$ desse trapézio.

Tipos de trapézio

Vamos analisar 2 importantes tipos de trapézio.

Trapézio retângulo é aquele que tem 2 ângulos internos retos.

No trapézio retângulo, um dos lados que não é base é perpendicular às 2 bases.

Por exemplo, este trapézio *ABCD* é um trapézio retângulo.

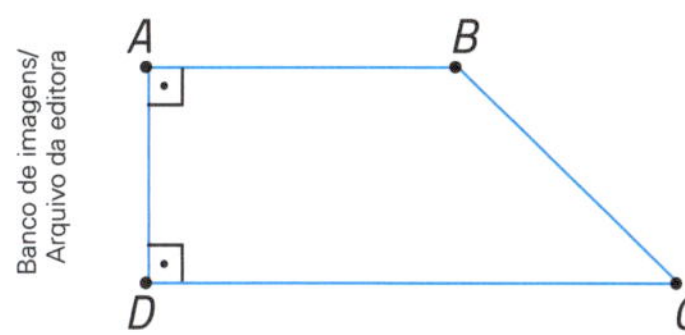

Banco de imagens/Arquivo da editora

$\hat{A}$ e $\hat{D}$ são ângulos retos $\left(\overline{AD} \perp \overline{AB}\right.$ e $\left.\overline{AD} \perp \overline{DC}\right)$.

$\overline{AB}$ e $\overline{DC}$ são as bases do trapézio *ABCD*.

Trapézio isósceles é aquele que tem os 2 lados não paralelos congruentes, isto é, de medidas de comprimento iguais.

Você pode verificar, experimentalmente, medindo a abertura dos ângulos e medindo o comprimento dos lados deste trapézio isósceles *PQRS*.

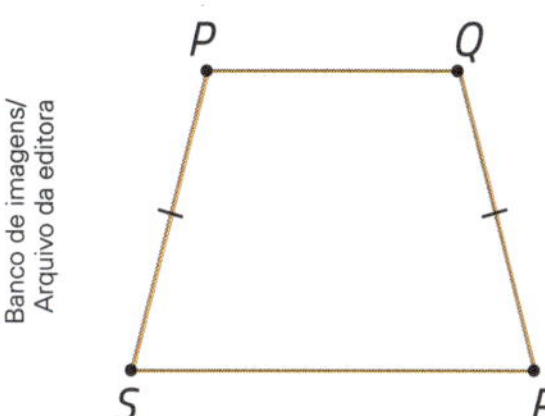

Banco de imagens/Arquivo da editora

$\hat{P} \cong \hat{Q}$, $\hat{S} \cong \hat{R}$ e $\overline{PR} \cong \overline{SQ}$.

PQRS é um trapézio isósceles de bases $\overline{PQ}$ e $\overline{RS}$. Então, $\overline{PS} \cong \overline{QR}$.

É possível demonstrar que esses fatos acontecem em todos os trapézios isósceles, ou seja:

Em um trapézio isósceles, os ângulos de uma mesma base são congruentes e as diagonais também são congruentes.

Demonstração

1ª parte

Considerando este trapézio isósceles *ABCD*, traçamos o segmento de reta $\overline{CE}$ paralelo ao lado $\overline{AD}$. Obtemos, assim, o paralelogramo *ADCE*.

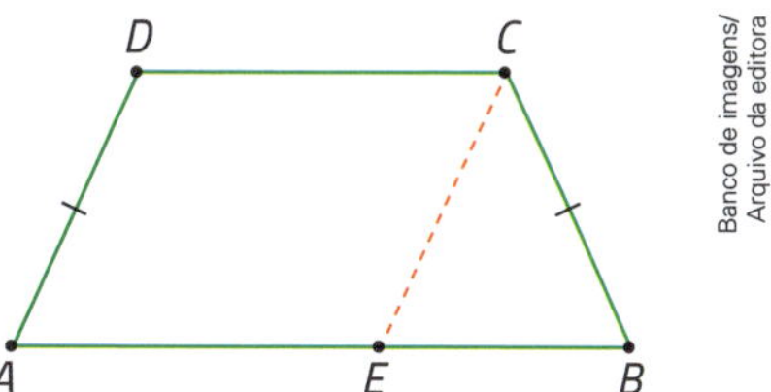

Banco de imagens/Arquivo da editora

Nesses quadriláteros, temos:

- $\overline{DA} \cong \overline{CE}$ (lados opostos do paralelogramo);
- $\overline{CE} \cong \overline{CB}$ (pois $\overline{DA} \cong \overline{CB}$ e $\overline{DA} \cong \overline{CE}$) e, então, o triângulo *CEB* é isósceles.

No triângulo isósceles *CEB*, temos $C\hat{E}B \cong C\hat{B}E$ (**I**). No paralelogramo *ADCE*, temos $D\hat{A}E \cong C\hat{E}B$ (**II**).

De **I** e **II**, concluímos que $D\hat{A}E \cong C\hat{B}E$, ou seja, no trapézio isósceles *ABCD*, $\hat{A} \cong \hat{B}$.

No trapézio isósceles *ABCD*, temos ainda que:

- $m(\hat{A}) + m(\hat{D}) = 180° \Rightarrow m(\hat{D}) = 180° - m(\hat{A})$;
- $m(\hat{B}) + m(\hat{C}) = 180° \Rightarrow m(\hat{C}) = 180° - m(\hat{B}) \Rightarrow m(\hat{C}) = 180° - m(\hat{A})$.

De onde concluímos que $m(\hat{C}) = m(\hat{D})$, ou seja, $\hat{C} \cong \hat{D}$.

2ª parte

Considerando o mesmo trapézio isósceles $ABCD$, traçamos as diagonais $\overline{BD}$ e $\overline{AC}$. Obtemos, assim, os triângulos DBC e ACD.

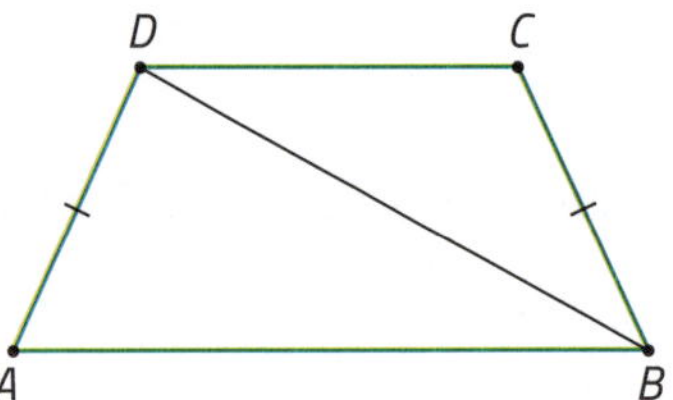

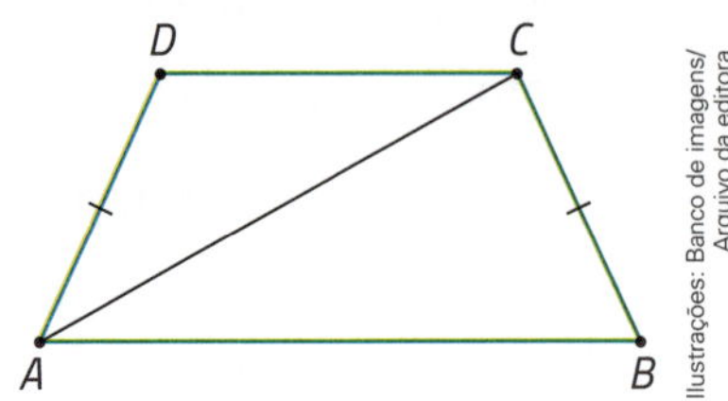

Ilustrações: Banco de imagens/Arquivo da editora

Nesses triângulos, temos que:

- $\overline{DC}$ é lado comum;
- $D\hat{C}B \cong A\hat{D}C$ (como demonstrado na 1ª parte);
- $\overline{BC} \cong \overline{AD}$ (pois o trapézio $ABCD$ é isósceles).

Então, pelo caso LAL, triângulos DBC e ACD são congruentes e concluímos que $\overline{BD} \cong \overline{AC}$.

Atividade resolvida passo a passo

(Obmep) A figura foi formada por oito trapézios isósceles idênticos, cuja base maior mede 10 cm. Qual é a medida, em centímetros, da base menor de cada um desses trapézios?

a) 4 b) 4,5 c) 5 d) 5,5 e) 6

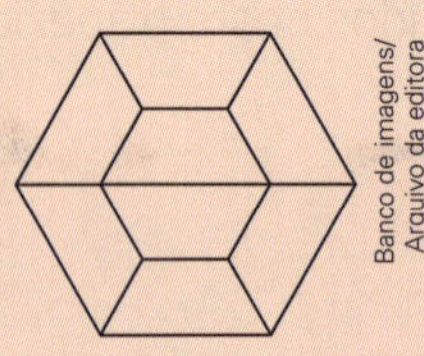

Banco de imagens/Arquivo da editora

Lendo e compreendendo

Lembramos que as bases dos trapézios são paralelas e que, na figura dada, os trapézios são idênticos, ou seja, são congruentes. Dada a medida de comprimento da base maior, o enunciado pede a medida de comprimento da base menor.

Planejando a solução

Nos paralelogramos, os lados paralelos são congruentes. Vamos tentar identificar paralelogramos na figura dada e comparar as medidas de comprimento dos lados.

Executando o que foi planejado

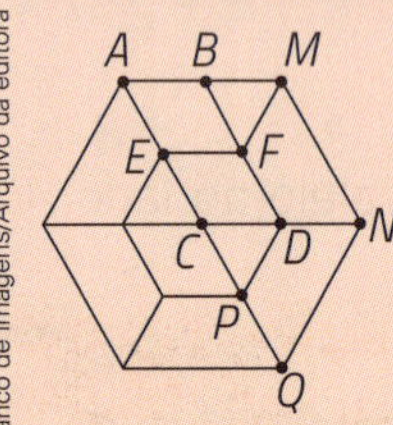

Banco de imagens/Arquivo da editora

Como os trapézios são congruentes entre si, temos $AE = FD$. Observando o paralelogramo $FECD$ concluímos que $FD = EC$.

Temos:

$$AC = AE + EC \Rightarrow AC = AE + FD \Rightarrow AC = FD + FD \Rightarrow AC = 2 \cdot FD$$

Agora, no paralelogramo $ACNM$, temos $AC = MN$ e, então:

$$MN = 2 \cdot FD \Rightarrow 10 = 2 \cdot FD \Rightarrow FD = 5$$

Verificando

$$FD = 5 \Rightarrow EC = 5 \Rightarrow AC = AE + EC \Rightarrow 5 + 5 = 10$$

Se $AC = 10$, então $MN = 10$ (pois são lados opostos de um paralelogramo). Logo, mostramos que, se a base menor tem a medida de comprimento de 5 cm, então a base maior tem medida de comprimento de 10 cm, o que confirma a solução.

Emitindo a resposta

Alternativa **c**.

Ampliando a atividade

Na figura dada podemos observar 2 hexágonos regulares. Qual é a medida de comprimento da maior diagonal do maior hexágono?

Solução

O segmento de reta $\overline{AQ}$ é uma das diagonais de maior medida de comprimento do maior hexágono.

Temos: $AE = EC = CP = PQ = 5$

Então: $AQ = AE + EC + CP + PQ = 5 + 5 + 5 + 5 = 20$

Base média de um trapézio

Observe este trapézio $ABCD$, no qual $\overline{AB}$ e $\overline{CD}$ são as bases e M e N são os pontos médios dos lados $\overline{AD}$ e $\overline{BC}$.

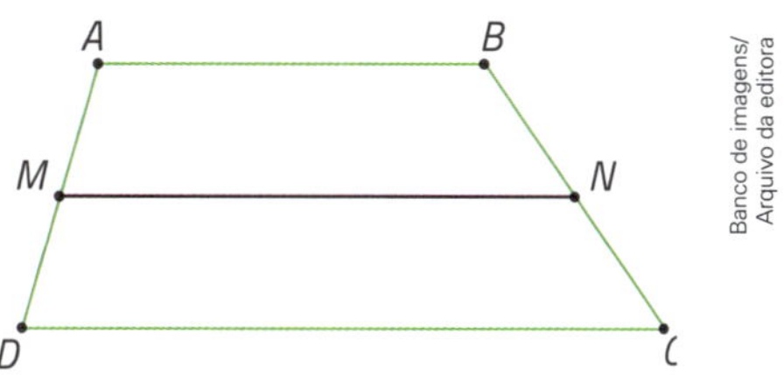

Banco de imagens/Arquivo da editora

O segmento de reta $\overline{MN}$, que liga o ponto M (ponto médio do $\overline{AD}$) e o ponto N (ponto médio do $\overline{BC}$), é chamado de **base média** do trapézio $ABCD$. Perceba que $\overline{MN} \mathbin{/\!/} \overline{AB}$ e $\overline{MN} \mathbin{/\!/} \overline{DC}$.

Thiago Neumann/Arquivo da editora

Os matemáticos já provaram que:

Em todo trapézio, a medida de comprimento da base média é igual à média aritmética das medidas de comprimento das bases maior e menor do trapézio.

Assim, neste trapézio $ABCD$ temos:

$$MN = \frac{AB + CD}{2}$$

Atividades

54 Responda aos itens.

a) Em um trapézio retângulo, um dos ângulos internos tem medida de abertura de 53°. Quais são as medidas de abertura dos outros 3 ângulos internos?

b) Em um trapézio retângulo $EFGH$, a medida de abertura do ângulo obtuso $\hat{E}$ é o triplo da medida de abertura do ângulo agudo $\hat{F}$. Quais são as medidas de abertura dos ângulos $\hat{E}$, $\hat{F}$, $\hat{G}$ e $\hat{H}$?

55 Considere um trapézio isósceles $PQRS$ tal que $\overline{PS} \cong \overline{QR}$. Desenhe-o e classifique cada afirmação a seguir em verdadeira ou falsa.

a) $\overline{PQ} \cong \overline{RS}$

b) $\overline{PQ} \mathbin{/\!/} \overline{RS}$

c) $\overline{PR} \cong \overline{SQ}$

d) $\hat{P} \cong \hat{Q}$

e) $\hat{P} + \hat{S} = 180°$

f) $\hat{R} + \hat{S} = 180°$

56 Um trapézio é isósceles e a medida de abertura de um dos ângulos agudos corresponde a $\frac{2}{3}$ da medida de abertura de um dos ângulos obtusos. Quais são as medidas de abertura dos 4 ângulos internos desse trapézio?

57 Meça o comprimento das bases maior, menor e média no trapézio $ABCD$ acima e confira a propriedade enunciada.

58 Analise as afirmações referentes aos trapézios.

I. Têm apenas 2 lados paralelos.
II. Têm 2 ângulos retos.
III. Os 2 lados que não são bases são congruentes.
IV. Têm 2 pares de ângulos suplementares.
V. Têm as 2 diagonais congruentes.
VI. Têm os 2 ângulos de cada base congruentes.
VII. Têm um lado perpendicular às 2 bases.

Agora, responda aos itens.

a) Quais afirmações valem para todos os trapézios?

b) Quais afirmações valem apenas para trapézios retângulos?

c) Quais afirmações valem apenas para trapézios isósceles?

59 Determine a medida de comprimento da base média de um trapézio em que a medida de comprimento da base maior é de 8,25 cm e a medida de comprimento da base menor é de 6,15 cm.

60 Sabendo que a base média de um trapézio tem medida de comprimento de 6,5 cm e a base maior tem medida de comprimento de 8 cm, qual é a medida de comprimento da base menor?

Revisando seus conhecimentos

1 Sabendo que as retas r e s desta figura são paralelas, determine as medidas de abertura $\hat{a}$, $\hat{b}$ e $\hat{c}$ dos ângulos internos do triângulo.

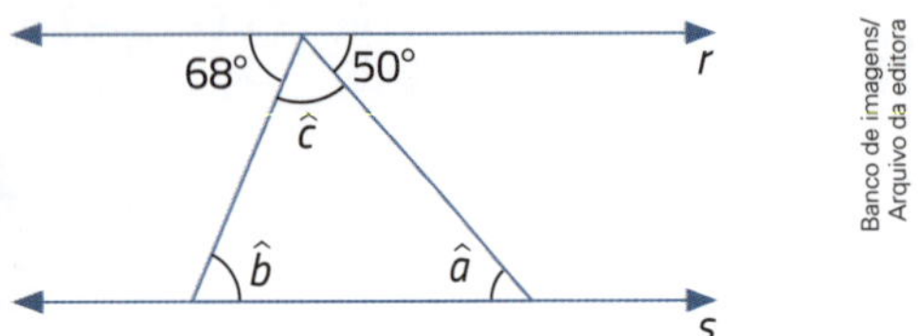

Banco de imagens/Arquivo da editora

2 Os ângulos desta figura têm lados paralelos. Calcule o valor de x e de y.

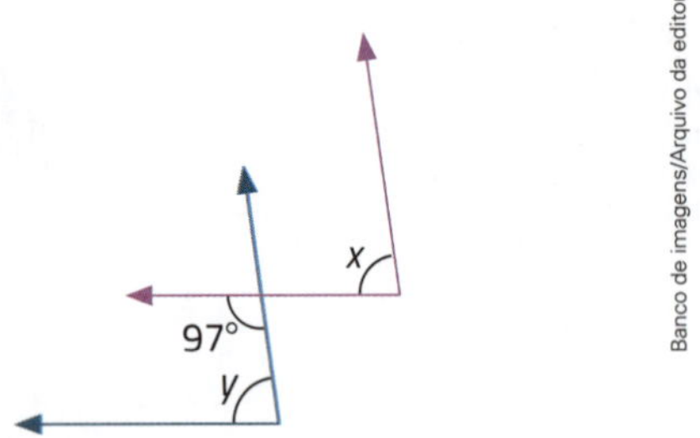

Banco de imagens/Arquivo da editora

3 Qual é a medida de abertura de cada ângulo interno de um dodecágono regular (polígono regular de 12 lados)?

4 Calcule as medidas de x, y e z neste triângulo EFG, sabendo que $\overline{EB}$ é bissetriz do triângulo.

As imagens desta página não estão representadas em proporção.

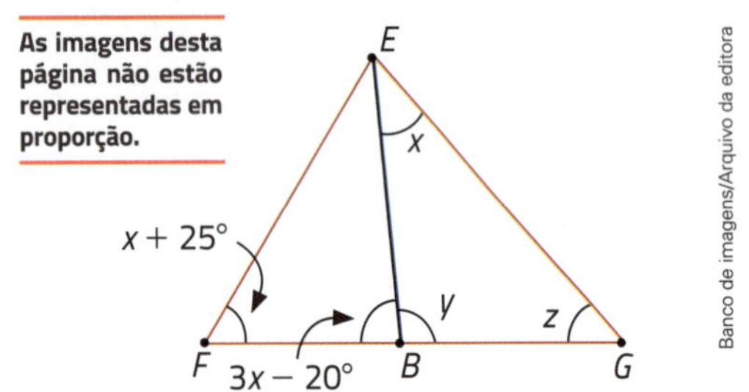

Banco de imagens/Arquivo da editora

5 Em uma escola particular, 60% dos alunos são do Ensino Médio, e cada um deles paga R$ 400,00 de mensalidade. Os alunos restantes são do Ensino Fundamental, e cada um deles paga R$ 300,00 por mês. Sabendo que a arrecadação mensal é de R$ 216 000,00, calcule o número de alunos no Ensino Médio e no Ensino Fundamental dessa escola.

6 De quantas maneiras diferentes podemos fazer um pagamento de R$ 120,00 usando apenas cédulas de R$ 50,00, R$ 20,00 e R$ 10,00? Responda e construa uma tabela com todas as maneiras.

Reprodução/Casa da Moeda do Brasil/Ministério da Fazenda

7 Um produto custava R$ 200,00, teve um aumento de 10% e, em seguida, uma redução de 10%. Qual passou a ser o preço desse produto?

8 Indique se esta afirmação é verdadeira ou falsa. No caso de ser verdadeira, dê 3 exemplos que a confirmem. No caso de ser falsa, dê 1 contraexemplo, ou seja, um exemplo que contesta a afirmação feita.

Dados 3 segmentos de reta, com medidas de comprimento diferentes, sempre é possível formar um triângulo tendo esses segmentos de reta como lados dele.

9 Calcule cada probabilidade e registre usando uma fração irredutível e uma porcentagem.

Dado.

bilder/Shutterstock

a) No lançamento de um dado, a probabilidade de sair um divisor de 15.

b) No sorteio de uma letra da palavra ARARA, a probabilidade de sair a letra **R**.

c) Retirando uma bolinha de um saquinho que contém 3 bolas vermelhas, 5 azuis e 2 brancas, a probabilidade de sair uma bola vermelha.

10 As retas r e s desta figura são paralelas.

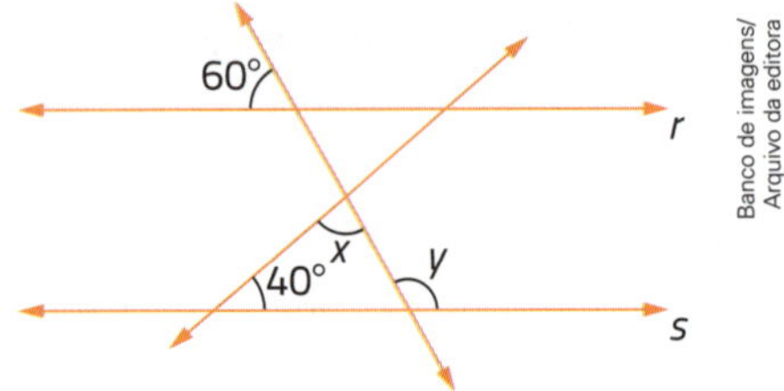

Banco de imagens/Arquivo da editora

Então, o valor de $x + y$ é igual a:

a) 220°.
b) 190°.
c) 210°.
d) 200°.

11 **Projeto em grupo: trabalhando com Geometria.** Vamos trabalhar em grupo com 3 projetos. Ao final, compartilhem os trabalhos com os outros grupos.

a) Recortem de jornais e revistas trechos de plantas de um bairro ou de uma cidade e localizem neles: ângulos adjacentes e suplementares, ângulos opostos pelo vértice, ângulos formados por paralelas cortadas por uma transversal, triângulos e quadriláteros.

b) Construam vários tipos de ladrilhamento usando polígonos regulares.

c) Façam uma pesquisa sobre demonstração em Matemática apresentando exemplos não estudados neste capítulo.

12 Observe esta figura e responda.

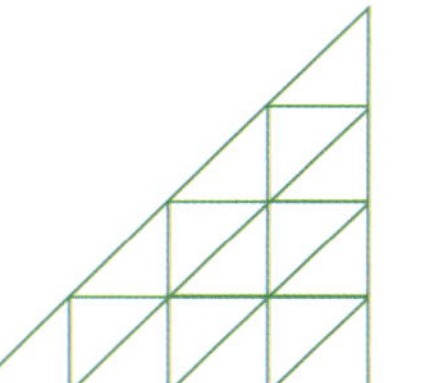

Banco de imagens/Arquivo da editora

a) Quantos triângulos há nesta figura?

b) Quantos grupos de triângulos congruentes é possível observar nesta figura?

13 **Informações ausentes.** Gustavo e Mariana, alunos do 8º ano **A**, não estavam presentes na aula de Matemática do professor Sérgio sobre triângulos.

No dia seguinte, ao entrarem na sala de aula, perceberam que a lousa ainda continha alguns dados da aula que haviam perdido: uma figura, cuja parte superior havia sido apagada, e um comentário.

Veja o que eles disseram após analisar a figura e o comentário na lousa e responda: Qual deles tem razão? Justifique sua resposta.

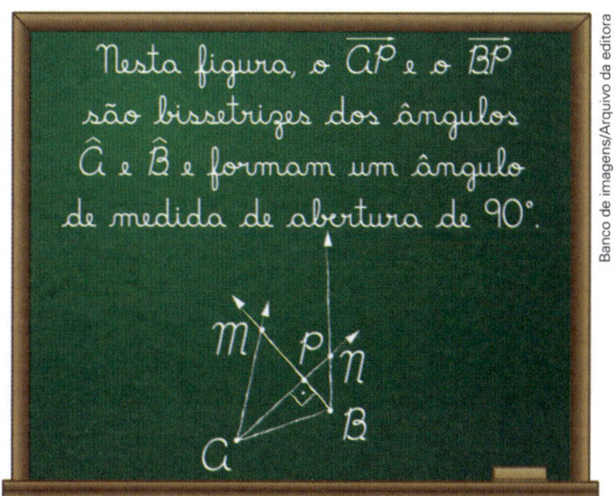

Banco de imagens/Arquivo da editora

Os prolongamentos dos segmentos de reta $\overline{AM}$ e $\overline{BN}$ se intersectam em um ponto Q e, por isso, existe um triângulo ABQ.
Gustavo.
Esta figura está incorreta e não existe um triângulo ABQ.
Mariana.

Ilustrações: Thiago Neumann/Arquivo da editora

As imagens desta página não estão representadas em proporção.

14 **Brincando com barbante.** Clarissa cortou 2 pedaços de barbante: um com medida de comprimento de 5 cm e o outro, de 16 cm. Para que ela forme um triângulo usando os 2 pedaços como lados, qual é a menor medida de comprimento inteira, em centímetros, que um terceiro pedaço de barbante deve ter?

15 **Divirtam-se**. Pegue uma folha de papel sulfite e corte uma grande região quadrada $ABCD$. Marque o ponto médio E do $\overline{AB}$ e o ponto médio H do $\overline{AD}$. Em seguida, trace os segmentos de reta $\overline{CE}$, $\overline{CH}$ e $\overline{HE}$ e recorte a região quadrada em 4 regiões triangulares, como mostra esta figura.

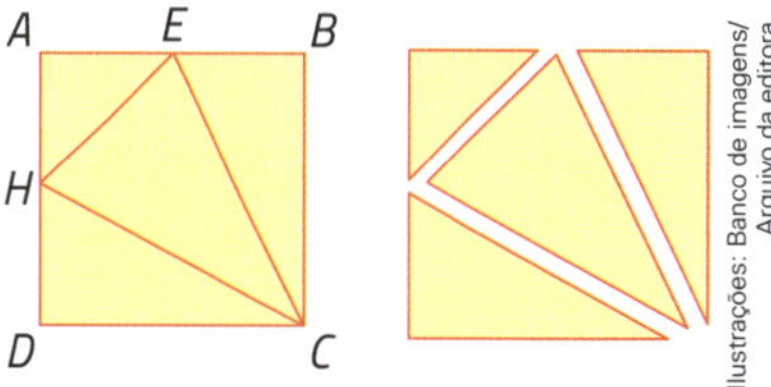

Ilustrações: Banco de imagens/Arquivo da editora

Embaralhe as regiões triangulares e dê para um colega montar uma região quadrada. Você verá que não é um quebra-cabeça tão simples para quem não conhece a solução.

16 **Urbanismo.** Uma praça tem a forma de um paralelogramo como representado nesta figura.

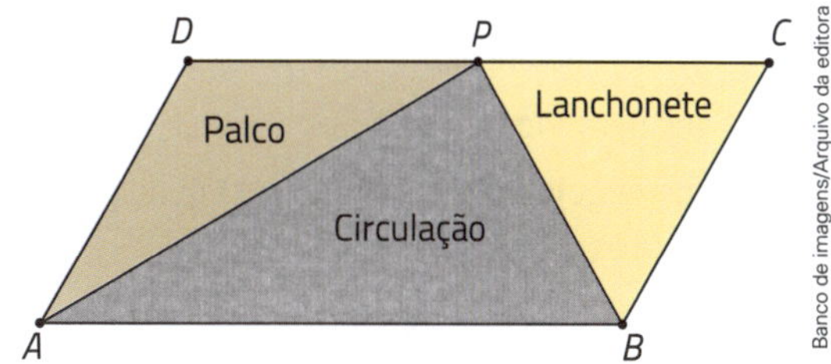

Banco de imagens/Arquivo da editora

Nessa praça serão construídos um palco, na parte correspondente ao $\triangle ADP$, e uma lanchonete, na parte correspondente ao $\triangle BCP$. A parte correspondente ao $\triangle ABP$ será o espaço de circulação das pessoas. Sabe-se que a medida de área total da praça é de 520 m^2 e que as bissetrizes dos ângulos $\hat{A}$ e $\hat{B}$ se intersectam no ponto P de $\overline{CD}$. Considerando 4 pessoas por metro quadrado, calcule quantas pessoas cabem no espaço reservado para a circulação.

Raciocínio lógico

Leia as afirmações e complete-as logicamente.

Nenhum quadrilátero é triângulo.

Todo quadrado é um quadrilátero.

Portanto, ____________________

Praticando um pouco mais

Testes oficiais

1 ▸ (Prova Brasil) Chegando a uma cidade, Fabiano visitou a igreja local. De lá, ele se dirigiu à pracinha, visitando em seguida o museu e o teatro, retornando finalmente para a igreja. Ao fazer o mapa do seu percurso, Fabiano descobriu que formava um quadrilátero com dois lados paralelos e quatro ângulos diferentes.

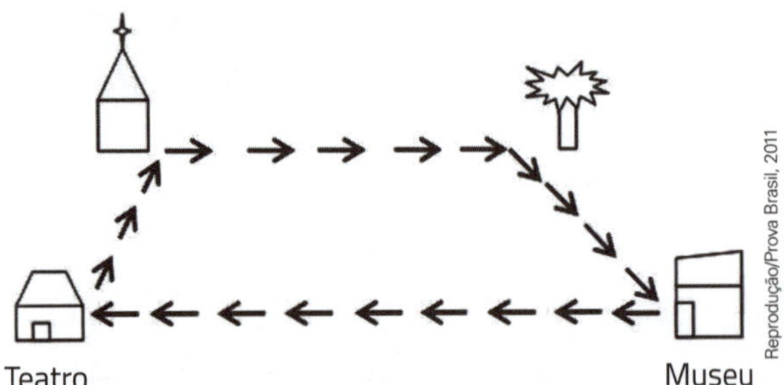

Reprodução/Prova Brasil, 2011

O quadrilátero que representa o percurso de Fabiano é um:

a) quadrado.
b) losango.
c) trapézio.
d) retângulo.

2 ▸ (Prova Brasil) Observe as figuras abaixo.

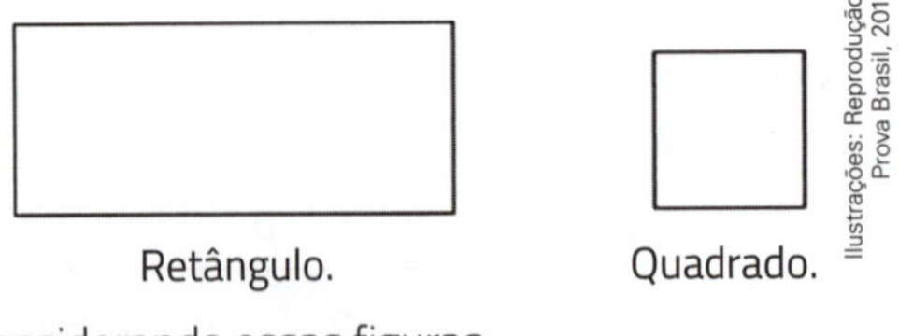

Retângulo. Quadrado.

Ilustrações: Reprodução/Prova Brasil, 2011

Considerando essas figuras:

a) os ângulos do retângulo e do quadrado são diferentes.
b) somente o quadrado é um quadrilátero.
c) o retângulo e o quadrado são quadriláteros.
d) o retângulo tem todos os lados com a mesma medida.

3 ▸ (Saresp) As figuras abaixo mostram origamis (dobraduras), vistos de frente, e que Mariana faz como artesanato. Eles serão usados para construir móbiles para uma aula de Geometria.

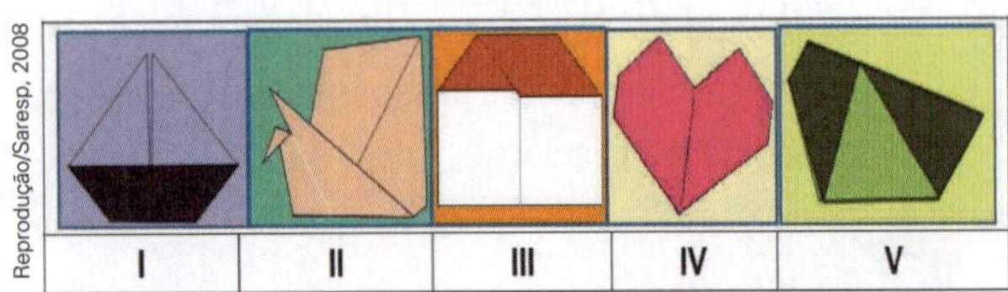

Reprodução/Saresp, 2008

Mariana só pode usar aqueles cujas faces são trapézios e triângulos. Ela deve escolher apenas os origamis representados nas figuras:

a) **I**, **II**.
b) **II**, **III** e **V**.
c) **II**, **III** e **IV**.
d) **I** e **V**.

4 ▸ (Saresp) Pode-se calcular a medida do ângulo indicado por *x* na figura sem necessidade de uso do transferidor.

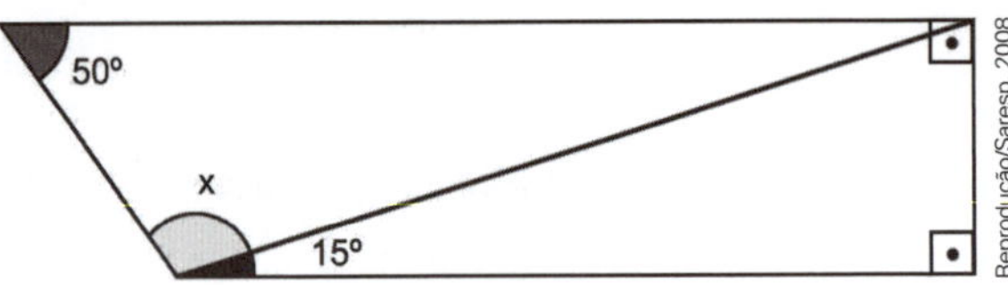

Reprodução/Saresp, 2008

Sua medida é igual a:

a) 115°.
b) 125°.
c) 125°.
d) 135°.

5 ▸ (Saresp) Assinale a alternativa que mostra corretamente a medida do ângulo α desenhado na figura abaixo.

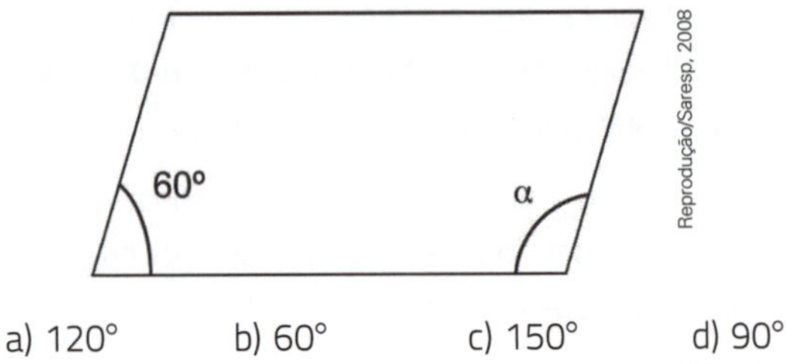

Reprodução/Saresp, 2008

a) 120°
b) 60°
c) 150°
d) 90°

Questões de vestibulares e Enem

6 ▸ (Enem) Nos últimos anos, a televisão tem passado por uma verdadeira revolução, em termos de qualidade de imagem, som e interatividade com o telespectador. Essa transformação se deve à conversão do sinal analógico para o sinal digital. Entretanto, muitas cidades ainda não contam com essa nova tecnologia. Buscando levar esses benefícios a três cidades, uma emissora de televisão pretende construir uma nova torre de transmissão, que envie sinal às antenas **A**, **B** e **C**, já existentes nessas cidades. As localizações das antenas estão representadas no plano cartesiano:

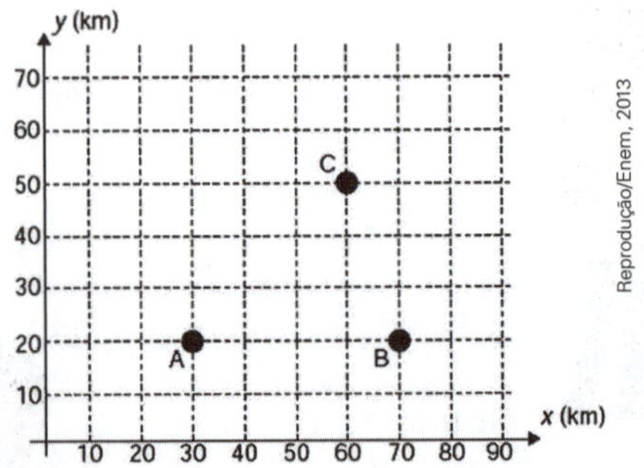

Reprodução/Enem, 2013

A torre deve estar situada em um local equidistante das três antenas.

O local adequado para a construção dessa torre corresponde ao ponto de coordenadas:

a) $(65; 35)$.
b) $(53; 30)$.
c) $(45; 35)$.
d) $(50; 20)$.
e) $(50; 30)$.

7› **(Enem)** Pretende-se construir um mosaico com o formato de um triângulo retângulo, dispondo-se de três peças, sendo duas delas triângulos retângulos congruentes e a terceira um triângulo isósceles. A figura apresenta cinco mosaicos formados por três peças.

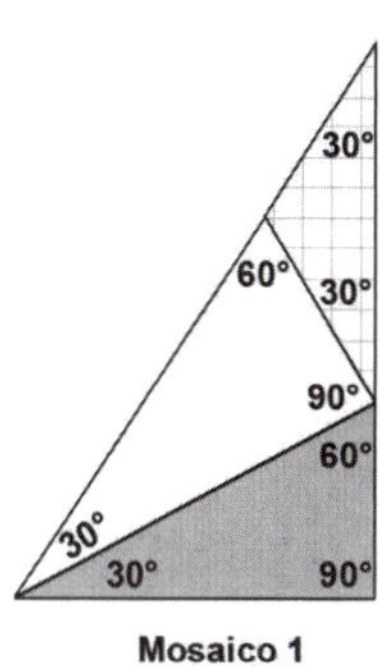

Mosaico 1

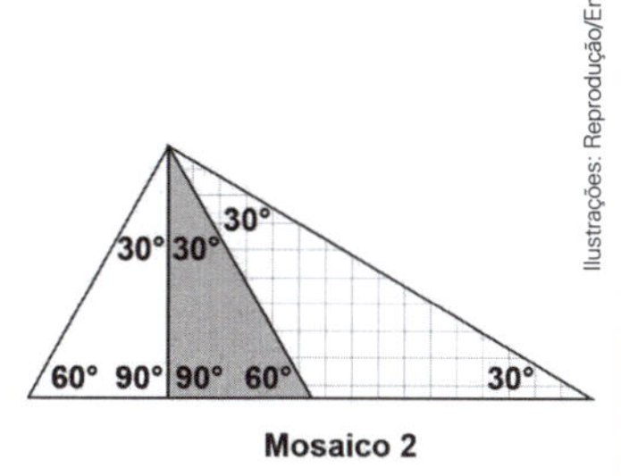

Mosaico 2

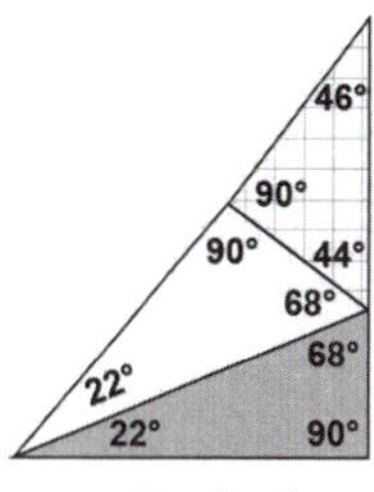

Mosaico 3

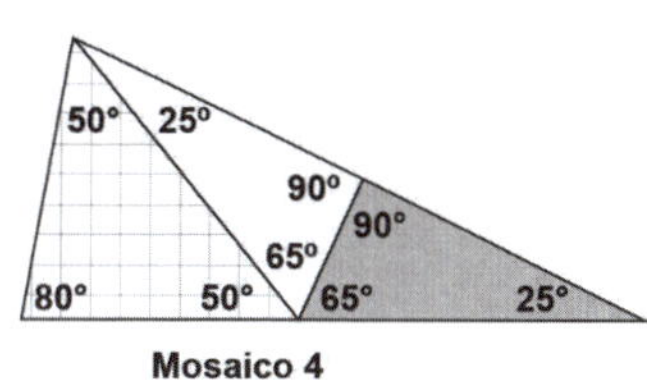

Mosaico 4

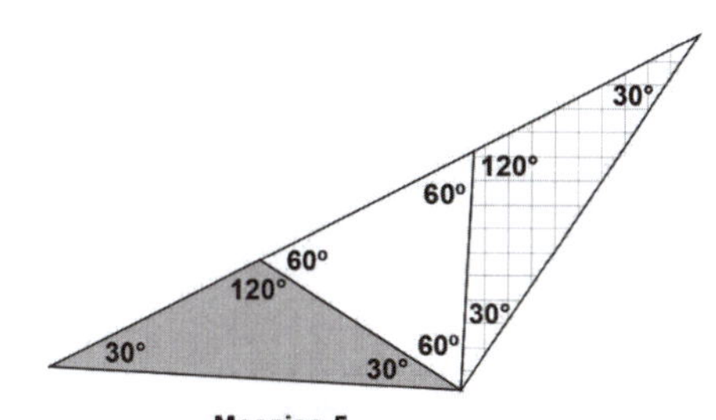

Mosaico 5

Na figura, o mosaico que tem as características daquele que se pretende construir é o:

a) 1.

b) 2.

c) 3.

d) 4.

e) 5.

8› **(UEPB)** Sejam as afirmações:

( ) Os ângulos consecutivos de um paralelogramo são suplementares.

( ) As bissetrizes dos ângulos opostos de um paralelogramo são paralelas.

( ) O quadrado é, ao mesmo tempo, paralelogramo, retângulo e losango.

Associando-se verdadeiro (V) ou falso (F) às afirmativas acima, teremos:

a) V V V.

b) V F V.

c) F F F.

d) V V F.

e) F V V.

9› **(Uerj)** Se um polígono tem todos os lados iguais, então todos os seus ângulos internos são iguais. Para mostrar que essa proposição é falsa, pode-se usar como exemplo a figura denominada:

a) losango.

b) trapézio.

c) retângulo.

d) quadrado.

10› **(UniRV-GO)** Com relação aos pontos notáveis de um triângulo, assinale V (verdadeiro) ou F (falso) para as alternativas.

a) O incentro é o ponto de encontro das bissetrizes de um triângulo, representando o centro da circunferência circunscrita a esse triângulo.

b) O baricentro é o ponto de encontro das medianas de um triângulo.

c) O circuncentro é o ponto de encontro das mediatrizes de um triângulo, representando o centro da circunferência inscrita nesse triângulo.

d) O ortocentro é o ponto de encontro das alturas de um triângulo.

11› **(Unitau-SP)** O segmento da perpendicular traçada de um vértice de um triângulo à reta suporte do lado oposto é denominado:

a) mediana.

b) mediatriz.

c) bissetriz.

d) altura.

e) base.

12› **(Ufes)** Um dos ângulos internos de um triângulo isósceles mede 100°. Qual é a medida do ângulo agudo formado pelas bissetrizes dos outros ângulos internos?

a) 20°

b) 40°

c) 60°

d) 80°

e) 140°

VERIFIQUE O QUE ESTUDOU

1 Para garantir a congruência de 2 triângulos, precisamos conhecer a congruência de quantos ângulos internos e a congruência de quantos lados? Converse com os colegas.

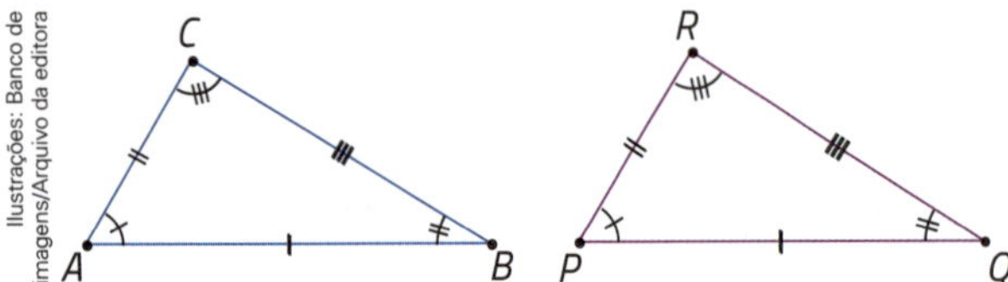

Ilustrações: Banco de imagens/Arquivo da editora

2 Qual é a vantagem de conhecer os casos de congruência dos triângulos?

3 Use régua e transferidor e desenhe o que se pede.

a) Um triângulo retângulo em que um dos ângulos internos tem medida de abertura de 20°.

b) Um paralelogramo *ABCD* no qual $AB = 5$ cm, $AD = 3$ cm e $m(\hat{A}) = 40°$.

4 Leiam, façam a construção, explorem e descubram!

Dada a grande importância do **ortocentro** (intersecção das alturas de um triângulo), do **incentro** (intersecção das bissetrizes dos ângulos internos de um triângulo), do **baricentro** (intersecção das medianas de um triângulo) e do **circuncentro** (intersecção das mediatrizes dos lados de um triângulo), esses pontos são chamados de **pontos notáveis de um triângulo**.

Construam um triângulo equilátero em uma folha de papel sulfite. Em seguida, localizem os 4 pontos notáveis desse triângulo usando régua e compasso.

O que vocês podem observar em relação a esses 4 pontos em um triângulo equilátero?

5 Utilizando régua e compasso, construa em uma folha de papel sulfite um triângulo isósceles *ABC* em que $AB = 12$ cm, $BC = 10$ cm e $AC = 10$ cm. Depois, faça o que se pede.

a) Localize os 4 pontos notáveis desse triângulo e nomeie-os.

b) Indique qual ponto você tomaria como centro para a circunferência inscrita no triângulo.

c) E qual ponto seria o centro da circunferência circunscrita a esse triângulo?

d) O que você percebe de curioso nos pontos notáveis do triângulo que você construiu?

6 Marque em uma folha de papel sulfite 3 pontos *A*, *B* e *C* não colineares (não alinhados). Depois, com régua e compasso, construa a circunferência que passa pelos 3 pontos.

7 Dado o desenho de uma circunferência, como podemos determinar o centro dela?

8 Em um quadrilátero *ABCD*, a medida de abertura do $\hat{A}$ é 20° a mais do que a medida de abertura do $\hat{B}$, a medida de abertura do $\hat{C}$ é 20° a menos do que a medida de abertura do $\hat{B}$, e a medida de abertura do $\hat{D}$ é o dobro da medida de abertura do de $\hat{C}$. Quantos ângulos agudos esse quadrilátero tem?

9 Sabendo que *M* é ponto médio de $\overline{PS}$, *N* é o ponto médio de $\overline{QR}$ e *PQRS* é um trapézio, determine os valores de *x*, *y* e *z*.

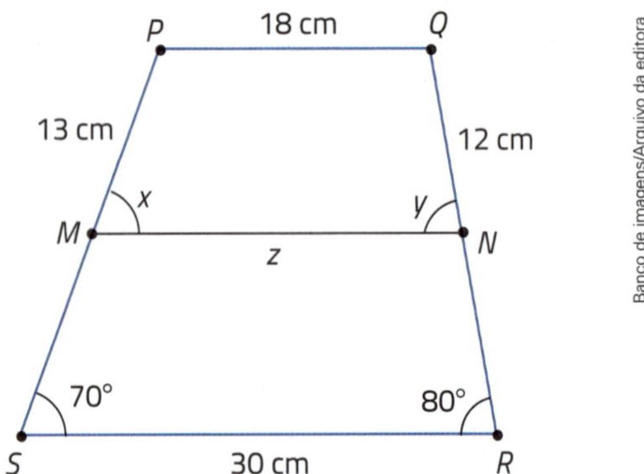

Banco de imagens/Arquivo da editora

Atenção

Retome os assuntos que você estudou neste capítulo. Verifique em quais teve dificuldade e converse com o professor, buscando maneiras de reforçar seu aprendizado.

Autoavaliação

Algumas atitudes e reflexões são fundamentais para melhorar o aprendizado e a convivência na escola. Reflita sobre elas.

- Colaborei com o professor e com os colegas nas atividades realizadas na escola?
- Tomei atitudes visando resolver minhas dúvidas sobre o conteúdo e ajudando os colegas naquilo que sei?
- Realizei as leituras do livro com atenção e resolvi todas as atividades que o professor propôs?
- Ampliei meus conhecimentos de Matemática?

PARA LER, PENSAR E DIVERTIR-SE

Ler

O formato dos *pixels*

O *pixel* é o menor elemento em um dispositivo de exibição (celular, monitor e televisor, por exemplo) ao qual é possível atribuir uma cor. Sendo assim, o *pixel* é a menor partícula de uma imagem digital e um conjunto deles forma uma imagem inteira.

A maioria dos *displays* existentes no mundo é retangular. Devido a essa forma, as imagens são programadas para 2 parâmetros principais: altura e largura (com medida de comprimento em *pixels*, centímetros ou outras unidades).

Em consequência dessa padronização, o *pixel* quadrado foi adotado para facilitar a composição e a formação das imagens, visto que é uma figura geométrica que apresenta todos os lados com a mesma medida de comprimento. Além disso, é fácil unir vários quadrados, evitar lacunas e orientá-los nos eixos vertical e horizontal.

Os *pixels* até poderiam ser triangulares ou hexagonais, mas, em alguns casos, seria difícil completar a imagem. Além disso, essas formas diferentes precisariam de maior poder de processamento. Portanto, o *pixel* quadrado foi adotado para facilitar a reprodução em diferentes aparelhos.

Fotos: Artem Kutsenko/Shutterstock

Fonte de consulta: TECMUNDO. *Pixel*. Disponível em: <https://www.tecmundo.com.br/pixel/7529-pixel-o-que-voce-precisa-saber-sobre-ele-.htm>. Acesso em: 27 fev. 2019.

Pensar

Veja 3 vistas diferentes e o molde de um mesmo octaedro regular. Nele, todas as faces são regiões triangulares equiláteras.

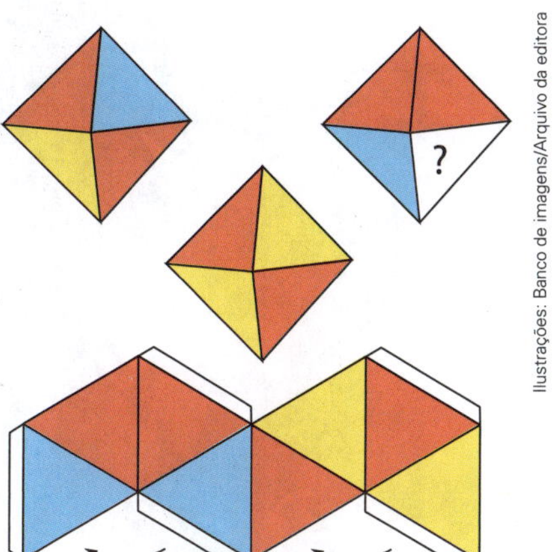

Ilustrações: Banco de imagens/Arquivo da editora

a) Qual deve ser a cor da face que contém o sinal de interrogação: vermelha, amarela ou azul?

b) Recorte o molde desse octaedro no Material complementar, pinte com as cores indicadas e monte-o.

Divertir-se

Origami é a arte tradicional e secular japonesa de dobrar uma folha de papel, criando representações de determinados seres ou objetos com as dobras da folha, sem cortá-la ou colá-la. Siga o passo a passo para criar a representação de um cachorro usando uma folha de papel quadrada.

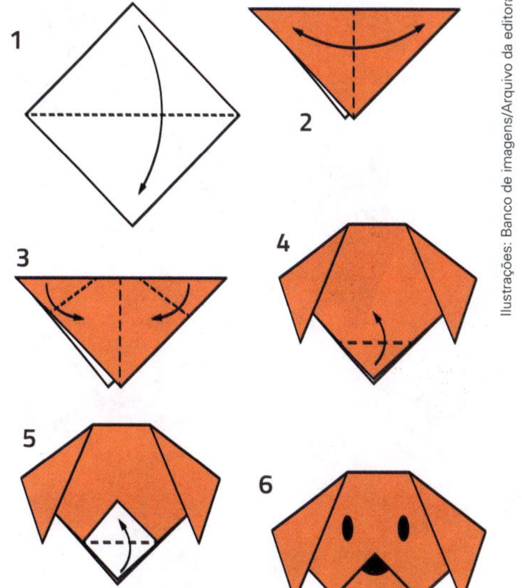

Ilustrações: Banco de imagens/Arquivo da editora

CAPÍTULO

5 Sistemas de equações do 1º grau com 2 incógnitas

Danillo Souza/Arquivo da editora

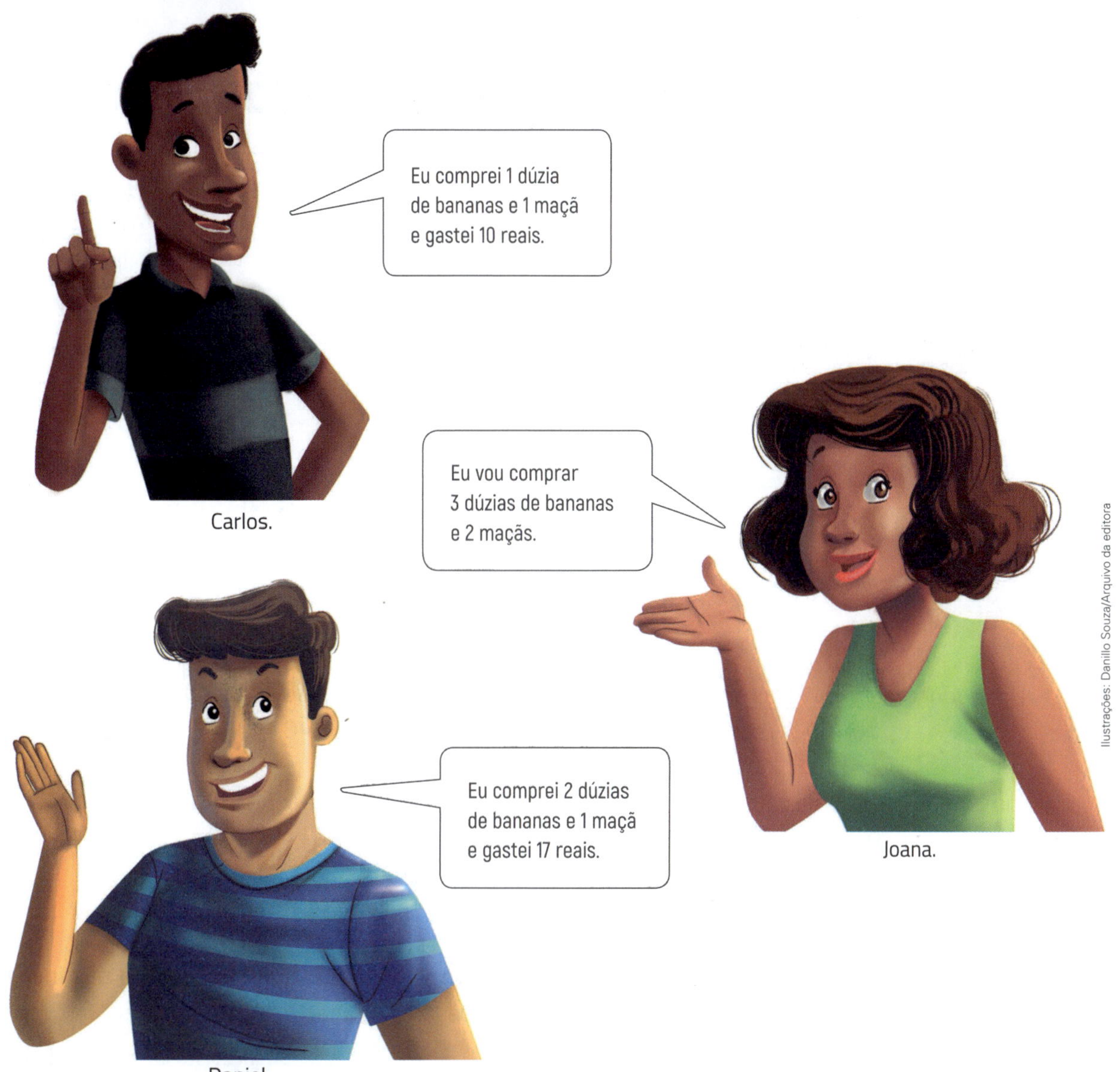

Eu comprei 1 dúzia de bananas e 1 maçã e gastei 10 reais.
Eu vou comprar 3 dúzias de bananas e 2 maçãs.
Eu comprei 2 dúzias de bananas e 1 maçã e gastei 17 reais.
Ilustrações: Danillo Souza/Arquivo da editora

Carlos.

Joana.

Daniel.

Veja as afirmações de Carlos e de Daniel. Para saber, a partir dessas afirmações, quanto Joana vai gastar, podemos usar um **sistema de equações do 1º grau com 2 incógnitas**.

Neste capítulo, vamos estudar esse conteúdo e muitas aplicações dele.

Converse com os colegas sobre estas questões e faça os registros necessários.

1. Representando por x o preço de 1 dúzia de bananas e por y o preço de 1 maçã, em reais, quais são as equações correspondentes às afirmações de Carlos e de Daniel?
2. Efetuando $17 - 10$, o que vamos descobrir?
3. Qual é o preço de cada dúzia de bananas? E de cada maçã?
4. Quanto Joana vai gastar?

1 Equações do 1º grau com 2 incógnitas

Em uma partida de vôlei disputada em duplas, Raul e Felipe marcaram juntos 20 pontos.

Essa informação **não** permite saber quantos pontos cada um deles marcou, pois são várias as possibilidades. Veja nesta tabela possíveis pontuações de cada um deles.

Pontos de Raul e de Felipe

Pontos de Raul	Pontos de Felipe	Total
12	8	20
10	10	20
15	5	20
⋮	⋮	⋮

Tabela elaborada para fins didáticos.

Se representarmos por x o número de pontos feitos por Raul e por y o número de pontos feitos por Felipe, podemos indicar essa situação por uma equação com 2 incógnitas.

$$x + y = 20,$$

sendo x e y as incógnitas, com x e y números naturais ($x \in \mathbb{N}$ e $y \in \mathbb{N}$).

Observe que os **pares ordenados** (x, y) formados pelos números naturais desta tabela são **algumas das soluções** dessa equação: $(12, 8)$, $(10, 10)$ e $(15, 5)$.

Uma equação é do 1º grau com 2 incógnitas x e y quando pode ser escrita na forma $ax + by = c$, sendo a, b e c coeficientes, com $a \neq 0$ e $b \neq 0$.

Assim, $x + y = 20$ é uma equação do 1º grau com 2 incógnitas, pois pode ser escrita na forma $1x + 1y = 20$ ($a = 1$, $b = 1$ e $c = 20$).

Observe outro exemplo de equação do 1º grau com 2 incógnitas:

$$3x + 2y = 10$$

Para determinar uma **solução** dessa equação, atribuímos **um valor qualquer a uma das incógnitas** e determinamos o valor da outra incógnita. Por exemplo, assumindo que $x = 0$ na equação $3x + 2y = 10$, podemos calcular o valor de y.

$$3 \cdot 0 + 2y = 10 \Rightarrow 0 + 2y = 10 \Rightarrow 2y = 10 \Rightarrow y = \frac{10}{2} = 5$$

Logo, o par ordenado $(0, 5)$ é uma solução da equação $3x + 2y = 10$.

Atenção: Nesta fase de estudos, vamos trabalhar apenas com as soluções que são pares de números racionais. Assim, temos que escolher um número racional para uma das incógnitas.

Explorar e descobrir

Considerem a equação $3x + 2y = 10$, sendo x e y números racionais ($x \in \mathbb{Q}$ e $y \in \mathbb{Q}$). Completem as frases.

a) Para $x = 3$, o par ordenado $(3, \_\_\_\_)$ é uma solução da equação $3x + 2y = 10$.

b) Para $y = 3\frac{1}{2}$, o par ordenado $\left(\_\_\_\_, 3\frac{1}{2}\right)$ é uma solução da equação $3x + 2y = 10$.

c) Para $y = -1$, o par ordenado $(\_\_\_\_, -1)$ é uma solução da equação $3x + 2y = 10$.

Como podemos escolher infinitos valores racionais para uma das incógnitas dessa equação, obteremos infinitos pares ordenados que são soluções dela. Assim, essa equação tem **infinitas soluções**.

Observação: Em equações do 1º grau com 2 incógnitas, podem existir soluções que são pares de números que não são racionais. Essas soluções serão estudadas nos anos seguintes.

Atividades

1 Considere a equação $x + y = 20$, da situação-problema da página anterior, com x e y números naturais, e responda aos itens.

a) Determine outras 3 soluções possíveis.

b) $(1, 19)$ é solução dessa equação? E $(7, 14)$?

c) $(8, 12)$ e $(12, 8)$ representam a mesma solução? Justifique.

2 Verifique e escreva para quais destas equações o par ordenado $(-2, 3)$ é solução.

a) $2a - 3b = 10$

b) $5a + b = -7$

c) $3a + 2b = 0$

d) $\frac{a}{2} - \frac{b}{3} = -2$

3 Cada par ordenado do quadro da esquerda é solução de uma equação do quadro da direita. Registre todas as correspondências.

Pares ordenados	Equações
$(3, 5)$	$x + 2y = 12$
$(-1, 2)$	$x - y = 7$
$(0, 6)$	$2x - y = 1$
$(4, -3)$	$x - 2y = 4$
$(-2, -3)$	$x + 3y = 5$

4 Assinale apenas os pares ordenados que são soluções da equação $2x + 3y = 7$.

a) $(2, 1)$

b) $(5, -1)$

c) $(-1, 3)$

d) $(1, 1)$

e) $(3, 3)$

f) $\left(-2, \frac{11}{3}\right)$

5 Maurício representou 2 números naturais algebricamente: o 1º número por x e o 2º número por y. Depois, ele escreveu sentenças matemáticas com esses números. Observe a descrição delas e escreva cada uma usando equações com as incógnitas x e y.

a) A diferença entre o 2º número e o 1º número é igual a 7.

b) O quociente do 1º número pelo 2º número é igual a 3.

c) O 1º número é igual a 4.

d) O 2º número é igual à soma do 1º número com 5.

6 Entre as 4 equações que você escreveu na atividade anterior, há 3 que têm 2 incógnitas. Indique 2 possíveis soluções para cada uma dessas 3 equações.

7 Determine 3 soluções para cada equação, usando números racionais.

a) $7x - 4y = 14$

b) $\frac{2x}{3} + \frac{3y}{4} = \frac{1}{6}$

8 Faça os cálculos necessários e complete os pares ordenados.

a) $(3, \_\_\_)$ é uma solução da equação $2x + 5y = 16$.

b) $(\_\_\_, 3)$ é uma solução da equação $2x + 5y = 16$.

c) $(\_\_\_, -1)$ é uma solução da equação $3x - y = 1$.

d) $(-1, \_\_\_)$ é uma solução da equação $3x - y = 1$.

9 Verifique se cada par ordenado é ou não solução da equação $\frac{3x}{5} + \frac{2y}{15} = \frac{1}{3}$.

a) $(1, -2)$

b) $(-1, 7)$

c) $(7, -2)$

d) $\left(\frac{1}{3}, 1\right)$

10 Complete os pares ordenados com os números adequados.

a) O par ordenado $(5, \_\_\_)$ é uma solução da equação $3(x - 4) + 2y = x$.

b) O par ordenado $(\_\_\_, -2)$ é uma solução de $\frac{3x}{4} - \frac{y}{3} = 1$.

11 Carolina e Natália participaram de uma partida de futebol na escola e fizeram, ao todo, 7 gols.

Ilustranet/Arquivo da editora

a) Escreva uma equação para representar essa situação, considerando x o número de gols que Carolina fez e y o número de gols que Natália fez.

b) As incógnitas x e y dessa equação devem pertencer a qual conjunto numérico?

c) Carolina pode ter marcado 3 gols?

d) Natália pode ter marcado 8 gols?

12 Considere a equação $2x + 3y = 1$.

a) O par ordenado $(0, 0)$ é uma solução dessa equação? Justifique.

b) Por qual número podemos trocar o coeficiente c dessa equação para que $(0, 0)$ seja solução dela?

Gráfico das soluções de uma equação do 1º grau com 2 incógnitas

Vamos determinar algumas soluções da equação $3x + y = 1$, sendo x e y números racionais.

- Para $x = 0$, temos $y = 1$; logo, o par ordenado é $(0, 1)$.
- Para $x = 1$, temos $y = -2$; logo, o par ordenado é $(1, -2)$.
- Para $x = -1$, temos $y = 4$; logo, o par ordenado é $(-1, 4)$.
- Para $x = \frac{1}{3}$ temos $y = 0$; logo, o par ordenado é $\left(\frac{1}{3}, 0\right)$.
- Para $x = -2$, temos $y = 7$; logo, o par ordenado é $(-2, 7)$.

Portanto, $(0, 1)$; $(1, -2)$; $(-1, 4)$; $\left(\frac{1}{3}, 0\right)$ e $(-2, 7)$ são algumas soluções da equação $3x + y = 1$.

Podemos representar graficamente esses pares ordenados em um sistema de eixos cartesianos.

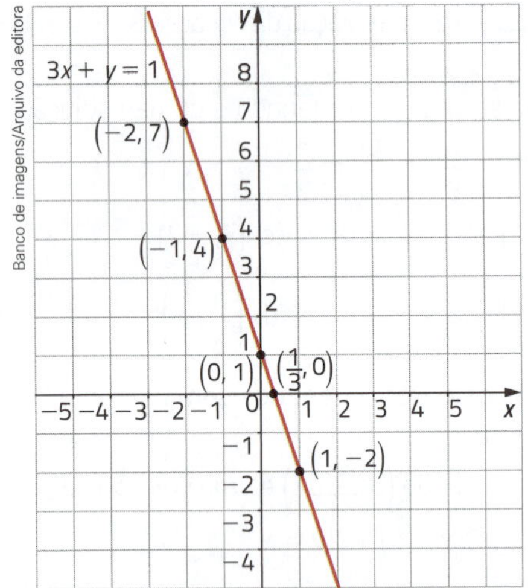

Observe que os pontos que correspondem a esses pares ordenados estão alinhados, ou seja, estão contidos na mesma reta, embora não "completem" toda a reta, pois estamos trabalhando apenas com números racionais.

De modo geral, temos que:

> Os pontos correspondentes aos pares ordenados de números racionais que são soluções de uma equação do 1º grau com 2 incógnitas estão todos contidos na **mesma reta**.

Assim, conhecendo 2 pares ordenados diferentes que são soluções de uma equação, podemos traçar a reta que contém todas as soluções dessa equação.

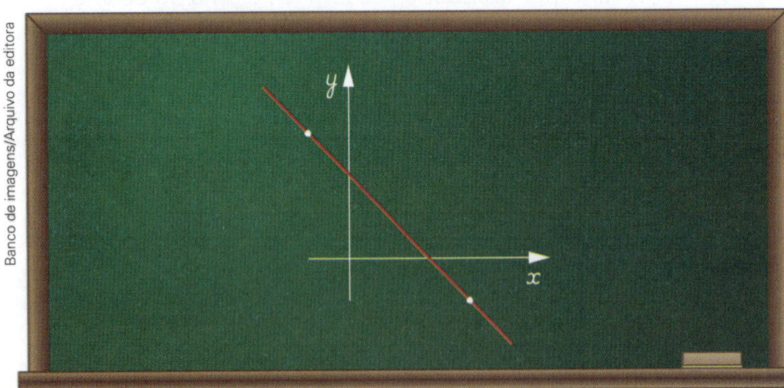

Observe que bastam 2 pontos para traçar uma reta. Então, precisamos apenas de 2 soluções de uma equação do 1º grau com 2 incógnitas para traçar a reta que contém **todas** as soluções.
Thiago Neumann/Arquivo da editora

As imagens desta página não estão representadas em proporção.

Atividades

13 Determine algumas soluções da equação $x - y = 2$, com pares de números racionais. Represente os pares ordenados em um plano cartesiano e verifique em que posição ficaram.

14 Faça o que se pede em cada item.

a) Determine 2 soluções da equação $4x + 2y = 12$.

b) Trace a reta que contém as soluções dessa equação.

c) O ponto $(3, 0)$ pertence à reta traçada?

d) O ponto $(0, 4)$ pertence à reta traçada?

e) O par ordenado $(1, 4)$ é solução da equação?

f) O par ordenado $(-17, 40)$ é solução da equação?

2 Sistemas de 2 equações do 1º grau com 2 incógnitas

As imagens desta página não estão representadas em proporção.

Veja se você conhece esta situação-problema.

> Em um quintal há galinhas e coelhos.
> Há 7 cabeças e 22 patas.
> Quantas são as galinhas? E os coelhos?

Valentina_S/Shutterstock

Galinha.

Zhukov Oleg/Shutterstock

Coelho.

Há várias maneiras de resolver esse problema. Observe o que cada aluno fez.

Luís fez por tentativas.

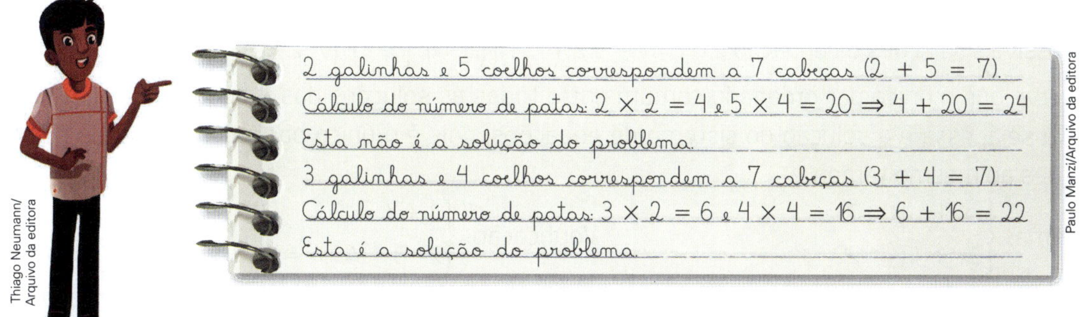

2 galinhas e 5 coelhos correspondem a 7 cabeças $(2 + 5 = 7)$.
Cálculo do número de patas: $2 \times 2 = 4$ e $5 \times 4 = 20 \Rightarrow 4 + 20 = 24$
Esta não é a solução do problema.
3 galinhas e 4 coelhos correspondem a 7 cabeças $(3 + 4 = 7)$.
Cálculo do número de patas: $3 \times 2 = 6$ e $4 \times 4 = 16 \Rightarrow 6 + 16 = 22$
Esta é a solução do problema.

Thiago Neumann/Arquivo da editora

Paulo Manzi/Arquivo da editora

Cibele organizou os dados do problema em uma tabela.

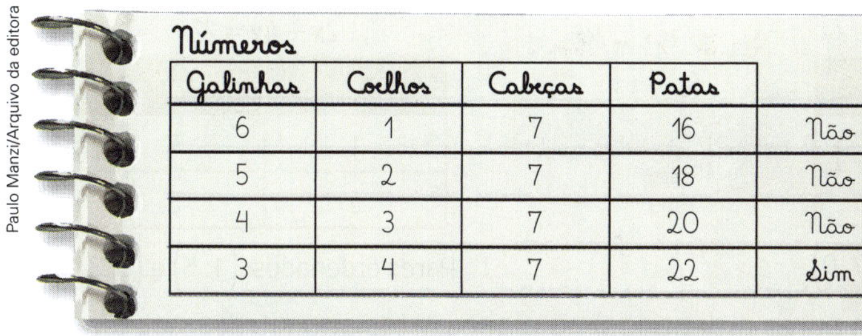

Números

Galinhas	Coelhos	Cabeças	Patas	
6	1	7	16	Não
5	2	7	18	Não
4	3	7	20	Não
3	4	7	22	Sim

Paulo Manzi/Arquivo da editora

Thiago Neumann/Arquivo da editora

Giovana escreveu as equações que representam o problema e montou um **sistema de equações** com elas.

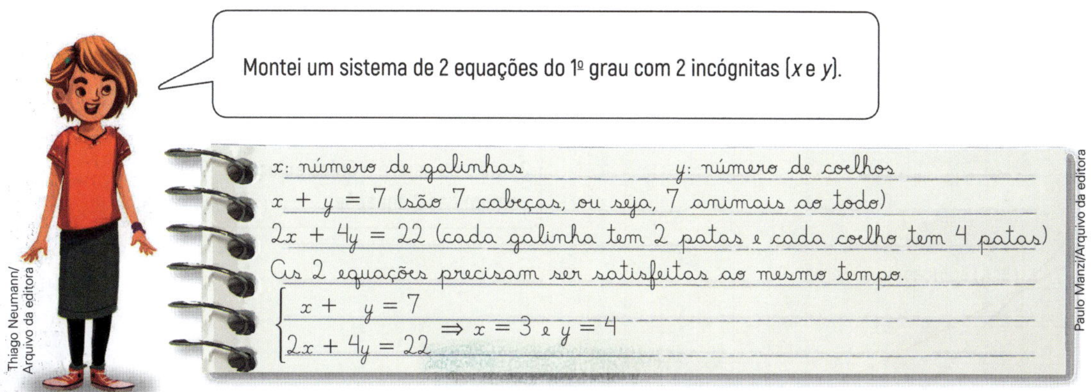
Montei um sistema de 2 equações do 1º grau com 2 incógnitas (x e y).

x: número de galinhas y: número de coelhos
$x + y = 7$ (são 7 cabeças, ou seja, 7 animais ao todo)
$2x + 4y = 22$ (cada galinha tem 2 patas e cada coelho tem 4 patas)
As 2 equações precisam ser satisfeitas ao mesmo tempo.

$$\begin{cases} x + y = 7 \\ 2x + 4y = 22 \end{cases} \Rightarrow x = 3 \text{ e } y = 4$$

Thiago Neumann/Arquivo da editora

Paulo Manzi/Arquivo da editora

Dependendo dos números envolvidos na situação, o procedimento de Giovana é mais prático e mais eficiente do que os demais.

Soluções de um sistema de 2 equações do 1º grau com 2 incógnitas

Ao equacionar o problema sobre galinhas e coelhos, Giovana chegou a 2 equações do 1º grau com 2 incógnitas (as mesmas incógnitas para as 2 equações). Por isso, ela montou um sistema de equações.

$$\begin{cases} x + y = 7 \\ 2x + 4y = 22 \end{cases}$$

A **solução de um sistema** de 2 equações do 1º grau com 2 incógnitas é um par ordenado que satisfaz, simultaneamente, as 2 equações, no conjunto numérico considerado.

No sistema de equações do problema das galinhas e dos coelhos, temos o conjunto universo dos números naturais e as soluções listadas a seguir.

- Possíveis soluções da equação $x + y = 7$: $(0, 7)$; $(1, 6)$; $(2, 5)$; $(3, 4)$; $(4, 3)$; $(5, 2)$; $(6, 1)$ e $(7, 0)$.
- Possíveis soluções da equação $2x + 4y = 22$: $(1, 5)$; $(3, 4)$; $(5, 3)$; $(7, 2)$; $(9, 1)$ e $(11, 0)$.

Observe que o único par ordenado comum entre todas as soluções das 2 equações é o par ordenado $(3, 4)$. Ou seja, essa é a solução do sistema de equações, pois é o único par ordenado que é solução das 2 equações ao mesmo tempo.

Sistema: $\begin{cases} x + y = 7 \\ 2x + 4y = 22 \end{cases}$ Verificação: $\begin{cases} 3 + 4 = 7 \\ 2 \cdot 3 + 4 \cdot 4 = 6 + 16 = 22 \end{cases}$

Vamos considerar este mesmo sistema de equações para constatar, a partir do gráfico de cada equação, que a solução de um sistema de 2 equações do 1º grau com 2 incógnitas é o **ponto de intersecção** das 2 retas que contêm as soluções das 2 equações.

Primeiro, determinamos 2 possíveis soluções de cada equação para poder traçar a reta de cada equação.

$x + y = 7$

x	y
0	7
7	0

Pares ordenados: $(0, 7)$ e $(7, 0)$.

$2x + 4y = 22$

x	y
1	5
5	3

Pares ordenados: $(1, 5)$ e $(5, 3)$.

Depois, marcamos as soluções (os pares ordenados) no plano cartesiano e traçamos a reta que contém as soluções de cada equação.

Solução gráfica do sistema de equações

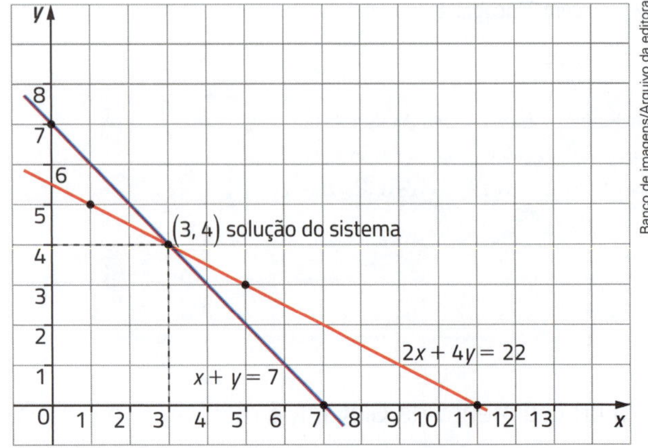

Observe que o ponto de intersecção das retas é o ponto (3, 4). Além disso, ele é o único ponto comum das 2 retas, ou seja, é a **única solução** comum das 2 equações.
Thiago Neumann/Arquivo da editora

Atividades

15 Destes pares ordenados, qual é a solução do sistema de equações $\begin{cases} 2x + 5y = -14 \\ 4x - 3y = 24 \end{cases}$, sendo x e y números inteiros? Comparem a resposta com a de outra dupla e vejam como eles resolveram.

a) $(2, 1)$
b) $(-3, 4)$
c) $(3, -4)$
d) $(-3, -4)$

16 Crie um sistema de 2 equações do 1º grau com 2 incógnitas cuja solução é o par ordenado $(1, 2)$.

17 Em cada item, construa a reta que contém as soluções de cada equação do sistema e encontre graficamente a solução dele, para x e y números racionais.

a) $\begin{cases} x + y = 7 \\ 2x - y = -1 \end{cases}$

b) $\begin{cases} x + 2y = 5 \\ 2x + y = -2 \end{cases}$

c) $\begin{cases} x + y = 20 \\ 3x + 4y = 72 \end{cases}$

d) $\begin{cases} x + 2y = 6 \\ 2x - 3y = 12 \end{cases}$

18 **Solução de um sistema de equações usando cálculo mental.** Podemos resolver alguns sistemas de equações mentalmente. Por exemplo, para resolver mentalmente o sistema $\begin{cases} x + y = 9 \\ x - y = 1 \end{cases}$, de 2 equações do 1º grau com 2 incógnitas, sendo x e y números naturais, basta pensar em 2 números naturais cuja soma é igual a 9 e cuja diferença é igual a 1. São os números 5 e 4, pois $5 + 4 = 9$ e $5 - 4 = 1$

Thiago Neumann/Arquivo da editora

Pensando nisso, determine mentalmente a solução de cada sistema de equações, para x e y naturais. Registre suas respostas.

a) $\begin{cases} x + y = 12 \\ x - y = 2 \end{cases}$

b) $\begin{cases} x = 2y \\ x + y = 12 \end{cases}$

c) $\begin{cases} x + y = 5 \\ x + 3y = 11 \end{cases}$

d) $\begin{cases} y = 3x \\ x - y = -6 \end{cases}$

19 A soma de 2 números naturais é igual a 8 e a diferença entre eles é igual a 2. Monte um sistema de equações, resolva mentalmente e registre quais são os números.

20 Na turma da escola de Gabriel estudam 30 alunos. Subtraindo o número de alunos que fazem aniversário no 1º semestre do número de alunos que fazem aniversário no 2º semestre, obtemos o número 6.

Eu faço aniversário no dia 30 de junho, o último dia do 1º semestre.

Thiago Neumann/Arquivo da editora

Monte um sistema de equações para representar essa situação, resolva-o mentalmente e registre quantos alunos da turma de Gabriel fazem aniversário em cada semestre.

21 **Arredondamentos, cálculo mental e resultado aproximado.** Teresa gastou R$ 19,60 na compra de um tecido com 1 metro de medida de comprimento e de uma fita com 1 metro de medida de comprimento. O metro de tecido custa R$ 9,90 a mais do que o metro de fita.

Faça arredondamentos, monte um sistema de equações, resolva-o mentalmente e responda usando os valores aproximados obtidos: Qual destes valores é o preço de 2 m de tecido e 3 m de fita?

a) R$ 42,05
b) R$ 39,05
c) R$ 44,05
d) R$ 48,05

Métodos de resolução de um sistema de 2 equações do 1º grau com 2 incógnitas

Nem sempre podemos resolver apenas mentalmente um sistema de 2 equações do 1º grau com 2 incógnitas. Por isso, além do método geométrico (gráfico), que você já estudou, foram desenvolvidos outros métodos de resolução. A seguir, vamos estudar o **método da substituição** e o **método da adição**, que são **métodos algébricos** de resolução.

Método da substituição

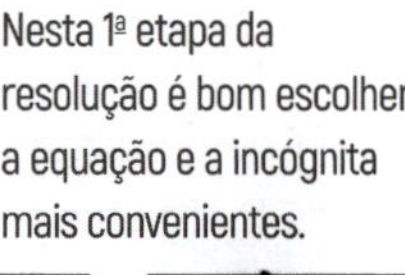

Nesta 1ª etapa da resolução é bom escolher a equação e a incógnita mais convenientes.

Thiago Neumann/Arquivo da editora

Considere o seguinte problema: A soma das idades de Janaína e Marisa é igual a 55 anos. A idade de Janaína mais o dobro da idade de Marisa resulta em 85 anos. Qual é a idade de cada uma delas?

Podemos resolver esse problema em 3 etapas.

1ª etapa: Representamos a idade de Janaína por x e a idade de Marisa por y, considerando x e y números naturais ($x \in \mathbb{N}$ e $y \in \mathbb{N}$).

2ª etapa: Montamos o sistema de equações usando as informações do problema.

$$\begin{cases} x + y = 55 \\ x + 2y = 85 \end{cases}$$

3ª etapa: Resolvemos o sistema de equações pelo **método da substituição**. Veja o passo a passo para usar esse método.

1º passo: "Isolamos", no 1º membro, uma das incógnitas em uma das equações. Por exemplo, o x na 1ª equação.

$$x + y = 55 \Rightarrow x = 55 - y$$

2º passo: Na outra equação, substituímos x por $55 - y$ e determinamos o valor de y.

$$x + 2y = 85 \Rightarrow 55 - y + 2y = 85 \Rightarrow -y + 2y = 85 - 55 \Rightarrow y = 30$$

3º passo: Voltamos à equação $x = 55 - y$ e substituímos y por 30 para determinar o valor de x.

$$x = 55 - y = 55 - 30 = 25$$

A solução do sistema de equações é o par ordenado de números naturais $(25, 30)$.

Finalmente, podemos verificar os resultados.

- A soma das idades: $25 + 30 = 55$.
- A idade de Janaína mais o dobro da idade de Marisa: $25 + 60 = 85$.

Logo, Janaína tem 25 anos e Marisa tem 30 anos.

Examine agora mais alguns exemplos de resolução de sistemas de equações pelo método da substituição. Considere x e y números racionais.

- $\begin{cases} 3x + 4y = 1 \\ 2x - 5y = 16 \end{cases}$

1º passo: Isolamos o x. $\quad 3x + 4y = 1 \Rightarrow 3x = 1 - 4y \Rightarrow x = \dfrac{1 - 4y}{3}$

2º passo: Substituímos o x na outra equação.

$$2x - 5y = 16 \Rightarrow 2\left(\frac{1 - 4y}{3}\right) - 5y = 16 \Rightarrow \frac{2 - 8y}{3} - 5y = 16 \Rightarrow \frac{2 - 8y}{3} - \frac{15y}{3} = \frac{48}{3} \Rightarrow$$

$$\Rightarrow 2 - 8y - 15y = 48 \Rightarrow -8y - 15y = 48 - 2 \Rightarrow -23y = 46 \Rightarrow 23y = -46 \Rightarrow y = -\frac{46}{23} = -2$$

3º passo: Voltamos para a primeira equação para calcular o valor de x.

$$x = \frac{1 - 4y}{3} = \frac{1 - 4(-2)}{3} = \frac{1 + 8}{3} = \frac{9}{3} = 3$$

Logo, a solução desse sistema de equações é o par ordenado $(3, -2)$.

$$\bullet \begin{cases} 3(x-1)+4(y-3)=4 \\ \dfrac{x}{3}+\dfrac{y}{6}=1 \end{cases}$$

As imagens desta página não estão representadas em proporção.

Neste sistema de equações, é conveniente transformá-las inicialmente para a forma $ax + by = c$.

1ª equação: $3(x-1)+4(y-3)=4 \Rightarrow 3x-3+4y-12=4 \Rightarrow 3x+4y=19$

2ª equação: $\dfrac{x}{3}+\dfrac{y}{6}=1 \Rightarrow \dfrac{2x}{6}+\dfrac{y}{6}=\dfrac{6}{6} \Rightarrow 2x+y=6$

Novo sistema de equações: $\begin{cases} 3x+4y=19 \\ 2x+y=6 \end{cases}$

Agora, podemos resolver esse novo sistema de equações que é **equivalente** ao primeiro. Perceba que equivalente significa que eles têm a mesma solução.

Thiago Neumann/Arquivo da editora

1º passo: Neste caso, é mais conveniente começar obtendo o valor de y na segunda equação. Então, isolamos o y.

$$2x+y=6 \Rightarrow y=6-2x$$

2º passo: Substituímos o y na outra equação.

$3x+4y=19 \Rightarrow 3x+4(6-2x)=19 \Rightarrow 3x+24-8x=19 \Rightarrow$

$\Rightarrow 3x-8x=19-24 \Rightarrow -5x=-5 \Rightarrow 5x=5 \Rightarrow x=\dfrac{5}{5}=1$

3º passo: Voltamos para a primeira equação para calcular o valor de y.

$$y=6-2x=6-2\cdot 1=6-2=4$$

Logo, a solução do sistema de equações dado é o par ordenado $(1, 4)$.

Atividades

22 Carlos estava resolvendo um sistema de 2 equações do 1º grau com 2 incógnitas, pelo método da substituição, quando interrompeu o trabalho dele. Ajude-o a retomar o estudo e a encontrar a solução desse sistema de equações.

Mauro Souza/Arquivo da editora

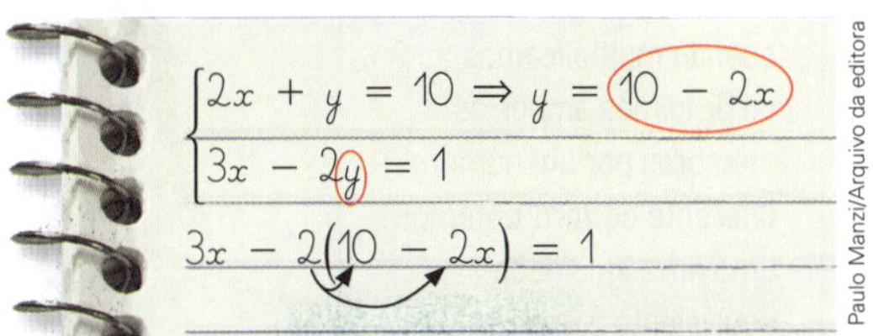

Paulo Manzi/Arquivo da editora

23 Determine a solução de cada um destes sistemas de equações usando o método da substituição.

a) $\begin{cases} 5x+y=-1 \\ 3x+4y=13 \end{cases}$

b) $\begin{cases} x+\dfrac{y}{2}=12 \\ \dfrac{x+y}{2}+\dfrac{x-y}{3}=10 \end{cases}$

c) $\begin{cases} 2(x-3)+y=-15 \\ \dfrac{x}{4}=\dfrac{x+y}{6}+\dfrac{2}{3} \end{cases}$

d) $\begin{cases} 2x-5=y-4 \\ 7x-y=y+4 \end{cases}$

24 Resolva estes problemas.

a) A diferença entre 2 números racionais é igual a 7. Sabe-se também que a soma do dobro do primeiro com o quádruplo do segundo é igual a 11. Quais são esses números?

b) Josias comprou 5 canetas e 3 lápis e gastou R$ 21,10. Mariana comprou 3 canetas e 2 lápis e gastou R$ 12,90. Fernando comprou 2 canetas e 5 lápis. Quanto ele gastou?

c) Em uma sala de aula retangular, a medida de perímetro é de 44 m e a diferença entre a metade da medida de comprimento da largura e a quarta parte da medida de comprimento da profundidade é de 5 m. Descubra a medida de área dessa sala de aula.

d) A soma de 2 números racionais é igual a 127 e a diferença entre eles é igual a 49. Quais são esses números?

Método da adição

Antes de estudar esse novo método de resolução de um sistema de equações, leia o *Bate-papo* ao lado.

Agora, examine a seguinte situação: Quando Ricardo nasceu, o pai dele tinha 23 anos. Hoje, a soma das idades de Ricardo e do pai dele é igual a 59. Qual é a idade atual de cada um deles?

Bate-papo

Converse com os colegas sobre esta afirmação. Quando adicionamos os membros correspondentes de 2 igualdades, obtemos uma nova igualdade.

$$\begin{array}{r} 2+3=5 \\ \underline{7-3=4} \\ 9+0=9 \\ 9=9 \end{array} \qquad \begin{array}{r} 3+7=10 \\ \underline{4+5=9} \\ 7+12=19 \\ 19=19 \end{array} \qquad \begin{array}{r} x+3=5 \\ \underline{x+1=3} \\ 2x+4=8 \end{array}$$

Podemos resolver essa situação em 3 etapas.

1ª etapa: Representamos a idade atual do pai por x e a idade atual de Ricardo por y, considerando x e y números naturais ($x \in \mathbb{N}$ e $y \in \mathbb{N}$).

2ª etapa: Montamos o sistema de equações usando as informações do problema.

$$\begin{cases} x + y = 59 \\ x - y = 23 \end{cases}$$

3ª etapa: Vamos usar o **método da adição** para resolver esse sistema de equações.

Thiago Neumann/Arquivo da editora

Como você viu no *Bate-papo*, adicionando os membros correspondentes de 2 igualdades, obtemos uma nova igualdade.

Ao somar os membros das 2 equações, podemos anular uma das incógnitas e obter uma equação que pode ser usada para o cálculo do valor da outra incógnita. Observe.

$$\begin{cases} x + \cancel{y} = 59 \\ x - \cancel{y} = 23 \end{cases}$$
$$2x \quad = 82 \Rightarrow x = \frac{82}{2} = 41 \text{ (idade do pai)}$$

Agora, podemos substituir x por 41 em uma das equações do sistema e calcular o valor de y.

$$x + y = 59 \Rightarrow 41 + y = 59 \Rightarrow y = 59 - 41 = 18$$

Portanto, Ricardo tem hoje 18 anos e o pai dele tem 41 anos.

Atividades

25 Resolva estes sistemas de equações usando o método da adição.

a) $\begin{cases} 3x - 2y = 10 \\ 5x + 2y = 22 \end{cases}$

b) $\begin{cases} -a + 2b = 7 \\ a - 3b = -9 \end{cases}$

c) $\begin{cases} a + 3b = 5 \\ 2a - 3b = -8 \end{cases}$

d) $\begin{cases} 2a - b = -3 \\ 6a + b = 7 \end{cases}$

26 Transforme este sistema de equações em um sistema equivalente mais simples e resolva-o pelo método da adição.

$$\begin{cases} \dfrac{x+y}{8} = \dfrac{x+y}{3} \\ \dfrac{5x}{3} = -2y - 1 \end{cases}$$

27 O professor de Cibele retomou com a turma uma importante propriedade da igualdade.

Thiago Neumann/Arquivo da editora

Quando adicionamos ou subtraímos valores iguais em ambos os membros de uma igualdade ou quando multiplicamos ou dividimos ambos os membros por um número diferente de zero, obtemos uma nova igualdade equivalente à original.

Veja como Cibele usou essa propriedade e transformou um sistema de equações em um sistema equivalente para depois resolvê-lo pelo método da adição, eliminando uma das incógnitas.

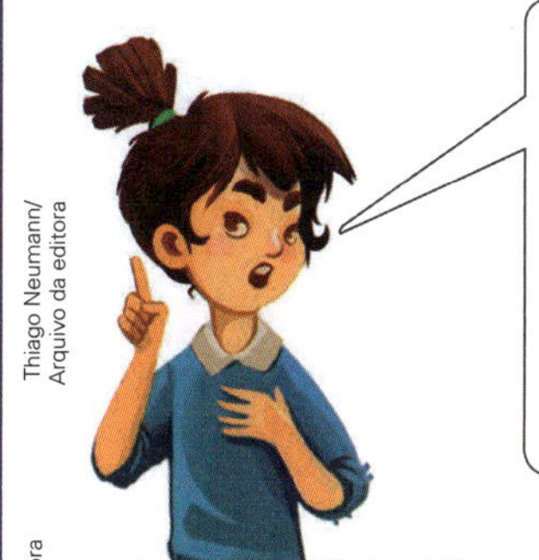

Multipliquei os 2 membros da segunda equação por -3, obtendo uma equação equivalente. Com isso, em uma equação ficou $3a$ e na outra, $-3a$.

Thiago Neumann/Arquivo da editora

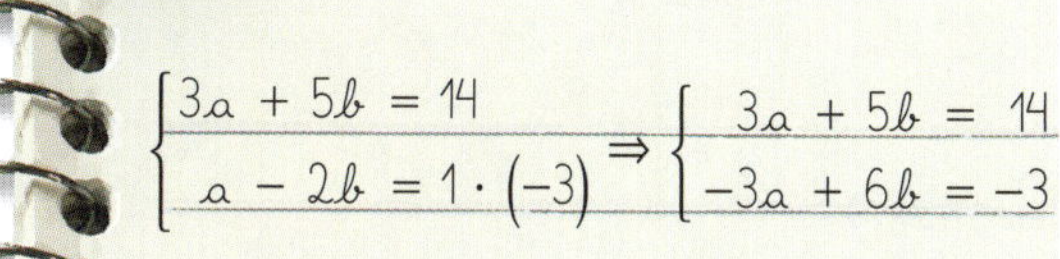

$$\begin{cases} 3a + 5b = 14 \\ a - 2b = 1 \cdot (-3) \end{cases} \Rightarrow \begin{cases} 3a + 5b = 14 \\ -3a + 6b = -3 \end{cases}$$

Paulo Manzi/Arquivo da editora

Agora, determine a solução do sistema de equações que ela criou usando o método da adição.

28 Vamos resolver, pelo método da adição, este sistema de equações $\begin{cases} 2x - 5y = 11 \\ 3x + 6y = 3 \end{cases}$.

Pense um pouco: por quanto devemos multiplicar os 2 membros da primeira equação e por quanto devemos multiplicar os 2 membros da segunda equação para obtermos $6x$ na primeira equação e $-6x$ na segunda?

Thiago Neumann/Arquivo da editora

Veja como indicar.

$$\begin{cases} 2x - 5y = 11 & \cdot 3 \\ 3x + 6y = 3 & \cdot (-2) \end{cases} \Rightarrow \begin{cases} 6x - 15y = 33 \\ -6x - 12y = -6 \end{cases}$$

Somamos membro a membro para "eliminar o x".

$$\begin{cases} \cancel{6x} - 15y = 33 \\ \cancel{-6x} - 12y = -6 \end{cases}$$
$$-27y = 27$$

As imagens desta página não estão representadas em proporção.

Agora você termina de resolver esse sistema de equações e determina a solução dele.

29 Crie um sistema de 2 equações do 1º grau com 2 incógnitas, cuja solução seja $(10, 7)$. Troque-o com um colega. Você resolve o dele e ele resolve o seu.

30 Resolva estes sistemas de equações utilizando o método que considerar mais conveniente. Considere números racionais para x e y.

a) $\begin{cases} \dfrac{x+y}{2} - 3 = -2 \\ \dfrac{x}{3} - y = 2 \end{cases}$

b) $\begin{cases} 2x - 3y = 0 \\ 4x + 3y = 3 \end{cases}$

c) $\begin{cases} 4(2 - y) = 3x \\ 4 - 5x = 2y \end{cases}$

d) $\begin{cases} x - \dfrac{1}{3}y = 3 \\ \dfrac{1}{4}x + 2y = 7 \end{cases}$

31 Complete este sistema de equações de modo que exista 1 única solução.

$$\begin{cases} 3x - \_\_\_\_ y = 1 \\ \_\_\_\_ x - 3y = 1 \end{cases}$$

Uma dica: a solução desse sistema de equações é $(-1, -2)$.

Thiago Neumann/Arquivo da editora

32 Luís estava escrevendo sistemas de equações e as soluções correspondentes. Mas, distraído, misturou as equações. Faça os cálculos mentalmente e registre os 4 sistemas de equações e as respectivas soluções.

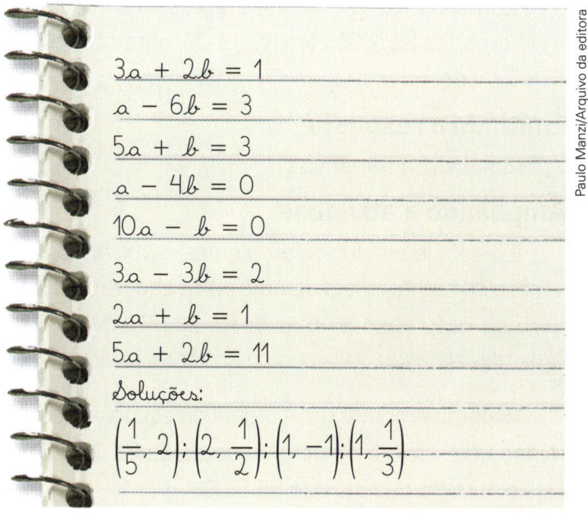

$3a + 2b = 1$
$a - 6b = 3$
$5a + b = 3$
$a - 4b = 0$
$10a - b = 0$
$3a - 3b = 2$
$2a + b = 1$
$5a + 2b = 11$
Soluções:
$\left(\frac{1}{5}, 2\right); \left(2, \frac{1}{2}\right); \left(1, -1\right); \left(1, \frac{1}{3}\right)$

Paulo Manzi/Arquivo da editora

33 **Desafio.** Resolva esta situação de 2 maneiras diferentes: usando uma equação com 1 incógnita e usando um sistema de 2 equações com 2 incógnitas.

Em um concurso, a prova era constituída por 80 testes. Todos os testes deveriam ser respondidos, cada resposta certa valia $+3$ pontos e cada resposta errada valia -2 pontos. Se um candidato fez 155 pontos, então quantos testes ele acertou e quantos ele errou?

Atividade resolvida passo a passo

(Vunesp) Maria tem em sua bolsa R$ 15,60 em moedas de R$ 0,10 e de R$ 0,25. Dado que o número de moedas de 25 centavos é o dobro do número de moedas de 10 centavos, o total de moedas na bolsa é:

a) 68. b) 75. c) 78. d) 81. e) 84.

Lendo e compreendendo

O problema mostra que Maria tem, ao todo, R$ 15,60. Esse valor é a soma de todas as moedas de 25 centavos e de 10 centavos que ela tem. Não há moedas com outro valor. De acordo com o enunciado, sabemos que o número de moedas de 25 centavos é o dobro do número de moedas de 10 centavos. É pedido o número total de moedas que Maria tem.

Planejando a solução

Vamos chamar a quantidade de moedas de 25 centavos de x e a quantidade de moedas de 10 centavos de y. A quantia que Maria tem com moedas de 25 centavos é $0{,}25x$ e de 10 centavos é $0{,}10y$. Essas quantias somadas resultam em R$ 15,60.

Temos ainda que $x = 2y$. Com isso, podemos montar um sistema com 2 equações do 1º grau com 2 incógnitas.

Executando o que foi planejado

Temos o seguinte sistema de equações.

$$\begin{cases} 0{,}25x + 0{,}10y = 15{,}60 \\ x = 2y \end{cases}$$

Podemos substituir o valor de x da 2ª equação, na 1ª equação.

$$0{,}25 \cdot (2y) + 0{,}10y = 15{,}60 \Rightarrow 0{,}50y + 0{,}10y = 15{,}60 \Rightarrow 0{,}60y = 15{,}60 \Rightarrow y = \frac{15{,}60}{0{,}60} = 26$$

Como x é o dobro de y, vamos ter que: $x = 2y = 2 \cdot 26 = 52$

Então, o total de moedas é $26 + 52 = 78$.

Verificando

26 moedas de 10 centavos representam um total de $26 \cdot 0{,}10 = 2{,}6$, ou seja R$ 2,60.

52 moedas de 25 centavos representam um total de $52 \cdot 0{,}25 = 13$, ou seja R$ 13,00.

Somando R$ 2,60 com R$ 13,00, obtemos R$ 15,60, o que confirma o enunciado.

Total de moedas: $26 + 52 = 78$.

Emitindo a resposta

Resposta: alternativa **c**.

Ampliando a atividade

Existem exemplos de problemas envolvendo sistemas de 2 equações do 1º grau com 2 incógnitas que podem ser resolvidos por meio de uma única equação. Veja um exemplo.

Iago usou apenas notas de R$ 20,00 e de R$ 5,00 para fazer um pagamento de R$ 140,00. Quantas notas de cada tipo ele usou, sabendo que no total foram 10 notas?

Podemos montar um sistema de equações, assumindo que x seja o número de notas de R$ 20,00 e y seja o número de notas de R$ 5,00.

$$\begin{cases} 20x + 5y = 140 \\ x + y = 10 \end{cases}$$

Podemos multiplicar a 2ª equação por -5 e adicionar as 2 equações.

$$\begin{cases} 20x + 5y = 140 \\ -5x - 5y = -50 \end{cases}$$

$$15x = 90 \Rightarrow x = 6$$

Assim, substituindo o valor de x em uma das equações, calculamos o valor de y.

$$x + y = 10 \Rightarrow 6 + y = 10 \Rightarrow y = 4$$

Outra maneira de resolver esse problema seria pensar que x é o número de notas de R$ 20,00 e, portanto, o número de notas de R$ 5,00 é $10 - x$.

Assim, podemos calcular da seguinte maneira:

$$20x + 5(10 - x) = 140 \Rightarrow$$
$$\Rightarrow 20x + 50 - 5x = 140 \Rightarrow 15x = 90 \Rightarrow x = 6$$

Então, o número de notas de R$ 5,00 é a diferença entre 10 e 6, que é igual a 4.

Logo, Iago usou 6 notas de R$ 20,00 e 4 notas de R$ 5,00.

Classificação de sistemas de 2 equações do 1º grau com 2 incógnitas quanto ao número de soluções

Cada sistema de 2 equações do 1º grau com 2 incógnitas que trabalhamos neste capítulo, até aqui, teve sempre uma única solução. Agora, vamos analisar algumas situações-problema que nos levarão a diferentes tipos de sistema de 2 equações do 1º grau com 2 incógnitas.

- Antônio comprou tela de arame para cercar uma parte retangular de um terreno. Ele gastou 48 metros de arame com a cerca e o fez de tal maneira que a medida de comprimento da largura da parte cercada resultou no triplo da medida de comprimento da profundidade. Quais são as medidas das dimensões dessa parte cercada do terreno?

Maruo Souza/Arquivo da editora

Para resolver essa situação, podemos representá-la com um sistema de 2 equações do 1º grau com 2 incógnitas, considerando apenas números positivos para x e y.

y (medida de comprimento da largura)

Banco de imagens/Arquivo da editora

x (medida de comprimento da profundidade)

$$\begin{cases} 2x + 2y = 48 \\ y = 3x \end{cases} \Rightarrow \begin{cases} x + y = 24 \\ y = 3x \end{cases}$$

Esse sistema de equações pode ser resolvido utilizando um dos **métodos algébricos** ou o **método gráfico** estudados. Vamos resolvê-lo das 2 maneiras.

Método algébrico

Vamos usar o método da substituição.

$$\begin{cases} x + y = 24 \\ y = 3x \end{cases}$$

Substituindo y por $3x$ na primeira equação, obtemos o valor de x.

$$x + 3x = 24 \Rightarrow 4x = 24 \Rightarrow x = 6$$

Depois, com esse valor, obtemos y usando a segunda equação.

$$y = 3x \Rightarrow y = 3 \cdot 6 = 18$$

O par ordenado $(6, 18)$ é, portanto, a solução do sistema de equações $\begin{cases} x + y = 24 \\ y = 3x \end{cases}$.

Método gráfico

Determinamos 2 possíveis soluções de cada equação.

$x + y = 24$

x	y
12	12
10	14

$y = 3x$

x	y
0	0
3	9

Representando no plano cartesiano apenas as partes das retas nas quais x e y são números positivos, podemos construir este gráfico.

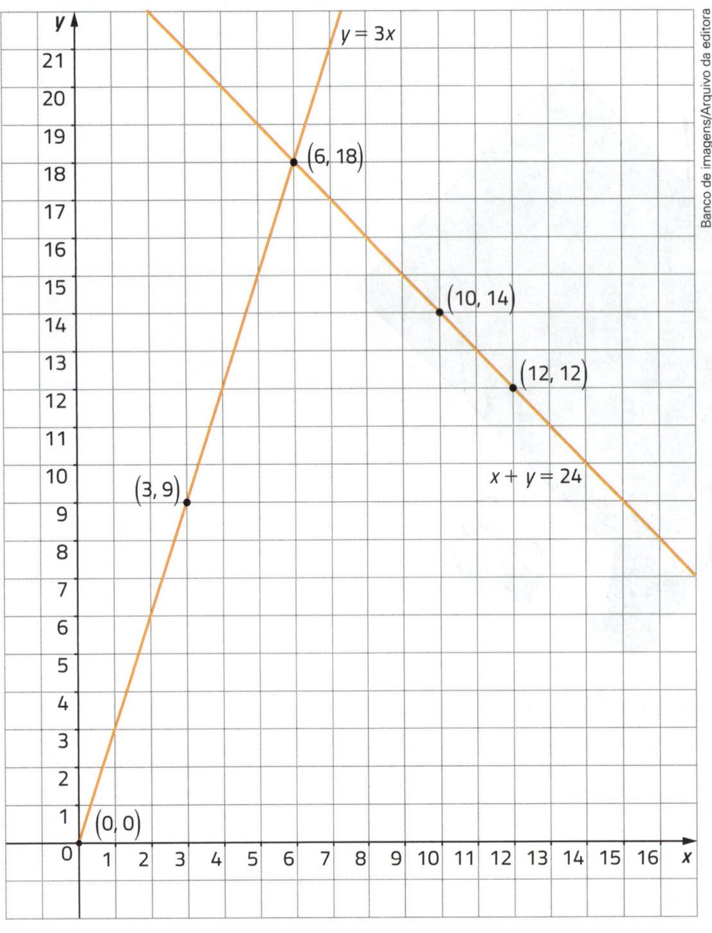

Banco de imagens/Arquivo da editora

Como você já sabe, o ponto de intersecção das retas corresponde à solução do sistema de equações.

Thiago Neumann/ Arquivo da editora

O par ordenado $(6, 18)$ é a solução do sistema de equações (o ponto com essas coordenadas é comum às 2 retas).

Assim, a parte cercada do terreno de Antônio tem medidas de dimensões de 6 m por 18 m.

Veja que o perímetro mede 48 m $(6 + 18 + 6 + 18 = 48)$ e a medida de comprimento da largura é o triplo da medida de comprimento da profundidade $(18 = 3 \cdot 6)$, o que confirma o enunciado.

Classificamos o sistema de equações $\begin{cases} 2x + 2y = 48 \\ y = 3x \end{cases}$ como **possível e determinado**, pois tem **uma única solução**.

> Quando um sistema de equações é possivel e determinado, as retas que representam as equações se intersectam em um único ponto, que indica a solução do sistema.

- Vamos analisar agora o sistema de equações $\begin{cases} x + y = 5 \\ 2x + 2y = 6 \end{cases}$, para x e y números racionais.

Método algébrico

$x + y = 5 \Rightarrow x = 5 - y$

$2x + 2y = 6 \Rightarrow 2(5 - y) + 2y = 6 \Rightarrow 10 - \cancel{2y} + \cancel{2y} = 6 \Rightarrow 10 = 6$ (sentença falsa)

Quando isso ocorre, dizemos que **não existe solução** para o sistema de equações ou que ele é **impossível**.

Método gráfico

$x + y = 5$

x	y
0	5
5	0

$2x + 2y = 6$

x	y
0	3
3	0

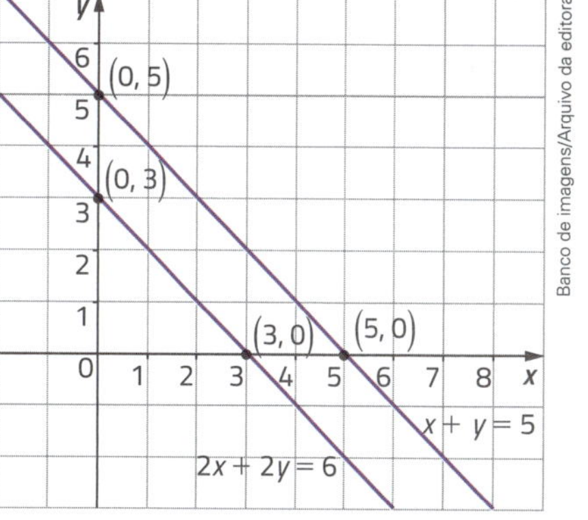

Quando um sistema de equações é impossível, as retas que representam as equações são distintas e paralelas (não têm ponto comum).

- Vamos resolver agora o sistema de equações $\begin{cases} x + 2y = 5 \\ 2x + 4y = 10 \end{cases}$.

Método algébrico

$$\begin{cases} x + 2y = 5 \quad \cdot (-2) \\ 2x + 4y = 10 \end{cases} \Rightarrow \begin{cases} -2x - 4y = -10 \\ 2x + 4y = 10 \end{cases}$$
$$0x + 0y = 0$$

Neste caso **qualquer** par ordenado de números racionais (x, y) que satisfaz um das equações também satisfaz a outra. Há, portanto, **infinitas soluções**.
Nesse caso, classificamos o sistema de equações como **possível e indeterminado** ou apenas que ele é **indeterminado**.

Método gráfico

$x + 2y = 5$

x	y
5	0
1	2

$2x + 4y = 10$

x	y
5	0
1	2

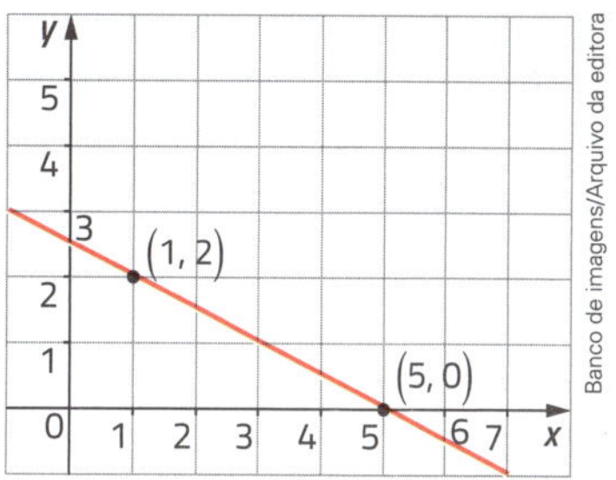

Observe que o sistema $\begin{cases} x + 2y = 5 \\ 2x + 4y = 10 \end{cases}$ tem equações equivalentes (basta verificar que a 2ª equação é a 1ª multiplicada por 2).

Quando um sistema de equações é indeterminado, as retas que representam as equações são coincidentes (são a mesma reta).

Atividade

34 ▸ Classifique cada um destes sistemas de equações em determinado, indeterminado ou impossível, para x e y números racionais.

a) $\begin{cases} x - 2y = 3 \\ 3x - 6y = 9 \end{cases}$

b) $\begin{cases} 3x - 2y = 1 \\ 6x - 4y = 3 \end{cases}$

c) $\begin{cases} x - 2y = 3 \\ x + 2y = 7 \end{cases}$

d) $\begin{cases} 2x - y = 5 \\ -2x + y = -5 \end{cases}$

Um pouco de História

Na história da Matemática ocidental antiga, há poucos registros sobre sistemas de equações. Esse assunto, no entanto, acabou recebendo uma atenção maior no Oriente, principalmente na Babilônia e na China.

Os chineses e os sistemas de equações

Os chineses tinham um gosto especial por diagramas, escreviam sistemas de equações representando os coeficientes com barras de bambu sobre um tabuleiro. Para os coeficientes positivos, utilizavam uma coleção de barras de bambu vermelhas e, para os coeficientes negativos, uma coleção de barras pretas. No entanto, eles não aceitavam soluções negativas para as equações. Em *Nove capítulos sobre a arte matemática* (c. 111 a.C.), o mais influente texto de Matemática chinês, há registros de resolução de sistemas de equações.

Fonte de consulta: BOYER, Carl Benjamin. *História da Matemática*. São Paulo: Edgard Blucher Ltda., 1974. p. 143, 147.

Estudio Lab307/Arquivo da editora

Ilustração artística dando a ideia de como poderia ter sido a representação dos coeficientes dos sistemas de equações, pelos chineses.

As imagens desta página não estão representadas em proporção.

Os babilônios e os sistemas de equações

As civilizações antigas da Mesopotâmia desempenharam um papel fundamental no desenvolvimento da Matemática, contribuindo em diversas áreas, como na Álgebra e na Geometria.

A Mesopotâmia fazia parte de uma região do Oriente Médio onde atualmente se encontram parte do Iraque, do Kuwait, da Síria, do Irã e da Turquia, como mostra este mapa.

Essa região foi habitada por vários povos ao longo dos séculos, entre eles, os babilônios, os assírios, os sumérios e os caldeus. O povo babilônio (1800 a.C.-539 a.C.) teve grande importância no desenvolvimento dos sistemas de 2 equações com 2 incógnitas. As equações babilônicas eram expressas na forma de problemas, como este:

A Mesopotâmia

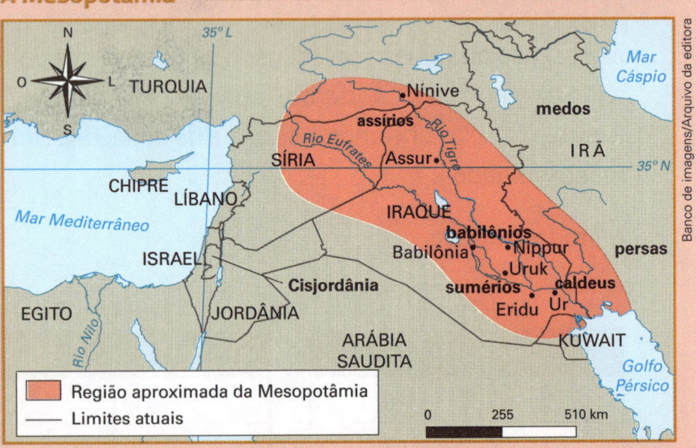

Banco de imagens/Arquivo da editora

Fonte de consulta: IBGE. *Atlas geográfico escolar*. 7. ed. Rio de Janeiro, 2016.

"Um quarto da medida da largura mais a medida do comprimento é igual a 7 mãos, e a medida do comprimento mais a medida da largura é igual a 10 mãos."

No documento em que se encontra esse problema, a solução é encontrada, primeiramente, substituindo cada "mão" por 5 "dedos". Observa-se, então, que uma largura com medida de 20 dedos e um comprimento com medida de 30 dedos satisfazem ambas as equações.

Em seguida, a solução é obtida de maneira equivalente ao método da adição. Considerando as medidas das dimensões em "mãos", adota-se x como a medida da largura e y como a medida do comprimento. Desse modo, encontram-se $x = 4$ mãos e $y = 6$ mãos.

Fonte de consulta: UOL EDUCAÇÃO. *Matemática*. Disponível em: <https://educacao.uol.com.br/disciplinas/matematica/historia-da-matematica-2-sistema-de-equacoes.htm>. Acesso em: 27 set. 2018.

Resolução de problemas que envolvem sistemas de 2 equações do 1º grau com 2 incógnitas

Você utilizou sistemas de equações para encontrar a solução de vários problemas. Resolva mais algumas situações.

Atividades

35 Uma herança de R$ 50 000,00 foi deixada para 2 irmãos. No testamento, ficou estabelecido que o filho mais novo deveria receber R$ 18 000,00 a mais do que o irmão mais velho. Qual é a quantia que cada um receberá?

36 O "peso" de Camila e do gato dela Tico, juntos, é igual a 32 kg. O "peso" de Camila é 7 vezes o de Tico. Qual o "peso" de cada um?

37 Em um triângulo isósceles, a medida de perímetro é de 15 centímetros. Sabe-se que a medida de comprimento de um dos lados tem a metade da medida de comprimento de cada um dos outros 2 lados. Qual é a medida de comprimento dos 3 lados desse triângulo?

38 Beto fez uma prova de Matemática com o seguinte sistema de avaliação: em cada questão certa, o aluno ganha 5 pontos, e em cada questão errada, são descontados 3 pontos. Na prova com 10 questões, a pontuação de Beto foi de 26 pontos.

As imagens desta página não estão representadas em proporção.

Mauro Souza/Arquivo da editora

a) Quantas questões Beto acertou? Quantas ele errou?

b) Qual é a pontuação máxima dessa prova?

c) Qual seria a pontuação de Beto se ele acertasse 5 questões e errasse 5?

39 Vivian e Marcos gostam muito das coleções deles de papéis de carta. Trocam, destrocam e a coleção vai sempre aumentando e se diversificando. Eles conversam o tempo todo sobre a coleção. Veja, por exemplo, o diálogo deles.

Você me dá 5 dos seus papéis de carta e assim ficamos com a mesma quantidade.
Nada disso! Você me dá 5 dos seus, assim fico com o triplo dos que você tem!

Ilustrações: Thiago Neumann/Arquivo da editora

Então, quantos papéis de carta cada um tem?

40 Reginaldo criava 75 animais na fazenda dele, entre cabras e marrecos. Quando um visitante perguntava quantos animais de cada espécie ele tinha, ele respondia: "Na última contagem, havia registrado 210 patas.". Mostre como decifrar a charada de Reginaldo usando um sistema de equações e calcule o número de cabras e de marrecos que Reginaldo criava.

41 Em um aquário há 8 peixes, entre pequenos e grandes. Se o número dos peixes pequenos aumentasse em 1, então eles seriam o dobro dos grandes. Quantos são os peixes pequenos e os grandes?

42 Uma fração é equivalente a $\frac{4}{6}$. Diminuindo 1 no numerador e aumentando 2 no denominador, obtém-se uma nova fração, equivalente a $\frac{3}{5}$. Quais são as 2 frações citadas no problema?

43 Luís comprou um livro e um DVD para o neto dele e pagou R$ 35,00. Roberto comprou 2 livros e um DVD do mesmo tipo e pagou R$ 55,00. Qual é o preço do DVD e o do livro?

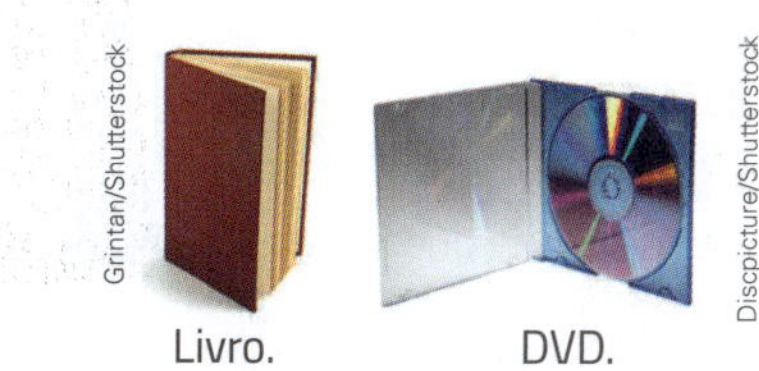
Grintan/Shutterstock Discpicture/Shutterstock

Livro. DVD.

44 A soma de 2 números é igual a $1\frac{1}{4}$ e a diferença entre eles é igual a $\frac{1}{4}$. Quais são esses números?

45 Neste terreno retangular, a medida de perímetro é de 78 m e a diferença entre as medidas das dimensões é igual a 11 m. Qual é a medida de área desse terreno?

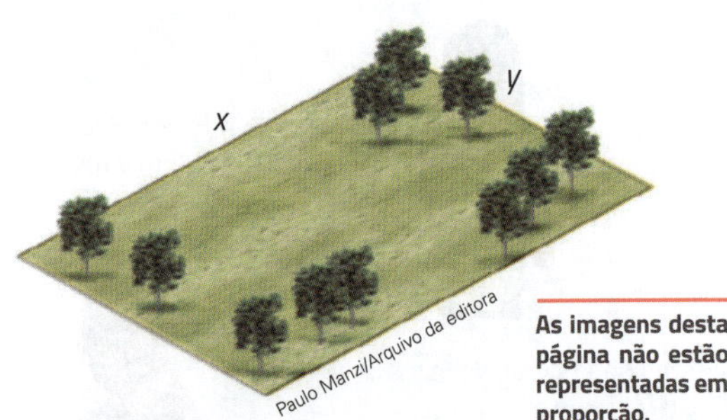

Paulo Manzi/Arquivo da editora

As imagens desta página não estão representadas em proporção.

46 Renato foi ao banco e retirou R$ 270,00 para pagar o aluguel. Ao todo, o caixa eletrônico deu a ele 11 cédulas, entre cédulas de R$ 10,00 e de R$ 50,00. Quantas cédulas de R$ 10,00 o caixa deu a ele? O caixa poderia ter dado 1 cédula de R$ 50,00 a mais? Qual seria, então, o número de cédulas de R$ 50,00 e de R$ 10,00?

47 Ana e Marcelo economizaram as mesadas para comprar um presente para o pai deles. Juntando a quantia que eles têm é possível comprar este par de tênis e não sobra troco. A quantia que Ana tem ultrapassa em R$ 21,00 a quantia de Marcelo. Quantos reais cada um tem?

Mauro S/Dotta2/Arquivo da editora

48 Sandra comprou um conjunto de calça e blusa. Pela calça, pagou o dobro do preço que pagou pela blusa. Para fazer o pagamento, ela deu ao vendedor 1 cédula de R$ 50,00 e 2 de R$ 10,00, recebendo de troco 1 cédula de R$ 5,00 e 2 moedas de R$ 1,00. Quanto custou cada peça de roupa que Sandra comprou?

Crystalfoto/Shutterstock

Manequim de loja.

49 **Desafio.** No início de uma reunião, o número de gestores era 3 a menos do que o número de analistas. Depois de 2 horas, o número de gestores havia aumentado em 8, o de analistas havia dobrado e a quantidade total de gestores e analistas era a mesma. Quantos gestores e quantos analistas havia no início da reunião?

50 **Matemática financeira: despesa e lucro.** Uma pequena indústria automobilística produz peças dos tipos **A** e **B**. A despesa mensal dessa indústria inclui um valor fixo de R$ 2000,00 mais R$ 2,00 por peça fabricada do tipo **A** e R$ 1,50 por peça do tipo **B**. Cada peça do tipo **A** é vendida por R$ 3,50, e cada peça do tipo **B** é vendida por R$ 2,50. No mês de janeiro de certo ano, essa indústria teve uma despesa total de R$ 20000,00 na produção de 10000 peças.

a) Calcule o lucro total desse mês, sabendo que toda a produção foi vendida.

b) Calcule a porcentagem desse lucro em relação à despesa.

51 **Matemática financeira: descontos.** Na banca da feira de Alfredo, todo dia, depois das 13 horas, ele dá um desconto de 10% sobre o preço das frutas e de 15% sobre o preço das verduras. Iolanda, Lúcia e Raul são fregueses de Alfredo. Em certo dia, Iolanda foi à feira de manhã e gastou R$ 14,00 na compra de 2 kg de maçãs e 3 maços de espinafre. No mesmo dia, Lúcia foi à feira às 14 horas e gastou R$ 7,00 na compra de 1 kg de maçãs e 2 maços de espinafre. Amanhã, Raul vai comprar 3 kg de maçãs e 5 maços de espinafre. Quanto Raul vai gastar nessa compra?

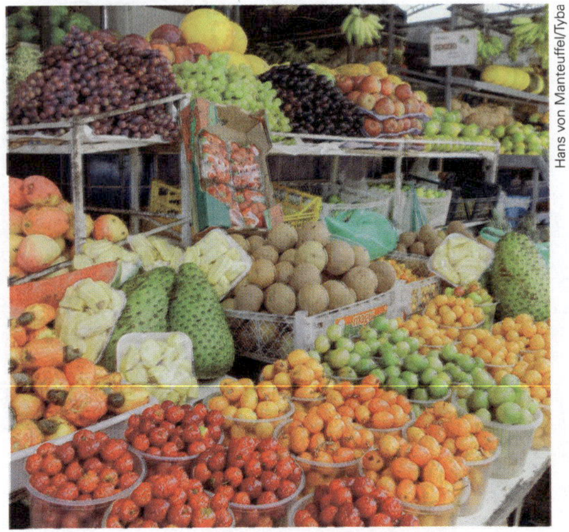

Hans von Manteuffel/Tyba

Frutas em barraca de feira.

Atividade resolvida passo a passo

(Enem) Algumas pesquisas estão sendo desenvolvidas para se obter arroz e feijão com maiores teores de ferro e zinco e tolerantes à seca. Em média, para cada 100 g de arroz cozido, o teor de ferro é de 1,5 mg e o de zinco é de 2,0 mg. Para cada 100 g de feijão, é de 7 mg o teor de ferro e de 3 mg o de zinco. Sabe-se que as necessidades diárias dos dois micronutrientes para uma pessoa adulta é de aproximadamente 12,25 mg de ferro e 10 mg de zinco.

Disponível em: http://www.embrapa.br. Acesso em: 29 abr. 2010 (adaptado)

Considere que uma pessoa adulta deseja satisfazer suas necessidades diárias de ferro e zinco ingerindo apenas arroz e feijão. Suponha que seu organismo absorva completamente todos os micronutrientes oriundos desses alimentos.

Na situação descrita, que quantidade a pessoa deveria comer diariamente de arroz e feijão, respectivamente?

a) 58 g e 546 g. b) 200 g e 200 g. c) 350 g e 100 g. d) 375 g e 500 g. e) 400 g e 89 g.

Lendo e compreendendo

Para suprir suas necessidades diárias, uma pessoa precisa de 12,25 mg de ferro, sendo retirados 1,5 mg de cada porção de arroz e 7 mg da de feijão, e de 10 mg de zinco, sendo retirados 2 mg de cada porção de arroz e 3 mg da de feijão.

Planejando a solução

Sejam a e f, respectivamente, o número de porções de 100 g de arroz e de feijão que deverão ser ingeridos. Podemos montar 2 equações: a primeira relativa às necessidades diárias de ferro e a segunda, de zinco.

Executando o que foi planejado

De acordo com o enunciado, obtemos este sistema de equações:

$$\begin{cases} 1{,}5a + 7f = 12{,}25 \\ 2a + 3f = 10 \end{cases}$$

O menor número inteiro que pode ser dividido por 1,5 e por 2 é 6.

Temos que $6 \div 1{,}5 = 4$ e $6 \div 2 = 3$, então vamos multiplicar a 1ª equação por 4 e a 2ª equação por -3.

$$\begin{cases} 6a + 28f = 49 \\ -6a - 9f = -30 \end{cases}$$

$$19f = 19 \Rightarrow f = 1$$

$$2a + 3 \cdot 1 = 10 \Rightarrow 2a = 7 \Rightarrow a = \frac{7}{2} \Rightarrow a = 3{,}5$$

Portanto, a quantidade de cada um desses 2 alimentos que deve ser ingerida é:

- arroz: $3{,}5 \cdot 100 = 350$;
- feijão: $1 \cdot 100 = 100$.

Atenção que os conceitos de múltiplos e de divisores são restritos ao conjunto dos números naturais. A divisão de 6 por 1,5 é exata, mas nem por isso 6 pode ser considerado múltiplo de 1,5.

Thiago Neumann/Arquivo da editora

Verificando

Vejamos a medida de massa diária de ferro (em mg) necessária.

Medida de massa de arroz	Medida de massa de ferro
100 g	1,5 g
350 g	x g

As grandezas "Massa de arroz" e "Massa de ferro" são diretamente proporcionais.

Então: $\frac{100}{350} = \frac{1{,}5}{x} \Rightarrow 100 \cdot x = 350 \cdot 1{,}5 \Rightarrow 100x = 525$

Assim, em 100 g de feijão, encontraremos 7 mg de ferro.

Como $5{,}25 + 7 = 12{,}25$, isso confirma que em 350 g de arroz mais 100 g de feijão encontraremos 12,25 mg de ferro.

O mesmo raciocínio podemos fazer para o zinco, o que confirma a solução.

Emitindo a resposta

Para ingerir 12,25 mg de ferro e 10 mg de zinco, cumprindo as necessidades diárias de uma pessoa, são necessários 350 g de arroz e 100 g de feijão. (Alternativa **c**.)

Revisando seus conhecimentos

1▸ A soma de 3 números pares consecutivos é igual a 132. Quais são esses números?

2▸ Determine a solução desta equação.

$$\frac{t+2}{4} - \frac{t-2}{6} = \frac{2}{3} + t$$

3▸ Nesta figura, a medida de abertura indicada por z é igual a:

a) 70°.
b) 68°.
c) 71°.
d) 69°.

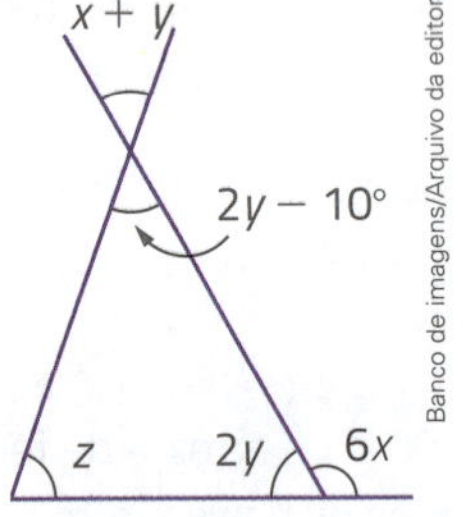

Banco de imagens/Arquivo da editora

4▸ O sistema de equações $\begin{cases} 3x - y = 10 \\ 6x - 2y = 1 \end{cases}$, com x e y racionais, é:

a) determinado com a solução $(2, -4)$.
b) determinado com a solução $\left(0, -\frac{1}{2}\right)$.
c) impossível.
d) indeterminado.

5▸ Observe a medida de capacidade de cada vasilha e responda: Para encher a vasilha **A**, quantas vasilhas **B** são necessárias?

Ilustrações: Paulo Manzi/Arquivo da editora

Raciocínio lógico

Complete a igualdade com os sinais de operações que a tornam verdadeira.

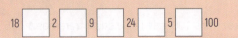

18 ☐ 2 ☐ 9 ☐ 24 ☐ 5 ☐ 100

6▸ Resolva os sistemas de equações mentalmente e registre as soluções.

a) $\begin{cases} x + y = 8 \\ x - y = 2 \end{cases}$

b) $\begin{cases} x + y = 20 \\ x - y = 8 \end{cases}$

7▸ Considerando o sistema de equações $\begin{cases} 3a - 2b = 20 \\ a + 5b = 1 \end{cases}$, qual é o valor de $2a + 3b$?

8▸ Na escola de Raul, há aula em 3 períodos: manhã, tarde e noite. Considerando os dados que aparecem neste gráfico, descubra quantos alunos frequentam cada um dos períodos e o número total de alunos na escola. Em seguida, complete o gráfico, indicando também o número de alunos do período da noite.

Alunos por período

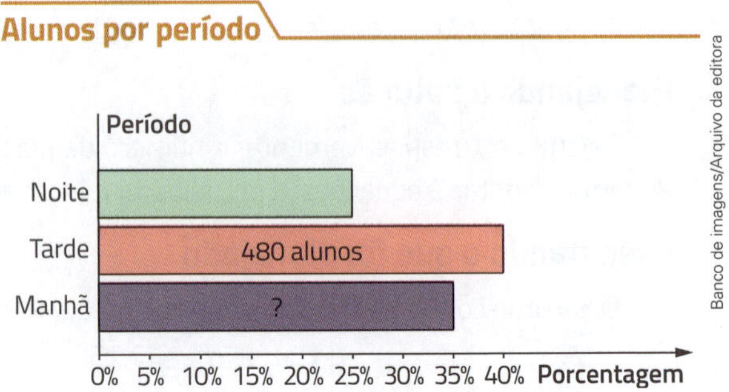

Banco de imagens/Arquivo da editora

Gráfico elaborado para fins didáticos.

9▸ Calcule e depois confira com uma calculadora: Qual número aparecerá no visor digitando ?

Banco de imagens/Arquivo da editora

10▸ Uma formiga fez o percurso: $A \rightarrow B \rightarrow C \rightarrow A$, com $A(-4, 3)$, $B(1, -2)$, $C(4, 1)$.

Esse percurso tem a forma de um triângulo escaleno e retângulo.

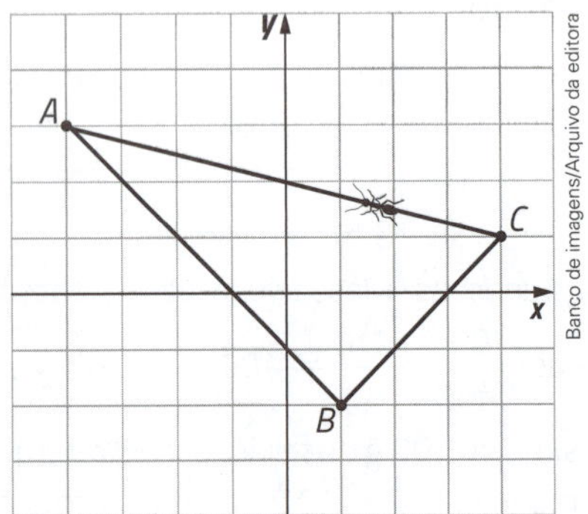

Banco de imagens/Arquivo da editora

Um besouro fez $D \rightarrow E \rightarrow F \rightarrow D$, com $D(3, 2)$, $E(-2, 3)$, $F(4, -3)$.

Copie o desenho acima em uma malha quadriculada, desenhe o percurso do besouro e escreva o tipo de figura correspondente.

11 › **Desafio.** Complete logicamente estas sentenças.

Nenhum triângulo é quadrilátero.

Algum polígono é triângulo.

Portanto, _____________________________________.

12 › **Uma equação egípcia.** Nesta figura, podemos observar uma equação escrita por um matemático egípcio 30 séculos antes de Cristo, na época dos faraós.

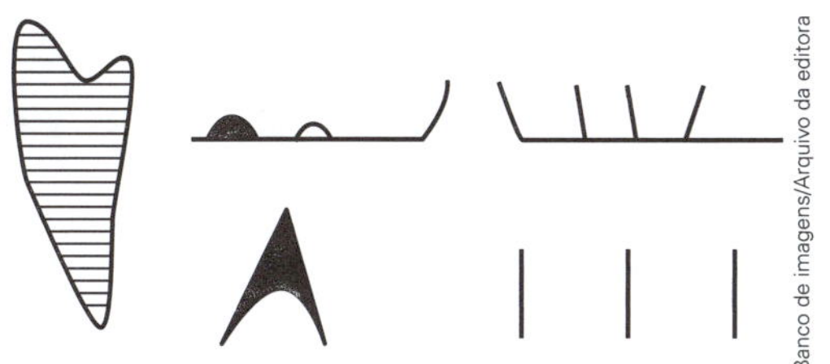
Banco de imagens/Arquivo da editora

Os hieróglifos indicam (aproximadamente) este problema:

"Qual é o número cuja metade mais a terça parte é igual a 5?"

Escreva a equação e resolva-a.

13 › **(Saeb)** Paulo é dono de uma fábrica de móveis. Para calcular o preço V de venda de cada móvel que fabrica, ele usa a seguinte fórmula: $V = 1{,}5C + 10$, sendo C o preço de custo desse móvel. Considere que o preço de custo de um móvel que Paulo fabrica é R\$ 100,00. Então, ele vende esse móvel por:

a) R\$ 110,00.

b) R\$ 150,00.

c) R\$ 160,00.

d) R\$ 210,00.

14 › Entre as cidades representadas pelos pontos A e B neste mapa passa um rio. O projeto de construção de uma estrada que liga essas cidades mostra que a ponte sobre o rio terá a mesma medida de distância das 2 cidades.

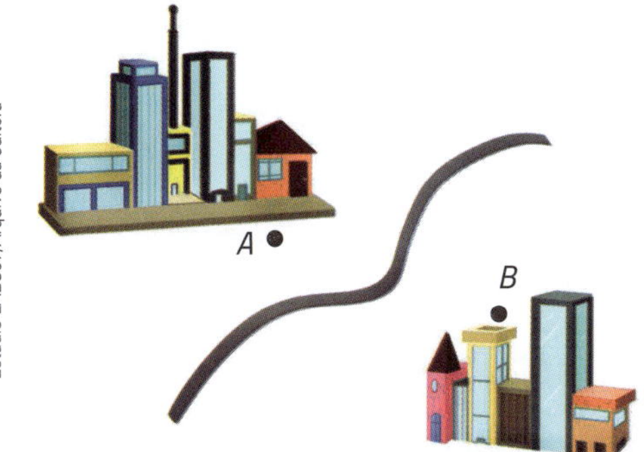

Estúdio LAB307/Arquivo da editora

Os engenheiros que trabalharão nesse projeto dispõem desse mapa da região. Para determinar o local onde a ponte será construída, qual conceito de lugar geométrico eles podem usar? Justifique sua resposta.

15 › O início de 2 estradas retilíneas E_1 e E_2 é um ponto C de uma cidade. Manuel pretende construir uma loja de produtos da região a uma mesma medida de distância das 2 estradas e a uma medida de distância x do início delas.

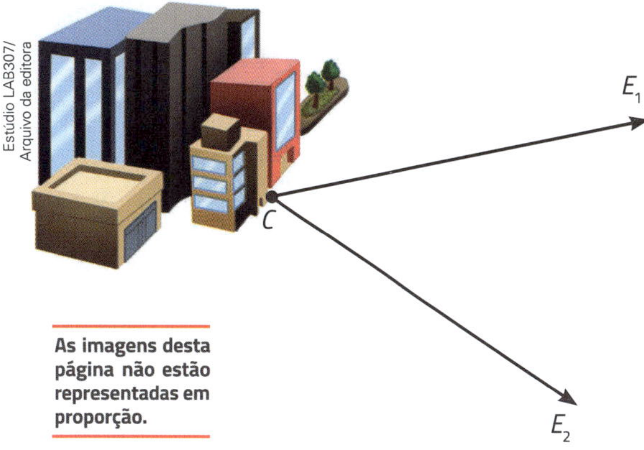

Estúdio LAB307/Arquivo da editora

As imagens desta página não estão representadas em proporção.

Considere as estradas E_1 e E_2 como os lados de um ângulo com vértice no ponto C. Para estabelecer a localização da loja de Manuel nesta figura, quais conceitos de lugar geométrico ele pode utilizar?

16 › Observe a figura abaixo e considere que os pontos C, B e J representam, respectivamente, o cinema, a biblioteca e um jardim de uma cidade.

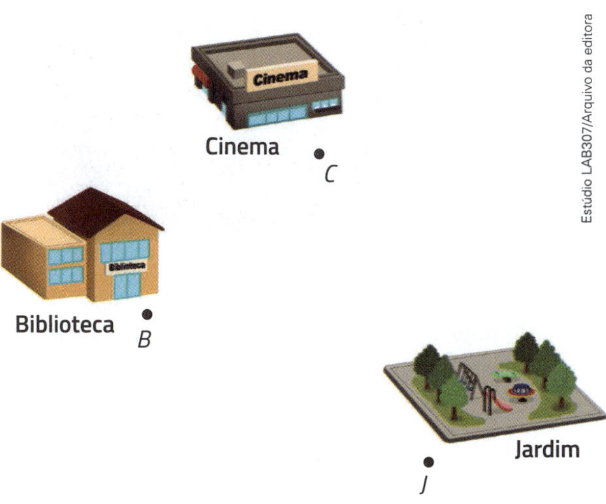

Estúdio LAB307/Arquivo da editora

Na figura que você desenhou, trace as semirretas $\overrightarrow{BC}$ e $\overrightarrow{BJ}$ para representar as ruas que partem da biblioteca e passam pelo cinema e pelo jardim, respectivamente.

Depois, localize o ponto S, que representa o supermercado a ser construído, sabendo que ele estará à mesma medida de distância dos pontos que representam a biblioteca e o cinema e também à mesma medida de distância das retas que representam as ruas citadas.

Praticando um pouco mais

Testes oficiais

1 **(Saeb)** João e Pedro foram a um restaurante almoçar e a soma da conta deles foi de R$ 28,00. A conta de Pedro foi o triplo do valor de seu companheiro. O sistema de equações do 1º grau que melhor traduz o problema é:

a) $\begin{cases} x + y = 28 \\ x - y = 7 \end{cases}$

b) $\begin{cases} x + 3y = 28 \\ x = y \end{cases}$

c) $\begin{cases} x + y = 28 \\ x = 3y \end{cases}$

d) $\begin{cases} x + y = 28 \\ x = y + 3 \end{cases}$

2 **(Saresp)** Leia com atenção.

A terça parte do que eu tenho de CDs é igual à quarta parte do que você tem.
Melissa, se juntarmos os meus CDs com o dobro dos seus, teremos juntos 100 CDs.

Reprodução/Saresp

Quantos CDs tem Melissa? E Adriano?

3 **(Obmep)** Um grupo de 14 amigos comprou 8 *pizzas*. Eles comeram todas as *pizzas*, sem sobrar nada. Se cada menino comeu uma *pizza* inteira e cada menina comeu meia *pizza*, quantas meninas havia no grupo?

a) 4

b) 6

c) 8

d) 10

e) 12

4 **(Saresp)** Na promoção de uma loja, uma calça e uma camiseta custam juntas R$ 55,00. Comprei 3 calças e 2 camisetas e paguei o total de R$ 140,00. O preço de cada calça e de cada camisa, respectivamente, é:

a) R$ 35,00 e R$ 20,00.

b) R$ 20,00 e R$ 35,00.

c) R$ 25,00 e R$ 30,00.

d) R$ 30,00 e R$ 25,00.

5 **(Saresp)** Com 48 palitos de mesmo tamanho eu montei 13 figuras: alguns triângulos e alguns quadrados. Quantos quadrados eu montei?

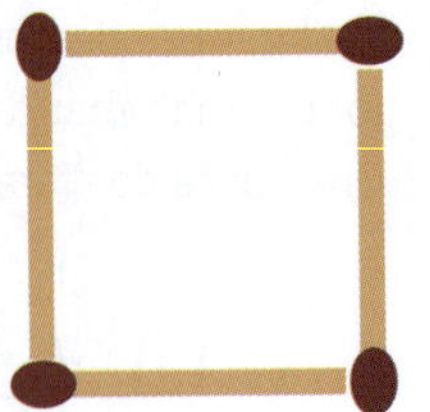
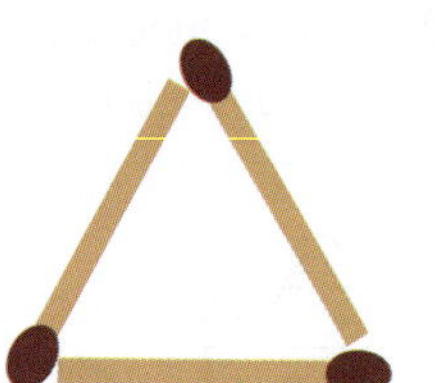

Ilustrações: Banco de imagens/Arquivo da editora

6 **(Saresp)** Pelo regulamento de um torneio de basquete, cada equipe ganha 2 pontos por jogo que vencer e 1 ponto por jogo que perder. Nesse torneio, uma equipe disputou 9 partidas e acumulou 15 pontos ganhos. É correto afirmar que essa equipe venceu:

a) 3 partidas e perdeu 6.

b) 4 partidas e perdeu 5.

c) 5 partidas e perdeu 4.

d) 6 partidas e perdeu 3.

As imagens desta página não estão representadas em proporção.

7 **(Saresp)** A soma das mesadas de Marta e João é R$ 200,00. No mês passado, Marta gastou R$ 70,00 e João gastou R$ 40,00 e, ao final do mês, estavam com as mesmas quantias.
A mesada de Marta é:

a) R$ 115,00.

b) R$ 120,00.

c) R$ 135,00.

d) R$ 152,00.

8 **(Saeb)** Um sistema de equações do 1º grau foi dado por:

$$\begin{cases} y = -x + 6 \\ y = \ \ x - 2 \end{cases}$$

Qual é o gráfico que representa o sistema?

a)

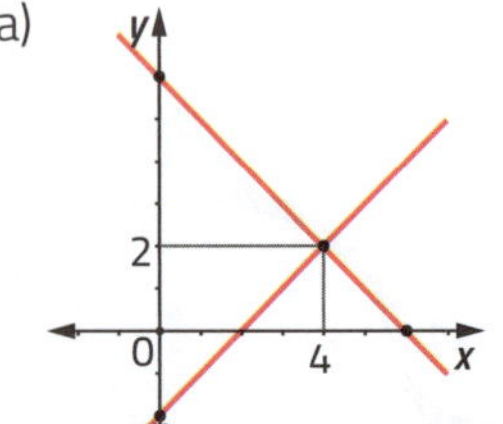

c)

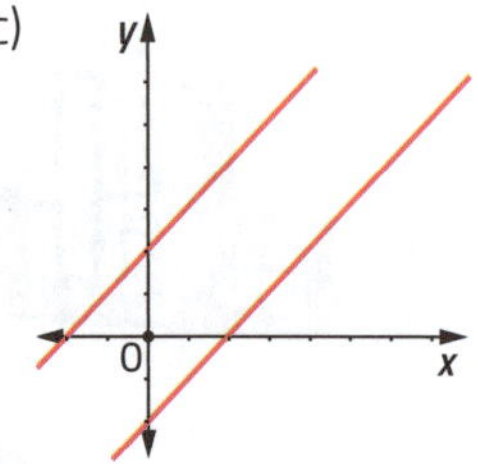

b)

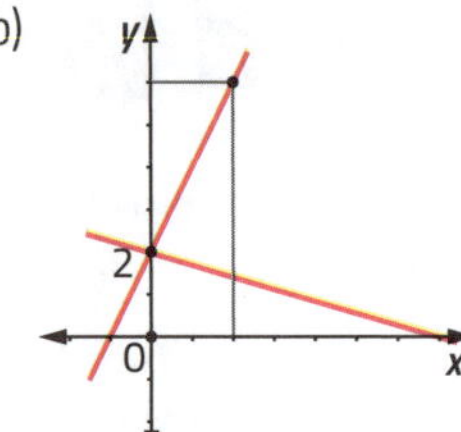

d)

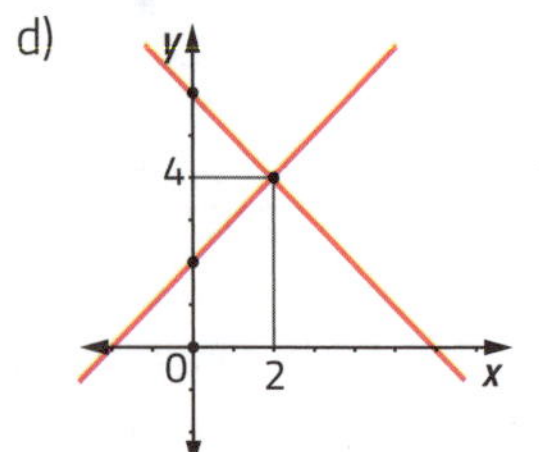

Ilustrações: Banco de imagens/Arquivo da editora

Questões de vestibulares e Enem

9 **(Ifal)** Resolvendo o sistema abaixo, encontramos os valores para x e y tais que o produto $x \cdot y$ é igual a:

$$\begin{cases} x + 2y = 4 \\ 2x - y = 3 \end{cases}$$

a) 1.
b) 2.
c) 3.
d) 4.
e) 5

10 **(IFRS)** Um jogador, ao final de um jogo, marcou 32 arremessos e acumulou 83 pontos. Considerando que cada arremesso certo vale 4 pontos e cada errado perde meio ponto, quantos arremessos certos fez este jogador?

a) 25
b) 22
c) 15
d) 12
e) 10

11 **(IFPE)** Um professor do curso técnico em química do IFPE Campus Ipojuca lançou um desafio para os seus estudantes. Eles receberam 25 equações para balancear – a cada acerto, o estudante ganhava 4 pontos; e, a cada erro, perdia 1 ponto. Hugo é estudante desse curso e, ao terminar de balancear as 25 equações, obteve um total de 60 pontos. Podemos afirmar que Hugo acertou:

a) 17 questões.
b) 15 questões.
c) 8 questões.
d) 10 questões.
e) 19 questões.

12 **(IFPE)** Num determinado momento, no estacionamento do Campus Recife, há 45 veículos entre carros e motos, num total de 128 rodas. Quantas motos estão nesse estacionamento, nesse momento?

a) 26
b) 23
c) 29
d) 18
e) 19

13 **(IFPE)** O cartaz de uma lanchonete anuncia: dois sanduíches iguais mais três sucos iguais custam R$ 9,00 e três sanduíches iguais mais dois sucos iguais custam R$ 11,00. Se você deseja comer nessa lanchonete apenas um desses sanduíches da oferta, você irá pagar por ele a quantia de:

a) R$ 3,50.
b) R$ 3,00.
c) R$ 2,50.
d) R$ 2,00.
e) R$ 1,50.

14 **(PUC-RS)** Um pagamento de R$ 280,00 foi feito usando-se apenas notas de R$ 20,00 e de R$ 5,00. Sabendo que foram utilizadas 20 notas ao todo, o número de notas de R$ 20,00 utilizadas para fazer o pagamento é um número:

a) ímpar.
b) primo.
c) múltiplo de 7.
d) múltiplo de 5.
e) múltiplo de 4.

15 **Desafio.** **(Cefet-MG)** Em um determinado mês, o salário de uma funcionária excedeu em R$ 600,00 as horas extras. Se ela recebeu um total de R$ 880,00, então, o valor de seu salário foi de:

a) R$ 460,00.
b) R$ 540,00.
c) R$ 660,00.
d) R$ 740,00.

16 **(Cefet-MG)** Numa família com 7 filhos, sou o caçula e 14 anos mais novo que o primogênito de minha mãe. Dentre os filhos, o quarto tem a terça parte da idade do irmão mais velho, acrescidos de 7 anos. Se a soma de nossas três idades é 42, então minha idade é um número:

a) divisível por 5.
b) divisível por 3.
c) primo.
d) par.

17 **(Ufscar-SP)** Uma família é composta de x irmãos e y irmãs. Cada irmão tem o número de irmãos igual ao número de irmãs. Cada irmã tem o dobro do número de irmãs igual ao número de irmãos. O valor de $x + y$ é:

a) 5.
b) 6.
c) 7.
d) 8.
e) 9.

VERIFIQUE O QUE ESTUDOU

1 Calcule mentalmente e registre a resposta de cada item.

a) O valor de $3x + 5$, para $x = \frac{1}{3}$.

b) O valor de $x - 2y$, para $x = 7$ e $y = -1$.

c) O valor de x para que $3x - 1$ seja igual a 14.

d) O valor de x para o qual $x - y = 3$ e $y = 1$.

e) O valor de x e o valor de y para os quais $x + y = 10$ e $x - y = 4$.

f) O valor de $x + y$, quando se tem $y = 2x$ e $x - y = -4$.

2 Determine o valor de x para que a expressão $\frac{3x - 5}{2} - \frac{7x - 8}{3}$ tenha valor numérico igual a 6.

3 Entre os pares ordenados $(0, -1)$, $(3, 4)$, $(2, 2)$ e $\left(\frac{1}{3}, 0\right)$, quais são soluções da equação $3x - 2y = 1$?

4 Entre os pares ordenados $(0, -7)$, $(3, 2)$, $(2, -1)$ e $(5, -3)$, qual é solução do sistema de equações $\begin{cases} 3x - y = 7 \\ 2x + 3y = 1 \end{cases}$?

5 Complete a frase: O par ordenado (_____, _____) é solução do sistema de equações $\begin{cases} x + y = \_\_\_\_ \\ x - y = \_\_\_\_ \end{cases}$

6 A soma das medidas de área de 2 regiões retangulares **A** e **B** é igual a 80 cm². A medida de comprimento da base da região **A** é igual à terça parte da medida de comprimento da base da região **B** e a medida de comprimento da altura de ambas é igual a 4 cm. Determine as medidas de perímetro das regiões retangulares **A** e **B**.

7 Juntos, Felipe e Elisa têm R$ 3240,00. Felipe tem R$ 220,00 a mais do que Elisa. Qual é a quantia que cada um tem?

8 Responda aos itens.

a) Considere uma equação do 1º grau com 2 incógnitas. O que podemos dizer sobre a posição das soluções dessa equação, representadas em um plano cartesiano?

b) Considere um sistema de 2 equações do 1º grau com 2 incógnitas, que é possível e determinado. O que podemos dizer sobre a posição da solução desse sistema de equações, representada em um plano cartesiano?

9 **Avaliação de resultados.** Ao resolver um sistema de equações proposto pelo professor, Alex usou um processo algébrico e chegou à solução $(3, 1)$. Mauro usou o processo geométrico e construiu este gráfico. Converse com os colegas e respondam: Há a possibilidade de os 2 terem acertado? Justifiquem.

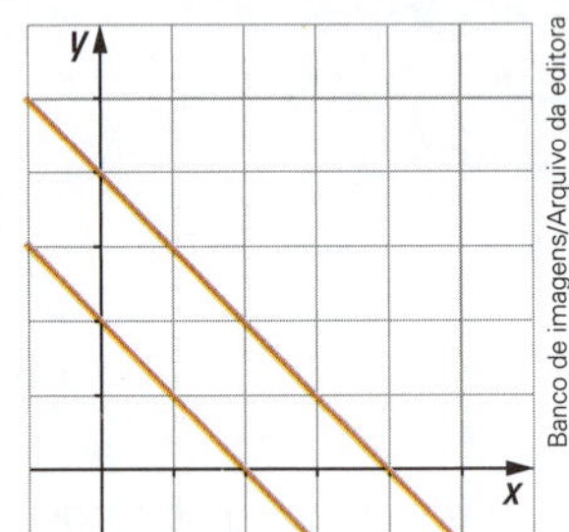

Banco de imagens/Arquivo da editora

10 Resolva cada sistema de 2 equações do 1º grau com 2 incógnitas, da maneira que preferir, e classifique-o quanto ao número de soluções. Use pelo menos 1 vez o método algébrico e 1 vez o método gráfico.

a) $\begin{cases} x + y = 1 \\ 2x - 3y = 7 \end{cases}$

b) $\begin{cases} 2x + 3y = 4 \\ -2x - 3y = 1 \end{cases}$

c) $\begin{cases} x - y = 0{,}5 \\ -x + 2y = 1 \end{cases}$

d) $\begin{cases} x - 3y = 0{,}7 \\ -x + 3y = 0{,}7 \end{cases}$

Atenção

Retome os assuntos que você estudou neste capítulo. Verifique em quais teve dificuldade e converse com o professor, buscando maneiras de reforçar seu aprendizado.

Autoavaliação

Algumas atitudes e reflexões são fundamentais para melhorar o aprendizado e a convivência na escola. Reflita sobre elas.

- Participei das aulas com atenção, acompanhando as explicações e realizando as atividades?
- Tive atitudes solidárias com o professor e com os colegas?
- Empenhei-me em consolidar meu conhecimento, resolvendo as atividades propostas?
- Ampliei meus conhecimentos do uso da Álgebra para resolver situações-problema?

PARA LER, PENSAR E DIVERTIR-SE

Ler

A importância de ler o rótulo dos alimentos

Os rótulos dos alimentos servem para informar ao consumidor sobre as propriedades nutricionais e as características do produto. Em casos em que o cliente é intolerante ou alérgico a algum ingrediente, por exemplo, a atenção ao rótulo pode evitar reações indesejáveis e reações alérgicas leves ou intensas.

Além disso, é possível utilizar as informações dos rótulos dos alimentos para criar uma dieta com a quantidade ideal de cada nutriente. Por exemplo, imagine que uma dieta equilibrada para um adulto exija a ingestão de 500 mg de vitamina C e de 14 mg de ferro diariamente. Considere também que essa pessoa tem à disposição 2 alimentos com os seguintes valores nutricionais.

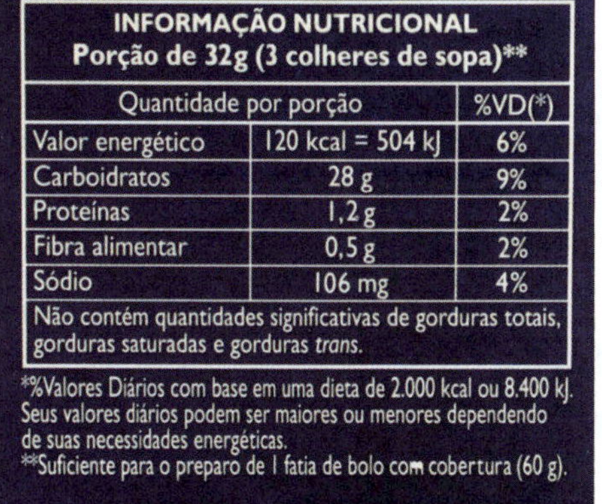

INFORMAÇÃO NUTRICIONAL Porção de 32g (3 colheres de sopa)**		
Quantidade por porção		%VD(*)
Valor energético	120 kcal = 504 kJ	6%
Carboidratos	28 g	9%
Proteínas	1,2 g	2%
Fibra alimentar	0,5 g	2%
Sódio	106 mg	4%
Não contém quantidades significativas de gorduras totais, gorduras saturadas e gorduras *trans*.		

*%Valores Diários com base em uma dieta de 2.000 kcal ou 8.400 kJ. Seus valores diários podem ser maiores ou menores dependendo de suas necessidades energéticas.
**Suficiente para o preparo de 1 fatia de bolo com cobertura (60 g).

Fernando Favoretto/Criar Imagem

Rótulo de um alimento.

Alimento **A**: 200 mg de vitamina C e 5 mg de ferro.

Alimento **B**: 50 mg de vitamina C e 2 mg de ferro.

Considerando que a quantidade de alimento *A* seja representada por *a* e a quantidade de alimento *B* por *b*, podemos escrever:

$$\begin{cases} 200a + 50b = 500 \\ 5a + 2b = 14 \end{cases}$$

Ao resolver esse sistema de equações do 1º grau com 2 incógnitas, podemos concluir que essa pessoa consegue obter as quantidades ideais diárias de vitamina C e de ferro consumindo 2 porções do alimento **A** e 2 porções do alimento **B**.

Pensar

Observe as charadas e tente resolvê-las.

+ + = 30

− = 2

+ + = 18

+ × = ?

Ilustrações: Murilo Moretti/Arquivo da editora

Divertir-se

Quadrado de números terminados em 5

Para elevar o número 45 ao quadrado, devemos efetuar $45^2 = 45 \cdot 45$. Mas, como essa conta é trabalhosa, podemos fazer o seguinte.

- Decompomos 45 na adição 20 + 25.
- Escrevemos então uma parcela seguida da outra: 2025.
- Obtemos assim o produto 2025, que é o quadrado de 45.

Fonte de consulta: TAHAN, Malba. *As maravilhas da Matemática*. São Paulo: Edições Bloch, 1987.

1 O cálculo foi bem simples, não foi? Mas será que vale sempre? Tente fazer o mesmo com 75^2.

2 Descubra qual é o outro número terminado em 5, entre 30 e 100, para o qual acontece o mesmo.

CAPÍTULO 6

Área e volume

Wandson Rocha/Arquivo da editora

Para saber de quantas peças de azulejo o pedreiro vai precisar para revestir toda a parede, ele fará cálculos envolvendo a medida de área da parede e a medida de área de cada peça.

Ilustrações: Wandson Rocha/Arquivo da editora

Para saber de quanta tinta a pintora vai precisar para pintar a outra parede, ela fará cálculos envolvendo a medida de área da parede e também a medida de volume de tinta e a medida de capacidade da lata de tinta que vai usar.

As imagens desta página não estão representadas em proporção.

Cálculos como esses serão estudados ao longo deste capítulo, com diferentes aplicações.

Converse com os colegas sobre estas questões e registrem as respostas.

1 Explique com suas palavras: O que é **grandeza**? Quais grandezas você já estudou?

2 As unidades de medida metro (m), metro quadrado (m^2) e metro cúbico (m^3) servem para medir quais tipos de grandeza?

3 Considere este cubo.

a) Qual é a medida de perímetro de uma das faces desse cubo?

b) E qual é a medida de área de uma das faces dele?

c) Qual é a medida de volume do cubo?

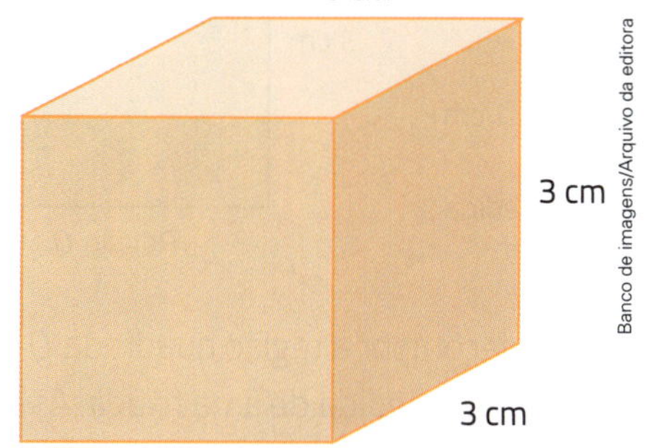

Banco de imagens/Arquivo da editora

4 Quais cálculos o pedreiro deve fazer para saber de quantas peças de azulejo vai precisar?

1 Retomando e aprofundando o cálculo de medida de área

É muito importante sabermos calcular a medida de área de uma superfície, pois muitas situações do dia a dia exigem esse tipo de cálculo. Por exemplo, o orçamento de alguns serviços, como a pintura de uma casa ou a colocação de pisos nos cômodos, é feito considerando o cálculo de medida de área.

Como esse cálculo é feito?

Para medir uma região do plano ocupada por uma figura *F* qualquer, comparamos *F* com uma unidade de medida de área, previamente fixada.

O resultado dessa comparação, que é a medida de área de *F*, indica quantas vezes a unidade de medida de área escolhida cabe em *F*.

Por exemplo, fixada a unidade de medida de área **u**, a medida de área da região plana *F* abaixo é de 6 unidades de medida de área, ou 6 u. E a medida de área da região plana *G* abaixo é de 4 u.

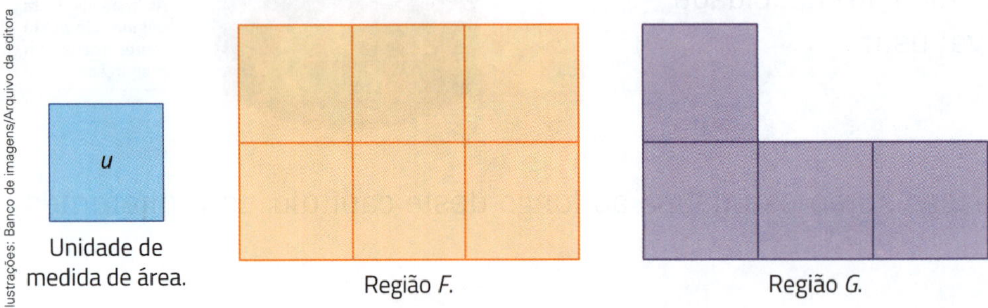

Ilustrações: Banco de imagens/Arquivo da editora

Unidade de medida de área.

Região *F*.

Região *G*.

Área de uma região quadrada

Uma unidade de medida de área bastante usada e que você já estudou é o centímetro quadrado (cm^2). Fixada essa unidade de medida de área, acompanhe como calcular a medida de área desta região quadrada *Q*.

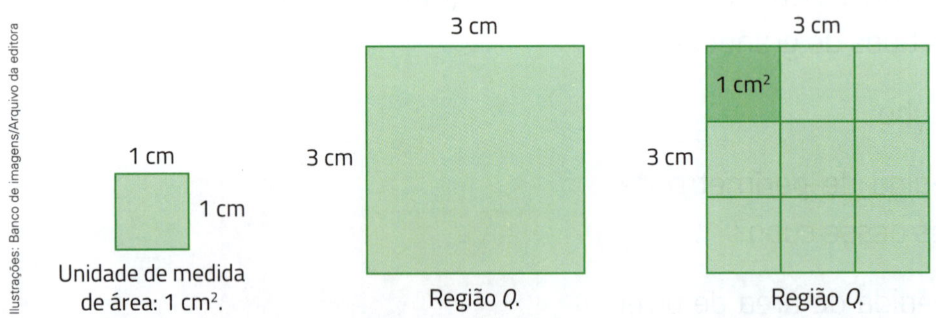

Ilustrações: Banco de imagens/Arquivo da editora

Unidade de medida de área: 1 cm^2.

Região *Q*.

Região *Q*.

É possível decompor a região quadrada *Q* em 9 regiões quadradas, justapostas, iguais à unidade de medida de área fixada. Assim, a região quadrada *Q* fica formada por 9 unidades de medida de área. Portanto, a medida de área dela é de 9 cm^2. Observe que $3^2 = 9$.

Logo, temos:

$$\text{Medida de área da região } Q\text{: } (3\ \text{cm})^2 = 9\ \text{cm}^2$$

Agora, acompanhe como calcular a medida de área desta região quadrada R, novamente fixando o centímetro quadrado (cm^2) como unidade de medida de área.

As imagens desta página não estão representadas em proporção.

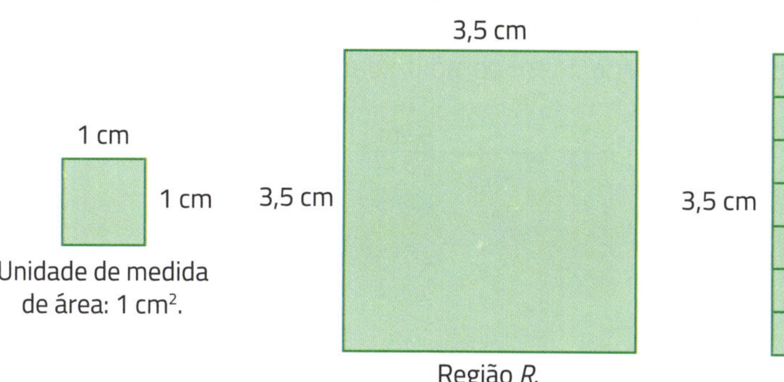

3,5 cm

3,5 cm

Região R.

0,5 cm

0,5 cm

Unidade de medida de área: 0,25 cm².

Ilustrações: Banco de imagens/Arquivo da editora

Não é possível decompor a região R em um número exato de regiões quadradas de medida de área de 1 cm².

Mas é possível decompor a região quadrada R em 49 regiões quadradas justapostas ($7 \cdot 7 = 49$), cada uma com medida de área de 0,25 cm². Assim, a medida de área da região quadrada R é de 12,25 cm² ($49 \cdot 0,25 = 12,25$).

Observe que $(3,5)^2 = 3,5 \cdot 3,5 = 12,25$.

Portanto, podemos escrever:

$$\text{Medida de área da região quadrada } R\text{: } (3,5 \text{ cm})^2 = 12,25 \text{ cm}^2$$

Em 2 exemplos vimos que, dada a medida de comprimento ℓ do lado da região quadrada, a medida de área dessa região quadrada é:

Os matemáticos já provaram que essa fórmula vale para qualquer valor racional positivo de ℓ.

Thiago Neumann/Arquivo da editora

ℓ

ℓ

Banco de imagens/Arquivo da editora

$$A = \ell \cdot \ell \text{ ou } A = \ell^2$$
(unidades de medida de área)

Se a medida de comprimento ℓ é dada em mm, cm ou m, então a medida de área A será dada em mm², cm² ou m², respectivamente.

Atividades

1 Determine a medida de área de uma região quadrada sabendo que a medida de comprimento do lado é de:

a) 17 cm;

b) 8,5 cm.

2 Calcule a medida de comprimento do lado de uma região quadrada cuja medida de área é de:

a) 169 m²;

b) 1,44 km².

3 Determine a medida de área de cada figura.

a)

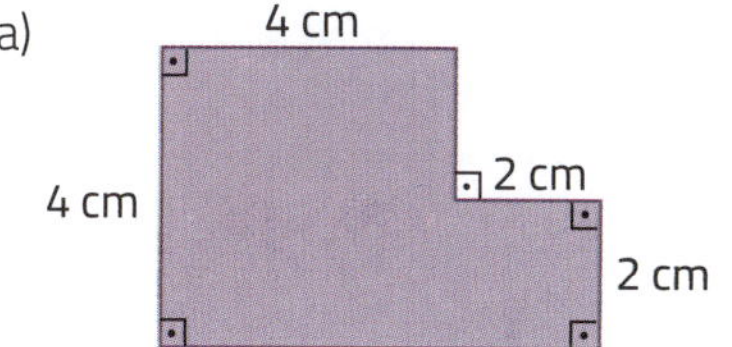

b)

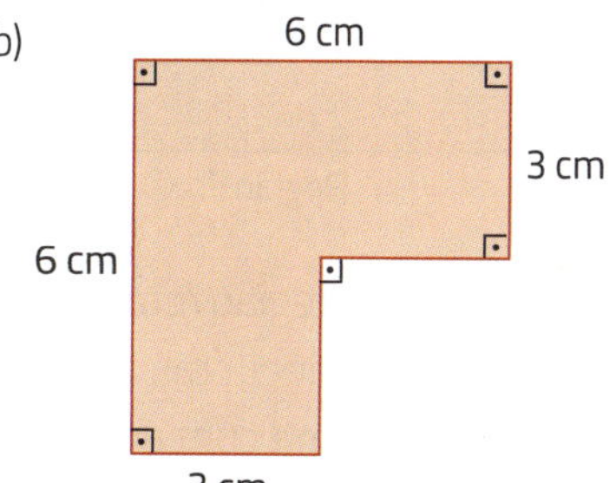

Ilustrações: Banco de imagens/Arquivo da editora

4 Uma folha de papel quadrada tem lados com medida de comprimento de 13,5 cm. Qual é a medida de área dessa folha?

Área de uma região retangular qualquer

Delfim Martins/Pulsar Imagens

Vista aérea de plantações.

Acompanhe como determinar a medida de área desta região retangular *S*, tendo fixado 1 cm² como unidade de medida de área.

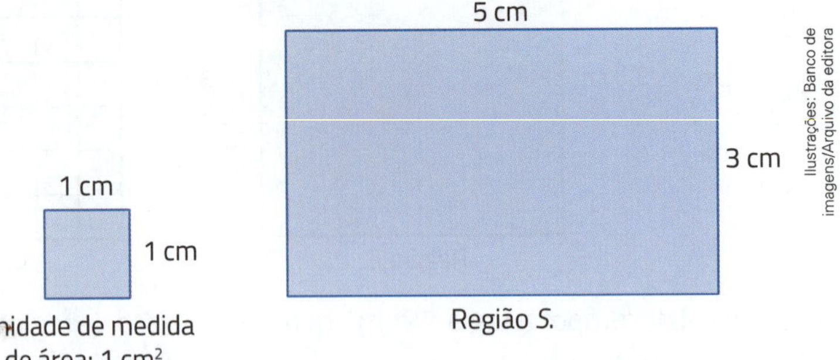

As imagens desta página não estão representadas em proporção.

Da mesma maneira como fizemos com as regiões quadradas *R* e *Q*, podemos decompor a região retangular *S* em 15 regiões quadradas justapostas, iguais à unidade de medida de área.

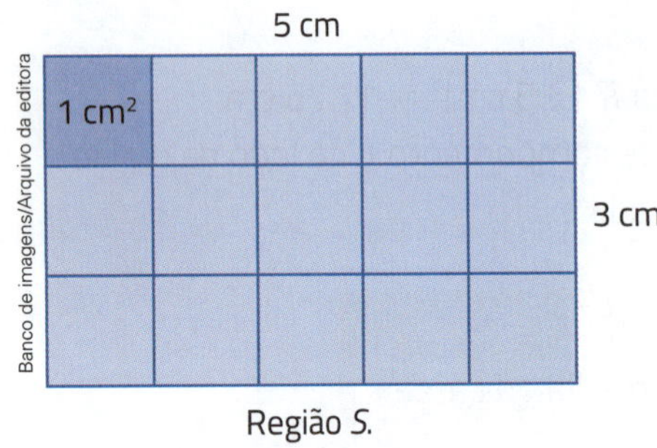

Região *S*.

Assim, essa região retangular fica formada por 15 unidades de medida de área e, portanto, a medida de área dela é de 15 cm². Observe que $15 = 3 \cdot 5$.

Logo:

Medida de área da região retangular *S*: 3 cm · 5 cm = 15 cm²

Vamos agora calcular a medida de área desta região retangular *T*, também tendo 1 cm² como unidade de medida de área.

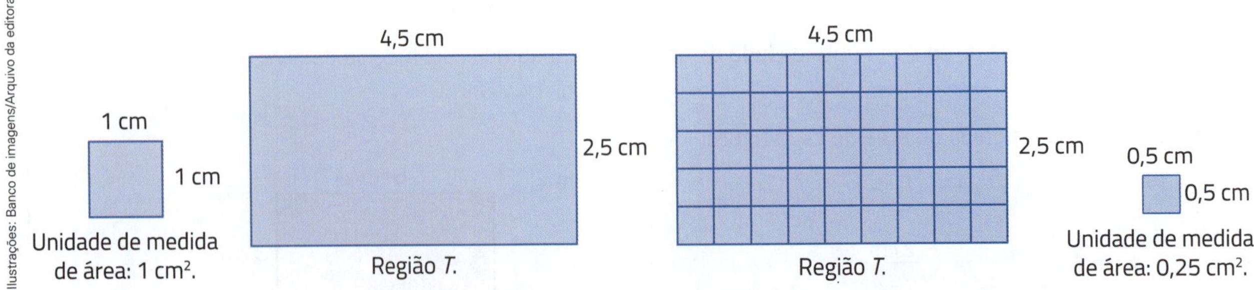

Não é possível decompor a região retangular *T* em um número exato de regiões quadradas de medida de área de 1 cm². Mas é possível decompor em 45 regiões quadradas justapostas, cada uma com medida de área de 0,25 cm². Assim, a medida de área da região retangular *T* é de 11,25 cm².

Observe que $2{,}5 \cdot 4{,}5 = 11{,}25$.

Assim, podemos escrever:

Medida de área da região retangular *T*: 2,5 cm · 4,5 cm = 11,25 cm²

Vimos 2 exemplos em que a medida de área da região retangular é dada pelo produto da medida de comprimento da base pela medida de comprimento da altura.

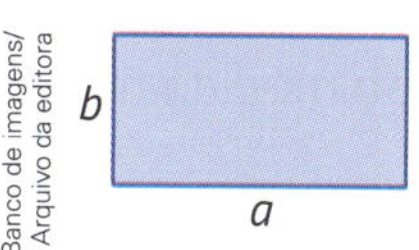

$A = a \cdot b$
(unidades de medida de área)

Os matemáticos já provaram que essa fórmula vale para quaisquer valores racionais positivos de *a* e *b*.
Thiago Neumann/Arquivo da editora

As imagens desta página não estão representadas em proporção.

Bate-papo

Podemos usar a fórmula da medida de área de uma região retangular para calcular a medida de área de uma região quadrada? Justifique.

Atividades

5 **Arredondamentos, cálculo mental e resultados aproximados.** Observe a região plana formada por uma região quadrada e uma região retangular.

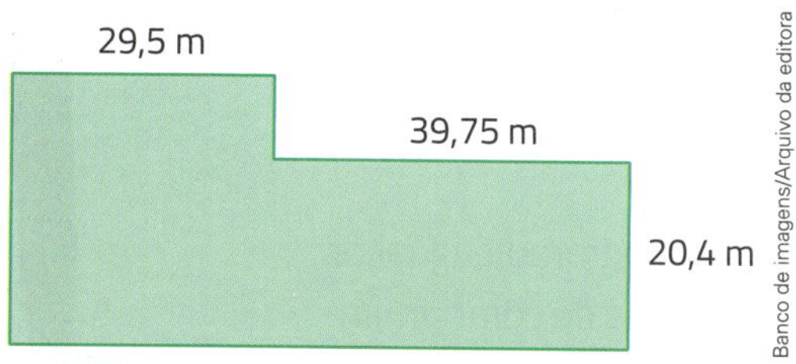

A medida de área dessa região plana está mais próxima de 1 500 m², 1 600 m² ou 1 700 m²?

6 Nair vai colocar carpete no consultório em que trabalha, cujas dimensões medem 4,5 m por 3,5 m. O preço do metro quadrado do carpete é R$ 54,00. Quanto Nair vai gastar na compra do carpete?

7 Uma caixa de creme dental com a forma de um bloco retangular tem as seguintes medidas das dimensões: 3 cm, 4 cm e 18 cm. Determine a medida de área da caixa planificada.

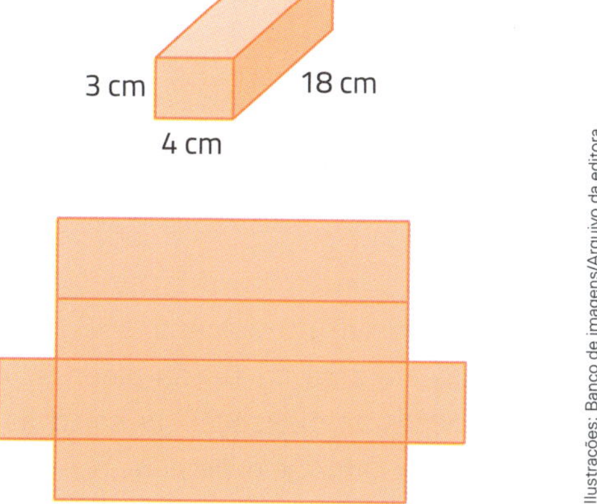

Ilustrações: Banco de imagens/Arquivo da editora

8 Para construir uma caixa com a forma de um bloco retangular sem tampa, Júlia recortou uma região poligonal de papelão, como esta figura, dobrou e colou com fita-crepe. Quantos centímetros quadrados de papelão ela usou?

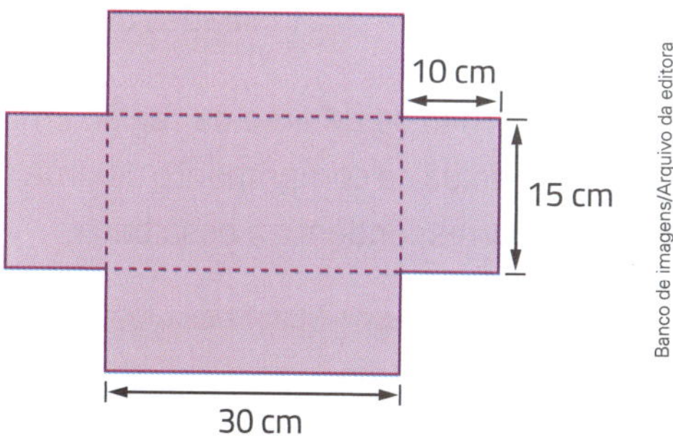

9 **Desafio.** **(Fuvest-SP)** O retângulo *ABCD* representa um terreno retangular cuja largura é $\frac{3}{5}$ do comprimento. A parte hachurada representa um jardim retangular cuja largura também é $\frac{3}{5}$ do comprimento.

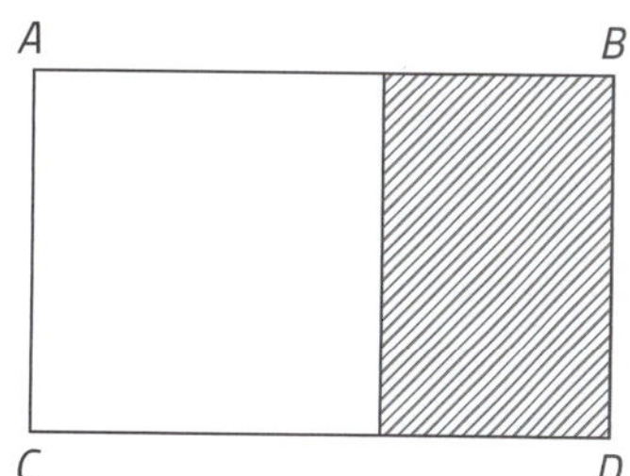

Qual a razão entre a área do jardim e a área total do terreno?

a) 30%
b) 36%
c) 40%
d) 45%
e) 50%

Área de uma região limitada por um paralelogramo

Vamos calcular a medida de área da região plana limitada pelo paralelogramo *ABCD*, tomando como base $\overline{AB}$, de medida de comprimento *b*, e a altura $\overline{DE}$ (perpendicular à base $\overline{AB}$), de medida de comprimento *h*.

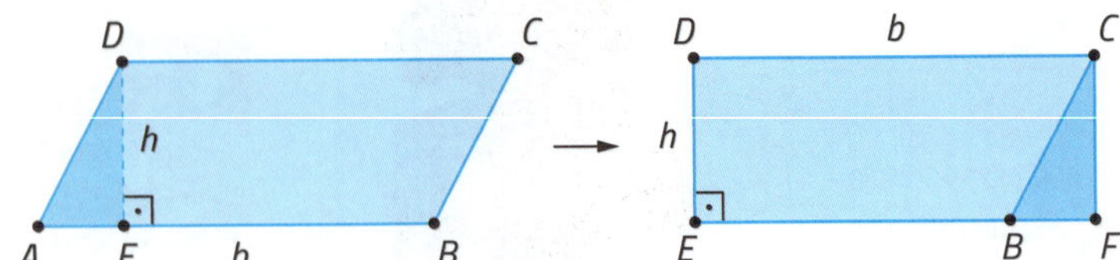

Ilustrações: Banco de imagens/Arquivo da editora

Você se lembra desta definição? **Paralelogramo** é um quadrilátero no qual os lados opostos são paralelos.

Thiago Neumann/Arquivo da editora

A medida de área da região *ABCD* é igual à medida de área da região retangular *EFCD*, obtida quando removemos a região triangular *DAE* para a posição *CBF*, pois não alteramos nem a medida de comprimento da base nem a medida de comprimento da altura.

Os triângulos *DAE* e *CBF* são congruentes.

Logo, a medida de área da região *ABCD* é calculada por:

$$A = b \cdot h$$
(unidades de medida de área)

Ou seja, a medida de área da região limitada por um paralelogramo é igual ao produto da medida de comprimento de uma das bases pela medida de comprimento da altura correspondente a essa base.

Saiba mais

Se tivermos 2 retas paralelas *r* e *s* e tomarmos um segmento de reta $\overline{AB}$ sobre *r*, então todas as regiões limitadas por paralelogramos *ABCD*, com *C* e *D* sobre a reta *s*, terão a mesma medida de área.
Esse fato pode ser observado em uma figura como esta.

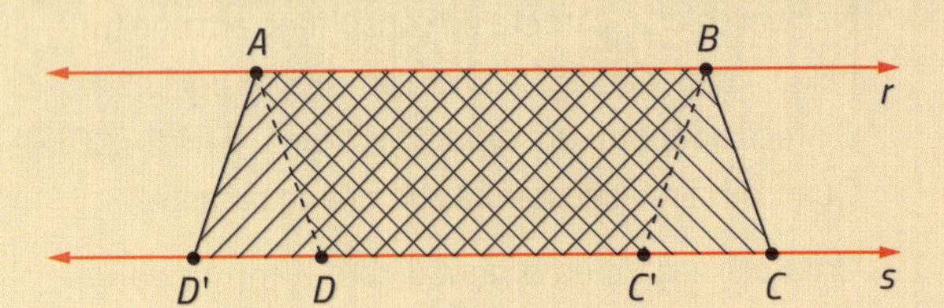

A região *ABCD* tem a mesma medida de área que a região *ABC'D'*.

Banco de imagens/Arquivo da editora

Atividades

10› A medida de área de uma região limitada por um paralelogramo é de 58,80 m². Considerando que uma das bases tem medida de comprimento de 10,50 m, qual é a medida de comprimento da altura correspondente a essa base?

11› Qual das figuras determina a região plana com maior medida de área: um quadrado com lados de medida de comprimento de 5,5 cm, um retângulo com lados de medida de comprimento de 6 cm e de 5 cm ou um paralelogramo com base de medida de comprimento de 7,4 cm e altura correspondente de medida de comprimento de 4 cm?

12› Em uma folha de papel, trace 2 retas paralelas *r* e *s*. Marque 2 pontos *A* e *B* sobre *r*. Em seguida, localize 2 pontos *C* e *D* sobre *s*, de modo que *ABCD* seja um paralelogramo. Constate que a medida de área da região plana determinada será a mesma, quaisquer que sejam as posições de *C* e *D*, conforme explicado no *Saiba mais*.

Área de uma região triangular

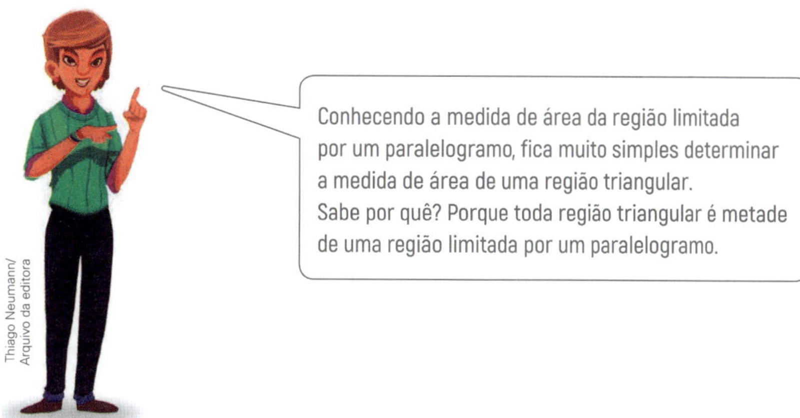

Conhecendo a medida de área da região limitada por um paralelogramo, fica muito simples determinar a medida de área de uma região triangular.
Sabe por quê? Porque toda região triangular é metade de uma região limitada por um paralelogramo.
Thiago Neumann/ Arquivo da editora

Dada a região triangular ABC, cuja medida de área queremos determinar, traçamos retas paralelas aos lados $\overline{AB}$ e $\overline{BC}$, determinando o ponto D e a região limitada pelo paralelogramo $ABCD$.

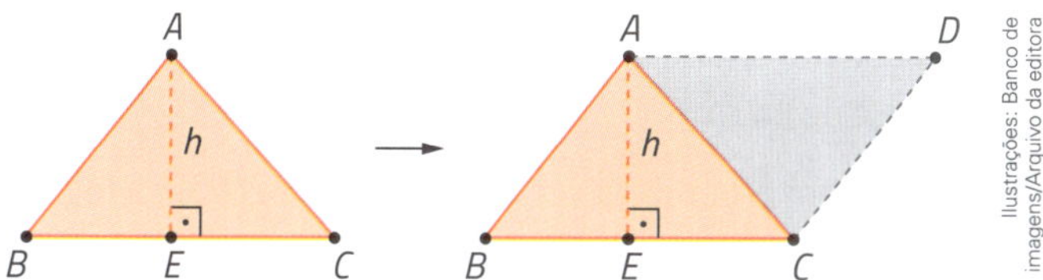

Consideremos a altura $\overline{AE}$ de medida de comprimento h desse paralelogramo.

Já sabemos que, se o lado $\overline{BC}$ tem medida de comprimento b, então a medida de área da região limitada pelo paralelogramo é bh.

Mas as regiões triangulares ABC e ADC são congruentes (pelo caso ALA de congruência de triângulos: eles têm 1 lado comum e os 2 ângulos adjacentes a ele respectivamente congruentes).

Logo, essas regiões triangulares têm medidas de área iguais.

Assim, temos:

$$\text{Medida de área da região } ABCD = 2 \cdot \text{medida de área da região triangular } ABC$$

Ou:

$$bh = 2 \cdot \text{medida de área da região triangular } ABC$$

Portanto, podemos indicar a medida de área da região triangular ABC por:

$$A = \frac{bh}{2} \text{ ou } A = \frac{1}{2}bh$$

(unidades de medida de área)

Atividades

13 ▸ Determine a medida de área de cada região plana.

a)

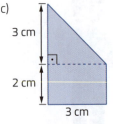

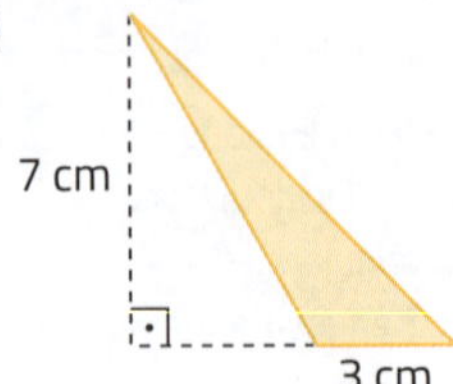

b)

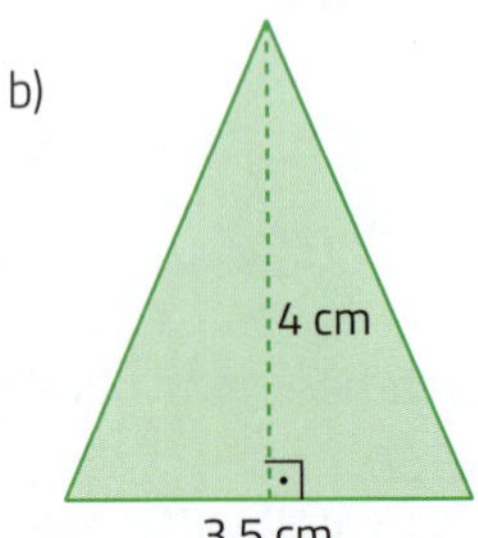

c)

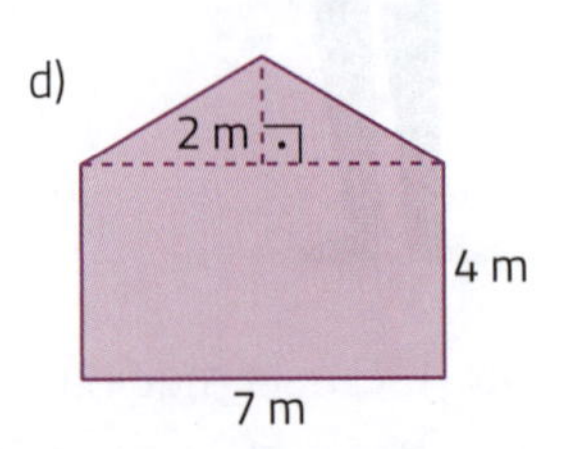

d)

Ilustrações: Banco de imagens/Arquivo da editora

As imagens desta página não estão representadas em proporção.

14 ▸ Qual é a medida de comprimento da altura de uma região triangular cuja base tem medida de comprimento de 8 cm e cuja medida de área é de 14 cm²?

15 ▸ As medidas de comprimento, em centímetros, da base e da altura de uma região triangular formam respectivamente o par ordenado (x, y), solução do sistema $\begin{cases} x + \ \ y = 13 \\ 5x - 2y = 30 \end{cases}$.

Determine a medida de área dessa região triangular.

16 ▸ Examine cada figura dada.

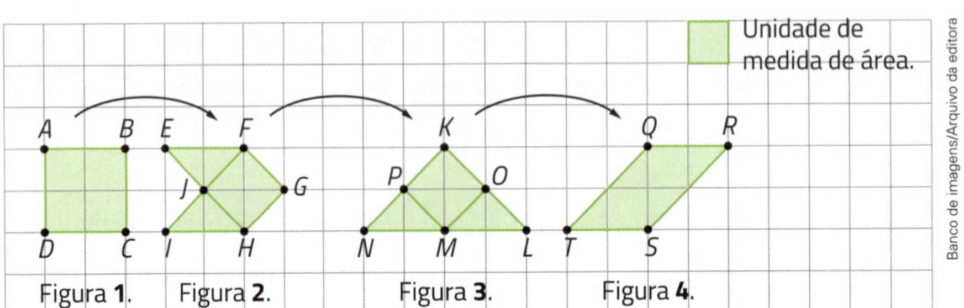

Banco de imagens/Arquivo da editora

Passamos da figura **1** para a **2**, da **2** para a **3** e da **3** para a **4**.

a) As medidas de área dessas 4 figuras são iguais? Justifique sua resposta.

b) Complete essa afirmação com as palavras corretas.

Duas figuras de formas ____________ podem ter medidas de área ____________.

c) Finalmente, em papel quadriculado, construa uma região triangular e uma região retangular com medidas de área iguais.

17 ▸ Determine a medida de área desta região plana *ABCD*.

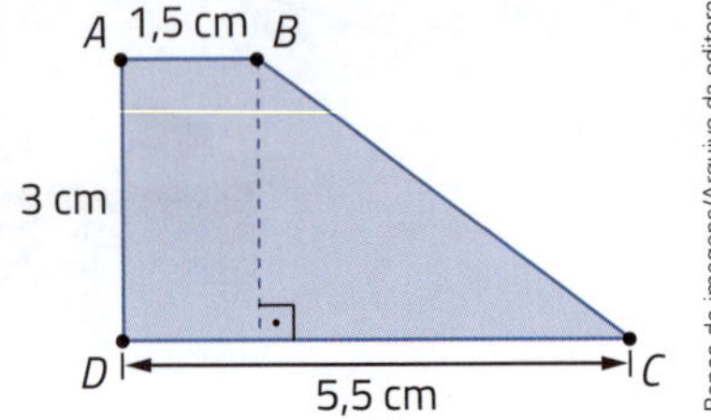

Banco de imagens/Arquivo da editora

CONEXÕES

Heron de Alexandria e o cálculo da medida de área de regiões triangulares

O matemático e inventor grego Heron de Alexandria (c. 10-c. 70) teve importante papel no desenvolvimento de vários conceitos matemáticos.

No principal trabalho dele sobre Geometria, denominado *Métrica*, ele apresentou diferentes maneiras de determinar: a medida de área de regiões triangulares; a medida de área de regiões limitadas por quadriláteros, por polígonos regulares de 3 a 12 lados e por elipses; a medida de área do círculo; e a medida de volume de cilindros, de cones e de esferas.

Nesse trabalho, ele demonstra uma fórmula que permite calcular a medida de área de uma região triangular sendo conhecidas as medidas de comprimento a, b e c dos 3 lados. Ela é chamada de **fórmula de Heron** e pode ser escrita da seguinte maneira:

$$A = \sqrt{p(p-a)(p-b)(p-c)},\ \text{com}\ p = \frac{a+b+c}{2}.$$

Bate-papo

p é chamado de **semiperímetro** do triângulo. Por que você acha que ele recebe esse nome?

Fonte de consulta: REPOSITÓRIO INSTITUCIONAL DA UFPI. Disponível em: <http://repositorio.ufpi.br/xmlui/bitstream/handle/123456789/729/Disserta%c3%a7%c3%a3o_Uchoa_18_11_2016.pdf?sequence=1>. Acesso em: 30 set. 2018.

Ao resolver um problema, podemos escolher a fórmula que usaremos dependendo dos dados do problema.

Veja estes exemplos.

Ilustrações: Banco de imagens/Arquivo da editora

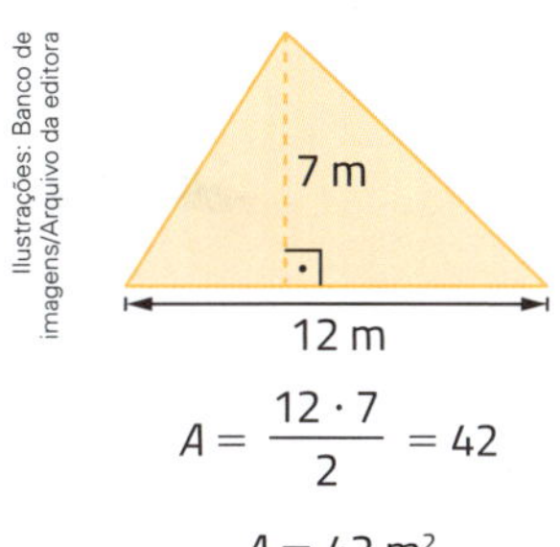

$$A = \frac{12 \cdot 7}{2} = 42$$

$$A = 42\ m^2$$

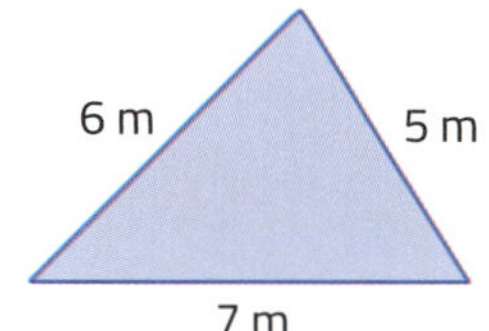

$$p = \frac{6+7+5}{2} = \frac{18}{2} = 9$$

$$A = \sqrt{9 \cdot 3 \cdot 2 \cdot 4} = \sqrt{216} \simeq 14{,}7 \text{ (com uma calculadora)}$$

$$A \simeq 14{,}7\ m^2$$

As imagens desta página não estão representadas em proporção.

Para calcular o valor de uma raiz quadrada não exata, podemos usar uma calculadora e obter uma **aproximação racional**, como no exemplo a seguir.
Teclamos 2 1 6 √ = e o visor mostrará 14,6969384567.
Então, a aproximação com 1 casa decimal é $\sqrt{216} \simeq 14{,}7$.

Questões

1› Você acha que é útil ter a possibilidade de calcular a medida de área de uma região triangular usando diferentes fórmulas? Justifique sua resposta.

2› Calcule a medida de área deste terreno triangular, que contém um ângulo interno reto e lados de medida de comprimento de 6 m, 8 m e 10 m. Utilize a fórmula estudada neste capítulo e, em seguida, a fórmula de Heron.

Paulo Manzi/Arquivo da editora

3› Calcule a medida de área de cada região triangular descrita, usando a fórmula que julgar mais conveniente.

a) Região triangular com lados de medida de comprimento de 10 cm, 26 cm e 24 cm.

b) Região triangular com um lado de medida de comprimento de 12,4 cm e altura correspondente de medida de comprimento 5 cm.

4› Calcule, pelas 2 fórmulas dadas, a medida de área de uma região triangular cujo contorno é um triangulo retângulo de lados de medida de comprimento de 5 cm, 12 cm e 13 cm.

Área de uma região limitada por um trapézio

Podemos decompor uma figura plana em regiões cujas medidas de área já sabemos calcular. Assim, a medida de área da figura plana será a soma das medidas de área das regiões em que a figura foi decomposta.

Por exemplo, vamos decompor a região limitada por um trapézio traçando uma das diagonais. Assim, obtemos a região limitada por um trapézio dividida em 2 regiões triangulares: uma região triangular de base de medida de comprimento B e altura de medida de comprimento h e outra região triangular de base de medida de comprimento b e altura de medida de comprimento h.

Dizemos que a medida de área de uma região trapezoidal é igual à metade do produto da soma das medidas de comprimento das bases pela medida de comprimento da altura.

Thiago Neumann/Arquivo da editora

b

h h

B

Banco de imagens/Arquivo da editora

Você já estudou como calcular a medida de área de uma região triangular. Portanto, a medida área da região trapezoidal é dada por:

$$A = \frac{Bh}{2} + \frac{bh}{2} = \frac{Bh + bh}{2} = \frac{(B + b)h}{2}$$

Ou seja:

$$A = \frac{(B + b)h}{2}$$

(unidades de medida de área)

Atividades

18 ▸ Determine a medida de área desta região limitada por este trapézio.

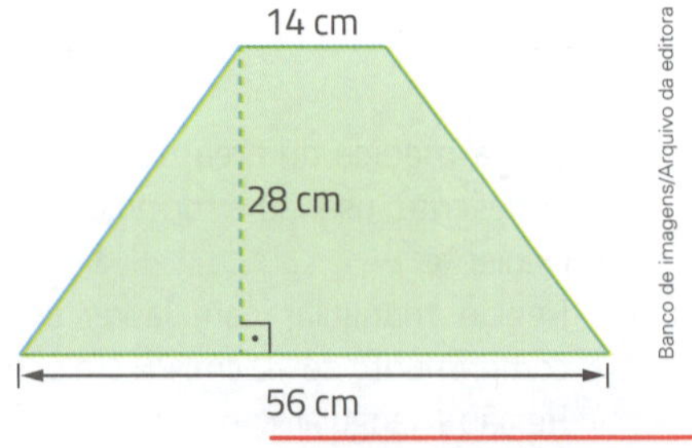

Banco de imagens/Arquivo da editora

As imagens desta página não estão representadas em proporção.

19 ▸ Uma placa de propaganda tem a forma de um trapézio e medida de área de 11,16 m². As bases têm medidas de comprimento de 4 m e 3,20 m. Qual é a medida de comprimento da altura dessa placa?

20 ▸ Determine a medida de área desta figura de 2 maneiras diferentes.

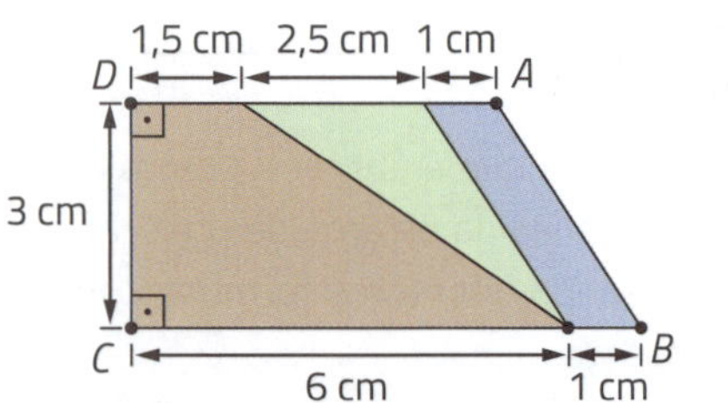

Banco de imagens/Arquivo da editora

21 ▸ Em um trapézio isósceles, a soma das medidas de comprimento das bases é de 14 m, a medida de área da região limitada por ele é de 28 m² e a medida de perímetro dela é de 24 cm. Determine as medidas de comprimento da altura e dos lados não paralelos dessa região.

Área de uma região limitada por um losango

Observe esta região limitada por um losango, cujas diagonais têm medidas de comprimento D e d.

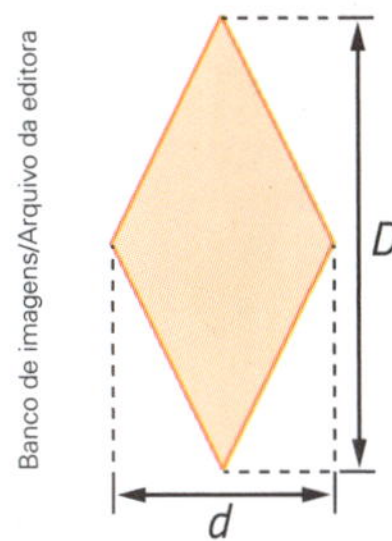

$$A = d \cdot \frac{D}{2} \text{ ou } A = \frac{Dd}{2}$$

(unidades de medida de área)

Dizemos que a medida de área da região determinada por um losango é igual à metade do produto das medidas de comprimento das diagonais (maior e menor).

Thiago Neumann/Arquivo da editora

As imagens desta página não estão representadas em proporção.

Explorar e descobrir

Use o método de decompor uma figura plana em regiões cujas medidas de área você sabe calcular para mostrar que a medida de área dessa região limitada por um losango é dada por $A = \frac{Dd}{2}$.

Saiba mais

De acordo com uma pesquisa publicada na revista americana *Science*, em 2002, um dos desenhos mais antigos feitos pelo ser humano foi um losango.

A pesquisa relata que arqueólogos encontraram, em uma caverna sul-africana, o exemplar mais antigo de imagem – abstrata ou figurativa – feita pelo *Homo sapiens*, com 77 mil anos. Os objetos similares mais antigos tinham 35 mil anos.

Para o pesquisador Christopher Henshilwood, os rabiscos em uma rocha, formando losangos, são propositais. "A superfície gravada foi preparada com uma raspagem", disse. O achado indica, para ele, que os habitantes da caverna já tinham linguagem oral desenvolvida.

Fonte de consulta: FOLHA DE S.PAULO. *Ciência*. Disponível em: <www1.folha.uol.com.br/folha/ciencia/ult306u5749.shtml>. Acesso em: 27 jul. 2018.

Reprodução/Science Magazine

Exemplar mais antigo já descoberto de imagem feita pelo *Homo sapiens*.

Atividades

22 Determine a medida de área de uma região plana limitada por um losango com diagonais de medida de comprimento de 10 cm e 2,5 cm.

23 Uma região plana **A** limitada por um losango tem diagonais com medidas de comprimento de 4 cm e 5 cm. Dobrando as medidas de comprimento das 2 diagonais, obtemos uma nova região plana **B**, também limitada por um losango. A medida de área da região plana **B** equivale a quantas vezes a medida de área da região plana **A**?

24 Sabendo que a medida de área de uma região limitada por um losango é de 6,67 m² e a medida de comprimento da diagonal maior é de 5,8 m, qual é a medida de comprimento da diagonal menor?

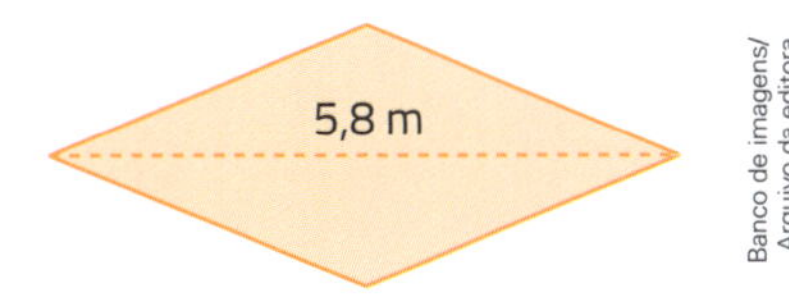

Banco de imagens/Arquivo da editora

Cálculo aproximado de medidas de áreas

Quais métodos podemos adotar para determinar a medida de área de regiões com formas irregulares, que não correspondem a regiões planas já estudadas?

Thiago Neumann/Arquivo da editora

Acompanhe um exemplo que utiliza um método bastante original, extraído de uma questão do Exame Nacional do Ensino Médio (Enem).

Para calcular a medida de área de uma cidade, um engenheiro copiou a planta da cidade em uma folha de papel de boa qualidade, recortou-a e pesou-a em uma balança de precisão, obtendo a medida de massa de 40 g.

Em seguida, ele recortou, do mesmo desenho, uma praça cujas dimensões reais têm medidas de 100 m × 100 m, pesou o recorte na mesma balança e obteve a medida de massa de 0,08 g.

Mauro Souza/Arquivo da editora

Banco de imagens/Arquivo da editora

Podemos calcular a medida de área da cidade, nessa situação, utilizando uma regra de três simples, com grandezas diretamente proporcionais.

Grandezas diretamente proporcionais

Medida de área (em m²)	Medida de massa (em g)
100 × 100	0,08
x	40

Tabela elaborada para fins didáticos.

$$x = \frac{400\,000}{0{,}08} = 5\,000\,000$$

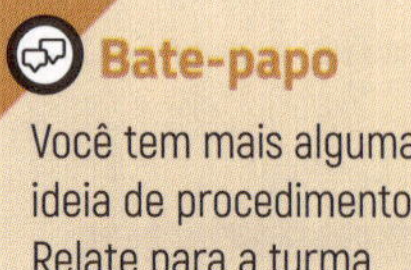

Bate-papo

Você tem mais alguma ideia de procedimento? Relate para a turma.

Portanto, podemos dizer que a medida de área da cidade é de aproximadamente 5 000 000 m² ou 5 km².

Veja agora outro exemplo, com uma nova sugestão de procedimento.

Vamos calcular a medida de área desta região *R*.

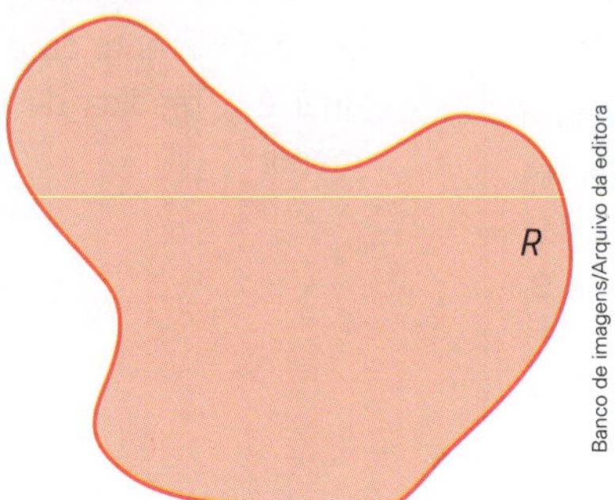

Banco de imagens/Arquivo da editora

- Primeiro decalcamos essa região em uma malha quadriculada e contamos o maior número possível de regiões quadradas inteiras que cabem no interior dela.
  Cabem 34 regiões quadradas inteiras no interior da região *R*. Então, dizemos que a **medida de área por falta** da região *R* é de 34 □.

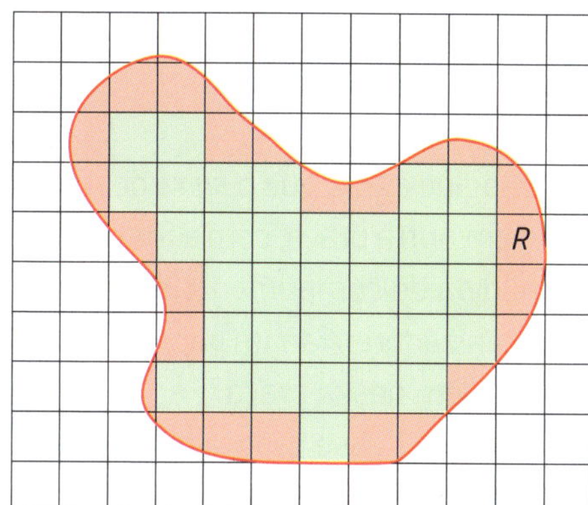

- Em seguida, contamos o menor número possível de regiões quadradas inteiras que cobrem totalmente a região *R*. São 67 regiões quadradas inteiras que cobrem a região *R*.
  Então, dizemos que a **medida de área por excesso** da região *R* é de 67 □.

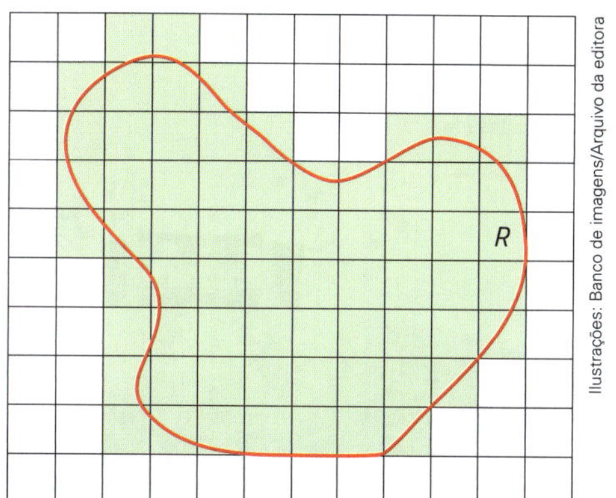

Ilustrações: Banco de imagens/Arquivo da editora

- Como descobrir qual é a medida de área aproximada de *R*? Essa medida é maior do que 34 □ e menor do que 67 □.
  Uma razoável aproximação para essa medida é dada pela **média aritmética** dos dois valores encontrados:

$$A \simeq \frac{34\,\square + 67\,\square}{2} = 50{,}5\,\square$$

Como a medida de área de cada □ malha quadriculada é de $(0{,}5 \text{ cm})^2 = 0{,}25 \text{ cm}^2$, temos que a medida de área aproximada da região *R* é:

$$A \simeq 50{,}5 \cdot 0{,}25 \text{ cm}^2 \simeq 12{,}63 \text{ cm}^2$$

Atividade

25 ▸ Calcule a medida de área aproximada de cada região plana, em centímetros quadrados.

a)

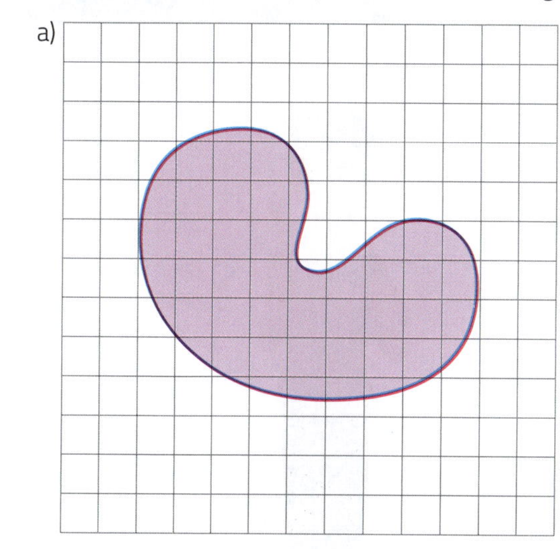

b)

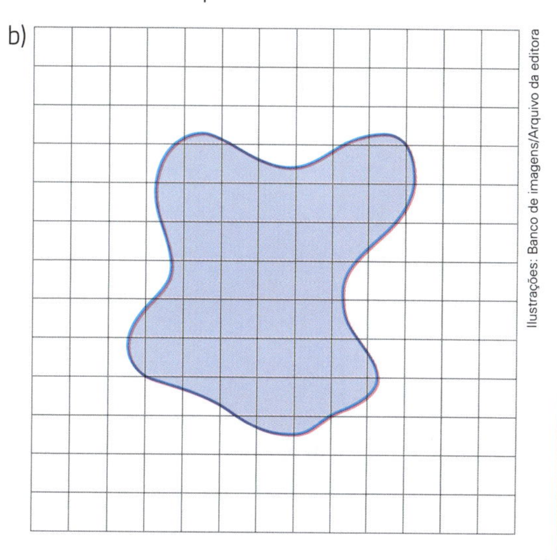

Ilustrações: Banco de imagens/Arquivo da editora

Área de um círculo

Os organizadores de um *show* de *rock* fizeram uma estimativa de que cabem 6 300 pessoas em uma praça retangular com lados de medida de comprimento de 30 m por 42 m, considerando 5 pessoas por metro quadrado.

Mauro Souza/Arquivo da editora

Bate-papo

Converse com os colegas, façam os cálculos e confirmem quantas pessoas cabem nessa praça.

As imagens desta página não estão representadas em proporção.

Mauro Souza/Arquivo da editora

Imagine agora que o *show* de *rock* fosse acontecer em outra praça, com a forma circular de raio de medida de comprimento de 20 metros. Como os organizadores fariam para saber quantas pessoas cabem nessa praça?

Haveria, nesse caso, a necessidade do cálculo da medida de área de um círculo.

Vamos ver 2 situações que sugerem o cálculo da medida de área de um círculo, a partir da medida de comprimento do raio, e permitem que se obtenha um valor bastante aproximado da medida de área.

- Imagine o raio do círculo abaixo com medida de comprimento de 4 cm.

  Calculamos a medida de área aproximada do círculo somando as medidas de área de todas as partes.

  $$A = 32 \cdot 1 + 12 \cdot 0{,}9 + 8 \cdot 0{,}6 + 8 \cdot 0{,}2 = 32 + 10{,}8 + 4{,}8 + 1{,}6 = 49{,}2$$

  Logo, $A \simeq 49{,}2\ \text{cm}^2$.

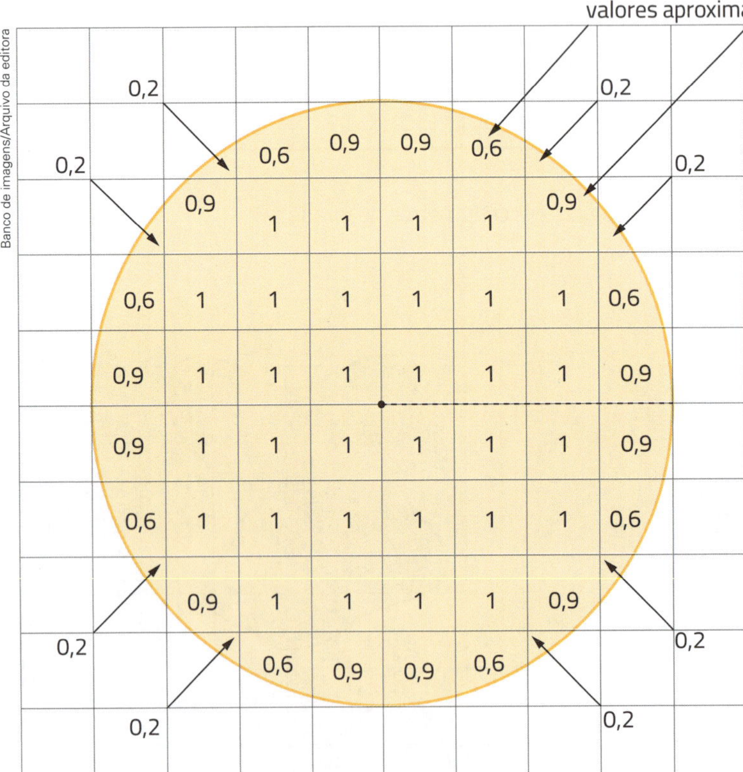

Banco de imagens/Arquivo da editora

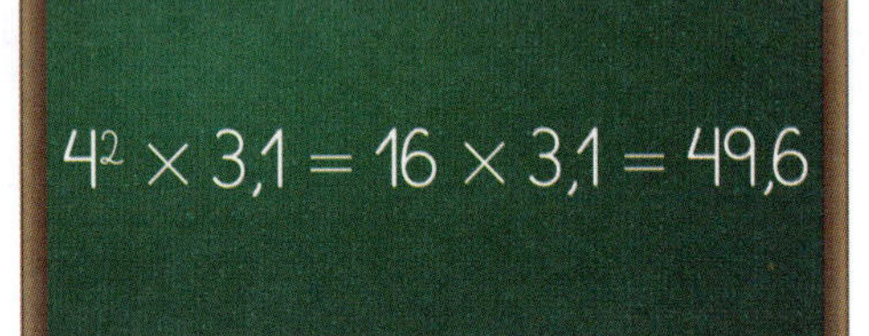

Banco de imagens/Arquivo da editora

Veja o que acontece quando multiplicamos o quadrado da medida de comprimento do raio por 3,1.

Obtemos um valor próximo de 49,2, valor obtido no cálculo experimental da medida de área do círculo.

Thiago Neumann/Arquivo da editora

- Considere uma região quadrada verde, um círculo lilás e uma região quadrada rosa sobrepostas, como mostra a figura ao lado.

  a) Podemos ver, no diagrama, que a medida de área do círculo é:
   - menor do que a medida de área da região quadrada verde;
   - maior do que a medida de área da região quadrada laranja.

  b) A parte hachurada da região quadrada verde é uma região quadrada cujo lado corresponde ao raio do círculo.
  A medida de área da região hachurada é dada por $r \cdot r = r^2$.
  Assim, a medida de área da região quadrada verde é $4 \cdot r^2$ ou $4r^2$.

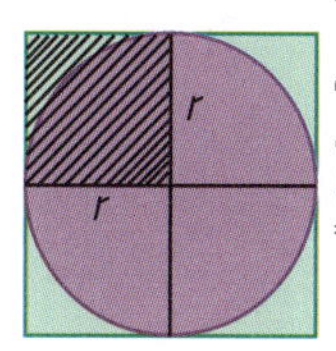

Ilustrações: Banco de imagens/Arquivo da editora

  c) Agora, observe o diagrama com a região quadrada laranja inscrita no círculo.

  A medida de área da região hachurada é dada por $\dfrac{r \times r}{2} = \dfrac{r^2}{2}$.
  A medida de área da região quadrada laranja é dada por $4 \cdot \dfrac{r^2}{2} = 2r^2$.

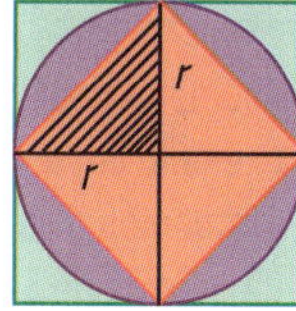

Analisando as afirmações dos itens **a**, **b** e **c**, podemos concluir que a medida de área do círculo é maior do que $2r^2$ e menor do que $4r^2$.

Como a média de 4 e 2 é igual a 3 $\left(\dfrac{4+2}{2} = \dfrac{6}{2} = 3\right)$, temos que a medida de área do círculo está próxima de $3r^2$.

Esse número próximo de 3, que é multiplicado por r^2, é o número irracional conhecido como **pi** ($\pi = 3{,}141592...$), ou seja, a medida de área de um círculo, com raio de medida de comprimento r, é dada por:

$$A = \pi r^2$$
(unidades de medida de área)

Observação: Podemos usar diferentes aproximações racionais para o π, como 3 ou 3,1 ou 3,14.

> Você já conhece alguns números irracionais, como as dízimas não periódicas e as raízes quadradas de números naturais que não são quadrados perfeitos. Esses números serão estudados no livro do 9º ano.

Explorar e descobrir

1▸ Trace uma circunferência em uma folha de papel sulfite colorida e recorte o círculo delimitado por ela. Em seguida, dobre o círculo em 16 setores iguais e, depois, desdobre-o. Veja como fazer as dobras.

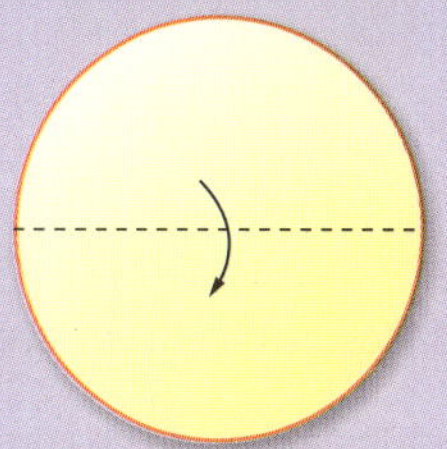
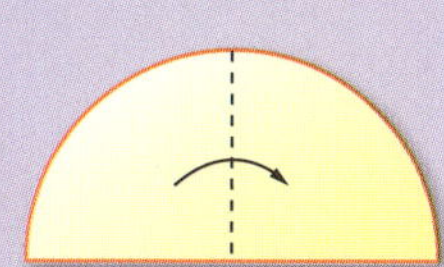
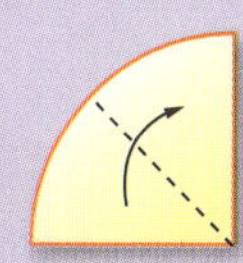
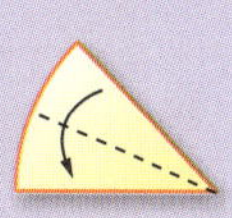

Ilustrações: Banco de imagens/Arquivo da editora

Recorte todos os setores circulares obtidos e cole-os em uma folha de papel sulfite de modo a obter uma região plana como a representada aqui.

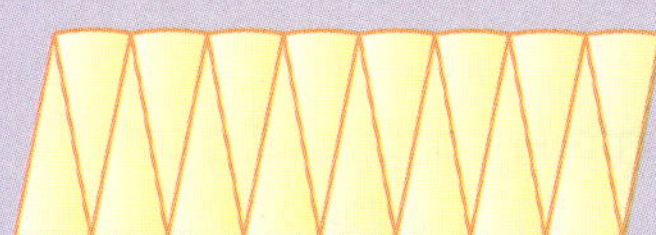

2› Agora, responda aos itens considerando a região plana que você obteve.

a) Essa região se parece com qual região plana?

b) Sendo r a medida de comprimento do raio do círculo, qual expressão representa a medida de comprimento da altura dessa região? Indique-a na figura que você colou.

c) Qual expressão representa a medida de comprimento da base? Explique sua resposta e indique a expressão também na figura.

d) Observe que a medida de área dessa região também é a medida de área do círculo. A partir das expressões obtidas, qual é a fórmula da medida de área do círculo?

Acompanhe um exemplo em que efetuamos o cálculo da medida de área de um círculo.

Thiago Neumann/Arquivo da editora

Considere um círculo cujo raio tem medida de comprimento de 3 cm.

As imagens desta página não estão representadas em proporção.

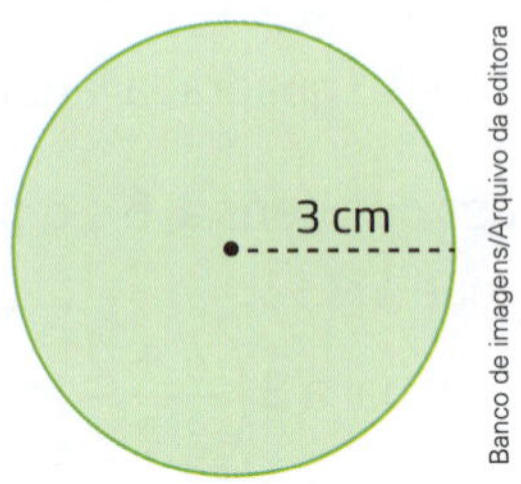

Banco de imagens/Arquivo da editora

A medida de área **exata** desse círculo pode ser indicada assim:

$$A = \pi \cdot (3\text{ cm})^2 = 9\pi\text{ cm}^2$$

Usando um valor aproximado para π, por exemplo 3,14, podemos indicar a medida de área **aproximada** do círculo por:

$$A \simeq 9 \cdot 3{,}14\text{ cm}^2 = 28{,}26\text{ cm}^2$$

Observação: Devemos estar sempre atentos para não confundir a medida de comprimento da circunferência (ou medida de perímetro da circunferência) com a medida de área do círculo. Perímetro e área são grandezas diferentes. Veja:

Medida de comprimento da circunferência	Medida de área do círculo
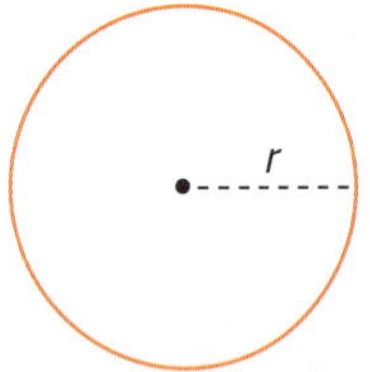 r	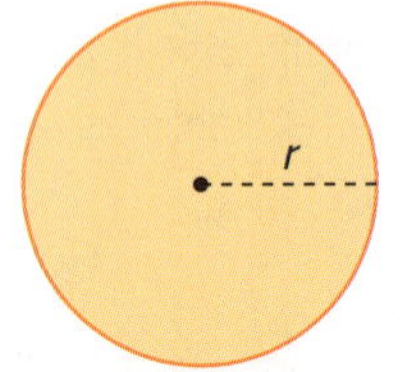 r
$C = 2\pi r$ (unidades de medida de comprimento)	$A = \pi r^2$ (unidades de medida de área)
C: produto do dobro da medida de comprimento do raio por π, na unidade **u** de medida de comprimento.	A: produto do quadrado da medida de comprimento do raio por π, na unidade **u²** de área.

Ilustrações: Banco de imagens/Arquivo da editora

Por exemplo, considere uma circunferência e um círculo, ambos com raio de medida de comprimento de 6 cm.

- Medida de comprimento da circunferência: $C = \underbrace{12}_{\text{dobro de 6}}\ \pi\text{ cm}$
- Medida de área do círculo: $A = \underbrace{36}_{\text{quadrado de 6}}\ \pi\text{ cm}^2$

Atividades

26 Usando o círculo e as medidas de área dadas, verifique se, para um círculo de raio de medida de comprimento 3 u, a medida de área aproximada do círculo fica próxima de $3^2 \cdot 3,1$ u².

As imagens desta página não estão representadas em proporção.

0,1							0,1
		0,5	0,9	0,9	0,5		
	0,5	1	1	1	1	0,5	
	0,9	1	1	1	1	0,9	
	0,9	1	1	1	1	0,9	
	0,5	1	1	1	1	0,5	
		0,5	0,9	0,9	0,5		
0,1							0,1

Banco de imagens/Arquivo da editora

27 Voltemos à questão do *show* de *rock* na praça circular. Agora, diante do que foi estudado, calcule quantas pessoas cabem, aproximadamente, em uma praça circular de raio de medida de comprimento de 20 metros, considerando 5 pessoas por metro quadrado. Use $\pi = 3,14$.

28 Calcule a medida de área aproximada de cada figura, usando $\pi = 3,14$.

a) Semicírculo com 7 cm de medida de comprimento do raio.

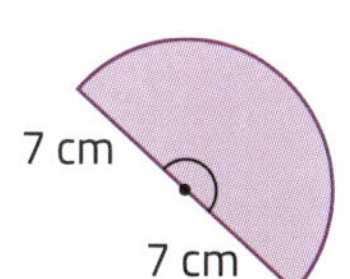

b) Quarto de círculo com 9 dm de medida de comprimento do raio.

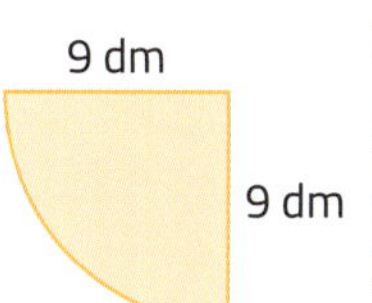

c) Figura formada por um quarto de círculo e uma região plana limitada por um trapézio.

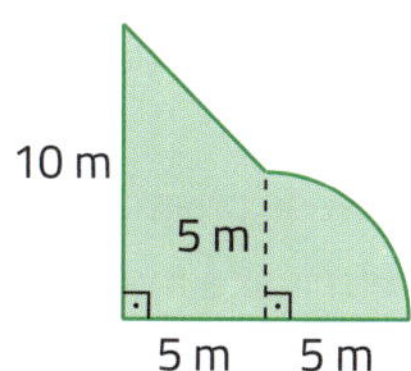

Ilustrações: Banco de imagens/Arquivo da editora

29 Examine as figuras **A**, **B** e **C** e faça os registros necessários.

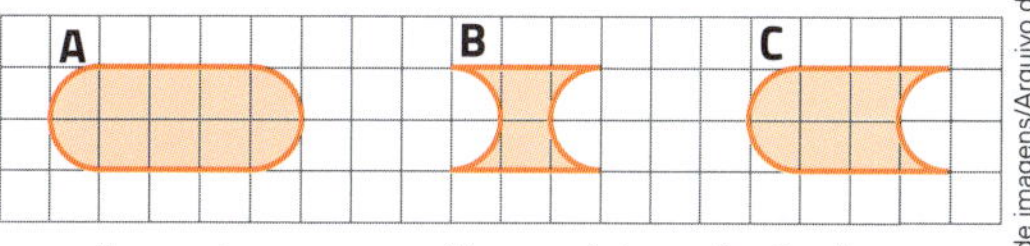

As partes curvas são semicircunferências.

Banco de imagens/Arquivo da editora

a) Compare as medidas de perímetro dessas figuras.

b) Indique as medidas de área dessas figuras em ordem crescente.

30 A parte pintada de verde nesta figura é conhecida por **coroa circular**. A medida de área dela pode ser calculada subtraindo a medida de área do círculo interno da medida de área do círculo externo.

Sabendo disso, calcule a medida de área dessa coroa circular, que tem o raio do círculo maior com medida de comprimento de 6 cm e o raio do círculo menor, de 3 cm. Use $\pi = 3,14$.

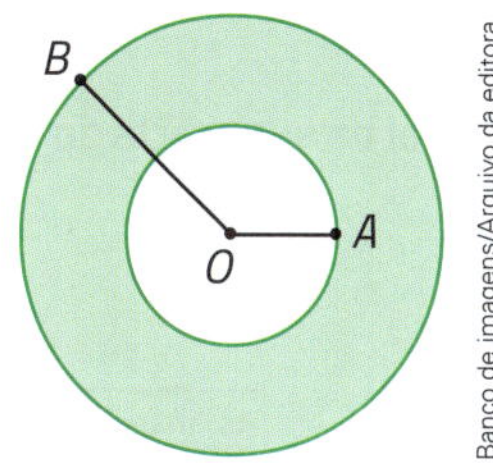

Banco de imagens/Arquivo da editora

$OA = 3$ cm e $OB = 6$ cm.

31 Uma circunferência tem diâmetro de medida de comprimento *d*. Como podemos escrever a fórmula da medida de área dessa circunferência?

32 Considerando os círculos C_1 e C_2 dados, calcule o que se pede e escreva na forma de fração irredutível.

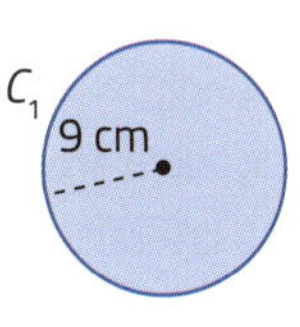

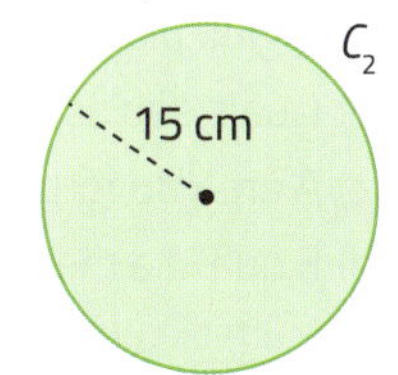

Ilustrações: Banco de imagens/Arquivo da editora

a) A razão entre as medidas de comprimento dos raios de C_1 e C_2.

b) A razão entre as medidas de perímetro de C_1 e C_2.

c) A razão entre as medidas de área de C_1 e C_2.

33 Conversem sobre estas questões e registrem as respostas.

a) Se *k* é a razão entre as medidas de 2 grandezas lineares correspondentes em 2 regiões planas semelhantes, então qual é a razão entre as medidas de perímetro dessas regiões?

> **Lembre-se: Figuras semelhantes** têm a mesma forma, têm as mesmas medidas de abertura dos ângulos correspondentes e têm os lados correspondentes com medidas de comprimento proporcionais.

b) E entre as medidas de área?

c) Essas conclusões a que vocês chegaram se confirmam com as razões calculadas para os círculos da atividade anterior?

Área lateral e área total da superfície de sólidos geométricos

Podemos aplicar as noções e as fórmulas da área de figuras planas para calcular a medida de área da superfície de sólidos geométricos (cilindros e prismas). Para isso, resolva as atividades a seguir, conversando e trocando ideias com os colegas sempre que possível.

Atividades

Use $\pi = 3{,}14$ nas atividades, quando necessário.

34 **Área lateral da superfície de um cilindro.** Considere esta lata de ervilha, com a forma de um cilindro.

As imagens desta página não estão representadas em proporção.

Paulo Manzi/Arquivo da editora

a) Se tirarmos o rótulo dessa lata cilíndrica e o esticarmos sobre um plano, então obteremos a forma de qual região plana?

b) Quais são as medidas das dimensões desse rótulo?

c) A área do rótulo corresponde à **área lateral** do cilindro. Qual é a medida de área desse rótulo?

d) E qual é a medida de área lateral de um cilindro cuja altura tem medida de comprimento de 8 cm e cuja base é um círculo com raio de medida de comprimento de 4,1 cm?

35 **Área lateral de um prisma.** Observe este prisma de base triangular.

12 cm
15 cm
10 cm
8 cm
Banco de imagens/Arquivo da editora

a) Quantas faces laterais esse prisma tem?

b) Cada face lateral tem a forma de qual região plana?

c) Calcule a medida de área de cada face lateral.

d) Adicione as 3 medidas obtidas no item **c** para obter a medida de área lateral desse prisma.

e) Qual é a medida de perímetro de cada uma das bases desse prisma?

f) Agora, use o resultado encontrado no item **e** para determinar a medida de área lateral do prisma.

36 **Área total da superfície de um cilindro.** Considere um cilindro de medida de comprimento da altura de 8 cm e medida de comprimento do raio de 3 cm.

a) Qual é a medida de área lateral desse cilindro?

b) Qual é a medida de área de cada base?

c) Qual é a medida de área total da superfície do cilindro? Explique aos colegas como você determinou essa medida.

37 **Área total da superfície de um prisma.** Considere um prisma de base quadrada de medida de comprimento da altura de 7 cm e medida de comprimento dos lados da base de 2 cm.

a) Qual é a medida de área lateral desse prisma?

b) Qual é a medida de área de cada base?

c) Qual é a medida de área total da superfície desse prisma? Explique aos colegas como você determinou essa medida.

Qual é a medida de área?

Com este jogo você vai aplicar o que estudou sobre medidas de área de regiões planas. Preste atenção nas orientações e bom jogo!

Orientações

Número de participantes: 2 jogadores.

Material necessário: 1 dado.

Preparação

Antes de começar a partida, os jogadores devem elaborar uma tabela com os nomes deles para marcar os pontos obtidos em cada rodada.

Como jogar

Na sua vez, cada jogador deve girar um clipe na roleta, com auxílio de um lápis, para determinar a região plana cuja medida de área será calculada.

Em seguida, o jogador deve identificar a fórmula para o cálculo da medida de área da região plana sorteada, e as medidas de comprimento que serão usadas no cálculo devem ser obtidas lançando o dado tantas vezes quantas forem necessárias.

Por exemplo, se a região plana sorteada na roleta for uma região triangular, então o jogador deve lançar o dado 2 vezes para obter a medida de comprimento da altura e a medida de comprimento da base da região triangular.

A medida de área que será calculada corresponderá aos pontos obtidos pelo jogador na rodada. E o vencedor da partida será quem fizer mais pontos após 4 rodadas.

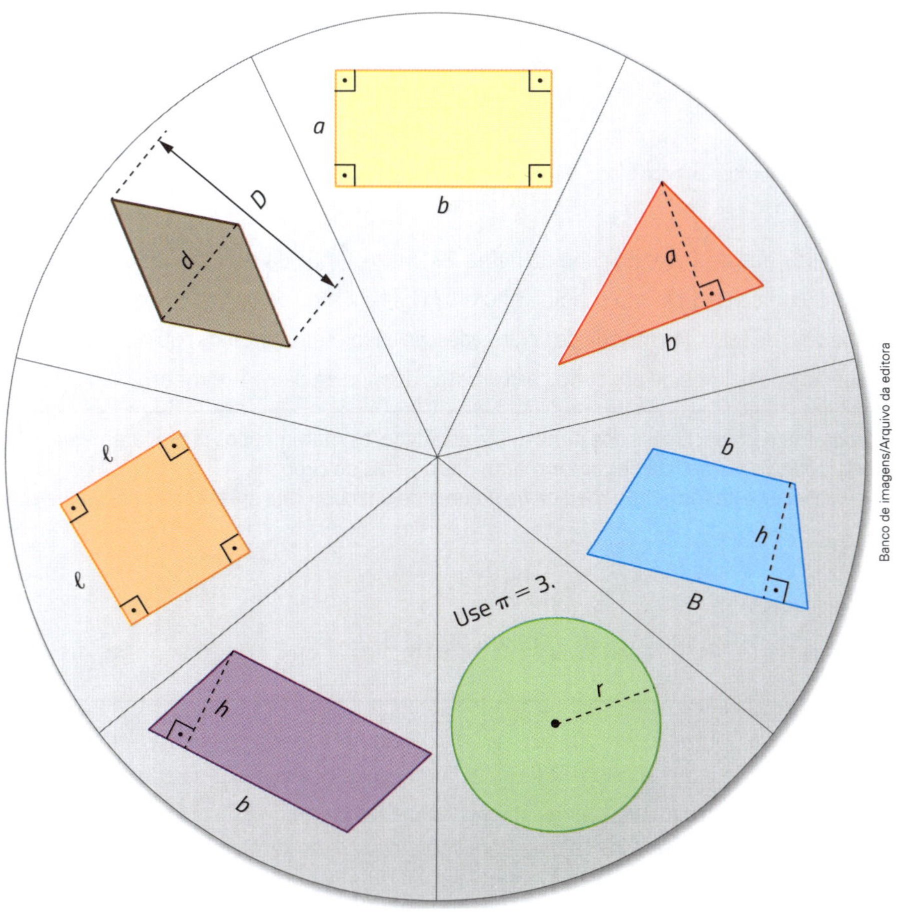

Banco de imagens/Arquivo da editora

2 Retomando e aprofundando o cálculo de medidas de volume e medidas de capacidade

Você já estudou, nos anos anteriores, a ideia intuitiva de medida de volume de um sólido geométrico. Trata-se da quantidade de espaço que esse sólido geométrico ocupa.

Também já estudou a ideia intuitiva de medida de capacidade de um recipiente (objeto com espaço interno disponível). A medida de capacidade corresponde à medida de volume da parte interna do recipiente.

Assim, volume e capacidade são as mesmas grandezas em situações diferentes.

Agora, vamos retomar essas ideias e aprofundá-las nas atividades a seguir.

Explorar e descobrir

1 Volume de um cubo. Um cubo com arestas de medida de comprimento de 1 cm tem medida de volume de 1 cm³ (figura 1). Considerando esse cubo como unidade de medida de volume, observe as demais figuras.

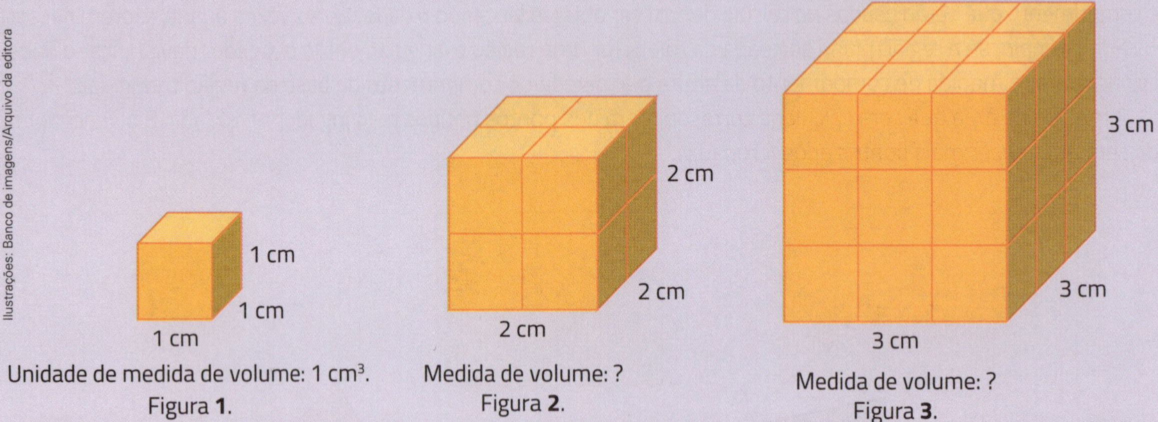

Unidade de medida de volume: 1 cm³.
Figura **1**.

Medida de volume: ?
Figura **2**.

Medida de volume: ?
Figura **3**.

a) Há quantos cubinhos de 1 cm³ no cubo da figura **2**? Qual é a medida de volume do cubo da figura **2**?

b) Há quantos cubinhos de 1 cm³ no cubo da figura **3**? Qual é a medida de volume do cubo da figura **3**?

c) Há outra maneira de calcular a medida de volume desses cubos sem contar os cubinhos que os formam? Explique.

d) Qual é a medida de volume de um cubo com arestas de medida de comprimento de 5 cm?

O que você constatou nas conclusões dos itens desta atividade, os matemáticos já provaram que vale para qualquer número racional positivo na medida de comprimento das arestas do cubo.
E você já deve conhecer esta fórmula: a medida de volume de um cubo cuja aresta tem medida de comprimento a é dada por:

$$V = a^3$$
(unidades de medida de volume)

a a a

Banco de imagens/Arquivo da editora

2 Volume e capacidade. Para realizar esta atividade, providenciem fita adesiva, régua, tesoura com pontas arredondadas e algumas embalagens com a forma de paralelepípedo, como caixas de leite ou de suco, limpas, secas e desmontadas.

a) Com esse material, construam uma caixa cúbica com arestas de medida de comprimento de 1 dm (lembrem-se: 1 dm = 10 cm). Utilizem a fita adesiva para vedar as arestas e deixem uma das faces com apenas uma aresta fixada, como se fosse uma tampa.

Qual é medida de volume dessa caixa?

b) Encham um vasilhame com 1 litro de água e despejem na caixa que vocês construíram. O que vocês podem concluir dessa experiência?

c) Complete a frase.

Uma caixa cúbica cuja aresta tem medida de comprimento de 1 dm tem medida de volume de ________ e medida de capacidade de ________.

d) Considerando essas relações, copie a tabela e complete as correspondências.

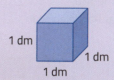

1 dm

1 dm

1 dm

Medida de volume: 1 dm^3.
Medida de capacidade: 1 L.

Banco de imagens/Arquivo da editora

Correspondência entre as medidas

Medida de volume	Medida de capacidade
1 dm^3	
1 000 cm^3	
1 cm^3	
1 m^3	

Tabela elaborada para fins didáticos.

As imagens desta página não estão representadas em proporção.

3› **Volume de um paralelepípedo.** Considere agora o paralelepípedo com medidas das dimensões de 6 cm, 2 cm e 3 cm (figura **2**) e a unidade de medida de volume de 1 cm^3 (figura **1**).

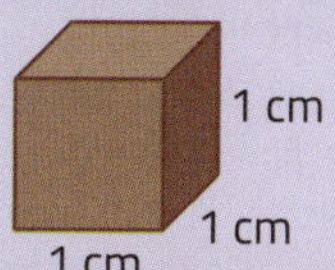

Figura **1**.
Unidade de medida de volume: 1 cm^3.

Figura **2**.

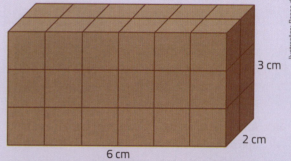

3 cm

2 cm

6 cm

Figura **3**.

Ilustrações: Banco de imagens/Arquivo da editora

a) Há quantos cubinhos de 1 cm^3 no paralelepípedo da figura **3**? Qual é a medida de volume do paralelepípedo da figura **3**?

b) Há outra maneira de calcular a medida de volume desse paralelepípedo sem contar os cubinhos que o formam? Explique.

O que você constatou nas conclusões dos itens desta atividade, os matemáticos já provaram que vale para qualquer número racional positivo das medidas de comprimento das arestas do paralelepípedo.
E você já deve conhecer esta fórmula: a medida de volume de um paralelepípedo é igual ao produto da medida de área da base ($A_b = a \cdot b$) pela medida de comprimento da altura (c).

$$V = A_b \cdot c \text{ ou } V = abc$$
(unidades de medida de volume)

Banco de imagens/Arquivo da editora

Atividades

38 Calcule a medida de volume de cada sólido geométrico.

As imagens desta página não estão representadas em proporção.

a) Paralelepípedo.

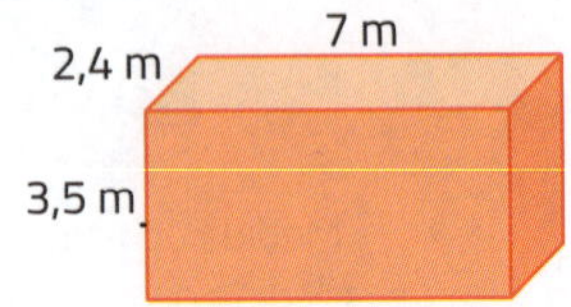

b) Metade de um paralelepípedo.

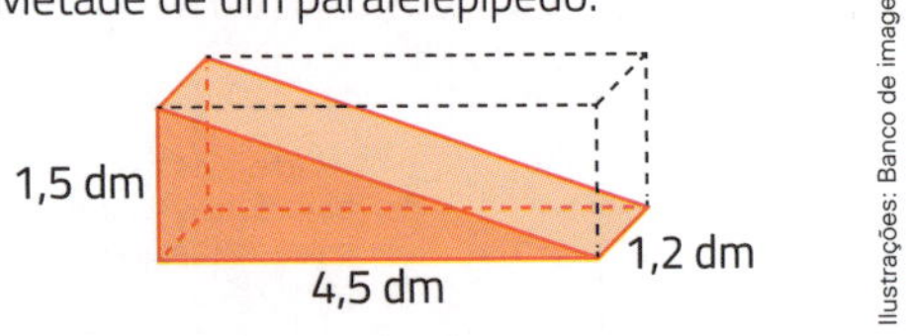

Ilustrações: Banco de imagens/Arquivo da editora

c) Sólido geométrico formado por 2 paralelepípedos.

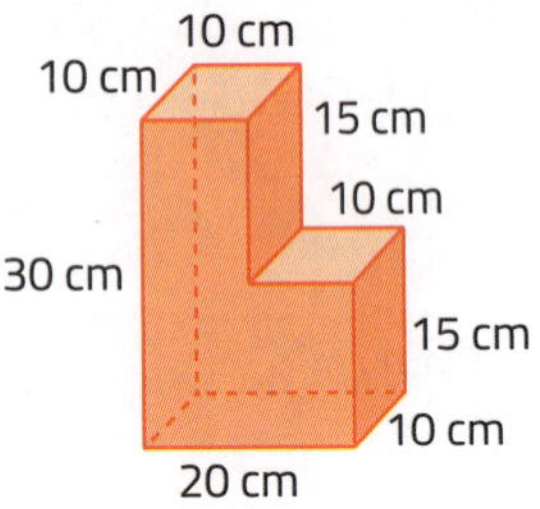

39 Uma caixa-d'água tem a forma de um paralelepípedo com medidas das dimensões de 80 cm, 90 cm e 60 cm.

Paulo Manzi/Arquivo da editora

Qual é a medida de volume dessa caixa-d'água? E a medida de capacidade?

40 **Arredondamentos, cálculo mental e resultado aproximado.** Uma caixa-d'água, com a forma de paralelepípedo, tem medidas das dimensões de 0,95 m, 1,95 m e 0,95 m.

Faça arredondamentos, calcule mentalmente e registre o valor mais próximo da medida de capacidade dessa caixa-d'água.

a) 20 000 L
b) 2 000 L
c) 5 000 L

41 O nível de água neste aquário corresponde a $\frac{2}{3}$ da medida de comprimento da altura dele. Sabendo que a forma deste aquário é de um paralelepípedo, calcule quantos litros há nele.

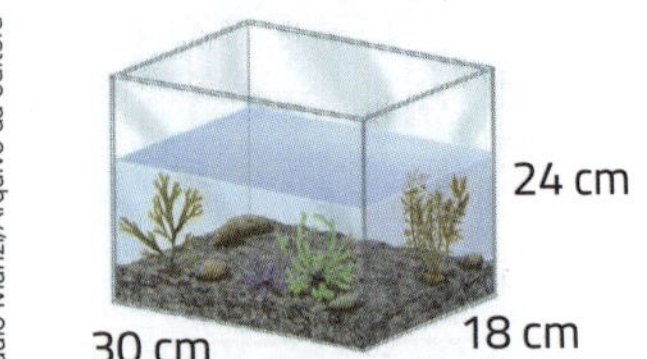

Paulo Manzi/Arquivo da editora

42 Uma torneira despeja 20 litros de água por minuto. Quanto tempo ela gasta para encher uma caixa-d'água como esta, com a forma de bloco retangular?

Paulo Manzi/Arquivo da editora

Saiba mais

De acordo com as Nações Unidas, o consumo mensal de 6 m³ de água por habitante é um valor bastante razoável para áreas urbanas.

O desperdício de água é um problema tão grave quanto os de poluição, de aquecimento global e de crescimento populacional descontrolado.

Por exemplo, o gasto de uma torneira vazando é muito grande. Veja os números: quando as gotas caem lentamente, são desperdiçados 400 litros de água por mês; se as gotas caem rapidamente, 1 000 litros por mês são jogados fora; se há um gotejamento contínuo de água, o desperdício sobe para 6 500 litros por mês (o que equivale ao consumo mensal de cerca de 1 pessoa!).

Fonte de consulta: GAZETA DA CIDADE. *Planeta atitude.* Disponível em: <www.gazetadacidade.com/planetaatitude/atencao-com-o-gotejamento-de-torneiras/>. Acesso em: 30 set. 2018.

43 Para encher este tanque **A**, uma torneira que despeja 190 L de água por minuto ficou aberta durante 1 h 10 min. O tanque **B** tem medida de volume de 11,3 m³.

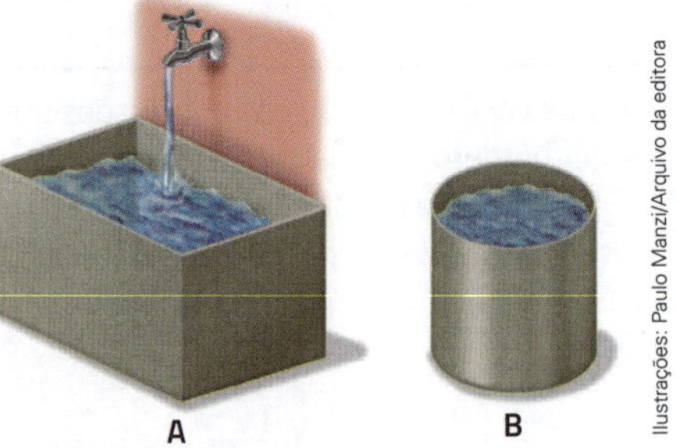

Ilustrações: Paulo Manzi/Arquivo da editora

a) Em qual desses tanques cabe mais água?

b) Quantos litros a mais?

Volume de um cilindro

Observe estas latas cilíndricas **A** e **B** e as medidas de comprimento indicadas.

Lata **A**. Lata **B**.

Vamos inicialmente obter, em centímetros cúbicos, as medidas de volume correspondentes às medidas de capacidade, dadas em mililitros (mL), que indicam o conteúdo das latas.

Como 1 litro corresponde a 1 dm³ e 1 dm³ = 1 000 cm³, temos que 1 L = 1 000 mL. Então:

$$502{,}9 \text{ mL} = 0{,}5029 \text{ L} \quad \text{e} \quad 0{,}5029 \text{ dm}^3 = 502{,}9 \text{ cm}^3$$

Logo, na lata **A** e na lata **B**, temos:

$$V = 502{,}9 \text{ cm}^3$$

Agora vamos calcular a medida de área aproximada da base dessas latas, em centímetros quadrados, usando $\pi = 3{,}1$.

Lata **A**:

$$A_b = \pi r^2 = 3{,}1 \cdot (4{,}12 \text{ cm})^2 \simeq 52{,}6 \text{ cm}^2$$

Lata **B**:

$$A_b = \pi r^2 = 3{,}1 \cdot (4{,}5 \text{ cm})^2 \simeq 62{,}8 \text{ cm}^2$$

> Se o diâmetro da lata **A** tem medida de comprimento de 8,24 cm, então o raio tem medida de comprimento de 4,12 cm, pois 8,24 ÷ 2 = 4,12.
> Analogamente, o raio da lata **B** tem medida de comprimento de 4,5 cm, pois 9 ÷ 2 = 4,5.

Em seguida, vamos dividir a medida de volume de cada lata pela medida de área da base.

Lata **A**:

$$V \div A_b = 502{,}9 \text{ cm}^3 \div 52{,}7 \text{ cm}^2 = 9{,}5 \text{ cm}$$

Lata **B**:

$$V \div A_b = 502{,}9 \text{ cm}^3 \div 62{,}8 \text{ cm}^2 = 8 \text{ cm}$$

Observe que essas medidas obtidas são exatamente as medidas de comprimento das alturas (h) de cada lata, ou seja:

$$V \div A_b = h$$

ou

$$V = A_b \times h$$

É possível provar que o que ocorreu com essas latas cilíndricas ocorre sempre. Por isso, podemos escrever que a medida de volume de um cilindro é igual ao produto da medida de área da base (A_b) pela medida de comprimento da altura (h).

$$V = A_b \cdot h$$
(unidades de medida de volume)

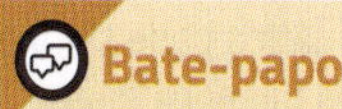

Observe a fórmula da medida de volume de um cilindro e retome a fórmula da medida de volume de um paralelepípedo. Em que elas se relacionam?

Acompanhe alguns exemplos de aplicação da fórmula da medida de volume de um cilindro.

- Vamos calcular a medida de capacidade de uma lata de molho de tomate, que tem forma cilíndrica com diâmetro de medida de comprimento de 8 cm e altura de medida de comprimento de 11 cm.

Realidade

s-ts/Shutterstock

Lata.

Modelo matemático

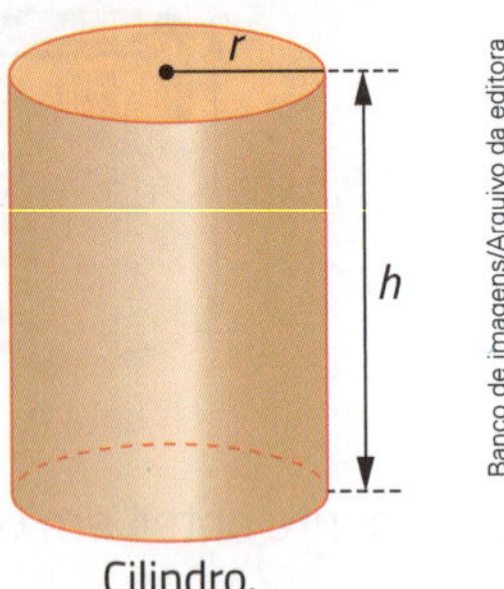

Banco de imagens/Arquivo da editora

Cilindro.

Vamos usar $\pi = 3$.

Dados: $r = 8 \text{ cm} \div 2 = 4 \text{ cm}$ e $h = 11 \text{ cm}$.

Então:

$$V = A_b \cdot h = \pi r^2 \cdot h = 3 \cdot (4 \text{ cm})^2 \cdot 11 \text{ cm} = 528 \text{ cm}^3$$

Sabendo que $1 \text{ dm}^3 \leftrightarrow 1 \text{ L}$ e $1 \text{ cm}^3 \leftrightarrow 1 \text{ mL}$, concluímos que a medida de capacidade dessa lata é de aproximadamente 528 mL.

- Usando $\pi = 3{,}1$, vamos verificar qual destes 2 vasilhames cilíndricos tem maior medida de capacidade.

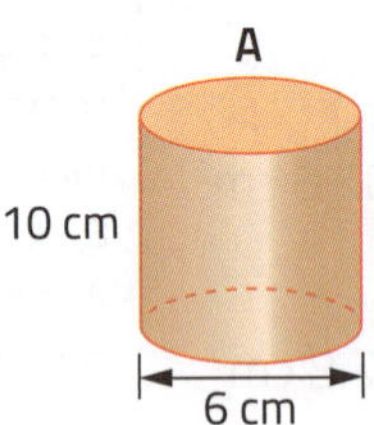

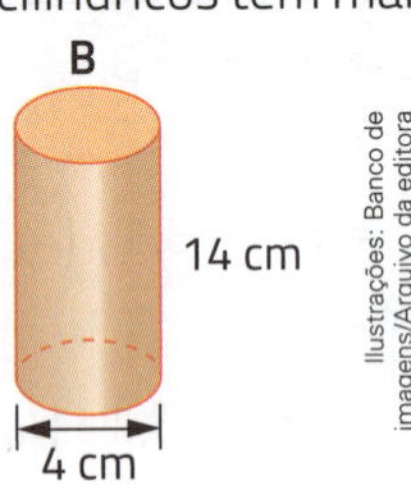

Ilustrações: Banco de imagens/Arquivo da editora

Vasilhame **A**:

$$V = 3{,}1 \cdot (3 \text{ cm})^2 \cdot 10 \text{ cm} = 279 \text{ cm}^3$$

As imagens desta página não estão representadas em proporção.

Então, a medida de capacidade aproximada é de 279 mL.

Vasilhame **B**:

$$V = 3{,}1 \cdot (2 \text{ cm})^2 \cdot 14 \text{ cm} = 173{,}6 \text{ cm}^3$$

Então, a medida de capacidade aproximada é de 172,6 mL.

Logo, o vasilhame **A** tem maior medida de capacidade.

Saiba mais

Modelagem matemática: qual embalagem é mais econômica?

Vamos supor que uma indústria deseja comercializar um produto em embalagens cilíndricas, como as de ervilha, por exemplo. A meta da indústria é fazer, com o menor custo de fabricação, uma embalagem que comporte a mesma medida de volume.

A Matemática pode ser muito útil nessa situação, pois, quando pensamos no menor custo de fabricação, estamos falando de usar o mínimo de material possível, ou seja, de descobrir o cilindro que tem a menor medida de área total, entre os que têm a mesma medida de volume.

Os matemáticos provaram que, de todos os cilindros de mesma medida de volume, o **cilindro equilátero** é o que tem a menor medida da área total. Nesse cilindro, a medida de comprimento da altura é igual à medida de comprimento do diâmetro da base.

Assim, se a indústria deseja comercializar um produto em embalagens cilíndricas que gastem o mínimo de material na fabricação, ela deve optar pelo cilindro equilátero. É o caso, por exemplo, de algumas latas de leite condensado, que lembram cilindros equiláteros.

Dotta2/Arquivo da editora

Latas cilíndricas.

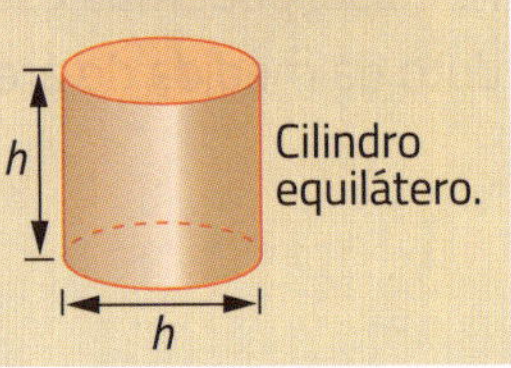

Banco de imagens/Arquivo da editora

Cilindro equilátero.

Atividade resolvida passo a passo

(Enem) Uma artesã confecciona dois diferentes tipos de vela ornamental a partir de moldes feitos com cartões de papel retangulares de 20 cm × 10 cm (conforme ilustram as figuras ao lado). Unindo dois lados opostos do cartão, de duas maneiras, a artesã forma cilindros e, em seguida, os preenche completamente com parafina.

Supondo-se que o custo da vela seja diretamente proporcional ao volume de parafina empregado, o custo da vela do tipo **I**, em relação ao custo da vela do tipo **II**, será:

Tipo I: 20 cm × 10 cm — Tipo II: 10 cm × 20 cm

Ilustrações: Reprodução/Enem, 2006

a) o triplo. b) o dobro. c) igual. d) a metade. e) a terça parte.

Lendo e compreendendo

O problema fornece as medidas das dimensões de 2 moldes usados por uma artesã na confecção de velas e explica como esses moldes são feitos usando papel-cartão. É pedida a relação entre o custo dos 2 tipos de vela fabricados pela artesã.

Planejando a solução

De acordo com as instruções de montagem dos 2 tipos de molde, vamos obter as medidas das dimensões que são necessárias para o cálculo da medida de volume e, como o custo das velas é proporcional à medida de volume, poderemos determinar a relação pedida entre os custos.

Executando o que foi planejado

Vamos determinar as medidas de comprimento da altura (h) e do raio (r) para cada um dos moldes.

No tipo **I**, a altura tem medida de comprimento $h = 10$ cm e a medida de comprimento da circunferência da base é de 20 cm. Como a medida de comprimento de uma circunferência é dada por $2\pi r$, obtemos:

$$2\pi r = 20 \Rightarrow r = \frac{10}{\pi}$$

No tipo **II**, a altura tem medida de comprimento $h = 20$ cm e a medida de comprimento da circunferência da base é de 10 cm. Então, obtemos:

$$2\pi r = 10 \Rightarrow r = \frac{5}{\pi}$$

Vamos calcular a medida de volume de parafina usada em cada molde. Para isso, devemos lembrar que a medida de volume de um cilindro é dada por $V = \pi r^2 h$.

No tipo **I**, obtemos:

$$V_I = \pi \cdot \left(\frac{10}{\pi}\right)^2 \cdot 10 = \pi \cdot \frac{100}{\pi^2} \cdot 10 = \frac{1\,000}{\pi}$$

No tipo **II**, obtemos:

$$V_{II} = \pi\left(\frac{5}{\pi}\right)^2 \cdot 20 = \pi \cdot \frac{25}{\pi^2} \cdot 20 = \frac{500}{\pi}$$

A relação entre as medidas de volume é a relação entre os custos. Assim:

$$\frac{V_I}{V_{II}} = \frac{\frac{1\,000}{\pi}}{\frac{500}{\pi}} = \frac{1\,000}{\pi} \cdot \frac{\pi}{500} = 2$$

Ou seja, a medida de volume de parafina usada no molde do tipo **I** é o dobro da usada no molde do tipo **II**. Portanto, o custo da vela do tipo **I** é o dobro do custo da vela do tipo **II**.

Emitindo a resposta

A resposta é a alternativa **b**.

Ampliando a atividade

Converse com os colegas sobre o texto a seguir. Vocês acham que o artesanato reflete a história de um povo? Ou é apenas um passatempo?

Os primeiros artesãos surgiram no período neolítico (6 000 a.C.) quando o homem aprendeu a polir a pedra, a fabricar a cerâmica e a tecer fibras animais e vegetais. [...]

O artesão é aquele que, através da sua criatividade e habilidade, produz peças de barro, palha, tecido, couro, madeira, papel ou fibras naturais, matérias brutas ou recicladas, visando produzir peças utilitárias ou artísticas, com ou sem uma finalidade comercial.

UOL EDUCAÇÃO. *Pesquisa escolar*. Disponível em: <https://educacao.uol.com.br/disciplinas/cultura-brasileira/artesanato-ceramicas-rendas-e-outros-tipos-de-artesanato-brasileiro.htm>. Acesso em: 28 jul. 2018.

Atividades

44 Calcule o que se pede usando sempre a aproximação $\pi = 3,1$.

a) Calcule a medida de volume do cilindro com diâmetro de base de medida de comprimento de 8 cm e altura de medida de comprimento de 5 cm.

As imagens desta página não estão representadas em proporção.

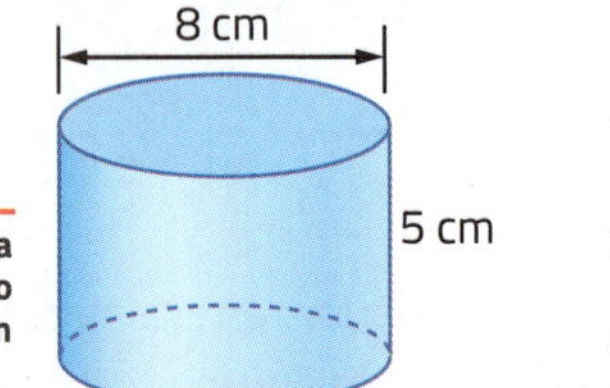

Banco de imagens/Arquivo da editora

b) O reservatório de tinta de uma caneta esferográfica tem forma cilíndrica. O diâmetro dele tem medida de comprimento de 2 mm e tem 12 cm de medida de comprimento. Quantos mililitros de tinta podem ser acondicionados nesse reservatório?

c) Um cano cilíndrico de plástico, como o desta imagem, tem 70 cm de medida de comprimento. O raio externo tem medida de comprimento de 10 cm, e o raio interno, de 6 cm. Qual é a medida de volume de plástico usado para fazer esse cano?

Banco de imagens/Arquivo da editora

d) Um cilindro reto tem raio de medida de comprimento de 4 cm e a altura tem o dobro dessa medida de comprimento. Determine a medida de volume dele.

e) Determine a medida de volume de um cilindro inscrito em um cubo de arestas de medida de comprimento de 20 cm.

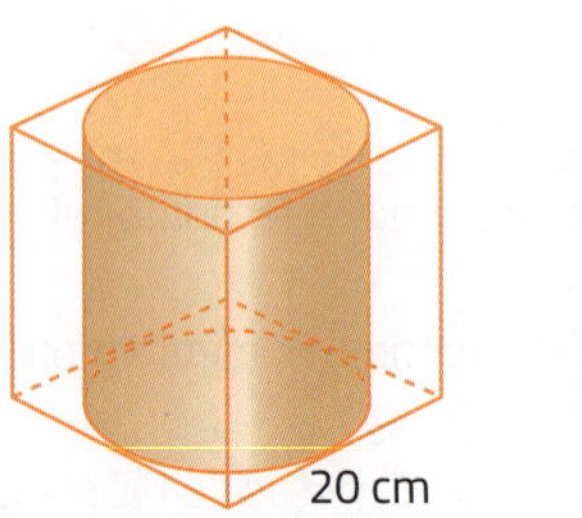

Banco de imagens/Arquivo da editora

45 Use $\pi = 3,14$ e determine o volume de cada objeto.

a) Objeto formado por um cilindro e um paralelepípedo.

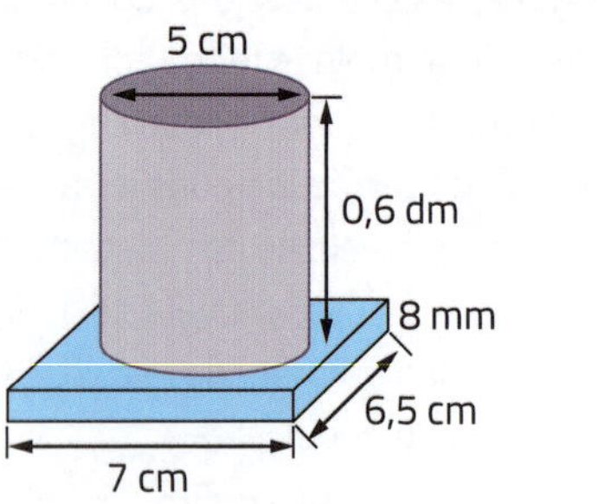

b) Objeto com a forma de um paralelepípedo com um buraco com a forma de um cilindro.

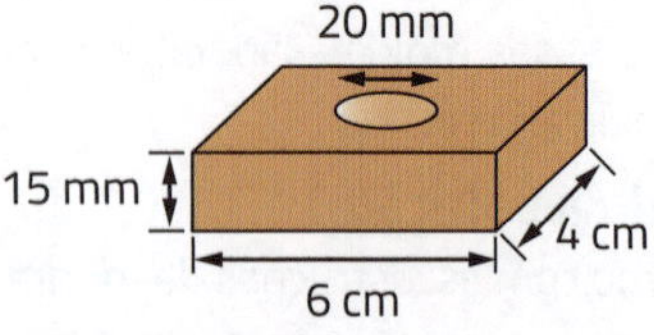

Ilustrações: Banco de imagens/Arquivo da editora

46 Observe estas figuras, de 2 bolos cilíndricos. Calcule quanto pesa e quanto custa o bolo da direita, usando $\pi = 3,14$.

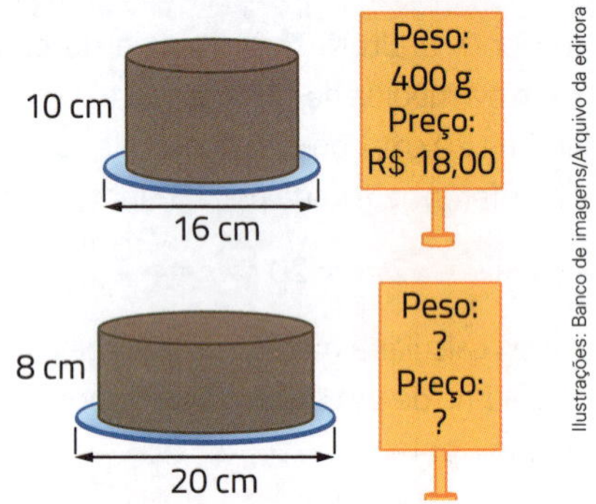

Ilustrações: Banco de imagens/Arquivo da editora

Raciocínio lógico

Copie esta figura em papel quadriculado. Ligue *A* com *A'*, *B* com *B'*, *C* com *C'* e *D* com *D'* seguindo as linhas do quadriculado. Mas atenção: um traçado não pode cruzar ou tocar os outros traçados.

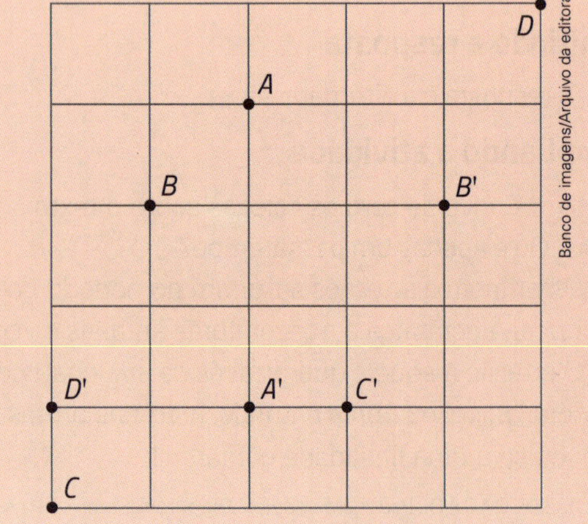

Banco de imagens/Arquivo da editora

Revisando seus conhecimentos

1 Esta figura representa um terreno cujas medidas das dimensões estão na escala 1 : 800. Calcule a medida de área desse terreno, em metros quadrados.

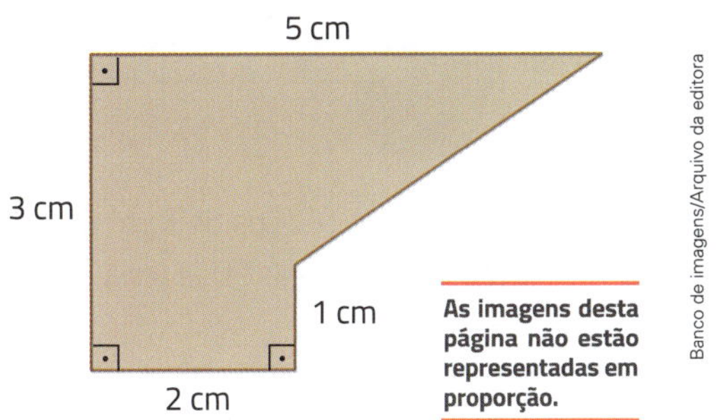

As imagens desta página não estão representadas em proporção.

Banco de imagens/Arquivo da editora

2 Use papel quadriculado em centímetros quadrados para desenhar as figuras dadas. Depois, calcule a medida de área de cada uma.

a)

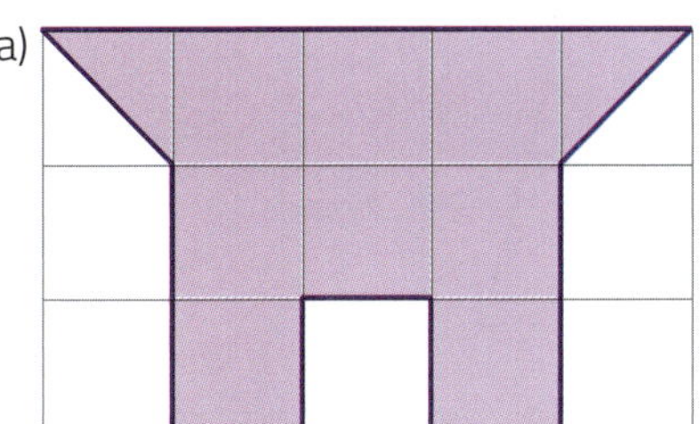

b)

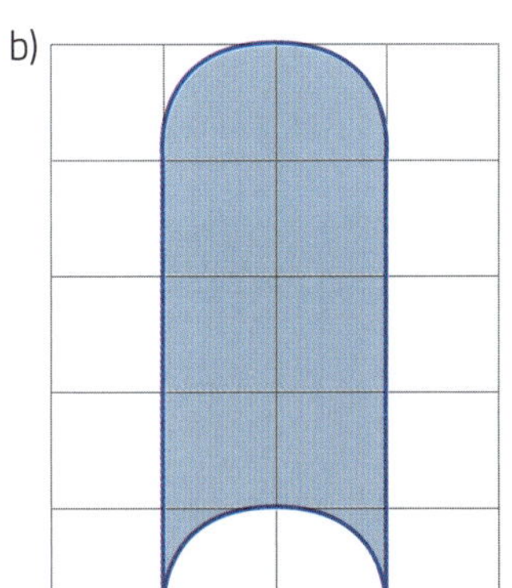

c)

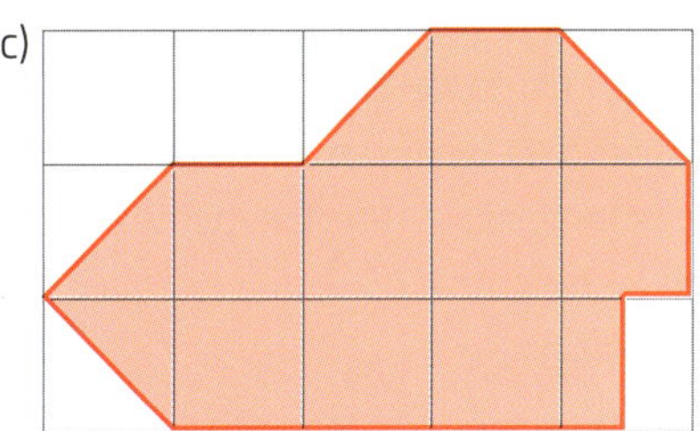

Ilustrações: Banco de imagens/Arquivo da editora

3 Analise cada sequência com atenção, pense na lei de formação dela e, depois, registre qual é o 169º termo.

a) $(A, B, C, D, A, B, C, D, A, B, C, D, \ldots)$

b) $(2, 4, 6, 8, 10, 12, \ldots)$

c) **Desafio.** $\left(1, 1, 2, \frac{1}{2}, 3, \frac{1}{3}, 4, \frac{1}{4}, 5, \frac{1}{5}, \ldots\right)$

4 Observe a parte pintada de azul desta figura. Qual é a medida de área dessa parte?

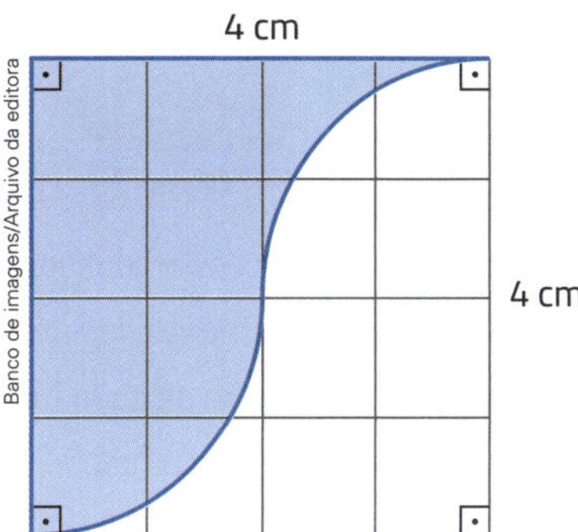

Banco de imagens/Arquivo da editora

5 Calcule a medida de perímetro e a medida de área da parte pintada de cada figura, usando $\pi = 3$.

a)

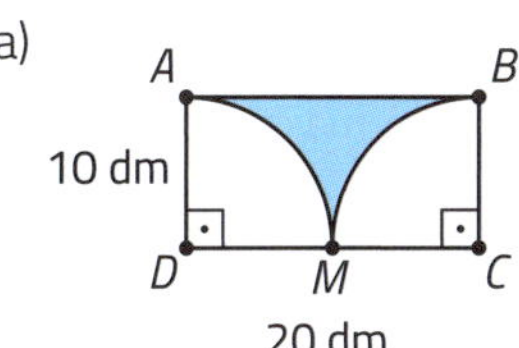

ABCD é um retângulo e *M* é o ponto médio do $\overline{CD}$.

b)

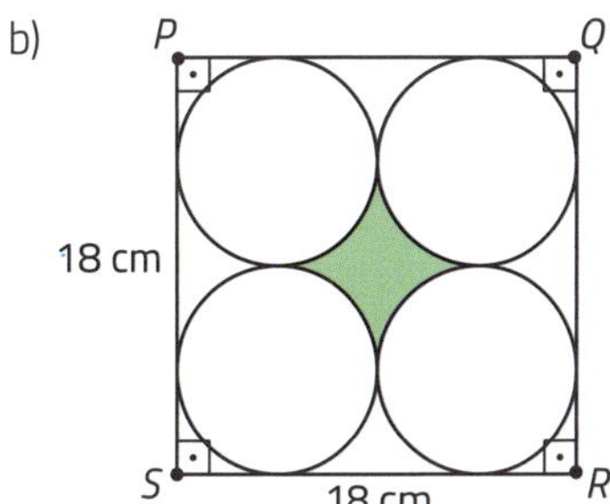

PQRS é um quadrado e as circunferências têm raio de mesma medida de comprimento.

c)

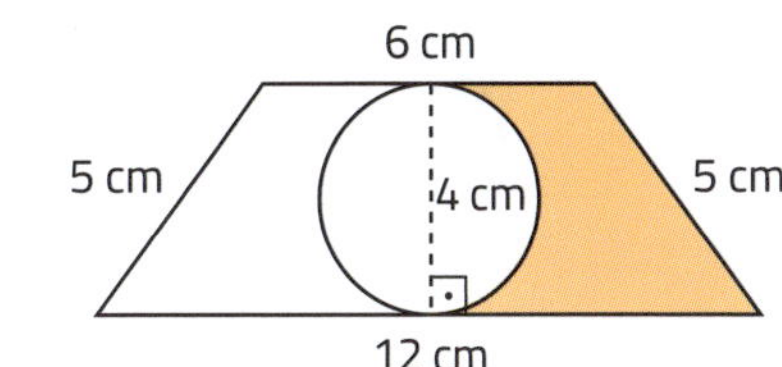

Ilustrações: Banco de imagens/Arquivo da editora

6 Com cubinhos que têm arestas de medida de comprimento de 2 cm foi formado este bloco retangular. Qual é a medida de volume dele?

Banco de imagens/Arquivo da editora

7› Considere 2 cubos cujas arestas têm medidas de comprimento de 4 cm e 6 cm, nessa ordem.

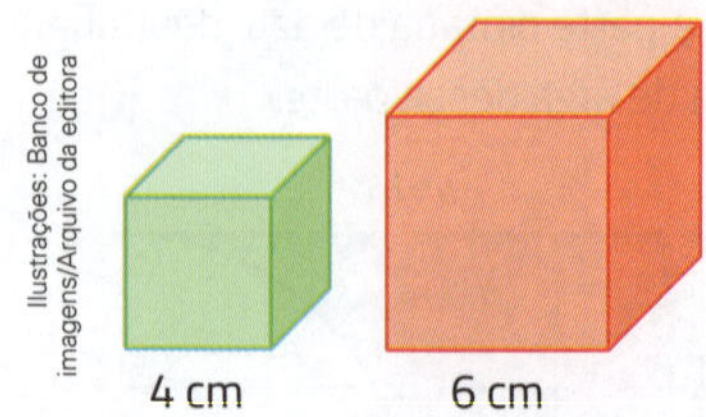

Calcule e indique, com frações irredutíveis, a razão entre:

a) as medidas de comprimento das arestas;

b) as medidas de perímetro de cada face;

c) as medidas de área de cada face;

d) as medidas de área total;

e) as medidas de volume.

8› Faça uma estimativa e depois responda: Quantos litros de água são necessários para encher esta piscina de plástico, que tem a forma de paralelepípedo?

As imagens desta página não estão representadas em proporção.

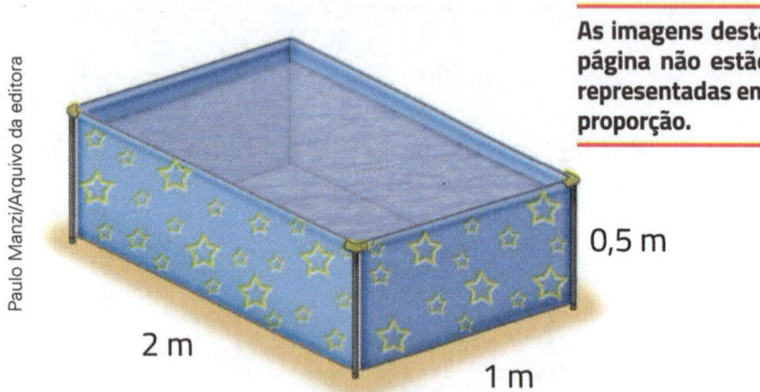

9› Uma caixa de fósforos é composta de 2 peças com a forma de paralelepípedos. Observe as medidas das dimensões e responda: Em qual das peças, **A** ou **B**, se usa mais material na confecção?

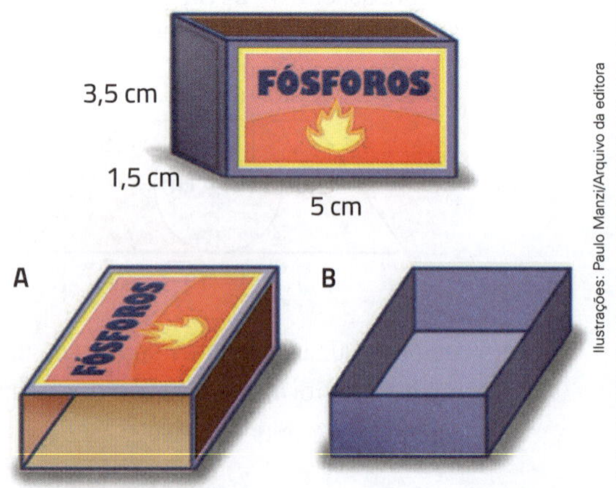

10› Um cilindro tem medida de volume de 225π cm^3 e o diâmetro da base tem medida de comprimento de 10 cm. Qual é a medida de comprimento da altura desse cilindro?

11› Uma indústria recebeu um pedido para fabricar 2 500 peças de ferro maciço, com a forma de cilindros com medidas das dimensões indicadas nesta figura.

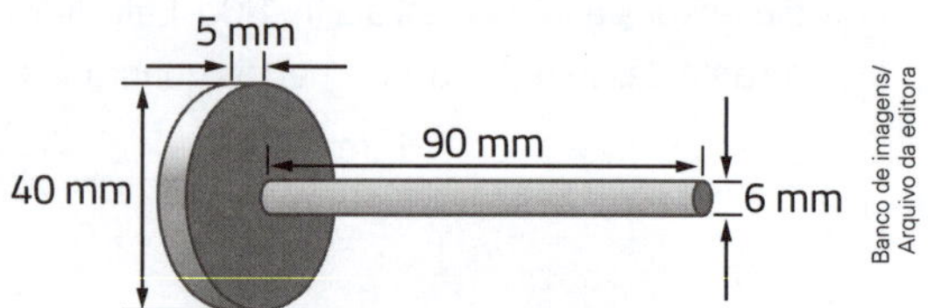

Quantos centímetros cúbicos de ferro serão usados na fabricação dessas peças? Use uma calculadora e considere $\pi = 3,14$.

Lembre-se: 1 cm^3 = 1 000 mm^3.

12› Este triângulo equilátero e este retângulo têm a mesma medida de perímetro. Calcule a medida de comprimento do lado do triângulo.

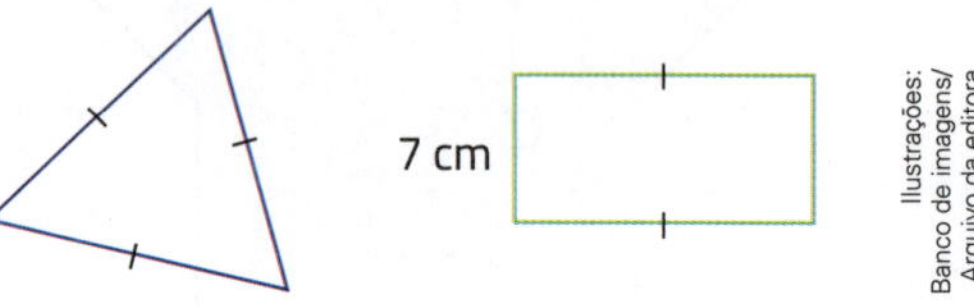

13› A medida de perímetro de um retângulo é de 124 cm e a medida de comprimento da base é 15 cm maior de que a medida de comprimento da altura. Determine as medidas de comprimento dos lados desse retângulo.

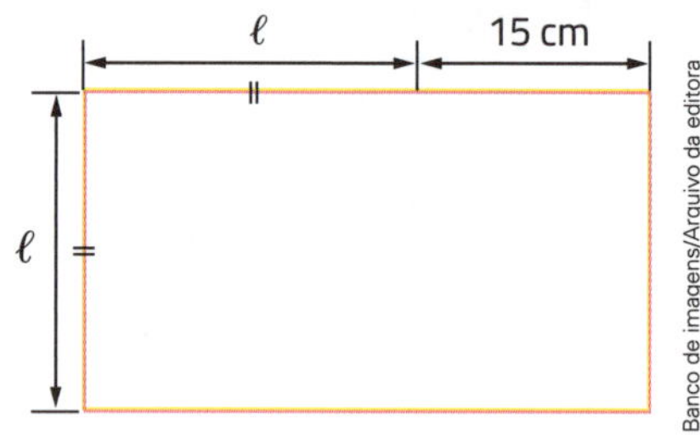

14› Em um cilindro, que tem o diâmetro da base de medida de comprimento de 8 cm e a altura de medida de comprimento de 6 cm, a medida de área total e a medida de volume são, respectivamente:

a) 80π cm^2 e 96π cm^3.

b) 80π cm^2 e 84π cm^3.

c) 60π cm^2 e 96π cm^3.

d) 60π cm^2 e 84π cm^3.

15› A medida de perímetro de um triangulo isósceles é de 35 cm. A base tem medida de comprimento de 5 cm a mais do que a medida de comprimento de cada um dos lados iguais. Determine as medidas das dimensões desse triângulo.

16 ▸ Ao redor de uma piscina, foi construído um piso com pedras marrons e amarelas, com 2 m de medida de comprimento da largura em todo o contorno da piscina.

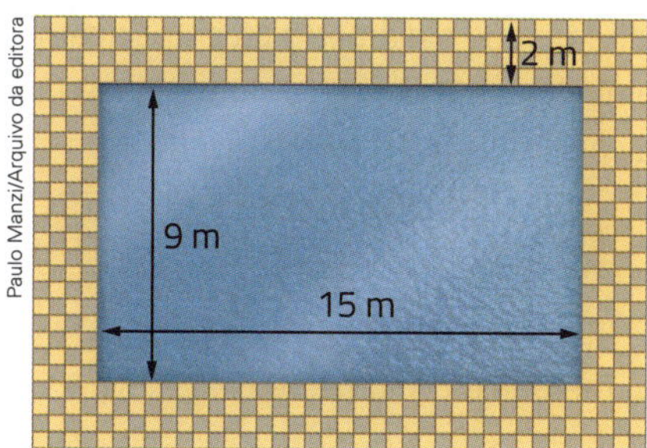

Paulo Manzi/Arquivo da editora

a) Qual é a medida de área ocupada por esse piso?

b) Supondo que o metro quadrado dessas pedras custou R$ 80,00, qual foi o custo desse piso?

17 ▸ Determine a medida de área total aproximada da superfície deste prisma, formado por 2 regiões pentagonais regulares (cada uma com medida de área de aproximadamente 172,5 cm²) e 5 regiões retangulares.

As imagens desta página não estão representadas em proporção.

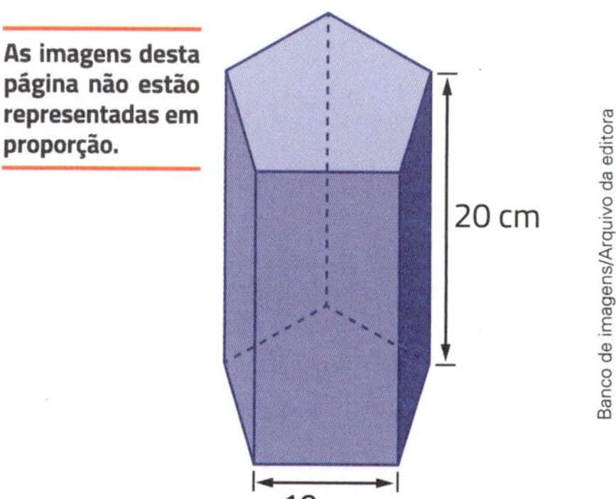

Banco de imagens/Arquivo da editora

18 ▸ Um prisma de base triangular tem as seguintes características:

- cada base é uma região triangular, com um ângulo reto e com lados de medida de comprimento de 6 cm, 8 cm e 10 cm;
- a altura do prisma tem medida de comprimento de 8 cm.

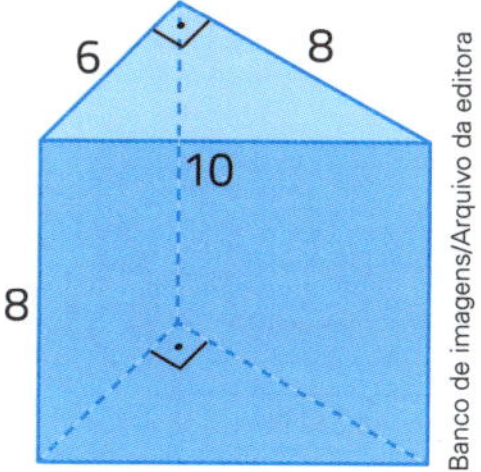

Banco de imagens/Arquivo da editora

Calcule o que se pede.

a) A medida de área da base.

b) A medida de área da maior face lateral.

c) A medida de área total desse prisma.

19 ▸ Observe as medidas de comprimento das dimensões deste aquário e responda aos itens.

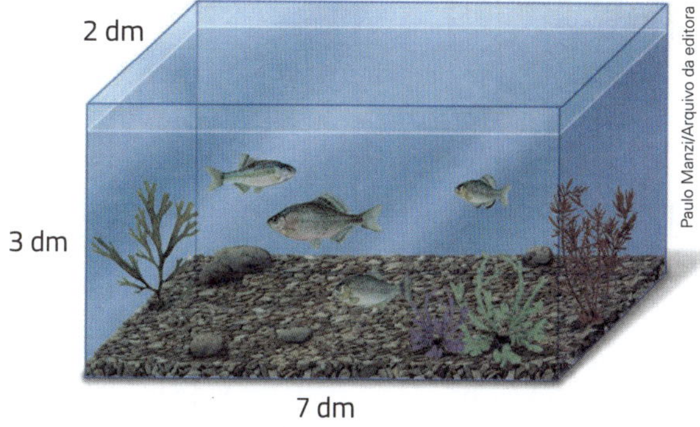

Paulo Manzi/Arquivo da editora

a) Qual é a medida de capacidade desse aquário, em litros?

b) Se esse aquário estiver cheio com $\frac{4}{5}$ da medida de capacidade, então quantos litros de água haverá nele?

20 ▸ Calcule a medida da área total da superfície de uma caixa cúbica com arestas de medida de comprimento de 5 cm.

Raciocínio lógico

Qual é a interpretação que você deve dar à expressão "um terço e meio de cem" para que a resposta à pergunta "Quanto é um terço e meio de cem?" seja 50?

21 ▸ A vasilha **I** é cúbica com arestas de medida de comprimento de 10 cm. A vasilha **II** tem a forma de um bloco retangular com arestas de medida de comprimento de 10 cm, 20 cm e 40 cm.

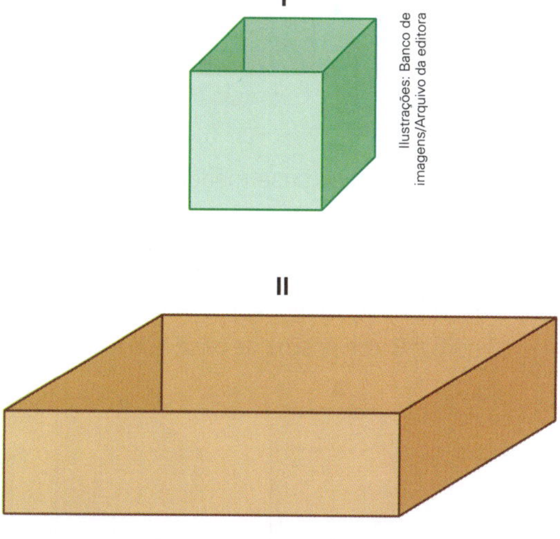

Ilustrações: Banco de imagens/Arquivo da editora

Enchendo a vasilha **I** de água e despejando na vasilha **II**, que está inicialmente vazia, esta terá quanto por cento da medida de capacidade ocupada?

Praticando um pouco mais

Testes oficiais

1 ▸ (Saeb) O piso de entrada de um prédio está sendo reformado. Serão feitas duas jardineiras nas laterais, conforme indicado na figura, e o piso restante será revestido em cerâmica.

As imagens desta página não estão representadas em proporção.

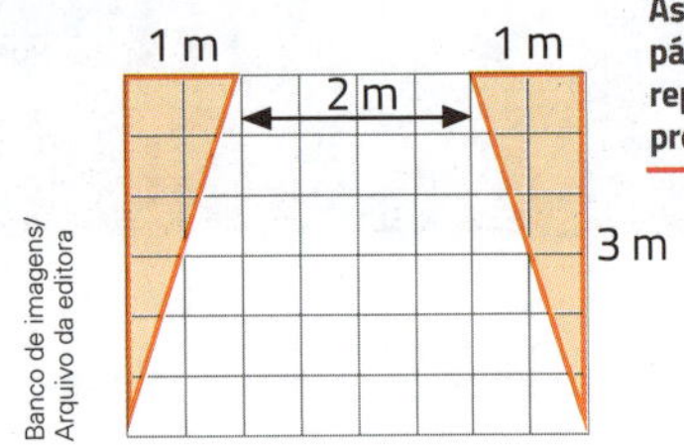

Qual é a área do piso que será revestido com cerâmica?

a) 3 m^2
b) 6 m^2
c) 9 m^2
d) 12 m^2

2 ▸ (Saeb) Um copo cilíndrico, com 4 cm de raio e 12 cm de altura, está com água até a altura de 8 cm. Foram então colocadas em seu interior *n* bolas de gude, e o nível da água atingiu a boca do corpo, sem derramamento.

Qual é o volume, em cm^3, de todas as *n* bolas de gude juntas?

a) 32π
b) 48π
c) 64π
d) 96π

3 ▸ (Saresp) Cortando-se um cilindro na linha pontilhada da figura, obtém-se sua planificação. Veja:

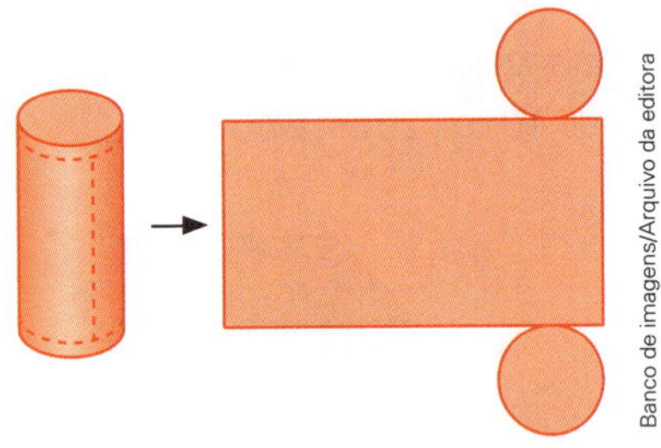

Se o raio de cada base mede 5 cm e o cilindro tem 10 cm de altura, qual é a área total de sua superfície? (Use $\pi = 3{,}1$.)

4 ▸ (Saresp) Observe as figuras abaixo, em que **A** é um cilindro e **B**, um prisma de base quadrada.

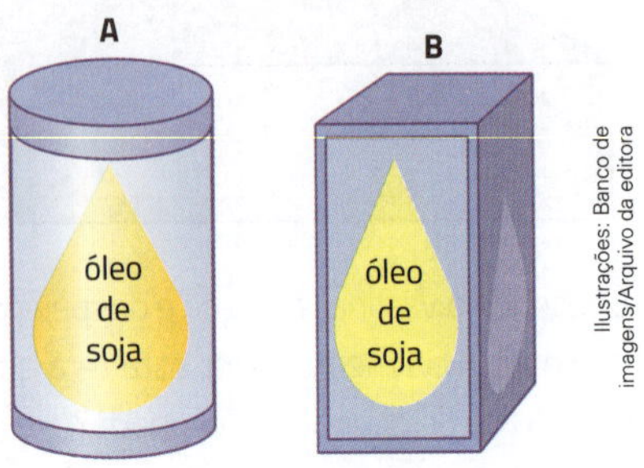

Sabendo-se que as duas embalagens têm a mesma altura e que o diâmetro da embalagem **A** e o lado da embalagem **B** são congruentes, podemos afirmar que o volume de **A** é:

a) menor que o volume de **B**.
b) maior que o volume de **B**.
c) igual ao volume de **B**.
d) metade do volume de **B**.

Questões de vestibulares e Enem

5 ▸ (Enem) Uma lata de tinta, com a forma de um paralelepípedo retangular reto, tem as dimensões, em centímetros, mostradas na figura.

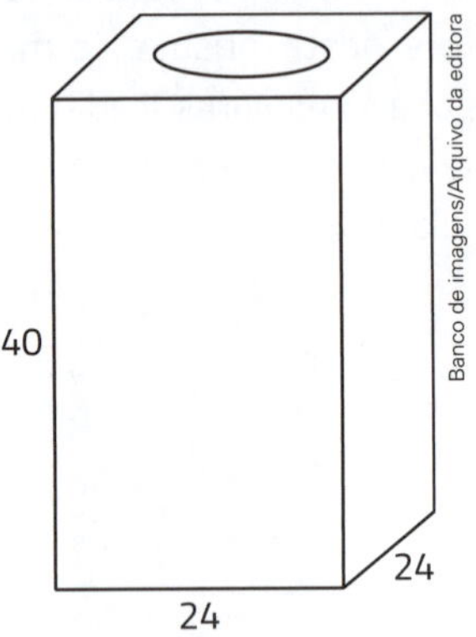

Será produzida uma nova lata, com os mesmos formato e volume, de tal modo que as dimensões de sua base sejam 25% maiores que as da lata atual.

Para obter a altura da nova lata, a altura da lata atual deve ser reduzida em:

a) 14,4%.
b) 20,0%.
c) 32,0%.
d) 36,0%.
e) 34,0%.

6 ▸ (Enem) A siderúrgica "Metal Nobre" produz diversos objetos maciços utilizando o ferro. Um tipo especial de peça feita nessa companhia tem o formato de um paralelepípedo retangular, de acordo com as dimensões indicadas na figura que segue.

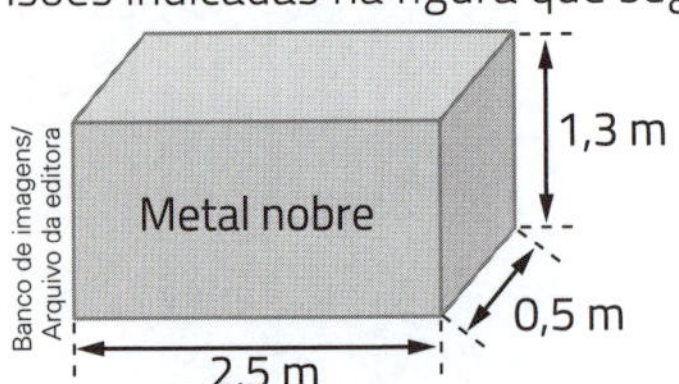

O produto das três dimensões indicadas na peça resultaria na medida da grandeza:

a) massa.
b) volume.
c) superfície.
d) capacidade.
e) comprimento.

7 ▸ **(IFSC)** A garagem de um prédio chamado Lucas tem o formato da letra L, cujas medidas estão indicadas na figura a seguir.

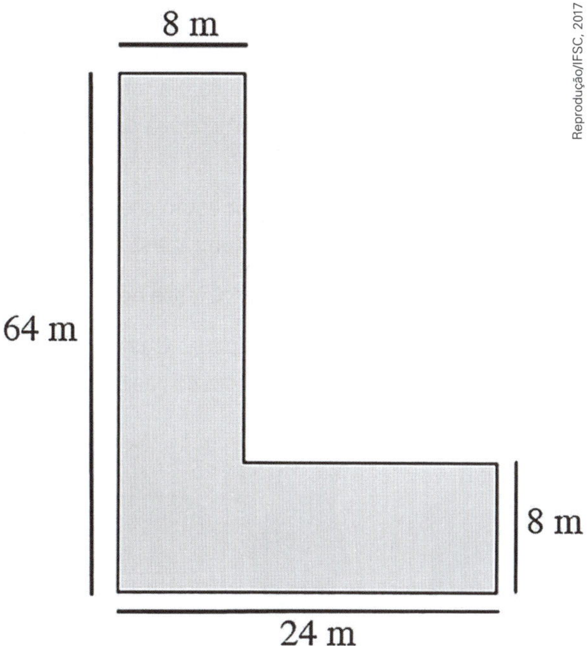

Dentre as reformas que o dono do prédio planeja fazer na estrutura física do imóvel, está a colocação de piso cerâmico na garagem, utilizando peças quadradas medindo 50 cm × 50 cm. Com base nessas informações, calcule o número mínimo necessário de peças cerâmicas que deverá ser utilizado para revestir essa área.

Assinale a alternativa correta.

a) 3 200 peças cerâmicas.
b) 2 560 peças cerâmicas.
c) 2 816 peças cerâmicas.
d) 1 040 peças cerâmicas.
e) 1 280 peças cerâmicas.

8 ▸ **(Fatec-SP)** O retângulo *ABCD* da figura foi decomposto em seis quadrados.

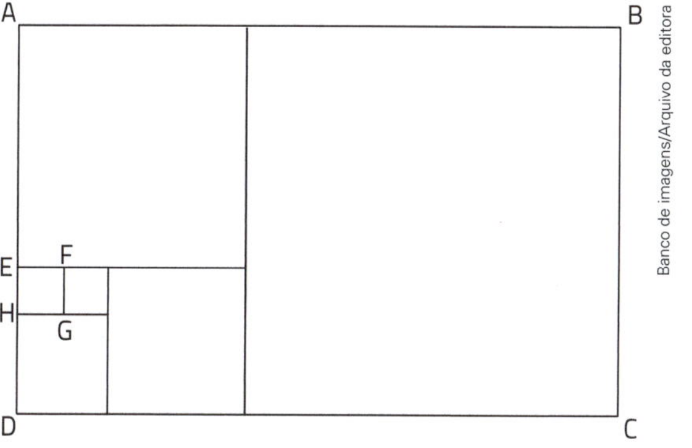

Sabendo que o quadrado *EFGH* tem área igual a 1 cm², então a área do retângulo *ABCD* é, em centímetros quadrados:

a) 64.
b) 89.
c) 104.
d) 111.
e) 205.

9 ▸ **(Enem)** Para decorar a fachada de um edifício, um arquiteto projetou a colocação de vitrais compostos de quadrados de lado medindo 1 m, conforme a figura a seguir.

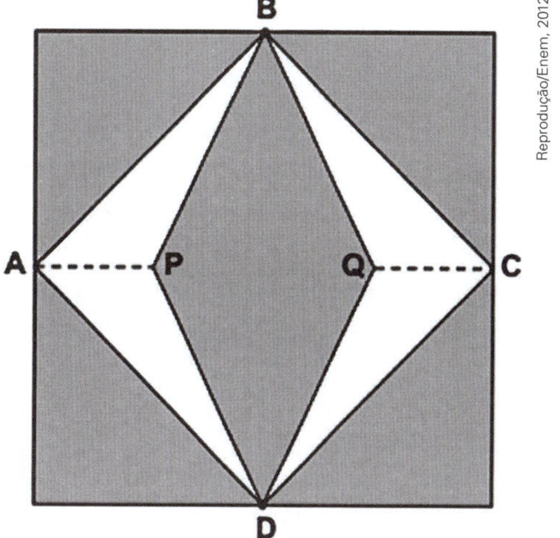

Nesta figura, os pontos *A*, *B*, *C* e *D* são pontos médios dos lados do quadrado e os segmentos $\overline{AP}$ e $\overline{QC}$ medem $\frac{1}{4}$ da medida do lado do quadrado. Para confeccionar um vitral, são usados dois tipos de materiais: um para a parte sombreada da figura, que custa R$ 30,00 o m², e outro para a parte mais clara (regiões *ABPDA* e *BCDQB*), que custa R$ 50,00 o m².

De acordo com esses dados, qual é o custo dos materiais usados na fabricação de um vitral?

a) R$ 22,50
b) R$ 35,00
c) R$ 40,00
d) R$ 42,50
e) R$ 45,00

10 ▸ **(Unemat-MT)** Para projetar um reservatório cilíndrico de volume 81π m³, dispõe-se de uma área circular de 6 m de diâmetro. Considerando $\pi = 3{,}14$, a altura deverá ser de:

a) 6 m.
b) 9 m.
c) 12 m.
d) $\frac{81}{6}\pi$ m
e) 3π m.

VERIFIQUE O QUE ESTUDOU

1 Desenhe uma região plana cuja medida de área seja de 5 unidades, considerando o cm^2 como unidade de medida de área.

2 Qual é a medida de área da figura que você desenhou, na atividade anterior, considerando esta figura como unidade de medida de área?

Banco de imagens/Arquivo da editora

3 Para cobrir toda a superfície desta caixa, quantos metros quadrados de papel serão necessários?

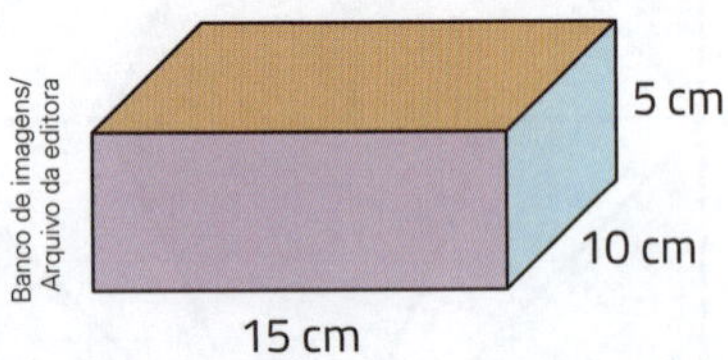

Banco de imagens/Arquivo da editora

4 Complete esta frase.

A medida de área de um losango, com diagonais de medida de comprimento de 12 cm e 8 cm, é igual à medida de área de um trapézio, com bases de medida de comprimento de 9 cm e 7 cm e altura de medida de comprimento de ________.

5 Uma moeda de 25 centavos tem diâmetro de medida de comprimento de 25 mm e altura de medida de comprimento de 2 mm.

Reprodução/Casa da Moeda do Brasil/Ministério da Fazenda

Calcule o que se pede, usando uma calculadora e considerando $\pi = 3,1$.

a) A medida de perímetro de cada face da moeda.

b) A medida de área de cada face da moeda.

c) A medida de volume da moeda.

6 Agora, calcule e responda: Para fabricar um milhão de moedas de 25 centavos serão necessários mais ou menos do que 1 m^3 de material?

7 Façam as medições necessárias e calculem a medida de área que está gravada em um CD (*compact disc*) ou em um DVD (*digital versatile disc*). Troque ideias com o colega.

8 Quantos metros cúbicos de areia um caminhão pode carregar, com uma carroceria com a forma de paralelepípedo e medidas das dimensões de 12 m, 3 m e 1,5 m?

9 Os vasilhames **A** e **B** a seguir estão cheios de água, e o vasilhame **C**, de forma cúbica, está vazio. Despejando a água de **A** e **B** em **C**, este fica com $\frac{4}{5}$ da medida de capacidade ocupada. Qual é a medida de comprimento de cada aresta do vasilhame **C**?

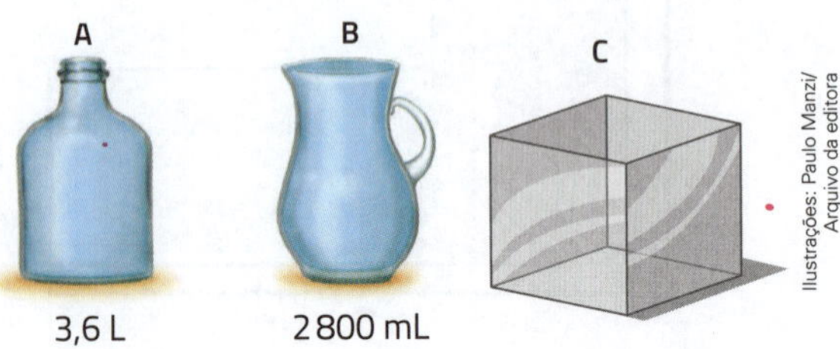

Ilustrações: Paulo Manzi/Arquivo da editora

10 Em qual destes recipientes cabe mais água: no cúbico ou no cilíndrico? Quantos litros a mais do que no outro? (Use $\pi = 3$.)

As imagens desta página não estão representadas em proporção.

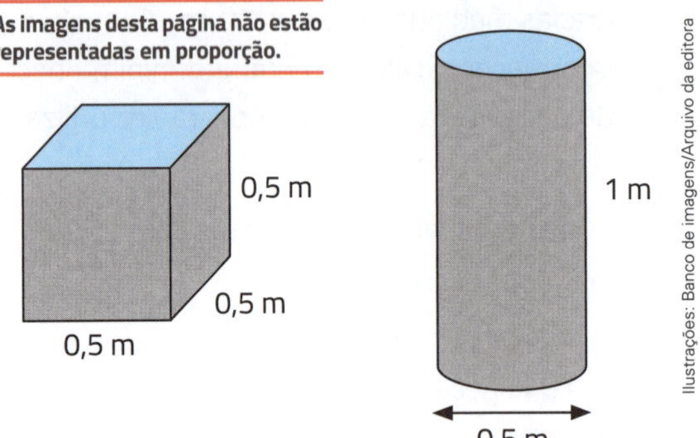

Ilustrações: Banco de imagens/Arquivo da editora

Atenção

Retome os assuntos que você estudou neste capítulo. Verifique em quais teve dificuldade e converse com o professor, buscando maneiras de reforçar seu aprendizado.

Autoavaliação

Algumas atitudes e reflexões são fundamentais para melhorar o aprendizado e a convivência na escola. Reflita sobre elas.

- Você tem cuidado bem de seu material de Matemática (livro e caderno)?
- Você tem feito as anotações necessárias para consultar posteriormente?
- Você procura fazer, periodicamente, uma revisão dos assuntos que estudou?
- Você procura conversar com os colegas sobre suas dúvidas e sobre as dúvidas deles?

PARA LER, PENSAR E DIVERTIR-SE

Princípio de Cavalieri

Você já ouviu falar do **princípio de Cavalieri**? Veja a explicação desse conceito.

Fixamos um plano α, que chamamos de plano horizontal. Qualquer plano π paralelo ao plano α também será chamado de plano horizontal.

Sejam S_1 e S_2 sólidos geométricos quaisquer. Cada plano horizontal π determina secções planas nesses sólidos, que indicaremos, respectivamente, por $\pi \cap S_1$ e $\pi \cap S_2$. Essas secções são as intersecções do plano π com os sólidos geométricos S_1 e S_2.

S_1 S_2 $\pi \cap S_1$ $\pi \cap S_2$ π

Banco de imagens/Arquivo da editora

Se, para qualquer plano horizontal π, a secção plana $\pi \cap S_1$ tiver a mesma medida de área da secção plana $\pi \cap S_2$, então as medidas de volume dos sólidos geométricos S_1 e S_2 serão iguais. Esse é o chamado princípio de Cavalieri, muito útil no cálculo das medidas de volume de sólidos geométricos.

O sacerdote matemático italiano Bonaventura Francesco Cavalieri, que foi discípulo de Galileu, publicou em 1635 a obra *Teoria do indivisível*, contendo o que atualmente é conhecido como princípio de Cavalieri. Entretanto, a teoria, que permitia calcular rapidamente e com exatidão a medida de área e a medida de volume de muitas figuras geométricas, foi duramente criticada na época.

Em 1647, Cavalieri publicou a obra *Exercitationes geometricae sex*, na qual apresentou essa teoria de maneira mais clara. Esse livro transformou-se em fonte importante para os matemáticos do século XVII.

DeAgostini/Getty Images

Retrato do matemático italiano Bonaventura Francesco Cavalieri.

Fonte de consulta: ECÁLCULO. *História*. Disponível em: <www.cepa.if.usp.br/e-calculo/historia/cavaliere.htm>. Acesso em: 27 fev. 2019.

As imagens desta página não estão representadas em proporção.

O quadrado perdido

Observe as 2 figuras nesta malha quadriculada. Verifique que a medida de área de cada região colorida (vermelha, amarela, azul e verde) é a mesma nas 2 figuras. Como apareceu a região quadrada branca na segunda figura?

Banco de imagens/Arquivo da editora

Quantas melancias inteiras podem ser formadas com as melancias desta imagem?

Murilo Moretti/Arquivo da editora

CAPÍTULO

7 Estatística e probabilidade

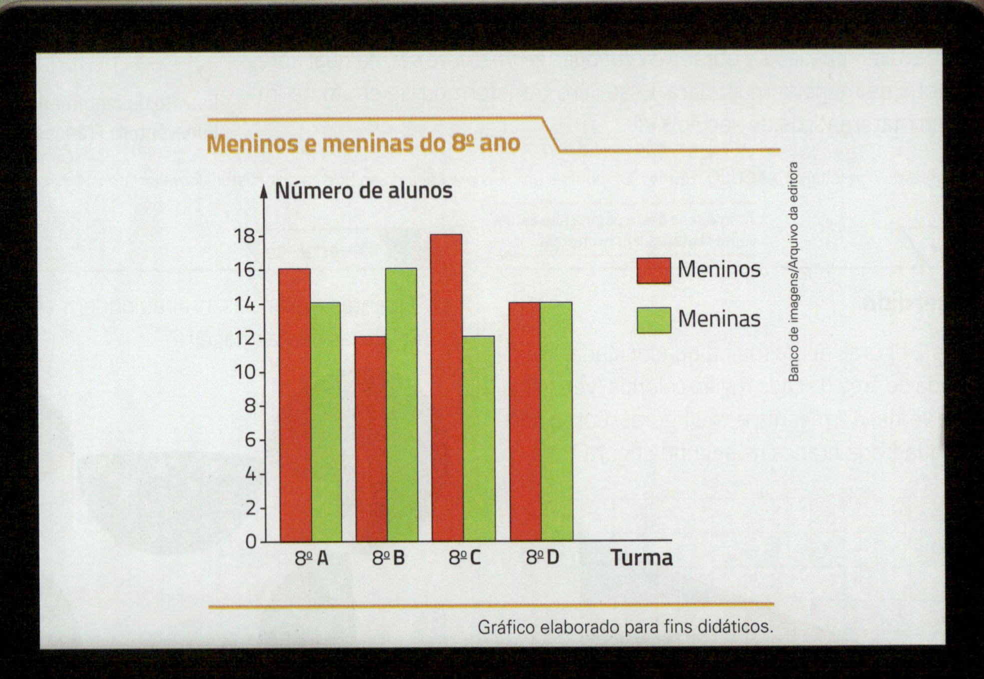

EyeEm/Getty Images

O gráfico da página anterior mostra o resultado de uma pesquisa feita em uma escola. Veja as afirmações feitas pelas crianças.

Há 18 meninos no 8º ano **C**.
Há mais meninas do que meninos no 8º ano **B**.
No 8º ano **D**, o número de meninos é igual ao número de meninas.
No 8º ano **A**, o número total de alunos é 30.
Sorteando ao acaso um aluno do 8º ano **C**, a probabilidade de ser menino é de 18 em 30, ou $\frac{18}{30}$, ou $\frac{3}{5}$, ou 60%.
Ilustrações: Thiago Neumann/Arquivo da editora

O gráfico e a leitura e interpretação dos dados representados nele estão relacionados à parte da Matemática conhecida por Estatística, que será um dos assuntos deste capítulo. Vamos também retomar e ampliar o estudo da Probabilidade.

Converse com os colegas sobre as seguintes questões.

1 Qual nome se dá a esse tipo de gráfico?

2 Quais outros tipos de gráfico você conhece que são usados em Estatística?

3 Qual é o número total de alunos no 8º ano **B**?

4 Em qual das turmas o número de meninas corresponde a $\frac{7}{8}$ do número de meninos?

5 Sorteando ao acaso um aluno do 8º ano **D**, qual é a probabilidade, em porcentagem, de ser uma menina?

1 Termos de uma pesquisa estatística

Vamos recordar alguns termos que você já estudou e estudar novos termos que aparecem em uma pesquisa estatística.

Pesquisa censitária ou pesquisa por população e pesquisa amostral

Se quisermos saber, por exemplo, qual é a disciplina favorita dos alunos de uma turma, podemos consultar **todos** os alunos da turma. Nesse caso, todos os alunos constituem a **população estatística** ou o **universo estatístico**. Esse tipo de pesquisa que envolve **todos** os participantes é chamada **pesquisa censitária**.

No entanto, isso não é possível quando queremos pesquisar, por exemplo, sobre a intenção de voto dos eleitores do estado de Minas Gerais, pois consultar todos os eleitores seria muito trabalhoso, caro e tomaria muito tempo. Recorremos, então, ao que é chamado de **amostra**, ou seja, um grupo de eleitores (uma parte da população estatística) que, ao serem consultados, permitem que cheguemos ao resultado mais próximo possível da realidade. Neste caso, temos uma **pesquisa amostral**.

Em casos como esse, é comum aparecer na divulgação das pesquisas quantos eleitores foram consultados, pois a escolha da amostra (quantos e quais eleitores) é fundamental para o resultado.

Veja quais são os principais tipos de amostra.

- **Amostra aleatória simples:** quando os elementos da amostra (os **indivíduos** da pesquisa) são escolhidos aleatoriamente, ou seja, ao acaso.
- **Amostra sistemática:** quando os elementos da população estão ordenados, o primeiro é escolhido aleatoriamente e os demais são retirados periodicamente. Por exemplo, em uma escola todos os alunos são organizados por idade. O primeiro aluno é escolhido aleatoriamente e, a cada 10 alunos, o décimo é escolhido.
- **Amostra estratificada:** quando a população é dividida em grupos razoavelmente homogêneos e, dentro de cada grupo, os indivíduos são escolhidos aleatoriamente. Essa amostra é utilizada quando queremos comparar grupos; por exemplo, quando queremos analisar a renda de homens e de mulheres de uma população.

Variável e tipos de variável

Uma indústria automobilística pretende lançar um novo modelo de carro. Para isso, faz uma pesquisa para sondar a preferência dos consumidores sobre: tipo de combustível, potência do motor, preço, cor, tamanho do porta-malas, etc. Cada uma dessas características é uma **variável** da pesquisa.

KELENY/Shutterstock

Carros em uma concessionária.

Na variável "tipo de combustível", a escolha pode ser, por exemplo, etanol e gasolina. Dizemos que esses são **valores da variável** "tipo de combustível".

As variáveis podem ser classificadas em **qualitativas** ou **quantitativas**.

Em uma pesquisa que envolve pessoas, por exemplo, as variáveis consideradas podem ser sexo, cor de cabelo, esporte favorito e grau de instrução. Nesses casos, as variáveis são **qualitativas**, pois apresentam como possíveis valores das variáveis uma qualidade ou um atributo dos indivíduos pesquisados.

Quando as variáveis de uma pesquisa são, por exemplo, preço, medida de comprimento da altura, idade (em anos) e número de irmãos, elas são **quantitativas**, pois os possíveis valores das variáveis são números.

As variáveis quantitativas podem ser **discretas**, quando se trata de contagem, ou **contínuas**. Por exemplo:

- "número de irmãos" é uma variável quantitativa discreta, pois podemos contar 0, 1, 2, ...;
- "medida de comprimento da altura" é uma variável quantitativa contínua, pois pode assumir infinitos valores, como 1,55 m; 1,80 m; 1,73; ...

Frequência absoluta e frequência relativa

Suponha que entre um grupo de turistas, participantes de uma excursão, tenha sido feita uma pesquisa sobre a nacionalidade de cada um e que o resultado tenha sido o seguinte: Pedro – brasileiro; Ana – brasileira; Ramón – espanhol; Laura – espanhola; Cláudia – brasileira; Sérgio – brasileiro; Fernando – argentino; Nélson – brasileiro; Silvia – brasileira; Pablo – espanhol.

O número de vezes que um valor da variável é citado representa a **frequência absoluta** desse valor.

Nesse exemplo, a variável é "nacionalidade" e a frequência absoluta de cada um dos valores é: brasileira, 6; espanhola, 3; e argentina, 1.

Existe também a **frequência relativa**, que representa a frequência absoluta em relação ao total de citações. Nesse exemplo, temos:

- a frequência relativa da nacionalidade brasileira é de 6 em 10, ou $\frac{6}{10}$, ou $\frac{3}{5}$, ou 0,6, ou 60%;
- a frequência relativa da nacionalidade espanhola é de 3 em 10, ou $\frac{3}{10}$, ou 0,3, ou 30%;
- a frequência relativa da nacionalidade argentina é de 1 em 10, ou $\frac{1}{10}$, ou 0,1, ou 10%.

Observação: A frequência relativa pode ser expressa na forma de razão, de fração, decimal ou de porcentagem.

Tabela de frequências

A tabela que mostra a variável, os valores dela e as respectivas frequência absoluta (FA) e frequência relativa (FR) dos valores é chamada **tabela de frequências**.

Assim, usando o mesmo exemplo, temos esta tabela de frequências.

Nacionalidade em um grupo de turistas

Nacionalidade	FA	FR (em %)
Brasileira	6	60%
Espanhola	3	30%
Argentina	1	10%
Total	**10**	**100%**

Tabela elaborada para fins didáticos.

Observação: A soma de todas as frequências relativas de uma amostra totaliza 100%, se dadas em porcentagem, ou 1, se dadas na forma de fração ou decimal.

Atividades

1 Uma concessionária de automóveis tem cadastrados 3 500 clientes e fez uma pesquisa sobre a preferência de compra em relação a "cor" (branco, vermelho ou azul), ao "preço", ao "número de portas" (2 ou 4) e ao "estado de conservação" (novo ou usado). Foram consultados 210 clientes. Diante dessas informações, responda aos itens.

a) Qual é o universo estatístico e qual é a amostra dessa pesquisa?

b) Quais são as variáveis e qual é a classificação de cada uma delas.

c) Quais os possíveis valores da variável "cor" ?

2 Um grupo de alunos foi consultado sobre o time pernambucano da preferência deles. Veja como os votos foram registrados.

- Central: (3 traços)
- Náutico: (4 traços)
- Santa Cruz: (5 traços e 3 traços)
- Sport: (5 traços e 1 traço)

Construa a tabela de frequências dessa pesquisa.

Tabela de frequências de variáveis quantitativas

Já sabemos que as variáveis quantitativas têm os possíveis valores indicados por números. Na elaboração das tabelas de frequências de variáveis quantitativas, podemos nos deparar com 2 situações.

Acompanhe o exemplo de uma pesquisa sobre a idade (em anos), o "peso" (em quilogramas) e a medida de comprimento da altura (em metros) de um grupo de alunos.

Resultado da pesquisa

Aluno	Idade (em anos)	"Peso" (em kg)	Medida de comprimento da altura (em m)
Alberto	14 anos	49 kg	1,73 m
Alexandra	14 anos	46,5 kg	1,66 m
Carlos	16 anos	53 kg	1,78 m
Cláudia	15 anos	50 kg	1,75 m
Eduarda	14 anos	51 kg	1,68 m
Flávia	15 anos	49 kg	1,70 m
Geraldo	14 anos	44 kg	1,62 m
Gilberto	15 anos	51 kg	1,76 m
Hélia	14 anos	48,3 kg	1,68 m
José	16 anos	52 kg	1,79 m
Lúcia	14 anos	49 kg	1,74 m
Luís	14 anos	46,5 kg	1,65 m
Marcos	15 anos	48 kg	1,63 m
Mário	14 anos	48,5 kg	1,69 m
Mauricio	16 anos	50 kg	1,70 m
Milton	14 anos	52 kg	1,75 m
Renata	14 anos	46 kg	1,72 m
Roberta	15 anos	47 kg	1,69 m
Saulo	14 anos	51 kg	1,73 m
Sérgio	14 anos	49 kg	1,66 m

Tabela elaborada para fins didáticos.

- **Primeira situação**
  Ao elaborar a tabela de frequências da variável "idade", notamos que aparecem como possíveis valores 14 anos, 15 anos e 16 anos.

Idade de um grupo de alunos

Idade (em anos)	Contagem	FA	FR (na forma de fração)	FR (em %)
14	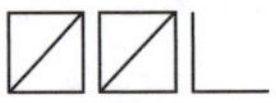	12	$\frac{12}{20} = \frac{3}{5}$	60%
15		5	$\frac{5}{20} = \frac{1}{4}$	25%
16		3	$\frac{3}{20}$	15%
Total		**20**	**1**	**100%**

Tabela elaborada para fins didáticos.

- **Segunda situação**

Para a variável "medida de comprimento da altura" aparecem muitos valores diferentes, o que torna inviável colocar na tabela de frequências 1 linha para cada valor. Em casos como esse, agrupamos os valores em **intervalos** (ou **classes**), como veremos a seguir.

1º) Calculamos a diferença entre o maior e o menor valor da variável, obtendo a **amplitude total**: 1,79 m − 1,62 m = 0,17 m.

2º) Escolhemos o número de intervalos (geralmente superior a 4). Nesse caso, escolhemos 6 intervalos.

3º) Considerando um número conveniente que seja maior do que a amplitude total e seja divisível pelo número de intervalos, determinamos a **amplitude relativa** de cada intervalo (classe).
No exemplo, para 6 intervalos e escolhendo o número 0,18 (0,18 > 0,17), obtemos:
0,18 m ÷ 6 = 0,03 m.
Com esses dados, elaboramos a tabela de frequências.

Medida de comprimento da altura de um grupo de alunos

Medida de comprimento da altura (em m)	Contagem	FA	FR (na forma decimal)	FR (em %)
1,62 |— 1,65		2	0,10	10%
1,65 |— 1,68		3	0,15	15%
1,68 |— 1,71		6	0,30	30%
1,71 |— 1,74		3	0,15	15%
1,74 |— 1,77		4	0,20	20%
1,77 |— 1,80		2	0,10	10%
Total		**20**	**1,00**	**100%**

Tabela elaborada para fins didáticos.

Observações

1ª) As classes (intervalos) foram obtidas a partir do menor valor da variável (1,62 m) e fazendo a adição da amplitude relativa (0,03 m) a cada intervalo (1,62 + 0,03 = 1,65; 1,65 + 0,03 = 1,68; e assim por diante).

2ª) O símbolo |— indica intervalo fechado à esquerda e aberto à direita. Assim, a medida de comprimento da altura 1,68 m não foi registrada em 1,65 |— 1,68; ela foi registrada no intervalo 1,68 |— 1,71. Isso é feito dessa maneira para que um mesmo valor não seja incluído em 2 classes diferentes.

Atividade

3 Usando os dados da mesma pesquisa, elabore a tabela de frequências da variável "peso" com os valores agrupados em 5 classes.

Planejamento e execução de uma pesquisa amostral

Explorar e descobrir

Vamos agora retomar os termos vistos até aqui por meio de uma pesquisa. O objetivo da pesquisa é observar o perfil das turmas do 8º ano de uma escola que tem 5 turmas de 8º ano, cada uma com 45 alunos.

O grupo de professores do 8º ano dessa escola elencou as variáveis que seriam pesquisadas, a fim de definir o perfil dos alunos.

Na impossibilidade de entrevistar todos os alunos, foram selecionados 5 alunos de cada turma, realizando uma amostragem aleatória simples, e eles responderam a um questionário.

Depois de coletados, os dados foram organizados nesta tabela.

Resultado da pesquisa

Nome	Sexo	Idade (em anos (a) e meses (m))	Medida de comprimento da altura (em cm)	"Peso" (em kg)	Número de irmãos	Cor do cabelo	*Hobby*	Número do sapato	Manequim
André	M	13 a e 4 m	154	50	3	loiro	música	35	38
Afonso	M	13 a e 7 m	160	48	0	castanho	esporte	37	38
Ana	F	13 a e 2 m	160	66	1	castanho	música	36	40
Beto	M	13 a e 8 m	165	63	0	castanho	*videogame*	40	42
Carla	F	14 a e 5 m	165	57	2	castanho	música	36	40
Cláudia	F	14 a e 3 m	164	50	2	loiro	dança	36	38
Daniel	M	14 a e 6 m	163	51	1	castanho	esporte	36	38
Elisa	F	14 a e 7 m	160	60	2	castanho	música	36	40
Flávia	F	12 a e 7 m	165	65	1	castanho	esporte	37	40
Fernando	M	13 a e 5 m	150	38	1	ruivo	esporte	34	36
Guto	M	13 a e 11 m	156	38	0	castanho	aeromodelismo	34	36
Joel	M	13 a e 10 m	157	52	1	castanho	dança	35	38
Larissa	F	14 a e 0 m	164	53	2	castanho	dança	36	38
Lídia	F	14 a e 8 m	157	55	2	castanho	música	37	42
Mário	M	14 a e 4 m	165	49	3	loiro	*videogame*	36	38
Mariano	M	14 a e 11 m	153	54	4	castanho	dança	38	36
Nádia	F	14 a e 2 m	154	63	1	loiro	esporte	38	40
Odair	F	13 a e 8 m	159	64	2	castanho	música	37	40
Patrícia	F	13 a e 1 m	158	43	1	loiro	dança	36	36
Paula	F	14 a e 11 m	156	53	1	castanho	dança	36	38
Renata	F	13 a e 3 m	162	52	1	castanho	dança	36	38
Roberto	M	13 a e 2 m	165	53	0	castanho	esporte	41	36
Sílvia	F	13 a e 10 m	162	58	1	loiro	dança	39	38
Teresa	F	13 a e 9 m	155	49	0	castanho	*videogame*	35	36
Vilma	F	14 a e 2 m	152	41	3	castanho	música	34	36

Tabela elaborada para fins didáticos.

1▸ Considerando os dados dessa pesquisa, responda aos itens.

a) Quantos alunos constituem o universo estatístico dessa pesquisa?

b) Quantos alunos constituem a amostra dessa pesquisa?

c) Você considera que a escolha da amostra de 5 alunos de cada turma é razoável para essa pesquisa?

d) Como você imagina que seja um bom questionário para essa pesquisa? Converse com um colega e montem um modelo de questionário.

e) Qual é a classificação da variável "número de irmãos"?

f) Qual é a classificação da variável "medida de comprimento da altura"?

g) Nessa pesquisa, quais variáveis são qualitativas?

2▸ Você já viu as 2 situações possíveis para a tabela de frequências de uma variável quantitativa. Veja mais alguns exemplos.

Número de irmãos de um grupo de alunos

Número de irmãos	Contagem	FA	FR (na forma de fração e decimal)	FR (em %)
0	⧄	5	$\frac{5}{25} = 0{,}2$	20%
1	⧄ ⧄	10	$\frac{10}{25} = 0{,}4$	40%
2	⧄ |	6	$\frac{6}{25} = 0{,}24$	24%
3	⊔	3	$\frac{3}{25} = 0{,}12$	12%
4	|	1	$\frac{1}{25} = 0{,}04$	4%
Total		**25**	**1**	**100%**

Tabela elaborada para fins didáticos.

"Peso" de um grupo de alunos

"Peso" (em kg)	Contagem	FA	FR (em %)
$38 \vdash 44$	□	4	16%
$44 \vdash 50$	⊔	3	12%
$50 \vdash 56$	⧄ □	9	36%
$56 \vdash 62$	⊔	3	12%
$62 \vdash 68$	⧄ |	6	24%
Total		**25**	**100%**

Tabela elaborada para fins didáticos.

Como a variável "número de irmãos" é quantitativa discreta, podemos organizar os valores dessa variável na tabela de frequências sem usar intervalos.

Para construir a tabela de frequências da variável "peso" (em quilogramas), podemos distribuir os valores em classes:

- Amplitude total: 66 − 38 = 28
- Número de intervalos: 5
- Amplitude relativa: 30 ÷ 5 = 6

a) Qual é a frequência absoluta do valor 2 da variável "número de irmãos"? E a frequência relativa, em porcentagem?

b) Na variável "peso", qual classe tem frequência relativa 24%?

c) E qual classe tem frequência absoluta 3?

3▸ Observe novamente o resultado dessa pesquisa, na página anterior, e faça os registros necessários.

a) Elabore a tabela de frequências da variável "*hobby*".

b) Qual valor dessa variável tem frequência absoluta 7?

c) Elabore a tabela de frequências da variável "medida de comprimento da altura".

d) Qual é a frequência absoluta e qual é a frequência relativa do valor "dança"?

e) Qual é a frequência absoluta do valor 38 da variável "manequim"? E a frequência relativa (em fração, decimal e porcentagem)?

f) Qual é o valor da variável "cor de cabelo" cuja frequência relativa é 72%?

4▸ Elaborem uma pesquisa de opinião dentro da escola ou no bairro em que vocês moram. Para isso, elaborem um questionário e façam a coleta dos dados com uma amostra da população da escola ou do bairro. Registrem os dados coletados e, depois, façam a análise dos dados para cada variável da pesquisa; montem uma tabela de frequências para cada uma delas; anotem as conclusões e apresentem para os demais alunos da turma.

2 Representação gráfica dos dados de uma pesquisa

As imagens desta página não estão representadas em proporção.

A representação gráfica (o gráfico) nos dá uma visão de conjunto mais rápida do que a observação direta dos dados numéricos na tabela de frequências, por exemplo. Por isso, é comum a mídia apresentar as informações estatísticas em gráficos.

Considere uma pesquisa de opinião em que os alunos de uma turma precisam escolher a fruta preferida. O aluno que anotou o resultado da pesquisa, organizou os nomes das frutas e marcou um "X" para cada voto. Observe.

Fruta	Votos
Banana	XXXXXXXXXX
Laranja	XXXXXX
Abacaxi	XXXXXXXX
Uva	XXXX
Melancia	XXXXX

Ilustrações: Paulo Manzi/Arquivo da editora

Não é preciso contar os votos para saber qual fruta foi a preferida; basta olhar os registros e perceber que a banana tem mais "X" marcados, ou seja, foi a fruta que recebeu mais votos. Essa é a característica fundamental dos gráficos estatísticos.

Gráfico de barras

O professor de Matemática elaborou uma tabela de desempenho dos alunos do 8º ano. Observe.

Com os dados dessa tabela, podemos construir o gráfico de barras da variável "desempenho" indicando a frequência relativa dos valores dessa variável.

Desempenho em Matemática dos alunos do 8º ano

Desempenho	FA	FR (em %)
Insuficiente	6	15%
Regular	10	25%
Bom	14	35%
Ótimo	10	25%
Total	**40**	**100%**

Tabela elaborada para fins didáticos.

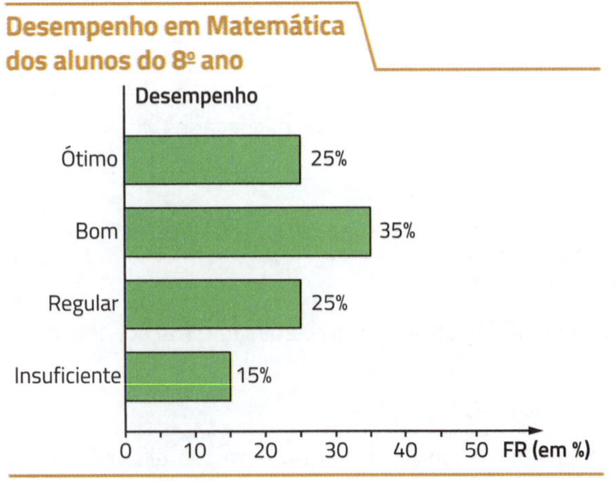

Gráfico elaborado para fins didáticos.

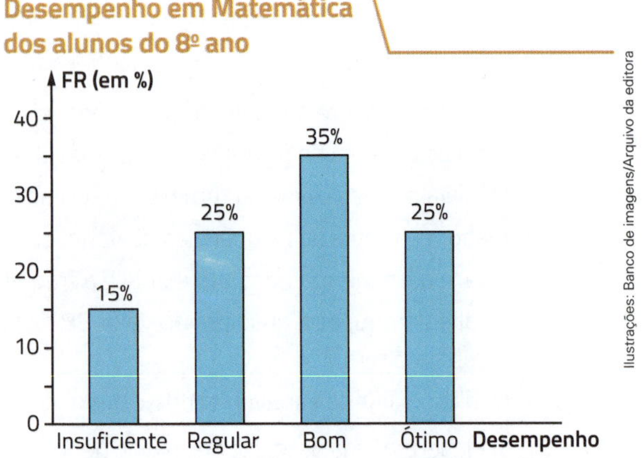

Gráfico elaborado para fins didáticos.

Ilustrações: Banco de imagens/Arquivo da editora

Observe que as barras podem ser desenhadas vertical ou horizontalmente. O gráfico de barras verticais também pode ser chamado de **gráfico de colunas**.

Veja outros exemplos de gráficos de barras com informações sobre o perfil do eleitorado da cidade de Ariquemes (RO), em 2018.

Grau de instrução do eleitorado de Ariquemes em 2018

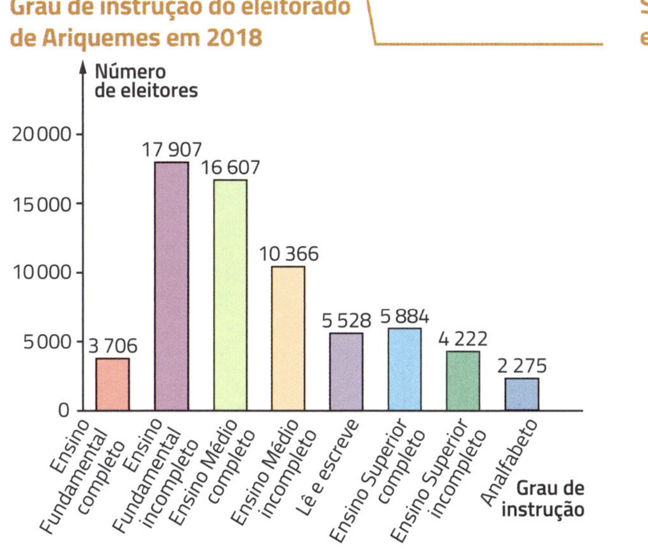

Sexo do eleitorado de Ariquemes em 2014 e 2018

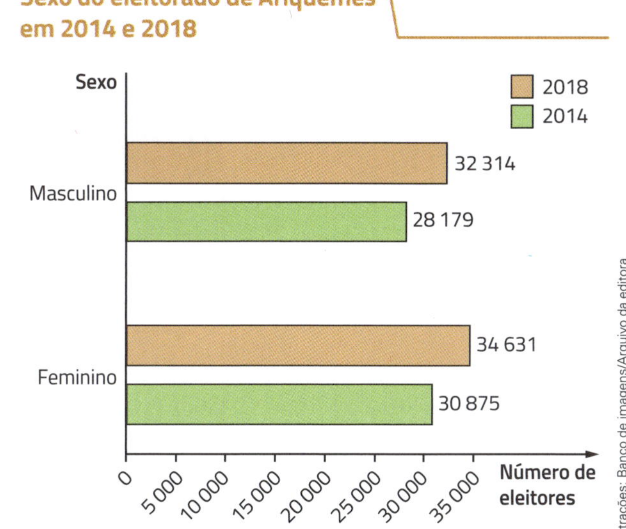

Ilustrações: Banco de imagens/Arquivo da editora

Fonte de consulta dos gráficos: G1-GLOBO. *Rondônia*. Disponível em: <https://g1.globo.com/ro/ariquemes-e-vale-do-jamari/eleicoes/2018/noticia/2018/09/30/eleitorado-aumenta-13-em-quatro-anos-e-mulheres-seguem-como-a-maioria-em-ariquemes-ro.ghtml>. Acesso em: 1º out. 2018.

Observando o gráfico da esquerda, fica claro ver que a maioria dos eleitores de Ariquemes, em 2018, tinha o Ensino Fundamental incompleto.

Observe que, no gráfico da direita, são dadas 2 informações para cada valor da variável "sexo": o número de eleitores em 2014 e o número de eleitores em 2018. Observe que poderíamos construir 2 gráficos, um com os dados referentes a 2014 e outro com os dados referentes a 2018. Contudo, dessa maneira fica mais fácil comparar e tirar conclusões sobre o assunto.

Atividades

4 Considerando o exemplo da página anterior, construa o gráfico de barras indicando a frequência absoluta da variável "desempenho".

5 Observe a tabela de frequências resultante de uma pesquisa sobre o número de irmãos dos alunos de uma turma.

Número de irmãos de um grupo de alunos

Número de irmãos	FA	FR (em %)
0	5	20%
1	10	40%
2	6	24%
3	3	12%
4	1	4%
Total	**25**	**100%**

Tabela elaborada para fins didáticos.

Construa um gráfico de barras indicando a frequência relativa, em porcentagem, da variável "número de irmãos".

6 Durante 1 hora foram anotados os tipos de veículo que passaram pela rua onde está situada uma escola. Foi usado o seguinte código:

- **M**: motocicleta;
- **C**: caminhão;
- **B**: bicicleta;
- **A**: ambulância;
- **T**: carro.

E foram obtidos os seguintes dados: T, T, T, M, A, T, T, M, T, B, B, T, T, A, T, T, C, T, M, T, T, T, C, B, T, T, T, T, T, A, T, T, T, M, C, T, T, T, T, B, T, T, M, B, A.

Construa um gráfico de barras sobre essa pesquisa.

Gráfico de segmentos

Esta tabela mostra o número de alunos nos Anos Finais do Ensino Fundamental em uma escola, nos anos de 2015 a 2020.

Evolução do número de alunos (2015 a 2020)

Ano	Número de alunos
2015	450
2016	400
2017	500
2018	500
2019	550
2020	600

Tabela elaborada para fins didáticos.

Considerando que os anos sejam representados pela variável *x* e o número de alunos pela variável *y*, fica estabelecida uma correspondência que pode ser expressa por pares ordenados $(2015, 450)$, $(2016, 400)$, etc. Usando eixos cartesianos, localizamos os 6 pares ordenados correspondentes aos dados da tabela e construímos um gráfico com os segmentos que ligam esses pontos.

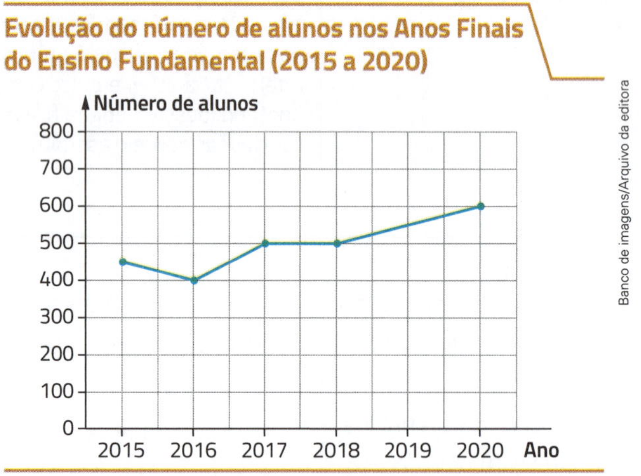

Gráfico elaborado para fins didáticos.

Os gráficos de segmentos são utilizados principalmente para mostrar a evolução das frequências dos valores de uma variável durante o período observado.

A posição de cada segmento indica crescimento, decrescimento ou estabilidade. A inclinação do segmento sinaliza a intensidade do crescimento ou do decrescimento.

Pelo gráfico acima, podemos obter as seguintes informações.

- De 2015 para 2016, o número de alunos em cada ano diminuiu.
- De 2017 para 2018, o número de alunos em cada ano permaneceu estável.
- O crescimento de 2016 para 2018 foi maior do que o de 2018 para 2019.
- O ano que teve maior número de alunos foi 2020.
- No ano de 2017 havia 500 alunos.

Veja outros exemplos de gráfico de segmentos.

Crescimento da população brasileira (2005-2010)

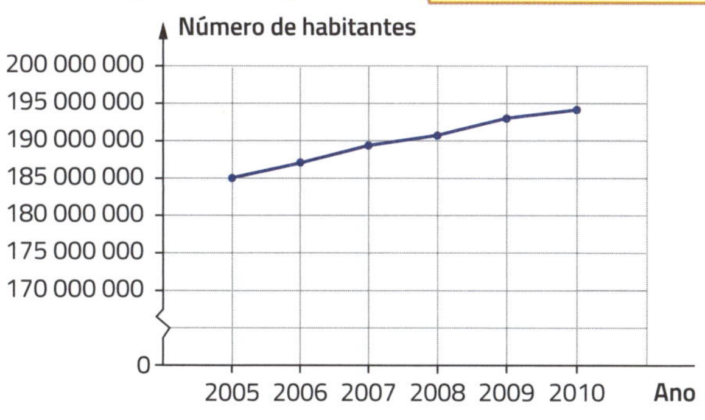

Fonte: IBGE. *Brasil.* Disponível em: <https://cidades.ibge.gov.br/brasil/pesquisa/10086/76551?tipo=grafico>. Acesso em: 30 jul. 2018.

Número de alunos matriculados no Ensino Superior no Brasil (2010 a 2016)

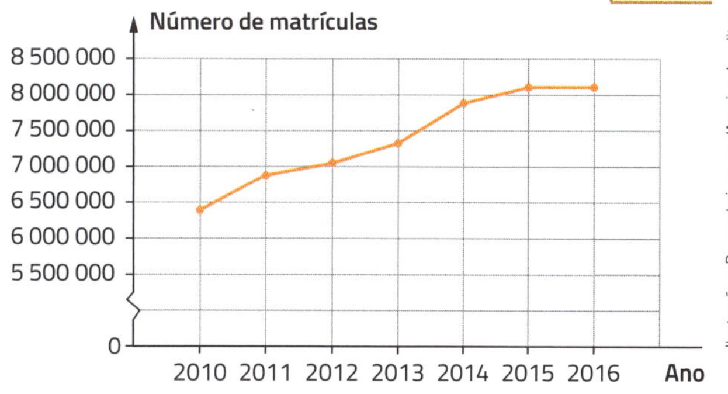

Fonte de consulta: INEP. *Educação superior.* Disponível em: <http://download.inep.gov.br/educacao_superior/censo_superior/documentos/2016/notas_sobre_o_censo_da_educacao_superior_2016.pdf>. Acesso em: 30 jul. 2018.

Ilustrações: Banco de imagens/Arquivo da editora

Atividades

7 Utilize o gráfico de segmentos com o número de alunos matriculados no Ensino Superior no Brasil e responda aos itens.

a) Entre quais anos consecutivos o número de matrículas subiu?

b) Em qual destes 2 anos o número de matrículas foi maior: 2010 ou 2012?

c) Em qual ano do período de 2010 a 2016 o número de matrículas foi menor?

d) Em qual ano o número de matrículas foi de aproximadamente 7 000 000 alunos?

8 Uma locadora de filmes registrou o número de locações no 2º semestre de um ano. Os dados foram expressos em uma tabela e um gráfico de segmentos.

Número de filmes locados no 2º semestre

Mês	Número de filmes locados
Julho	300
Agosto	220
Setembro	100
Outubro	150
Novembro	250
Dezembro	110

Tabela elaborada para fins didáticos.

Número de filmes locados no 2º semestre

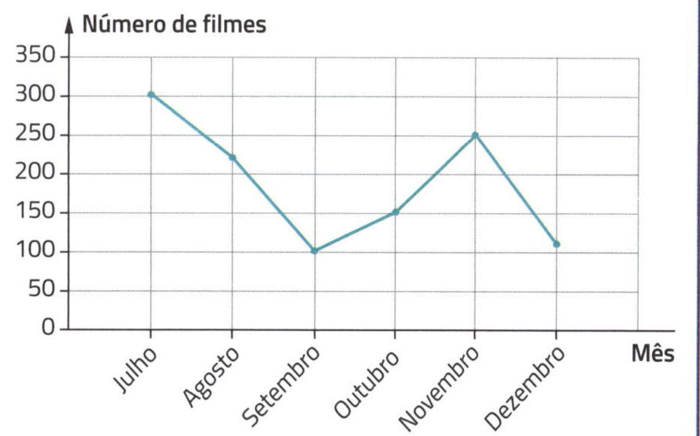

Gráfico elaborado para fins didáticos.

Banco de imagens/Arquivo da editora

a) Em quais períodos houve decrescimento do número de locações?

b) Em qual período houve crescimento do número de locações?

c) Em qual mês houve maior número de locações? Quantas locações foram?

d) É mais fácil consultar a tabela ou o gráfico de segmentos para responder às perguntas **a**, **b** e **c**?

9 Um aluno do 8º ano apresentou, durante o ano letivo, o seguinte aproveitamento:

- primeiro bimestre: nota 7,0;
- segundo bimestre: nota 6,0;
- terceiro bimestre nota 8,0;
- quarto bimestre nota 8,0.

Construa, em uma malha quadriculada, um gráfico de segmentos correspondente a essa situação e, a partir dele, obtenha algumas conclusões.

Gráfico de setores

Você já estudou gráficos de setores no ano anterior. Vamos recordar analisando esta situação.

Em um *shopping center* há 3 salas de cinema e o número de espectadores em cada uma delas em determinado final de semana foi de 300 na sala **A**, 200 na sala **B** e 500 na **C**.

Veja esta situação representada em uma tabela de frequências e depois em gráficos de setores.

Número de espectadores nas salas de cinema

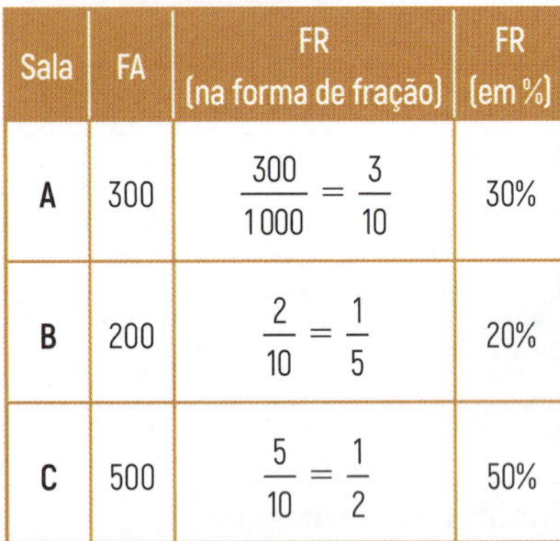

Sala	FA	FR (na forma de fração)	FR (em %)
A	300	$\frac{300}{1000} = \frac{3}{10}$	30%
B	200	$\frac{2}{10} = \frac{1}{5}$	20%
C	500	$\frac{5}{10} = \frac{1}{2}$	50%

Tabela elaborada para fins didáticos.

Porcentagem de espectadores nas salas de cinema

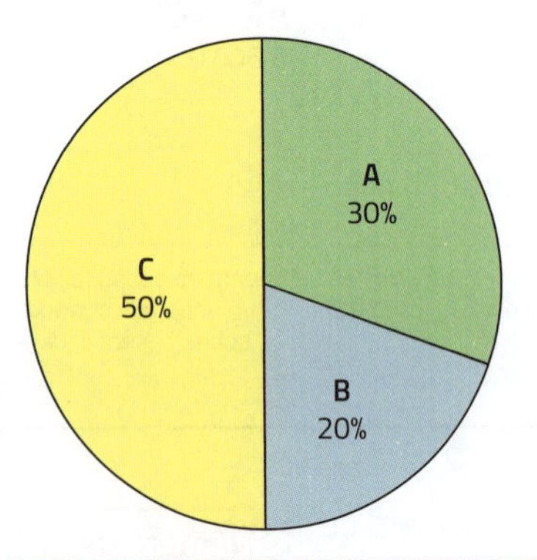

Gráfico elaborado para fins didáticos.

Número de espectadores nas salas de cinema

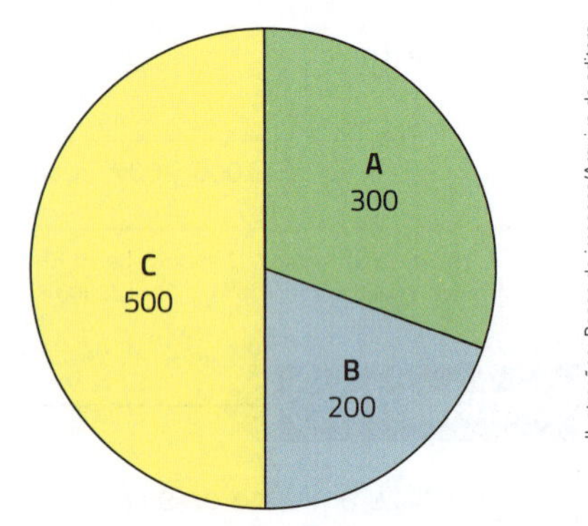

Gráfico elaborado para fins didáticos.

Ilustrações: Banco de imagens/Arquivo da editora

Em cada gráfico de setores, o círculo todo indica o total (1 000 espectadores ou 100%) e cada setor indica a ocupação de uma sala. Na construção do gráfico de setores, determinamos o ângulo correspondente a cada setor proporcionalmente à frequência do valor da variável. Veja como exemplo os dados da sala **A**.

Podemos comparar o número de espectadores em cada sala com a medida de abertura do ângulo central do círculo.

$$\frac{300}{1000} = \frac{x}{360°} \Rightarrow 1000x = 108000° \Rightarrow x = 108°$$

Usando a frequência relativa (em %), obtemos:

$$x = 30\% \text{ de } 360° = 0{,}30 \cdot 360° = 108°$$

Bate-papo

Converse com um colega e verifique quais são as medidas de abertura dos ângulos dos setores das salas **B** e **C**. Use um transferidor e constate na figura os ângulos de **A**, **B** e **C**.

Atividades

10 Para mostrar quanto tempo gasta com as atividades diárias, Luísa construiu um gráfico de setores.

Atividades diárias de Luísa

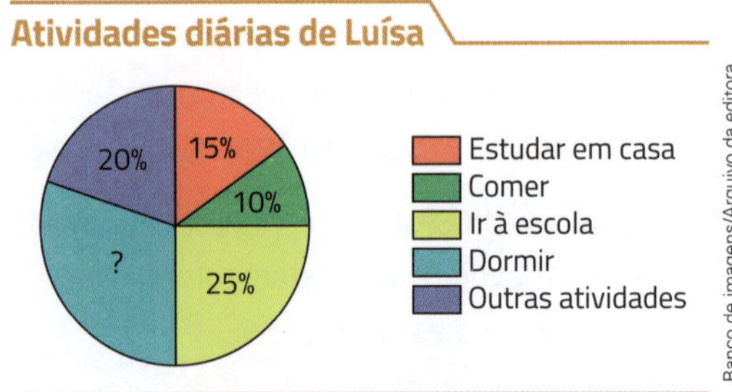

Banco de imagens/Arquivo da editora

Gráfico elaborado para fins didáticos.

a) Quantas horas por dia Luísa estuda em casa?

b) Qual porcentagem do dia ela usa para dormir?

c) Construa o gráfico de colunas correspondente aos dados.

11 Em uma eleição concorreram os candidatos **A**, **B** e **C** e, depois de apurada a primeira urna, os votos foram os seguintes:

- **A**: 50 votos;
- **B**: 80 votos;
- **C**: 60 votos;
- brancos e nulos (**BN**): 10 votos.

Usando esses dados, construa:

a) a tabela de frequências da variável "candidato";

b) o gráfico de barras, relacionando os valores dessa variável com as respectivas frequências absolutas;

c) o gráfico de setores, relacionando os valores dessa variável com as respectivas frequências relativas, em porcentagens.

Histograma

Quando uma variável tem os valores indicados por classes (intervalos), é comum o uso de um tipo de gráfico conhecido como **histograma**. Esse é um gráfico de colunas da distribuição de frequências de um conjunto de dados quantitativos contínuos.

Por exemplo, vamos retomar a pesquisa apresentada nas páginas 196 e 197 e considerar a variável "medida de comprimento da altura" (em centímetros) do grupo de alunos do 8º ano, agrupada em classes (intervalos).

Veja a tabela de frequências dessa variável, escolhendo 5 classes.

Bate-papo

Para o item **c** da atividade 3 da página 213, você construiu a tabela de frequências para a variável "medida de comprimento da altura" dessa pesquisa. Quantas classes você escolheu para essa variável? Compare sua tabela com a dada nesta página e identifique semelhanças e diferenças entre elas.

Medida de comprimento da altura de um grupo de alunos

Medida de comprimento da altura (em cm)	FA	FR (em %)
150 ⊢ 154	3	12%
154 ⊢ 158	8	32%
158 ⊢ 162	4	16%
162 ⊢ 166	9	36%
166 ⊢ 170	1	4%

Tabela elaborada para fins didáticos.

A partir da tabela de frequências, podemos montar o gráfico de colunas de maneira semelhante a que fazemos com variáveis quantitativas discretas. Assim, obteremos o histograma.

O histograma pode ser construído a partir da frequência absoluta (FA) ou da frequência relativa (FR) da variável. Veja os 2 gráficos a seguir.

- Histograma com as classes (intervalos) relacionadas às frequências absolutas.

Medida de comprimento da altura de um grupo de alunos

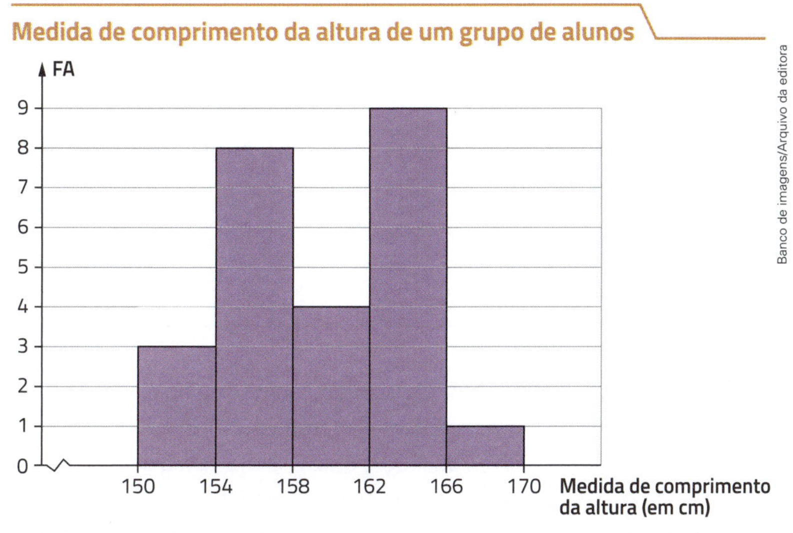

Gráfico elaborado para fins didáticos.

- Histograma com as classes relacionadas às frequências relativas (em porcentagem)

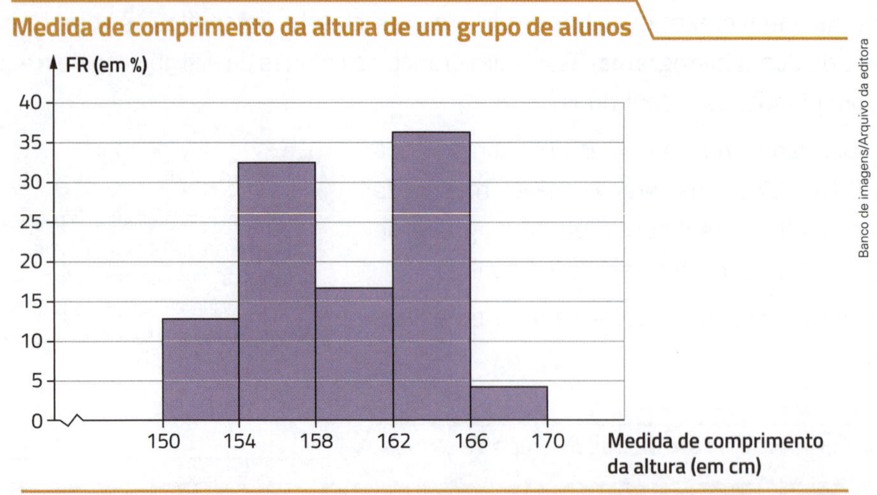

Gráfico elaborado para fins didáticos.

Às vezes, usamos como representante de cada classe da variável o valor médio correspondente. Nesse exemplo, 152 representa a classe 150 |— 154.

Os segmentos de reta que ligam em sequência os pontos médios das bases superiores das barras formam um gráfico de segmentos conhecido como **polígono de frequência**, que você usará em assuntos posteriores.

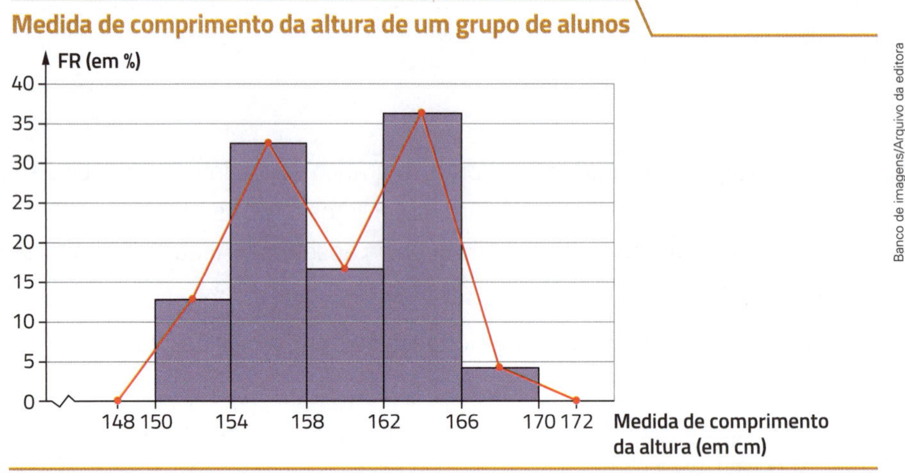

Gráfico elaborado para fins didáticos.

Observe que o polígono de frequência sempre inicia no ponto médio da classe anterior à primeira (nesse caso, o ponto médio de 146 |— 150) e termina no ponto médio da classe posterior à última (nesse caso, o ponto médio de 170 |— 174).

Atividade

12 Fazendo o levantamento de quantas pessoas assistiram a um filme no cinema em vários finais de semana, foram obtidos os seguintes resultados em número de pessoas: 350, 800, 720, 620, 700, 750, 780, 680, 720, 600, 846, 770, 630, 720, 680, 640, 710, 750, 680 e 690. Usando esses dados, construa:

a) a tabela de frequência da variável "número de pessoas", com 5 classes;

b) o histograma correspondente relacionando os valores dessa variável e a frequência absoluta deles.

3 Medidas de tendência central

Em todo conjunto de dados estatísticos (por exemplo, as idades dos alunos de uma turma ou o preço de determinado produto em vários estabelecimentos comerciais), é importante determinar um elemento que possa representá-lo. Em Estatística, a principal maneira de determinar esse elemento significa calcular uma **medida de tendência central** para o conjunto em questão.

As principais medidas de tendência central são a **média aritmética**, a **mediana** e a **moda**. Essas 3 podem ser usadas quando trabalhamos com variáveis quantitativas, mas apenas a última pode ser usada também quando trabalhamos com variáveis qualitativas.

Recorde: para calcular a média aritmética, basta adicionar todos os valores do conjunto e, em seguida, dividir o resultado pelo número de valores que foram somados.

Thiago Neumann/Arquivo da editora

Média aritmética

Vamos recordar com exemplos e exercícios o que você estudou nos anos anteriores sobre média aritmética. Você se lembra como calculá-la?

Explorar e descobrir

Em um time de futebol de salão, as medidas de comprimento das alturas, em centímetros, são 146, 158, 165, 150 e 155. Qual é a média aritmética dessas medidas?

Vejamos outro exemplo.

Oito alunos do 8º ano participaram de uma competição de dança na escola e, para cada um, foi atribuída uma nota. As notas atribuídas foram:

2,0	3,5	1,0	2,5	9,0	3,0	1,0	10,0

Como se pode ver, a maioria dos alunos não obteve notas muito boas. Vamos calcular a média aritmética (*MA*) das notas desse grupo de alunos.

Calculamos a média aritmética das notas.

$$MA = \frac{2 + 3,5 + 1 + 2,5 + 9 + 3 + 1 + 10}{8} = \frac{32}{8} = 4$$

Logo, a média aritmética das notas dos 8 alunos na competição de dança foi 4,0.

Atividades

13. Um time de futebol já disputou 7 partidas em um campeonato e marcou 2, 2, 1, 1, 4, 2 e 2 gols neles. Calcule a média do número de gols marcados por partida.

14. Responda: Qual é a fórmula da média aritmética (*MA*) dos números $x_1, x_2, x_3, \ldots, x_n$?

15. Veja os gastos de uma pessoa com alimentação, de segunda-feira a sábado, em determinada semana.

- Segunda-feira: R$ 12,00.
- Terça-feira: R$ 15,00.
- Quarta-feira: R$ 10,00.
- Quinta-feira: R$ 14,00.
- Sexta-feira: R$ 13,00.
- Sábado: R$ 14,00.

Calcule a média diária dos gastos.

Média aritmética ponderada

Vamos relembrar o que você estudou sobre média aritmética ponderada.

Em certas situações, dependendo da importância atribuída aos dados, são associados a eles certos fatores de ponderação (pesos). Veja um exemplo.

Em um concurso para cães, os participantes foram julgados de acordo com determinados quesitos. Para cada quesito, foi atribuído um peso.

- Beleza: peso 1.
- Destreza: peso 2.
- Porte: peso 3.

Douglas levou o cachorro dele, Manchado, para o concurso e ele obteve as seguintes notas: 7,5 em beleza; 9,0 em destreza; e 7,0 em porte. Qual foi a média aritmética ponderada (*MP*) de Manchado no concurso?

$$MP = \frac{1 \cdot 7{,}5 + 2 \cdot 9 + 3 \cdot 7}{1 + 2 + 3} = \frac{46{,}5}{6} = 7{,}75$$

Portanto, a média aritmética ponderada de Manchado no concurso foi 7,75.

Cão vencedor de um concurso.

As imagens desta página não estão representadas em proporção.

Observação

A média aritmética simples ou ponderada dá uma ideia das características de um grupo de números.

Porém, é importante destacar que, em algumas situações, a presença de um valor muito maior ou muito menor do que os demais faz com que a média aritmética não consiga traçar o perfil correto do grupo. É o caso do exemplo da página anterior. Veja mais 2 exemplos.

- Um grupo de 4 pessoas com idades de 5 anos, 4 anos, 5 anos e 70 anos tem como média das idades 21 anos $\left(\frac{5 + 4 + 5 + 70}{4} = 21\right)$. Essa média não dá ideia das características do grupo quanto às idades.
- Nesta situação envolvendo biscoitos, a média também não traduz a realidade.

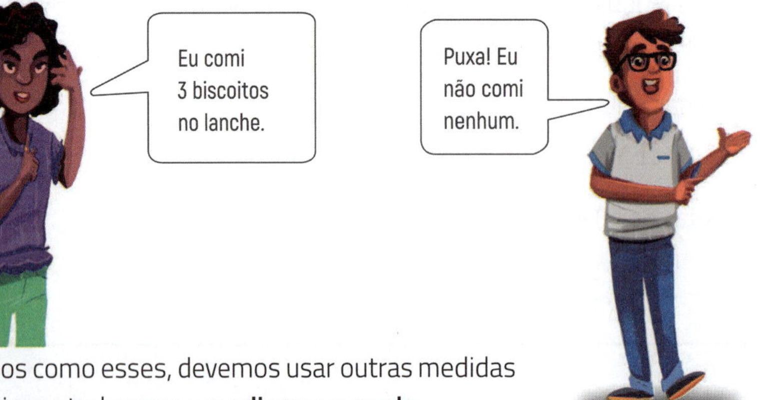

Eu comi
3 biscoitos
no lanche.
Puxa! Eu
não comi
nenhum.

Legal! Em média, cada um de vocês comeu 1 biscoito e meio.
Ilustrações: Thiago Neumann/
Arquivo da editora

Em casos como esses, devemos usar outras medidas de tendência central, como a **mediana** e a **moda**.

Atividades

16 Calcule a média aritmética ponderada de:

a) 5 (peso 2), 8 (peso 3) e 10 (peso 1);

b) 20 (peso 2), 40 (peso 1) e 50 (peso 3).

17 Calcule o valor de x nos seguintes casos:

a) a média aritmética ponderada de $x - 1$ com peso 3 e $x + 4$ com peso 2 é igual a 12;

b) a média aritmética ponderada de x (peso 3), $2x$ (peso 2) e $x - 4$ (peso 1) é igual a 16.

Atividade resolvida passo a passo

(Obmep) O gráfico mostra o resultado da venda de celulares pela empresa BARATOCEL no ano de 2010.

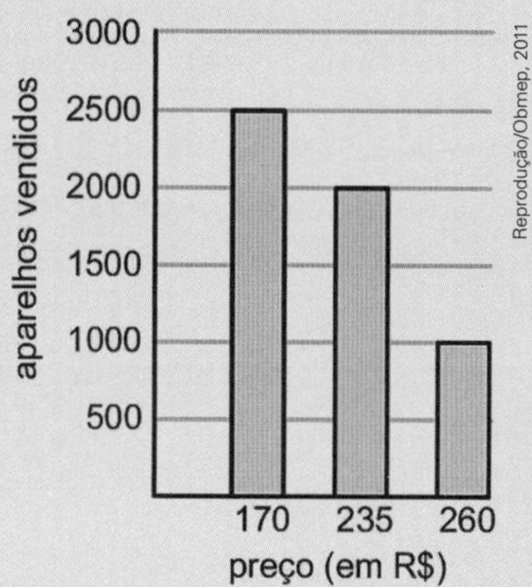

Qual foi o preço médio, em reais, dos celulares vendidos nesse ano?

a) 180
b) 200
c) 205
d) 210
e) 220

Lendo e compreendendo

O problema pede o preço médio dos celulares vendidos em 2010. Para isso, nos fornece a quantidade de celulares vendidos com cada preço.

Planejando a solução

Nesse caso, o preço médio deve ser calculado usando a média aritmética ponderada, em que a quantidade de aparelhos vendidos será o "peso".

Executando o que foi planejado

$$MP = \frac{170 \cdot (2\,500) + 235 \cdot (2\,000) + 260 \cdot (1\,000)}{2\,500 + 2\,000 + 1\,000} = \frac{425\,000 + 470\,000 + 260\,000}{2\,500 + 2\,000 + 1\,000} = \frac{1\,155\,000}{5\,500} = 210$$

Verificando

Se estamos calculando o **preço**, então o preço **não** pode ser tomado como **peso**.

Peso é sempre a quantidade de vezes que determinado dado aparece. Nesse caso, o preço R$ 260,00 tem peso 1 000, porque esse preço aparece 1 000 vezes no gráfico. O que mostra que os cálculos foram feitos corretamente.

Emitindo a resposta

O preço médio é R$ 210,00. Alternativa **d**.

Ampliando a atividade

Se a quantidade de aparelhos vendidos for a mesma para cada um dos preços, qual seria, aproximadamente, o preço médio?

Solução

Basta calcularmos a média aritmética simples dos preços.

$$MA = \frac{170 + 235 + 260}{3} = \frac{665}{3} \simeq 221,67$$

Outra maneira de pensar seria admitir que todos os tipos de aparelho teriam o mesmo peso x.

$$MP = \frac{170x + 235x + 260x}{x + x + x} = \frac{665x}{3x} \simeq 221,67$$

Logo, o preço médio seria de aproximadamente R$ 221,67.

Mediana

Anteriormente, estudamos algumas situações em que, em um conjunto de dados, a presença de valores muito maiores ou muito menores do que os demais influencia no valor da média aritmética, fazendo com que ela não represente a realidade desse conjunto.

Nesse tipo de situação, quanto maiores ou menores forem esses valores, mais a média aritmética deixa de dar ideia das características reais do conjunto de dados. Por isso, é conveniente utilizarmos outra medida de tendência central: a **mediana**.

Acompanhe o exemplo a seguir.

Vamos considerar as medidas de comprimento das alturas, em centímetro, de 5 meninas: Liz (165 cm), Cris (168 cm), Rô (171 cm), Ju (157 cm) e Má (152 cm).

Dispomos as 5 meninas em ordem crescente de medida de comprimento das alturas (poderia ser em ordem decrescente).

Ilustrações: Thiago Neumann/Arquivo da editora

Então, o conjunto de dados, ordenado, é: 152, 157, 165, 168, 171.

Observe que a adolescente do **meio** na ordenação é Liz. A medida de comprimento da altura dela, 165 cm, é chamada de **mediana** das 5 medidas. Escrevemos $Me = 165$ cm.

Suponha agora que uma sexta menina, Lu, cuja medida de comprimento da altura é de 167 cm, junte-se a elas. Organizamos novamente em ordem crescente.

Ilustrações: Thiago Neumann/Arquivo da editora

Agora, o conjunto de dados, ordenado, é: 152, 157, 165, 167, 168, 171.

Observe que o número de adolescentes é par e, portanto, temos 2 meninas no **meio**. Vamos calcular a média aritmética entre as medidas de comprimento das alturas dessas 2 meninas: Liz (165 cm) e Lu (167 cm).

$$MA = \frac{165 + 167}{2} = 166$$

Assim, nesse caso, a **mediana** das medidas de comprimento das 6 alturas é de 166 cm. Escrevemos $Me = 166$ cm.

Assim, podemos definir a mediana de um conjunto de valores.

> Dado um conjunto de valores, é preciso organizá-los em ordem crescente ou decrescente. Se o número de termos for ímpar, então a mediana será o termo do meio. Se o número de termos for par, então a mediana será a média aritmética dos 2 termos centrais.

Então, mediana se refere ao termo do **meio**?
Isso mesmo! Mas não se esqueça de dispor os termos em **ordem**.

Ilustrações: Thiago Neumann/Arquivo da editora

Vejamos outro exemplo. Em uma competição de dança, um casal recebeu as seguintes notas na 1ª etapa.

2,0	3,5	1,0	2,5	9,0	3,0	1,0	10,0

A média aritmética obtida (4,0) não descrevia bem esse conjunto, pois a maioria das notas é bem menor do que a média. Isso ocorreu porque as notas 9,0 e 10,0 são muito maiores do que as demais.

Ao ordenarmos os valores, temos a seguinte sequência.

1,0	1,0	2,0	2,5	3,0	3,5	9,0	10,0

Essa sequência tem um número par de valores; portanto, para calcularmos a mediana desse conjunto, determinamos a média aritmética dos 2 termos centrais, ou seja, de 2,5 e 3,0.

$$Me = \frac{2{,}5 + 3{,}0}{2} = \frac{5{,}5}{2} = 2{,}75$$

Observe que a mediana 2,75 representa melhor o conjunto de notas do que a média aritmética 4,0. Perceba também que as notas altas 9,0 e 10,0 não afetaram o cálculo da mediana.

Assim, para saber qual medida de tendência central é mais adequada para representar um conjunto de dados de uma variável quantitativa, basta dispor os valores em ordem e observar se os valores dos extremos são muito menores ou muito maiores do que os demais. Caso sejam, a mediana é mais adequada para a representação dos dados do que a média aritmética.

Atividades

18 Jaqueline, cuja medida de comprimento da altura é de 169 cm, também se juntou ao grupo das meninas da página anterior. Qual é, agora, a mediana das medidas de comprimento das alturas?

19 Estas são as medidas de comprimento das alturas, em centímetros, de um grupo de 10 crianças: 119, 120, 121, 121, 121, 123, 124, 124, 125, 128.

a) Qual é a média dessas medidas?

b) Qual é a mediana?

c) Qual dessas medidas de tendência central é mais apropriada para esse caso?

20 As pontuações de 0 a 100 obtidas por 21 alunos em um teste foram: 71, 40, 86, 55, 63, 70, 44, 90, 37, 68, 53, 55, 57, 60, 82, 91, 62, 72, 56, 42, 36. Determine a mediana desses valores.

21 Em um grupo de pessoas, as idades são: 13, 20, 18, 14, 17, 16 e 19 anos.

a) Qual é a mediana dessas idades?

b) Se, a esse grupo, se juntarem 3 pessoas, com idades de 12, 15 e 22 anos, então a mediana aumentará ou diminuirá? Quantos anos?

Moda

As imagens desta página não estão representadas em proporção.

Vimos que, para variáveis quantitativas, temos as medidas de tendência central média aritmética e mediana. Mas qual medida de tendência central utilizar, por exemplo, para esta pergunta: Qual seu esporte preferido entre basquete, natação ou ciclismo?

Jeff Kaufman/Taxi/Getty Images

Crianças jogando basquete.

Chad McDermott/Shutterstock

Pessoas praticando natação.

Warren Goldswain/Shutterstock

Casal andando de bicicleta.

Nesse caso, estamos trabalhando com **variáveis qualitativas**, em que a pergunta não é mais "Quanto vale?", e sim "Qual é a categoria preferida?".

Vamos supor, então, que, em uma turma de 20 alunos do 8º ano, foi feita a pergunta acima e foram obtidas as seguintes respostas: 12 alunos preferiram basquete, 5 alunos preferiram natação e 3 alunos preferiram ciclismo.

Nesse caso, não é conveniente perguntar qual a média desses resultados ou qual é a mediana, pois as possíveis respostas da pergunta não correspondem a valores numéricos. Por isso, vamos introduzir uma medida de tendência central conveniente para variáveis qualitativas, que é a **moda**.

No caso dessa pesquisa, basquete é o elemento de maior frequência absoluta no conjunto de respostas coletadas. Dizemos, então, que "basquete" é a moda desse conjunto.

Escrevemos Mo = basquete.

Em Estatística, dado um conjunto de dados (em geral, qualitativos), chamamos de **moda** o elemento desse conjunto que tem a **maior frequência absoluta**, ou seja, o elemento que "mais aparece" no conjunto.

Apesar de estarmos introduzindo a moda como uma medida de tendência central para variáveis qualitativas, ela pode também ser usada para variáveis quantitativas, mas, na maioria dos casos, não será conveniente.

Veja agora alguns exemplos.

- Dez garotos decidiram verificar o "peso" de cada um deles, e os resultados foram os seguintes:

65 kg	72 kg	56 kg	50 kg	42 kg	56 kg	60 kg	65 kg	56 kg	88 kg

Vamos determinar a média, a mediana e a moda desse conjunto.

A média aritmética é dada por:

$$MA = \frac{65 + 72 + 56 + 50 + 42 + 56 + 60 + 65 + 56 + 88}{10} = \frac{610}{10} = 61$$

Para determinar a mediana, inicialmente dispomos os dados em ordem (crescente ou decrescente). Vejamos como fica a sequência em ordem crescente: 42 kg, 50 kg, 56 kg, 56 kg, 56 kg, 60 kg, 65 kg, 65 kg, 72 kg, 88 kg.

Como o número de elementos é par (igual a 10), basta calcular a média aritmética dos 2 termos centrais.

$$Me = \frac{56 + 60}{2} = 58$$

A moda desse conjunto, por sua vez, é o termo que mais aparece: 56 kg.

Assim, $MA = 61$ kg, $Me = 58$ kg e $Mo = 56$ kg.

- Trinta funcionários de uma empresa recebem salários conforme indicado na tabela a seguir.

Salários dos funcionários de uma empresa

Salário	Número de funcionários
R$ 1080,00	12
R$ 2650,00	8
R$ 3500,00	7
R$ 20270,00	3

Tabela elaborada para fins didáticos.

Vamos calcular a média, a mediana e a moda dos salários desses funcionários. Em seguida, vamos decidir qual é a medida de tendência central que melhor representa a realidade salarial desse conjunto.
Inicialmente vamos calcular a média salarial:

$$MA = \frac{12 \cdot 1080 + 8 \cdot 2650 + 7 \cdot 3500 + 3 \cdot 20270}{30} = \frac{12960 + 21200 + 24500 + 60810}{30} =$$

$$= \frac{119470}{30} = 3982,33$$

Para o cálculo do salário mediano, dispomos os salários em ordem (crescente ou decrescente). Observamos que a quantidade de salários é par (30 salários); portanto, calculamos a média dos 2 termos centrais. Em uma sequência de 30 valores, os 2 termos centrais são o 15º e o 16º, pois deixam 14 valores à esquerda e 14 valores à direita. Na sequência acima, o 15º e o 16º salários são iguais a R$ 2650,00.

Assim, a mediana é dada por: $Me = \frac{2650 + 2650}{2} = 2650$

A moda dos salários dessa distribuição é o salário de maior frequência absoluta. O salário que mais aparece é R$ 1080,00.

Logo, dizemos que a média dos salários é R$ 3982,33, a mediana é R$ 2650,00 e a moda é R$ 1080,00.
Finalmente, devemos decidir qual das medidas de tendência central melhor representa a realidade salarial do conjunto. Percebemos que a média não é muito adequada, pois foi afetada pelo salário de R$ 20270,00, que é bem maior do que os demais.

A mediana, por sua vez, não foi afetada por esse aspecto, adequando-se bem para representar o conjunto de dados desse exemplo.

A moda expressa o salário mais frequente, não sendo também muito adequada para representar a realidade do conjunto nesse exemplo, pois os 12 funcionários não representam a maioria do conjunto, que tem 30 funcionários.

Portanto, podemos concluir que a mediana é a medida de tendência central que melhor representa a realidade salarial desse conjunto.

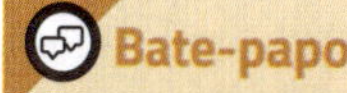

Bate-papo

Converse com um colega e, juntos, expliquem com as próprias palavras por que a média aritmética (ponderada ou não), a moda e a mediana são chamadas de medidas de tendência central.

Atividades

22 Nas 10 primeiras partidas de um campeonato de futebol, um time marcou 2, 1, 2, 3, 2, 0, 5, 2, 3 e 3 gols.

a) Qual é a média de gols do time por partida?

b) Qual é a moda de gols do time por partida?

c) Qual é a mediana de gols do time por partida?

23 Perguntou-se a todos os alunos da escola onde Juvenal estuda se eles gostaram da reforma da cantina. Veja, no gráfico, o resultado da pesquisa.

Satisfação da reforma da cantina

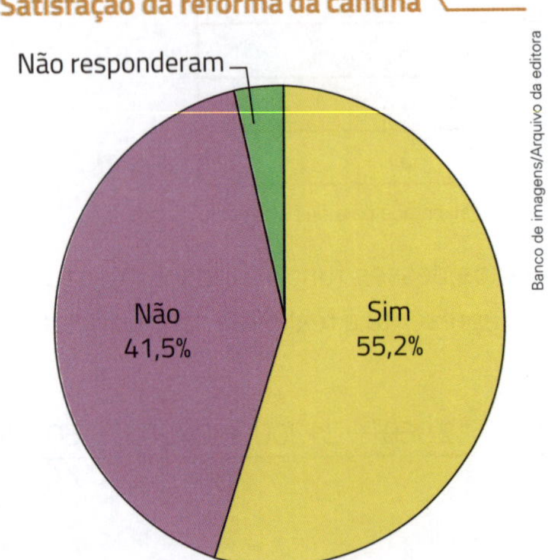

Gráfico elaborado para fins didáticos.

a) Qual porcentagem dos alunos não respondeu à pesquisa?

b) Se a escola tem 1 000 alunos, então quantos responderam que gostaram da reforma?

c) Quantos alunos não gostaram da reforma?

d) Quantos não responderam?

e) Qual é a moda dessa distribuição?

f) Por que não é possível calcular a média aritmética?

24 **Conexões.** O artigo 3º da Constituição da República Federativa do Brasil diz: "Constituem objetivos fundamentais da República Federativa do Brasil:

I) construir uma sociedade livre, justa e solidária;

II) garantir o desenvolvimento nacional;

III) erradicar a pobreza e a marginalização e reduzir as desigualdades sociais e regionais;

IV) promover o bem de todos, sem preconceitos de origem, raça, sexo, cor, idade e quaisquer outras formas de discriminação".

O texto desse artigo da Constituição apresenta 4 itens (**I**, **II**, **III** e **IV**). O número de palavras em cada um deles é, respectivamente, 7, 4, 13 e 19.

a) Determine o número médio de palavras por item.

b) Complete esta tabela escrevendo o número de letras por palavra e a frequência absoluta delas nos itens **I**, **II**, **III** e **IV** juntos.

Número de letras por palavra

Número de letras	1	2	3	4	5	6	7	8	9	10	11	12	13	14	15
FA	9	4												1	1

Tabela elaborada para fins didáticos.

c) Construa, em papel quadriculado, um gráfico com os dados dessa tabela.

d) Qual é a moda do número de letras por palavra?

25 Ao contar o número de ervilhas em cada uma das 27 vagens, Dimas encontrou: 3, 3, 3, 2, 4, 3, 3, 4, 3, 2, 3, 3, 4, 4, 2, 3, 3, 3, 4, 2, 4, 2, 3, 3, 3, 4, 3 ervilhas.

Ervilhas em vagens.

a) Construa uma tabela de frequências absolutas desses números.

b) Determine a moda desses números.

26 Qual é a moda de um grupo de pessoas com idades de 2, 3, 2, 1 e 50 anos?

27 João registrou, durante 10 dias, a medida de intervalo de tempo gasto para ir de casa à escola: 15 min, 14 min, 18 min, 15 min, 14 min, 25 min, 16 min, 15 min, 15 min e 16 min. Qual foi a moda da medida de intervalo de tempo gasto por dia?

28 Marisa lançou um dado 7 vezes e obteve as seguintes pontuações: 2, 6, 2, 5, 1, 3 e 2. Calcule:

a) a média aritmética dos pontos obtidos;

b) a moda dos pontos obtidos.

29 Calcule o valor de x:

a) para que a média aritmética de $x + 1$, $2x$ e $x - 4$ seja igual a 7;

b) para que a moda de $2x - 1$, 7 e 9 seja igual a 9.

4 Medidas de dispersão

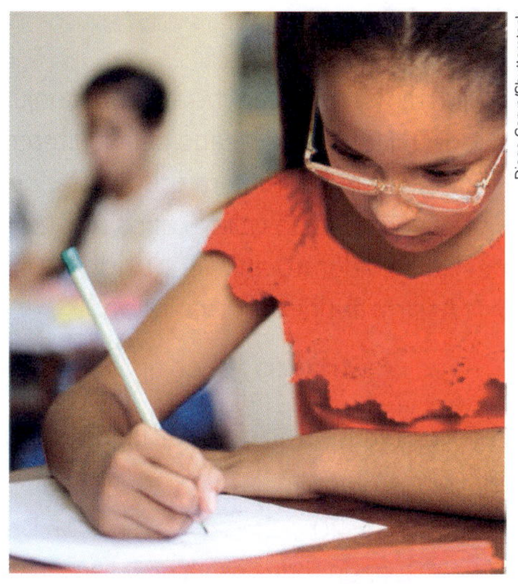
Diego Cervo/Shutterstock

Jovem fazendo prova.

Já estudamos as medidas de tendência central mais usadas, como a média aritmética, a moda e a mediana. Elas têm como objetivo concentrar em um único número os diversos valores de uma variável quantitativa.

Agora, estudaremos situações em que as medidas de tendência central são insuficientes.

Veja alguns exemplos.

- O critério de aprovação em um concurso estabelece que o candidato deve realizar 3 provas e obter, com as notas, média igual ou maior do que 6,0. Nesse caso, a informação de que o candidato obteve média 7,5 é suficiente para concluir que ele está aprovado.
- Uma pessoa é encarregada de organizar atividades de lazer para um grupo de 6 pessoas e recebe a informação de que a média das idades do grupo é 20 anos. Nesse caso, apenas a informação da média não é suficiente para planejar as atividades, pois podemos ter grupos com média das idades de 20 anos e características totalmente diferentes. As outras medidas de tendência central podem não ser suficientes também.

  Observe alguns grupos possíveis.

As imagens desta página não estão representadas em proporção.

Grupo **A**: 20 anos, 20 anos, 20 anos, 20 anos, 20 anos, 20 anos.

$$MA = \frac{20 + 20 + 20 + 20 + 20 + 20}{6} = \frac{120}{6} = 20$$

$$Me = \frac{20 + 20}{2} = 20$$

$$Mo = 20$$

Grupo **B**: 22 anos, 23 anos, 18 anos, 19 anos, 20 anos, 18 anos.

$$MA = \frac{22 + 23 + 18 + 19 + 20 + 18}{6} = \frac{120}{6} = 20$$

$$Me = \frac{19 + 20}{2} = 19{,}5$$

$$Mo = 18$$

Grupo **C**: 7 anos, 62 anos, 39 anos, 4 anos, 7 anos, 1 ano.

$$MA = \frac{7 + 62 + 39 + 4 + 7 + 1}{6} = \frac{120}{6} = 20$$

$$Me = \frac{7 + 7}{2} = 7$$

$$Mo = 7$$

Observe que no grupo **A** não houve variação nas idades, no grupo **B** houve variação, mas as idades são todas próximas. Porém, no grupo **C**, além de haver variação, as idades são muito diferentes entre as pessoas do grupo e isso dificultaria na programação de uma atividade comum a todos!

Thiago Neumann/Arquivo da editora

Como as medidas de tendência central não são suficientes para caracterizar o grupo **C**, é conveniente utilizar medidas que expressem o **grau de dispersão** de um conjunto de dados. As **medidas de dispersão** mais usadas são a **variância** e o **desvio-padrão**.

Variância

Para definir a variância de um conjunto de dados, precisamos antes conhecer o valor do **desvio** de cada dado. O desvio é calculado pela a diferença entre cada dado e a média do conjunto.

Por exemplo, em um grupo de 3 pessoas com 5 anos, 15 anos e 40 anos, temos a média de 20 anos. Então, o desvio do valor 5 anos é -15 ($5 - 20 = -15$), o desvio do valor 15 anos é -5 ($15 - 20 = -5$) e o desvio do valor 40 anos é 20 ($40 - 20 = 20$).

Assim, definimos a variância.

A **variância (*V*)** de um conjunto de dados é a média aritmética dos quadrados dos desvios.

Por exemplo, vamos calcular a variância nos grupos **A**, **B** e **C** citados na página anterior:

- Grupo **A**: 20, 20, 20, 20, 20, 20.
  $MA = 20$ Desvios: $20 - 20 = 0$; todos iguais a 0. $V = 0$
  Quando todos os valores são iguais, dizemos que não houve dispersão e, por isso, a variância é igual a 0.
- Grupo **B**: 22, 23, 18, 19, 20, 18.
  $MA = 20$
  Desvios: $22 - 20 = 2$; $23 - 20 = 3$; $18 - 20 = -2$; $19 - 20 = -1$; $20 - 20 = 0$; $18 - 20 = -2$
  Como a variância é a média aritmética dos quadrados dos desvios, temos:
  $$V = \frac{2^2 + 3^2 + (-2)^2 + (-1)^2 + 0^2 + (-2)^2}{6} = \frac{4 + 9 + 4 + 1 + 0 + 4}{6} = \frac{22}{6} \simeq 3{,}6$$
- Grupo **C**: 6, 62, 39, 4, 8, 1.
  $MA = 20$
  Desvios: $6 - 20 = -14$; $62 - 20 = 42$; $39 - 20 = 19$; $4 - 20 = -16$; $8 - 20 = -12$; $1 - 20 = -19$.
  $$V = \frac{(-14)^2 + 42^2 + 19^2 + (-16)^2 + (-12)^2 + (-19)^2}{6} = \frac{3\,082}{6} \simeq 513{,}6$$

A variância é suficiente para diferenciar a dispersão dos grupos: o grupo **A** não tem dispersão ($V = 0$) e o grupo **C** tem uma dispersão maior do que a do grupo **B** ($513{,}6 > 3{,}6$).

Porém, não é possível expressar a variância na mesma unidade dos valores da variável, pois os desvios dos dados são elevados ao quadrado. Então, definiu-se outra medida de dispersão, chamada **desvio-padrão**.

Desvio-padrão

O **desvio-padrão (*DP*)** é a raiz quadrada da variância.

O desvio-padrão facilita a interpretação dos dados, pois é expresso na mesma unidade dos valores observados (do conjunto de dados).

No exemplo que estamos analisando, vamos usar uma calculadora e a aproximação racional nas raízes quadradas.

- Grupo **A**: $DP = \sqrt{0} = 0$ (A dispersão é de 0 ano. Não há dispersão.)
- Grupo **B**: $DP = \sqrt{3{,}6} \simeq 1{,}9$ (A dispersão é de, aproximadamente, 1,9 ano. É uma pequena dispersão.)
- Grupo **C**: $DP = \sqrt{513{,}6} \simeq 22{,}6$ (A dispersão é de, aproximadamente, 22,6 anos. É uma dispersão grande.)

A variância e o desvio-padrão são sempre números positivos ou nulos.

Podemos concluir que no grupo **A** não houve dispersão e que a dispersão no grupo **B** é menor do que no grupo **C**. Por isso, dizemos que o grupo **B** é mais **homogêneo** do que o **C** ou que o grupo **C** é mais **heterogêneo** do que o **B**.

Thiago Neumann/ Arquivo da editora

Veja outros exemplos.

- Em um treinamento de salto em altura, cada atleta realizou 4 saltos. Veja as marcas obtidas por 3 atletas.

  Atleta **A**: 148 cm, 170 cm, 155 cm e 131 cm.

  Atleta **B**: 145 cm, 151 cm, 150 cm e 152 cm.

  Atleta **C**: 146 cm, 151 cm, 143 e 160 cm.

  a) Qual deles obteve maior média?

  Atleta **A**: $MA = \dfrac{148 + 170 + 155 + 131}{4} = \dfrac{604}{4} = 151$

  Atleta **B**: $MA = \dfrac{145 + 151 + 150 + 152}{4} = \dfrac{598}{4} = 149{,}5$

  Atleta **C**: $MA = \dfrac{146 + 151 + 143 + 160}{4} = \dfrac{600}{4} = 150$

  Logo, o atleta **A** obteve a maior média, de 151 cm.

  b) Qual deles foi o mais regular?

  A maior regularidade é verificada a partir do desvio-padrão.

  Atleta **A**: $V = \dfrac{(148 - 151)^2 + (170 - 151)^2 + (155 - 151)^2 + (131 - 151)^2}{4} = \dfrac{9 + 361 + 16 + 400}{4} =$

  $= \dfrac{786}{4} = 196{,}5$

  $DP = \sqrt{196{,}5} \simeq 14$

  Atleta **B**: $V = \dfrac{(-4{,}5)^2 + (1{,}5)^2 + (0{,}5)^2 + (2{,}5)^2}{4} = \dfrac{20{,}25 + 2{,}25 + 0{,}25 + 6{,}25}{4} = \dfrac{29}{4} = 7{,}25$

  $DP = \sqrt{7{,}25} \simeq 2{,}7$

  Atleta **C**: $V = \dfrac{(-4)^2 + 1^2 + (-7)^2 + 10^2}{4} = \dfrac{16 + 1 + 49 + 100}{4} = \dfrac{166}{4} = 41{,}5$

  $DP = \sqrt{41{,}5} \simeq 6{,}4$

  Logo, o atleta **B** foi o mais regular, pois o desvio-padrão é o menor, de aproximadamente 2,7 cm.

- Este histograma mostra o resultado de uma pesquisa sobre a medida de comprimento da altura (em centímetros) dos alunos de uma turma. Qual é o desvio-padrão dessa variável?

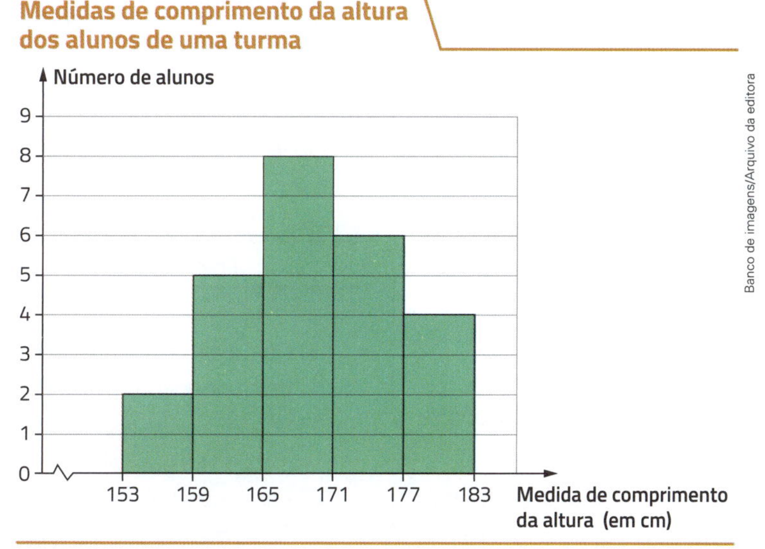

Gráfico elaborado para fins didáticos.

No histograma, os valores da variável são intervalos e, por isso, vamos usar os respectivos pontos médios.

153 ⊢ 159	159 ⊢ 165	165 ⊢ 171	171 ⊢ 177	177 ⊢ 183
↓	↓	↓	↓	↓
156 (frequência 2)	162 (frequência 5)	168 (frequência 8)	174 (frequência 6)	180 (frequência 4)

$$MP = \frac{2 \cdot 156 + 5 \cdot 162 + 8 \cdot 168 + 6 \cdot 174 + 4 \cdot 180}{2 + 5 + 8 + 6 + 4} =$$

$$= \frac{312 + 810 + 1344 + 1044 + 720}{25} =$$

$$= \frac{4\,230}{25} = 169{,}2$$

Observe que no cálculo da variância foram usadas as frequências dos valores. Por isso, a necessidade do cálculo da média aritmética ponderada.

Desvios: $156 - 169{,}2 = -13{,}2$; $162 - 169{,}2 = -7{,}2$; $168 - 169{,}2 = -1{,}2$; $174 - 169{,}2 = 4{,}8$; $180 - 169{,}2 = 10{,}8$.

$$V = \frac{2 \cdot (-13{,}2)^2 + 5 \cdot (-7{,}2)^2 + 8 \cdot (-1{,}2)^2 + 6 \cdot (4{,}8)^2 + 6 \cdot (4{,}8)^2 + 4 \cdot (10{,}8)^2}{25} =$$

$$= \frac{348{,}48 + 259{,}2 + 11{,}52 + 138{,}24 + 466{,}56}{25} = \frac{1\,224}{25} = 48{,}96$$

$DP = \sqrt{48{,}96} \simeq 6{,}99$.

Assim, o desvio-padrão é de 6,99 cm.

Atividades

30 Um concurso utiliza como nota a média e o desvio-padrão das notas de 3 provas. Calcule a média e o desvio-padrão de um candidato que obteve nas provas 63 pontos, 56 pontos e 64 pontos.

31 Em uma turma, as notas obtidas pelos alunos foram agrupadas da seguinte maneira.

- 0 ⊢ 2 (1 aluno)
- 2 ⊢ 4 (6 alunos)
- 4 ⊢ 6 (9 alunos)
- 6 ⊢ 8 (8 alunos)
- 8 ⊢ 10 (6 alunos)

Com esses dados, faça o que se pede.

a) Construa o histograma e marque o polígono de frequência.

b) Calcule a média, a moda, a mediana e o desvio-padrão dos dados.

32 Observe esta tabela.

Salários dos funcionários de uma empresa

Salário (em R$)	Número de funcionários
1000,00	10
1500,00	5
2000,00	1
2500,00	10
5500,00	4
11000,00	1
Total	**31**

Tabela elaborada para fins didáticos.

a) Qual é a média e qual é a mediana dos salários dos funcionários dessa empresa?

b) Suponha que sejam contratados 2 novos funcionários, com salários de R$ 2 500,00 cada um. A variância da nova distribuição de salários ficará menor, igual ou maior do que a anterior?

CONEXÕES

Estatística – uma presença constante em nossa vida

Atualmente, sabemos que a Estatística está presente nas mais diversas atividades humanas, que vão, por exemplo, do esporte à agricultura. O técnico de uma equipe de futebol, ao contratar um atleta, vai querer analisar o desempenho desse jogador, como o número de passes que ele acertou ou errou em média por partida, quantos cartões disciplinares (amarelo ou vermelho) recebeu ao longo da carreira, a média de gols que marcou por partida e o tempo que ficou lesionado. Isto é, todos os dados que possam interferir no desempenho do jogador.

Levantamentos de dados são necessários também na agricultura. Um agricultor que cultiva milho precisa saber a oscilação de preços no mercado, a média de precipitação pluviométrica (chuva) na região, o preço de insumos, o custo com empregados, etc. Como diz o ditado: "colocar tudo na ponta do lápis".

Quanto a esses procedimentos, do técnico de futebol ao do agricultor, podemos seguramente dizer que estão trabalhando com a Estatística. Mas sempre foi assim? A resposta é não. Essa prática começou na Antiguidade e não tinha a amplitude de aplicações que existem atualmente. A finalidade inicial dessa ciência era voltada basicamente aos interesses do Estado; ou seja, dos governos.

A palavra estatística vem do latim, *status* (estado), com o sentido de coleta de dados a serviço do Estado. Há indícios que em 3000 a.C. já se faziam censos na Babilônia. A palavra "censo" é derivada de *censere*, que no latim quer dizer 'taxar'. Podemos imaginar que os censos basicamente existiam para coletar dados de uma população e depois cobrar os impostos adequadamente.

No ano de 1085, na Inglaterra, Guilherme, o conquistador, solicitou um levantamento estatístico para apresentar dados e informações sobre terras, proprietários, uso de terra, empregados e animais. Os resultados desse censo foram publicados em 1086 no manual *Domesday Book,* que serviu de base para o cálculo de impostos.

Atualmente, sabemos que a prática de coletar dados de colheitas, população humana ou de animais, impostos, etc., era conhecida por hebreus, egípcios, caldeus e gregos. Mas somente no século XVII a Estatística passou a ser considerada uma ciência independente do objetivo primário de descrever os bens do Estado.

A evolução da Matemática e o advento dos computadores foram fundamentais para o desenvolvimento dessa ciência como a conhecemos.

É no Ensino Fundamental que costumamos ter nosso primeiro contato formal com a Estatística, mas não é exagero imaginarmos que essa ciência não nos abandonará mais. Empresas, governos, universidades, estabelecimentos comerciais, etc. não conseguem sobreviver sem a Estatística. Enfim, essa ciência está presente na vida de um agricultor que pretende ter lucro com uma roça de milho, na vida de um técnico de futebol que quer ver o time campeão em um campeonato e até na sua vida, quando quiser saber se a nota na última prova de Matemática está acima ou abaixo da média da turma.

Private Collection/Bridgeman Images/Fotoarena/Coleção particular

Rei Guilherme I. 1829. William Pickering. Gravura, dimensões desconhecidas.

Fonte de consulta: UFSCAR. *História da Estatística*. Disponível em: <www.ufscar.br/jcfogo/Estat_1/arquivos/Historia_da_Estatistica>. Acesso em: 31 jul. 2018.

MATEMÁTICA
E TECNOLOGIA

Planejamento e execução de uma pesquisa amostral

Toda pesquisa estatística deve começar pelo planejamento. Quando a pesquisa é bem planejada e executada de acordo com o planejado, ela deve apresentar resultados confiáveis. Mas como planejar uma pesquisa? Veja os principais tópicos.

- **Identificação dos objetos, da população e da modalidade da pesquisa (censitária ou por amostragem).**
  Primeiro é necessário decidir qual é o objeto (a variável) de pesquisa, ou seja, o que pretendemos pesquisar. A partir daí, podemos avaliar qual é a população foco da pesquisa e qual é o tipo de pesquisa mais condizente com o objeto em questão.
  Por exemplo, se o objeto da pesquisa for a idade média das pessoas que têm acesso à internet no Brasil, então a população escolhida é a população brasileira e o tipo de pesquisa pode ser censitário ou amostral. Lembrando que, nesse caso, é muito difícil fazer uma pesquisa censitária, já que a população é muito grande.
- **Escolha do tipo de amostra.**
  Caso a pesquisa não seja censitária, devemos escolher o tipo de amostragem mais conveniente. Nesse caso, podemos escolher a amostra sistemática e é interessante dividir a população em faixas etárias e escolher indivíduos aleatoriamente em cada faixa etária.
- **Coleta de informações.**
  Uma vez que todos os parâmetros foram escolhidos, é necessário criar um questionário adequado ao objeto, ao tipo da pesquisa e à amostra escolhida. É importante perguntar não apenas sobre o objeto em questão, mas também informações sobre a população pesquisada, como sexo, escolaridade, qualidade de vida, idade, entre outros.
- **Processamento e exibição dos dados.**
  Depois da coleta de dados, podemos organizá-los em tabelas e gráficos, de acordo com os objetivos da pesquisa. Nesse momento, também é importante escolher o melhor tipo de gráfico para cada conjunto de dados.
- **Análise dos resultados e disponibilidade de dados.**
  Depois da organização dos dados, temos condições de analisá-los e obter conclusões sobre eles. É importante que o trabalho fique disponível para pessoas e entidades interessadas no objeto da pesquisa. Além disso, toda a metodologia da pesquisa (escolha dos parâmetros) deve estar disponível no relatório final, assegurando assim a credibilidade das conclusões.

Agora que você já sabe como fazer uma pesquisa, vamos usar o Libreoffice para nos ajudar a planejar e realizar uma pesquisa amostral.

O LibreOffice

O LibreOffice (antigo BROffice) é um *software* livre formado por 6 aplicativos.

- Editor de texto (Write).
- Planilha eletrônica (Calc).
- Editor de apresentação (Impress).
- Editor de desenho (Draw).
- Editor de fórmulas (Math).
- Banco de dados (Base).

No endereço <www.libreoffice.org/>, você pode fazer o *download* do *software*. Durante a instalação, é necessário indicar o sistema operacional de seu computador (MS-Windows, MacOS ou Linux). Se precisar, peça a alguém mais experiente que o ajude com a instalação.

O aplicativo Calc é uma ferramenta que, entre outras vantagens, permite a construção de gráficos. Utilizaremos esse recurso tecnológico para auxiliar a representar e interpretar dados de uma pesquisa.

Depois de realizar o *download*, observe que esse aplicativo é uma planilha eletrônica. Ela é formada por linhas (1, 2, 3, 4, ...) e colunas (A, B, C, ...).

Realizando uma pesquisa amostral

Vamos realizar uma pesquisa amostral na escola. Para isso, siga o passo a passo.

1º passo: Defina o objeto da pesquisa, a população e o tipo da pesquisa. Para esse exemplo, o objeto da pesquisa será "número de pessoas que moram na mesma residência" e a população serão todos os alunos da escola.

Apesar de ser possível coletar todos os dados dos alunos da escola, isso geraria uma quantidade muito grande de dados para serem analisados; por isso, faremos uma pesquisa amostral.

2º passo: Agora que definimos os parâmetros da pesquisa, defina como será feita a amostragem. Nesse caso, considerando a praticidade, é melhor usar uma amostra estratificada. Coletando aleatoriamente dados de indivíduos de cada ano da escola ou, ainda, de cada turma. Por exemplo, escolha aleatoriamente 5 alunos de cada turma e aplique o questionário apenas a esses alunos.

3º passo: Escreva um questionário com perguntas sobre o objeto de pesquisa. Por exemplo, "Qual é seu nome?"; "Qual é sua idade?"; "Quantas pessoas moram na sua casa, incluindo você?". Depois, aplique esse questionário para todos os indivíduos escolhidos de acordo com a amostra.

4º passo: Agora que já temos todos os dados, você pode organizá-los em tabelas construídas em uma planilha eletrônica. Coloque na planilha uma coluna para cada pergunta feita.

Digite na primeira linha as informações obtidas com as perguntas, por exemplo, "Nome"; "Idade"; "Número de pessoas que moram na casa". Depois, em cada coluna, coloque as informações obtidas por meio do questionário. Aqui, cada linha corresponde às respostas de uma pessoa diferente.

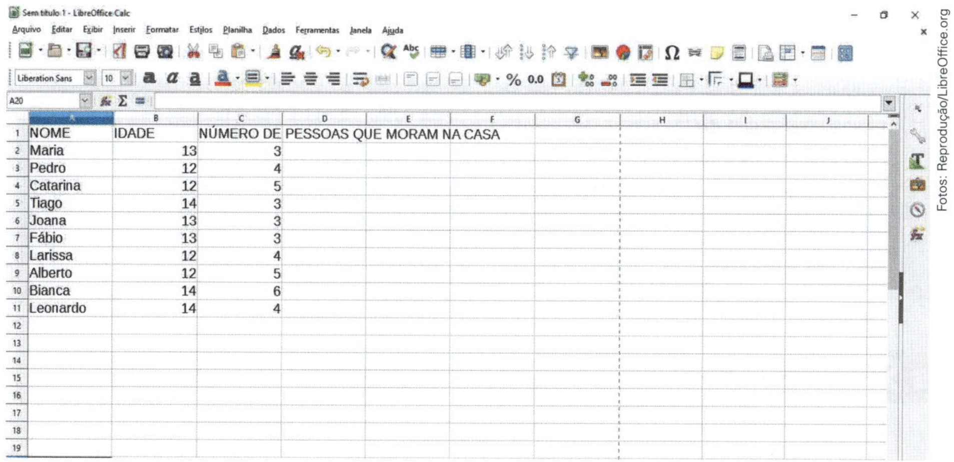

	A	B	C
1	NOME	IDADE	NÚMERO DE PESSOAS QUE MORAM NA CASA
2	Maria	13	3
3	Pedro	12	4
4	Catarina	12	5
5	Tiago	14	3
6	Joana	13	3
7	Fábio	13	3
8	Larissa	12	4
9	Alberto	12	5
10	Bianca	14	6
11	Leonardo	14	4

Fotos: Reprodução/LibreOffice.org

Observações

- Você pode aumentar ou diminuir a medida de comprimento da largura das colunas clicando entre 2 letras e arrastando o fio para um dos lados.

- Você pode *desfazer* ou *refazer* uma ação clicando nos ícones localizados à esquerda na barra de ferramentas.

5º passo: Selecione todas as células preenchidas nas colunas **A** e **C**. Para isso, clique com o botão esquerdo do *mouse* na primeira célula da coluna **A** e arraste para baixo até a última célula que tem informações sobre o número de moradores da residência.

6º passo: Clique na função "Inserir Gráfico" que se encontra na parte superior da tela. Será aberta uma nova janela; selecione a opção "Coluna". Clique em "Concluir" e será gerado um gráfico de colunas.

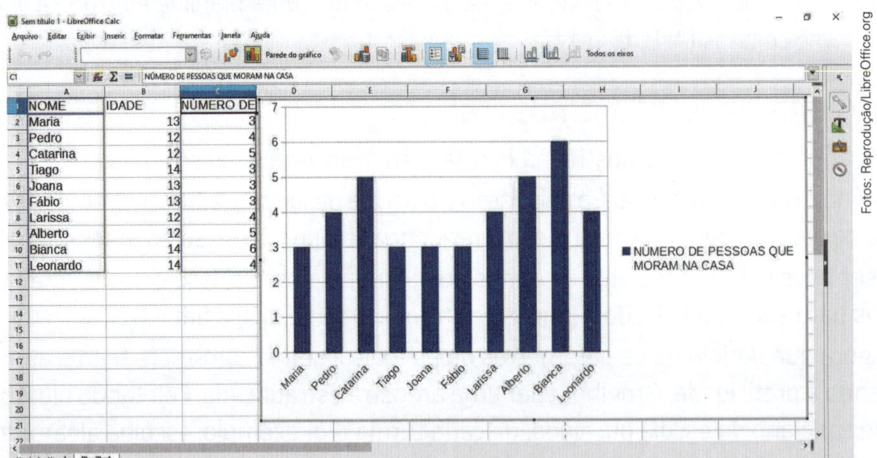

NOME	IDADE	NÚMERO DE
Maria	13	3
Pedro	12	4
Catarina	12	5
Tiago	14	3
Joana	13	3
Fábio	13	3
Larissa	12	4
Alberto	12	5
Bianca	14	6
Leonardo	14	4

Fotos: Reprodução/LibreOffice.org

7º passo: Além de gráficos, você pode usar as medidas de tendência central e de dispersão para ajudar a obter conclusões de um conjunto de dados. Essas medidas também podem ser obtidas usando uma planilha eletrônica.

Para calcular essas medidas, é necessário saber o código que indica cada uma delas na planilha eletrônica. Para o cálculo da média aritmética, por exemplo, o código é **MÉDIA**.

Para realizar esse cálculo, é preciso identificar onde começa e onde termina o intervalo dos dados que você colocou na planilha. Por exemplo, para a variável "idade", o intervalo começa na célula **B1** e vai até a célula **B10**.

Dessa maneira, clique em uma célula vazia, na planilha e digite: **= MÉDIA (B1:B10)**, depois tecle *enter*. Na célula que estava vazia, aparecerá o valor correspondente à média do conjunto de valores selecionados; nesse caso, a média das idades da amostra da população.

8º passo: Faça o mesmo para calcular as outras medidas de tendência central e de dispersão das variáveis "idade" e "número de pessoas que moram na casa". Veja os códigos das outras medidas.

Moda: **MODA**	= MODA (B1:B10)
Mediana: **MED**	= MED (B1:B10)
Desvio-padrão: **DESVPAD**	= DESVPAD (B1:B10)
Variância: **VAR**	= VAR (B1:B10)

Lembre-se de substituir células correspondentes a cada variável e aos dados dos colegas.

Questões

1. Qual é a diferença entre o número máximo de residentes e o número mínimo de residentes (amplitude)?
2. Qual é a média de moradores por residência?
3. Faça um relatório explicando qual é a pesquisa e como você escolheu a amostra. Inclua também o questionário que você criou, a tabela com os dados coletados, o gráfico que você construiu e os valores das medidas de tendência central e de dispersão que você calculou. Por fim, escreva um parágrafo com suas conclusões sobre os dados obtidos na pesquisa.
4. Realize outra pesquisa com os colegas de sala. Dessa vez, pense em um objeto de pesquisa diferente, por exemplo, quantas pessoas da escola em que vocês estudam reciclam o lixo em casa. Sigam o passo a passo e organizem um relatório com a conclusão de vocês.

5 Princípio multiplicativo ou princípio fundamental da contagem

Nos anos anteriores, você já usou esse princípio ou raciocínios similares para resolver alguns problemas, sem ainda conhecer o nome dele. Agora vamos explorar esse conhecimento.

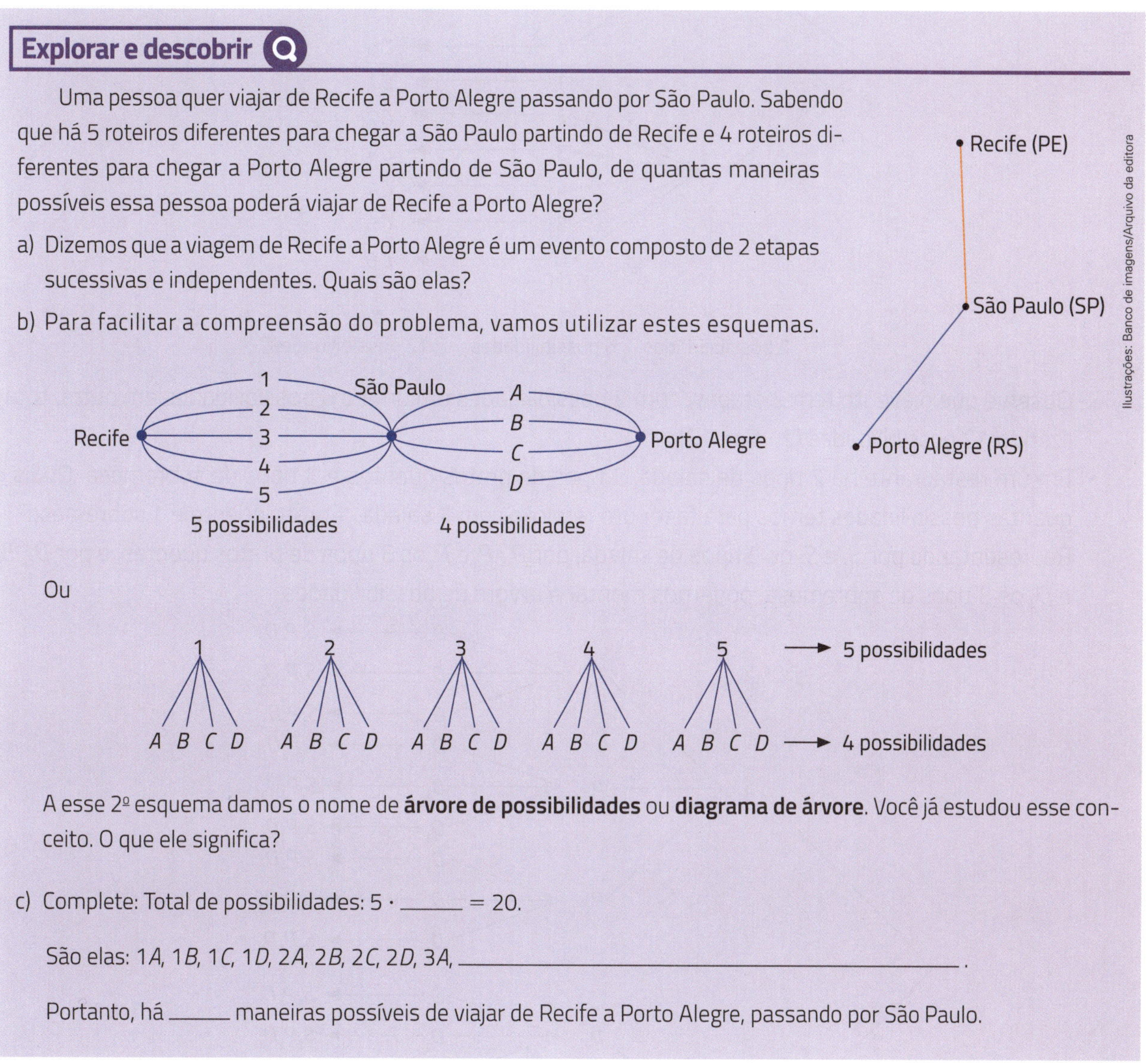

Explorar e descobrir

Uma pessoa quer viajar de Recife a Porto Alegre passando por São Paulo. Sabendo que há 5 roteiros diferentes para chegar a São Paulo partindo de Recife e 4 roteiros diferentes para chegar a Porto Alegre partindo de São Paulo, de quantas maneiras possíveis essa pessoa poderá viajar de Recife a Porto Alegre?

a) Dizemos que a viagem de Recife a Porto Alegre é um evento composto de 2 etapas sucessivas e independentes. Quais são elas?

b) Para facilitar a compreensão do problema, vamos utilizar estes esquemas.

Ou

A esse 2º esquema damos o nome de **árvore de possibilidades** ou **diagrama de árvore**. Você já estudou esse conceito. O que ele significa?

c) Complete: Total de possibilidades: 5 · ______ = 20.

São elas: 1*A*, 1*B*, 1*C*, 1*D*, 2*A*, 2*B*, 2*C*, 2*D*, 3*A*, ____.

Portanto, há ______ maneiras possíveis de viajar de Recife a Porto Alegre, passando por São Paulo.

De modo geral, podemos dizer:

> Se um evento é composto de 2 etapas sucessivas e independentes de maneira que o número de possibilidades na 1ª etapa é m e, para cada possibilidade da 1ª etapa, o número de possibilidades na 2ª etapa é n, então o número total de possibilidades de o evento ocorrer é dado pelo produto $m \cdot n$. Esse é o **princípio fundamental da contagem**.

Observação: O produto dos números de possibilidades vale para qualquer número de etapas independentes, ou seja, etapas que não têm a possibilidade de ocorrer vinculadas entre si.

Veja outros exemplos.

- Ao lançar uma moeda e um dado, temos as seguintes possibilidades, para o resultado (sendo C: cara e $\bar{C}$: coroa).

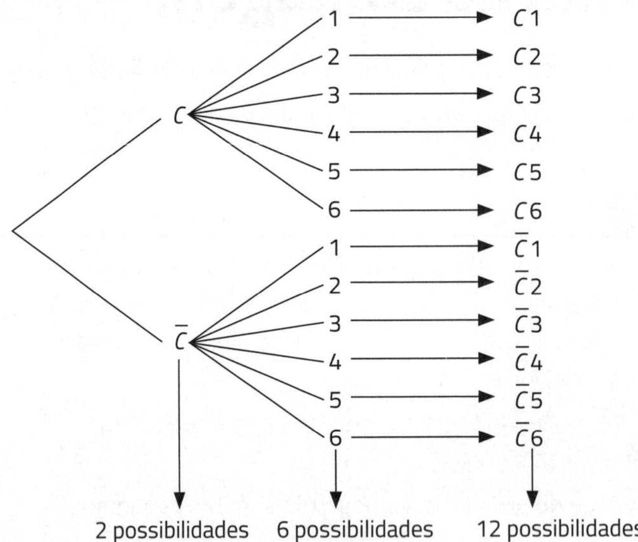

Observe que o evento tem 2 etapas, com 2 possibilidades em uma e 6 possibilidades em outra, totalizando 12 possibilidades ($2 \cdot 6 = 12$).

- Em um restaurante há 2 tipos de salada, 3 tipos de pratos quentes e 3 tipos de sobremesa. Quais e quantas possibilidades temos para fazer um refeição com 1 salada, 1 prato quente e 1 sobremesa? Representando por S_1 e S_2 os 2 tipos de salada; por P_1, P_2 e P_3 os 3 tipos de pratos quentes; e por D_1, D_2 e D_3 os 3 tipos de sobremesa, podemos montar a árvore de possibilidades.

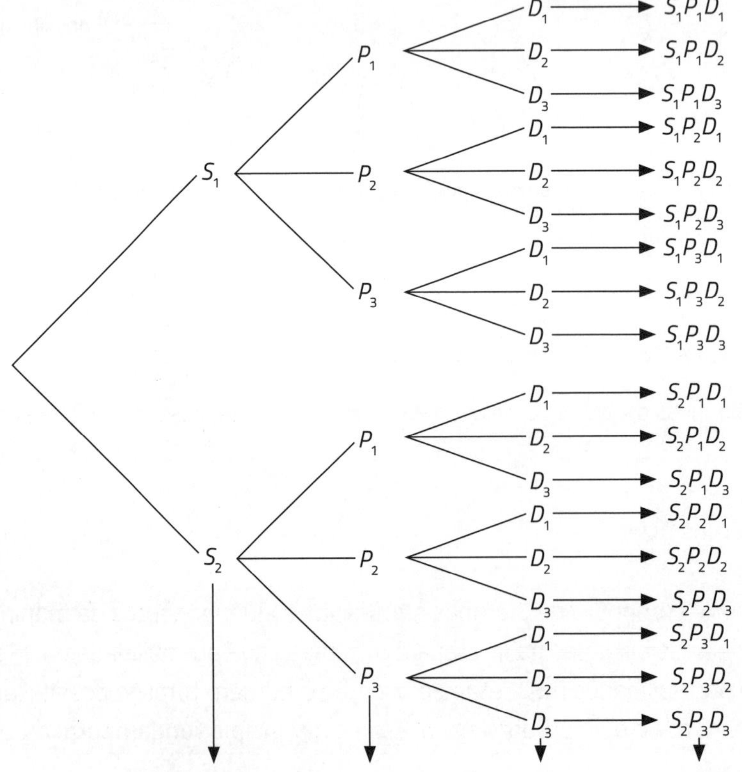

Portanto, o número total de possibilidades é $2 \cdot 3 \cdot 3 = 18$.

- Considere os algarismos 0, 1, 2, 3, 4, 5, 6 e 7.

a) Quantos números de 3 algarismos podemos formar?

centena dezena unidade
Nesse caso, há 8 algarismos disponíveis para cada ordem do número; contudo, se colocarmos o 0 (zero) na centena, o número passará a ter apenas 2 algarismos. Por exemplo, 067 é igual a 67, que é um número de 2 algarismos.

Thiago Neumann/Arquivo da editora

Assim, podemos concluir que há 7 possibilidades de algarismos para a centena, 8 para a dezena e 8 para a unidade. Portanto, podemos formar 448 números ($7 \cdot 8 \cdot 8 = 448$).

b) Quantos números de 3 algarismos distintos podemos formar?

centena dezena unidade

Quando os algarismos são distintos, significa que, se em uma ordem do número tivermos *n* opções de algarismos, então, na próxima ordem, teremos $n - 1$ opções de algarismos, e assim por diante.

Assim, com 3 algarismos distintos, há 7 possibilidades para a centena (8 possibilidades menos o zero), 7 para a dezena (6 possibilidades mais o zero) e 6 para a unidade. Portanto, podemos formar 294 números ($7 \cdot 7 \cdot 6 = 294$) de 3 algarismos distintos com os algarismos 0, 1, 2, 3, 4, 5, 6 e 7.

Atividades

33 De quantas maneiras diferentes uma pessoa que tem 5 camisas, 3 calças, 2 pares de meia e 2 pares de sapato pode se vestir?

34 Ao lançarmos sucessivamente 3 moedas diferentes, quantas e quais são as possibilidades de resultado?

35 Quantos números de 2 algarismos podemos formar sabendo que o algarismo das dezenas corresponde a um múltiplo de 2 (diferente de zero) e o algarismo das unidades corresponde a um múltiplo de 3?

36 Use somente os algarismos 1, 2, 3, 4, 5 e 6 e responda aos itens.

a) Quantos números de 2 algarismos podemos formar?

b) Quantos números pares de 2 algarismos podemos formar?

c) Quantos números ímpares de 2 algarismos podemos formar?

d) Quantos números de 2 algarismos distintos podemos formar?

e) Quantos números de 2 algarismos pares podemos formar?

6 Probabilidade

Nos anos anteriores você estudou que é possível medir a chance de um evento acontecer e que essa medida é chamada de **probabilidade**. Também estudou que a **teoria das probabilidades** é o ramo da Matemática que cria, elabora e pesquisa modelos que dão os resultados prováveis ou a probabilidade de determinado resultado ocorrer.

Agora, vamos ampliar esses assuntos, estudando novos conceitos e aplicando-os em diferentes tipos de problema. Acompanhe um exemplo.

Bruna e Lucas estavam lançando um dado de 6 faces durante um jogo de tabuleiro. Em 7 jogadas diferentes, Lucas obteve no dado 6, 3, 4, 1, 2, 5 e 5 pontos.

Em nenhuma das jogadas foi possível prever o resultado que iria sair.

Se, em condições idênticas, fizermos repetidos lançamentos de um dado, não podemos prever que face cairá voltada para cima, ou seja, os resultados são imprevisíveis. Por isso, dizemos que o lançamento de um dado é um **experimento aleatório**.

Em outras palavras, sabemos quais são os possíveis resultados que podem ocorrer, mas nunca saberemos qual deles ocorrerá.

Thiago Neumann/ Arquivo da editora

Experimento aleatório é aquele que, se for repetido diversas vezes, sob condições idênticas, produz resultados imprevisíveis entre os resultados possíveis.

No lançamento do dado de 6 faces, os resultados possíveis são: 1, 2, 3, 4, 5 ou 6. Dizemos, então, que esses resultados correspondem ao **espaço amostral**.

Chamamos de **espaço amostral** o conjunto de todos os resultados possíveis de um experimento aleatório.

Representamos o espaço amostral pela letra Ω (lemos: ômega). Assim, no caso do dado que Bruna e Lucas estão lançando, o espaço amostral é representado por $\Omega = \{1, 2, 3, 4, 5, 6\}$.

Bruna e Lucas continuaram a partida no jogo de dados. Em determinado momento, para ganhar, Bruna precisava tirar um número maior ou igual a 5 no lançamento do dado.

Em outras palavras, ela precisava tirar 5 ou 6 para ganhar. Observe que esse conjunto de resultados que dariam a vitória a ela é um subconjunto do espaço amostral $\Omega = \{1, 2, 3, 4, 5, 6\}$. Esse subconjunto é chamado de **evento**.

Qualquer subconjunto do espaço amostral é chamado de **evento**.

Geralmente, um evento é representado por uma letra maiúscula do nosso alfabeto (A, B, C, ..., Z). Por exemplo, o evento A: sair um número maior ou igual a 5 pode ser representado por $A = \{5, 6\}$.

Atividades

37 Determine o espaço amostral de cada experimento aleatório.

a) Lançamento de uma moeda.

b) Sorteio de um número par maior do que 0 e menor do que 10.

c) Lançamento de um dado e uma moeda.

38 Descreva os eventos considerando o lançamento de um dado de 6 faces.

a) A: obter um número par.

b) B: obter um número ímpar.

c) C: obter um número primo.

d) D: obter um número maior do que 3.

e) E: obter um número menor do que 7.

Cálculo de probabilidade

No lançamento de uma moeda honesta, que é um experimento aleatório, há 2 resultados possíveis para a face voltada para cima: cara e coroa. Assim, o espaço amostral desse experimento é $\Omega = \{\text{cara, coroa}\}$. Nesse lançamento, podemos dizer que a medida de chance de sortear qualquer uma das faces voltada para cima é a mesma, ou seja, existe 50% de chance de a moeda cair com a face coroa voltada para cima e 50% de chance de ela cair com a face cara voltada para cima.

Dizemos que um espaço amostral é **equiprovável** quando todos os resultados possíveis têm a **mesma chance** de acontecer.

Todos os espaços amostrais trabalhados neste capítulo são equiprováveis.

A **medida de chance** de ocorrer um evento é chamada, na Matemática, de **probabilidade**. Assim, a probabilidade de ocorrer um evento *A* pode ser indicada por $p(A)$ (lemos: p de *A*). Esse valor corresponde à razão entre o **número de resultados favoráveis** (ou seja, o número de elementos do evento, representado por $n(A)$, que lemos: n de *A*) e o **número de resultados possíveis** (ou seja, o número de elementos do espaço amostral, representado por $n(\Omega)$, que lemos: n de ômega).

Desse modo, podemos escrever:

$$p(A) = \frac{\text{número de resultados favoráveis ao evento } A}{\text{número de resultados possíveis do experimento}} \text{ ou } p(A) = \frac{n(A)}{n(\Omega)}$$

Veja um exemplo do cálculo de probabilidade.

Lurdes lançou um dado de 6 faces.

- Qual é a probabilidade de ela obter um número par?

  O espaço amostral, isto é, o conjunto de resultados possíveis, é:

  $$\Omega = \{1, 2, 3, 4, 5, 6\}.$$

  Então, o número de resultados possíveis é $n(\Omega) = 6$.

  Chamando o evento *A*: obter um número par, ele é indicado por $A = \{2, 4, 6\}$.

  Logo, o número de resultados favoráveis é $n(A) = 3$.

  Portanto, a probabilidade de Lurdes obter um número par ao lançar o dado é:

  $$p(A) = \frac{n(A)}{n(\Omega)} = \frac{3}{6} = \frac{1}{2} = 50\%$$

  Observação: Podemos chamar o evento *B*: obter um número ímpar; assim, $B = \{1, 3, 5\}$. E, também, $p(B) = \frac{1}{2}$.

  Observe que, nesse caso, temos: $p(A) + p(B) = \frac{1}{2} + \frac{1}{2} = 1$.

Lembre-se de que a probabilidade pode ser dada na forma de fração, de porcentagem ou decimal.

Thiago Neumann/Arquivo da editora

- Qual é a probabilidade de obter um número maior do que 4?

  O espaço amostral é o mesmo.

  Vamos chamar o evento *C*: obter um número maior do que 4, representando-o por $C = \{5, 6\}$. Assim, o número de resultados favoráveis é $n(C) = 2$.

  Desse modo, a probabilidade de Lurdes obter um número maior do que 4 no lançamento de um dado é:

$$p(C) = \frac{2}{6} = \frac{1}{3} \simeq 33{,}3\%$$

Observação: Considerando agora o evento *D*: obter um número menor ou igual a 4, temos $D = \{1, 2, 3, 4\}$ e $p(D) = \frac{4}{6} = \frac{2}{3}$. Observe que $p(C) + p(D) = \frac{1}{3} + \frac{2}{3} = 1$.

Eventos mutuamente exclusivos

No exemplo anterior, vemos que os eventos *A* e *B* não têm elementos em comum. O mesmo ocorre com os eventos *C* e *D*. Quando isso ocorre, dizemos que os eventos são **mutuamente exclusivos** em cada caso.

Nesses casos, temos $p(A) + p(B) = 1$ e $p(C) + p(D) = 1$, já que, em ambos os casos, os eventos citados representam todos os valores do espaço amostral.

Saiba mais

A previsão do tempo é feita com base no cálculo de probabilidade.

Por exemplo, no dia 31/7/2018, o Centro de Previsão de Tempo e Estudos Climáticos (CPTEC) previa, para o dia seguinte (1º/8/18), uma probabilidade de chuva em Manaus de 80%.

Atividades

39 Cinco bolas numeradas de 1 a 5 são colocadas em uma urna e 1 bola é sorteada. Determine a probabilidade de sortear uma bola com um número:

a) par;

b) ímpar;

c) primo;

d) menor do que 5;

e) maior do que 4.

40 Quais pares de eventos da atividade anterior são mutuamente exclusivos?

41 Patrícia desafiou Rosângela a resolver uma questão de múltipla escolha com 5 alternativas, em que apenas 1 é correta. Porém, Rosângela não sabe a resposta e vai tentar adivinhar utilizando a sorte. Qual é a probabilidade de Rosângela acertar a questão?

42 Uma caixa contém 4 papéis amarelos, numerados de 1 a 4, e 6 papéis pretos, numerados de 5 a 10. Retirando ao acaso um dos papéis, determine a probabilidade:

a) de ser um papel amarelo;

b) de ser um papel com número par;

c) de ser um papel amarelo com número par.

43 Valéria e Alexandre inventaram uma brincadeira em que retirariam ao acaso uma ficha colorida de uma sacola e, de acordo com a cor da ficha, cada um receberia uma pontuação. Quem fizesse mais pontos ganharia um prêmio. Eles colocaram na sacola 4 fichas amarelas, 3 fichas brancas e 2 fichas pretas.

Paulo Manzi/Arquivo da editora

Retirando aleatoriamente uma ficha da sacola, qual é a probabilidade de ela ser:

a) amarela?

b) branca?

c) preta?

44 Considere o experimento aleatório da atividade anterior.

a) Quais pares de eventos citados nos itens são mutuamente exclusivos?

b) Cite 2 eventos desse experimento que são mutuamente exclusivos.

Evento impossível e evento certo

O professor Paulo vai sortear um livro de aventuras entre os 30 alunos do 8º ano **B**.

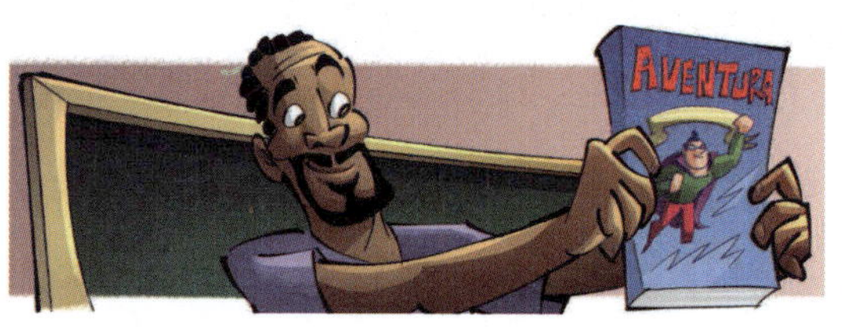

Mauro Souza/Arquivo da editora

Para isso, ele escreveu, em pedaços de papel, os números 1 a 30, que correspondem aos números dos alunos na lista de chamada. Qual é a probabilidade de o professor Paulo sortear um número maior do que 40?

O número de resultados possíveis é 30, isto é, $n(\Omega) = 30$. Como entre os números de 1 a 30 não há número maior do que 40, o número de resultados favoráveis é 0, ou seja, $n(A) = 0$. Assim, temos:

$$p(A) = \frac{n(A)}{n(\Omega)} = \frac{0}{30} = 0$$

Portanto, a probabilidade de o professor Paulo sortear um número maior do que 40 é 0, ou seja, esse evento nunca ocorrerá.

> Existem alguns eventos que nunca ocorrerão; eles são chamados de **eventos impossíveis**.
> A probabilidade de acontecer um evento impossível é sempre 0 (zero).

Agora, considerando ainda a situação do sorteio, qual é a probabilidade de o professor Paulo sortear um número menor ou igual a 30?

O espaço amostral é o mesmo. Entre os números de 1 a 30, há 30 números que são menores ou iguais a 30, então, o número de resultados favoráveis é 30, ou seja, $n(B) = 30$. Assim, a probabilidade de esse evento ocorrer é:

$$p(B) = \frac{n(B)}{n(\Omega)} = \frac{30}{30} = 1 = 100\%$$

Portanto, a probabilidade de o professor Paulo sortear um número menor ou igual a 30 é 1 ou 100%, ou seja, podemos garantir com certeza que esse evento ocorrerá.

> Todo evento que podemos garantir que ocorrerá é chamado de **evento certo**.
> Para que isso ocorra, é necessário que o evento coincida com todos os resultados possíveis, ou seja, com o espaço amostral. Nesse caso, a probabilidade é sempre 1 ou 100%.

Assim, podemos concluir o seguinte:

> Qualquer que seja o evento *A*, a probabilidade de ocorrer *A* é um número que varia de 0 até 1.
> $$0 \leqslant p(A) \leqslant 1$$

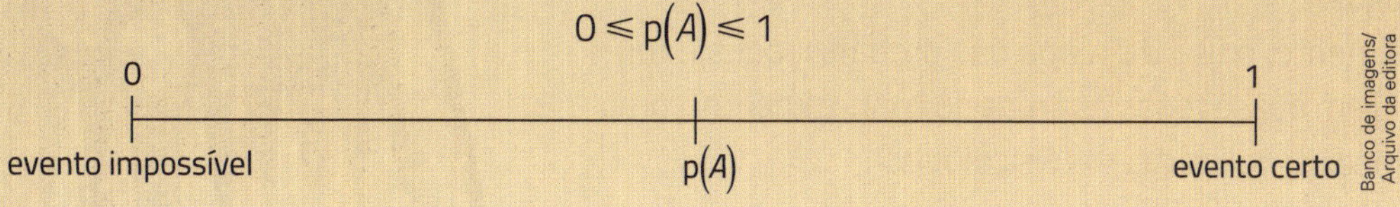

Banco de imagens/Arquivo da editora

Atividade

45 Classifique estes eventos como evento impossível ou evento certo.

a) Um número ímpar terminar em 6.

b) O dia do mês (data de hoje) ser menor do que 40.

c) Um triângulo ter 4 lados.

d) Um cubo ter 8 vértices.

e) No lançamento de um dado comum, de 6 faces, sortear um número menor do que 10.

f) Um número par entre 1 e 5 ser múltiplo de 3.

CONEXÕES

As imagens desta página não estão representadas em proporção.

Um pouco da história da teoria das probabilidades

A teoria das probabilidades se iniciou com os estudos dos matemáticos italianos Cardano (1501-1576) e Galileu (1564-1642), que estão entre os primeiros a analisar matematicamente as chances de resultados em jogos de dados e em jogos de azar.

O matemático francês Blaise Pascal (1623-1662) chegou a trocar várias correspondências com seu amigo, também matemático e francês, Pierre de Fermat (1601-1665) sobre a probabilidade de obter sucesso em situações que envolviam jogos de dados. A discussão nessas cartas ajudou bastante no desenvolvimento da teoria das probabilidades. Foram eles os responsáveis por estabelecer as teorias relacionadas ao cálculo de probabilidades.

Entre outros matemáticos que se dedicaram, direta ou indiretamente, ao estudo das probabilidades, destacaram-se: o holandês Huygens (1629-1695), ao qual é atribuído o primeiro livro sobre probabilidades; os suíços Jacob Bernoulli (1654-1705), que aplicou as combinações, permutações e classificação binomial, e Leonhard Euler (1707-1783); e os franceses Jean le Rond D'Alembert (1717-1783) e Pierre S. Laplace (1749-1827), que criou a regra de sucessão.

Mais recentemente, os nomes dos matemáticos franceses Henri Poincaré (1854-1912) e Emile Borel (1871-1956) e do matemático húngaro John von Neumann (1903-1957) aparecem relacionados ao estudo de probabilidades e da teoria dos jogos.

Atualmente, o uso da teoria das probabilidades é fundamental em quase todas as áreas do conhecimento, como na Engenharia, na Física e na Psicologia.

Fonte de consulta: MUNDO EDUCAÇÃO. *Estudo das probabilidades*. Disponível em: <https://mundoeducacao.bol.uol.com.br/matematica/estudo-das-probabilidades.htm>. Acesso em: 1º ago. 2018.

Bridgeman Images/Fotoarena/Coleção particular

Gerolamo Cardano. 1876. Ricardo Marti. Litografia, dimensões desconhecidas.

Reprodução/Museu Nacional do Palácio de Versalhes e Trianon, Versalhes, França

Blaise Pascal. c. 1691. François the Younger Quesnel. Óleo sobre tela, 70 cm × 56 cm.

Narushevich/Shutterstock

Tabuleiro de gamão com as peças e 2 dados.

Questões

1 › Explique a ideia principal do texto.

2 › Converse com os colegas sobre como é possível aplicar as noções de probabilidade na Medicina, na Economia e no trânsito.

Outras atividades que envolvem probabilidade

A seguir, vamos aplicar o que estudamos sobre probabilidade em mais algumas atividades e situações-problema.

Atividades

46 Considerando um baralho tradicional de 52 cartas, qual é a probabilidade, na forma de fração, de sortear:

a) uma carta vermelha?

b) uma carta de paus?

c) um rei?

d) a rainha de copas?

As imagens desta página não estão representadas em proporção.

47 A tabela relaciona todas as possibilidades de soma dos pontos ao lançar 2 dados de 6 faces, de cores diferentes.

Soma dos pontos

+	1	2	3	4	5	6
1	2	3	4	5	6	7
2	3	4	5	6	7	8
3	4	5	6	7	8	9
4	5	6	7	8	9	10
5	6	7	8	9	10	11
6	7	8	9	10	11	12

Tabela elaborada para fins didáticos.

a) Os 2 dados são lançados ao mesmo tempo. Calcule a probabilidade de obter soma igual a 5.

b) Os 2 dados são lançados um após o outro. Determine a probabilidade de a soma ser maior ou igual a 10.

c) Suponha que você vai ganhar um prêmio se acertar a soma dos pontos das faces voltadas para cima ao serem lançados os 2 dados. Qual palpite você daria para a soma? Por quê?

48 **Amigo-secreto.** No fim do ano letivo, os alunos do 8º ano **A** resolveram fazer uma brincadeira conhecida como amigo-secreto, que é a troca aleatória de presentes entre os participantes. O sorteio é feito da seguinte maneira: escreve-se o nome de cada participante em um pequeno pedaço de papel, misturam-se todos os papéis e, então, cada aluno retira aleatoriamente um nome.

Considere que o 8º ano **A** tem 30 alunos, entre os quais 20 são meninas e 10 são meninos. Calcule a probabilidade de um aluno dessa turma tirar, no sorteio:

a) o nome de uma menina;

b) o nome de um menino;

c) o próprio nome.

Nonstock/Getty Images

Meninas realizando amigo-secreto.

49 O dado desta imagem tem a forma que dá a ideia de um icosaedro regular (poliedro de 20 faces). As faces dele estão numeradas de 1 a 20.

Andalucia Plus Image bank/Alamy/Fotoarena

Dado com forma que dá a ideia de icosaedro regular.

No lançamento desse objeto, qual é a probabilidade de:

a) sortear um número par?

b) sortear um número menor do que 16?

c) sortear um número primo?

d) sortear um número menor do que 30?

e) sortear um número maior do que 25?

f) sortear um número de 10 a 15?

g) sortear um número entre 10 e 15?

50 ▸ **Avaliação de resultados.** Um professor perguntou aos alunos da turma qual era a probabilidade de um evento acontecer. Veja as respostas de 6 alunos.

- Rui: 40%
- Mário: $\frac{7}{5}$
- Pedro: $\frac{5}{7}$
- Rafael: 0
- Carla: $\frac{2}{5}$
- Ana: 50%

a) Dos 6 alunos, qual é o que podemos garantir que deu uma resposta incorreta? Justifique sua resposta.

b) Após a correção, o professor afirmou que 2 dos 6 alunos acertaram. Quais são eles?

c) Se o evento citado fosse impossível, então qual dos 6 alunos teria acertado?

51 ▸ O professor Roberto está tentando abrir a porta da nova sala de aula com um chaveiro de 5 chaves. Ele já errou na primeira tentativa. Qual é a probabilidade de ele acertar a chave que abrirá a porta na próxima tentativa?

52 ▸ **Par ou ímpar.** Reúna-se com um colega para realizar esta atividade, que envolve o conhecido jogo do par ou ímpar.

Lembremos que, no jogo de par ou ímpar, o resultado é par quando ambos os jogadores colocam números pares ou quando ambos os jogadores colocam números ímpares, e o resultado é ímpar quando um jogador colocar um número par e o outro colocar um número ímpar.

Seria possível concluir, então, que, na brincadeira do par ou ímpar, é mais fácil ganhar quem pediu par do que quem pediu ímpar?

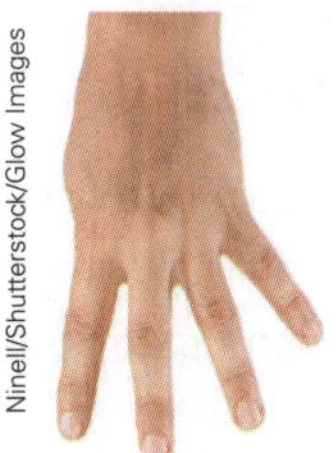

Ninell/Shutterstock/Glow Images

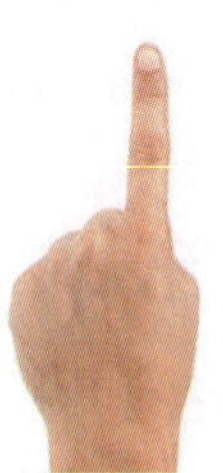

Mãos representando uma jogada de par ou ímpar, de resultado 5.

a) Antes de responder a essa pergunta, realizem a atividade a seguir.

Inicialmente, decidam quem será o jogador que vai pedir sempre par e quem será o jogador que vai pedir sempre ímpar e registrem os nomes nesta tabela. Não é possível trocar a escolha no meio do jogo.

Depois, completem a tabela, colocando um **X** para cada vitória. Repitam o procedimento até completarem 10 rodadas.

Jogo do par ou ímpar

Resultado / Rodada	Par: ________	Ímpar: ________
1ª rodada		
2ª rodada		
3ª rodada		
4ª rodada		
5ª rodada		
6ª rodada		
7ª rodada		
8ª rodada		
9ª rodada		
10ª rodada		
Total		

Tabela elaborada para fins didáticos.

b) E agora? Vocês consideram que é possível afirmar que é mais fácil ganhar quem pediu par do que quem pediu ímpar? Por quê? Observem a tabela e conversem sobre isso.

Raciocínio lógico

Descubra uma regularidade nos números desta figura e responda: Qual é o número que falta?

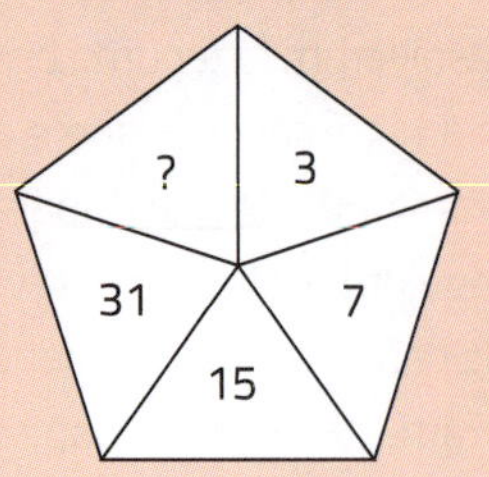

Banco de imagens/Arquivo da editora

Revisando seus conhecimentos

1 A medida de perímetro de um retângulo é de 480 cm. A medida de comprimento da base desse retângulo é o triplo da medida de comprimento da altura. Determine as medidas de comprimento dos lados desse retângulo.

Banco de imagens/Arquivo da editora

2 Observe esta figura.

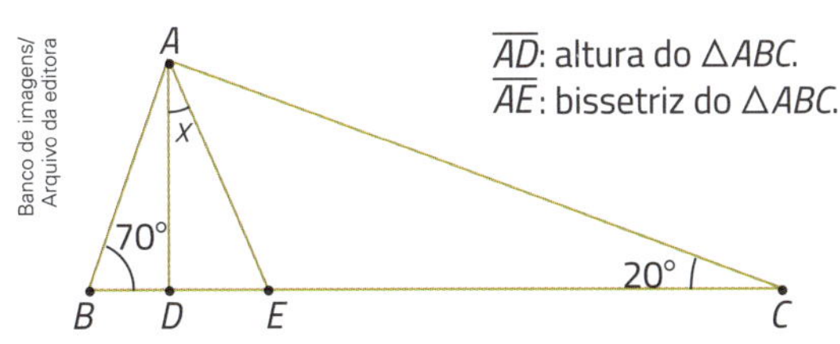

Banco de imagens/Arquivo da editora

O valor de x é:

a) 20°. b) 25°. c) 30°. d) 15°.

3 Observe o "peso" médio das bolas em vários esportes.

I. Bola de futebol: 450 g.

II. Bola de vôlei: 270 g.

III. Bola de futsal: 440 g.

IV. Bola de basquete: 623 g.

a) Quais 2 bolas juntas ultrapassam 1 kg?

b) Qual bola pesa mais do que meio quilograma?

c) Quantos gramas a bola **IV** tem a mais do que a bola **I**?

4 Um calendário de mesa é formado por 2 cubos como estes. Descubra uma maneira de numerar as faces dos 2 cubos para registrar todas as datas possíveis de 1 a 31.

Paulo Manzi/Arquivo da editora

5 A medida de área de uma região triangular é de 60 cm². Sabendo que a medida de comprimento da base é de 8 cm, qual é a medida de comprimento da altura dessa região triangular?

6 Classifique as variáveis em qualitativas, quantitativas discretas ou quantitativas contínuas.

a) Número de alunos da turma.

b) Medida de comprimento da altura dos professores de uma escola.

c) Cor do cabelo de um grupo de pessoas.

d) Número de defeitos observados em um equipamento eletrônico.

e) Tipo de defeitos observados em cada unidade de determinado produto.

f) Turma em que os alunos estudam.

7 A ponte Rio-Niterói, no Rio de Janeiro, tem 13,26 km de medida de comprimento e 26,60 m de medida de comprimento da largura. Quantas vezes a medida de comprimento dessa ponte é maior do que a medida de comprimento da largura?

Ricardo Azoury/Pulsar Imagens

Vista da ponte Rio-Niterói, no Rio de Janeiro (RJ). Foto de 2016.

8 Observe este quadrado mágico.

As imagens desta página não estão representadas em proporção.

7	x	11
14	10	6
y	8	13

Banco de imagens/Arquivo da editora

Os números x e y são tais que:

a) $x - y = 4$.

b) $x + y = 21$.

c) $x \cdot y = 72$.

d) $x : y = 2$.

9 A média aritmética entre um número racional e 10 é igual a 11,25. Qual é este número racional?

Praticando um pouco mais

Testes oficiais

1 ▸ (Saresp) Foi feita uma pesquisa numa escola sobre a preferência dos alunos entre estudar pela manhã ou à tarde. A tabela mostra o resultado desta pesquisa de acordo com o sexo do entrevistado.

Horário de estudo	Manhã	Tarde
Homens	70	80
Mulheres	70	50

Baseado nessa pesquisa, podemos afirmar que:

a) a maioria prefere estudar à tarde.

b) o total de entrevistados é de 150 alunos.

c) as mulheres e os homens preferem estudar pela manhã.

d) o total de mulheres entrevistadas é de 120.

2 ▸ (Saeb) Em uma escola, há 400 estudantes do sexo masculino e 800 do sexo feminino.

Escolhendo-se ao acaso um estudante dessa escola, qual a probabilidade de ele ser do sexo feminino?

a) $\frac{1}{4}$ c) $\frac{2}{5}$ e) $\frac{2}{3}$

b) $\frac{1}{3}$ d) $\frac{1}{2}$

3 ▸ (Obmep) Os resultados de uma pesquisa das cores de cabelo de 1 200 pessoas são mostrados no gráfico abaixo.

Reprodução/Obmep, 2004

Quantas dessas pessoas possuem o cabelo loiro?

4 ▸ (Saeb) O gráfico abaixo mostra a evolução da preferência dos eleitores pelos candidatos **A** e **B**.

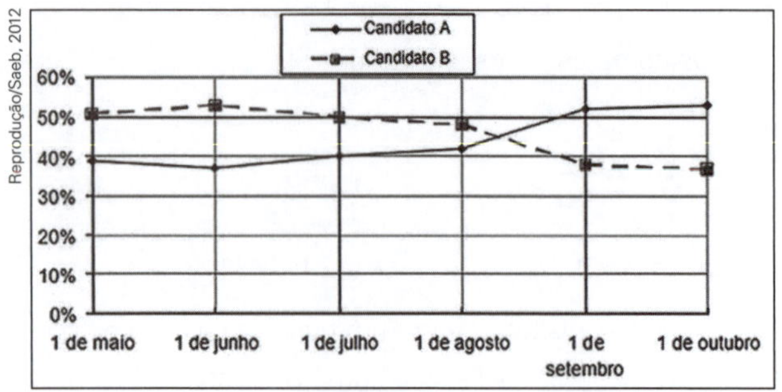

Reprodução/Saeb, 2012

Em que mês o candidato **A** alcançou, na preferência dos eleitores, o candidato **B**?

a) Julho. c) Setembro.

b) Agosto. d) Outubro.

Questões de vestibulares e Enem

5 ▸ (Enem) Cinco equipes **A**, **B**, **C**, **D** e **E** disputaram uma prova de gincana na qual as pontuações recebidas podiam ser 0, 1, 2 ou 3. A média das cinco equipes foi de 2 pontos.

As notas das equipes foram colocadas no gráfico a seguir, entretanto, esqueceram de representar as notas da equipe **D** e da equipe **E**.

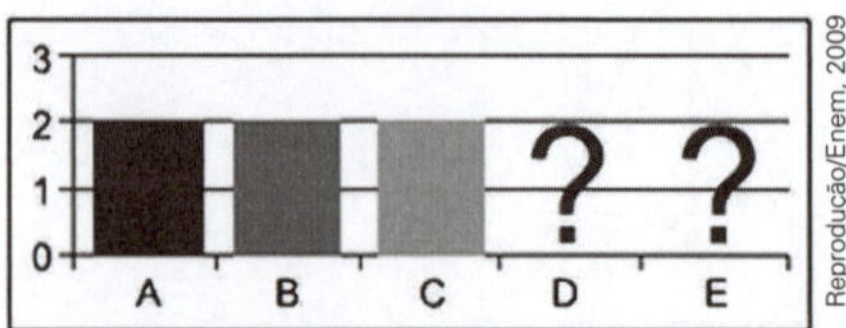

Reprodução/Enem, 2009

Mesmo sem aparecer as notas das equipes **D** e **E**, pode-se concluir que os valores da moda e da mediana são, respectivamente:

a) 1,5 e 2,0. c) 2,0 e 2,0. e) 3,0 e 2,0.

b) 2,0 e 1,5. d) 2,0 e 3,0.

6 ▸ (Enem) José, Paulo e Antônio estão jogando dados não viciados, nos quais, em cada uma das seis faces, há um número de 1 a 6. Cada um deles jogará dois dados simultaneamente. José acredita que, após jogar seus dados, os números das faces voltadas para cima lhe darão uma soma igual a 7. Já Paulo acredita que sua soma será igual a 4 e Antônio acredita que sua soma será igual a 8.

Com essa escolha, quem tem a maior probabilidade de acertar sua respectiva soma é:

a) Antônio, já que sua soma é a maior de todas as escolhidas.

b) José e Antônio, já que há 6 possibilidades tanto para a escolha de José quanto para a escolha de Antônio, e há apenas 4 possibilidades para a escolha de Paulo.

c) José e Antônio, já que há 3 possibilidades tanto para a escolha de José quanto para a escolha de Antônio, e há apenas 2 possibilidades para formar a soma de Paulo.

d) José, já que há 6 possibilidades para formar sua soma, 5 possibilidades para formar a soma de Antônio e apenas 3 possibilidades para formar a soma de Paulo.

e) Paulo, já que sua soma é a menor de todas.

7 ▸ **(IFPE)** O senhor Eduardo possu i quatro filhos. Hanny, que tem 19 anos; Dudu, que tem 17 anos; Gigi, que tem 11 anos, e Gabi, 5 anos. Qual a média aritmética das idades dos filhos do Sr. Eduardo?

a) 15 anos.

b) 10 anos.

c) 11 anos.

d) 12 anos.

e) 13 anos.

8 ▸ **(Enem)** Uma pessoa, ao fazer uma pesquisa com alguns alunos de um curso, coletou as idades dos entrevistados e organizou esses dados em um gráfico.

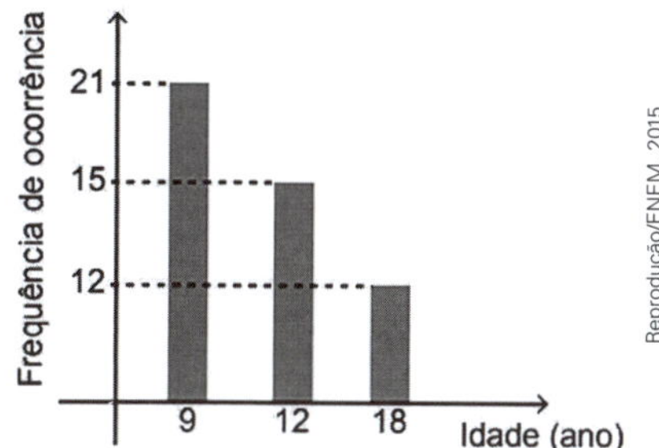

Qual a moda das idades, em anos, dos entrevistados?

a) 9

b) 12

c) 13

d) 15

e) 21

9 ▸ **(UEA-AM)** A lista a seguir identifica as idades, em ordem crescente, dos 11 professores de Matemática de uma determinada escola:

22, 23, 25, 27, 29, 33, 35, 35, 41, 43, 45.

A mediana das idades desse grupo de professores é:

a) 35 anos.

b) 33 anos.

c) 29 anos.

d) 27 anos.

e) 25 anos.

10 ▸ **(UEG-GO)** Os números de casos registrados de acidentes domésticos em uma determinada cidade nos últimos cinco anos foram: 100, 88, 112, 94 e 106. O desvio padrão desses valores é aproximadamente:

a) 3,6.

b) 7,2.

c) 8,5.

d) 9,0.

e) 10,0.

11 ▸ **(IFSP)** Sandra comprou uma caixa de balas sortidas. Na caixa, havia 8 balas de sabor menta, 6 balas de sabor morango, 6 balas de sabor caramelo e 4 balas de sabor tangerina. A probabilidade de Sandra escolher na caixa, ao acaso, uma bala de tangerina é:

a) $\frac{1}{7}$.

b) $\frac{1}{6}$.

c) $\frac{1}{5}$.

d) $\frac{1}{4}$.

e) $\frac{1}{7}$.

12 ▸ **(Uerj)** Um menino vai retirar ao acaso um único cartão de um conjunto de sete cartões. Em cada um deles está escrito apenas um dia da semana, sem repetições: segunda, terça, quarta, quinta, sexta, sábado, domingo. O menino gostaria de retirar sábado ou domingo.

A probabilidade de ocorrência de uma das preferências do menino é:

a) $\frac{1}{49}$.

b) $\frac{2}{49}$.

c) $\frac{1}{7}$.

d) $\frac{2}{7}$.

13 ▸ **(Enem)** O número de frutos de uma determinada espécie de planta se distribui de acordo com as probabilidades apresentadas no quadro.

Número de frutos	Probabilidade
0	0,65
1	0,15
2	0,13
3	0,03
4	0,03
5 ou mais	0,01

A probabilidade de que, em tal planta, existam, pelo menos, dois frutos é igual a:

a) 3%.

b) 7%.

c) 13%.

d) 16%.

e) 20%.

VERIFIQUE O QUE ESTUDOU

1 O gerente de uma loja consultou 200 clientes sobre a qualidade do atendimento, entre ruim, regular, bom ou ótimo. Desse total, 102 avaliaram como bom.

a) Qual é a variável dessa pesquisa? De que tipo ela é?

b) Quais são os possíveis valores da variável?

c) O que indicam os números 200 e 102 citados?

d) Qual é a frequência relativa do valor bom?

e) Quantas pessoas avaliaram o atendimento como regular, sabendo que esse valor teve frequência relativa de 20%?

2. Na eleição para representante de turma do 8º ano **E**, os candidatos foram Ricardo, Felipe e Paula.

Observe o resultado da votação no gráfico de barras, em que estão especificados o número de votos das mulheres e o número de votos dos homens, e, em seguida, responda aos itens.

Eleição para representante da turma do 8º ano E

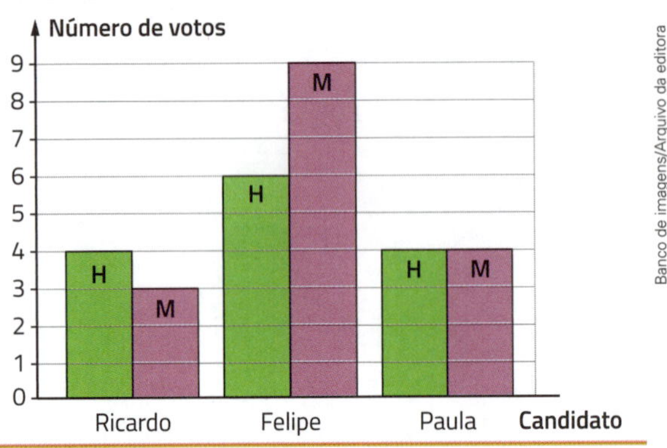

Gráfico elaborado para fins didáticos.

a) Quantos alunos votaram?

b) Desses, quantas mulheres e quantos homens?

c) Quantos votos obteve a candidata Paula?

d) Quantas mulheres votaram em Ricardo?

e) Qual é a porcentagem de votos recebidos por Felipe?

3 Invente uma pesquisa cujo resultado pode ser registrado por este gráfico de setores. Depois, complete-o.

Gráfico de setores

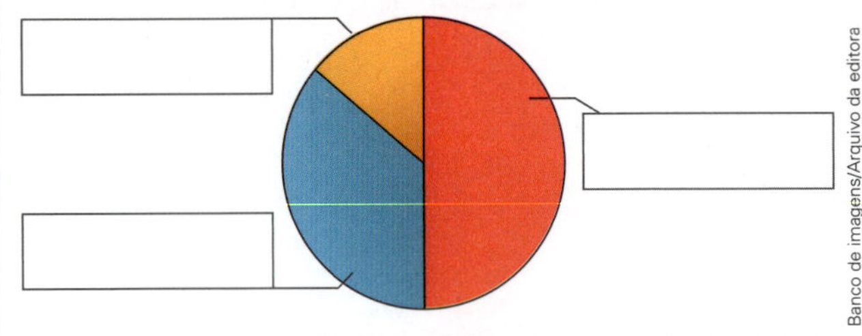

Gráfico elaborado para fins didáticos.

4 Registre o resultado da pesquisa da atividade anterior em um gráfico de barras.

5 Em um jogo de tabuleiro, os participantes devem sortear bolinhas coloridas de uma urna e andar o número de casas correspondente. Veja as cores das bolinhas sorteadas por Juan em 10 jogadas consecutivas.

Rosa.	Branca.	Rosa.	Rosa.	Azul.
Branca.	Branca.	Rosa.	Verde.	Rosa.

As bolinhas rosa indicam andar 1 casa; as bolinhas verdes, andar 2 casas; a bolinha azul, andar 3 casas; e a bolinha branca, ficar onde está.

a) Qual é a média do número de casas que Juan andou por partida nessas 10 rodadas?

b) Qual é a moda? E a mediana?

c) Qual é a variância? E o desvio-padrão?

6 Suponha que será realizado um sorteio em sua turma. Calcule a probabilidade de:

a) você ser sorteado;

b) um menino ser sorteado;

c) uma menina ser sorteada;

d) um aluno com 13 anos de idade ser sorteado.

Atenção

Retome os assuntos que você estudou neste capítulo. Verifique em quais teve dificuldade e converse com o professor, buscando maneiras de reforçar seu aprendizado.

Autoavaliação

Algumas atitudes e reflexões são fundamentais para melhorar o aprendizado e a convivência na escola. Reflita sobre elas.

- Participei das aulas com atenção, acompanhando as explicações e realizando as atividades?
- Tive atitudes solidárias nas conversas com o professor e com os colegas e nas atividades coletivas?
- Empenhei-me em consolidar meu conhecimento, fazendo as pesquisas propostas no livro?
- Ampliei meus conhecimentos sobre gráficos estatísticos e sobre experimentos aleatórios?

PARA LER, PENSAR E DIVERTIR-SE

As imagens desta página não estão representadas em proporção.

Ler

Você conhece o baralho? O modelo que utilizamos atualmente surgiu na França, no século XIX, mas outras versões já existiam desde o século XIV. O modelo atual tem 52 cartas, cada uma com uma letra ou um número, divididas em 4 naipes.

BEPictured/Shutterstock

Baralho.

Você já parou pra pensar em quantas maneiras diferentes podemos organizar as cartas de um baralho? Se você misturar todas as cartas aleatoriamente e um colega fizer o mesmo, com outro baralho, então é muito provável que vocês não consigam obter a mesma ordem das cartas. Isso acontece porque o número de combinações das cartas é um número tão grande que ocupa quase uma linha inteira deste livro. Veja:

80 658 175 170 943 878 571 660 636 856 403 766 975 289 505 440 883 277 824 000 000 000 000

Para lhe dar uma ideia do "tamanho" desse número, imagine que cada uma das estrelas da galáxia em que vivemos tivesse 1 trilhão de planetas, cada planeta tivesse 1 trilhão de pessoas vivendo nele e cada pessoa tivesse 1 trilhão de baralhos e, de alguma maneira, cada pessoa conseguisse embaralhar 1000 configurações diferentes das cartas por segundo desde o *big-bang*. Só agora começaríamos a repetir a ordem das cartas.

Pensar

Júlio, Carolina, Conrado e Amélia são amigos. De quantas maneiras diferentes eles podem se organizar para tirar uma foto de modo que Júlio esteja sempre na terceira posição, da esquerda para a direita?

Murilo Moretti/Arquivo da editora

Divertir-se

Faixa de Möbius

Pegue uma faixa de papel de dimensões com medidas de comprimento de 4 cm por 30 cm. Trace uma linha no meio da faixa, na frente e no verso dela.

Faça uma torção na faixa exatamente como mostra a imagem ao lado e cole as 2 extremidades da faixa. Essa é a **faixa de Möbius**.

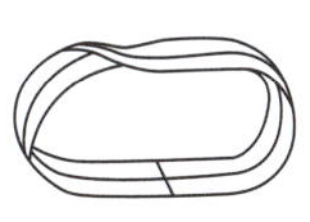

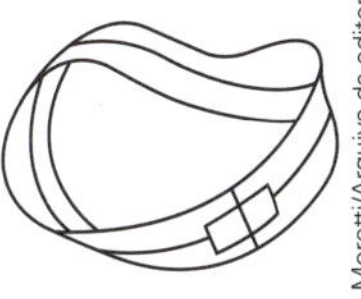

Murilo Moretti/Arquivo da editora

a) Pinte a faixa. Quantos "lados" ela tem?

b) Se você fizer um furo na faixa e cortá-la seguindo a linha traçada, o que você acha que vai acontecer?

c) Corte-a e verifique se sua previsão foi correta.

CAPÍTULO

8 Transformações geométricas

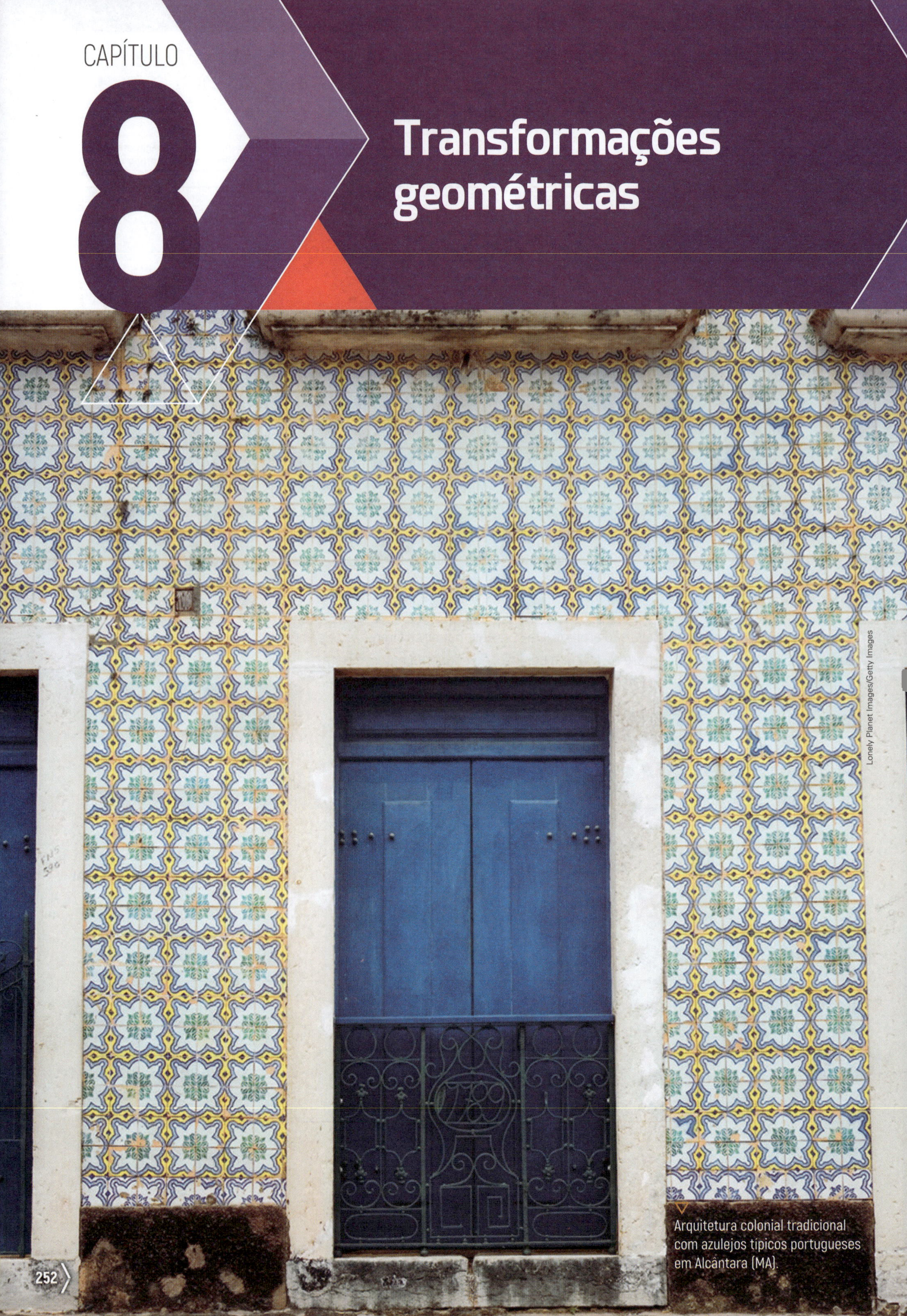

Lonely Planet Images/Getty Images

Arquitetura colonial tradicional com azulejos típicos portugueses em Alcântara (MA).

Em muitos lugares do mundo os azulejos são utilizados na arquitetura. Juntos, os azulejos em uma construção são parte de um padrão que é formado a partir da **reflexão**, da **translação** ou da **rotação** do padrão.

O padrão da construção da imagem da página anterior é este.

Fotos: Cesar Diniz/Pulsar Imagens

E o azulejo-padrão da imagem é este. 

As **transformações geométricas** serão o principal assunto deste capítulo. Você já viu esse assunto no ano anterior, agora vamos retomar e aprender sobre a composição de transformações geométricas.

Converse com os colegas sobre as seguintes questões e registre as respostas.

1 Pensando no azulejo-padrão, descreva os movimentos necessários para formar os seguintes padrões.

a) 

b) 

c) 

d) 

Fotos: Cesar Diniz/Pulsar Imagens

2 Em quais outros lugares você já viu o uso de padrões similares?

1 Transformações geométricas

Como você viu no ano anterior, é possível fazermos certos movimentos ou transformações com figuras do plano de modo que as formas, as medidas de comprimento dos lados e as medidas de abertura dos ângulos sejam conservadas. Vamos recordar?

Translação

Podemos deslocar (ou transladar ou transportar) uma figura no plano, em relação a um vetor, obtendo a figura simétrica e congruente à original. Esse movimento é chamado de **translação**.

Veja um exemplo.

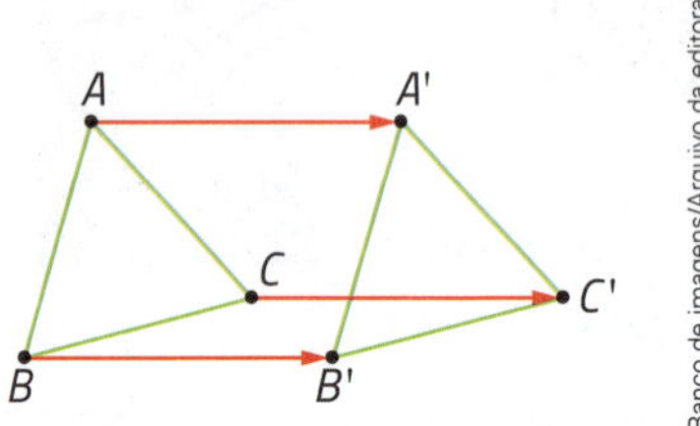

Banco de imagens/Arquivo da editora

O $\triangle ABC$ do plano desta página foi transportado, por meio de uma translação, para uma posição ocupada pelo $\triangle A'B'C'$. O $\triangle A'B'C'$ é congruente ao $\triangle ABC$ inicial.

Veja a seguir como devemos proceder para fazer a translação de uma figura no plano.

Representação de uma translação

A translação que leva o ponto A até o ponto A' é representada pelo **segmento de reta orientado** (ou **vetor**, do latim *vehere*, que significa "transportar") $\overrightarrow{AA'}$, com origem em A e término em A'.

Nesta figura, $\overrightarrow{AA'} = \overrightarrow{BB'}$, pois a medida de comprimento do segmento orientado $\overrightarrow{AA'}$ é igual à medida de comprimento do segmento orientado $\overrightarrow{BB'}$, e o sentido e a direção de A para A' são os mesmos que o sentido e a direção de B para B'.

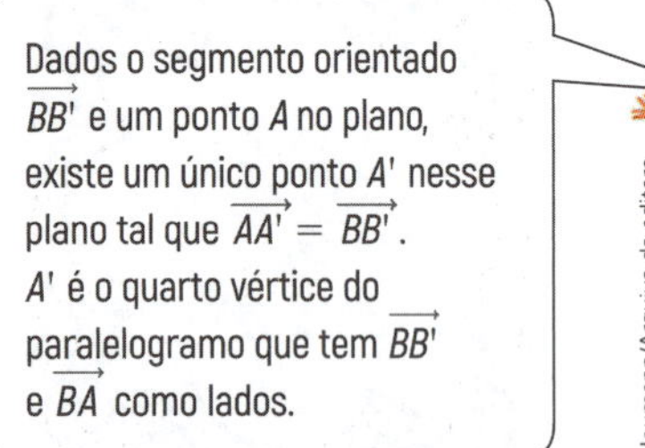

Dados o segmento orientado $\overrightarrow{BB'}$ e um ponto A no plano, existe um único ponto A' nesse plano tal que $\overrightarrow{AA'} = \overrightarrow{BB'}$. A' é o quarto vértice do paralelogramo que tem $\overrightarrow{BB'}$ e $\overrightarrow{BA}$ como lados.

Thiago Neumann/Arquivo da editora

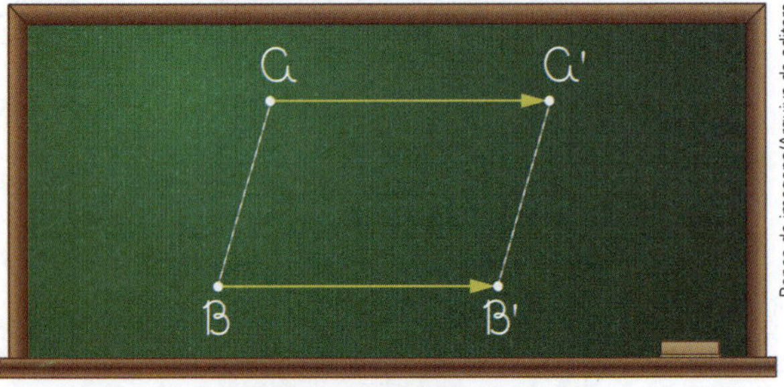

Banco de imagens/Arquivo da editora

As imagens desta página não estão representadas em proporção.

A imagem da figura

A figura $PQRS$ foi transladada dando origem à figura $P'Q'R'S'$. A figura $P'Q'R'S'$ é chamada **imagem** da figura $PQRS$. Cada ponto de $PQRS$ está ligado a uma imagem por um segmento de reta orientado (vetor).

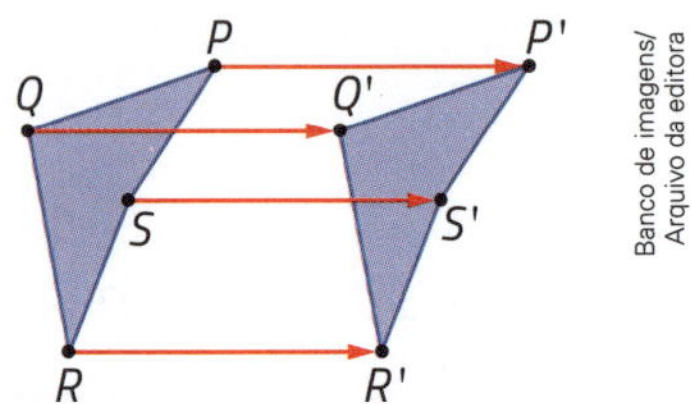

Banco de imagens/Arquivo da editora

Construção geométrica da translação

No livro do 7º ano você aprendeu a fazer a translação de uma figura plana usando uma malha quadriculada. Agora, vamos aprender como fazer essa construção usando instrumentos geométricos, como o compasso, a régua e o esquadro.

Considere o triângulo com vértices nos pontos *A*, *B* e *C* no plano desta página. Vamos fazer a translação dele a partir do segmento de reta orientado $\vec{v}$.

Ilustrações: Banco de imagens/Arquivo da editora

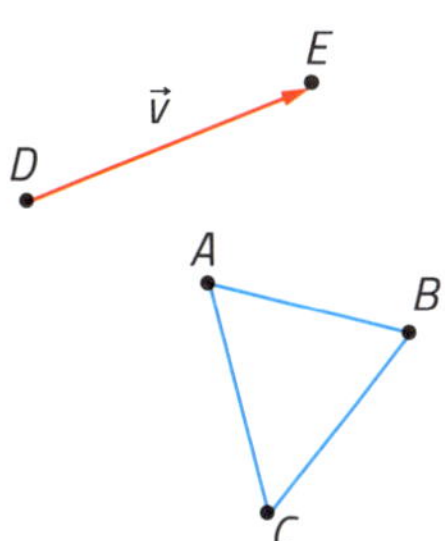

- **1º passo:** Com régua e esquadro, trace uma reta *r* paralela ao segmento orientado $\overrightarrow{DE}$ e que passe pelo ponto *A*.

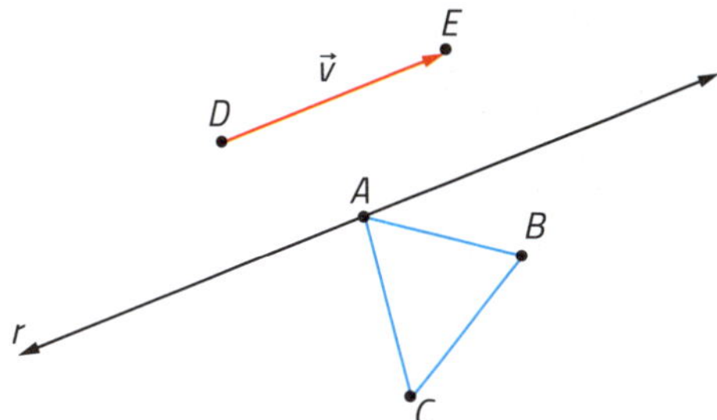

- **2º passo:** Com a ponta-seca do compasso em *A*, transporte o segmento de reta orientado $\overrightarrow{DE}$ para a reta *r*, obtendo o ponto *A*', que é a imagem de *A*.

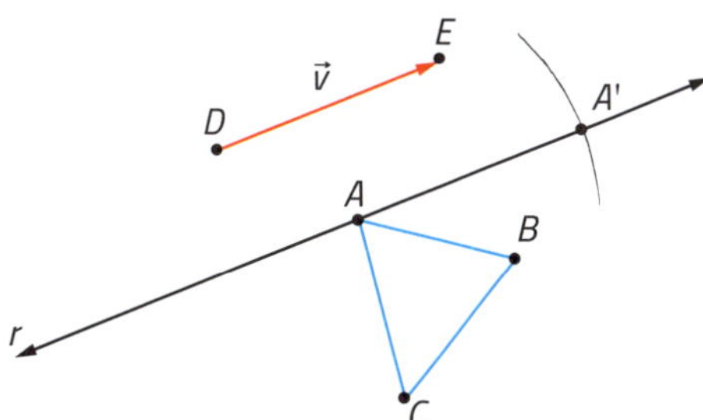

- **3º passo:** Repita os passos 1 e 2 para os pontos *B* e *C* e obtenha os pontos *B*' e *C*', imagens de *B* e *C*. Depois, trace os segmentos de reta entre os pontos *A*' e *B*', *B*' e *C*', *C*' e *A*' para obter o $\triangle A'B'C'$.

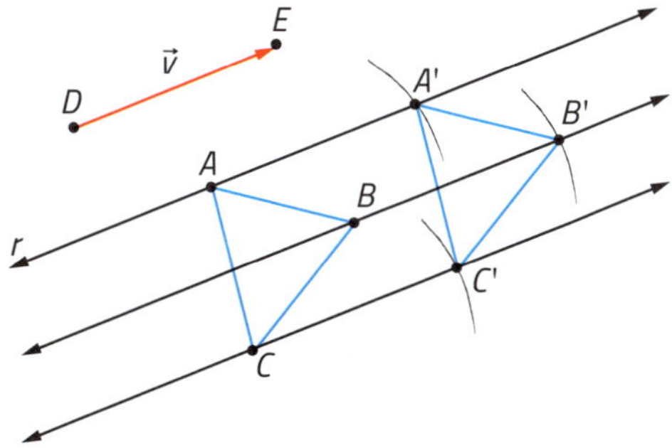

Atividades

1▸ Observe este triângulo *ABC* e a imagem *A'B'C'* dele. Escreva o nome de 3 paralelogramos que podemos observar nessa transformação geométrica.

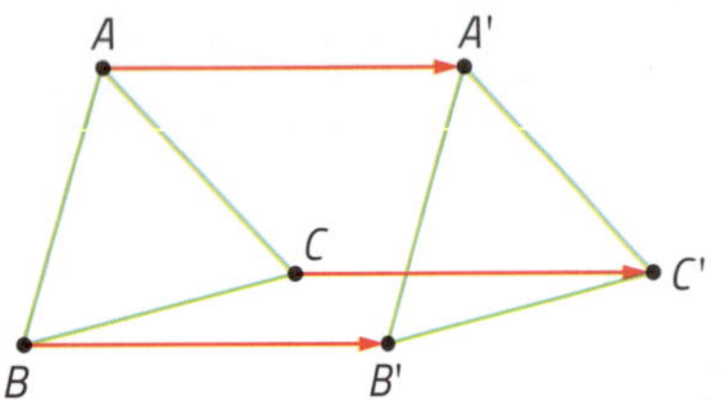

Banco de imagens/Arquivo da editora

2▸ Examine estas translações e assinale apenas as igualdades verdadeiras.

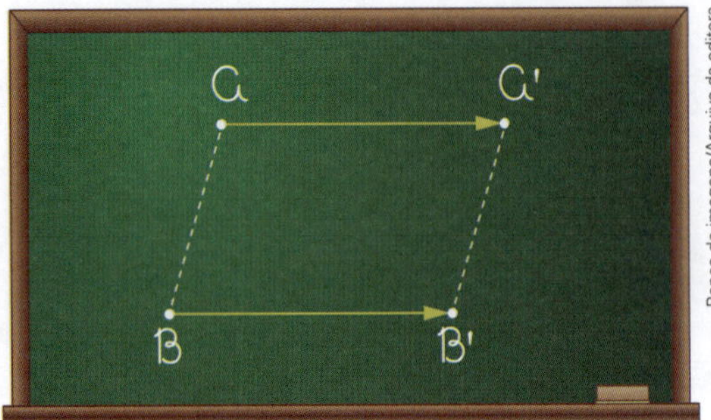

Banco de imagens/Arquivo da editora

a) $\overrightarrow{AB} = \overrightarrow{A'B'}$

b) $\overrightarrow{AA'} = \overrightarrow{B'B}$

c) $\overrightarrow{A'A} = \overrightarrow{B'B}$

d) $\overrightarrow{A'B'} = \overrightarrow{BA}$

3▸ Observe a figura azul obtida da figura verde por uma translação.

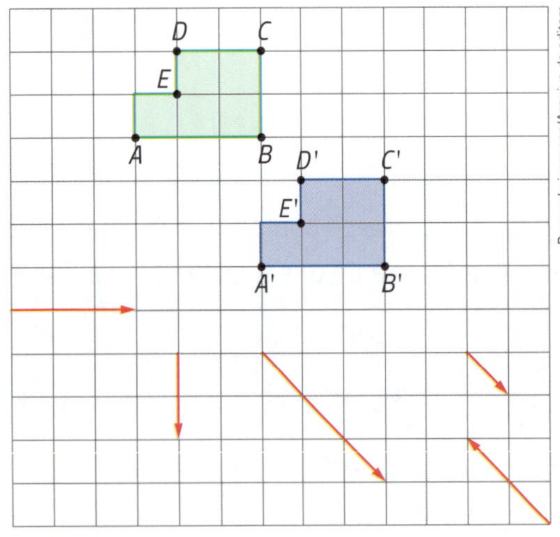

Banco de imagens/Arquivo da editora

Assinale o segmento de reta orientado correspondente à translação indicada na malha quadriculada.

4▸ Escreva 2 fatos a respeito dos segmentos de reta orientados que aparecem nesta translação.

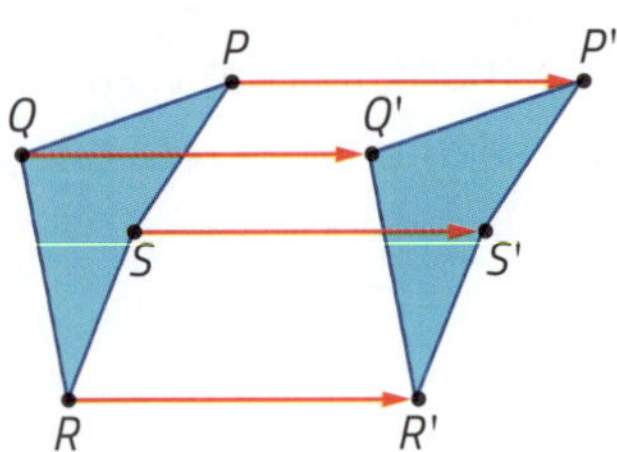

Banco de imagens/Arquivo da editora

5▸ Considerando ainda a translação da atividade anterior, qual é o nome da figura geométrica:

a) *PQQ'P'*?

b) *PSS'P'*?

c) *QRR'Q'*?

d) *SRR'S'*?

6▸ Translade cada figura de acordo com o segmento de reta orientado dado. Fique atento ao sentido e à medida de comprimento do segmento de reta orientado.

a)

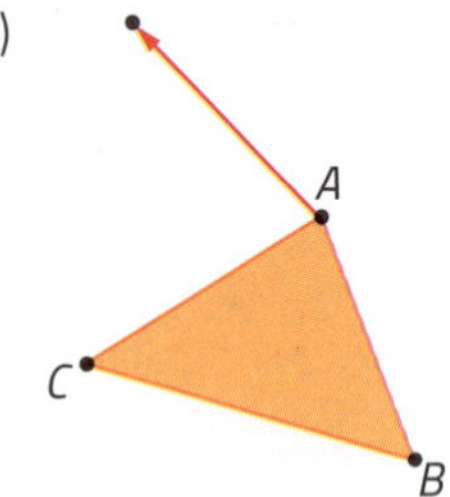

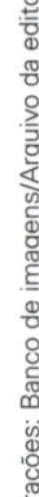

Ilustrações: Banco de imagens/Arquivo da editora

b)

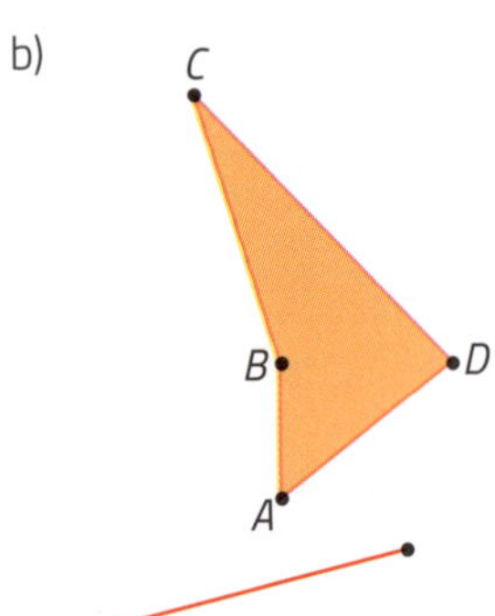

c)

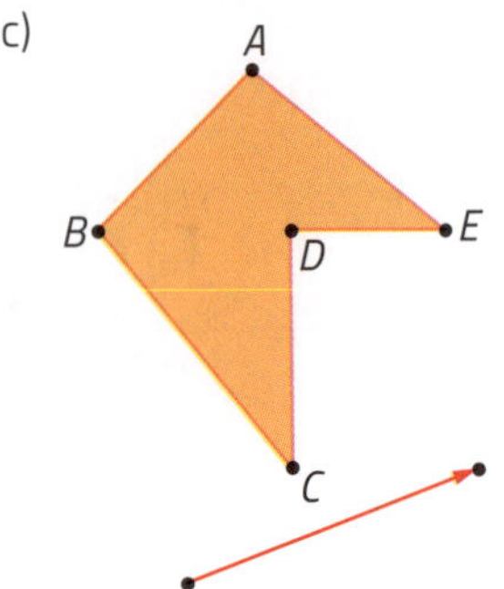

Reflexão em relação a uma reta (eixo) ou simetria axial

Podemos refletir uma figura no plano, em relação a uma reta, obtendo a figura simétrica e congruente à original. Esse movimento é chamado de **reflexão**.

Explorar e descobrir

Vamos usar uma dobradura para entender melhor as propriedades da reflexão de uma figura plana em relação a uma reta.

1› Desenhe esta figura em uma folha de papel sulfite.

Dobre a folha de papel sulfite sobre a reta *s* da figura. Decalque os pontos *A*, *B*, *C* e *D* e nomeie-os como *A'*, *B'*, *C'* e *D'*, respectivamente. Desdobre a folha e trace em azul um segmento de reta entre o ponto *A* e a imagem *A'* desse ponto. Depois, faça o mesmo para os outros pontos e as respectivas imagens. Esses segmentos de reta são segmentos de reta orientados. Você obteve um quadrilátero *A'B'C'D'* simétrico ao quadrilátero *ABCD* em relação à reta *s*.

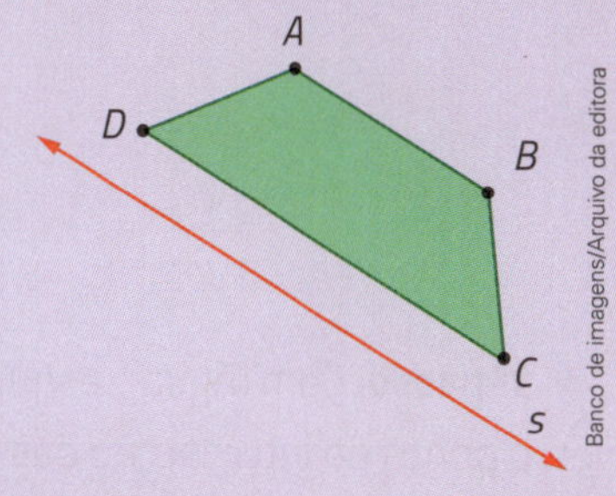

2› Agora, responda: A reta *s* é a mediatriz de cada segmento de reta que você traçou? Explique.

3› Escreva 2 fatos a respeito dos segmentos de reta orientados azuis e da reta *s*.

Observe um exemplo. A figura *PQRS* foi levada à figura *P'Q'R'S'* (imagem da figura original) por uma reflexão em relação à reta *s* (eixo de reflexão). Os vértices foram ligados às respectivas imagens por segmentos de reta orientados azuis. Observe que a reta *s* é a mediatriz de cada segmento de reta orientado $\overrightarrow{PP'}$, $\overrightarrow{SS'}$, $\overrightarrow{RR'}$ e $\overrightarrow{QQ'}$.

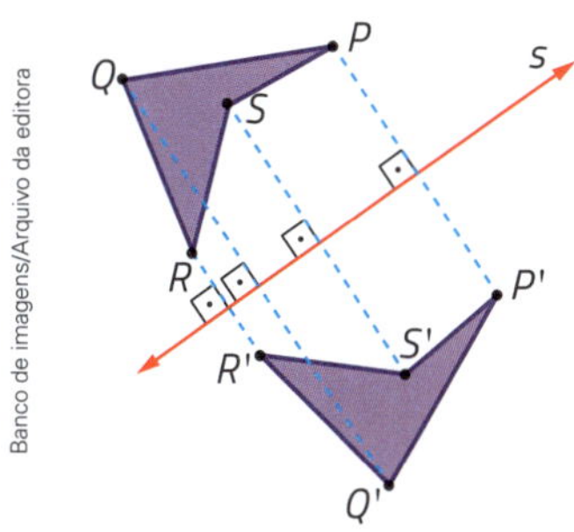

Um caso particular de reflexão

Quando refletimos uma figura plana em relação a uma reta, nem sempre temos a figura original em um lado da reta *s* e a imagem dela no outro lado, como nas figuras *PQRS* e *P'Q'R'S'* acima.

Por exemplo, este quadrado *ABCD* foi refletido em relação à reta *s* dando origem ao quadrado *A'B'C'D'*. Perceba que parte do quadrado *ABCD* está em um lado da reta e a outra parte está no outro lado.

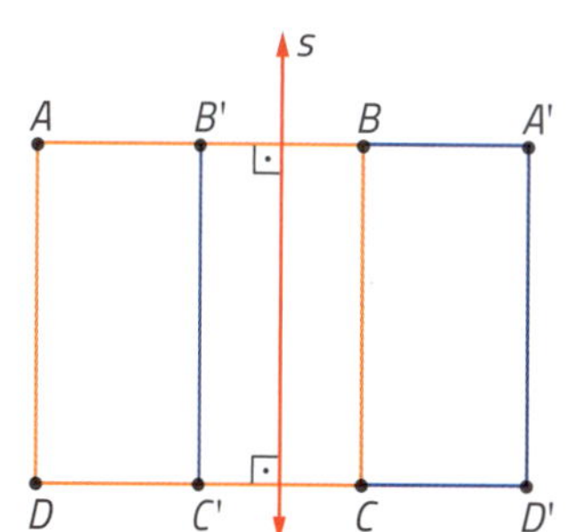

Ilustrações: Banco de imagens/Arquivo da editora

Veja outro exemplo.

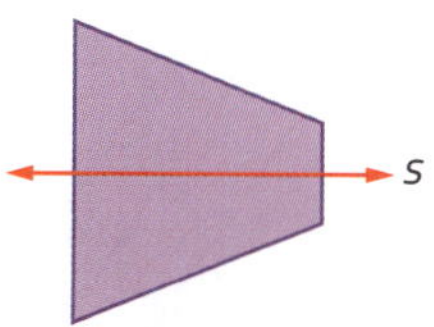

Ao refletir cada uma dessas figuras em relação ao eixo de reflexão *s*, a figura obtida corresponde à figura original. Quando isso ocorre, o **eixo de reflexão** é também chamado de **eixo de simetria** da figura e a figura é chamada de **figura simétrica**.

Construção geométrica da reflexão

No livro do 7º ano, você aprendeu a fazer a reflexão de uma figura plana usando uma malha quadriculada. Agora, vamos aprender como fazer essa construção usando instrumentos geométricos, como o compasso, a régua e o esquadro.

Considere o quadrilátero com vértices nos pontos *A*, *B*, *C* e *D* no plano desta página. Vamos fazer a reflexão em relação à reta *r*.

Ilustrações: Banco de imagens/Arquivo da editora

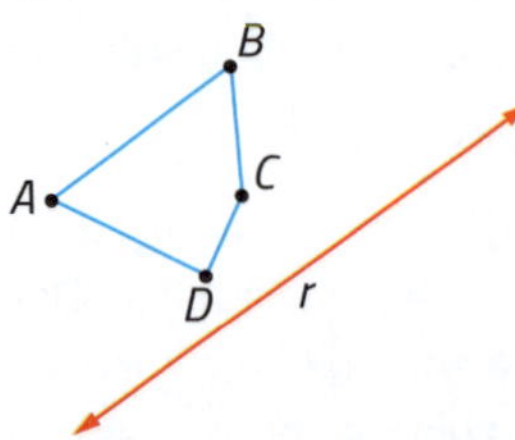

- **1º passo:** Com régua e esquadro, trace uma reta *s* perpendicular à reta *r* que passe pelo ponto *A*. Nomeie o ponto de intersecção das retas *r* e *s* como *M*.

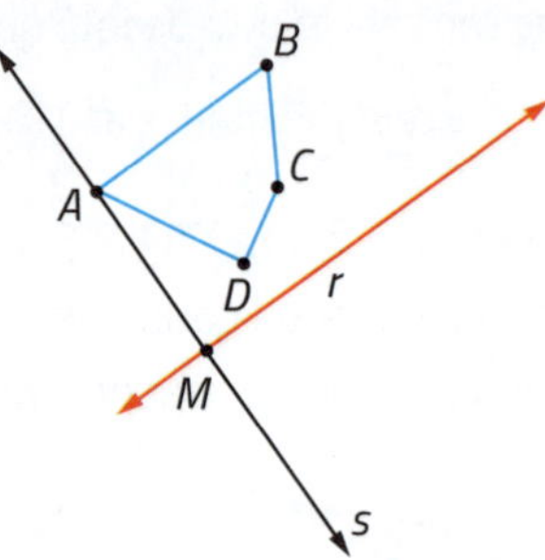

- **2º passo:** Com a ponta seca do compasso em *M*, abra o compasso até o ponto *A* e trace o arco que intersecta outro ponto da reta *s*, que não seja *A*. Nomeie esse ponto como *A*', que é a imagem de *A*.

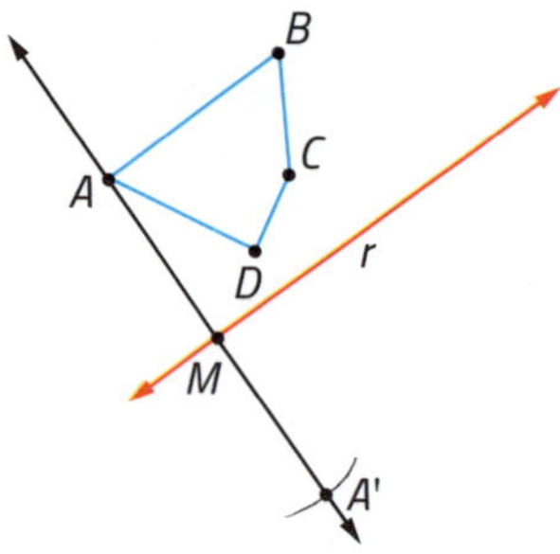

- **3º passo:** Repita os passos 1 e 2 para os pontos *B*, *C* e *D* e obtenha os pontos *B*', *C*' e *D*', imagens de *B*, *C* e *D*. Depois, trace os segmentos de reta entre os pontos *A*' e *B*', *B*' e *C*', *C*' e *D*', *D*' e *A*' para obter o quadrilátero *A'B'C'D'*.

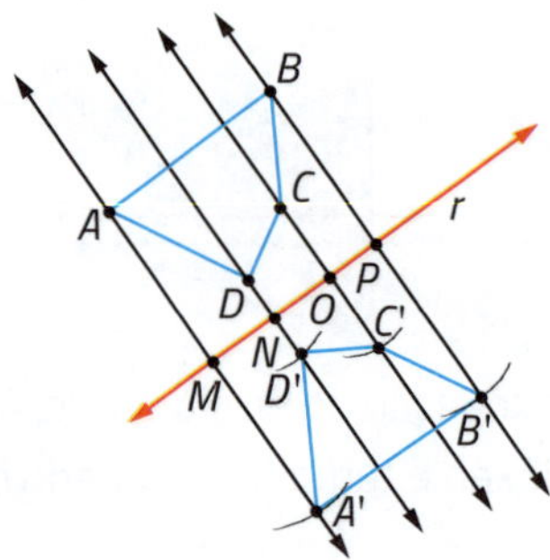

Atividades

7 Em cada item, desenhe a figura e a reta em papel quadriculado e construa a imagem da figura refletida em relação à reta.

a)

Ilustrações: Banco de imagens/Arquivo da editora

b)

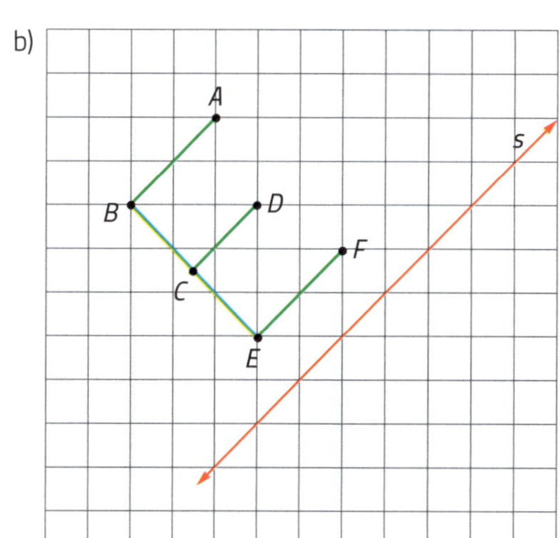

c)

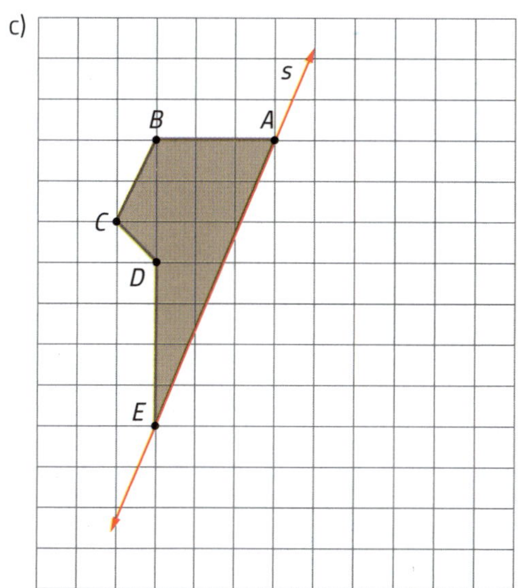

8 Faça a reflexão de cada figura em relação à reta dada.

a)

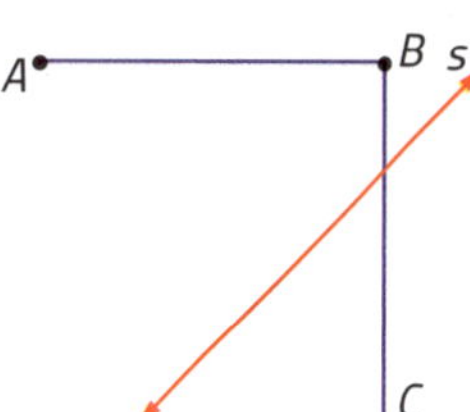

b)

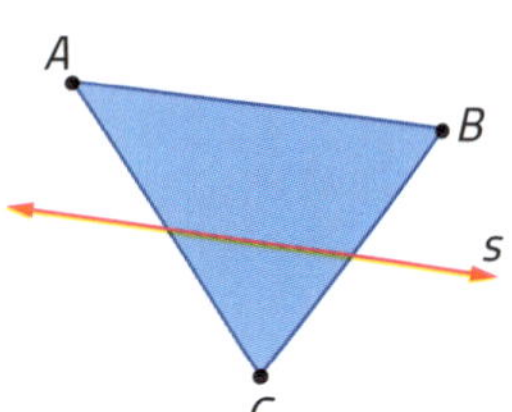

c)

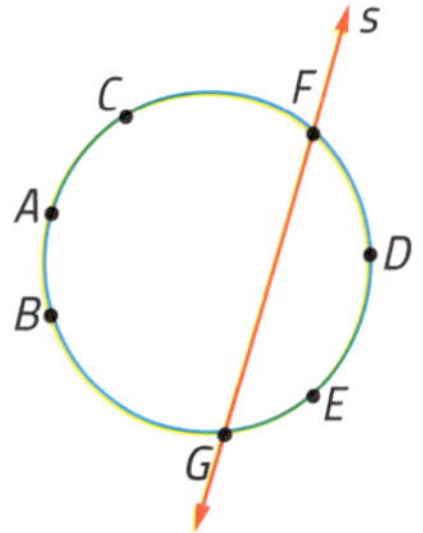

Ilustrações: Banco de imagens/Arquivo da editora

9 Construa o que é pedido em cada item. Depois, trace os eixos de simetria de cada figura.

a) Um retângulo com dimensões medindo 7 cm e 5 cm.

b) Um triângulo isósceles com lados de medida de comprimento de 5 cm, 5 cm e 4 cm.

c) Uma região quadrada cujos lados têm medida de comprimento de 6,5 cm.

10 Construa um paralelogramo como este. Ele tem algum eixo de simetria? Se sim, desenhe-o.

Banco de imagens/Arquivo da editora

11 Desenhe um hexágono regular. Quantos eixos de simetria ele tem?

Rotação

Podemos girar uma figura no plano (ou fazer uma rotação dela), em torno de um ponto, de acordo com a medida de abertura de um ângulo e com sentido determinado, obtendo figura simétrica e congruente à inicial. Esse movimento é chamado de **rotação**.

O $\triangle ABC$ sofreu uma rotação em torno do ponto A, com ângulo de medida de abertura α, no sentido horário (sentido dos ponteiros do relógio), e deu origem ao $\triangle A'B'C'$, que é a imagem do $\triangle ABC$.

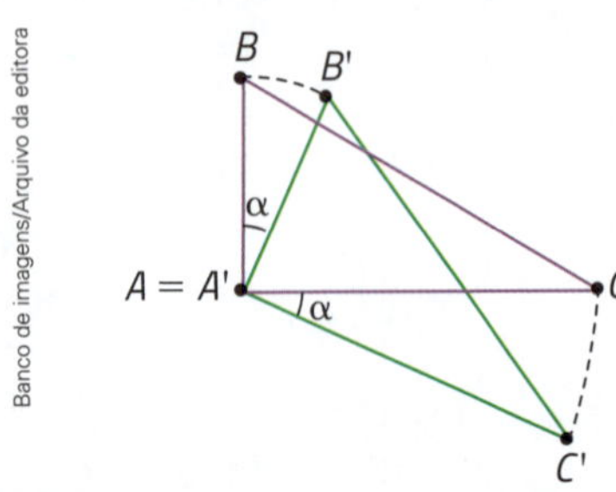

Banco de imagens/Arquivo da editora

O ponto A é chamado de **centro da rotação** e o ângulo de medida de abertura α, de **ângulo da rotação**. Observe que o sentido do deslocamento $A \rightarrow B \rightarrow C$ é o mesmo do deslocamento $A' \rightarrow B' \rightarrow C'$.

Construção geométrica de uma rotação

No livro do 7º ano, você aprendeu a fazer a rotação de uma figura plana usando uma malha quadriculada. Agora, vamos aprender como fazer essa construção usando instrumentos geométricos, como o compasso, a régua e o transferidor.

Considere o segmento de reta $\overline{AB}$ e o ponto P no plano desta página. Vamos fazer a rotação do segmento de reta $\overline{AB}$ em relação ao ponto P, com um ângulo de medida de abertura de 60° e no sentido horário.

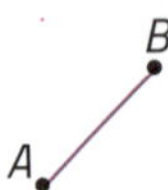

P

- **1º passo:** Com a régua, trace o segmento de reta entre os pontos A e P.

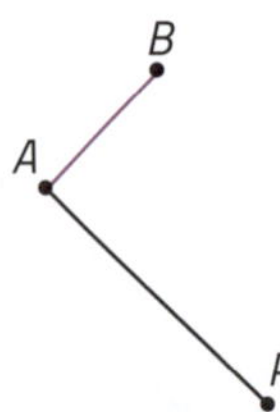

- **2º passo:** Com o transferidor e a régua, trace uma reta r que forma um ângulo de medida de abertura de 60° com o segmento de reta $\overline{AP}$.

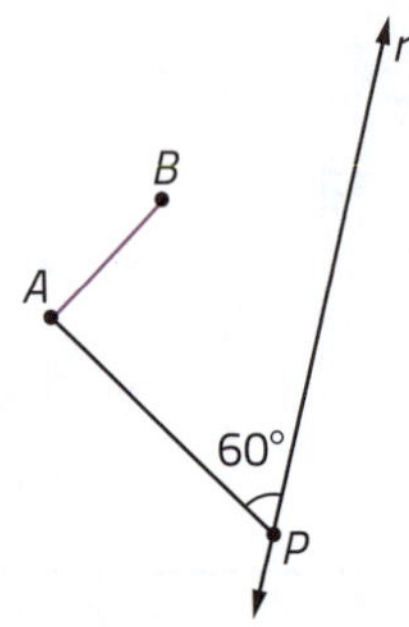

Ilustrações: Banco de imagens/Arquivo da editora

- **3º passo:** Com a ponta-seca do compasso em *P*, abra o compasso até o ponto *A* e trace o arco que intersecta a reta *r*, girando o compasso no sentido horário. Nomeie esse ponto como *A'*, que é a imagem de *A*.

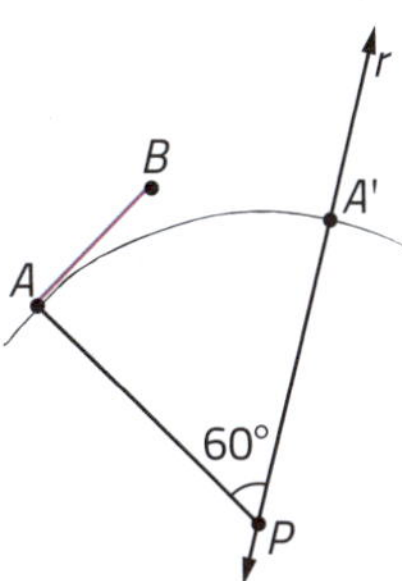

Ilustrações: Banco de imagens/Arquivo da editora

- **4º passo:** Repita os passos 1, 2 e 3 para o ponto *B* e obtenha o ponto *B'*, imagem de *B*. Depois, trace o segmento de reta entre os pontos *A'* e *B'* para obter o segmento de reta $\overline{A'B'}$.

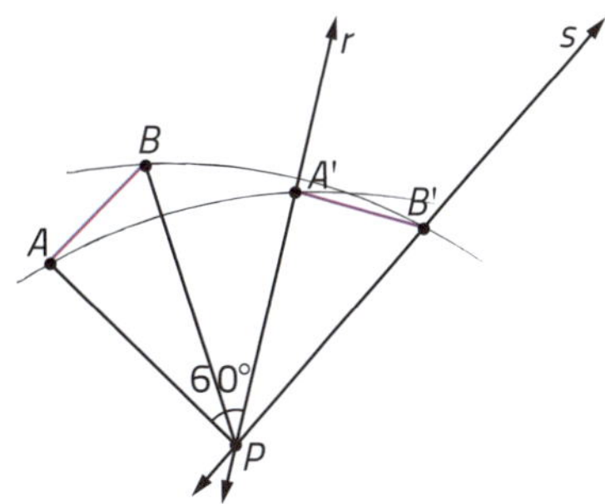

Atividades

12 Copie as figuras em papel quadriculado. Depois, determine o ponto *A'* e o segmento de reta $\overline{R'S'}$ fazendo rotações de centro em *P* e ângulo com medida de abertura de 90°, no sentido horário.

a)

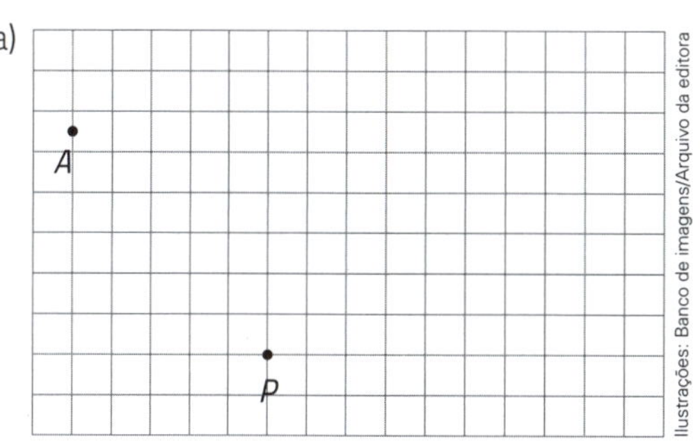

b)

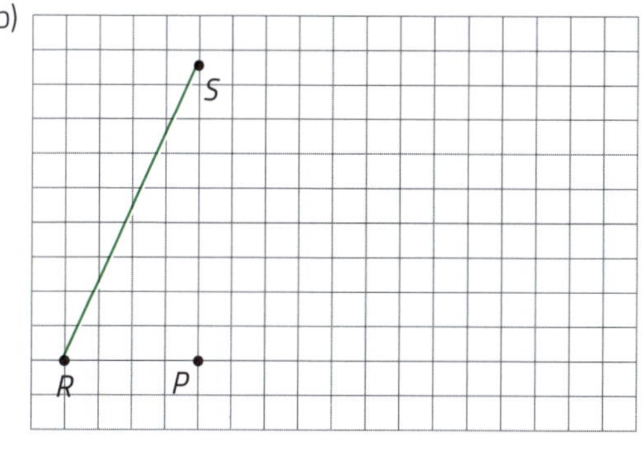

Ilustrações: Banco de imagens/Arquivo da editora

13 Adote o mesmo procedimento da atividade anterior, mas agora desenhando a imagem de cada figura após uma rotação, com ângulo de medida de abertura de 180° e no sentido horário, em torno do ponto *P*.

a)

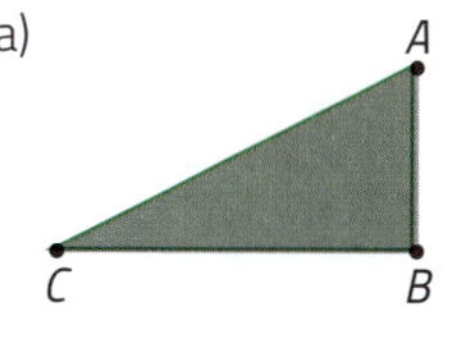

P

b)

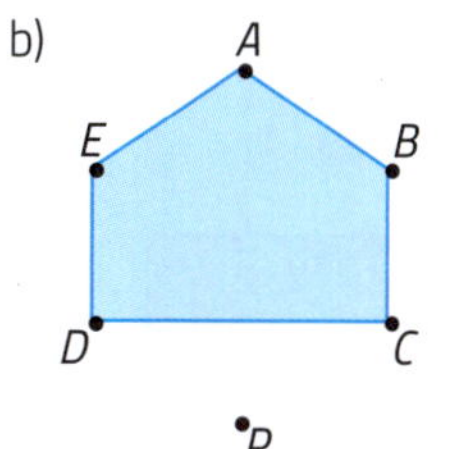

P

c)

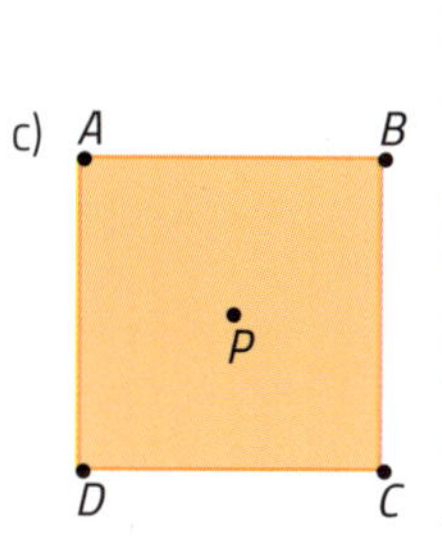

Ilustrações: Banco de imagens/Arquivo da editora

Você já viu no 7º ano que as **rotações com ângulo de medida de abertura de 180°**, em torno de um ponto *O*, também são chamadas de **simetria central** de centro *O*.

Mais atividades sobre translação, reflexão e rotação

Agora que você já retomou essas simetrias e aprendeu a construir cada uma delas geometricamente, resolva mais algumas atividades.

Observação: Dizemos que translação, reflexão e rotação são movimentos ou transformações geométricas que preservam a congruência. Nelas, a figura obtida é sempre congruente à figura original. Esses movimentos são fundamentais em Geometria. Por não deformar a figura original, esses 3 movimentos também são chamados de **movimentos rígidos** ou de **isometrias** (*iso* = mesma; *metria* = medida).

Atividades

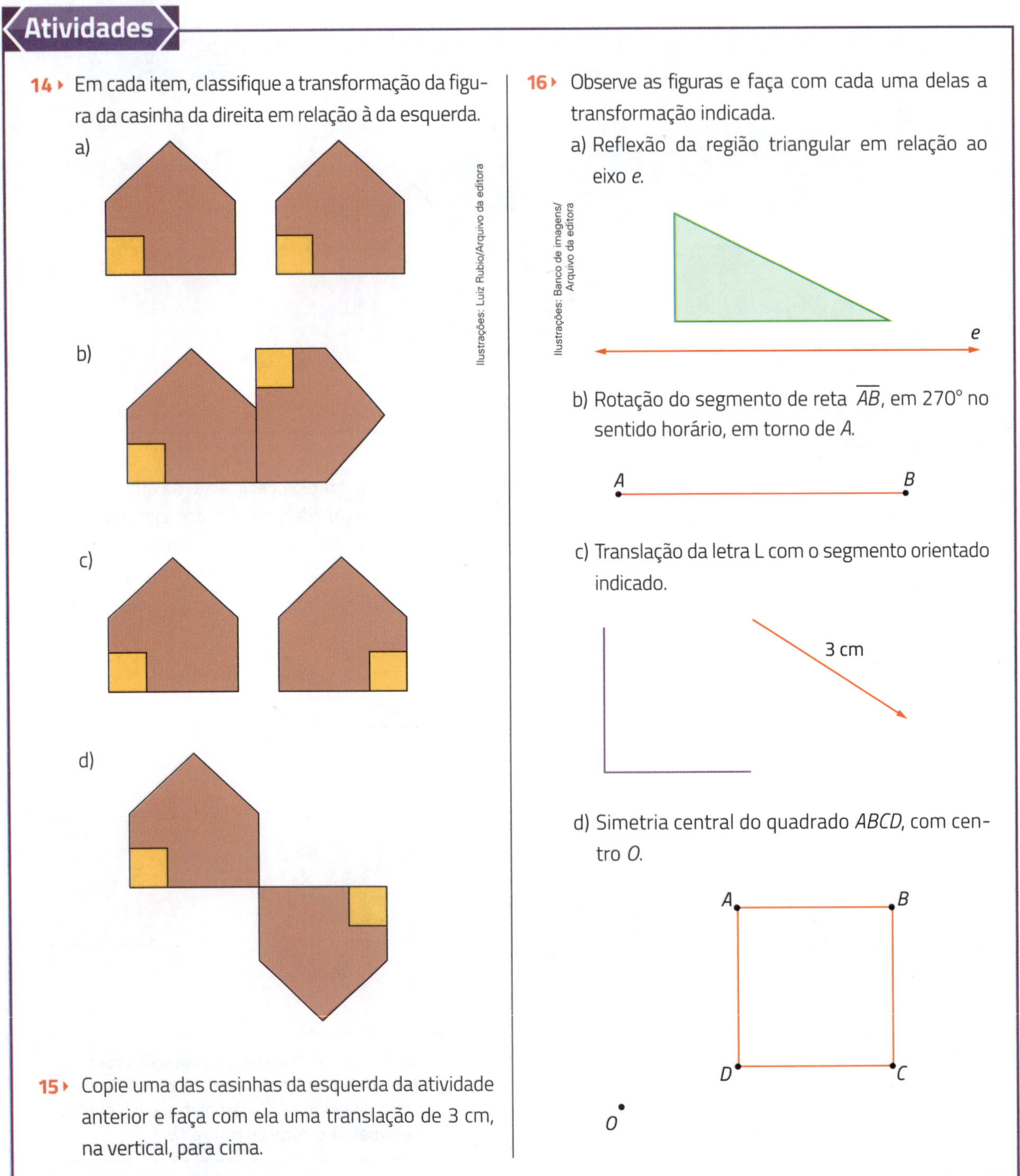

14 Em cada item, classifique a transformação da figura da casinha da direita em relação à da esquerda.

a)

b)

c)

d)

Ilustrações: Luiz Rubio/Arquivo da editora

15 Copie uma das casinhas da esquerda da atividade anterior e faça com ela uma translação de 3 cm, na vertical, para cima.

16 Observe as figuras e faça com cada uma delas a transformação indicada.

a) Reflexão da região triangular em relação ao eixo *e*.

Ilustrações: Banco de imagens/ Arquivo da editora

b) Rotação do segmento de reta $\overline{AB}$, em 270° no sentido horário, em torno de *A*.

c) Translação da letra L com o segmento orientado indicado.

d) Simetria central do quadrado *ABCD*, com centro *O*.

2 Composição de transformações geométricas

Veja um exemplo de composição de transformações geométricas.

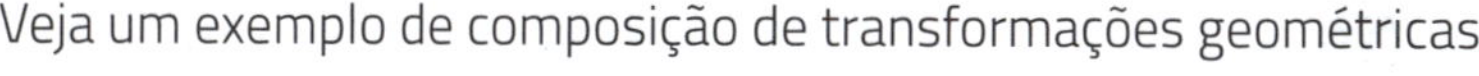

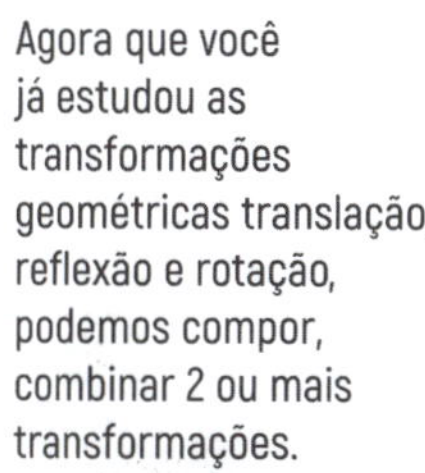
Agora que você já estudou as transformações geométricas translação, reflexão e rotação, podemos compor, combinar 2 ou mais transformações.

Thiago Neumann/Arquivo da editora

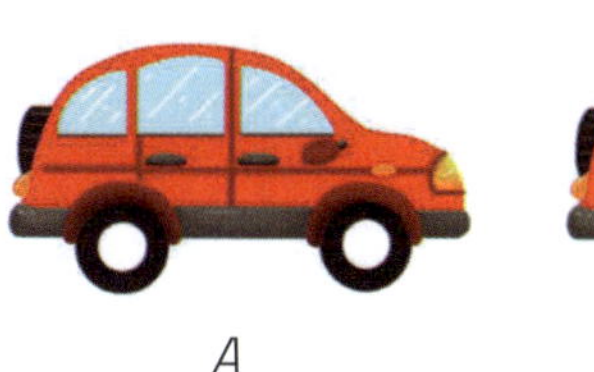

A *A'* *A''*

Estúdio Lab307/Arquivo da editora

Observe que o carrinho na posição *A* foi levado à posição *A'* por uma translação. Depois, o carrinho na posição *A'* foi para a posição *A''* por uma reflexão em relação ao eixo.

Ou seja, aqui houve a composição de uma translação com uma reflexão em relação a um eixo para que o carrinho fosse da posição *A* para a posição *A''*.

As imagens desta página não estão representadas em proporção.

Atividades

17 Copie esta figura em um papel quadriculado e faça a composição de transformações geométricas, na ordem descrita a seguir.

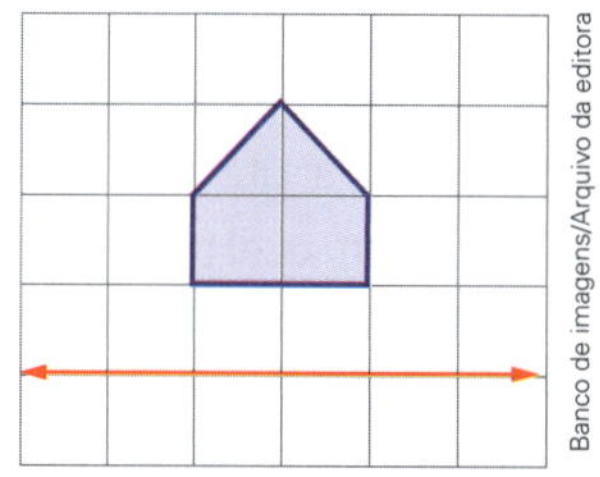

Banco de imagens/Arquivo da editora

I. Simetria em relação ao eixo dado.
II. Translação de 4 quadradinhos, na horizontal, da esquerda para a direita.

18 Observe estas figuras e responda.

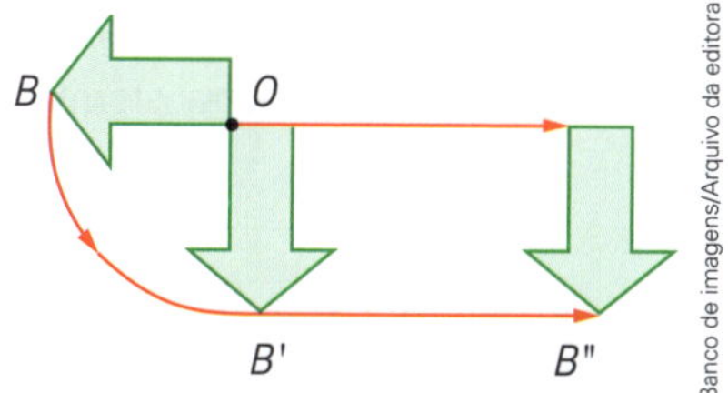
B
O
B'
B''

Banco de imagens/Arquivo da editora

a) Qual transformação foi feita para passar da posição *B* para *B'*?

b) Qual transformação foi feita para passar da posição *B'* para *B''*?

c) Como podemos descrever a passagem da posição *B* para *B''*?

19 **Composição de translações**. Use papel quadriculado, copie cada figura e a translade de acordo com o segmento de reta orientado azul e, em seguida, faça a translação indicada pelo segmento de reta orientado vermelho.

a)

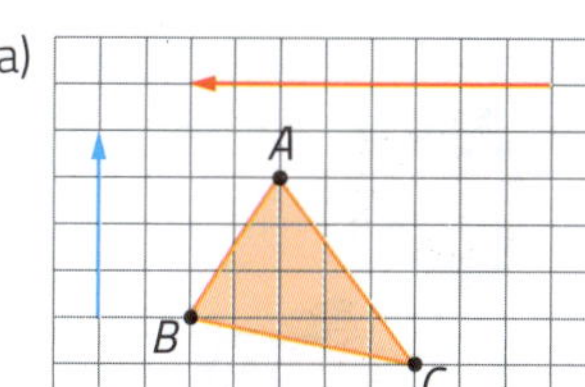
A
B
C

b)

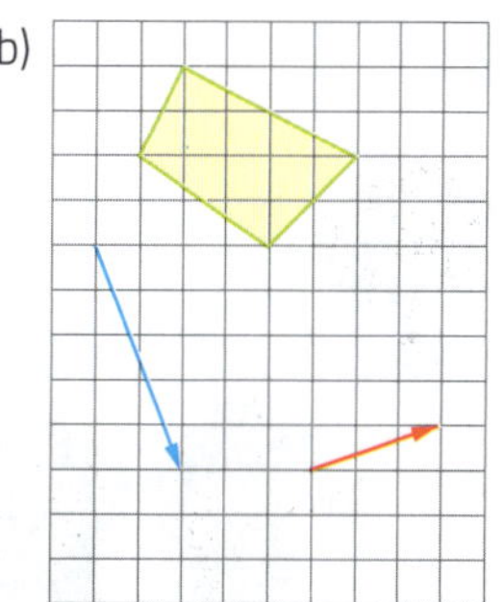

Ilustrações: Banco de imagens/Arquivo da editora

20 Descreva as transformações geométricas que podem ser observadas nestas figuras.

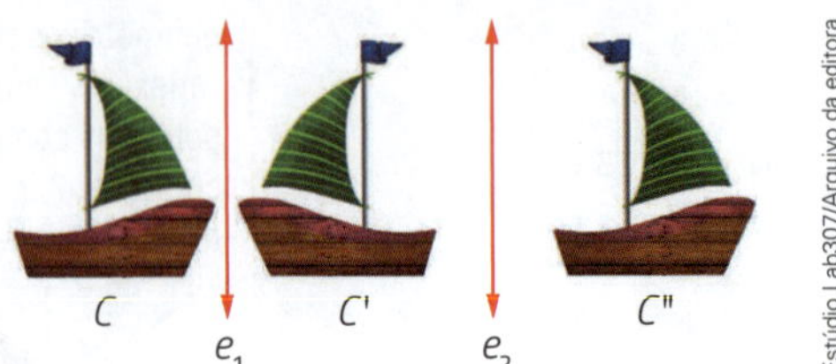

Estúdio Lab307/Arquivo da editora

a) De *C* para *C'*.

b) De *C'* para *C"*.

c) De *C* para *C"*.

21 Identifiquem as transformações que foram feitas nestas composições, partindo sempre da figura mais acima e à esquerda.

As imagens desta página não estão representadas em proporção.

a)

b)

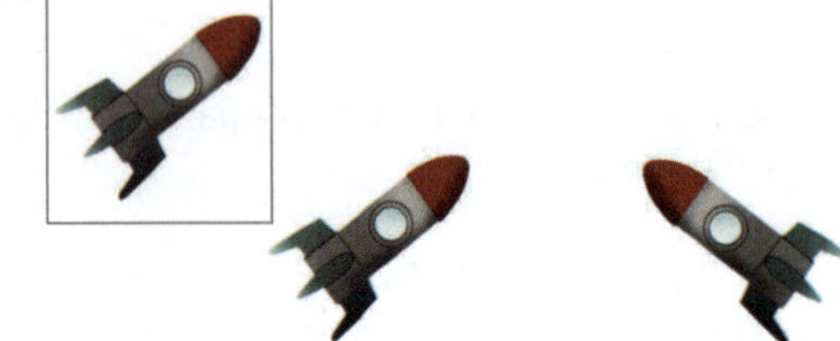

c)

d)

Ilustrações: Estúdio Lab307/Arquivo da editora

22 **Composições de transformações com figuras geométricas.** Observe as figuras e responda considerando as composições feitas para levar a figura *A* até *A"*.

I. Região pentagonal.

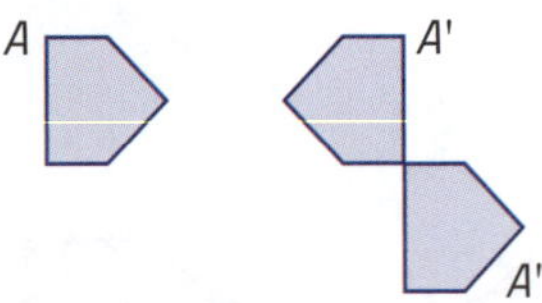

II. Trapézio.

III. Região triangular.

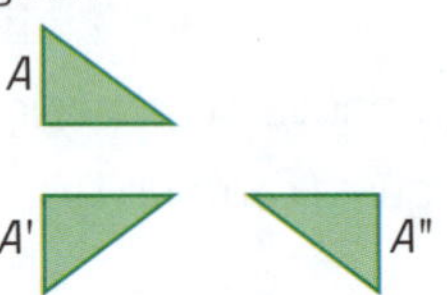

IV. Retângulo.

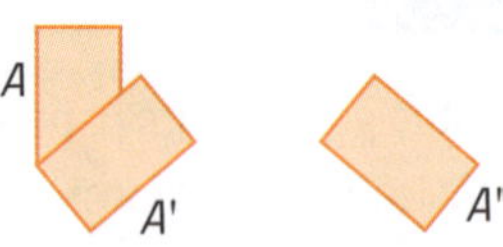

Ilustrações: Banco de imagens/Arquivo da editora

a) Em qual item foi feita a composição de uma rotação e uma simetria axial?

b) Quais composições de transformações foram feitas nos demais itens?

c) No item **II**, com qual transformação geométrica única podemos obter a figura *A"* a partir da figura *A*?

d) No item **III**, com qual transformação geométrica única podemos obter a figura *A"* a partir da figura *A*?

23 A figura *A"* foi obtida de *A*, fazendo a composição de uma translação com uma reflexão axial, indo de *A* até *A'* e depois de *A'* até *A"*. Copie as figuras em uma malha quadriculada e desenhe a figura *A'* e o eixo de simetria usado na transformação.

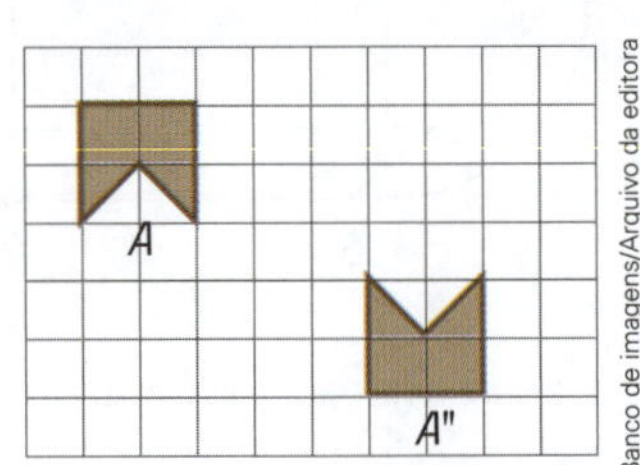

Banco de imagens/Arquivo da editora

CONEXÕES

Composição de transformações geométricas na Arte

Maurits Cornelis Escher (1898-1972) foi um famoso artista gráfico holandês conhecido por obras que muitas vezes apresentavam composições de transformações geométricas.

Observe a obra *Peixe/Pato/Lagarto*, de Escher, e escolha um dos grupos de 3 peixes que aparecem. Se for realizada uma rotação de 1 dos peixes, em relação ao ponto em que os 3 peixes se encontram, no sentido horário e com ângulo com medida de abertura de 120° $\left(\frac{1}{3}\text{ da volta}\right)$, vamos obter outro dos peixes desse conjunto.

Agora, compare 2 conjuntos de lagartos. Podemos perceber que de um conjunto para o outro há uma translação.

Peixe/Pato/Lagarto (Fish/Duck/Lizard). 1948. M. C. Escher. Aquarela, 305 cm × 325 cm.

Podemos ver transformações similares em outras obras de Escher, como em *Borboleta*.

Borboleta (Butterfly). 1948. M. C. Escher. Aquarela, 305 cm × 229 cm.

Questão

Escolham uma figura e tentem criar uma composição de transformações geométricas seguindo a mesma ideia de Escher. Depois, organizem uma exposição com todos os alunos da turma.

MATEMÁTICA
E TECNOLOGIA

Composição de transformações geométricas no GeoGebra

Veja a seguir os passos que devem ser seguidos no GeoGebra para realizar uma composição das transformações geométricas que você aprendeu.

Atenção: O GeoGebra nomeia como polígono, mas a construção é de uma **região poligonal**.

1º passo: Clique na opção "Polígono" no menu de ferramentas e desenhe um quadrilátero. Nomeie os vértices como *A*, *B*, *C* e *D*.

2º passo: Clique na opção "Vetor" e, depois, clique em 2 pontos fora do polígono para criar um vetor. Nomeie-o como $\vec{v}$.

3º passo: Clique na opção "Translação por um vetor" e, depois, clique no quadrilátero *ABCD* e no vetor $\vec{v}$ que você criou. Aparecerá um quadrilátero simétrico ao original. Nomeie os vértices desse quadrilátero como *A'*, *B'*, *C'* e *D'*, respectivamente.

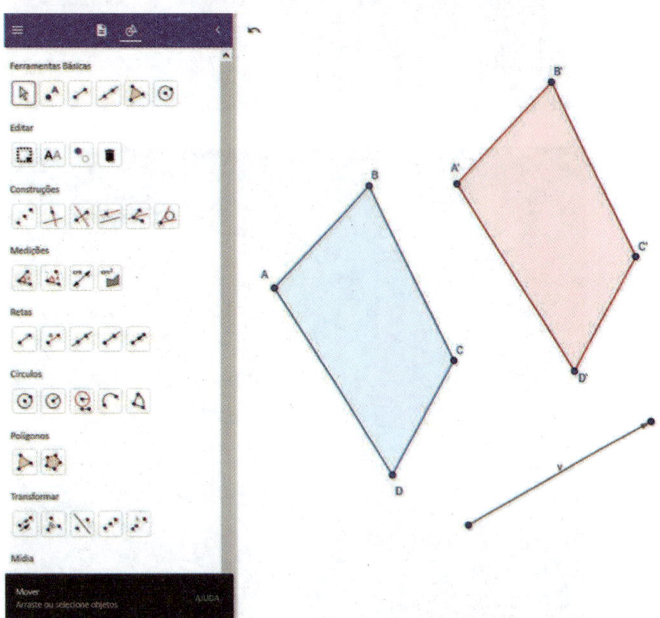

Fotos: Reprodução/www.geogebra.org

4º passo: Clique na opção "Reta" e, depois, clique em 2 pontos fora do vetor e dos quadriláteros que você construiu. Nomeie os pontos como *M* e *N* e a reta que aparecer como *r*. Essa reta será o eixo de reflexão.

5º passo: Clique na opção "Reflexão em relação a uma reta" e, depois, clique no quadrilátero *A'B'C'D'* e na reta *r* que você construiu. Aparecerá um quadrilátero simétrico aos 2 quadriláteros que você construiu. Nomeie os vértices desse quadrilátero como *A"*, *B"*, *C"* e *D"*, respectivamente.

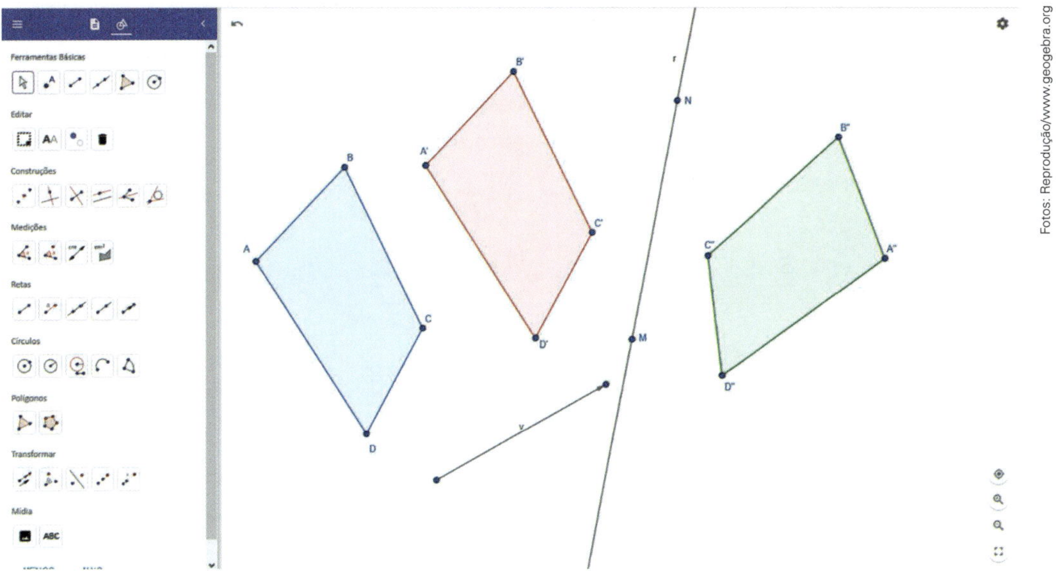

Fotos: Reprodução/www.geogebra.org

6º passo: Clique na opção "Ponto" e, depois, clique em 1 ponto na tela, fora do vetor, da reta e dos quadriláteros que você construiu. Nomeie-o como *P*. Esse ponto será o centro de rotação.

7º passo: Clique na opção "Rotação em torno de um ponto" e, depois, clique no quadrilátero *A*"*B*"*C*"*D*" e no ponto *P* que você construiu. Na janela que abrir, escolha a medida de abertura do ângulo e o sentido da rotação. Aparecerá um quadrilátero simétrico aos 3 quadriláteros que você construiu. Nomeie os vértices desse quadrilátero como *A*", *B*", *C*" e *D*", respectivamente.

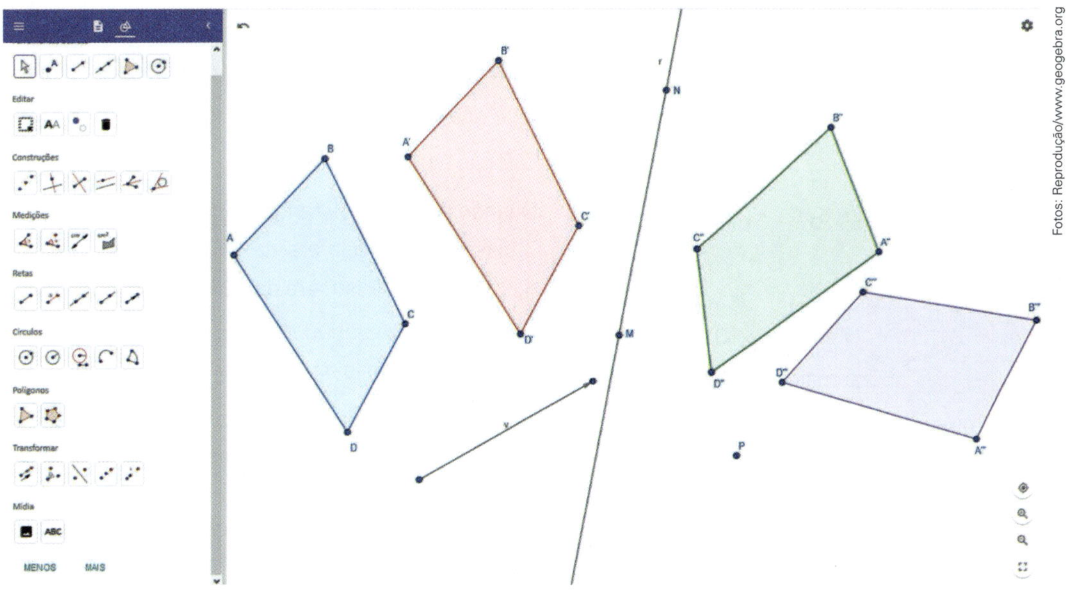

Fotos: Reprodução/www.geogebra.org

Questão

No GeoGebra, construa outras figuras e tente fazer diferentes composições de transformações geométricas. Use sua criatividade e veja como você pode transformar as figuras.

Revisando seus conhecimentos

1 **(FCC-RJ)** A média aritmética de 11 números é 45.

Se o número 8 for retirado do conjunto, a média aritmética dos números restantes será:

a) 48,7.
b) 48.
c) 47,5.
d) 42.
e) 41,5.

2 Misturando 6 litros de água com 2 litros de suco, a porcentagem de água na mistura é de:

a) 60%.
b) 75%.
c) 80%.
d) 65%.

3 A medida de volume de um bloco retangular é de 10 cm³.

Dobrando a medida de comprimento de todas as arestas, a medida de volume do novo bloco será de:

a) 80 cm³.
b) 20 cm³.
c) 40 cm³.
d) 60 cm³.

4 A medida de capacidade de um barril de petróleo é de, aproximadamente, 159 L.

Em fevereiro de 2018, o Brasil produziu 1 763 000 de barris por dia.

Fonte de consulta: G1. *Economia*. Disponível em: <https://g1.globo.com/economia/noticia/producao-de-petroleo-do-brasil-cresce-01-em-fevereiro-e-pre-sal-bate-novo-recorde.ghtml>. Acesso em: 3 ago. 2018.

Quantos litros de petróleo o Brasil produziu por dia, aproximadamente, nesse mês?

5 Sabendo que 1 hectare (ha) corresponde a 0,01 km², qual é a medida de área, em m², de um terreno de 2 ha?

6 O valor numérico da expressão $-8x^2 - 6x + 11$, para $x = \frac{1}{2}$, é um número:

a) menor do que −3.
b) entre −3 e 4.
c) entre 4 e 10.
d) maior do que 10.

7 Em qual item o resultado é maior?

a) $\frac{5}{6}$ de 30.
b) $\frac{2}{7}$ de 280.
c) $\frac{3}{5}$ de 200.
d) $\frac{1}{4}$ de 400.

8 Um terreno retangular tem medida de perímetro de 32 m. Aumentando a medida de comprimento da base em 3 m e dobrando a medida de comprimento da altura, a medida de perímetro aumenta em 18 m. Descubra a medida de área do terreno inicial.

9 Verifique o item em que os números racionais estão em ordem crescente.

a) $\frac{7}{3}$; 1,45 e 12.
b) 4^{-1}; $0,\overline{6}$ e $1\frac{1}{2}$.
c) 3^2; 2^3 e $1,\overline{4}$.
d) $-\frac{2}{7}$; 6^0 e 0,8.

10 Um time de basquete marcou 55 pontos. Ele fez somente cestas de 2 pontos e cestas de 1 ponto (lance livre). O número de cestas de 2 pontos foi o dobro do número de cestas de 1 ponto. Quantos lances livres esse time converteu?

Sergey Novikov/Shutterstock

Bola sendo arremessada na cesta de basquete.

11 Considere as hipóteses h_1 e h_2 e verifique se a conclusão *C* é verdadeira ou falsa.

h_1: Todos os quadriláteros são polígonos.

h_2: *P* não é um quadrilátero.

C: *P* não é um polígono

12 Quando nasceu, o elefante Billy pesava 113 kg. Após 3 dias o "peso" dele era de 117 kg. Após 6 dias do nascimento, o "peso" era de 121 kg.

Se esse padrão continuar, então qual será o "peso" de Billy 12 dias após o nascimento dele?

13 Moacir é marceneiro e quer construir uma caixa de madeira com a forma de paralelepípedo e as medidas das dimensões indicadas nesta imagem. De quantos centímetros quadrados de madeira Moacir vai precisar para construir essa caixa?

As imagens desta página não estão representadas em proporção.

Banco de imagens/Arquivo da editora

14 ▸ Aproximando π para 3, calcule o que se pede em cada item.

a) A medida de comprimento da circunferência cujo raio tem medida de comprimento de 7 cm.

b) A medida de área do círculo cujo raio tem medida de comprimento de 7 cm.

c) A medida de área do círculo com 16 m de medida de comprimento do diâmetro.

d) A medida de comprimento do círculo com 18 mm de medida de comprimento do diâmetro.

e) A medida de área do semicírculo que tem raio de medida de comprimento de 6 m.

f) A medida de área da coroa circular determinada por círculos com raios de medidas de comprimento de 8 cm e 6 cm.

g) A medida de comprimento do raio da circunferência que tem medida de comprimento de 75 dm.

h) A medida de comprimento do raio do círculo que tem medida de área de 75 m^2.

15 ▸ Complete esta tabela.

Medidas em um círculo

Medida de comprimento do raio	Medida de comprimento da circunferência	Medida de comprimento aproximada da circunferência, para $\pi = 3,1$	Medida de área exata	Medida de área aproximada, para $\pi = 3,1$
9 cm	18π cm	55,8 cm	81π cm^2	251,1 cm^2
0,7 m				
	16π cm			
			16π cm^2	
		13,02 dm		

Tabela elaborada para fins didáticos.

16 ▸ Uma embalagem de leite em pó tem forma cilíndrica, como nesta imagem. O fundo da lata e a superfície arredondada são feitos de material metálico, e a tampa, que apresenta uma borda com altura de medida de comprimento de 0,5 cm, é de material plástico.

Tanto o fundo quanto a tampa têm raio de medida de comprimento de 5 cm.

As imagens desta página não estão representadas em proporção.

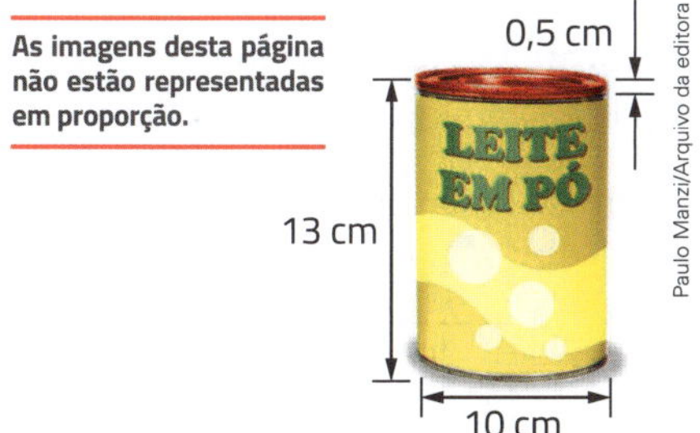

a) Quantos centímetros quadrados de plástico são usados para fabricar a tampa de cada lata como essa?

b) Quantos centímetros quadrados de material metálico são usados em cada lata?

17 ▸ As medidas das dimensões, em metros, de um reservatório em forma de bloco retangular são 3 números naturais consecutivos. Descubra essas medidas sabendo que cabem 120000 litros de água nesse reservatório.

18 ▸ Sônia é decoradora e comprou alguns aquários de vidro para decorar a casa de 3 clientes. Observe as representações dos 3 modelos que ela comprou e as informações em cada um.

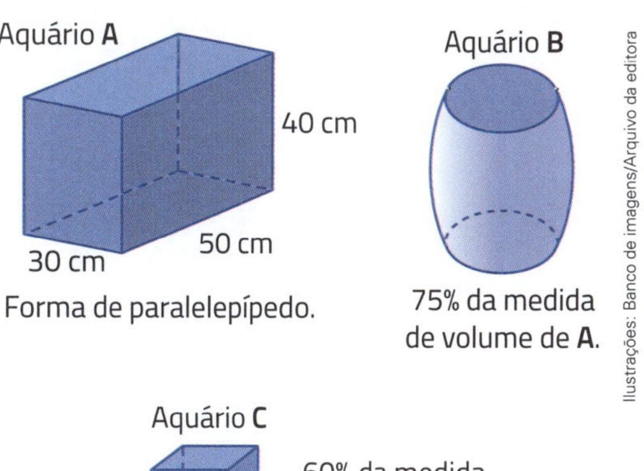

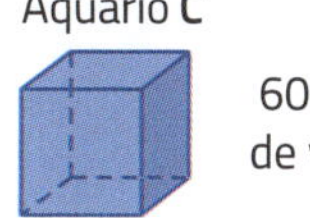

Faça os cálculos e registre as respostas.

a) Calcule a medida de volume de cada aquário.

b) O aquário **C** tem a forma de um cubo. Determine a medida de comprimento de cada aresta dele.

c) A medida de volume do aquário **C** corresponde a quantos por cento da medida de volume do aquário **A**?

d) Determine quantos litros de água cabem em cada aquário.

Praticando um pouco mais

Testes oficiais

1 ▸ (Obmep) As duas figuras a seguir são formadas por cinco quadrados iguais.

Ilustrações: Banco de imagens/ Arquivo da editora

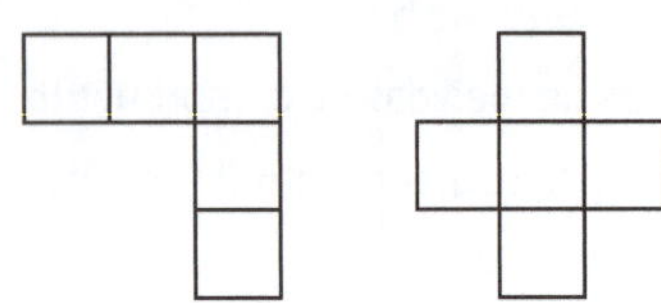

Observe que elas possuem eixos de simetria, conforme assinalado a seguir.

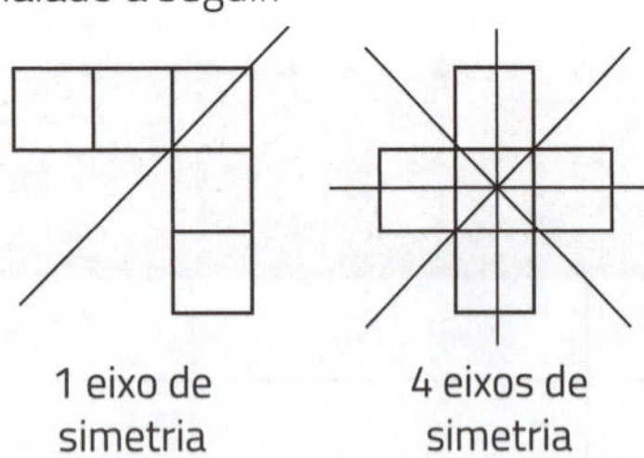

As figuras abaixo também são formadas por cinco quadrados iguais. Quantas delas possuem pelo menos um eixo de simetria?

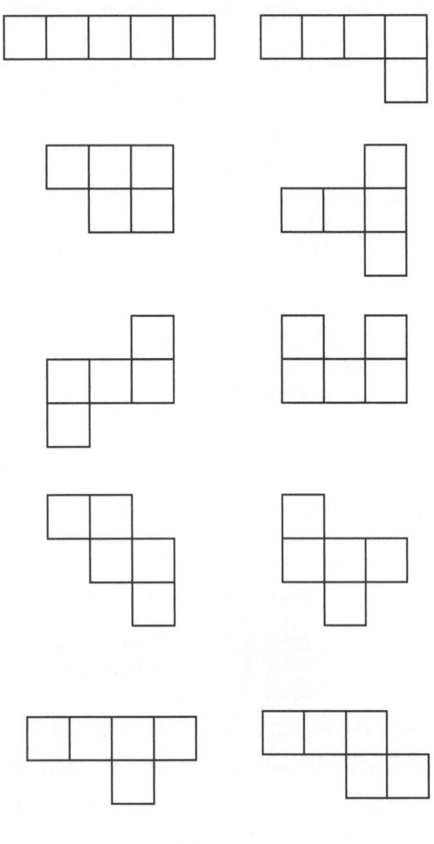

a) 3
b) 4
c) 5
d) 6
e) 7

Questões de vestibulares e Enem

2 ▸ (Enem) As figuras a seguir exibem um trecho de um quebra-cabeças que está sendo montado. Observe que as peças são quadradas e há 8 peças no tabuleiro da figura **A** e 8 peças no tabuleiro da figura **B**. As peças são retiradas do tabuleiro da figura **B** e colocadas no tabuleiro da figura **A** na posição correta, isto é, de modo a completar os desenhos.

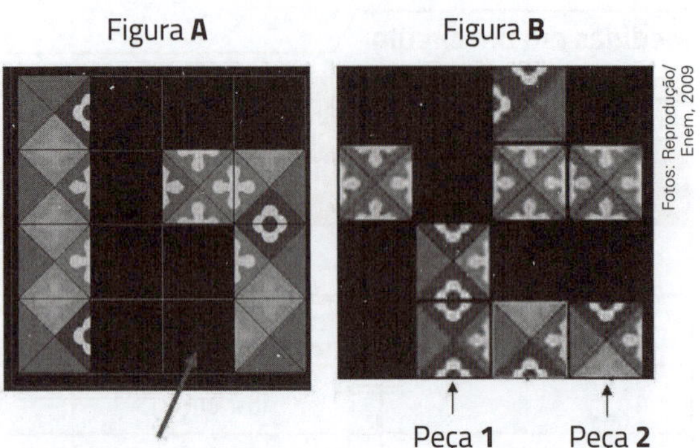

Fotos: Reprodução/ Enem, 2009

Disponível em: http://pt.eternityii.com. Acesso em: 14 jul. 2009.

É possível preencher corretamente o espaço indicado pela seta no tabuleiro da figura **A** colocando a peça:

a) **1** após girá-la 90° no sentido horário.
b) **1** após girá-la 180° no sentido anti-horário.
c) **2** após girá-la 90° no sentido anti-horário.
d) **2** após girá-la 180° no sentido horário.
e) **2** após girá-la 270° no sentido anti-horário.

3 ▸ (Enem) Um decorador utilizou um único tipo de transformação geométrica para compor pares de cerâmicas em uma parede. Uma das composições está representada pelas cerâmicas indicadas por **I** e **II**.

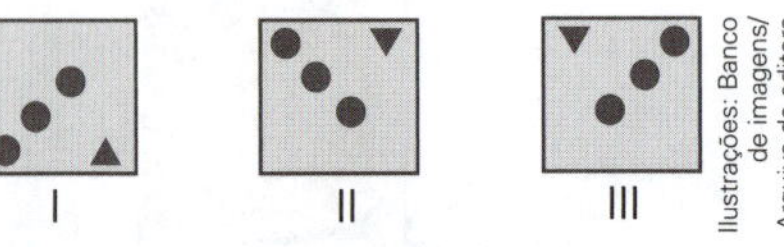

Ilustrações: Banco de imagens/ Arquivo da editora

Utilizando a mesma transformação, qual é a figura que compõe par com a cerâmica indicada por **III**?

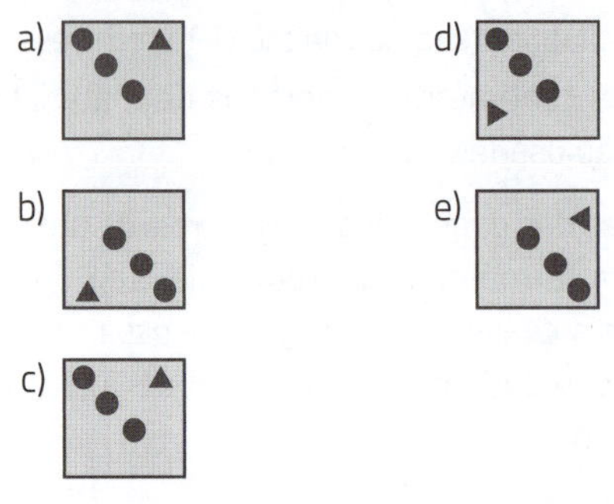

4 ▸ (Fatec-SP) Em um círculo recortado em papel-cartão foi feito o desenho de um homem estilizado. Esse círculo foi utilizado para montar uma roleta, conforme a figura **1**, fixada em uma parede. Quando a roleta é acionada, o círculo gira livremente em torno do seu centro, e o triângulo indicador permanece fixo na parede.

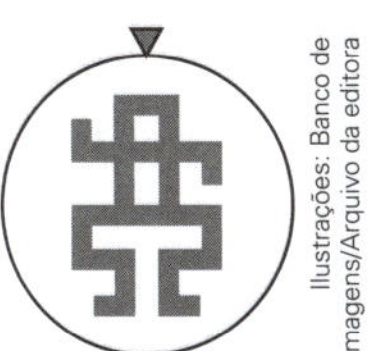

Ilustrações: Banco de imagens/Arquivo da editora

Figura **1**.

Considerando, inicialmente, a imagem do homem na posição da figura 1, obtém-se, após a roleta realizar uma rotação de três quartos de volta, no sentido horário, a figura representada em:

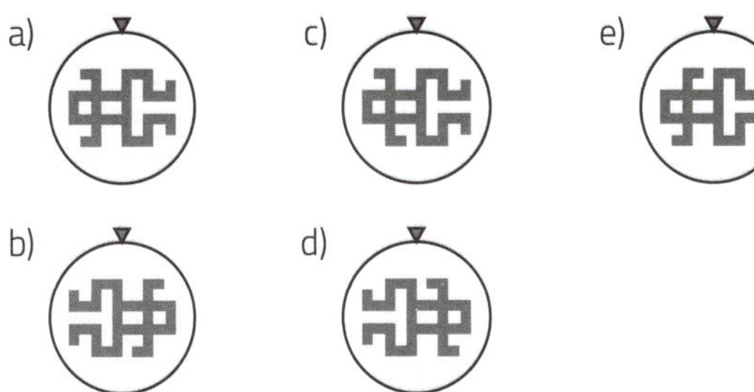

5 ▸ (Colégio Pedro II-RJ)

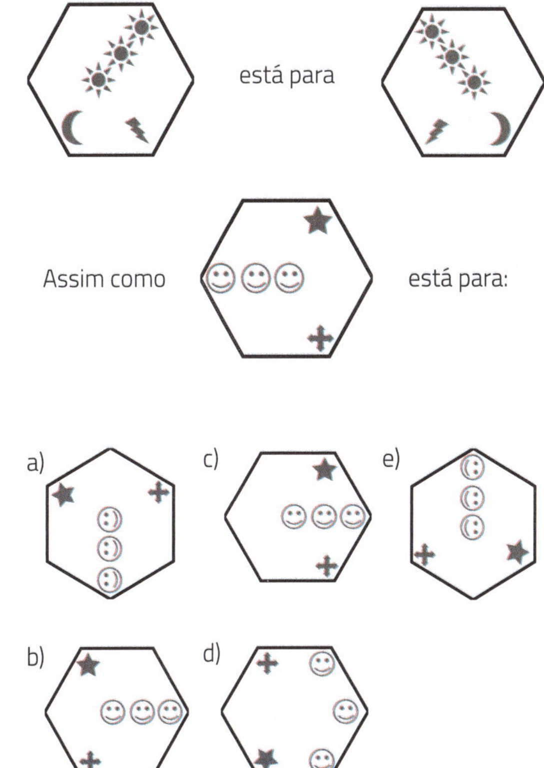

Ilustrações: Banco de imagens/Arquivo da editora

6 ▸ (Enem) Uma das expressões artísticas mais famosas associada aos conceitos de simetria e congruência é, talvez, a obra de Maurits Cornelis Escher, artista holandês cujo trabalho é amplamente difundido. A figura apresentada, de sua autoria, mostra a pavimentação do plano com cavalos claros e cavalos escuros, que são congruentes e se encaixam sem deixar espaços vazios.

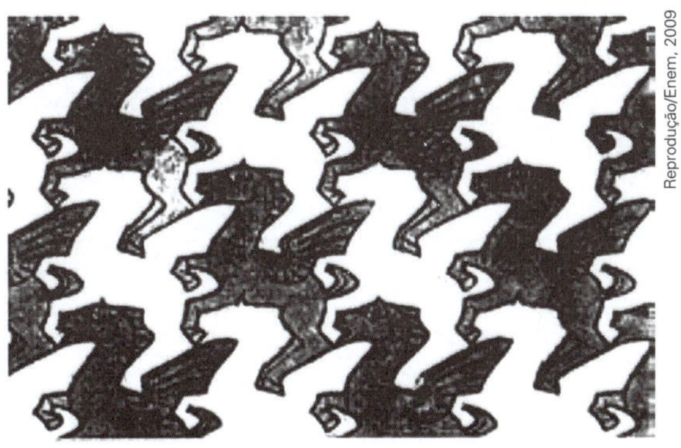

Reprodução/Enem, 2009

Realizando procedimentos análogos aos feitos por Escher, entre as figuras a seguir, aquela que poderia pavimentar um plano, utilizando-se peças congruentes de tonalidades claras e escuras, é:

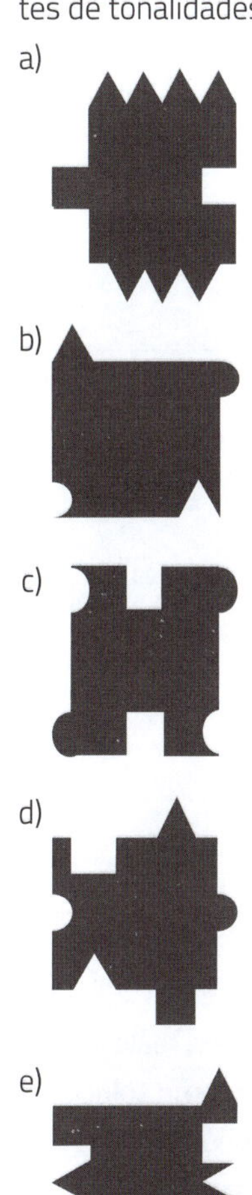

Ilustrações: Banco de imagens/Arquivo da editora

VERIFIQUE O QUE ESTUDOU

1 Copie o $\triangle ABC$ em papel quadriculado. Obtenha o $\triangle A'B'C'$ fazendo a reflexão do $\triangle ABC$ em relação ao eixo *e*.

Em seguida, obtenha o $\triangle A''B''C''$ fazendo a rotação do $\triangle A'B'C'$ com medida de abertura do ângulo igual a 90°, no sentido anti-horário.

Finalmente, obtenha o $\triangle A''B''C''$ fazendo uma translação do $\triangle A'''B'''C'''$ de 3 cm na horizontal para a esquerda.

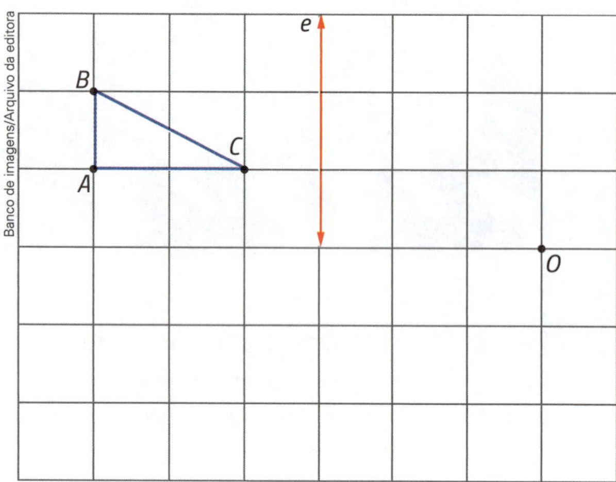

Banco de imagens/Arquivo da editora

2 Copie estas imagens em um papel quadriculado. Depois, faça a reflexão de cada uma delas em relação ao eixo indicado.

a)

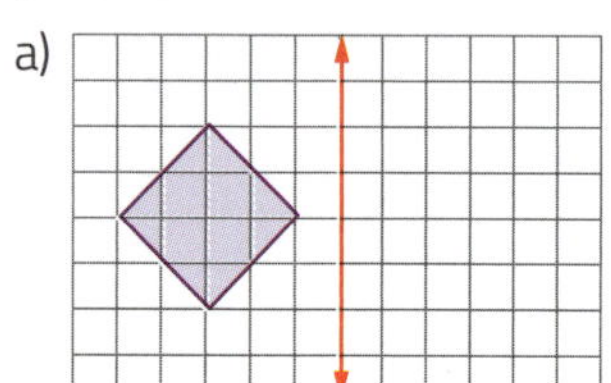

c)

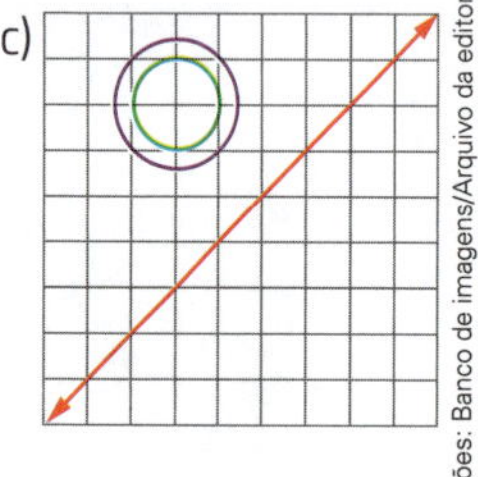

b)

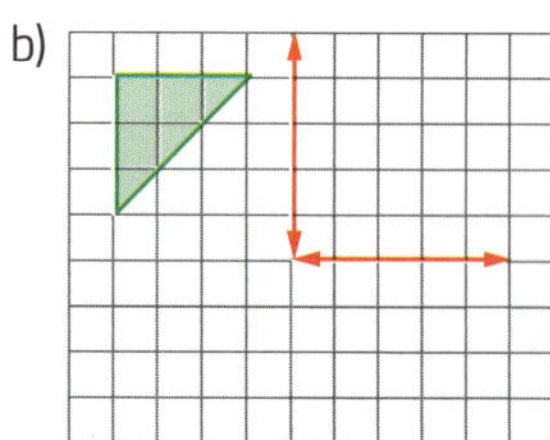

Ilustrações: Banco de imagens/Arquivo da editora

3 Copie cada figura em papel quadriculado e a translade de acordo com o segmento de reta orientado azul e, em seguida, faça uma translação de acordo com o segmento de reta orientado vermelho.

a)

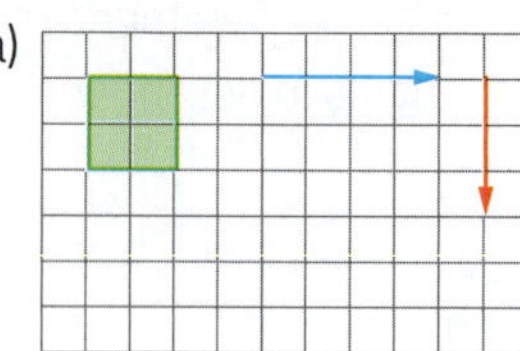

b)

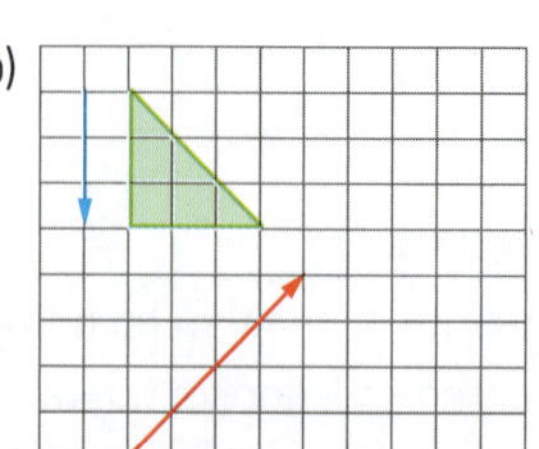

c)

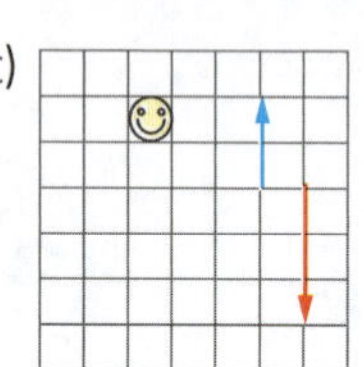

Ilustrações: Banco de imagens/Arquivo da editora

4 Em papel quadriculado, desenhe a imagem de cada figura após realizar uma rotação com ângulo de medida de abertura de 180°, no sentido horário, em torno do ponto *P*.

a)

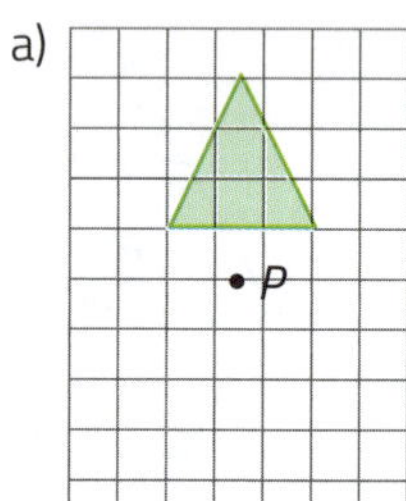

b)

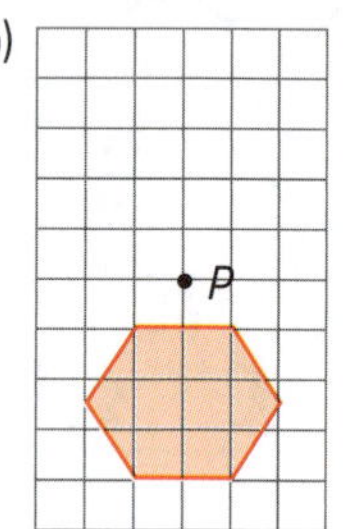

Ilustrações: Banco de imagens/Arquivo da editora

Atenção

Retome os assuntos que você estudou neste capítulo. Verifique em quais teve dificuldade e converse com o professor, buscando maneiras de reforçar seu aprendizado.

Autoavaliação

Algumas atitudes e reflexões são fundamentais para melhorar o aprendizado e a convivência na escola. Reflita sobre elas.

- Participei das aulas com atenção, realizando as construções propostas nas atividades?
- Se restaram dúvidas, planejei como solucioná-las?
- Adquiri mais segurança em meus estudos?
- Ampliei meus conhecimentos de Matemática?

PARA LER, PENSAR E DIVERTIR-SE

Ler

Você sabia que o conceito da transformação geométrica chamada reflexão pode ajudar a salvar vidas? E você já reparou que as ambulâncias sempre estão com o nome AMBULÂNCIA refletido?

Essa foi uma ideia para ajudar os motoristas que estão na frente de ambulâncias a identificá-las rapidamente e facilitar a passagem. Dentro do veículo, para observar coisas para trás, usamos um espelho. Dessa maneira, tudo o que observamos no espelho fica refletido; e nosso cérebro demora alguns segundos a mais para processar a imagem refletida.

Mas, como a palavra AMBULÂNCIA é escrita refletida no carro, ao olhar pelo espelho retrovisor, a palavra se reflete novamente, facilitando a leitura.

Mas fique atento! Essa reflexão que acontece com a palavra AMBULÂNCIA é uma reflexão em relação a um plano (no caso, o plano do espelho) e não em relação a uma reta, como as reflexões que você estudou neste capítulo.

Antonio Miotto/Fotoarena

Ambulância.

Dilok Kiatlertnapha/Shutterstock

Reflexo da ambulância no espelho retrovisor do carro.

Pensar

Veja a imagem de um relógio refletido em um espelho. Olhando o reflexo do relógio, parece que ele está marcando 1 h 51 min. Qual é o horário real que esse relógio está marcando?

Dotta2/Arquivo da editora

Relógio refletido em um espelho.

As imagens desta página não estão representadas em proporção.

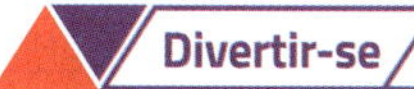

Divertir-se

O texto a seguir foi invertido por um espelho. Você consegue ler a mensagem?

Uma maneira interessante de enviar uma mensagem e garantir que apenas a pessoa que recebê-la vai ler o conteúdo é refletir a mensagem em um espelho.
Mas é importante combinar com a pessoa o segredo para ler a mensagem!

GLOSSÁRIO

Álgebra: Parte da Matemática que estuda os cálculos envolvendo expressões, equações e inequações com números e letras (chamadas de variáveis nas expressões e de incógnitas nas equações e nas inequações).

Ver **expressão algébrica**, **equação** e **inequação**.

Altura de um triângulo: Segmento de reta com uma extremidade em um vértice do triângulo e a outra extremidade no lado oposto ou no prolongamento do lado oposto, formando ângulos retos.

Todo triângulo tem 3 alturas.

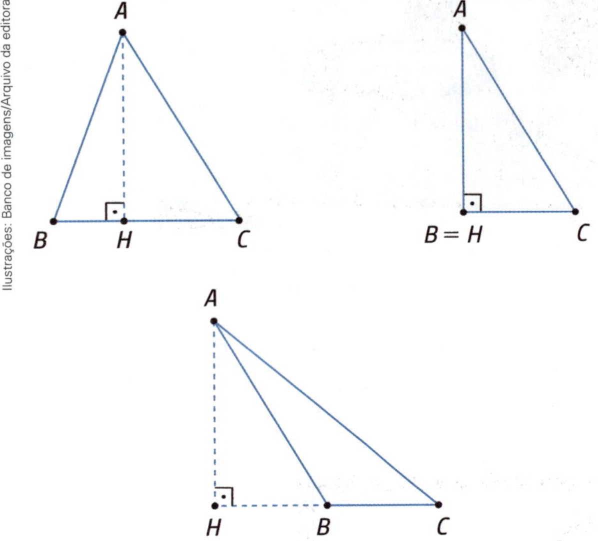

Nessas 3 figuras, $\overline{AH}$ é a altura do $\triangle ABC$ em relação ao lado $\overline{BC}$.

Ângulo central: Ângulo cujo vértice é o centro de uma circunferência ou de um círculo.

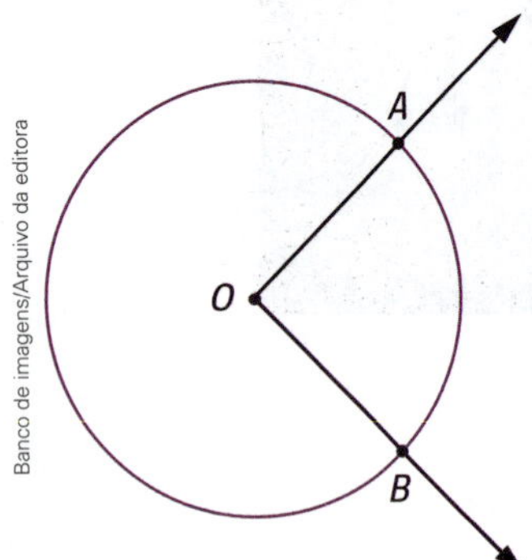

O é o centro dessa circunferência.
$\overline{OA}$ e $\overline{OB}$ são raios da circunferência.
$A\hat{O}B$ é um ângulo central.

Ângulos adjacentes: Dois ângulos que têm 1 lado comum e as regiões determinadas por eles não têm outros pontos comuns.

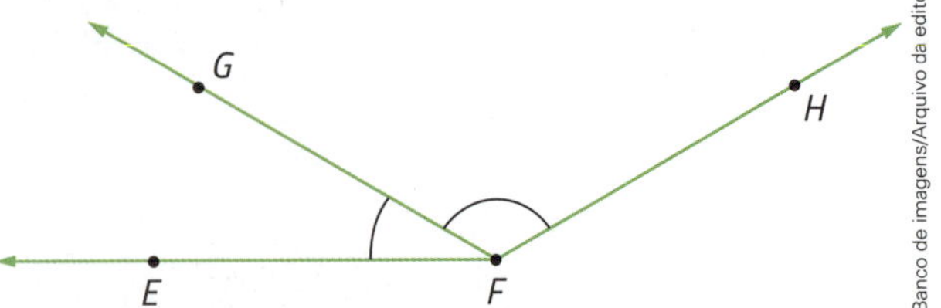

$E\hat{F}G$ e $G\hat{F}H$ são ângulos adjacentes e têm o lado $\overrightarrow{FG}$ comum.

Ângulos alternos externos: Quando 2 retas são cortadas por uma reta transversal, os ângulos externos em relação às 2 retas e situados em lados diferentes em relação à transversal são chamados ângulos alternos externos.
Quando as 2 retas são paralelas, os ângulos alternos externos são congruentes (têm medidas de abertura iguais).

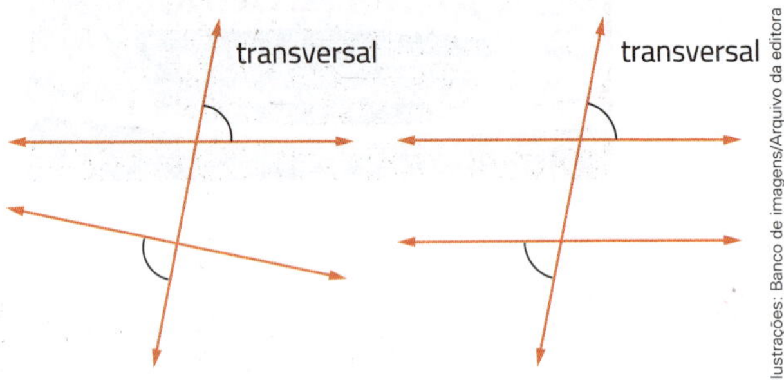

Em cada figura, os ângulos indicados são alternos externos.

Ângulos alternos internos: Quando 2 retas são cortadas por uma reta transversal, os ângulos internos em relação às 2 retas e situados em lados diferentes em relação à transversal são chamados ângulos alternos internos.
Quando as 2 retas são paralelas, os ângulos alternos internos são congruentes (têm medidas de abertura iguais).

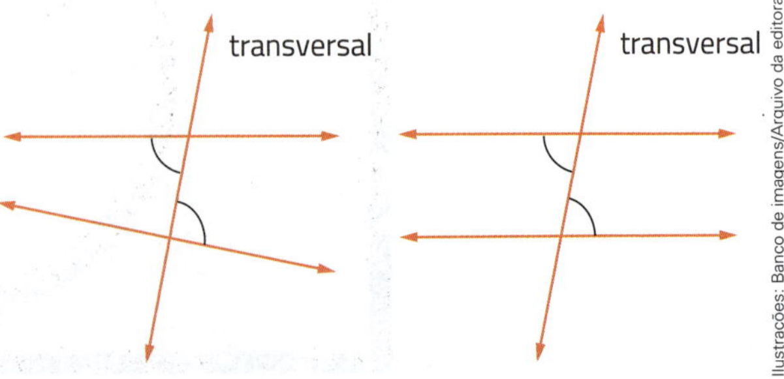

Em cada figura, os ângulos indicados são alternos internos.

Ângulos colaterais externos: Quando 2 retas são cortadas por uma reta transversal, os ângulos externos em relação às 2 retas e situados no mesmo lado em relação à transversal são chamados ângulos colaterais externos.
Quando as 2 retas são paralelas, os ângulos colaterais externos são suplementares (a soma das medidas de abertura é igual a 180°).

Ver **ângulos suplementares**.

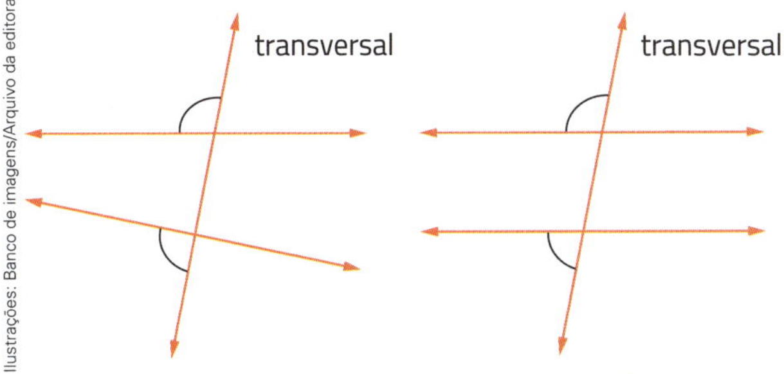

Ilustrações: Banco de imagens/Arquivo da editora

Em cada figura, os ângulos indicados são colaterais externos.

Ângulos colaterais internos: Quando 2 retas são cortadas por uma reta transversal, os ângulos internos em relação às 2 retas e situados no mesmo lado em relação à transversal são chamados ângulos colaterais internos.

Quando as 2 retas são paralelas, os ângulos colaterais internos são suplementares (a soma das medidas de abertura é igual a 180°).

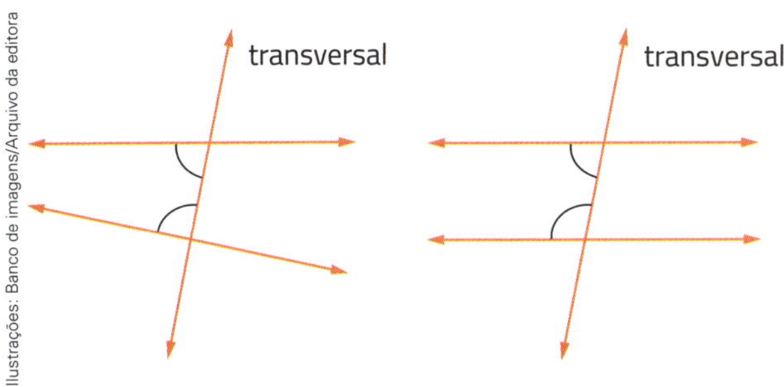

Ilustrações: Banco de imagens/Arquivo da editora

Em cada figura, os ângulos indicados são colaterais internos.

Ângulos complementares: Classificação atribuída a 2 ângulos cuja soma das medidas de abertura é igual a 90°.

Um ângulo de medida de abertura de 30° e um ângulo de medida de abertura de 60° são complementares, pois 30° + 60° = 90°.

Dizemos também que um ângulo é o complemento do outro.

Ângulos correspondentes: Quando 2 retas são cortadas por uma reta transversal, os ângulos na mesma posição em relação às 2 retas e à transversal são chamados correspondentes.

Quando as 2 retas são paralelas, os ângulos correspondentes são congruentes (têm medidas de abertura iguais).

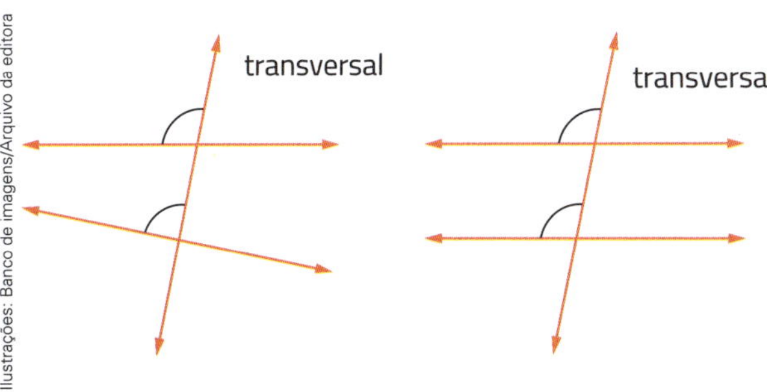

Ilustrações: Banco de imagens/Arquivo da editora

Em cada figura, os ângulos indicados são correspondentes.

Ângulos opostos pelo vértice: Ângulos que ficam em posições opostas em relação ao vértice entre 2 retas concorrentes.

Ângulos opostos pelo vértice têm medidas de abertura iguais.

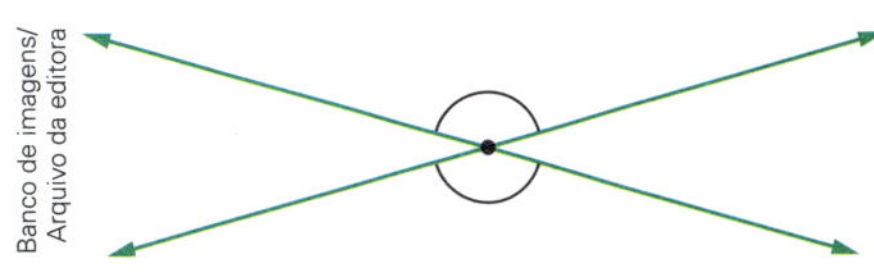

Banco de imagens/Arquivo da editora

Os ângulos indicados nessa figura são opostos pelo vértice.

Ângulos suplementares: Classificação atribuída a 2 ângulos cuja soma das medidas de abertura é igual a 180°.
Um ângulo de medida de abertura de 150° e um ângulo de medida de abertura de 30° são suplementares, pois 150° + 30° = 180°.

Dizemos também que um ângulo é o suplemento do outro.

Área: Grandeza correspondente ao espaço ocupado por uma superfície. A medida dela pode ser expressa em centímetros quadrados (cm^2), metros quadrados (m^2), quilômetros quadrados (km^2), etc.

Podemos calcular a medida de área de algumas regiões planas utilizando as medidas de comprimento de alguns elementos (como lados, alturas e diagonais).

Região quadrada

$A = \ell \times \ell$ ou $A = \ell^2$
(unidades de medida de área)

Ilustrações: Banco de imagens/Arquivo da editora

Região retangular

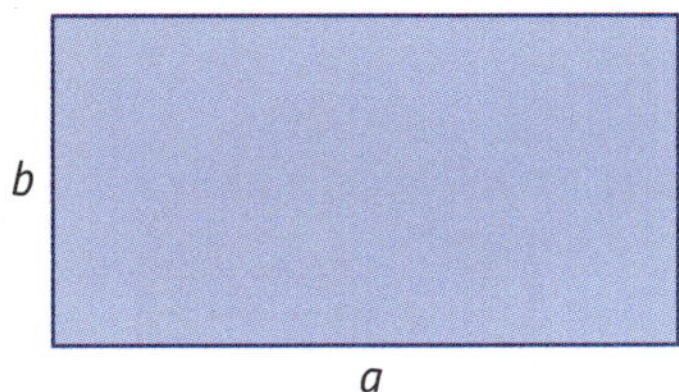

$A = a \times b$
(unidades de medida de área)

Região limitada por um paralelogramo

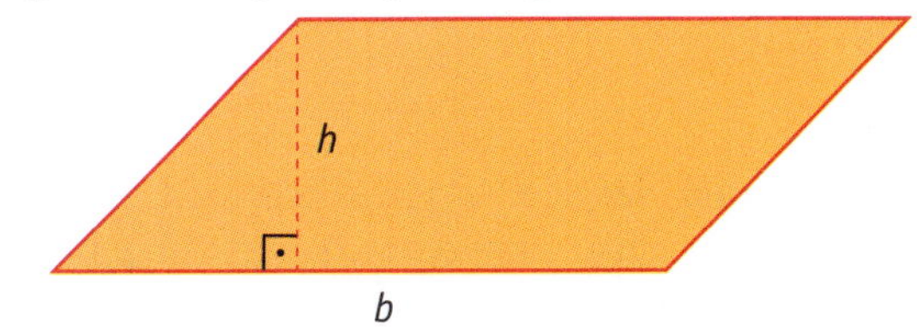

$A = b \times h$
(unidades de medida de área)

Região triangular

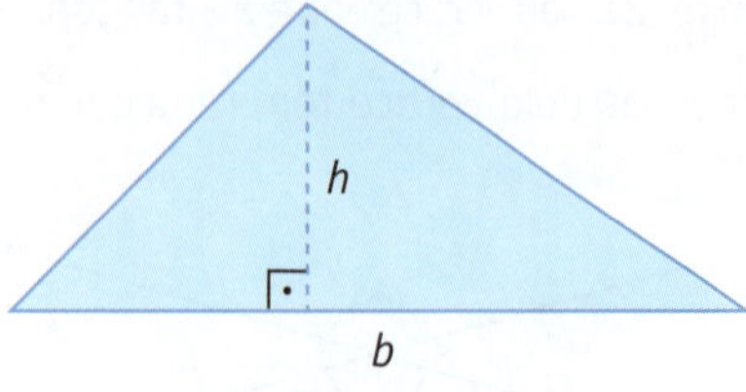

Ilustrações: Banco de imagens/Arquivo da editora

$$A = \frac{bh}{2} \text{ ou } A = \frac{1}{2}bh$$

(unidades de medida de área)

Região limitada por um trapézio

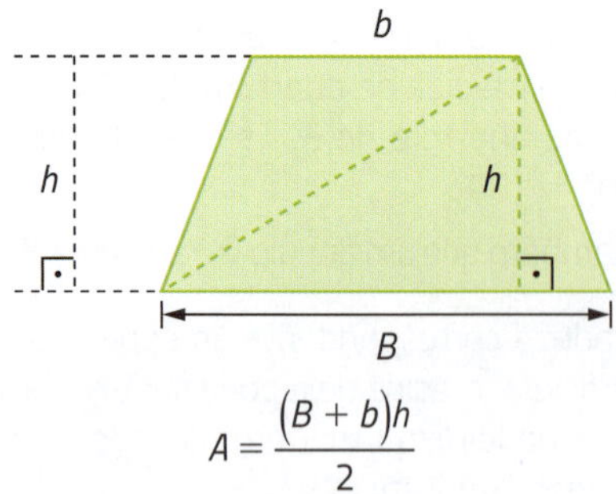

$$A = \frac{(B + b)h}{2}$$

(unidades de medida de área)

Região limitada por um losango

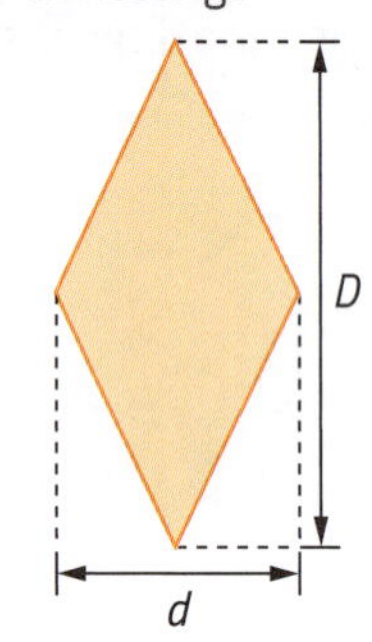

$$A = d \times \frac{D}{2} \text{ ou } A = \frac{Dd}{2}$$

(unidades de medida de área)

Círculo

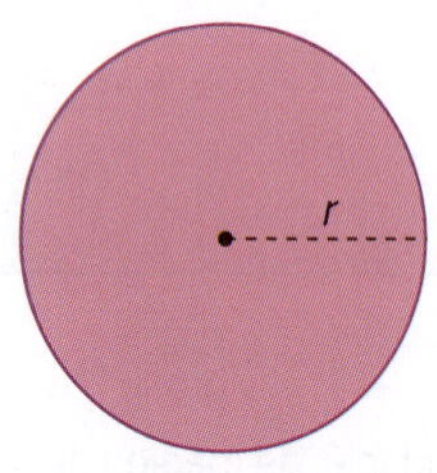

$$A = \pi r^2$$

(unidades de medida de área)

Baricentro de um triângulo: Ponto de intersecção das 3 medianas de um triângulo. Também é chamado de **ponto de equilíbrio do triângulo**.

Em todo triângulo, o baricentro divide as medianas na razão de 1 para 2.

Ver **mediana de um triângulo**.

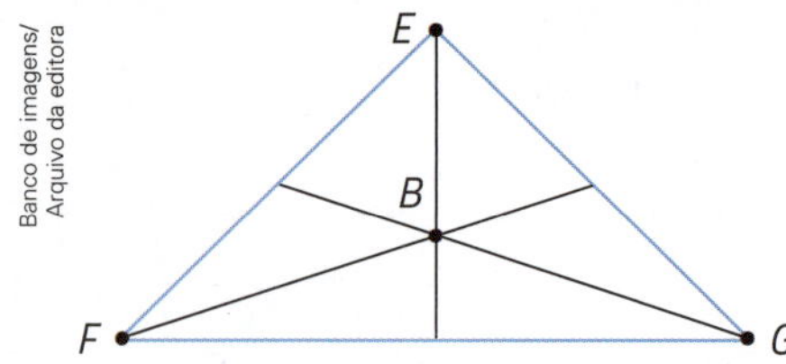

Banco de imagens/Arquivo da editora

O ponto B é o baricentro desse $\triangle EFG$.

Base média de um trapézio: Segmento de reta que tem as extremidades nos pontos médios dos lados não paralelos de um trapézio. Ela é sempre paralela à base maior e à base menor.

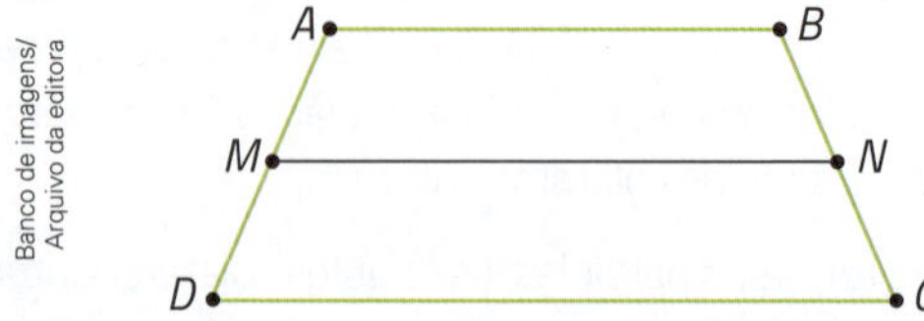

Banco de imagens/Arquivo da editora

$\overline{AB} \parallel \overline{CD}$

$ABCD$ é um trapézio com base maior $\overline{DC}$ e base menor $\overline{AB}$.

$\overline{MN}$ é a base média desse trapézio $\left(\overline{AM} \cong \overline{MD} \text{ e } \overline{BN} \cong \overline{NC}\right)$.

A medida de comprimento da base média de um trapézio é igual à média aritmética das medidas de comprimento da base maior e da base menor.

No trapézio acima, temos:

$$MN = \frac{AB + CD}{2}$$

Binômio: Polinômio de 2 termos não semelhantes.

Ver **polinômio** e **monômios semelhantes**.

$3x - 5y$ é um exemplo de binômio.

$9x^2 - 1$ é outro exemplo de binômio.

Bissetriz de um ângulo interno de um triângulo: Segmento de reta que tem uma extremidade em um vértice do triângulo, divide o ângulo interno desse vértice em 2 ângulos congruentes e tem a outra extremidade no lado oposto a esse vértice.

Todo triângulo tem 3 bissetrizes.

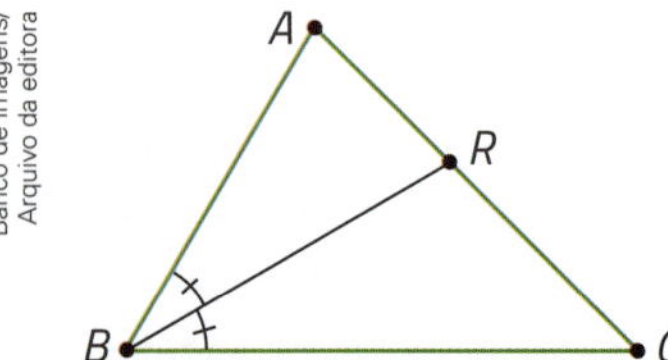

Banco de imagens/Arquivo da editora

$\overline{BR}$ é uma bissetriz desse $\triangle ABC$, ou seja, R é ponto do lado $\overline{AC}$ e os ângulos $A\hat{B}R$ e $C\hat{B}R$ têm medidas de abertura iguais.

Capacidade: Grandeza que indica o volume da parte interna de uma vasilha, um reservatório, um "sólido geométrico" oco, etc. A medida dela pode ser expressa em litros (L), mililitros (mL), etc.

Um reservatório com medida de volume de 1 dm³ tem medida de capacidade de 1 L.

Casos de congruência de triângulos: Situações nas quais é possível garantir a congruência de 2 triângulos sem a necessidade de verificar a congruência dos 3 lados e dos 3 ângulos internos.

Se os 3 lados de um triângulo são respectivamente congruentes aos 3 lados de outro triângulo, então esses triângulos são congruentes (caso LLL).

Ilustrações: Banco de imagens/Arquivo da editora

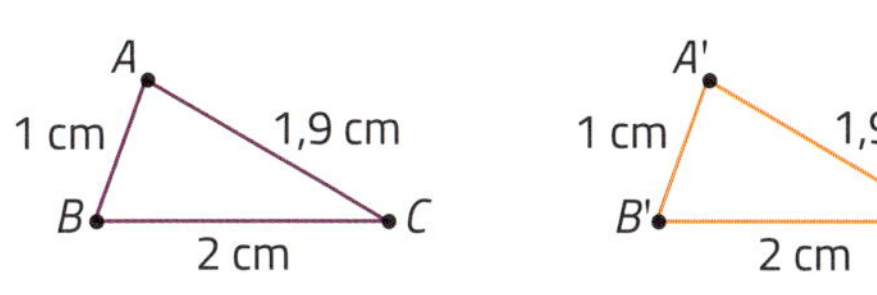

O $\triangle ABC$ e o $\triangle A'B'C'$ são congruentes.
Indicamos assim: $\triangle ABC \cong \triangle A'B'C'$.

Há outros casos de congruência de triângulos.

Centro de uma circunferência: Ver **circunferência**.

Circuncentro de um triângulo: Ponto de intersecção das 3 mediatrizes dos lados de um triângulo. Corresponde ao centro da circunferência que passa pelos 3 vértices do triângulo (circunferência circunscrita ao triângulo).

Ver **mediatriz de um segmento de reta**.

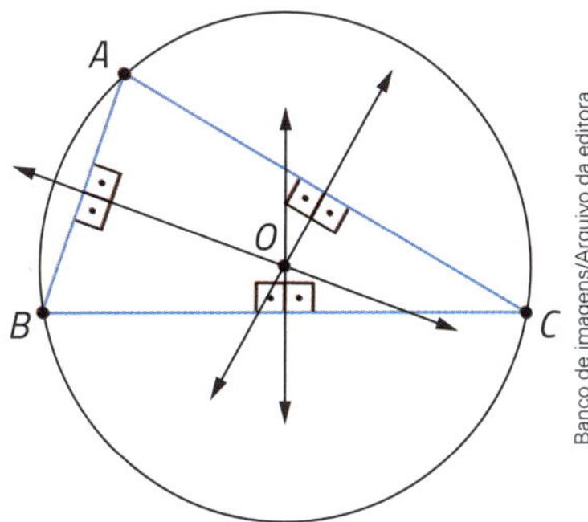

Banco de imagens/Arquivo da editora

O ponto O é o circuncentro desse $\triangle ABC$. Ele é equidistante dos 3 vértices do triângulo.

Circunferência: Figura geométrica formada por todos os pontos do plano cuja medida de distância a um ponto do mesmo plano é sempre a mesma. Esse ponto é chamado **centro** da circunferência.

Banco de imagens/Arquivo da editora

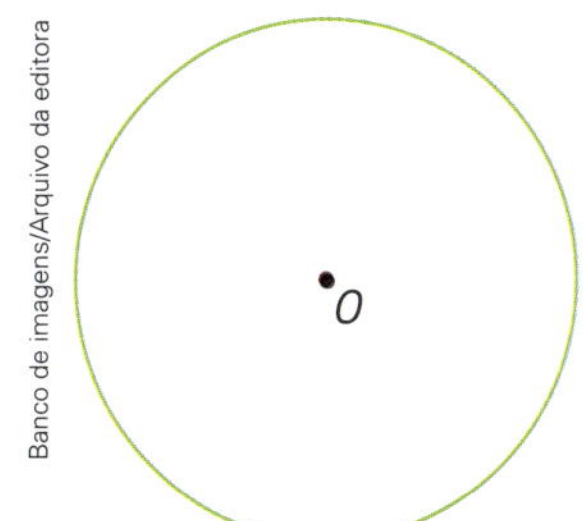

O ponto O é o centro dessa circunferência.
A linha fechada é a circunferência.
O centro não pertence à circunferência.

Circunferência circunscrita a um triângulo: Ver **circuncentro de um triângulo**.

Circunferência inscrita em um triângulo: Ver **incentro de um triângulo**.

Coeficiente de um monômio: Parte numérica de um monômio.

Ver **monômio** e **parte literal de um monômio**.

No monômio $3x$, o coeficiente é o 3 e a parte literal é o x.

Comprimento de uma circunferência: Nome dado ao perímetro da circunferência.

Ver **perímetro**.

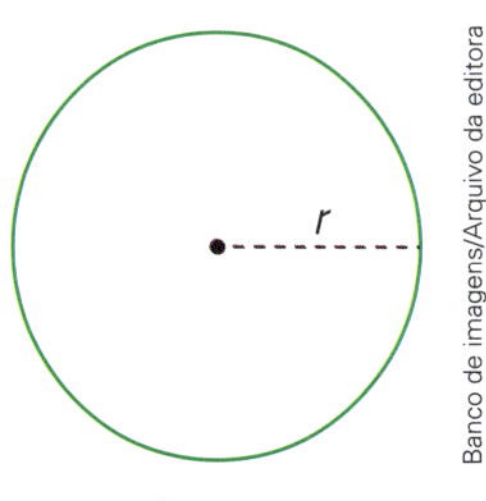

Banco de imagens/Arquivo da editora

$C = 2\pi r$
(unidades de medida de comprimento)

Congruência: Ver **figuras congruentes**.

Conjectura: Suposição de que uma afirmação seja verdadeira.

Demonstração: Procedimento no qual, a partir de uma ou mais afirmações, por um encadeamento de argumentos lógicos, chegamos a outra afirmação.

Densidade de um conjunto numérico: Propriedade segundo a qual, entre quaisquer 2 números diferentes do conjunto, existe sempre um número do conjunto. Dizemos, nesse caso, que o conjunto é **denso**.

O conjunto dos números racionais é denso e o conjunto dos números naturais não é denso.

Diagonal de um polígono convexo: Segmento de reta com extremidades em 2 vértices não consecutivos de um polígono convexo.

Ver **polígono convexo**.

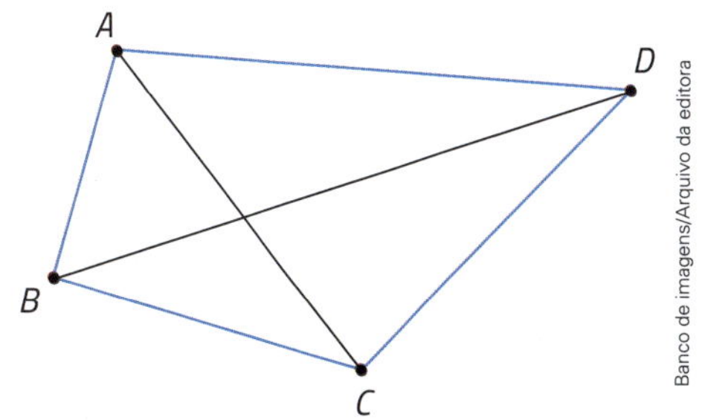

Banco de imagens/Arquivo da editora

$\overline{AC}$ e $\overline{BD}$ são as diagonais desse polígono $ABCD$.

Diâmetro de uma circunferência: Segmento de reta cujas extremidades são 2 pontos de uma circunferência e que passa pelo centro dela.

Ver **circunferência** e **raio de uma circunferência**.

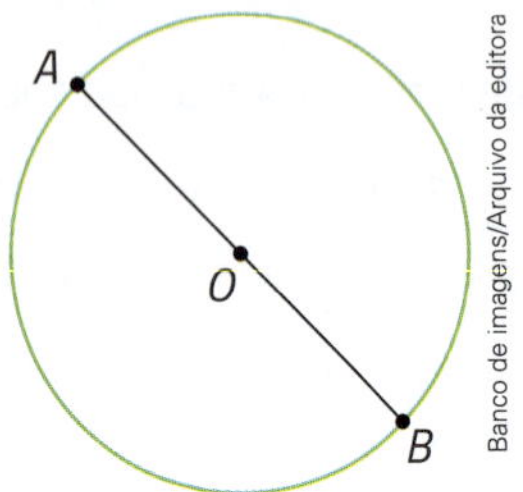

$\overline{AB}$ é um diâmetro dessa circunferência de centro O.

A medida de comprimento do diâmetro de uma circunferência é o dobro da medida de comprimento do raio dela.

E

Equação: Igualdade que contém pelo menos 1 incógnita.

Ver **incógnita**.
$5x + 3 = 25$ é uma equação de incógnita x.
$x - y = 3$ é uma equação com 2 incógnitas, x e y.

Resolver uma equação significa determinar os possíveis valores das incógnitas (**raízes** ou **soluções** da equação).
Resolver a equação $3x + 2 = 14$ significa determinar a raiz dela, que é $x = 4$.
Resolver a equação $x + y = 10$ significa determinar as raízes dela, como $(1, 9)$ e $(-3, 13)$. No conjunto dos números racionais, essa equação tem infinitas soluções.

Espaço amostral: Conjunto de todos os resultados possíveis de um experimento aleatório.
Representamos o espaço amostral pela letra Ω.

Ver **experimento aleatório**.
No lançamento de um dado de 6 faces, o espaço amostral é $\Omega = \{1, 2, 3, 4, 5, 6\}$.

Espaço amostral equiprovável: Quando todos os resultados possíveis do espaço amostral têm a mesma chance de ocorrer.

Ver **espaço amostral**.
No lançamento de uma moeda não viciada, tanto obter cara quanto obter coroa têm a mesma chance de ocorrer.

Evento: Qualquer subconjunto do espaço amostral. Geralmente, é representado por uma letra maiúscula do alfabeto latino (A, B, C, etc.).

Se um evento é vazio, então ele é chamado **evento impossível**. Se um evento coincide com o espaço amostral, então dizemos que é um **evento certo**.

Ver **espaço amostral**.
No lançamento de um dado de 6 faces, o evento A: sair um número par pode ser representado por $A = \{2, 4, 6\}$.
Nesse experimento, o evento B: sair um número maior do que 6 é um evento impossível, e o evento C: sair um número entre 0 e 7 é um evento certo.

Experimento ou fenômeno aleatório: Experimento ou fenômeno que, embora seja repetido muitas vezes e sob condições idênticas, não apresenta os mesmos resultados.
O lançamento de um dado não viciado é um experimento aleatório.

Expressão algébrica: Indicação de operações com números e letras que representam números. As letras são chamadas **variáveis** da expressão algébrica.

$2(x - 1)$, $2z$ e $\frac{3z - 2w}{3}$ são exemplos de expressões algébricas.

F

Figuras congruentes: Figuras tais que é possível transportar uma figura sobre a outra de modo que elas coincidam.

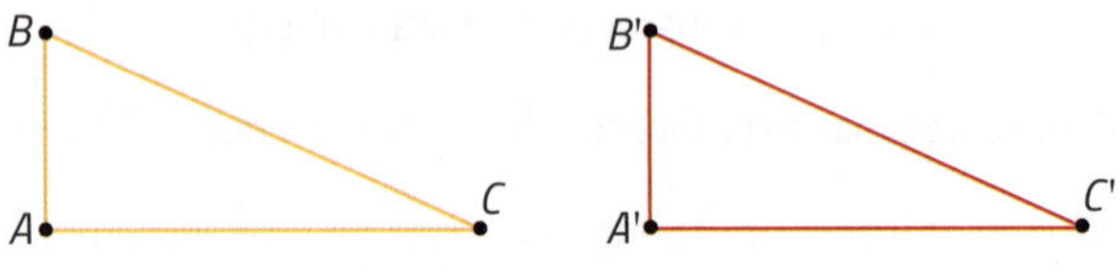

Esses triângulos ABC e $A'B'C'$ são congruentes. Indicamos assim: $\triangle ABC \cong \triangle A'B'C'$.

Fórmula: Igualdade que indica o valor de uma variável a partir do valor de uma ou mais variáveis.

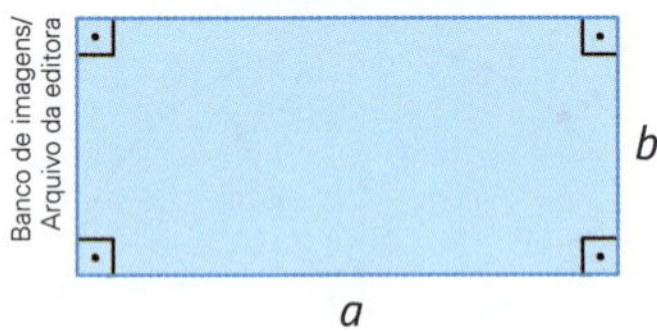

$A = a \times b$ é a fórmula que indica a medida de área de uma região retangular a partir das medidas de comprimento dos lados.

Fórmula do termo geral de uma sequência numérica: Fórmula que expressa cada termo a_n da sequência em função do valor de n.

A sequência dos números naturais ímpares $(1, 3, 5, \ldots)$ pode ser dada pela fórmula do termo geral $a_n = 2n - 1$, com $n = 1, 2, 3, \ldots$

Ver **termo de uma sequência**.

Fórmula de recorrência de uma sequência numérica: Fórmula que expressa cada termo a_n da sequência em função de um ou mais termos anteriores.

A sequência dos números naturais ímpares $(1, 3, 5, \ldots)$ pode ser dada pela fórmula de recorrência $a_1 = 1$ e $a_n = a_{n-1} + 2$, com $n = 2, 3, 4, \ldots$

Ver **termo de uma sequência**.

Fração algébrica: Fração cujo denominador é uma expressão algébrica com variável.
$\frac{5}{x}$, $\frac{3}{x^2 - 3}$ e $\frac{y + 5}{y - 1}$ são exemplos de frações algébricas, para valores de x e y que não anulem os denominadores.

G

Generalização: Ação de considerar para todos os casos uma propriedade observada em alguns casos particulares.
Observando algumas adições de 2 números naturais ímpares ($3 + 5 = 8$, $7 + 7 = 14$, $1 + 29 = 30$), fazemos uma conjectura de generalização: a soma de 2 números naturais ímpares é sempre um número natural par.
A veracidade de uma generalização só pode ser comprovada com a demonstração dela.
No exemplo dado, para fazer a demonstração da generalização, fazemos para n e m números naturais quaisquer.

$$\underbrace{(2n+1)}_{\substack{\uparrow\\ \text{número ímpar}}}+\underbrace{(2m+1)}_{\substack{\uparrow\\ \text{número ímpar}}}=2n+2m+2=\underbrace{2(n+m+1)}_{\substack{\uparrow\\ \text{número par}}}$$

Grau de um monômio: Em um monômio, o grau é dado pela soma de todos os expoentes da parte literal.
Ver **monômio**.
$4x^2y$ é um monômio do 3º grau ($2 + 1 = 3$).
$-\frac{2x}{5}$ é um monômio do 1º grau.

Grau de um polinômio: Em um polinômio, o grau é dado pelo termo de maior grau depois de reduzidos os termos semelhantes.

Ver **grau de um monômio**.
$4x^3 + 5x^2 - 9x + 7$ é um polinômio do 3º grau.
$5xy - 8x$ é um polinômio do 2º grau.

H

Histograma: Tipo de gráfico no qual os valores da variável estão agrupados em classes (intervalos).
Em uma turma, foram organizados uma tabela e um histograma com as medidas de comprimento da altura dos alunos.

Alunos da turma

Medida de comprimento da altura (em cm)	Frequência absoluta
140 ⊢ 150	6
150 ⊢ 160	9
160 ⊢ 170	15
170 ⊢ 180	3

Tabela elaborada para fins didáticos.

Alunos da turma

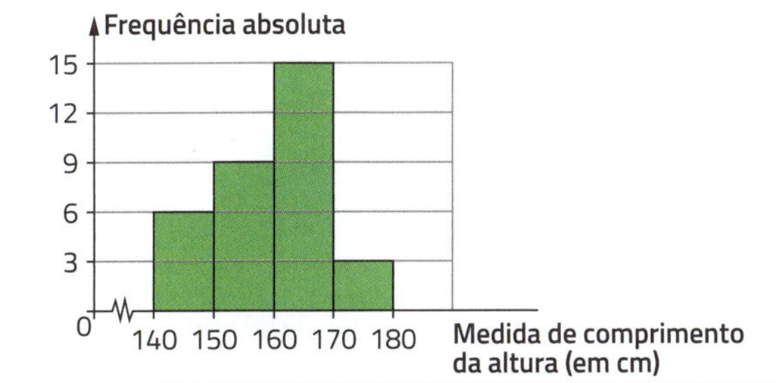

Gráfico elaborado para fins didáticos.

I

Incentro de um triângulo: Ponto de intersecção das 3 bissetrizes dos ângulos internos de um triângulo. Corresponde ao centro da circunferência que tangencia cada lado do triângulo (circunferência inscrita no triângulo).
Ver **bissetriz de um ângulo interno de um triângulo**.

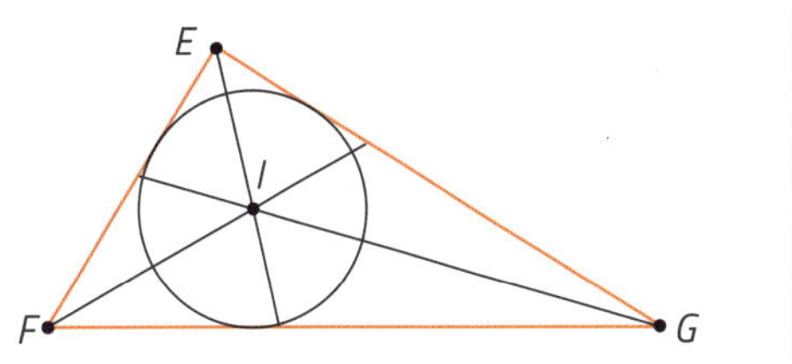

O ponto I é o incentro desse $\triangle EFG$.

Incógnita: Letra que representa um número desconhecido em uma equação ou uma inequação.
$3x + 4 = 19$ é uma equação de incógnita x.
$x - y = 6$ é uma equação com 2 incógnitas, x e y.
$2(x - 1) > x$ é uma inequação com incógnita x.

Índice: Um dos termos de uma radiciação.
Ver **radiciação**.
Em $\sqrt[3]{125} = 5$, o índice é o número 3.

Inequação: Desigualdade que contém 1 ou mais incógnitas.
Ver **incógnita**.
$x + 3 < 7$ e $3x \geqslant y + 8$ são exemplos de inequação.

M

Média aritmética de 2 ou mais números: Número obtido adicionando uma série de valores e dividindo a soma obtida pela quantidade de valores adicionados.
Em um grupo de 5 irmãos, as idades deles são 13 anos, 14 anos, 17 anos, 20 anos e 22 anos. Então, a média aritmética dessas idades é 17,2 anos.

$$\frac{13 + 14 + 17 + 20 + 22}{5} = \frac{86}{5} = 17{,}2$$

Média aritmética ponderada: Média aritmética em que os dados estão sujeitos a pesos.
Considere que a avaliação de um aluno é feita analisando o desempenho em um teste escrito, que tem peso 1, a participação individual, que também tem peso 1, e a participação em grupo, que tem peso 2. Esse aluno obteve 6,5 no teste, 8,5 na participação individual e 8,0 na participação em grupo. A média aritmética ponderada dele é:

$$\frac{1 \cdot 6{,}5 + 1 \cdot 8{,}5 + 2 \cdot 8{,}0}{1 + 1 + 2} = \frac{31}{4} = 7{,}75$$

Mediana de um triângulo: Segmento de reta que tem como extremidades um vértice do triângulo e o ponto médio do lado oposto a esse vértice.

Todo triângulo tem 3 medianas.

Banco de imagens/ Arquivo da editora

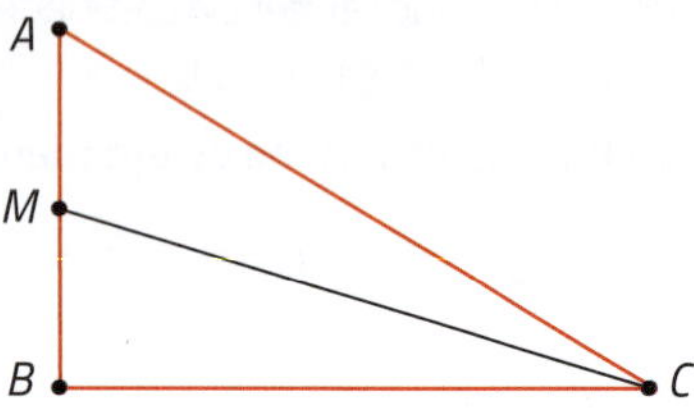

$\overline{CM}$ é mediana desse $\triangle ABC$ em relação ao lado $\overline{AB}$, ou seja, $\overline{AM}$ e $\overline{MB}$ têm medidas de comprimento iguais.

Mediana (em Estatística): Termo do meio em um conjunto de valores organizados em ordem crescente ou decrescente. Se o número de termos for par, então a mediana é a média aritmética dos 2 termos centrais.
Dadas as medidas de comprimento 1,52 m, 1,63 m, 1,68 m, 1,74 m e 1,86 m, a mediana é 1,68 m.
Dadas as medidas de massa 45 kg, 40 kg, 43 kg e 44 kg, a mediana é 43,5 kg.

$$40, 43, 44, 45$$

$$\frac{43+44}{2}=43{,}5$$

Mediatriz de um segmento de reta: Reta que passa pelo ponto médio do segmento de reta e é perpendicular a ele.

Ver **ponto médio de um segmento de reta**.

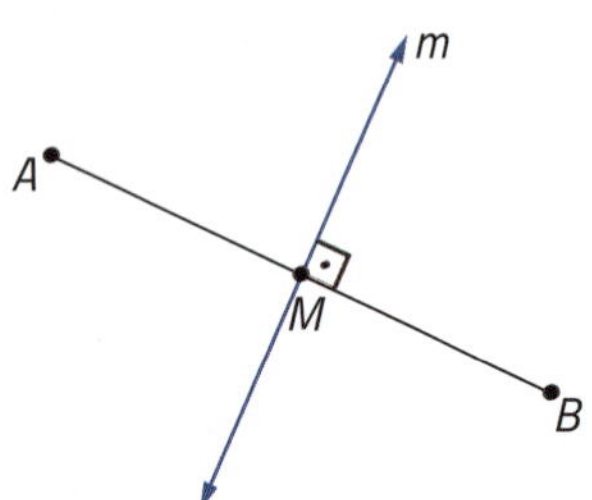

A reta m é a mediatriz desse segmento de reta $\overline{AB}$; M é o ponto médio do $\overline{AB}$ e a reta m é perpendicular ao $\overline{AB}$.

Método da adição: Procedimento que pode ser usado para a resolução de alguns sistemas de equações.

Ver **sistema de equações**.

$$\begin{cases} x + y = 20 \\ x - y = 12 \end{cases}$$

Somando os membros correspondentes das igualdades, chegamos a $2x = 32$ e, portanto, a $x = 16$.
Se $x = 16$ e $x + y = 20$, então $16 + y = 20$ e, portanto, $y = 4$ e o par ordenado $(16, 4)$ é a solução desse sistema.

Método da substituição: Procedimento que pode ser usado para a resolução de alguns sistemas de equações.

Ver **sistema de equações**.

$$\begin{cases} 2x + y = 7 \Rightarrow y = 7 - 2x \\ 3x - 2y = 14 \end{cases}$$

Substituímos y por $7 - 2x$ na segunda equação do sistema:
$3x - 2y = 14 \Rightarrow 3x - 2(7 - 2x) = 14 \Rightarrow 3x - 14 + 4x =$
$= 14 \Rightarrow 7x = 28 \Rightarrow x = 4$
Assim, $y = 7 - 2 \cdot 4 = -1$ e o par ordenado $(4, -1)$ é a solução desse sistema.

Método gráfico: Procedimento que permite obter a solução de alguns sistemas de equações por meio de uma representação gráfica em um plano cartesiano.

Ver **sistema de equações**.

$$\begin{cases} x + y = 2 \\ x - y = 4 \end{cases}$$

A equação $x + y = 2$ tem $(2, 0)$ e $(0, 2)$ como soluções.
A equação $x - y = 4$ tem $(4, 0)$ e $(0, -4)$ como soluções.

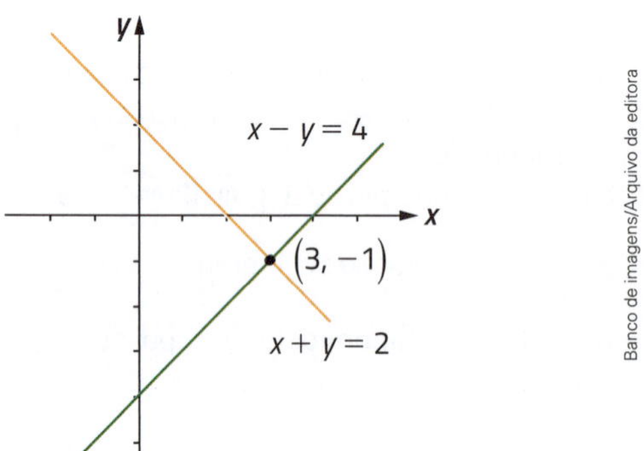

Banco de imagens/Arquivo da editora

O ponto de intersecção das 2 retas determina a solução do sistema; nesse caso, o par ordenado $(3, -1)$.

Moda: Termo que tem a maior frequência absoluta em um conjunto de dados.
Em uma pesquisa com 12 casais sobre o número de filhos que gostariam de ter, foram obtidos os seguintes resultados: 1, 1, 2, 2, 3, 1, 3, 3, 3, 2, 0, 3. A moda desse conjunto de valores é 3 (valor citado 5 vezes).

Monômio: Expressão algébrica que apresenta apenas multiplicações entre números e letras e os expoentes das letras são números naturais.

O monômio é um polinômio de 1 termo.

Ver **expressão algébrica** e **polinômio**.

$2z$; $3y^2$ e $\frac{3ab}{5}$ são exemplos de monômio.

Monômios semelhantes ou termos semelhantes: Monômios que têm a mesma parte literal.

Ver **monômio** e **parte literal de um monômio**.
$4x^2y$ e $-3x^2y$ são monômios semelhantes.
$5x^2$ e $4x$ não são monômios semelhantes.

Número inteiro: Qualquer número da seguinte sequência: ..., −3, −2, −1, 0, 1, 2, 3, 4, ...

As reticências indicam que a sequência dos números inteiros é infinita à esquerda e à direita.

O conjunto dos números inteiros é representado pela letra $\mathbb{Z}$.

Número irracional: Número cuja representação decimal é infinita e não periódica.

$\sqrt{2} = 1{,}414213562\ldots$ e o número pi ($\pi = 3{,}141592653\ldots$) são números irracionais.

Número natural: Número usado para contar, ordenar, medir e codificar.

O conjunto dos números naturais é representado por $\mathbb{N} = \{0, 1, 2, 3, 4, 5, 6, \ldots\}$.

Número racional: Todo número que pode ser escrito na forma fracionária, com numerador e denominador inteiros e denominador diferente de 0 (zero).

0,3 é número racional, pois $0{,}3 = \frac{3}{10}$.

O conjunto dos números racionais é representado pela letra $\mathbb{Q}$.

$$\mathbb{Q} = \left\{x \,\middle|\, x = \frac{p}{q}, p \in \mathbb{Z}, q \in \mathbb{Z}, q \neq 0\right\}$$

Ortocentro de um triângulo: Ponto de intersecção das 3 alturas de um triângulo ou do prolongamento delas.

Ver **altura de um triângulo**.

Ilustrações: Banco de imagens/Arquivo da editora

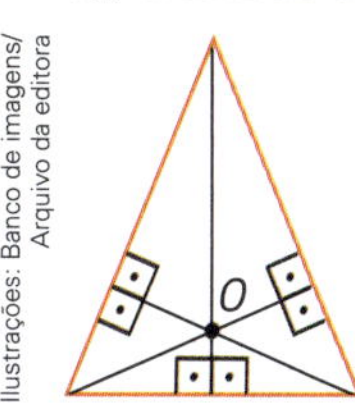

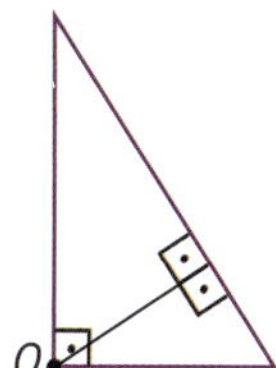

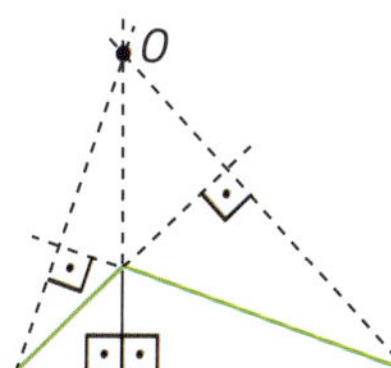

Em cada figura, o ponto *O* é o ortocentro do triângulo.

Par ordenado: Dois números escritos em uma ordem considerada e que representam as coordenadas cartesianas de um ponto no plano cartesiano.

O par ordenado $(2, 1)$ indica que o ponto *P* está localizado 2 unidades para a direita e 1 unidade para cima em relação à origem *O* do plano cartesiano.

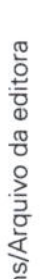

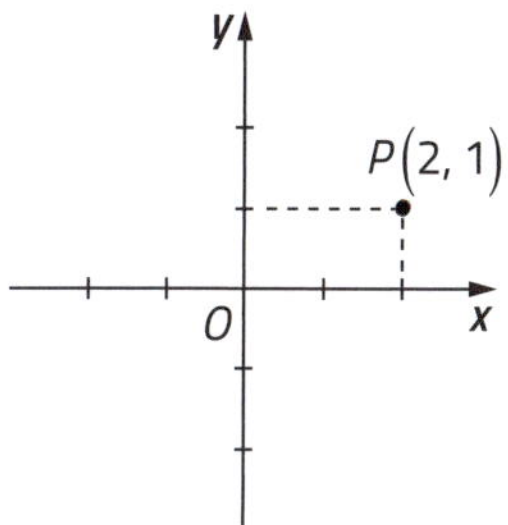

O par ordenado $(2, 1)$ é uma solução da equação $x + y = 3$.

$(1, 2)$ é diferente de $(2, 1)$, pois a ordem dos números no par deve ser considerada. Daí o nome par ordenado.

Parte literal de um monômio: Parte que corresponde às letras de um monômio.

Ver **monômio** e **coeficiente de um monômio**.

No monômio $3d^2y$, o coeficiente é o 3 e a parte literal é o d^2y.

Perímetro: Grandeza correspondente ao comprimento de um contorno. A medida dela pode ser expressa em centímetros (cm), metros (m), quilômetros (km), etc.

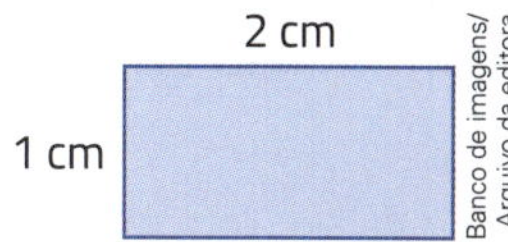

Banco de imagens/Arquivo da editora

A medida de perímetro dessa região retangular é de 6 cm ($2 + 2 + 1 + 1 = 6$).

As imagens desta página não estão representadas em proporção.

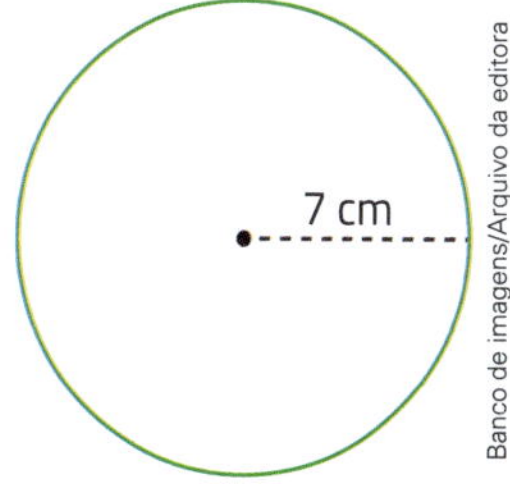

Banco de imagens/Arquivo da editora

A medida de perímetro (medida de comprimento) dessa circunferência é de 14π cm ou, aproximadamente, 43,4 cm (usando $\pi = 3{,}1$).

$$C = 2\pi r = 2\pi \times 7 = 14\pi$$

Polígono regular: Polígono no qual todos os lados têm a mesma medida de comprimento e todos os ângulos internos têm a mesma medida de abertura.

Ilustrações: Banco de imagens/Arquivo da editora

Triângulo regular ou triângulo equilátero.

Quadrilátero regular ou quadrado.

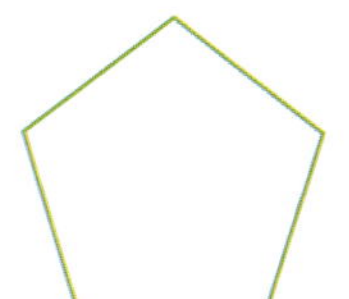

Pentágono regular.

Polinômio: Expressão que indica um monômio ou uma adição ou subtração de monômios não semelhantes. Cada monômio é chamado de **termo** do polinômio.

Ver **expressão algébrica**, **monômio** e **monômios semelhantes**.

$2b$ é um polinômio de 1 termo (monômio).

$5x^3 + 4x^2 - 9x - 1$ é um polinômio de 4 termos.

$-7a + 2b - c$ é um polinômio de 3 termos (trinômio).

Ponto médio de um segmento de reta: Ponto do segmento de reta que é equidistante das extremidades dele.

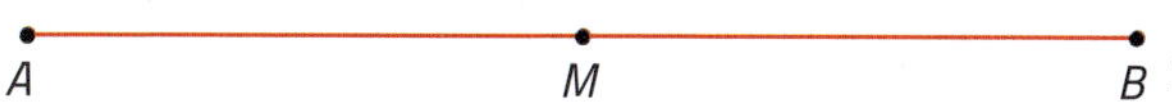

Banco de imagens/Arquivo da editora

M é o ponto médio desse segmento de reta $\overline{AB}$, ou seja, $\overline{AM}$ e $\overline{BM}$ têm a mesma medida de comprimento.

$$AM = BM$$

Potenciação: Operação correspondente a um produto de fatores iguais.

$(0{,}2)^3 = 0{,}2 \times 0{,}2 \times 0{,}2 = 0{,}008$

$7^{-2} = \left(\frac{1}{7}\right)^2 = \frac{1}{49}$

Princípio multiplicativo ou princípio fundamental da contagem: É a ferramenta que permite a contagem de agrupamentos que podem ser descritos por uma sequência de decisões.

Pode ser enunciado da seguinte maneira. Se um evento é composto de 2 etapas sucessivas e independentes de maneira que o número de possibilidades na 1ª etapa é *m* e, para cada possibilidade da 1ª etapa, o número de possibilidades na 2ª etapa é *n*, então o número total de possibilidades de o evento ocorrer é dado pelo produto $m \cdot n$.

Se Fabiano tem 3 camisetas (preta, bege e marrom) e 4 bermudas (azul, branca, verde e laranja), então ele pode se vestir de 12 maneiras diferentes, pois $3 \cdot 4 = 12$.

Probabilidade: Medida de chance de ocorrer um evento.

A probabilidade de um evento é dada pela razão entre o número de resultados favoráveis (número de elementos do evento) e o número de resultados possíveis (número de elementos do espaço amostral).

No lançamento de um dado, o evento *A*: sair um número maior do que 4 tem probabilidade $p(A) = \frac{n(A)}{n(\Omega)} = \frac{2}{6} = \frac{1}{3}$.

Se um evento é impossível, então a probabilidade de ele ocorrer é 0. Se um evento é certo, então a probabilidade de ele ocorrer é 1 (ou 100%).

Radicando: Um dos termos de uma radiciação.

Ver **radiciação**.

Em $\sqrt[4]{81} = 3$, o radicando é o número 81.

Radiciação: Nome de uma operação com números.

Exemplos de radiciação.

$\sqrt{25} = 5$, pois 5 é um número positivo e $5^2 = 25$.

$\sqrt[3]{64} = 4$, pois $4^3 = 64$.

$\sqrt[5]{-1} = -1$, pois $(-1)^5 = -1$.

$\sqrt[4]{-16}$ é impossível no conjunto dos números racionais, pois nenhum número racional elevado à quarta potência resulta em -16.

Em $\sqrt[3]{125} = 5$, dizemos que 125 é o radicando, 3 é o índice, $\sqrt[3]{125}$ é a raiz, 5 é o valor da raiz e o símbolo $\sqrt{\ }$ é o radical.

Raio de uma circunferência: Segmento de reta cujas extremidades são um ponto da circunferência e o centro dela.

Ver **circunferência**.

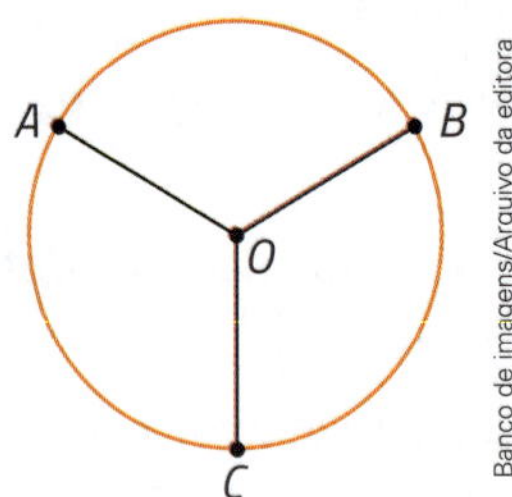

Banco de imagens/Arquivo da editora

$\overline{OA}$, $\overline{OB}$ e $\overline{OC}$ são 3 raios dessa circunferência de centro *O*.

Em uma circunferência, todos os raios têm medidas de comprimento iguais.

Raízes (ou soluções) de uma equação com 1 incógnita: Números que, colocados no lugar da incógnita em uma equação com 1 incógnita, tornam as igualdades verdadeiras.

Ver **equação**.

3 é raiz da equação $2x - 1 = x + 2$, pois $2 \cdot 3 - 1 = 3 + 2$.
2 e -2 são raízes da equação $x^2 = 4$, pois $2^2 = 4$ e $(-2)^2 = 4$.

Raízes (ou soluções) de uma equação com 2 incógnitas: Pares ordenados que, colocados no lugar das incógnitas em uma equação com 2 incógnitas, tornam a igualdade verdadeira.

Ver **equação**.

$(3, 7)$ é solução da equação $x + y = 10$, pois $3 + 7 = 10$.

$(9, 1)$ também é solução dessa equação, pois $9 + 1 = 10$.

No conjunto dos números racionais, essa equação tem infinitas soluções.

Redução de termos semelhantes: Simplificação de uma expressão algébrica, determinando a forma reduzida por meio da adição dos termos semelhantes.

Ver **expressão algébrica** e **monômios semelhantes**.

$2x^2 + 3xy^2 - x^2 + 4xy^2 = (2x^2 - x^2) + (3xy^2 + 4xy^2) =$
$= (2 - 1)x^2 + (3 + 4)xy^2 = x^2 + 7xy^2$

Reflexão em relação a uma reta: Transformação geométrica na qual uma figura é refletida, em relação a uma reta (eixo), obtendo uma figura simétrica e congruente à original.

Ver **transformação geométrica**.

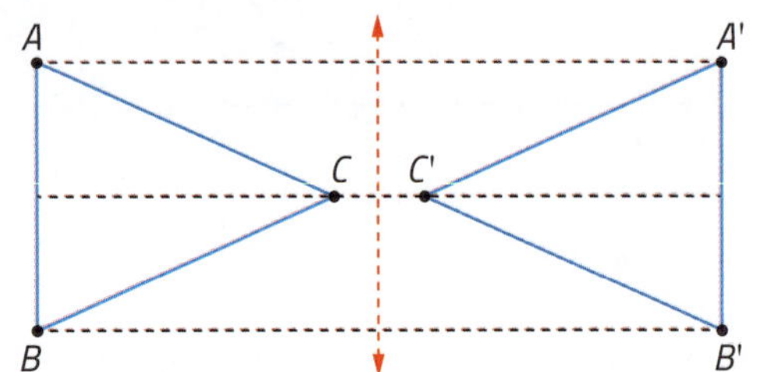

Banco de imagens/Arquivo da editora

Reflexão do triângulo *ABC* em relação ao eixo dado, obtendo o triângulo *A'B'C'*.

Regra de 3 simples: Procedimento para determinar o quarto elemento (quarta proporcional) conhecendo-se 3 deles, em uma situação de proporcionalidade entre 2 grandezas.

Se 2 kg de carne custam R$ 13,00, então quanto custam 5 kg?

kg	R$
2	13
5	x

Grandezas diretamente proporcionais:

$\frac{2}{5} = \frac{13}{x} \Rightarrow x = 32{,}50$

Custam R$ 32,50.

Regra de 3 composta: Procedimento para determinar um valor desconhecido em uma situação de proporcionalidade entre mais de 2 grandezas.

Se 6 pedreiros constroem 30 metros de muro em 8 dias, então em quantos dias 8 pedreiros constroem 25 metros de muro trabalhando nesse mesmo ritmo?

Número de pedreiros	Número de dias	Número de metros
6	8	30
8	x	25

Número de dias é grandeza inversamente proporcional à número de pedreiros.

Número de metros é grandeza diretamente proporcional à número de pedreiros.

$\frac{8}{x} = \frac{8}{6} \times \frac{30}{25} \Rightarrow x = 5$

Constroem em 5 dias.

Rotação: Transformação geométrica na qual uma figura é girada, em torno de um ponto, com a medida de abertura de um ângulo e com sentido determinado, obtendo uma figura simétrica e congruente à original.

Ver **transformação geométrica**.

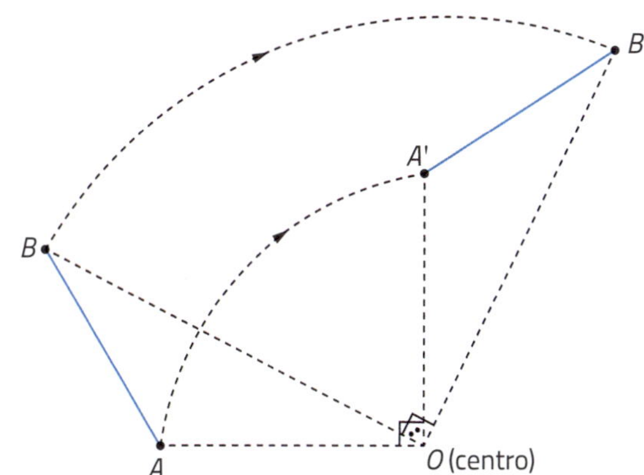

Rotação do segmento de reta $\overline{AB}$ em relação ao ponto O, com ângulo de medida de abertura de 90° no sentido horário.

Sistema de eixos cartesianos: Par de retas numeradas perpendiculares usadas para a localização de pontos em um plano. O ponto $O(0, 0)$ é a **origem** do sistema.

Ver **par ordenado**.

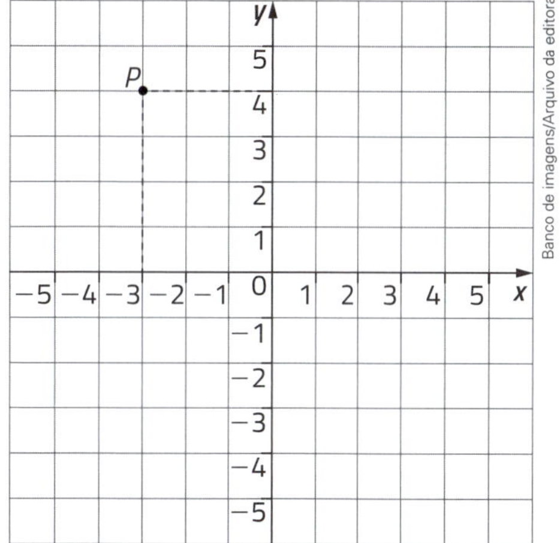

O ponto P corresponde ao par ordenado $(-3, 4)$ nesse sistema de eixos cartesianos, usado para localizar pontos de um plano.

Sistema de equações: Conjunto de 2 ou mais equações das quais se procuram as soluções comuns.

Ver **equação**.

$\begin{cases} 2x + y = 3 \\ x - y = 6 \end{cases}$ é um sistema de equações.

O par ordenado $(0, 3)$ é solução da primeira equação do sistema, mas não é solução da segunda.

O par ordenado $(7, 1)$ é solução da segunda equação, mas não é solução da primeira.

O par ordenado $(3, -3)$ é solução do sistema, pois é solução das 2 equações ao mesmo tempo.

Termo de um polinômio: Ver **polinômio**.

Termo de uma sequência: Cada um dos elementos que forma uma sequência de números, objetos, pessoas, figuras geométricas, etc.

Para identificar a ordem em que um termo está disposto em uma sequência, podemos usar uma letra minúscula do nosso alfabeto, seguida de um índice.

Na sequência $(3, 7, 11, 22, 27, \ldots)$ o terceiro termo é $a_3 = 11$.

Transformação geométrica: Movimento em que uma figura é levada a outra.

Existem transformações geométricas no plano que mantêm a congruência das figuras, como a translação, a reflexão em relação a uma reta e a rotação.

Translação: Transformação geométrica na qual uma figura é deslocada no plano, em relação a um vetor (segmento de reta orientado), obtendo uma figura simétrica e congruente à original.

Ver **transformação geométrica**.

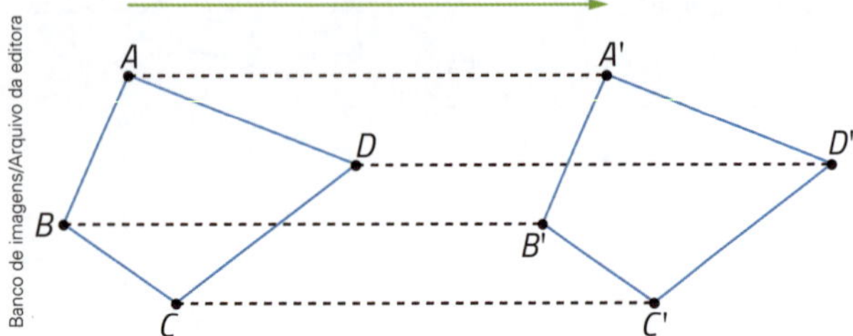

Banco de imagens/Arquivo da editora

Translação do quadrilátero *ABCD* em relação ao vetor dado, obtendo o quadrilátero *A' B' C' D'*.

Trapézio isósceles: Trapézio no qual os 2 lados não paralelos são congruentes.

Em um trapézio isósceles, os 2 ângulos de uma mesma base são congruentes e as diagonais também são congruentes.

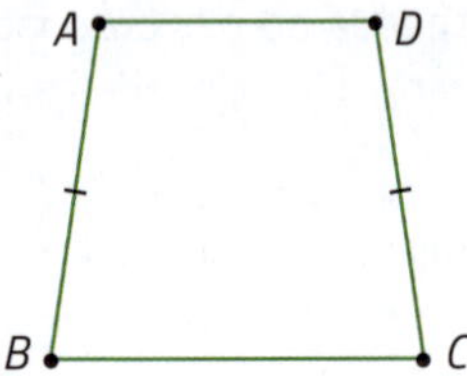

Banco de imagens/Arquivo da editora

ABCD é um trapézio isósceles de bases $\overline{AD}$ e $\overline{BC}$.

$\overline{AB} \cong \overline{CD}$ $\hat{A} \cong \hat{D}$ $\hat{B} \cong \hat{C}$ $\overline{AC} \cong \overline{BD}$

Trapézio retângulo: Trapézio que tem 2 ângulos internos retos.

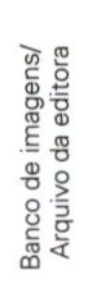

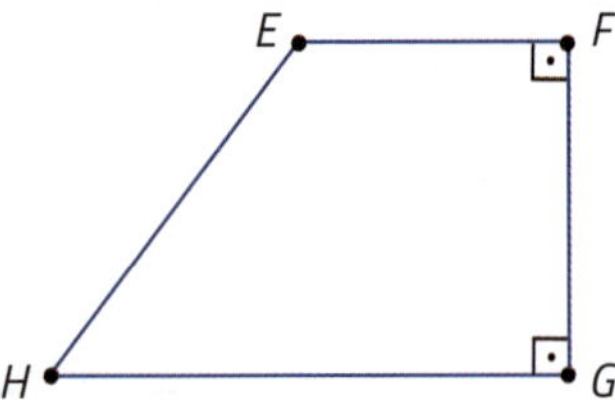

EFGH é um trapézio retângulo.
$\hat{F}$ e $\hat{G}$ são ângulos retos.

Trinômio: Polinômio de 3 termos não semelhantes.

Ver **polinômio** e **monômios semelhantes**.
$8x^2 - 6x + 7$ é um exemplo de trinômio.
$5a + ab - b$ é outro exemplo de trinômio.

Valor numérico de uma expressão algébrica: Valor que uma expressão algébrica assume quando substituímos cada variável por um número e efetuamos as operações indicadas.

Ver **expressão algébrica**.
Para $x = 2$ e $y = 4$, a expressão algébrica $3x + 2y$ assume o valor numérico 14, pois $3 \cdot 2 + 2 \cdot 4 = 6 + 8 = 14$.

Variável: Ver **expressão algébrica**.

Volume: Grandeza correspondente ao espaço ocupado por um sólido geométrico ou um objeto. A medida dela pode ser expressa em centímetros cúbicos (cm^3), metros cúbicos (m^3), etc.

Podemos calcular a medida de volume de alguns sólidos geométricos utilizando as medidas de comprimento de alguns elementos (como arestas, alturas e raios).

Cubo

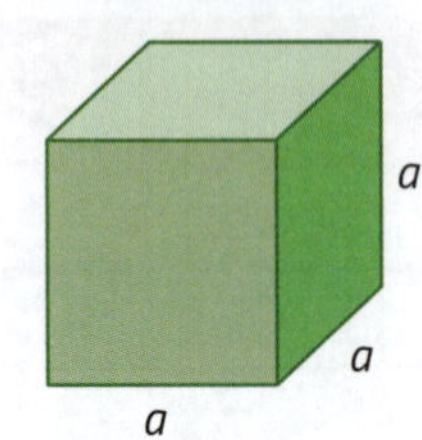

$V = a^3$
(unidades de medida de volume)

Paralelepípedo

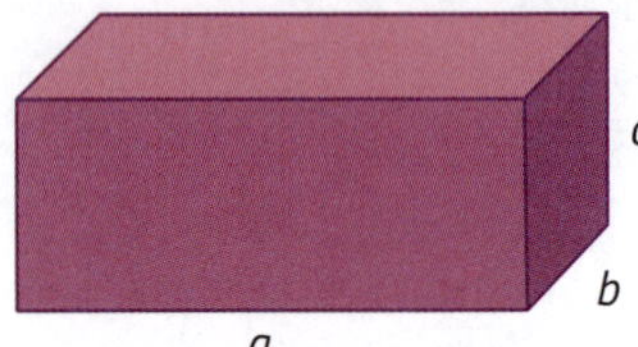

$V = A_b \cdot c$ ou $V = abc$
(unidades de medida de volume)

Cilindro

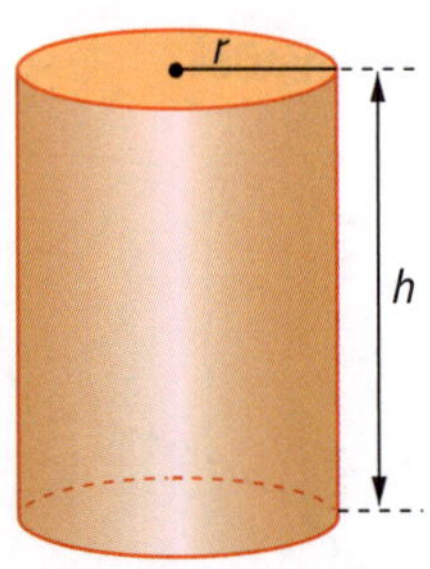

$V = A_b \cdot h$ ou $V = \pi r^2 \cdot h$
(unidades de medida de volume)

Ilustrações: Banco de imagens/Arquivo da editora

RESPOSTAS

Capítulo 1

1▸ b) 250; 5º.
c) É um código que indica uma linha telefônica programada para assumir o pagamento das ligações recebidas.

2▸ a) 27 unidades de Federação (26 estados e o Distrito Federal).
b) 5 regiões; Norte, Nordeste, Centro-Oeste, Sudeste e Sul.

3▸ 10 000

4▸ 9 999

5▸ 361

6▸ a) 21 e 21.
b) 15 e -15.
c) 54 e 54.
d) 6 e $\frac{1}{6}$.

7▸ -15 e $\frac{1}{6}$.

8▸ a) 6 maneiras diferentes.
b) 24 números.
c) 6 possibilidades: *S* e *R*, *S* e *M*, *S* e *N*, *R* e *M*, *R* e *N*, e *M* e *N*.
d) 15 apertos de mão.
e) 24 maneiras diferentes.

10▸ 8 possibilidades.

11▸ a) Dezessete milhões, setenta e oito mil, duzentos e quarenta.
b) 8 000
c) 17 078 241
d) 17 000 000

12▸ a) +28 °C ou 28 °C.
b) -5 °C
c) +6 °C ou 6 °C.
d) -2 °C

13▸ a) $\notin$ b) $\in$ c) $\in$ d) $\notin$ e) $\in$ f) $\in$ g) $\notin$ h) $\notin$

14▸ a) $\{0, 1, 2\}$
b) $\{-2, -1, 0, 1, \dots\}$
c) Não existe valor natural para *x*.
d) $\{\dots, -3, -2, -1\}$

15▸ a) -5
b) Todos.
c) $\frac{1}{2}$; $\frac{-3}{4}$ e 1,5.
d) Nenhum.
e) $\frac{1}{2}$

16▸ a) 12, 13 e 14.
b) $-2, -1$, 0, 1 e 2.

17▸ c) Não existe.

18▸ a) V b) F c) V d) V

20▸ a) $x = 3$
b) $x = -3$ ou $x = 3$.
c) Não existe solução em $\mathbb{Z}$.
d) $x = \frac{2}{3}$
e) $x = 3$
f) Não existe solução em $\mathbb{N}$.

21▸ a) Normal. c) 64,8 kg

22▸ a) $\frac{5}{33}$
b) $\frac{287}{999}$
c) $\frac{7}{9}$
d) $\frac{239}{990}$
e) $\frac{359}{1100}$
f) $\frac{1667}{9000}$
g) $\frac{10}{9}$
h) $\frac{1}{90}$
i) $\frac{191}{90}$
j) $\frac{416}{75}$

25▸ • *C* • *D* • *G* • *E*
• *A* • *B* • *F*

26▸ a) $+\frac{9}{25}$
b) $\frac{1}{32}$
c) $-3\frac{3}{8}$
d) $+12{,}25$
e) 1
f) $-1{,}5$

27▸ a) $+\frac{1}{16}$
b) $+0{,}09$
c) -1000
d) $-3\frac{3}{8}$
e) $+16$
f) $+1$
g) $+1{,}0201$

28▸ a) $+1\frac{1}{4}$
b) $+64$
c) $+1\frac{1}{2}$
d) $8\frac{3}{8}$
e) 0,01

29▸ a) $+6 < +9$
b) $+5 > +4\frac{2}{3}$
c) $-\frac{1}{8} = -\frac{1}{8}$
d) $+25 > -32$

30▸ 7^8

31▸ a) 10^{14}
b) $(-2)^5$
c) $\left(\frac{1}{2}\right)^6$
d) 2^{11}
e) $(1{,}5)^6$
f) $\left(-\frac{3}{4}\right)^9$

32▸ 8^4

33▸ a) $3^2 = 9$
b) $(-1)^2 = 1$
c) $\left(\frac{2}{3}\right)^3 = \frac{8}{27}$
d) $2^9 = 512$
e) $(-2{,}5)^3 = -15{,}625$
f) $a^1 = a$
g) $1^6 = 1$
h) $3^7 = 2\,187$

34▸ $(-5)^6$

35▸ a) 2^3 b) 2^{20}

36▸ 33^2

37▸ a) 20^2
b) 48^3
c) $\left(\frac{3}{16}\right)^4$
d) $(4{,}34)^5$

38▸ 15^3

39▸ 5^3

40▸ a) 2^{10}
b) $(-3)^3$
c) $\left(\frac{3}{4}\right)^4$
d) 5^5

41▸ a) $\frac{1296}{2\,401}$
b) $\frac{1}{512}$
c) $\frac{1024}{243}$
d) $-\frac{8}{27}$

42▸ $\left(\frac{2}{3}\right)^6$

43▸ a) 3^{28}
b) 2^5
c) 5^{10}
d) 2^5
e) 3^4
f) 27^6 ou 3^{18}.
g) 6^1 ou 6.
h) 3^5
i) 7^5
j) 30^3
k) 3^2

44▸ $\frac{1}{3}$, $\frac{1}{9}$, $\frac{1}{27}$ e $\frac{1}{81}$.

45▸ a) $\frac{1}{64}$
b) $\frac{1}{5}$
c) $\frac{1}{16}$
d) 8
e) $-\frac{1}{27}$
f) 32

46▸ a) 5^1
b) 2^{-2}
c) 7^{-12}
d) $(-6)^{-5}$
e) $\left(\frac{-1}{2}\right)^{-5}$
f) 3^{-6}

47▸ a) 1000000
b) 0,000001
c) 0,0001
d) 10000
e) 0,01
f) 0,00001
g) 10000000000
h) 0,00000001

48▸ a) 10^3
b) 10^{-2}
c) 10^{-4}
d) 10^7
e) 10^{-5}
f) 10^{11}
g) 10^0
h) 10^7

49▸ $3 \times 10^2 = 300$; $3 \times 10^{-2} = 0{,}03$;
$3^{-2} \times 10 = 1{,}\overline{1}$; $3^2 \times 10^{-2} = 0{,}09$;
$3^{-2} \times 10^2 = 11{,}\overline{1}$; $3^2 \times 10^2 = 900$;
$3^2 \times 10 = 90$; $3^{-2} \times 10^{-2} = 0{,}00\overline{1}$

50▸ a) 1 000
b) 0,0001
c) 10 000,01
d) 100,001

51▸ a) $1 \cdot 10^9 + 3 \cdot 10^8 + 1 \cdot 10^7 + 0 \cdot 10^6 + 0 \cdot 10^5 + 0 \cdot 10^4 + 0 \cdot 10^3 + 0 \cdot 10^2 + 0 \cdot 10^1 + 0 \cdot 10^0$
c) $2 \cdot 10^8 + 0 \cdot 10^7 + 4 \cdot 10^6 + 4 \cdot 10^5 + 5 \cdot 10^4 + 0 \cdot 10^3 + 6 \cdot 10^2 + 4 \cdot 10^1 + 9 \cdot 10^0$
d) Brasil: aproximadamente 24,01; Índia: aproximadamente 398,82.

52▸ a) $3 \cdot 10^0 + 4 \cdot 10^{-1} + 9 \cdot 10^{-2}$
b) $3 \cdot 10^1 + 1 \cdot 10^0 + 6 \cdot 10^{-1}$
c) $1 \cdot 10^1 + 7 \cdot 10^0 + 0 \cdot 10^{-1} + 4 \cdot 10^{-2} + 3 \cdot 10^{-3}$
d) $1 \cdot 10^2 + 0 \cdot 10^1 + 9 \cdot 10^0 + 3 \cdot 10^{-1} + 0 \cdot 10^{-2} + 6 \cdot 10^{-3}$

53▸ a) 10 b) 10^{-1}

54▸ a) $4{,}9 \times 10^{10}$
b) $6{,}07 \times 10^{-6}$
c) $9{,}36 \times 10^6$
d) 1×10^{-5}
e) 1×10^{13}
f) 7×10^{-5}

55▸ a) 150 000 000
b) 0,0000033
c) 0,00000000000000000000000017

56› a) Aproximadamente 333 333 vezes.
b) Aproximadamente 82 vezes.
c) Quantas vezes a medida de massa do Sol é maior do que a medida de massa da Lua.

57› a) $2{,}279 \times 10^8$ km
b) $7{,}784 \times 10^8$ km
c) $9{,}11 \times 10^{-28}$ g

58› a) $\sqrt{9} = 3$ e $3^2 = 9$.
b) $\sqrt{25} = 5$ e $5^2 = 25$.
c) $\sqrt{64} = 8$ e $8^2 = 64$.
d) $\sqrt{1{,}96} = 1{,}4$ e $(1{,}4)^2 = 1{,}96$.
e) $\sqrt{\frac{484}{49}} = \frac{22}{7}$ e $\left(\frac{22}{7}\right)^2 = \frac{484}{49}$.
f) $\sqrt{1} = 1$ e $1^2 = 1$.

59› 8 m

60› a) $\sqrt[3]{8} = 2$ e $2^3 = 8$.
b) $5^4 = 625$ e $\sqrt[4]{625} = 5$.
c) $(-4)^3 = -64$ e $\sqrt[3]{-64} = -4$.
d) $\sqrt[6]{64} = 2$ e $2^6 = 64$.

61› $\sqrt{225} = 15$

62› 1, 4, 9, 16, 25, 36, 49, 64, 81, 100;
$\sqrt{1} = 1$; $\sqrt{4} = 2$; $\sqrt{9} = 3$; $\sqrt{16} = 4$;
$\sqrt{25} = 5$; $\sqrt{36} = 6$; $\sqrt{49} = 7$; $\sqrt{64} = 8$;
$\sqrt{81} = 9$; $\sqrt{100} = 10$.

63› a) Sim; $\sqrt{36} = 6$.
b) Não existe em $\mathbb{N}$.
c) Sim; $\sqrt{64} = 8$.
d) Não existe em $\mathbb{N}$.
e) Sim; $\sqrt{49} = 7$.
f) Sim; $\sqrt{400} = 20$.

64› a) 9 m b) 225 ladrilhos.

65› Aproximadamente 6,17 m.

66› a) $\sqrt[4]{81} = 3$
b) $\sqrt[5]{-32} = -2$
c) $\sqrt[3]{\frac{1}{1000}} = \frac{1}{10}$
d) $\sqrt{4^3} = 8$
e) $\sqrt[5]{(-1)^3} = -1$
f) $\sqrt[3]{1000^2} = 100$

67› a) $1000^{\frac{1}{3}}$ d) $8^{\frac{2}{3}}$
b) $36^{\frac{1}{2}}$ e) $0^{\frac{5}{6}}$
c) $1^{\frac{3}{7}}$ f) $16^{\frac{1}{4}}$

68› a) $64^{\frac{1}{3}}$ c) $8^{\frac{2}{3}}$
b) 2^2 d) 4^1

69› a) 10^5 c) 10^{-2} e) $10^{\frac{3}{2}}$
b) 10^{-3} d) $10^{\frac{1}{2}}$ f) $10^{-\frac{2}{5}}$

70› a) 32 cm b) 64 cm

71› a) 12 c) 9
b) 1,2 d) 0,9

72› a) 5 d) 16 g) 4 096
b) 64 e) 30 h) 0,1
c) 3 f) 0,3

73› a) 8 cm
b) 10 cm

74› a) 13 c) 81
b) 1 d) 8

75› 10

76› 5

79› As sequências da atividade anterior são todas infinitas; as dos itens **a** e **c** do *Explorar e descobrir* são finitas e a do item **b** é infinita.

81› (1958, 1962, 1970, 1994, 2002)

82› $a_4 = 11$ e $a_6 = 17$.

83› (RS, SC, PR, SP, RJ, ES); finita.

85› Para $n = 5$: $c_5 = 2^5 = 32$.

86› a) Fórmula de recorrência; (3; 3,5; 4; 4,5; 5).
b) Fórmula do termo geral; (20, 40, 60, 80, 100, ...).
c) Fórmula do termo geral; (2, 8, 18, 32, 50).
d) Fórmula de recorrência; (−1, 0, −1, 0, −1, ...).

88› a) $a_7 = 13$ e $a_8 = 21$.
b) Sim, por $a_1 = 1$, $a_2 = 1$ e $a_n = a_{n-2} + a_{n-1}$, para $n = 3, 4, 5, ...$

Revisando seus conhecimentos

1› a) 1 596, 346, 1 340 e 4 200.
b) 1 596, 285, 2 139 e 4 200.
c) 285, 1 340, 4 200 e 2 905.

2› R$ 38,25

3› 100 cm

4› 24 arrumações.

5› **b**, **c**.

6› **d**

7› **b**

8› **a**

9› a) 1,5 h; grandezas inversamente proporcionais.
b) 6 h; grandezas diretamente proporcionais.
c) 10 dias; grandezas inversamente proporcionais.
d) 6 arrobas; grandezas diretamente proporcionais.
e) R$ 30,00; grandezas diretamente proporcionais.

10› Marisa: 35 anos; Paula: 7 anos.

11› a) 39 631, 40 549, 41 112, 63 321, 74 738.
b) 60 000
c) Setenta e quatro mil, setecentos e trinta e oito.
e) 74 738, 41 112.
f) 747 grupos e sobram 38 lugares vagos.

12› a) 20 c) 207 e) 325
b) 222 d) 75 f) 500

Praticando um pouco mais

1› c **4›** c **7›** c **10›** c **13›** c
2› a **5›** c **8›** c **11›** b
3› b **6›** b **9›** b **12›** a

Verifique o que estudou

1› **b**

2› **a**, **c**, **d**, **e**.

3› a) F b) V

5› a) $\frac{1}{49}$; $\sqrt{\frac{1}{49}}$. b) $\frac{27}{64}$; $\frac{3}{4}$.

7› $(-1)^5$, 3^0, $\left(\frac{2}{3}\right)^{-1}$, $4^{\frac{1}{2}}$.

Para ler, pensar e divertir-se

Pensar
a) $2^4 + 2^3 + 2^2 + 2^1 + 2^0$
b) $2^5 + 2^3$
c) $2^6 + 2^4 + 2^2 + 2^0$

Divertir-se
Magali transformou 1 desejo em 3 gênios. Como pode formular 3 desejos para cada gênio novo e ainda tem 2 desejos do primeiro gênio, ela ficou com 11 desejos ($3 \times 3 + 3 - 1 = 11$).

Capítulo 2

7› a) Pentágono. b) 72°

10› b) A medida de comprimento do raio da circunferência de centro *O*.
c) A medida de comprimento do raio da circunferência de centro *R*.
d) x
e) y
f) Ponto *E*.

12› Na figura do item **c**, pois r é perpendicular ao $\overline{EF}$ e passa pelo ponto médio do $\overline{EF}$.

21› a) Perpendicular.

Revisando seus conhecimentos

2› a) $x^3 + y^2$
b) $2m + n^3$
c) $\frac{1}{3}a - 3b$ ou $\frac{a}{3} - 3b$.

3› João: R$ 30,00; Paulo: R$ 15,00; e Lauro: R$ 20,00.

6› 5 diagonais; 5 triângulos.

7› 40%

8› 2,2 faltas por dia.

9› **c**

Praticando um pouco mais

1› d **5›** e
2› c **6›** c
3› c **7›** e
4› d **8›** b

Verifique o que estudou

1▸ a) 7,6 cm
b) 3 cm
c) 35°

3▸ a) Foi construído um ângulo de medida de abertura de 40° e, em seguida, o ângulo oposto pelo vértice, que também tem medida de abertura de 40°.
b) Com uma reta *r* e um ponto *P* fora dela, foi construída uma reta perpendicular a *r*, passando por *P*, e, em seguida, a reta *s*, passando por *P* e paralela à reta *r*.
c) Foi construído um triângulo equilátero, com lados de medida de comprimento *x* dada.

4▸ a) 120°
b) 90°
c) 36°
d) 40°
e) 30°
f) 18°

5▸ 15 lados.

6▸ Traçar o triângulo com vértices nos 3 pontos. Em seguida, traçar as mediatrizes dos lados. O encontro delas é o local da creche.

Capítulo 3

1▸ $44 - x$; $44 + y$.

2▸ a) $150 + 2x$
b) O preço de 1 camisa.
c) R$ 310,00

3▸ a) $x + 4$
b) $4x + 8$
c) $x \cdot (x + 4)$ ou $x^2 + 4x$.

4▸ a) Coeficiente: 1; parte literal: xy.
b) Coeficiente: $-\frac{2}{3}$; parte literal: t^2.
c) Coeficiente: -1; parte literal: c^2d^3.
d) Coeficiente: $\frac{1}{5}$; parte literal: a^2.
e) Coeficiente: -10; parte literal: a^4.
f) Coeficiente: $\frac{2}{3}$; parte literal: xy.
g) Coeficiente: 1; parte literal: x^3.
h) Coeficiente: -20; parte literal: ab.
i) Coeficiente: 1,5; parte literal: xy^2.
f) Coeficiente: 1; parte literal: a^2b^2.

5▸ a) Não.
b) Sim.
c) Sim.
d) Sim.
e) Sim.
f) Não.
g) Não.
h) Sim.
i) Sim.
j) Sim.

7▸ Itens **a**, **d** e **e**; itens **b** e **f**.

8▸ c) São iguais a x^3.

9▸ Na primeira expressão algébrica, o *x* tem expoente fracionário e, na segunda, o *x* tem como expoente um número inteiro negativo.

10▸ a) $8x$
b) $x = 9$

11▸ a) Trinômio.
b) Binômio.
c) Monômio.
d) Binômio.
e) Monômio.
f) Polinômio de 4 termos.
g) Monômio.
h) Trinômio.
i) Binômio.
j) Monômio.

12▸ a) $-x^2 + 2x$
b) $y^2 - 4y + 2$
c) $-xy - y^2 + 1$
d) x^3

13▸ a) $12x$; monômio.
b) $4x + 2y$; binômio.

14▸ a) 5º grau.
b) 5º grau.
c) Grau zero.
d) 3º grau.
e) 2º grau.
f) 4º grau.
g) 3º grau.
h) 3º grau.
i) 1º grau.
j) 2º grau.

15▸ a) $6x$; $4a + 10b + 6$.
b) $x = 4$
c) $b = 5$

16▸ a) $12x^3$
b) $11ab$
c) $\frac{17x^2}{18}$

17▸ a) $-x^2 + x + 3$
b) $3x^2 - x - 1$
c) $-3x^2 + x + 1$

19▸ a) $-21x^2$
b) $12a^3b^2$
c) $\frac{1}{6}x^3y^5$

20▸ a) $6a^2b + 12ab^2$
b) $6x^3 + 3x^2y$
c) $-y^3 + 2y^2$
d) $6x^3 - 3x^2 + 6x + 3$
e) $-2x^3 + 6x^2 - 4x$
f) $3a^4 + 6a^3b + 3a^2b^2$

21▸ a) $a^2 + 3a + 2$
b) $r^2 + 2r - 15$
c) $x^2 + 7x + 12$
d) $6m^2 - 13m + 5$
e) $y^2 + 4y + 4$
f) $x^2 - 36$
g) $x^3 - 7x^2 + 10x - 12$

22▸ a) $3x^2 + 8x + 4$
b) $x^2 + 9x + 18$

23▸ Não; o correto seria $(x + 1)(x + 3) =$ $= x^2 + 4x + 3$.

24▸ a) $x^3 - x^2 - x + 1$
b) $x^3 + x^2 - 3x - 3$

25▸ a) $48x^2 + 24x^2$
b) $x^3 - 6x^2 + 12x - 8$

26▸ $x + 3$ e $x + 2$.

27▸ a) $15x^4$
b) $8xy$
c) $6x^5$
d) $8x^8$
e) $81x^{12}$
f) $-8x^3y^6$
g) 5
h) $-4x^2$
i) $\frac{3}{2x}$
j) $12x^2y$
k) $7x^2 + 3x$
l) $24rs$
m) $2x^2$
n) $6x$
o) $16x^4y^8$

28▸ a) a; monômio.
b) $\frac{2}{x^2}$ fração algébrica.
c) 6; monômio.

29▸ a) $5a^2b + 4$
b) $3y^2 - 2xy$
c) $2x^3 + 3x^2 - 2x + 1$
d) $1 + 2x + 3x^3$

30▸ $x^2 + xy + y^2$

31▸ $10\frac{2}{3}$

32▸ 18 anos.

33▸ R$ 4 000,00

34▸ Medida de comprimento da largura: 100 m; medida de comprimento da profundidade: 50 m.

35▸ 15 litros.

37▸ a) $x' = 5$ e $x'' = -5$.
b) $x = 0$
c) Não existe valor racional para *x*.
d) $x' = 2$ e $x'' = -2$.
e) Não existe valor racional para *x*.
f) $x' = \frac{1}{3}$ e $x'' = -\frac{1}{3}$.
g) $x = 0$

38▸ a) $(2 + x)^2 = 9$ ou $x^2 + 4x - 5 = 0$.
b) Em 1 m.

39▸ a) $x' = -2$ e $x'' = -8$.
b) Não existe raiz racional.
c) $x = 5$
d) $x' = 2$ e $x'' = -1$.
e) $y' = 9$ e $y'' = -3$.
f) $a = \frac{2}{7}$

40▸ $x = 8$

42▸ 105 pães.

43▸ a) 72 m²
b) 9 L

44▸ Em 4 horas.

45▸ 3 horas.

47▸ 3 horas.

48▸ 27 kg

49▸ 12 metalúrgicos.

50▸ 300 painéis.

51▸ R$ 1102,50

52▸ 4 dias.

53▸ 4,5 minutos ou 4 min 30 s.

54▸ 40 funcionários.

55▸ 32 dias.

56▸ 6 homens.

57▸ 1 800 peças.

58▸ 33 operários.

59▸ a) 300 km
b) 125 km
c) 1 h 45 min
d) 4 h

Revisando seus conhecimentos

1▸ a) $4x - 6$
b) $6x - 2$
c) $x^2 - 3x$
d) $2x^2 + 4x - 30$
e) $2x + 4$
f) $x^2 + 7x - 30$

2▸ a) 34 cm
b) 58 cm
c) 70 cm²
d) 210 cm²
e) 24 cm
f) 140 cm²

3› $2ab + 2ac + 2bc$ ou $2(ab + ac + bc)$.

4› Não, o lápis precisa ser medido a partir da marcação de 0 cm na régua.

5› **b**

6› Gabriela: R$ 750,00; Janaína: R$ 1 000,00; Larissa: R$ 1 250,00.

7› **b**

8› 6

9› a) 60°
b) 1,5 h ou 1 hora e meia.
c) 3 horas.
d) 15°; 180°.

10› a) $x^2 + x + 2$
b) $ab^2 - 9$
c) $-4x^3 - 9x^2 + x$
d) $3a^2$

11› **a**

12› a) Na loja **B**; R$ 200,00 a menos.
b) R$ 150,00

13› **c**

14› Estão juntos, pois $\frac{4}{10} = \frac{6}{15}$.

15› 15 dias.

16› **c**

17› 15 m^2

18› 512 lajotas.

Praticando um pouco mais

1› **c**
2› **d**
3› **c**
4› **d**
5› **a**
6› **c**
7› **c**
8› **e**
9› **e**
10› **e**
11› **a**
12› **d**
13› **c**

Verifique o que estudou

1› a) $x^2 - 10x + 25$; $x^2 + 5x + 16$.
b) $3x^4$; $5xy^2$.
c) $5x + y^2$; $9x - 4$; $x^3 - 1$; $x^2 - 1$.
d) $5xy^2$
e) $3x^4$
f) $5x + y^2$
g) $x^2 - 1$
h) $x^2 - 1$

2› a) $4x + 2$
b) $4a + 4$

3› a) $3x + 2y$
b) $9x^2$
c) $6xy$
d) $6x^2y$
e) $5x^4$
f) $10x^2$
g) $25x^{10}$
h) $3x$
i) $4x^2$
j) $6x^5$

4› a) $-4y$
b) $6x^3 - 8x^2 + 2x$
c) $x^2 + 5x - 6$
d) $2x - 1$

5› **a**, **c**.

6› 45 páginas.

7› 10 kg.

8› 2 horas.

Para ler, pensar e divertir-se

Divertir-se

a) 72
792
7 992
79 992
$8 \times 99\,999 = 199\,992$
$8 \times 999\,999 = 7\,999\,992$

b) 111 111
222 222
333 333
444 444
$35 \times 15\,873 = 555\,555$
$42 \times 15\,873 = 666\,666$

c) 1
11
111
1 111
11 111
$12\,345 \times 9 + 6 = 111\,111$
$123\,456 \times 9 + 7 = 1\,111\,111$

Capítulo 4

1› $c = 2{,}5$ cm; $e = 5$ cm; $x = 60°$; $y = 30°$; $z = 90°$; $w = 90°$.

2› $x = 2{,}8$ cm; $y = 2{,}4$ cm e $z = 3{,}5$ cm.

3› a) Sim, LLL.
b) Não podemos garantir.
c) Sim, ALA.
d) Sim, LAL.
e) Sim, LAA_o.

4› a) Não podemos garantir a congruência dos triângulos.
b) Podemos afirmar que os triângulos são congruentes (caso LLL); demais elementos: $\hat{R} \cong \hat{E}$, $\hat{S} \cong \hat{F}$ e $\hat{P} \cong \hat{G}$.
c) Não podemos garantir a congruência dos triângulos.
d) Os triângulos são congruentes (caso LAL); demais elementos: $\hat{P} \cong \widehat{M}$, $\hat{Q} \cong \widehat{N}$ e $\overline{PQ} \cong \overline{MN}$.
e) Os triângulos são congruentes (caso LLL); ambos têm lados de medida de comprimento de 4 cm, 4 cm e 4 cm.
f) Os triângulos são congruentes (caso LAA_o); demais elementos: $\hat{C} \cong \hat{P}$, $\overline{AB} \cong \overline{RQ}$ e $\overline{BC} \cong \overline{PQ}$.
g) Os triângulos são congruentes (caso ALA); demais elementos: $\hat{H} \cong \hat{L}$, $\overline{HF} \cong \overline{ML}$ e $\overline{GH} \cong \overline{NL}$.

5› ALA; $a = 62°$; $b = 62°$ e $x = 1{,}6$ cm.

6› a) 5,5 cm e 5,5 cm.
b) 11 cm, 9,5 cm e 9,5 cm ou 11 cm, 11 cm e 8 cm.
c) 90°, 45° e 45°.
d) 80° e 20° ou 50° e 50°.
e) 120°, 30° e 30°.

7› a) $x = 30°$
b) $x = 60°$

8› $x = 62°$

9› a) 7,5 cm
b) 16 mm
c) 8 m; 12 m.
d) 15 cm; 30 cm.

10› $m(B\hat{I}E) = 72°$

11› $x = 50°$, $y = 50°$ e $m(S\hat{B}M) = 80°$.

12› a) $x = 105°$ e $y = 40°$.
b) $x = 40°$ e $y = 90°$.

13› a) Será interno, pois o triângulo é acutângulo.

14› $m(E\hat{O}G) = 120°$

15› a) 90°
b) 40°
c) 130°
d) 70°
e) 10°
f) 20°

17› $m(H\hat{O}C) = 56°$

22› Triângulo retângulo: o circuncentro fica no ponto médio do maior lado; triângulo acutângulo: ele fica no interior da região triangular correspondente; triângulo obtusângulo: ele fica fora da região triangular correspondente.

27› **a**, **b**, **d**.

28› a) 4 lados: $\overline{AB}$, $\overline{BC}$, $\overline{CD}$ e $\overline{DA}$.
b) 4 vértices: A, B, C e D.
c) 2 diagonais: $\overline{AC}$ e $\overline{BD}$.
d) 4 ângulos internos: $\hat{A}$, $\hat{B}$, $\hat{C}$ e $\hat{D}$.

30› a) Calculando $(n - 2) \times 180°$.
b) 360°
c) 360°

32› a) 167°
b) 114°
c) 155°

33› a) 50°, 130°, 50° e 130°.
b) 85°, 110°, 75° e 90°.

34› 36°, 72°, 108° e 144°.

35› a) $x = 130°$ e $y = 50°$.
b) $x = 60°$ e $y = 120°$.
c) $x = 30°$ e $y = 120°$.

36› a) 55°, 55°, 125° e 125°.
b) 95°, 85°, 95° e 85°.

37› $x = 2{,}5$ cm e $y = 4$ cm.

38› Sim, pois os losangos, os retângulos e os quadrados são casos particulares dos paralelogramos.

39› **a**, **c**, **d**.

40› a) 110°
b) 70°
c) 50°

41› **b**, **c**, **e**, **f**, **h**, **i**, **j**, **l**.

42› a) Paralelos e congruentes.
b) Sim.
c) 360°
d) 90°
e) Sim.
f) Sim.
g) Sim.
h) Sim.

44› $x = 64°$

45› $\triangle ABC$: 30°, 30° e 120°; $\triangle ADC$: 30°, 30° e 120°.

46› $x = 45°$ e $y = 90°$.

47› $x = 30°$ e $y = 60°$.

48› $x = 61°$

49 a) Suplementares, pois as bases $\overline{AB}$ e $\overline{CD}$ estão sobre retas paralelas. Considerando $\overline{AD}$ sobre uma transversal, temos que $\hat{A}$ e $\hat{D}$ são colaterais internos e, portanto, são suplementares.
b) Suplementares, pelo mesmo motivo: as bases $\overline{AB}$ e $\overline{CD}$ são paralelas e $\overline{BC}$ é transversal.

50 a) $x = 62°$, $y = 118°$, $z = 115°$ e $w = 65°$.
b) $x = 80°$ e $y = 10°$.

51 $PQ = 20$ cm, $QR = 7$ cm, $RS = 6$ cm, $PS = 8$ cm.

52 **a**, **c**, **e**.

53 $m(\hat{A}) = 45°$, $m(\hat{B}) = 36°$, $m(\hat{C}) = 144°$, $m(\hat{D}) = 135°$.

54 a) 90°, 90° e 127°.
b) $m(\hat{E}) = 135°$, $m(\hat{F}) = 45°$, $m(\hat{G}) = 90°$ e $m(\hat{H}) = 90°$.

55 Verdadeiras: **b**, **c**, **d**, **e**; falsas: **a**, **f**.

56 72°, 72°, 108° e 108°.

57 $CD = 5$ cm, $AB = 3$ cm; $MN = 4$ cm; $4 = \frac{5+3}{2}$.

58 a) **I** e **IV**.
b) **II** e **VII**.
c) **III**, **V** e **VI**.

59 7,2 cm

60 5 cm

Revisando seus conhecimentos

1 $\hat{a} = 50°$, $\hat{b} = 68°$ e $\hat{c} = 62°$.

2 $x = 83°$ e $y = 83°$.

3 150°

4 $x = 35°$, $y = 95°$ e $z = 50°$.

5 360 e 240 alunos, respectivamente.

6 13 maneiras diferentes.

7 R$ 198,00

8 Falsa.

9 a) $\frac{1}{2}$ e 50%.
b) $\frac{2}{5}$ e 40%.
c) $\frac{3}{10}$ e 30%.

10 **d**

12 a) 28 triângulos.
b) 3 grupos.

13 Mariana.

14 12 cm

16 1040 pessoas.

Praticando um pouco mais

1 **c**
2 **c**
3 **d**
4 **a**
5 **a**
6 **e**
7 **b**
8 **a**
9 **a**

10 a) F
b) V
c) F
d) V

11 **d**

12 **b**

Verifique o que estudou

4 São o mesmo ponto, ou seja, um único ponto é ortocentro, incentro, baricentro e circuncentro do triângulo.

5 b) O incentro.
c) O circuncentro.

7 Podemos escolher 3 pontos da circunferência que determinam um triângulo e traçamos a mediatriz de 2 lados desse triângulo. A intersecção das mediatrizes traçadas é o centro da circunferência.

8 2 ângulos agudos.

9 $x = 70°$; $y = 80°$ e $z = 24$ cm.

Para ler, pensar e divertir-se

Pensar

a) Azul.

Capítulo 5

1 b) Sim; não.
c) Não, pois $(8, 12)$ indica que Raul fez 8 pontos e Felipe fez 12 pontos e $(12, 8)$ indica que Raul fez 12 pontos e Felipe fez 8 pontos.

2 **b**, **c**, **d**.

3 $(3, 5)$ e $2x - y = 1$; $(-1, 2)$ e $x + 3y = 5$; $(0, 6)$ e $x + 2y = 12$; $(4, -3)$ e $x - y = 7$; $(-2, -3)$ e $x - 2y = 4$.

4 **a**, **b**, **c**, **f**.

5 a) $y - x = 7$
b) $x \div y = 3$ ou $\frac{x}{y} = 3$.
c) $x = 4$
d) $y = x + 5$

8 a) 2
b) $\frac{1}{2}$
c) 0
d) -4

9 a) Sim.
b) Sim.
c) Não.
d) Sim.

10 a) 1
b) $\frac{4}{9}$

11 a) $x + y = 7$
b) Ao conjunto dos números naturais ($\mathbb{N}$).
c) Sim.
d) Não.

12 a) Não, pois $2 \times 0 + 3 \times 0 = 0 + 0 = 0 \neq 1$.
b) Por $c = 0$.

14 c) Sim.
d) Não.
e) Sim.
f) Sim.

15 **c**

17 a) $(2, 5)$
b) $(-3, 4)$
c) $(8, 12)$
d) $(6, 0)$

18 a) $(7, 5)$
b) $(8, 4)$
c) $(2, 3)$
d) $(3, 9)$

19 $\begin{cases} x + y = 8 \\ x - y = 2 \end{cases}$; $x = 5$ e $y = 3$.

20 $\begin{cases} x + y = 30 \\ x - y = 6 \end{cases}$; 1º semestre: 18 alunos; 2º semestre: 12 alunos.

21 **c**

22 $(3, 4)$

23 a) $(-1, 4)$
b) $(12, 0)$
c) $(-2, -5)$
d) $\left(\frac{2}{3}, \frac{1}{3}\right)$

24 a) $6\frac{1}{2}$ e $-\frac{1}{2}$.
b) R$ 13,00
c) 112 m^2
d) 88 e 39.

25 a) $(4, 1)$
b) $(-3, 2)$
c) $(-1, 2)$
d) $\left(\frac{1}{2}, 4\right)$

26 $\begin{cases} -5x - 5y = 0 \\ 5x + 6y = -3 \end{cases}$; $(3, -3)$.

27 $(3, 1)$

28 $(3, -1)$

30 a) $(3, -1)$
b) $\left(\frac{1}{2}, \frac{1}{3}\right)$
c) $(0, 2)$
d) $(4, 3)$

31 2; 5.

32 $(1, -1)$ e $\begin{cases} 3a + 2b = 1 \\ 2a + b = 1 \end{cases}$;
$\left(2, \frac{1}{2}\right)$ e $\begin{cases} a - 4b = 0 \\ 5a + 2b = 11 \end{cases}$;
$\left(\frac{1}{5}, 2\right)$ e $\begin{cases} 5a + b = 3 \\ 10a - b = 0 \end{cases}$;
$\left(1, \frac{1}{3}\right)$ e $\begin{cases} a + 6b = 3 \\ 3a - 3b = 2 \end{cases}$.

33 Acertou 63 testes e errou 17.

34 a) Indeterminado.
b) Impossível.
c) Determinado: solução: $(5, 1)$.
d) Indeterminado.

35 Mais novo: R$ 34 000,00; mais velho: R$ 16 000,00.

36▸ Tico: 4 kg; Camila: 28 kg.

37▸ 6 cm, 6 cm e 3 cm.

38▸ a) 7 questões; 3 questões.
b) 50 pontos.
c) 10 pontos.

39▸ Vivian: 15 papéis de carta; Marcos: 25 papéis de carta.

40▸ 30 cabras e 45 marrecos.

41▸ Pequenos: 5 peixes; grandes: 3 peixes.

42▸ $\frac{22}{33}$ e $\frac{21}{35}$.

43▸ DVD: R$ 15,00; livro: R$ 20,00.

44▸ $\frac{3}{4}$ e $\frac{1}{2}$.

45▸ 350 m^2

46▸ 7 cédulas de R$ 10,00 e 4 cédulas de R$ 50,00. Sim; 5 cédulas de R$ 50,00 e 2 cédulas de R$ 10,00.

47▸ Ana: R$ 38,00; Marcelo: R$ 17,00.

48▸ Calça: R$ 42,00; blusa: R$ 21,00.

49▸ 2 gestores e 5 analistas.

50▸ a) R$ 11 000,00
b) 55%

51▸ R$ 22,00 se fizer a compra até as 13 horas e R$ 19,30 se fizer a compra após as 13 horas.

Revisando seus conhecimentos

1▸ 42, 44 e 46.

2▸ $t = \frac{2}{11}$

3▸ **a**

4▸ **c**

5▸ 5 vasilhas **B** e meia.

6▸ a) $(5, 3)$
b) $(14, 6)$

7▸ 9

9▸ 4

10▸ Triângulo isósceles e obtusângulo.

11▸ Algum polígono não é quadrilátero.

12▸ 6

13▸ **c**

14▸ Mediatriz, pois a mediatriz do segmento de reta formado pelos pontos *A* e *B* intersectará a linha que representa o rio em um ponto que equidista de *A* e de *B*.

15▸ Circunferência com centro em *C* e raio de medida de comprimento *x* para determinar os pontos que distam *x* do ponto *C*, e bissetriz do ângulo $E_1\hat{C}E_2$ para determinar os pontos equidistantes das estradas. A intersecção da circunferência e da bissetriz é o local onde deve ser construída a loja.

Praticando um pouco mais

1▸ **c**

2▸ 30 CDs; 40 CDs.

3▸ **e**

4▸ **d**

5▸ 9 quadrados.

6▸ **d**

7▸ **a**

8▸ **a**

9▸ **b**

10▸ **b**

11▸ **a**

12▸ **a**

13▸ **b**

14▸ **e**

15▸ **d**

16▸ **c**

17▸ **c**

Verifique o que estudou

1▸ a) 6
b) 9
c) $x = 5$
d) $x = 4$
e) $x = 7$ e $y = 3$.
f) 12

2▸ $x = -7$

3▸ $(3, 4)$ e $\left(\frac{1}{3}, 0\right)$.

4▸ $(2, -1)$

6▸ 18 cm e 38 cm.

7▸ Felipe R$ 1 730,00; Elisa R$ 1 510,00.

8▸ a) Pertencem a uma mesma reta.
b) É a intersecção das retas que contêm as soluções de cada equação do sistema.

9▸ Não, pois, se Alex acertou, então as retas teriam que se intersectar em $(3, 1)$ e, se Mauro acertou, então o sistema de equações não teria um par ordenado como solução.

10▸ a) $(2, -1)$; possível e determinado.
b) Impossível.
c) $(0; 0{,}5)$; possível e determinado.
d) Possível e indeterminado.

Para ler, pensar e divertir-se

Pensar

Cada pato vale 10, cada ferradura vale 2, cada xícara vale 2 e o resultado final é 22.

Divertir-se

1▸ Não.

2▸ 55

Capítulo 6

1▸ a) 289 cm^2
b) 72,25 cm^2

2▸ a) 13 m
b) 1,2 km

3▸ a) 20 cm^2
b) 27 cm^2

4▸ 182,25 cm^2

5▸ 1 700 m^2

6▸ R$ 850,50

7▸ 276 cm^2

8▸ 1 350 cm^2

9▸ **b**

10▸ 5,60 m

11▸ O quadrado.

13▸ a) 10,5 cm^2
b) 7 cm^2
c) 10,5 cm^2
d) 35 m^2

14▸ 3,5 cm

15▸ 20 cm^2

16▸ a) Sim; basta contar quantas unidades de medida de área cada figura tem (são 4).
b) Diferentes; iguais.

17▸ 10,5 cm^2

18▸ 980 cm^2

19▸ 3,1 m

20▸ 18 cm^2

21▸ Medida de comprimento da altura: 4 m; medidas de comprimento dos lados não paralelos: 5 m.

22▸ 12,5 cm^2

23▸ 4 vezes.

24▸ 2,3 m

25▸ a) Aproximadamente 10,38 cm^2.
b) Aproximadamente 10,63 cm^2.

26▸ Sim, pois $A = 16 \times 1 + 8 \times 0{,}9 + 8 \times 0{,}5 + 4 \times 0{,}1 = 16 + 7{,}2 + 4 + 0{,}4 = 27{,}6$; $3^2 \times 3{,}1 = 9 \times 3{,}1 = 27{,}9$; e 27,6 está próximo de 27,9.

27▸ 6 280 pessoas.

28▸ a) 76,93 cm^2
b) 63,585 dm^2
c) 57,125 m^2

29▸ a) As medidas de perímetro são todas iguais.
b) medida de área de **B** < medida de área de **C** < medida de área de **A**

30▸ 84,78 cm^2

31▸ $A = \frac{\pi d^2}{4}$

32▸ a) $\frac{3}{5}$ b) $\frac{3}{5}$ c) $\frac{9}{25}$

33▸ a) k b) k^2 c) Sim.

34▸ a) Uma região retangular.
b) 10 cm por aproximadamente 23,55 cm.
c) Aproximadamente 235,5 cm^2.
d) Aproximadamente 206 cm^2.

35▸ a) 3 faces laterais.
b) Região retangular.
c) 150 cm^2; 180 cm^2 e 120 cm^2.
d) 450 cm^2
e) 30 cm
f) 450 cm^2

36▸ a) Aproximadamente 150,72 cm^2.
b) Aproximadamente 28,26 cm^2.
c) Aproximadamente 207,24 cm^2; a medida de área total da superfície de um cilindro é dada pela soma das medidas de área lateral e das medidas de área das 2 bases.

37▸ a) 56 cm^2
b) 4 cm^2
c) 64 cm^2; a medida de área total da superfície de um prisma é dada pela soma das medidas de área lateral e das medidas de área das 2 bases.

38▸ a) 58,8 m^3
b) 4,05 dm^3
c) 4 500 cm^3

39› 432 000 cm^3 ou 432 dm^3; 432 L.

40› **b**

41› 8,64 L

42› 25 min

43› a) No tanque **A**.
b) 2 000 L a mais.

44› a) Aproximadamente 248 cm^3.
b) Aproximadamente 0,372 mL.
c) Aproximadamente 13 888 cm^3.
d) Aproximadamente 396,8 cm^3.
e) Aproximadamente 6 200 cm^3.

45› a) Aproximadamente 154,15 cm^3.
b) Aproximadamente 31,29 cm^3.

46› 500 g e R$ 22,50.

Revisando seus conhecimentos

1› 576 m^2

2› a) 9 cm^2
b) 8 cm^2
c) 10,5 cm^2

4› 8 cm^2

5› a) 50 dm e 50 dm^2.
b) 27 cm e 20,25 cm^2.
c) 20 cm e 12 cm^2.

6› 96 cm^3

7› a) $\frac{2}{3}$
b) $\frac{2}{3}$
c) $\frac{4}{9}$
d) $\frac{4}{9}$
e) $\frac{8}{27}$

8› 1 000 L

9› Na peça **A**.

10› 9 cm

11› 22 058,5 cm^3

12› 14 cm

13› 23,5 cm e 38,5 cm.

14› **a**

15› 10 cm, 10 cm e 15 cm.

16› a) 112 m^2 b) R$ 8 960,00

17› Aproximadamente 1 345 cm^2.

18› a) 24 cm^2
b) 80 cm^2
c) 240 cm^2

19› a) 42 L
b) 33,6 L

20› 150 cm^2

21› 12,5%

Praticando um pouco mais

1› **c**
2› **c**
3› 465 cm^2
4› **a**
5› **d**
6› **b**
7› **b**
8› **c**
9› **b**
10› **b**

Verifique o que estudou

2› 2,5 unidades.

3› 0,055 m^2

4› 6 cm

5› a) 77,5 mm
b) 484,375 mm^2
c) 968,75 mm^2

6› Menos do que 1 m^3.

8› 54 m^3

9› 20 cm

10› No cilíndrico; 62,5 litros a mais.

Para ler, pensar e divertir-se

Pensar

Ao fazer a sobreposição das 2 figuras, é possível verificar que o lado maior da segunda figura não é uma reta (essa figura não é um triângulo, como aparenta ser). Isso ocorre devido à diferença de inclinação do maior lado da região triangular vermelha e do maior lado da região triangular azul.

Divertir-se

5 melancias.

Capítulo 7

1› a) O universo estatístico são os 3 500 clientes cadastrados e a amostra são os 210 clientes consultados.
b) Cor (qualitativa), preço (quantitativa contínua), número de portas (quantitativa discreta) e estado de conservação (qualitativa).
c) Branca, vermelha e azul.

7› a) Em todos.
b) 2012
c) 2010
d) 2012

8› a) De julho a setembro e de novembro a dezembro.
b) De setembro a novembro.
c) Julho; 300 locações.

10› a) 3,6 h b) 30%

13› 2 gols por partida.

14› $MA = \frac{x_1 + x_2 + x_3 + \ldots + x_n}{n}$

15› R$ 13,00

16› a) $7,\overline{3}$
b) $38,\overline{3}$

17› a) $x = 11$
b) $x = \frac{25}{2}$

18› 167 cm

19› a) 122,6 cm
b) 122 cm
c) É indiferente, pois ambas estão bem próximas uma da outra.

20› 60

21› a) 17 anos.
b) Diminuirá meio ano.

22› a) 2,3 gols por partida.
b) 2 gols por partida.
c) 2 gols por partida.

23› a) 3,3%
b) 552 alunos.
c) 415 alunos.
d) 33 alunos.
e) A resposta "sim".
f) Porque a variável é qualitativa e não quantitativa.

24› a) 10,75 palavras.
b) 4; 2; 4; 3; 3; 3; 6; 0; 0; 1; 2.
d) 1

25› b) 3 ervilhas por vagem.

26› 2 anos.

27› 15 min

28› a) 3 b) 2

29› a) $x = 6$ b) $x = 5$

30› Média: 61; desvio-padrão: 3,56.

31› b) $MA = 5{,}8$; $Mo = 5{,}0$; $Me = 5{,}0$; $DP = 2{,}28$.

32› a) MA = R$ 2 500,00 e Me = R$ 2 000,00.
b) Menor.

33› 60 maneiras diferentes.

34› 8 possibilidades.

35› 16 números.

36› a) 36 números.
b) 18 números.
c) 18 números.
d) 30 números.
e) 9 números.

37› a) $\Omega = \{\text{cara, coroa}\}$
b) $\Omega = \{2, 4, 6, 8\}$
c) $\Omega = \{(1, \text{cara}), (2, \text{cara}), (3, \text{cara}), (4, \text{cara}), (5, \text{cara}), (6, \text{cara}), (1, \text{coroa}), (2, \text{coroa}), (3, \text{coroa}), (4, \text{coroa}), (5, \text{coroa}), (6, \text{coroa})\}$

38› a) $A = \{2, 4, 6\}$
b) $B = \{1, 3, 5\}$
c) $C = \{2, 3, 5\}$
d) $D = \{4, 5, 6\}$
e) $E = \{1, 2, 3, 4, 5, 6\}$

39› a) $\frac{2}{5}$ ou 40%.
b) $\frac{3}{5}$ ou 60%.
c) $\frac{3}{5}$ ou 60%.
d) $\frac{4}{5}$ ou 80%.
e) $\frac{1}{5}$ ou 20%.

40› Os pares de eventos dos itens **a** e **b** e os pares de eventos dos itens **d** e **e**.

41› $\frac{1}{5}$ ou 20%.

42› a) $\frac{2}{5}$ ou 40%.
b) $\frac{1}{2}$ ou 50%.
c) $\frac{1}{5}$ ou 20%.

43› a) $\frac{4}{9}$ ou aproximadamente 44,4%.
b) $\frac{1}{3}$ ou aproximadamente 33,3%.
c) $\frac{2}{9}$ ou aproximadamente 22,2%.

44› a) Nenhum deles.

45› a) Evento impossível.
b) Evento certo.
c) Evento impossível.
d) Evento certo.
e) Evento certo.
f) Evento impossível.

46› a) $\frac{1}{2}$
b) $\frac{1}{4}$
c) $\frac{1}{13}$
d) $\frac{1}{52}$

47› a) $\frac{1}{9}$ ou aproximadamente 11,11%.
b) $\frac{1}{6}$ ou aproximadamente 16,6%.

48› a) $\frac{2}{3}$ ou aproximadamente 66,6%.
b) $\frac{1}{3}$ ou aproximadamente 33,3%.
c) $\frac{1}{30}$ ou aproximadamente 3,3%.

49› a) $\frac{1}{2}$ ou 50%.
b) $\frac{3}{4}$ ou 75%.
c) $\frac{2}{5}$ ou 40%.
d) 1 ou 100%; evento certo.
e) 0; evento impossível.
f) $\frac{3}{10}$ ou 30%.
g) $\frac{1}{5}$ ou 20%.

50› a) Mário, pois $\frac{7}{5} > 1$.
b) Rui e Carla, pois $40\% = \frac{2}{5}$.
c) Rafael.

51› $\frac{1}{4}$ ou 25%.

Revisando seus conhecimentos

1› 60 cm e 180 cm.
2› **b**
3› a) **IV** e **I**; **IV** e **III**.
b) A de basquete.
c) 173 g
4› Um dos cubos: 0, 1, 2, 3, 4 e 5; no outro: 0, 1, 2, 6, 7 e 8; o 9 é obtido invertendo a posição do 6.
5› 15 cm
6› a) Quantitativa discreta.
b) Quantitativa contínua.
c) Qualitativa.
d) Quantitativa discreta.
e) Qualitativa.
f) Quantitativa discreta.
7› Aproximadamente 500 vezes.
8› **b**
9› 12,5

Praticando um pouco mais

1› **d**
2› **e**
3› 300 pessoas.
4› **b**
5› **c**
6› **d**
7› **e**
8› **a**
9› **b**
10› **c**
11› **b**
12› **d**
13› **e**

Verifique o que estudou

1› a) Qualidade do atendimento; variável qualitativa.
b) Ruim, regular, bom e ótimo.
c) 200 é o número de elementos da amostra e 102 é a frequência absoluta do valor "bom".
d) 51%
e) 40 pessoas.
2› a) 30 alunos.
b) 16 mulheres e 14 homens.
c) 8 votos.
d) 3 mulheres.
e) 50%
5› a) 1 casa.
b) 1 casa; 1 casa.
c) 0,3 casa; aproximadamente 0,55 casa.

Para ler, pensar e divertir-se

Pensar

6 maneiras diferentes.

Divertir-se

a) Um único lado.
b) Resposta pessoal.
c) Surgirá uma nova faixa de Möbius.

Capítulo 8

1› *ABB'A'*; *ACC'A'* e *BCC'B'*.
2› **a**, **c**.
4› São paralelos e são congruentes.
5› Todas as figuras são paralelogramos.
10› Não tem eixo de simetria.
11› 6 eixos de simetria.
14› a) Translação.
b) Rotação de 90° no sentido horário em relação ao vértice inferior à direita.
c) Reflexão em relação a um eixo ou simetria axial.
d) Rotação de 180° ou reflexão em relação a um ponto ou simetria central.
18› a) Rotação de 90° no sentido anti-horário em torno de *O*.
b) Translação de 2 cm na horizontal, da esquerda para a direita.
c) É uma composição de rotação com translação.
20› a) Simetria em relação ao eixo e_1.
b) Simetria em relação ao eixo e_2.
c) Translação.
21› a) Translação e rotação.
b) Translação e reflexão em relação a um eixo.
c) Rotação e translação.
d) Translação, rotação e reflexão em relação a um eixo.
22› a) No item **IV**.
b) **I**: simetria axial e rotação; **II**: translação e translação; **III**: simetria axial e simetria axial.
c) Uma única translação.
d) Uma única simetria central (ou rotação de 180° no sentido horário ou anti-horário).

Revisando seus conhecimentos

1› **a**
2› **b**
3› **a**
4› Aproximadamente 280 317 000 L por dia.
5› 20 000 m²
6› **c**
7› **c**
8› 60 m²
9› **b**
10› 11 lances livres.
11› Falsa, pois, por exemplo, *P* pode ser um pentágono, que é um polígono.
12› 129 kg
13› 2 700 cm²
14› a) 42 cm
b) 147 cm²
c) 192 cm²
d) 54 mm
e) 54 m²
f) 84 cm²
g) 12,5 dm
h) 5 m
15› Medida de comprimento do raio: 8 cm; 4 cm; 2,1 dm. Medida de comprimento exata da circunferência: 1,4π m; 8π cm; 4,2π dm. Medida de comprimento aproximada da circunferência, para $\pi = 3,1$: 4,34 m; 49,6 cm; 24,8 cm. Medida de área exata: 0,49π m²; 64π cm²; 4,1π dm². Medida de área aproximada, para $\pi = 3,1$: 1,519 m²; 198,4 cm²; 49,6 cm²; 13671 dm².
16› a) Aproximadamente 94,2 cm².
b) Aproximadamente 486,7 cm².
17› 4 m, 5 m e 6 m.
18› a) **A**: 60 000 cm³; **B**: 45 000 cm³; **C**: 27 000 cm³.
b) 30 cm
c) 45%
d) **A**: 60 L; **B**: 45 L; **C**: 27 L.

Praticando um pouco mais

1› **b**
2› **c**
3› **b**
4› **e**
5› **b**
6› **b** e **d**

Para ler, pensar e divertir-se

Pensar

10 h 9 min

Divertir-se

Uma maneira interessante de enviar uma mensagem e garantir que apenas a pessoa que a receber vai ler o conteúdo é refletir a mensagem em um espelho. Mas é importante combinar com a pessoa o segredo para ler a mensagem!

Lista de siglas

Veja a seguir o significado das siglas que utilizamos, ao longo do livro, nas questões.

Cefet-MG: Centro Federal de Educação Tecnológica de Minas Gerais
Enem: Exame Nacional do Ensino Médio
Fatec-SP: Faculdade de Tecnologia de São Paulo
FCC-RJ: Fundação Carlos Chagas do Rio de Janeiro
Ifal: Instituto Federal de Alagoas
IFPE: Instituto Federal de Pernambuco
IFRS: Instituto Federal do Rio Grande do Sul
IFSC: Instituto Federal de Santa Catarina
IFSP: Instituto Federal de São Paulo
Obmep: Olimpíada Brasileira de Matemática das Escolas Públicas.
PUCC-SP: Pontifícia Universidade Católica de Campinas
PUC-RS: Pontifícia Universidade Católica do Rio Grande do Sul
Saeb: Sistema Nacional de Avaliação da Educação Básica
Saresp: Sistema de Avaliação de Rendimento Escolar do Estado de São Paulo
UCB-DF: Universidade Católica de Brasília
UEA-AM: Universidade do Estado do Amazonas
Uece: Universidade Estadual do Ceará
UEG-GO: Universidade Estadual de Goiás
UEPB: Universidade Estadual da Paraíba
Uerj: Universidade do Estado do Rio de Janeiro
UFC-CE: Universidade Federal do Ceará
Ufes: Universidade Federal do Espírito Santo
UFPR: Universidade Federal do Paraná
UFRGS-RS: Universidade Federal do Rio Grande do Sul
Ufscar-SP: Universidade Federal de São Carlos
Unemat-MT: Universidade do Estado de Mato Grosso
UniRV-GO: Universidade de Rio Verde
Unitau-SP: Universidade de Taubaté

Minha biblioteca

Indicamos a seguir algumas leituras relacionadas com os assuntos de Matemática que você está estudando, além de outras para ampliar seus conhecimentos gerais. Procure, sempre que possível, complementar seus estudos com essas leituras.

ADAMS, Simon. *Mundo antigo:* atlas ilustrado. São Paulo: Zastras, 2009.
CAPPARELLI, Sérgio. *A casa de Euclides:* elementos de geometria poética. Porto Alegre: L&PM, 2013.
CARROLL, Lewis. *Alice no país das maravilhas.* Trad. Nicolau Sevcenko. São Paulo: Cosac Naify, 2009.
COLEÇÃO A descoberta da Matemática. São Paulo: Ática, 2002.
ENZENSBERGER, Hans Magnus. *O diabo dos números.* São Paulo: Companhia das Letras, 1997.
FALLOW, Lindsey; GRIFFITHS, Dawn. *Use a cabeça!* Geometria 2D. Rio de Janeiro: Alta Books, 2011.
FIGUEIREDO, Lenita Miranda de. *História da Arte para crianças.* 11. ed. São Paulo: Cengage Learning, 2010.
GREEN, Dan. *Álgebra e Geometria:* um livro nada quadrado. São Paulo: Girassol, 2011. (Coleção Ciência é Fácil).
LAURENCE, Ray. *Guia do viajante pelo mundo antigo:* Grécia. São Paulo: Ciranda Cultural, 2010.
LEE, Roger. *Tangram:* mais de mil figuras. São Paulo: Isis, 2003.
LOBATO, Monteiro. *Aritmética da Emília.* São Paulo: Globo, 2009.
MAJUNGMUL; LEE Ji Won. *A origem dos números.* São Paulo: Callis, 2010.
MENEZES, Silvana de. *O quadrado mágico:* a escola pitagórica. São Paulo: Cortez, 2009.
MILIES, Francisco César; BUSSAB, José Hugo de Oliveira. *A Geometria na Antiguidade clássica.* São Paulo: FTD, 2000.
POSKITT, Kjartan. *Medidas desesperadas:* comprimento, área e volume. São Paulo: Melhoramentos, 2005.
SOBRAL, Fátima. *O livro do tempo.* São Paulo: Impala, 2006.
TAHAN, Malba. *Meu anel de sete pedras.* Rio de Janeiro: Record, 1990.
TRAMBAIOLLI NETO, Egidio. *Os exploradores.* São Paulo: FTD, 1999. (Coleção O Contador de Histórias e outras Histórias da Matemática).

Mundo virtual

Você também pode complementar seus estudos acessando alguns *sites* relacionados à Matemática e a outros assuntos gerais. Todos os *sites* foram acessados em set. 2018.

Arte & Matemática
<www2.tvcultura.com.br/artematematica/home.html>
Atractor – Matemática interactiva
<www.atractor.pt>
Discovery Channel na escola
<www.discoverynaescola.com>
IBGE Países
<www.ibge.gov.br/paisesat>
IBGE *Teen*
<teen.ibge.gov.br>
Jogos educacionais
<universoneo.com.br/fund>
Kademi
<www.kademi.com.br>
Olimpíada Brasileira de Matemática
<www.obm.org.br/opencms>
Material de divulgação – Observatório Nacional
<www.on.br/index.php/pt-br/conteudo-do-menu-superior/34-acessibilidade/114-material-divulgacao-daed.html>
Racha cuca – Jogos de Matemática
<rachacuca.com.br/jogos/tags/matematica>
Só Matemática
<www.somatematica.com.br/efund.php>
TV Escola
<tvescola.mec.gov.br>
Universidade Federal Fluminense (UFF-RJ) – Conteúdos digitais para o ensino e aprendizagem de Matemática e Estatística
<www.cdme.im-uff.mat.br/>

Bibliografia

AABOE, Asger. *Episódios da história antiga da Matemática.* Rio de Janeiro: Sociedade Brasileira de Matemática (SBM), 1998. (Fundamentos da Matemática).

ABRANTES, Paulo. *Avaliação e educação matemática.* Rio de Janeiro: Ed. da USU-Gepem, 1995. Dissertação de Mestrado em Educação. v. 1.

________ et al. *Investigar para aprender Matemática.* Lisboa: Associação de Professores de Matemática (APM), 1996.

BOYER, Carl Benjamin. *História da Matemática.* Trad. de Elza F. Gomide. 3. ed. São Paulo: Edgard Blücher, 2012.

BRASIL. Ministério da Educação. *Base Nacional Comum Curricular.* Brasília, 2017.

________. Ministério da Educação. Secretaria de Educação Básica. Fundo Nacional de Desenvolvimento da Educação. *Guia de livros didáticos:* Ensino Fundamental – Anos finais – PNLD 2017. Brasília, 2016.

________. Ministério da Educação. Secretaria de Educação Básica. Secretaria de Educação Continuada, Alfabetização, Diversidade e Inclusão. Conselho Nacional de Educação. *Diretrizes Curriculares Nacionais Gerais da Educação Básica.* Brasília, 2013.

________. Ministério da Educação. Secretaria de Educação Básica. João Bosco Pitombeira Fernandes de Carvalho (Org.). *Matemática:* Ensino Fundamental. Brasília: 2010. v. 17. (Coleção Explorando o ensino).

________. Ministério da Educação. Secretaria de Educação Fundamental. *Parâmetros Curriculares Nacionais:* Matemática. 3º e 4º ciclos. Brasília, 1998.

CARAÇA, Bento de Jesus. *Conceitos fundamentais de Matemática.* Lisboa: Gradiva, 1998.

CARRAHER, Terezinha Nunes (Org.). *Aprender pensando:* contribuição da psicologia cognitiva para a educação. 19. ed. Petrópolis: Vozes, 2008.

CARRAHER, Terezinha Nunes; CARRAHER, David; SCHLIEMANN, Ana Lúcia. *Na vida dez, na escola zero.* 16. ed. São Paulo: Cortez, 2011.

CARVALHO, João Bosco Pitombeira de. As propostas curriculares de Matemática. In: BARRETO, Elba Siqueira de Sá (Org.). *Os currículos do Ensino Fundamental para as escolas brasileiras.* São Paulo: Autores Associados/Fundação Carlos Chagas, 1998.

D'AMBROSIO, Ubiratan. *Educação matemática:* da teoria à prática. Campinas: Papirus, 1997.

DANTE, Luiz Roberto. *Formulação e resolução de problemas de Matemática:* teoria e prática. São Paulo: Ática, 2010.

EVES, Howard. *Introdução à história da Matemática.* Trad. de Hygino H. Domingues. 4. ed. Campinas: Ed. da Unicamp, 2004.

IFRAH, Georges. *História universal dos algarismos:* a inteligência dos homens contada pelos números e pelo cálculo. Trad. de Alberto Muñoz e Ana Beatriz Katinsky. Rio de Janeiro: Nova Fronteira, 2000. Tomos 1 e 2.

________. *Os números:* a história de uma grande invenção. 9. ed. São Paulo: Globo, 1998.

INMETRO. *Vocabulário internacional de metrologia:* conceitos fundamentais e gerais e termos associados. Rio de Janeiro, 2009.

KALEFF, Ana Maria Martensen Roland. *Vendo e entendendo poliedros.* Niterói: Eduff, 1998.

KAMII, Constance. *Ensino de aritmética:* novas perspectivas. 4. ed. Campinas: Papirus, 1995.

________; JOSEPH, Linda Leslie. *Aritmética:* novas perspectivas – implicações da teoria de Piaget. Campinas: Papirus, 1995.

LINS, Rômulo Campos; GIMENEZ, Joaquim. *Perspectivas em aritmética e álgebra para o século XXI.* 3. ed. Campinas: Papirus, 1997.

LOPES, Maria Laura Mouzinho (Coord.). *Tratamento da informação:* explorando dados estatísticos e noções de probabilidade a partir das séries iniciais. Rio de Janeiro: Ed. da UFRJ (Instituto de Matemática), Projeto Fundão, Spec/PADCT/Capes, 1997.

________; NASSER, Lilian (Org.). *Geometria na era da imagem e do movimento.* Rio de Janeiro: Ed. da UFRJ (Instituto de Matemática), Projeto Fundão, Spec/PADCT/Capes, 1996.

LUCKESI, Cipriano. *A avaliação da aprendizagem escolar.* 22. ed. São Paulo: Cortez, 2011.

MOYSÉS, Lúcia. *Aplicações de Vygotsky à Educação matemática.* 11. ed. Campinas: Papirus, 2011.

NASSER, Lilian; SANT'ANNA, Neide da Fonseca Parracho (Coord.). *Geometria segundo a teoria de Van Hiele.* Rio de Janeiro: Ed. da UFRJ (Instituto de Matemática), Projeto Fundão, Spec/PADCT/Capes, 1997.

OCHI, Fusako Hori et al. *O uso de quadriculados no ensino da Geometria.* 3. ed. São Paulo: Edusp (Instituto de Matemática e Estatística), CAEM/Spec/PADCT/Capes, 1997.

PARRA, Cecília; SAIZ, Irma (Org.). *Didática da Matemática:* reflexões psicopedagógicas. Porto Alegre: Artes Médicas, 1996.

PERELMANN, Iakov. *Aprenda álgebra brincando.* Trad. de Milton da Silva Rodrigues. São Paulo: Hemus, 2001.

PIAGET, Jean et al. *La enseñanza de las matemáticas modernas.* Madrid: Alianza, 1983.

POLYA, George. *A arte de resolver problemas.* Trad. de Heitor Lisboa de Araújo. Rio de Janeiro: Interciência, 1995.

SANTOS, Vânia Maria Pereira (Coord.). *Avaliação de aprendizagem e raciocínio em Matemática:* métodos alternativos. Rio de Janeiro: Ed. da UFRJ (Instituto de Matemática), Projeto Fundão, Spec/PADCT/Capes, 1997.

________; REZENDE, Jovana Ferreira (Coord.). *Números:* linguagem universal. Rio de Janeiro: Ed. da UFRJ (Instituto de Matemática), Projeto Fundão, Spec/PADCT/Capes, 1996.

SCHLIEMANN, Ana Lúcia et al. *Estudos em psicologia da Educação matemática.* Recife: Ed. da UFPE, 1997.

________; CARRAHER, David (Org.). *A compreensão de conceitos aritméticos:* ensino e pesquisa. Campinas: Papirus, 1998. (Revista Perspectivas em Educação matemática.)

SECRETARIA DE EDUCAÇÃO DO ESTADO DE SÃO PAULO. *Propostas curriculares do Estado de São Paulo – Matemática:* Ensino Fundamental – Ciclo II e Ensino Médio. 3. ed. São Paulo, 2008.

SOCIEDADE BRASILEIRA DE EDUCAÇÃO MATEMÁTICA. *Educação matemática em revista.* São Paulo, 1993.

________. *Revista do professor de Matemática.* Rio de Janeiro, 1982.

TAHAN, Malba. *O homem que calculava.* 55. ed. Rio de Janeiro: Record, 2001.

TINOCO, Lúcia. *Geometria euclidiana por meio de resolução de problemas.* Rio de Janeiro: Ed. da UFRJ (Instituto de Matemática), Projeto Fundão, Spec/PADCT/Capes, 1999.

________. *Construindo o conceito de função no 1º grau.* Rio de Janeiro: Ed. da UFRJ (Instituto de Matemática), Projeto Fundão, Spec/PADCT/Capes, 1996.

________. *Razões e proporções.* Rio de Janeiro: Ed. da UFRJ (Instituto de Matemática), Projeto Fundão, Spec/PADCT/Capes, 1996.

Octaedro regular

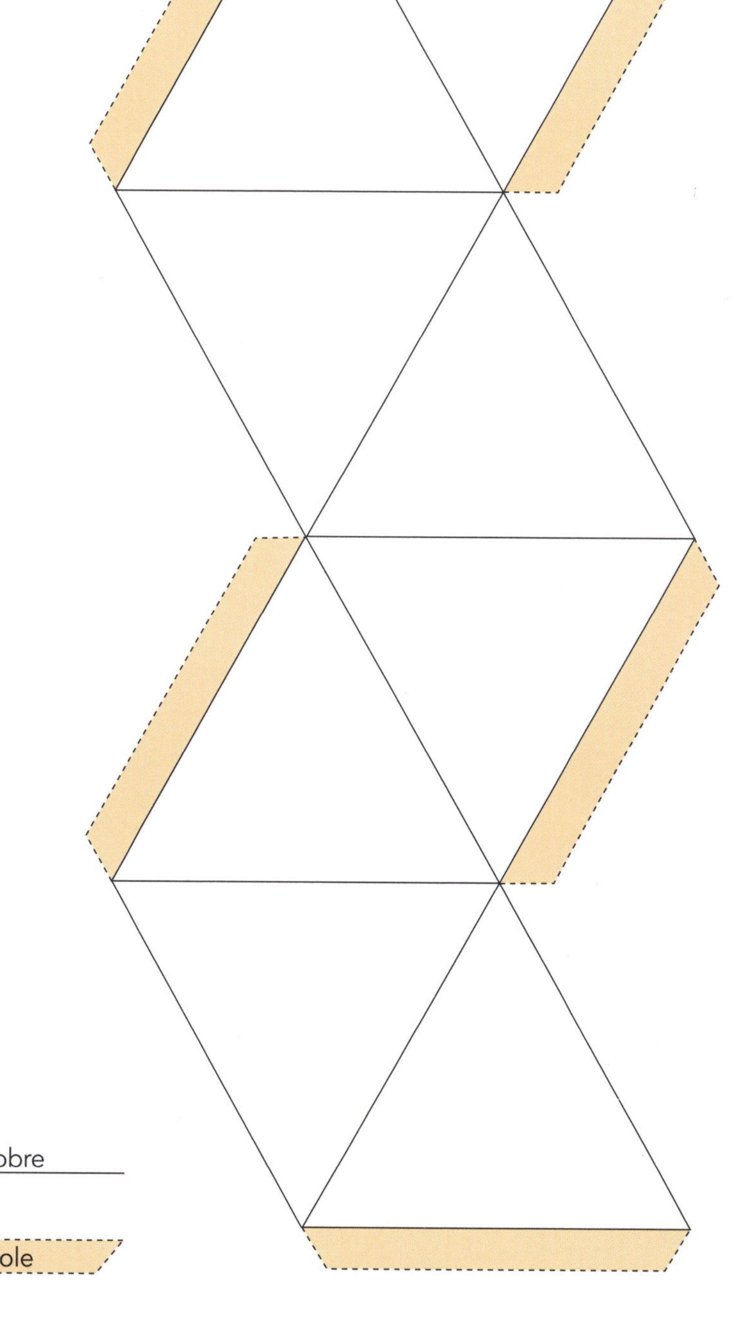

dobre

cole

Depois de pronto:

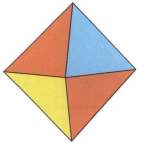

Ilustrações: Banco de imagens/Arquivo da editora